Zu diesem Buch

Das Universum auf ein paar Formeln – möglichst eine – reduzieren: das ist der Traum der Physik. Aber gibt es wirklich «dort draußen», unabhängig von unserem Denken, Naturgesetze, die auf ihre Entdeckung warten? Und gelten bei uns dieselben Gesetze wie in anderen, unserer Beobachtung nicht zugänglichen Regionen des Weltalls? Sind sie unveränderlich, oder ändern sie sich allmählich, während sich der Kosmos weiter ausdehnt? – Im Labyrinth der Logik führt uns Barrow an die Grenzen unseres Wissens und Denkens.

«Eine Enzyklopädie der gegenwärtigen Themen in der Wissenschaftstheorie, ein dickes Stück vom Geburtstagskuchen der Ideen, ein Buch, wie es ein Archäologe einer fernen Zukunft am liebsten finden würde ... ein didaktisches Wunder.» – *Times Literary Supplement*

John D. Barrow, 1952 geboren, studierte Mathematik und Astrophysik an den Universitäten Durham und Cambridge und lehrt heute als Professor für Astronomie an der University of Sussex in Brighton. Weitere Buchveröffentlichungen:
Die asymmetrische Schöpfung (zusammen mit Joseph Silk),
Theorien für Alles (rororo science 9534),
Ein Himmel voller Zahlen und *Warum die Natur mathematisch ist.*

John D. Barrow

Die Natur der Natur

Wissen an den Grenzen von Raum und Zeit

Aus dem Englischen
von Anita Ehlers

Deutsche Übersetzung herausgegeben
und mit einem Vorwort versehen
von Wolfgang Neuser

Rowohlt

rororo science
Lektorat Jens Petersen

Veröffentlicht im Rowohlt Taschenbuch Verlag GmbH,
Reinbek bei Hamburg, Januar 1996
Die Originalausgabe erschien 1988 unter dem Titel
«The World Within the World» bei Oxford University Press,
Oxford/New York
Copyright © 1988 by John D. Barrow
Die deutsche Erstausgabe erschien 1993 unter dem Titel
«Die Natur der Natur» bei Spektrum Akademischer Verlag,
Heidelberg/Berlin/New York
Copyright © 1993 by Spektrum Akademischer Verlag GmbH
Umschlaggestaltung Barbara Hanke (Foto: Gruner + Jahr/S. Webster)
Alle deutschen Rechte vorbehalten
Satz Times (Linotronic 500)
Gesamtherstellung Clausen & Bosse, Leck
Printed in Germany
2490-ISBN 3 499 19608 5

All diese wurden nie gesehen –
Aber Forscher, die es wissen sollten,
Versichern uns, daß sie so sein müssen...
Oh! Laßt uns niemals bezweifeln,
Wessen niemand sicher sein kann.
Hilaire Belloc

Kunst ist eine Lüge, die uns die Wahrheit erkennen läßt.
Pablo Picasso

Die Kunst des Schreibens ist die Kunst,
seine Sitzfläche mit dem Stuhlsitz zu verbinden.
Mary Heaton Vorse

Für Lois und Louise

Inhalt

Vorwort zur deutschen Ausgabe   13

Vorwort   17

1. Prolog   21

Einleitung   21
Der Drang zu Vorhersage und Kontrolle   24
Das Paradoxon der Vorhersagbarkeit   27
Die äußere Welt: eine erste Annäherung   30
Vorschreiben oder Beschreiben?   32
Die verschiedenen Ansichten der Naturwissenschaft   35
Für und Wider   39
Etiketten   49
Zufällige, juristische und statistische Gesetze   51
Verständlichkeit   56

2. Vergangene Zeiten   61

Uranfänge   61
Gesellschaftliche und religiöse Vorläufer   67
Chinesische Naturwissenschaft   73
Die Griechen   78
Platon   87
Aristoteles   94
Die Bewegungsgesetze des Aristoteles   101
Das aristotelische Erbe   105

Naturgesetze und Regeln 108
Newton, seine Anhänger und der Newtonianismus 112
Die Rationalität der Welt 136
Darwinsche Gesetze 144

3. Ungesehene Welten 149

Mechanismen ohne Mechanismus 149
Kraftfelder 151
Elektrizität und Magnetismus 155
Die Weltanschauung der Sandemanianer 162
Das Ende der Veranschaulichung? 164
Mathematische Modelle 166
Raum und Zeit verflechten sich 169
Die gekrümmte Raumzeit 178
Invarianz 186
Symmetrie 190
Die Wahrscheinlichkeitsgesetze 194
Thermodynamik 202
Unaufgeräumte Schreibtische 208
Dämonen an der Arbeit 210
Die ewige Wiederkehr 214
Quantengesetze: Die Natur jenseits von Eden 216
Schizophrene Materie 218
Intrinsische Unschärfe 224
Zufallswellen 230
Das Wesen der Quantenwirklichkeit 234
Das «EPR-Paradoxon» 235
Die verrückte verwirrte Katze 244
Quantenkatzenphobie 246
Wie viele Welten brauchen wir? 249
Die Quantenlegislatur 253

4. Innerer und äußerer Raum 256

Die Bühnenausstattung 256
Eine Welt in der Welt 259
Die Zerlegung des Atoms 271
Schöne neue Welt 274
Inzestuöse Materie? 276
Quarks 278
Quantenfelder 280
Die grundlegenden Gesetze des inneren Raumes 284
Vereinheitlichung 291
Eine neue Dimension 298
Warum gibt es drei Raumdimensionen? 300
Was sind die letzten Bausteine der Materie? 304
Der Glaube an den inneren Raum 309
Der äußere Raum 311
Einzigartige kosmologische Aspekte 314
Die Ziele der Theorie 326
Das Vermächtnis der Steady-State-Theoretiker 329
Chaotische Kosmologie 333
Inflation 337
Das inflationäre «Paradigma» 342
Die Zukunft 343
Schöpfung aus dem Nichts? 350
Die Kosmologie und das Gesetz 360
Das Wesen der Zeit 361
Wo sind all die Dimensionen hin? 365

5. Warum sind die Naturgesetze mathematisch? 366

Ein Rätsel 366
Was ist Mathematik? 369
Ein Schock für die Formalisten 390
Konsequenzen für die Physik 393
Was ist Wahrheit? 398
Berechenbarkeit 401
Inhärent schwierige Probleme 406

Das Dilemma der Ignoranz 414
Maxwell und Determinismus 414
Chaos 422
Gleichungen 426
Gesetz ohne Gesetz 429
Lassen sich die Naturgesetze berechnen? 440
Der kosmische Code – eine letzte Spekulation 443

6. Gibt es überhaupt Naturgesetze? 445

Ketzereien 445
Vom Regen in die Traufe 448
Zu viele Gesetze? 454
Spontane Ordnung 456
Überschreitet das Leben die Naturgesetze? 459
Zufällige Symmetrien 463
Wo die Naturgesetze versagen können 465
Die Ontogenese des Schwarzen Lochs 470
Kosmische Zensur 474
Können wir einer Singularität auf den Grund kommen? 479
Stakkato-Zeit 481
Naturkonstanten 485
Maße und Gewichte 490
Veränderliche Konstanten 492
Ein Fenster in weitere Dimensionen 495

7. Auswahleffekte 498

Baummuster 498
Das Phantom des Labors 509
Fehler 511
Der «Groucho Marx-Effekt» 516
Schönheit 521
Das Anthropische Prinzip 531
Zufälle 538
Das spekulative Anthropische Prinzip 540

Leben und Beobachtung 542
Ist das Anthropische Prinzip ein Beweis für die Existenz
Gottes? 546
Die Zeit unseres Lebens 550
Die Menschenfeinde 554

Ausgewählte Bibliographie 562

Index 577

Vorwort zur deutschen Ausgabe

In dem vorliegenden Buch haben wir den glücklichen Fall, daß ein praktizierender Naturwissenschaftler, ein Physiker und Astrophysiker, John D. Barrow, umfassend versucht darzustellen, vor welchem philosophischen und ideengeschichtlichen Hintergrund er und seine Kollegen ihre wissenschaftliche Arbeit betreiben. Dieses Thema hat er in mittlerweile drei vieldiskutierten Büchern* ausgeführt, die zur Reflexion über das einladen, was an Metaphysik in die Naturwissenschaften – insbesondere die Physik – eingeflossen ist.

Barrow reflektiert hier – und das ist das Verdienst seines Buches – als ein praktizierender Naturwissenschaftler aus der Alltagsarbeit heraus auf den Wissensfundus der Philosophen und Wissenschaftshistoriker – ohne deren Kriterien für ihre Arbeit zu adaptieren –, um darüber nachzudenken, was hinter den Ideen moderner naturwissenschaftlicher Theorien steckt. Aus der Perspektive des aktiven Naturwissenschaftlers ist diese Reflexion naturgemäß zunächst einmal eine subjektive Auswahl aus allen möglichen historisch und systematisch verfügbaren philosophischen Darstellungen. Das aber ist eher ein Vorteil des Buches: Barrow trägt Reflexionen vor, die nicht von der Distanz des philosophischen Beobachters oder des Historikers künden, sondern die aus der Perspektive naturwissenschaftlicher Routine beschreiben, was an metaphysischen Voraussetzungen aufscheint und gemeinhin nur «intuitiv» von Naturwissenschaftlern «kontrolliert» wird. Gleichzeitig liefert diese Perspektive das Material, das dem Leser Einblicke in Konnotationen der naturwissenschaftlichen Theorien

---

* Das vorliegende, zuerst veröffentlichte Buch erschien 1988 unter dem Titel *The World Within the World* bei Oxford University Press; 1990 folgte *Theories for Everything*, deutsch: *Theorien für Alles* (1992), und 1992 *Pi in the Sky*, deutsch in Vorbereitung bei Spektrum Akademischer Verlag.

unserer Zeit vermittelt, die unsere Sicht von der Welt entscheidend prägen.

Unter Philosophen, Wissenschaftshistorikern und meist auch Naturwissenschaftlern herrscht heute weitgehend Einverständnis darüber, daß naturwissenschaftliche Theorien und jedes naturwissenschaftlich orientierte Weltbild geprägt sind von Annahmen, die nicht mit naturwissenschaftlichen Methoden kontrolliert und aufgearbeitet werden können, sondern aus einem allgemeinen kulturellen Verständnis genommen werden. Dazu gehören Grundbegriffe, wie etwa der Begriff «Naturgesetz», oder Entscheidungen darüber, welche Erkenntnistheorie man für die beste hält, in welcher Beziehung die Mathematik zur Welt steht oder welcher Argumentation man Beweiskraft geben will. Diesen Problemkreis behandeln Philosophen unter dem Titel *Metaphysik*. Die Metaphysik geht einer Theorie also systematisch voraus, und ihre spezielle Ausprägung in den Naturwissenschaften findet in der Regel über der Entstehung naturwissenschaftlicher Theorien und naturwissenschaftlicher Forschungsprogramme statt. Diese Fragen werden dabei eher implizit behandelt und intuitiv beantwortet. Für den Naturwissenschaftler ist nicht die systematische Geschlossenheit der Metaphysik, die seiner Theorie zugrunde liegt, entscheidend, sondern die Frage, ob die Aussagen über die Welt in einem praktischen Kontext Sinn machen. Nicht die vernünftige und geschlossene Rekonstruktion der Welt ist gefragt, sondern die widerspruchsfreie Anwendbarkeit ihrer Aussagen über die Welt. Immer dann, wenn – etwa aus ökologischen oder weltanschaulichen Gründen – aus den naturwissenschaftlichen Theorien Folgerungen gezogen werden sollen, muß man auf den metaphysischen Hintergrund der naturwissenschaftlichen Theorien rekurrieren, weil dort der Grund und die Begrenzungen der naturwissenschaftlichen Theorien liegen.

Dieser metaphysische Hintergrund läßt sich in aller Regel nur indirekt aus den naturwissenschaftlichen Theorien erschließen, weil die Naturwissenschaftler ihn gewöhnlich nur intuitiv und implizit heranziehen. Dies herauszufinden ist dann die Aufgabe für Philosophie und Wissenschaftsgeschichtsschreibung. Philosophie macht außerdem die systematische Geschlossenheit und Widerspruchsfreiheit der metaphysischen Implikate zum Gegenstand ihrer Betrachtungen.

Ziel der Barrowschen Überlegungen ist nicht, eine konsistente Darstellung der tatsächlichen Wissenschaftsgeschichte oder bestimmter philosophischer Traditionen zu liefern, sondern es soll Einblick in die Vielfalt der Voraussetzungen für die Interpretation naturwissenschaftlicher Forschung unserer Zeit gegeben werden. Philosophische Brüche der Darstellung Barrows verweisen auf Brüche im Weltbild der modernen Naturwissenschaften. Diese Brüche sind insofern informativ, als sie ex negativo Kriterien erkennen lassen, die über den jeweiligen historischen und systematischen Kontext naturwissenschaftlicher Theoriebildung hinweg eine Verallgemeinerung zulassen.

Wenn ein praktizierender Wissenschaftler über die Interpretationen naturwissenschaftlicher Forschung nachdenkt, wird seine subjektive Darstellung auch zahlreiche Spuren seines eigenen Kulturraums aufweisen. So wird der deutsche Leser bei Barrows Darstellung bemerken, daß Leibniz und Kant nur am Rande eine Rolle spielen. Die Entdeckung der Infinitesimalrechnung und ihr Bezug zur Kosmologie und Monadologie bei Leibniz und die Bedeutung der philosophischen Begründung mathematischer Naturwissenschaft durch Kants Transzendentalen Idealismus treten bei Barrow zurück. Auch die Bedeutung der französischen Aufklärung sowie von Lagrange und D'Alembert für die Entwicklung einer «Newtonschen» Physik werden in der kontinentalen Darstellung der Physikgeschichte stärker betont, als es bei Barrow geschieht. Gelegentlich wird der Leser gravierende Bedeutungsverschiebungen einzelner Begriffe vom Englischen zum Deutschen hin beobachten, die sich durch keine noch so geschickte Übersetzung abfangen lassen. Hier sind – exemplarisch – insbesondere die unterschiedlichen Konnotationen des Begriffs *Idealismus* zu erwähnen.

Im englischen Sprachraum orientiert sich das Sprachgefühl am *subjektiven Idealismus** Berkeleys, der meint, daß die Wirklichkeit das ist, was gedacht wird. Im Bild Barrows: Der Begriff Tiger ist – nach dieser Interpretation des Berkeleyschen Verständnisses – das, was den Philosophen frißt.

Im deutschen Sprachraum meint *Idealismus* eher den *transzendentalen Idealismus* Kants, nach dem die Vernunft bloß die Strukturen

---

* W. Breidert, G. Berkeley: Wahrnehmung und Wirklichkeit, in: *Grundprobleme der großen Philosophen. Philosophie der Neuzeit I.* Hrsg. von J. Speck. Göttingen 1979, 217 ff.

und Formen liefert, unter denen Wirkliches für uns zur erkannten Wirklichkeit wird.* Es ist nicht der Begriff vom Tiger, der den Philosophen frißt (wie Barrow gelegentlich polemisch meint), sondern der Philosoph hat den Begriff, der ihn vor dem Tiger fürchten macht – im Unterschied zur Katze.

Umgangssprachlich verstehen wir im Deutschen meist – mit Schiller** – unter einem Idealisten jemanden, der moralisch integer Vernunftgemäßes höher bewertet als Kontingentes, das einen gegenwärtigen unmittelbaren Nutzen verspricht. Dies wäre die Wahl des Realisten.

Diese Differenzen im Begriff *Idealismus* der beiden Kulturräume stehen hier exemplarisch für gelegentliche Differenzen in den Konnotationen bei gleichen Wörtern im Englischen und Deutschen. Aber überall, wo solche Bedeutungsverschiebungen vorliegen, läßt sich das jeweils von Barrow Gemeinte anhand des Kontexts in Barrows Buch sofort erfassen.

Barrows Reflexionen sind Nach-Denken über das, was der praktizierende Naturwissenschaftler tut und voraussetzt, wenn er in seinen Forschungen «seinen» Teil der Welt interpretiert. Sie sind Anstoß zum Weiterdenken – und nicht Resümee eines allgemein akzeptierten erkenntnistheoretischen Wissensstands. Keine noch so schlüssige und konsistente Darlegung eines geschlossenen philosophischen Konzepts durch Philosophen oder die Darstellung tatsächlicher Wissenschaftsentwicklung durch Wissenschaftshistoriker kann ersetzen, was das sich seines Tuns Vergewissern durch einen aktiven Naturwissenschaftler über der Alltagsroutine bedeutet.

Heidelberg Wolfgang Neuser
März 1993

---

* I. Kant: *Prolegomena zu einer jeden Metaphysik, die als Wissenschaft wird auftreten können*. Riga 1783, A 70f.
** F. Schiller: *Über naive und sentimentalische Dichtung* (1797), in: Werke. Hrsg. von L. Bellermann, Bd. 7 (hrsg. von R. Petsch), Leipzig o. J., 441–553, hier: 540f.

Vorwort

In den letzten Jahren hat die Anzahl der Veröffentlichungen «populärer» naturwissenschaftlicher Bücher stark zugenommen. Unabhängig davon, ob sie wirklich für andere als für ihre Verfasser populär sind, beabsichtigen sie oft, den stetigen Strom jener neuen Gedanken und Entdeckungen, die im letzten Jahrzehnt in den Grundlagenwissenschaften gemacht worden sind, mit einfachen Begriffen zu erklären. Das Ziel dieses Buches ist nicht, noch eines dieser esoterischen Gebiete im Grenzbereich der Grundlagenwissenschaften herauszugreifen, um es dann möglichst verständlich zu erklären. Vielmehr soll es die üblicherweise unausgesprochenen Annahmen bewußt machen, denen wir all die abstrakten und pragmatischen Entwicklungen verdanken, wie z. B.: daß das Weltall geordnet ist, daß es logisch ist, daß es mathematisch ist, daß es vorhersagbar ist und daß es von etwas bestimmt wird, das zwar einerseits außerhalb von uns selbst und überall und immer gleich ist, aber andererseits im Wirken unseres eigenen Verstandes einen tiefen Widerhall findet. Das Buch soll also ein wenig den Ursprung und die mögliche Bedeutung des Gedankens erforschen, daß es «Naturgesetze» gibt, und einige der überraschenden Bereiche erkunden, in die uns ein solcher Gedanke führt. Diese Suche wird uns von der Vorgeschichte des Menschen bis hin zur Entwicklung der Grundbegriffe der Grundlagenphysik und der von ihr beeinflußten Philosophie führen. Immer wieder wird es uns zu alten Fragen zurückführen, die ein neues Gewand haben. Unser Blick wird schärfer, umfassender und tiefer durch die Betrachtung der unvorstellbaren Welten des inneren und äußeren Raums. In ihm offenbart sich uns die Logik der Natur in einer Komplexität, die sich als Einfachheit ausgibt; diese Einfachheit wiederum, so haben wir erfahren, sollten wir als Kennzeichen aller Naturerscheinungen sehen. Gibt es wirklich Naturgesetze, die dort draußen unabhängig von unserer

Denkweise auf ihre Entdeckung warten, oder stellen sie nur die bequemste Form dar, wie wir die Dinge beschreiben können? Sind diese Naturgesetze überall gleich? Gelten sie vielleicht nicht überall? Ändern sie sich im Laufe der Zeit? Oder gibt es vielleicht gar keine Naturgesetze? Warum scheint uns die Sprache der Mathematik wie geschaffen dazu, uns das Wirken des Weltalls zu vermitteln? Was folgt aus unserer eigenen Existenz für unsere Deutung der Struktur des Weltalls? Reicht unser Verstand aus, die tiefsten Grundsätze hinter der Harmonie und Komplexität der Natur zu erfassen?

Fragen dieser Art waren üblicherweise das Vorrecht der Philosophen, aber in den letzten Jahren haben Physiker und Kosmologen bemerkt, daß ihre theoretischen Überlegungen sie in Bereiche brachten, in denen Antworten auf solche außerordentlichen Rätsel wie «Kann das Weltall aus dem Nichts erschaffen sein?» für meßbare Größen Folgen haben können. Die herkömmlichen Lehrmeinungen über die Kriterien, die erfüllt sein müssen, damit ein Gedankengebäude «Naturwissenschaft» genannt werden kann, scheinen jetzt – angesichts von Problemen und Untersuchungen, die wenig mit menschlichem Unterfangen zu tun haben – merkwürdig unangebracht zu sein. Einige Naturwissenschaftler glauben, daß es in den letzten Jahrhunderten außer solchen Fragen, wie sie durch neue wissenschaftliche Entdeckungen gestellt werden, keine neuen philosophischen Fragen gegeben hat. Für viele andere ist dagegen der Begriff «philosophische Frage» zu einem Etikett geworden, das sich allen vagen und anscheinend unbeantwortbaren Fragen anheften läßt. Sie werden nur dann der ernsthaften Überlegung für wert gehalten, wenn sie naturwissenschaftlich werden. Dieses Vorurteil geht oft Hand in Hand mit der Ansicht, es sei das Ziel der modernen Philosophie, zu zeigen, daß immer mehr der früheren philosophischen «Probleme» illusionäre semantische Verwirrungen sind. Wir hoffen, einige der ungewöhnlichen Wirkungsweisen der Natur werden das Nachdenken der Philosophen darüber neu beleben, welche Forderungen wissenschaftliche Probleme stellen. Dann werden sie die seltsamen Ansichten jener Wissenschaftsphilosophen viel weniger ernst nehmen, die, nachdem sie zu Recht entdeckt haben, daß es eine Wissenschaftssoziologie gibt, irrtümlich schließen, es gehe der Naturwissenschaft um nichts anderes als um flüchtige modische Erscheinungen in den Vorlieben der Wissenschaftler.

Es wird gern behauptet, die Naturgesetze seien zur Erklärung dessen, was wir im Weltall sehen, sowohl notwendig als auch hinreichend; eine großartige «Theorie für Alles» könnte uns somit die Antworten auf all unsere kosmologischen Fragen liefern. Eine der Botschaften dieses Buches ist, daß Naturgesetze für solche großartigen Erklärungen zwar nötig sein mögen, zur Erklärung der Beobachtungen aber keineswegs ausreichen. Anfangsbedingungen, gebrochene Symmetrien, Ordnungsprinzipien, Auswahleffekte und menschliche Denkkategorien ergänzen alle wesentlich und unabdingbar die Naturgesetze bei der Gestaltung eines Bildes vom Weltall, in dem wir leben.

Das auf den Seiten dieses Buches gezeichnete Bild ist persönlich und selektiv. Es ist halb-populär, neigt zur Mathematik und Physik und stellt keine Ansprüche auf Vollständigkeit. Vielen ist es auch schon viel zu lang. Es verkündet kein Evangelium; es hat kein missionarisches Bedürfnis, sondern erzählt eine bruchstückhafte Geschichte. Wenn es sich mit Gegenwartsproblemen beschäftigt, versucht es, den Fortschritt zu verdeutlichen, indem es aus den heute gängigen Gedanken Grundsätzliches herausgreift. Es sollte nach solch bescheidenen Maßstäben beurteilt werden. Denn wenn ein Buch an einem unangepaßten Maßstab gemessen wird, müssen sich notgedrungen Verwirrungen einstellen – von dieser Tatsache kann man sich leicht überzeugen, wenn man sich an eine nicht sehr vorteilhafte Rezension von *Lady Chatterley's Lover* erinnert, die in der amerikanischen Jägerzeitschrift *Field and Stream* erschien: Sie befand, daß «diese anschauliche Darstellung des Alltagslebens eines englischen Wildhüters für solche Leser von beträchtlichem Interesse ist, die das Leben in der Natur lieben, da es viele Abschnitte über die Aufzucht von Fasanen, den Umgang mit Wilderern, Ungezieferbekämpfung und andere Lasten und Pflichten hat, die zum Beruf des Wildhüters gehören. Leider muß man sich durch viele mit Nebensächlichem gefüllte Seiten hindurchkämpfen, um diese Streiflichter zum Umgang mit einer Jagd in Mittelengland genießen zu können, und nach Ansicht dieses Lesers kann das Buch nicht den Platz von J. R. Millers Practical *Gamekeeping* einnehmen.»

Ich möchte jenen Menschen danken, die wissentlich oder unwissentlich zum Inhalt oder zum Schreiben des Buchs beigetragen haben. Insbesondere danke ich den früheren Mitautoren Joseph Silk und

Frank Tipler und auch Suketu Bhavsar, Margaret Boden, Paul Davies, David Deutsch, George Ellis, John Maynard Smith, Sir William McCrea, Leon Mestel, Don Page, Arthur Peacock, Martin Rees, Dennis Sciama, Robert C. Smith, Roger Tayler, Stephen Toulmin, John A. Wheeler, Sir Denys Wilkinson und Stephen Wolfram. Es ist mir eine Freude, den Mitarbeitern der Oxford University Press für ihre Tüchtigkeit und Aufmerksamkeit zu danken, die in erstaunlich kurzer Zeit eine Menge Papier in ein Buch verwandelte. Ich bin auch meiner Frau dankbar dafür, daß sie die lokale äußere Welt schuf, in der dieses Vorhaben durchgeführt und abgeschlossen werden konnte. Schließlich haben einige jüngere Familienmitglieder das Schreiben dieses Buches als ein wesentliches Hindernis für den Bau einer Modelleisenbahn von völlig unrealistischem Ausmaß betrachtet. Ihnen sei mit der herkömmlichen Formel für ihre unzähligen kritischen Bemerkungen zum Manuskript gedankt, von denen leider keine in die Schlußfassung übernommen werden konnte.

Brighton John D. Barrow
Oktober 1987

Prolog

Oh Natur, und oh Menschenseele! Wie weit gehen eure Bilder für das Verbindende über jede Sprache hinaus! Doch nicht das kleinste Atom rührt sich oder lebt in der Materie. Es kennt sein Ebenbild nicht.

Melville

Einleitung

Du suchst nach Dingen, die es nicht gibt. Ich meine Anfänge, Ende und Anfänge, Ende und Anfänge – es gibt sie nicht, es gibt nur Mittleres.

Robert Frost

Hinter unseren sich immerwährend wandelnden Erfahrungen der Welt liegt eine unwandelbare Welt der Ordnung und Gewißheit, die mit unseren Handlungen und Wünschen nichts zu tun hat. Zwar sind wir ein Teil dieser Welt, aber wir haben auf sie keinen erkennbaren Einfluß. Sie kümmert sich keinen Deut darum, ob ihre abstrusen Wirkungen für uns verständlich sind, und doch gäbe es ohne sie keinen Kosmos und kein Leben.

Jahrtausende lang hat die Natur allmählich zuerst unseren Verstand sich entwickeln lassen und dann in ihm die Fähigkeit, ihre Wirkungsweise, die wir jetzt Naturgesetze nennen, nachzuvollziehen. Dieses Verständnis für die Natur ist unserer Erfahrung nach ebenso in der mikroskopisch kleinen inneren Welt der Materie wie in den fernsten Welten des Weltalls möglich. Wir haben es Schritt für Schritt, durch Beobachtung wie durch Versuch und Irrtum, in der profanen Alltagswelt um uns herum ebenso wie an den letzten Grenzen des inneren und äußeren Raums gewinnen können.

Wenn wir versuchen, unseren Wahrnehmungen der physikalischen Welt Sinn zu geben, stehen wir vor der Aufgabe, den Ausstoß eines kosmischen Computers zu entziffern. Wir tasten die sich ergebenden Muster ab und beobachten, wie der Computer reagiert, wenn wir auf seiner Tastatur herumspielen. So versuchen wir, die innere Logik seines Programms herauszufinden. Immer bestand der Verdacht, daß die eindrucksvolle, diese Software beherrschende Struktur die Gegenwart eines mit Verstand begabten Urhebers bezeugt. Aber wer ist der Urheber dessen, was uns als Vernunft erscheint? Ist es ein göttlicher Programmierer oder einfach der die Tastatur bedienende Mensch, der die Spiegelung seines eigenen Geistes sieht, wenn er sich zu verstehen bemüht, was ihm der Computer mitteilt?

Was fangen wir mit diesem Bild an? Gibt es wirklich «dort draußen», unabhängig von unserem Denken, Naturgesetze, die auf ihre Entdeckung warten? Oder stellen sie nur die einfachste Möglichkeit dar, das Gesehene zu beschreiben? Wie entstand überhaupt ein Begriff wie «Naturgesetz»? Sind diese Gesetze die letzte Wirklichkeit oder nur Teile von Vorschriften, wie wir mit ihr umgehen sollen, die wir selbst eingeführt haben, um unser Wissen von der Welt besser ordnen zu können? Sind sie nur Wegmarkierungen, die wir hinterlassen, wenn wir durch das Dickicht der Erfahrung pirschen? Könnte es sein, daß es gar keine Naturgesetze gibt? Vielleicht sind sie und das Weltall, das sie zu beherrschen scheinen, nur Schöpfungen unseres Geistes, eine Täuschung, die verschwindet, wenn wir nicht daran denken. Und was wäre, wenn es keinen gäbe, der diese Welt beobachtet?

Wir hoffen mit Einstein, daß die Natur raffiniert ist, aber nicht bösartig; nach allem, was wir wissen, könnte sie jedoch einfach raffiniert bösartig sein. Unser Blickwinkel läßt uns nur einen kleinen Teil eines möglicherweise unendlichen Weltalls sehen. Die in unserer Umgebung herrschenden Bedingungen sind vielleicht ganz andere als in anderen Teilen der Welt. Vielleicht können sich «Beobachter» überhaupt nur unter besonderen Bedingungen entwickeln. Sind die Gesetze bei uns dieselben wie jene, die sonstwo im Weltall gelten? Sind sie unveränderlich, oder ändern sie sich allmählich, wenn die Welt sich ausdehnt und älter wird?

Fragen dieser Art waren früher das Vorrecht spekulativer Philosophen, die sich vor die beängstigende Aufgabe gestellt sahen, allgemeingültige Schlüsse ziehen zu müssen, ohne alle Einzelheiten genau zu kennen, auf die sie anwendbar sein sollten. Die Alternative der Positivisten erscheint noch bedrückender: Sie sammeln das Offensichtliche und Tautologische und lassen uns damit allein: Ein Rest an Wissen ist kaum wert, gewußt zu werden. In den letzten Jahren haben die theoretischen Überlegungen der Physiker und Kosmologen in Bereiche geführt, in denen Antworten auf solche metaphysischen Rätselfragen wie «Kann das Weltall aus dem Nichts erschaffen worden sein?» im Mittelpunkt der wissenschaftlichen Diskussion stehen; vielleicht sind sie sogar der Überprüfung durch die Beobachtung zugänglich. Die ernsthafte Jagd auf eine «allumfassende Theorie» hat begonnen. Solche Theorien stehen jetzt zum ersten Mal im Mittelpunkt des physikalischen Interesses; sie liegen nicht mehr nur als ausgefallene Forschungen eines Eddington oder Einstein auf den Schreibtischen. Mit großer Wahrscheinlichkeit werden die Ergebnisse der theoretischen Physik in den nächsten zehn Jahren soviel interdisziplinäres Interesse finden wie einst die frühe Quantentheorie. Die Grundlagenphysik neigt erstaunlicherweise dazu, sich Fragen zuzuwenden, die üblicherweise Philosophen und Theologen beschäftigen; die meisten Naturwissenschaftler jedoch interessieren sich wenig für die durch diese Entwicklungen aufgeworfenen Probleme und tun sie als «philosophische Fragen» ab. So nennen sie einfach alle vagen oder anscheinend unbeantwortbaren Fragen. Diese sind nur dann ihrer ernsthaften Betrachtung wert, wenn die Fragen naturwissenschaftlich werden. Vielleicht ist dies eine Folge der Einstellung der Naturwissenschaftler zum Fortschritt philosophischer Untersuchungen, von denen sie meinen, daß sie gleichbedeutend seien mit der Kunst, immer mehr der früheren «Probleme» der Philosophie auf trügerische semantische Verwirrungen zurückzuführen. Wir hoffen, daß einige der ungewöhnlichen Wege, auf denen wir die Natur am Werk sehen, unser Nachdenken über die weitreichenden Implikationen der Probleme der Naturwissenschaften wieder beleben mögen.

Der Drang zu Vorhersage und Kontrolle

> *Es ist die nächste und in gewissem Sinne wichtigste Aufgabe unserer bewußten Naturerkenntnis, daß sie uns befähige, zukünftige Erfahrungen vorauszusehen, um nach dieser Voraussicht unser gegenwärtiges Handeln einrichten zu können.*
>
> Heinrich Hertz

Eines der Ideale, die allen fremden Kulturen und alternativen Philosophien gemeinsam sind, zeigt sich in modernen Gesellschaften in der verbreiteten Suche nach dem Transzendenten; es ist der Wunsch, die Zukunft vorhersagen zu können, ob nun aus dem Stand der Sterne oder aus dem Kaffeesatz, mit Hilfe mystischer Visionen oder der Handlinien. Kein Massenblatt unterläßt es, seinen Lesern ein Horoskop anzubieten. Jene, die sich zu solchen Denkweisen hingezogen fühlen, scheinen oft merkwürdig getröstet zu sein, wenn sie lesen, daß die «Wissenschaftler verblüfft» sind, und fühlen sich sicherer in der Hoffnung, daß die etablierte Naturwissenschaft doch nicht alle Antworten kennt.

Paradoxerweise beruhen nun die Fortschritte und Erfolge der Naturwissenschaft darauf, daß sie, größtenteils unbemerkt, bestimmt, wie die meisten von uns im täglichen Leben zurechtkommen; denn sie stellt die einzige uns zugängliche Möglichkeit der Naturbetrachtung dar, die zuverlässig und erfolgreich die Zukunft vorhersagen kann. Wir haben in ihr in einem Ausmaß, von dem unsere Vorfahren niemals zu träumen gewagt hätten, den Schlüssel zur Welt gefunden. Wir beschreiben Ereignisse mit Hilfe von Zahlen, und dadurch sagen wir die Zukunft vorher. Wir wissen im voraus, wann Halleys Komet wiederkehrt, wie Flugzeuge fliegen, wann ein Raumfahrzeug auf dem Mond ankommt, wann die Sonne auf- und untergeht, wann Ebbe und Flut kommen und gehen und welches neue Elementarteilchen in den Detektoren der Beschleuniger in CERN in Genf gefunden werden wird. Solche genauen Vorhersagen können so oft und unter so verschiedenen Umständen und so zuverlässig gemacht werden, daß wir auf tausendfache Weise unser Leben darauf bauen können. Das wiederum besagt etwas Grundlegendes über die Art, wie das Weltall funktioniert. Diese Regelmäßigkeiten unserer Naturerfahrung nennen wir die «Naturgesetze». Sie haben viele verschiedene Formen, Facetten und Aufgaben. Einige sind wesentliche Grundsteine unserer Weltanschauung, während wir in anderen Lückenbüßer sehen, bis wir die tatsächlichen Verhältnisse oder wenigstens eine spätere Edition der Gesetze entdecken können. In den Kapiteln dieses Buches möchten wir einige interessante Aspekte dieser Naturgesetze erläutern. Dabei betonen wir den Einfluß neuer physikalischer Begriffe und Entdeckungen, die zu den Zeiten, als das traditionelle Verständnis der Naturgesetze gewonnen wurde, noch unbekannt waren.

Die Fähigkeit zur Weissagung ist eine mächtige Waffe; vor Tausenden von Jahren schon bereitete in alten Kulturen anerkanntermaßen die Astrologie einer mächtigen Elite den Weg zur Herrschaft. Die wenigen Auserwählten, die die Fähigkeit für sich in Anspruch nahmen, die Himmelserscheinungen vorherzusagen und zu deuten, konnten die Zukunft einzelner und ganzer Nationen kontrollieren. In modernen Zeiten haben wir gelernt, die Fähigkeit der Weissagung weniger unheimlich zum wirtschaftlichen Vorteil zu nutzen, wenn wir die für die Landwirtschaft günstigen Wetterbedingungen vorhersagen oder vor nahenden Naturkatastrophen warnen. Natürlich möchte man dann, wenn Vorhersagen gemacht werden, auch wissen, ob sie zutreffen. Für die Astronomen des kaiserlichen China bedeutete eine falsche Vorhersage den Tod. Heute ist die Astronomie keine so gefährliche Betätigung; wohl aber haben die verheerenden und tragischen Konsequenzen schlechter wissenschaftlicher Vorhersagen im amerikanischen Raumfahrtprogramm und im sowjetischen Kernkraftprogramm in den letzten Jahren schwere Opfer an Menschenleben gefordert.

Heute ist es für jede kritische Theorie ein Prüfstein, ob sich aus ihr überprüfbare Vorhersagen herleiten lassen. Wissenschaftler halten diese Möglichkeit zur Vorhersage jetzt für einen wesentlichen Bestandteil eines jeden brauchbaren wissenschaftlichen Gesetzes, weil sich dadurch eine Gelegenheit ergibt herauszufinden, ob das Gesetz falsch ist; gegebenenfalls kann es dann berichtigt werden. So zwingen wir unsere Gedanken, sich nach den Kriterien zu entwickeln, die wir ihnen auferlegen. Das Auslesekriterium ist einfach: Es kommt auf die Übereinstimmung an. Wenn eine Vorhersage richtig ist, erlebt die Theorie den nächsten Tag. Aber Erfolg bedeutet nicht, daß die Theorie richtig ist, denn ihre Richtigkeit in dieser einen Hinsicht garantiert nicht ihre Richtigkeit unter anderen Umständen. Natürlich ist die Wahrscheinlichkeit, daß sie weiterhin erfolgreich bleibt, um so größer, je mehr Tatsachen durch ein und dieselbe Theorie erklärt werden können. Der Philosoph Stephen Toulmin hat die Entwicklung eines wissenschaftlichen Gesetzes angesichts der Beobachtung mit einem aufstrebenden Tennisspieler verglichen, der immer nach neuen Gegnern sucht. Er möchte besonders gern solche Gegner herausfordern, die gerade etwas besser sind als er, denn nur so kann er sein Spiel verbessern. «Ähnlich hält der Wissenschaftler nach Ereignissen Ausschau, die er noch nicht ganz verstanden hat, die sich aber durch einen Gedankenschritt, der in seiner Macht liegt, lösen lassen.» Probleme anzugehen, die nicht zur Lösung reif sind – die zu schwer sind oder zuwenig Möglichkeit für die Überprüfung durch die Beobachtung bieten – gleicht dem Spiel um die Tennismeisterschaft in Wimbledon: Es ist aufregend (vielleicht sogar Stoff für einen Bestseller), aber im Grunde unerquicklich.

Für andere, vor allem für den Wissenschaftstheoretiker Karl Popper, ist es wichtiger, ob ein mögliches Naturgesetz bei der Vorhersage versagt. In einem solchen Fall wissen wir unmißverständlich: In der gängigen Fassung ist das Gesetz falsch. Die meisten Wissenschaftler sind wohl nicht gerade glücklich bei dem Gedanken, daß eine Theorie oder ein Naturgesetz widerlegbar sein muß, aber sie betrachten übereinstimmend die Falsifizierbarkeit als ein ausreichendes Kriterium, um eine Aussage als «naturwissenschaftlich» oder sinnvoll zu deklarieren. Hier ist Vorsicht geboten. Wenn wir die Vorhersagen einer Theorie prüfen, können wir niemals nur einen ihrer Aspekte isoliert dem Test unterwerfen. Wir prüfen immer die Richtigkeit vieler miteinander verflochtener Annahmen. Wenn wir nicht das erwartete Ergebnis erhalten, müssen wir wählen, welche unserer vielen verwobenen Annahmen die falsche ist. Der Fehler kann in der Aussage liegen, die die falsche Theorie über die Instrumente macht, mit deren Hilfe sie widerlegt werden soll, und nicht in der vermeintlich überprüften Voraussetzung. In der Praxis gehört es zu einer guten Versuchsplanung, den zu überprüfenden Aspekt dadurch zu isolieren, daß alle übrigen Bestandteile in einer Reihe anderer Experimente positiv getestet wurden. Diese Betonung der Überprüfbarkeit von Naturgesetzen sichert natürlich, daß die Wissenschaft sich wirklich auf Beobachtung gründet und nicht auf «Tatsachen»; sie ist deswegen immer in Entwicklung begriffen. Aber obwohl unsere Experimente Theorien überprüfen und erfolgreiche Theorien von erfolglosen unterscheiden, können sie keine Theorien erzeugen. Vielmehr werden die Experimente im allgemeinen durch die Theorie nahegelegt.

Genauer betrachtet enthüllt unser Erfolg bei der Vorhersage von Naturerscheinungen jedoch etwas, das auf den ersten Blick ziemlich widersprüchlich erscheint.

Das Paradoxon der Vorhersagbarkeit

Nehmen wir einmal eine Sprache als vorgegeben an. Wie viele Worte muß dann ein in dieser Sprache gedrucktes Buch insgesamt enthalten, damit es eine vollständige Beschreibung der Herstellung dieses Buches enthält?
N. Raschewski

Daß wir zutreffende Vorhersagen machen können, scheint einen Aspekt der Natur zu belegen, der sich unserer Kontrolle entzieht: einen Teil, der dem Einfluß des Menschen nicht zugänglich ist. Damit wir verstehen, was diese Aussage bedeutet, untersuchen wir zuerst, unter welchen Umständen die Vorhersage zukünftiger Ereignisse ganz unabhängig vom Vorwissen unmöglich ist.

Wenn ich über noch soviel Psychologie und Physiologie verfügte, könnte ich niemals eine Vorhersage über Ihr zukünftiges Verhalten machen, die Sie als wahr betrachten müssen, denn Sie können meine Vorhersage, nachdem sie Ihnen offenbart wurde, immer widerlegen. Meine Kenntnis menschlichen Verhaltens kann Sie nicht davon abhalten, wenn Sie es nicht wollen. Meine Vorhersage könnte jedoch genau zutreffen, wenn sie Ihnen nicht bekannt wird.

Ein gutes Beispiel dafür ist die Meinungsumfrage – eine Schöpfung der Medien. Eine vor den Wahlen veröffentlichte Meinungsumfrage kann niemals das Ergebnis einer künftigen Wahl unfehlbar vorhersagen, weil es logisch unmöglich ist, daß die Meinungsumfrage selbst den Einfluß beurteilt, den sie auf das Wählerverhalten ausübt. Wir könnten uns alle zusammen verschwören und beweisen, daß eine bestimmte Umfrage keine richtige Vorhersage macht, indem wir alle gerade diejenige Splitterpartei wählen, für die die letzte Meinungsumfrage am wenigsten Stimmen vorhersagt. Im allgemeinen ist es *im Prinzip* unmöglich, die Wirkung einer Vorhersage auf das Wählerverhalten vorherzusagen. Das bedeutet natürlich nicht, daß alle solche Vorhersagen falsch sein müssen. Ihre Vorhersage für mein heutiges Verhalten mag sich als völlig zutreffend herausstellen. Ich brauche sie nicht zu widerlegen, wenn ich das nicht will, aber Sie können nie sicher sein, ob ich die Vorhersage nicht lieber falsifizieren möchte. Die Vorhersage meines zukünftigen Verhaltens könnte völlig zutreffend sein und bleiben, solange Sie sie mir nicht mitteilen. Entscheidend ist, daß sich unter diesen Umständen das Eintreffen der Vorhersage nicht garantieren läßt. Ich kann eine Vorhersage meines Verhaltens immer einfach dadurch widerlegen, daß ich ihr nicht glaube. Man sieht, daß Überlegungen dieser Art mit Vorsicht zu behandeln sind, wenn es darum geht, ob es einen freien Willen gibt oder nicht. Es ist nicht nur eine Wahl zwischen freiem Willen und Determinismus, sondern zwischen freiem Willen und Determinismus relativ zu etwas. Wir bemerken mit Vergnügen, daß es prinzipiell unmöglich ist, ein zutreffendes Horoskop zu stellen, außer wenn Sie es entweder nicht lesen oder sich bewußt entscheiden, das zu tun, wovon vorhergesagt wird, daß Sie es tun werden!

Deshalb können wir unsere eigenen Entscheidungen nur dann mit Hilfe einer wissenschaftlichen Formel korrekt vorhersagen, wenn wir sie schon getroffen haben. Das ist das logische Dilemma.

Diese Beispiele zeigen, daß die Wahlprognose etwas anderes ist als die Wettervorhersage. Die Wahlprognose kann eine unvorhersehbare Wirkung auf eine Wahl haben, aber die Wettervorhersage kann das Wetter nicht beeinflussen, denn das wird von etwas bestimmt, das sich unserer Kontrolle entzieht. Dieser Unterschied hat zugleich den fantastischen Erfolg der exakten Naturwissenschaften ermöglicht und auch das ebenso eklatante Versagen derselben Forschungsmethoden herbeigeführt, wenn sie von den Wirtschafts- und Sozialwissenschaften angewendet wurden. Stellen wir uns einmal vor, wie frustrierend das Leben der Chemiker wäre, wenn Moleküle sich so verhielten, wie es die Forschungsobjekte des Wirtschaftswissenschaftlers tun!

Diese angenehme Eigenschaft der meisten naturwissenschaftlichen Untersuchungen, daß nämlich die untersuchten Dinge ihr Wesen nicht ändern, wenn sie erforscht werden, wurde von Descartes und den Cartesianern, die ihm darin folgten, für eine entscheidende Annahme über das Wesen der Welt gehalten. Dieser «Dualismus», der den Beobachter der Natur von der äußeren von ihm erforschten Welt trennt, war nicht nur ein Weg, religiöse und ethische Fragen von der wissenschaftlichen Erforschung auszuschließen. Er war vom Wunsch bestimmt, die magischen Possen der Alchimisten nicht ernst nehmen zu müssen. Die Alchimie fordert vom Experimentator die richtige Geistesverfassung, wenn die Ergebnisse günstig sein sollen. Die Rhetorik war ein Teil der Versuchsanordnung. Der Beobachter und das Beobachtete waren untrennbar gekoppelt. Wiederholbare Experimente konnte es nicht geben. Das erinnert etwas an die Phänomene Uri Gellers, die, so wird gesagt, nur vor Zuschauern möglich sind, die an die Phänomene glauben!

Vielleicht sind die unglücklichen Erfahrungen einiger Physiker, die sich an der Erforschung paranormaler Phänomene versucht haben, auf den Erfolg des dualistischen Gesichtspunktes in den Naturwissenschaften zurückzuführen. Falls bei einigen solchen Erscheinungen absichtlicher Betrug im Spiel war, sind exakte Naturwissenschaftler besonders ungeeignet, ihn aufzudecken, weil es zu ihrer Geisteshaltung gehört, anzunehmen, daß sich die betrachteten Phänomene nicht gegen sie verschwören. Die Psychologie des Magiers (oder auch des Falschspielers) paßt besser zur Erforschung solcher paranormaler Ereignisse als der kindliche Glaube an die Ordnung der Natur, der den Naturwissenschaftler kennzeichnet.

Die äußere Welt: eine erste Annäherung

> *Wenn die physikalischen Gesetze dieser Welt autonom sind, sind wir nicht frei; wenn wir frei sind, sind die physikalischen Gesetze nicht autonom.*
>
> Karl Popper

Die Fähigkeit zur zutreffenden Vorhersage von Naturereignissen, ob es nun Fallbahnen von Äpfeln oder Sonnenfinsternisse sind, hat für uns mit dem zu tun, was wir vage die *äußere Welt* nennen könnten, mit der Ansammlung von Dingen und Ereignissen, die wir nicht willentlich beeinflussen können. Diese Aussage ist nicht so anthropozentrisch, wie sie zuerst klingen mag, denn sie gilt gleichermaßen für andere Formen künstlicher Intelligenz, wie etwa Computer.

Zwar mag es keine verbindlichen Gesetze für individuelles menschliches Handeln oder richtige Vorhersagen menschlichen Verhaltens geben, aber doch lassen sich richtige Vorhersagen über das Verhalten von Atomen, der Schwerkraft, des elektrischen Stroms, von Silikonchips und so weiter machen, und solche Vorhersagen werden gemacht. Diese Ereignisse sind vorhersagbar, weil sie nicht durch unsere eigenen Entscheidungen kontrolliert werden können. Wir können die Stärke der Schwerkraft oder die Eigenschaften der Elektrizität ebensowenig beeinflussen, wie wir das Wetter ändern, indem wir es vorhersagen. Diese äußere Welt scheint durch etwas geregelt zu sein, auf das wir mit unserem Willen auf keine Art Einfluß haben. Durch diese Überlegung kommen wir zu dem widersprüchlichen Schluß, daß einige Ereignisse eben deshalb, weil wir sie nicht kontrollieren können, vorhersagbar sind; der Grund dafür, daß wir sie nicht kontrollieren können, liegt darin, daß sie anscheinend schon von etwas anderem kontrolliert werden: Dieses Etwas nennen wir Naturgesetz.

Vorhersagbarkeit bedingt also, daß etwas sich unserer Kontrolle entzieht. Wir sollten jedoch auch sagen, daß Ereignisse nicht unbedingt unserer Kontrolle unterliegen, wenn wir sie nicht vorhersagen können. Wir können in der Praxis aus allen möglichen Gründen mit einer Vorhersage keinen Erfolg haben, und einige dieser Gründe werden wir in späteren Kapiteln untersuchen.

Die eben angestellte Überlegung ist eine Äußerung des «gesunden Menschenverstands», wie ihn die Cartesianer intuitiv schätzten. Diese vernünftige Denkweise bewährte sich damals ausgezeichnet, als die Naturwissenschaft bei der Entwicklung mechanischer Bilder von der Wirkungsweise der Welt rasante Fortschritte machte. Leider werden wir in Kapitel 3 finden, daß die Schranke zwischen dem Beobachter und dem Beobachteten dann auf eine ganz besondere Weise, mit beobachtbaren Folgen, verschwindet, wenn die Natur an ihren äußersten Grenzen untersucht wird. Wir können wissen, so erleben wir, daß das Wissen Dinge in einer dem Wissen unzugänglichen Weise verändert.

Einige der bemerkenswertesten Beispiele für diese Gesetze, die sich unserer Kontrolle entziehen, uns aber die Vorhersage von Ereignissen erlauben, gehören in den Bereich der Statistik. Sie sind bemerkenswert, weil es keine einfache Regel zu geben scheint, die für jedes einzelne Ergebnis eines wiederholten Vorganges gilt und sicherstellt, daß die langfristigen Ergebnisse im Mittel vorhersagbar sind. Wenn wir zum Beispiel immer wieder eine nicht gewichtete Münze werfen, können wir nicht mit Sicherheit vorhersagen, ob bei jedem einzelnen Wurf Kopf oder Zahl oben liegen wird, wohl aber, daß bei wachsender Anzahl der Würfe die Anzahl der Male, bei denen die Zahl oben liegt, immer genauer gleich der Anzahl der Male sein wird, bei denen der Kopf oben liegt. Die interessanten Fragen lauten: Was können wir in diesem Fall nicht beeinflussen? und: Was bedingt eine zuverlässige Vorhersage? Statistische Gesetze dieser Art spielen in unserem Alltagsleben eine wichtige Rolle. Durch sie bestimmen Versicherungen die Wahrscheinlichkeit, daß wir mannigfaltiges Mißgeschick erleiden, und legen damit fest, wie hoch unser Jahresbeitrag sein soll. Auch Buchmacher scheinen sehr gut mit ihnen zu leben. In der Tat waren Spieler die ersten, die sich mit Statistik beschäftigten.

Hier scheint es angebracht, sich an eine populäre, von Popper entwickelte Trennung der äußeren Welt von der unseres Geistes zu erinnern; sie ist eine moderne Form des Dualismus. Popper betrachtet den Fall, daß drei «Welten» existieren. Welt I enthält wirkliche physikalische Objekte, organische und anorganische: Felsen, Ameisenbären und Sie und mich. Zu ihr gehören unser Gehirn und all die Erzeugnisse menschlicher Schöpfungskraft: Bücher, Gemälde und Plastiken. Welt II enthält Bewußtseinszustände: die subjektive Erfahrung unserer Vorstellungen, Erinnerungen, Träume, Gedanken und Wahrnehmungen. Welt III schließlich enthält objektives Wissen: alle unsere literarischen Zeugnisse wissenschaftlicher Tatsachen, Spekulationen, Philosophie, Geschichte und den Inhalt der Computerspeicher, außerdem wissenschaftliche Argumente und mathematische Sätze. Bewohner der Welt III können nicht objektiv dargestellt werden, ohne sich entweder in Welt I oder Welt II zu begeben. Unsere wissenschaftliche Forschung besteht aus subjektiven Erfahrungen der Art von Welt II über konkrete Größen in Welt I, und dies führt zur Formulierung von Vorhersagen und kritischen Fragen und Theorien über das Universum, wie sie Welt III besetzen. Die Objekte der «Dritten» Welt werden nur durch den Eingriff unseres Geistes möglich. Unsere wissenschaftlichen Theorien über das Weltall erzeugen praktische Darstellungen der Naturgesetze, die gewöhnlich in mathematische Gleichungen gekleidet sind, und diese Gleichungen leben in Welt III. Wir würden gern wissen, ob es in Welt I wirklich Naturgesetze gibt oder ob sie nur in Welt II entstehen.

Im nächsten Kapitel versuchen wir, die historische Entwicklung des Gedankens zu verfolgen, daß es Naturgesetze gibt, und zu erfahren, ob der Begriff seine Wurzeln in bestimmten allgemein-menschlichen oder speziellen kulturgebundenen Vorurteilen hat, die zu Welt II gehören. Wir werden auch untersuchen, wie dieser Begriff eine bedeutende Rolle für die Entwicklung unserer religiösen und philosophischen Ansichten gespielt hat.

Vorschreiben oder Beschreiben?

Es gibt keinen Hinweis darauf, daß Elisabeth viel Geschmack an Gemälden fand; aber sie mochte Bilder von sich selbst.
Horace Walpole

In dieser Einleitung haben wir bis jetzt den Begriff des Naturgesetzes in eher unbestimmter Weise benutzt. Es gibt jedoch eine Reihe ganz verschiedener Sichtweisen der Naturgesetze, und es ist wichtig, sich dieser Unterschiede bewußt zu sein, weil verschiedene Verfasser mit dem Wort «Naturgesetz» oft sehr Verschiedenes bezeichnen. Die beiden einfachsten Möglichkeiten sind häufig eine Quelle von Mißverständnissen.

Für einige beschreibt der Ausdruck «Naturgesetz», was tatsächlich passiert. Naturgesetze sind für sie die geschichtliche Aufzeichnung der Regelmäßigkeiten. Solche Gesetze können natürlich nach Definition niemals verletzt werden. Es ist, als ob wir den Verkehrsfluß vor unserem Haus aufzeichneten und dann vom «Gesetz» des Verkehrsflusses sprechen. Wenn man Naturgesetze in dieser rein beschreibenden Art sieht, wäre die Behauptung unsinnig, daß Wunder unmöglich sind, weil sie den Naturgesetzen widersprechen, denn Gesetze dieser Art können nichts bestimmen: Sie können nicht gebrochen werden. Andererseits behalten sich einige den Ehrentitel «Naturgesetz» für etwas Spezielleres vor: für unser Bild von der Natur. Wenn wir mit Naturgesetz unterschiedliche deduktive Beziehungen, mathematische Formeln, Symmetrieprinzipien, Erhaltungsgesetze oder Regeln meinen, die besagen «Wenn das und das der Fall ist, folgt daraus dieses», dann können diese von Menschen gemachten Herleitungen oder großzügigen Verallgemeinerungen verletzt werden. Wir wüßten dann, daß wir zuvor vielleicht durch falsche Logik, fehlerhafte Versuchsdaten oder, wahrscheinlicher, das Auftreten eines Phänomens, das uns bis dahin noch nicht begegnet war, zu falschen Kodierungen von Ereignissen gelangt waren.

Wir sollten uns auch davor hüten, die Wirklichkeit in Schubfächer zu pressen, für die sie nicht bestimmt ist. Es mag für die Zwecke der Darlegung bequem sein, Alternativen als Beschreibung oder Erklärung voneinander abzugrenzen, aber manchmal können identische Aussagen je nach dem Zusammenhang beide Rollen spielen. «Ich schreibe ein Buch» kann als Antwort auf die Frage «Was tust du gerade?» eine Beschreibung sein, als Antwort auf die Frage: «Warum spülst du nicht das Geschirr?» aber eine Erklärung.

Die Zwitterrolle der Naturwissenschaft als Beschreibung, wie sie der Versuch verkörpert, und der Erklärung, der Theorie, ist vermutlich ein Vorteil. Sie veranschaulicht das Gleichgewicht, das in unserer Wissenschaft zwischen Theorie und Experiment besteht. Wenn entweder die Erklärung oder die Beschreibung ein Übergewicht hätte, wäre eine Facette in bezug auf die andere überentwickelt. In einigen Bereichen, wie der Kosmologie oder der Elementarteilchenphysik, eilt die Theorie in der Tat dem Experiment voraus, weil die Durchführung der entscheidenden Experimente so enorm große Baumaßnahmen und Kosten verursacht. In anderen Fächern, insbesondere der Zoologie und der Biochemie, überwiegen deutlich die durch Beobachtung und Experiment gewonnenen Daten. Dort ist es sehr schwierig, ein umfassendes Gesetz zu formulieren, weil es eine riesige Anzahl von Tatsachen umfassen muß, bevor es überhaupt erfaßt werden kann. Deshalb neigen die physikalischen Wissenschaften zu erklärenden Gesetzen, die biologischen Wissenschaften eher zu beschreibenden. Manchmal müssen wir dieses Problem so angehen, daß wir die Faktoren heraussuchen, die wir am ehesten für erklärungswürdig halten. Wir vernachlässigen dann andere und hoffen, ein Bild, das erfolgreich die Hauptfaktoren erklärt, ständig so verbessern zu können, daß sich kleine Unstimmigkeiten erklären lassen. Ernst Machs Warnung vor zu großem Ehrgeiz ist bedenkenswert: «Wenn alle Einzeltatsachen – all die Einzelphänomene, von denen wir gern Kenntnis hätten – uns unmittelbar zugänglich wären, hätte sich niemals eine Wissenschaft entwickelt.»

Selbst wenn uns eine ungeheure Menge an Fakten bekannt ist, brauchen wir zur Auswahl der wirklich wichtigen Fakten Geschick, Urteilsvermögen, Erfahrung und Eingebung. Unsere Erfahrung zeigt, daß nur eine kleine Teilmenge der physikalischen Welt untersucht zu werden braucht, um die zugrundeliegenden Themen und Verhaltensmuster aufzuklären. Darin steckt im Grunde die Bedeutung der Existenz von Naturgesetzen, und deshalb sind sie für uns unschätzbar. Sie ermöglichen es, durch die Erforschung ausgewählter kleiner Teile ein Verständnis für das ganze Weltall zu gewinnen.

Die verschiedenen Ansichten der Naturwissenschaft

> *Falls der Zweck der wissenschaftlichen Methode darin besteht, ein Untersuchungsverfahren oder auch praktische Regeln für wissenschaftliches Verhalten anzugeben, scheinen Naturwissenschaftler sehr gut ohne sie auszukommen.*
>
> Peter Medawar

Wissenschaftstheoretiker haben lange und eingehend über die Bedeutung des Begriffs «Naturgesetz» nachgedacht, ohne daß ihre Auseinandersetzungen damit einen erkennbaren Einfluß auf die wissenschaftliche Praxis hatten. Die meisten Wissenschaftler neigen zu der Meinung, daß «die Wissenschaftsphilosophie für Wissenschaftler etwa so nützlich ist wie die Ornithologie für Vögel» (ungeachtet der Tatsache, daß einige Vogelarten ihr Überleben dem Interesse der Ornithologen verdanken). Der erste Punkt, der zu klären ist, bevor wir uns auf die Diskussion einlassen, betrifft eine Definition. Die gerade erwähnte Doppelbedeutung des Begriffs «Naturgesetz» spiegelt sich auch in anderen Aspekten der Wissenschaft. Der Ausdruck «Quark» mag manchmal von einem Physiker zur Bezeichnung des Dinges an sich verwendet werden und manchmal mit Bezug auf das theoretische Modell. Die Möglichkeit solcher Bedeutungsunterschiede hat zu mehreren völlig verschiedenen Sichtweisen wissenschaftlicher Gesetze geführt. Keine dieser Deutungen ist widerlegbar, und unabhängig davon, welche Deutung Experimentalphysiker zu der ihren machen, sollte sie die erhaltenen Ergebnisse nicht beeinflussen. Die Deutung wirkt sich allerdings sowohl auf die Art der Untersuchungen aus, auf die sich Theoretiker einlassen, als auch auf die Themen, die sie für untersuchenswert halten, und auf die Art von Fragen, die sie für wissenschaftlich zugänglich erachten. Sie färbt ganz entschieden das Bild, das Wissenschaftler in allgemeinverständlichen Darlegungen ihrer Arbeit geben, und beeinflußt die daraus gezogenen außerwissenschaftlichen Folgerungen. Obwohl sich keine der alternativen Auffassungen von Wissenschaft und Naturgesetz mit Entschiedenheit widerlegen läßt, gibt es, wie wir sehen werden, überzeugende Indizienbeweise zugunsten einiger und gegen andere. Es wird nützlich sein, diese Sichtweisen im Sinn zu behalten, wenn wir in späteren Kapiteln einige der neuen wissenschaftlichen Entwicklungen untersuchen, denn diese Sicht der Naturwissenschaft entstand in einer Zeit, als die Wissenschaft ein kleinerer und einfacherer Bereich war. Dabei taucht die interessante Frage auf, ob sich das Thema auch jetzt noch durch diese Sichtweisen erfassen läßt.

Empirismus. Der Empirist behauptet, daß unser Wissen von der Welt nur aus einer Ansammlung von Einzeltatsachen besteht, auf die der Beobachter subjektiv keinen Einfluß hat. Alle sinnvollen Begriffe lassen sich auf Sinneswahrnehmungen zurückführen, und unsere wissenschaftlichen Theorien sind einfach geeignete Zusammenfassungen unserer Beobachtungen. Der Beobachter macht keine persönlichen Beiträge, wenn er als Forscher handelt.

Diese Denkweise ist eng verwandt mit der vor dem Zweiten Weltkrieg verbreiteten philosophischen Richtung des Positivismus, die behauptet, daß wir bei unserer Erforschung der Welt immer nur auf Einzelfälle treffen, nie auf Universalien. Wir schaffen die Universalien, indem wir vielen Einzelfällen, die gemeinsame Kennzeichen haben, einen gemeinsamen Namen geben. Die ihnen gemeinsamen Kennzeichen jedoch existieren nur innerhalb unserer Ansammlung von Einzelfällen und nicht von ihnen getrennt. Gesetze sind nach Meinung der Empiristen nur Darstellungen dieser Gruppierungen. Sie sind bequeme Beschreibungen, die nichts Zukünftiges garantieren können. Das «kriminelle Element» ist keine universale Größe, sondern eine Gruppe von Menschen, die aufgrund ihrer Veranlagung zum Verbrechen zusammengefaßt wurden. Diese Weltanschauung wird manchmal «Nominalismus» genannt, um zu betonen, daß sie die Naturgesetze als rein beschreibend sieht; sie sind nichts anderes als Namen für bestimmte Ereignisfolgen.

Der Empirismus behauptet, daß wir über Dinge, die nicht beobachtbar sind, niemals wirklich etwas «wissen» können. Alles Wissen, das wir durch reines Nachdenken über die Welt erhalten zu haben behaupten, spiegelt einfach wider, wie wir unsere Worte benutzen. Es besagt nichts über die wirkliche Welt. Eine andere Spielart dieses Themas ist die Behauptung, daß es sinnlos ist, die Wahrheit einer Aussage zu behaupten, wenn man nicht weiß, was sie bedeutet. Das führte zu der Denkrichtung, die die Wichtigkeit der Verifizierung betonte. Tatsächlich wurde der Sinn einer Aussage als ihre Methode der Verifizierbarkeit definiert. Wir haben damit zwei Möglichkeiten der Verifizierung vorgestellt: die Beobachtung der Erfahrung und die logische Verbindung von Sätzen.

Operationalismus. Dies ist eine andere Form des Positivismus. Der Operationalist behauptet, daß Naturwissenschaft nichts anderes ist als ein System von Vorschriften für die brauchbare Erforschung der Welt im Labor. Die einzig sinnvollen Begriffe sind jene, die durch eine Folge praktisch durchführbarer Schritte, sogenannte «Operationen», definiert werden können. Andere Begriffe, wie zum Beispiel «Intelligenz», sind sinnlos. Nach dieser Lehre werden wissenschaftliche Gesetze nicht zur Beschreibung der Welt benutzt, sondern zu ihrer Manipulation, und Theorien sind nur Instrumente, die zu Vorhersagen über sie führen.

Diese Denkweise legt im Vergleich mit dem Empirismus etwas mehr Gewicht auf die Rolle der Theorie. Gute Theorien sind solche, die es uns erlauben, die Welt möglichst genau und vorteilhaft zu manipulieren. Die nützlichsten haben den größten Überlebenswert, aber ihnen läßt sich keine Eigenschaft wie «wahr» oder «falsch» zuschreiben. Der Operationalist würde auch behaupten, daß wir mit diesen Theorien, selbst wenn wir sie erfolgreich formuliert haben, nichts anderes machen, als mit ihrer Hilfe nach einer neueren, größeren und besseren Theorie zu suchen. Sie sind praktisch die Hauptwerkzeuge.

Instrumentalismus. Der Operationalismus schließlich entwickelte einen Ableger, den sogenannten Instrumentalismus. Der Empirist ähnelt dem philosophischen Positivisten, und der Operationalismus hat viel mit der linguistischen Philosophie gemein, zu der sich der Positivismus wandelte. Er fragt zur Bedeutungsfeststellung vor allem danach, wie Wörter benutzt werden. Bei einer wissenschaftlichen Aussage kommt es seiner Meinung nach vor allem darauf an, wie sie verwendet wird, und nicht darauf, was sie bedeutet oder beschreibt. Diese Einstellung heißt Instrumentalismus, um zu betonen, daß wissenschaftliche Theorien und Naturgesetze lediglich Instrumente sind, die uns die Umwelt erfahrbar machen: Sie sollen nicht buchstäblich genommen werden, und ihnen ist keine ihnen innewohnende Wahrheit zuzuschreiben. Wichtig ist nicht, ob sie wahr oder falsch sind, sondern ob sie nützlich sind. Theorien sind Licht im Dunkel, Wegweiser im Durcheinander der Erfahrung.

Anders als der Empiriker behauptet der Instrumentalist nicht, daß die einzig gültigen Begriffe jene sind, die sich auf Sinnesdaten zurückführen lassen. Die Theorie und der Mensch, der sie betreibt, dürfen eine Rolle spielen. Die Tätigkeit des Wissenschaftlers soll nicht einfach als Aufzeichnen und Sortieren beobachtbarer Tatsachen gesehen werden, sondern als Erfindung und Verbesserung von Modellen, die die Fülle der Daten ordnen können.

Idealismus. Da alles Wissen, das wir behaupten zu besitzen, durch unseren Verstand gefiltert wurde, können wir nach Meinung des Idealisten niemals sicher sein, daß es eine direkte Beziehung zwischen der Wirklichkeit und unseren Vorstellungen von ihr gibt. Sie ist eigentlich ein großartiger Traum: eine Idee. Deshalb müssen wir zwischen der Natur, wie sie wirklich ist, und dem unterscheiden, wie wir sie wahrnehmen. Die Größen in unseren Theorien existieren im Weltall nicht wirklich; sie sind einzig von unserem Verstand dem Chaos der Sinneseindrücke aufgezwungen worden. Eine Extremform dieser Denkweise ist der Solipsismus, der behauptet, daß die äußere Welt, die jeder Beobachter erfährt, allein ein Produkt seiner eigenen Vorstellung ist.

Realismus. Der Realist glaubt, daß die äußere Welt existiert und daß die von Wissenschaftlern gefundenen Beobachtungen und Naturgesetze einen direkten Bezug zur Wirklichkeit haben. Die von richtigen Theorien beschriebenen Größen existieren unabhängig von Beobachtern, und folglich sind alle Theorien entweder wahr oder falsch, ganz gleich, ob ihre Existenz bekannt ist oder nicht. Wo der Operationalist und Empirist die Beobachtbarkeit betonen, konzentriert sich der Realist auf Verständlichkeit und Analysierbarkeit.

Der Realist nimmt an, daß es «dort draußen» allgemeingültige Naturgesetze gibt, unabhängig davon, ob wir sie wahrnehmen. Den Hauptbeitrag zum Wissen trägt der Beobachtungsgegenstand bei, nicht der Beobachter oder der Beobachtungsvorgang selbst.

Für und Wider

> *Es gibt nichts so Absurdes, daß es nicht von Philosophen gesagt worden wäre.*
>
> Cicero

Obwohl wir, wie gesagt, unmöglich eine dieser rivalisierenden Lehrmeinungen ausschließen oder logisch beweisen können (Wie auch, denn entziehen sie sich nicht im Grunde alle dem Beweis?), können wir doch gegen einige und für andere überzeugende Argumente anführen.

Beginnen wir mit den Empiristen. Den forschenden Wissenschaftler stört die Ansicht des Empiristen, eine Theorie könne niemals etwas anderes anstreben als eine Beschreibung von Daten. Nur gelegentlich entstehen Theorien auf diese Art. Der Elementarteilchenphysiker sucht nach dem Schlüssel, der ihm das Geheimnis verrät, woraus Elementarteilchen bestehen und wie sie miteinander wechselwirken, und formuliert mathematische Theorien, die er wegen ihrer überzeugenden Symmetrieeigenschaften ausgewählt hat. Diese Eigenschaften bedingen, daß es bestimmte Teilchen geben muß, die miteinander auf besondere Weise wechselwirken, damit die Symmetrie gewahrt bleibt. Der Teilchenphysiker versucht dann, eine knappe mathematische Beschreibung von dem zu geben, was wir schon wissen; die Vorhersagen seiner neuen Theorie leiten sich jedoch aus Symmetriebetrachtungen her, deren experimentelle Bestätigung nach den heutigen Möglichkeiten in weiter Ferne liegt. Nein, Wissenschaftler benutzen Theorien nicht als reine Datenverzeichnisse und sehen sie auch nicht als solche. Kein Teilchenphysiker würde eine *Theorie* der Elementarteilchen mit einer Aufzählung der Eigenschaften der Teilchen verwechseln. Er würde auch einen grundlegenden Begriff wie zum Beispiel den des «Photons» nicht nur auf seine meßbaren Aspekte beschränken wollen, denn mit seiner Hilfe lassen sich viele andere beobachtbare Phänomene in Situationen erklären, in denen es selbst nicht meßbar ist.

Dafür können wir viele Beispiele anführen: Die Allgemeine Relativitätstheorie wurde von Einstein aufgrund von «Gedankenexperimenten» rein theoretisch entwickelt und nicht als eine Beschreibung von Beobachtungen, denn er kannte seinerzeit praktisch keine einschlägigen Daten. Als Einstein Beobachtungsdaten vorgelegt wurden, die der Theorie widersprachen, schloß er sogar in zwei Fällen, daß die Beobachtungen Irrtümer enthalten müßten (und er behielt recht). Viele der fruchtbarsten Vorstellungen der exakten Naturwissenschaften, so zum Beispiel die Quarks, sind nicht direkt beobachtbar. Der Wissenschaftler, der nur Fakten sammelt und ordnet, ähnelt einem Briefmarkensammler, der einfach wahllos Briefmarken anhäuft.

Neben der Gewinnung neuer Versuchsdaten sind unsere wichtigsten Entdeckungen neue Wege der Problemlösung, unvorhergesehene Zusammenhänge zwischen verschiedenen Themenbereichen, durchschlagende Analogien und neue, unerwartete Probleme: Wir sammeln neue Möglichkeiten ebenso wie neue Tatsachen. Und was tun wir, wenn wir dem Empiristen in der Annahme folgen, daß nur Tatsachen einen Anspruch auf Existenz erheben können, wobei an dieser Ansammlung von Tatsachen das wichtigste die Tatsache ist, daß sie auf verschiedenste Weise miteinander in Beziehung stehen und gemeinsame Eigenschaften haben?

Der Empirismus klingt zunächst wie eine harmlose Spitzfindigkeit, aber bei genauerer Betrachtung stellt sich heraus, daß er alle möglichen unbequemen Folgen hat. Strenggenommen schließt er viele nützliche physikalische Begriffe aus, weil sie nicht beobachtbar sind. Zunächst verbietet er jedes allgemeingültige Naturgesetz, weil sich seine Gültigkeit in der Praxis nur in einigen wenigen Fällen bestätigen läßt. Es kann niemals verifiziert werden. Das scheint ziemlich bald zum Untergang der Naturwissenschaft führen zu müssen. Die erste Rückzugstaktik besteht darin, eine Aussage jeweils dann für sinnvoll zu halten, wenn sie in Verbindung mit anderen Aussagen verifizierbare Folgen haben kann, aber damit wird am Ende überhaupt nichts ausgeschlossen.

Der Standpunkt des Operationalisten wurde durch die Wahrnehmung bestärkt, daß sich einige Alltagsbegriffe, die Wissenschaftler als selbstverständlich hingenommen hatten, als sinnlos erwiesen. So zeigt zum Beispiel die 1905 von Einstein aufgestellte Spezielle Relativitätstheorie, daß die vertraute Idee der zeitlichen Gleichzeitigkeit absolut genommen keinen Sinn hat. Wer sich von den Scheuklappen unserer Erfahrung mit Körpern befreit, die sich viel weniger schnell bewegen als das Licht (300000 km/s), macht die Beobachtung, daß zwei Ereignisse, die für ihn gleichzeitig sind, von anderen relativ zu ihm bewegten Beobachtern nicht als gleichzeitig empfunden werden. Daraus lernen wir, daß ein Begriff noch nicht deshalb sinnvoll sein muß, weil er plausibel klingt. Gleichzeitigkeit stellt sich als ein ähnlich relativer Begriff heraus wie Größe. Wenn Sie zwei Körper aus einem Winkel betrachten, sieht der eine womöglich größer aus als der andere, aus einem anderen Blickwinkel jedoch können sie gleich groß erscheinen. Um eine Zeugenaussage, die besagt, ein Körper sei größer als ein anderer, richtig deuten zu können, müssen wir mehr Information haben. Wir müssen die Folge der Messungen kennen, mit deren Hilfe die Zeugen die Größe bestimmten.

Der Operationalist möchte von einem Begriff wissen: «Ist er meßbar? Gibt es ein Versuchsverfahren, das ihn konstruktiv Schritt für Schritt aufbaut?» Er fordert, daß die Antwort auf beide Fragen «Ja» ist. Aber damit steht er auf gefährlichem Boden, denn fast die gesamte quantitative Naturwissenschaft spricht die Sprache der Mathematik, und zu dieser Sprache gehören alle Arten von Begriffen, die in dem von Operationalisten geforderten Sinn nicht meßbar oder physikalisch konstruierbar sind. Grenzwerte, irrationale und komplexe Zahlen, infinitesimal Kleines, unendlich Großes: Alle diese sind für die mathematische Beschreibung und Naturerklärung wichtige Begriffe, aber sie sind nicht direkt meßbar. Schlimmer noch, wir müssen ernsthaft fragen, ob wir operational auch nur die einfachsten begrifflichen Größen wie «Länge» ohne Verbindung mit einer Theorie dieser Größe messen können. Alle unsere Grundgrößen wie Masse, Länge und Zeit sind heutzutage nicht durch Vergleich mit makroskopischen, von Menschen hergestellten Gegenständen definiert, sondern relativ zu subatomaren Einheiten, deren Existenz von der Theorie behauptet wurde. Und wenn wir alles auf die Gesamtheit experimenteller Operationen zurückführen, die für eine eindeutige Beschreibung nötig sind, leugnen wir, daß wir jemals etwas ganz Neuartiges entdecken können. Wie können wir je zu einem neuen und besseren Verständnis einer bestimmten Größe kommen? Schlimmer noch erscheint die restlose Zersplitterung der Naturwissenschaft, die aus dem Operationalismus folgt. Jedesmal, wenn wir dieselbe Größe mit einem anderen Verfahren messen, müssen wir sie als eine andere Größe betrachten. Eine der Möglichkeiten, wie die Naturwissenschaft den Beschränkungen der individuellen Versuchsverfahren entkommen kann, besteht darin, Größen mit verschiedenen Verfahren zu messen und die Antworten zu vergleichen. Das wäre dem Operationalisten untersagt. Da sich jedes Experiment irgendwie, wenn auch noch sowenig, von jedem anderen unterscheidet, muß jedes schrittweise Versuchsverfahren als ein anderes gesehen werden. Wir müssen den Gedanken an die Einheitlichkeit der Natur aufgeben.

Der Operationalismus scheint sich auch in anderer Hinsicht als Bumerang zu erweisen, denn er setzt voraus, daß wir wissen müssen, was eine erlaubte «Operation» ist. Um sie zu definieren, müssen alle möglichen logischen, mathematischen und physikalischen Begriffe eingeführt werden. Darüber hinaus müssen wir entscheiden, was eine mögliche (im Gegensatz zu einer unmöglichen) Operation sein soll. Ein Operationalist muß hellsehen können, denn was heute unmöglich ist, kann morgen möglich sein. Die zu einer bestimmten Zeit angestellten theoretischen Spekulationen müssen sich also mit unseren experimentellen Möglichkeiten verschwören, und gewisse Begriffe dürfen nur dann verwendet werden, wenn etwas empfindlichere Geräte genauere Messungen zulassen.

Weder Operationalisten noch Instrumentalisten behaupten, daß unsere Gesetze und Theorien über die Natur lediglich entdeckt werden. Sie könnten auch erfunden werden. Sie räumen dem Beobachter dabei eine wichtigere Rolle ein als der Empirist. Deshalb stimmt der Standpunkt des Empiristen besser mit dem überein, was Wissenschaftler wirklich tun. Aber auch er stellt uns vor ein wirkliches Dilemma. Letztlich behauptet der Instrumentalist, eine Theorie besage nichts über die Welt, aber sicherlich erweisen sich einige Theorien als «nützlichere» und zuverlässigere Instrumente, die uns eher neue Erkenntnisse über die Welt gewinnen lassen als andere, weil sie eher gewissen unveränderlichen Tatsachen entsprechen als unsere unhaltbaren Einfälle. Wann bezeichnet ein Wissenschaftler je eine Theorie als «nutzlos», außer wenn er sagt, daß sie entweder falsch oder nichtssagend ist? Das einzig gültige Kriterium für die «Nützlichkeit» einer Theorie ist, daß sie den Tatsachen entspricht, auf die sie angewendet werden kann. Die Astrologie mag alle möglichen nützlichen psychologischen Aufgaben erfüllen, und sie wird sicherlich nicht wegen ihrer Nützlichkeit oder eines Mangels an Nützlichkeit von Astronomen abgelehnt. Sondern weil Astronomen behaupten, sie sei falsch.

Für menschliches Handeln ist es oft sehr wichtig, daß im Interesse der Beständigkeit zwei einander ausschließende Ansichten nebeneinander bestehen dürfen. So könnten Sie zum Beispiel befürworten, daß Ihr Land zu Verteidigungszwecken einen angemessenen Vorrat an Kernwaffen unterhält, und doch auch die Existenz starker antinuklearer Interessengruppen bejahen. Die Existenz solcher Gruppen kann für Befürworter der Kernwaffen eine wichtige Einschränkung bedeuten. Aber in der Naturwissenschaft gibt es kein solches Gleichgewicht. Wohl gibt es dort einander ausschließende Theorien, die zum Beispiel die Existenz von Galaxien zu erklären versuchen, sie existieren jedoch nur deshalb nebeneinander, weil es noch kein Tatsachenmaterial gibt, das eine von ihnen auf Kosten der anderen widerlegen kann.

Die Ansprüche der Idealisten sind am radikalsten. «Die ganze Beschreibung der Welt ist vom Verstand bestimmt», behaupten sie, «einschließlich der hirnverbrannten Idee, daß es nicht so wäre.» Aber einige unbequeme Tatsachen sprechen gegen diese Möglichkeit. Wissenschaftler, die unabhängig voneinander in verschiedenen Kulturen arbeiten, kommen zu denselben physikalischen Gesetzen. Sie verwenden vielleicht zu ihrer Darstellung einen anderen Formalismus, stellen aber so gewiß dieselbe Sache dar, wie die Symbole «8» und «VIII» dieselbe Zahl bezeichnen. Diese Ähnlichkeit unserer wissenschaftlichen Befunde weist deutlich auf die Existenz einer zugrundeliegenden konkreten Wirklichkeit hin, die unabhängig ist von uns selbst. Manchmal erhalten Wissenschaftler Theorien, die sie nicht verstehen, und das stellt eine merkwürdige Umkehr der Ereignisse dar, falls jene Theorien allein Geschöpfe unseres Geistes sind. Und warum stimmen diese unsere Geisteskinder mit einigen Datenmengen überein und mit anderen nicht? Jede Frage hat unendlich viele falsche Antworten, aber nur eine richtige: Was ermöglicht es unserem Geist, Antworten zu finden, die sooft richtig zu sein scheinen? Falls der Idealismus recht hat, scheint das eine beachtliche Menge von Zufällen zu erfordern. Und warum sind wir bei einigen Beobachtungen mit unserer Weisheit am Ende und können überhaupt keine Erklärung für sie finden?

Zwar ist die idealistische Sicht heutzutage bei Nichtwissenschaftlern in Mode, aber sie ist im Grunde primitiv. Menschliches Denken brauchte Jahrtausende, um so weit zu reifen, daß es nicht den Menschen im Mittelpunkt der Welt sehen muß. Der Idealist versucht, einen gewaltigen Schritt rückwärts zu machen und den menschlichen Beobachter wieder in seine vor-kopernikanische Stellung als Angelpunkt der Wirklichkeit einzusetzen.

Über die hyper-idealistische Sicht des «Solipsismus» läßt sich (vermutlich per definitionem) nicht diskutieren. Kein bedeutender Philosoph hat sie vertreten (obwohl das möglicherweise als Argument für seine Widerspruchsfreiheit gesehen werden kann oder wenigstens für die Vernunft seiner Anhänger, da kein Vertreter des Solipsismus irgendeinen Grund hätte, ihn zu verteidigen!). Selbst Bischof Berkeley, oft als einer der Urheber einer streng idealistischen Weltanschauung zitiert, ist weit davon entfernt, ein Solipsist zu sein. Er behauptete, daß die Welt im Geiste Gottes ewigen Bestand habe.

Wir werden uns im folgenden so lange zum «gesunden Menschenverstand» des Realisten bekennen, bis wir auf entschiedenen Widerstand treffen. Fast jeder forschende Wissenschaftler ist ein Realist – zumindest während seiner Arbeitszeit. Obwohl er, wenn er ehrlich ist, vermutlich nicht viel darüber nachgedacht hat, weil er seine Untersuchungen und Forschungen fast völlig unabhängig von seinen Ansichten gewinnt, möchte er vermutlich, am Wochenende dazu befragt, die realistische Position nicht gern allzusehr verteidigen. Die Naturwissenschaft wird anscheinend am besten unter der Annahme betrieben, daß der Realismus wahr ist, selbst wenn das tatsächlich nicht zutrifft. Obwohl diese letzte Aussage sonderbar klingt, erinnert sie an die Weltanschauung Immanuel Kants. Obwohl wir nicht beweisen können, daß die Natur zweckmäßig angelegt ist, müssen wir die Beobachtungsdaten seiner Meinung nach so ordnen, als ob sie es sei. Eine solche Systematisierung ist nur möglich, wenn wir an die Existenz eines «Prinzips der natürlichen Zweckmäßigkeit» glauben und die Natur so erforschen, als ob sie durch einen anderen Geist als unseren eigenen geordnet sei. Ganz gleich, ob Wissenschaftler sich ausdrücklich zu solchen Gedanken bekennen oder nicht, so bestimmt diese Einstellung doch ihr Handeln; sonst wären sie keine Wissenschaftler. Das stellt für rivalisierende philosophische Ansichten eine logische Schwierigkeit dar. Wenn alle Wissenschaftler so arbeiten, daß sie den Realismus für wahr halten, dann ist nach den Kriterien des Idealisten der Realismus wahr; und die Tatsache, daß die Naturwissenschaft offensichtlich am wirksamsten aus einer realistischen

Sicht betrieben wird, macht diese Sicht zur nützlichsten und deshalb das Kriterium des Instrumentalisten zum richtigen.

Gegen eine allzu vertrauensvolle Zustimmung zur realistischen Sicht lassen sich jedoch Einwände erheben. Sie ignoriert die Begrenzungen unseres mit Vorurteilen behafteten und oft völlig in die Irre gehenden menschlichen Verstandes. Wir können nicht vorhersehen, wie subtil und flüchtig diese von uns gesuchte zugrundeliegende Wirklichkeit schließlich sein mag. Sie könnte ganz buchstäblich unvorstellbar sein. Der Grenzwert einer unendlichen Zahlenfolge hat oft Eigenschaften, die kein Glied der zu diesem Wert konvergierenden Folge aufweist. Viele möchten ihre Zustimmung zum Realismus qualifizieren, um die Einstellung zu den Dingen von der Einstellung zu wissenschaftlichen Theorien über sie unterscheiden zu können. Jemand könnte sehr wohl ein Realist sein, soweit es um die Existenz eines Myon genannten Typs von Elementarteilchen geht, dieses Teilchen aber theoretisch ganz pragmatisch und anti-realistisch beschreiben, weil er glaubt, daß wir niemals eine absolut korrekte Beschreibung erhalten können. Theologen neigen sehr dazu, diese schizophrene Unterscheidung zwischen den Größen selbst und unseren Modellen von ihnen zu bejahen. Sie sind oft Realisten in bezug auf den Begriff Gott, aber Anti-Realisten in bezug auf jeden Versuch, die Gottheit durch eine axiomatische Definition zu erfassen; sie führen lieber nur an, was ER nicht ist.

Es gibt eine andere Denkrichtung, die zu der Annahme führen könnte, der Realismus sei wahr, ganz unabhängig davon, ob es ihn gibt. Unser Verstand und unsere Wahrnehmung sind das Ergebnis einer natürlichen Auslese, die zur Entwicklung eines Weltverständnisses geführt hat, das uns hilft, in der Welt zu überleben. Der Realismus ist offensichtlich die Überzeugung, die nicht nur am einfachsten und direktesten ist, sondern auch die, deren Überleben am wahrscheinlichsten ist. Stellen Sie sich folgendes Bild vor: Ein primitiver Volksstamm schlägt sich recht und schlecht im finsteren Dschungel durch, den er mit eher feindlich gesonnenen Geschöpfen teilt – Löwen, Tigern, Kobras, Bären und ähnlichem. Plötzlich ergibt sich nun innerhalb dieser Sippe als Folge einer Reihe von Philosophievorlesungen eines Vortragsreisenden einer westeuropäischen kulturellen Institution (er wurde später verspeist) eine Meinungsverschiedenheit in bezug auf die wahre Wahrnehmung der Welt. Es kommt zur Spaltung. Eine Hälfte des Stammes, Anhänger der idealistischen Philosophie, zieht in den anderen Teil des Waldes und läßt den Rest mit seinem altmodischen Realismus allein. Allmählich sterben die Idealisten aus. Sie waren zu dem Schluß gekommen, daß Bären, Löwen und Tiger (die noch keinen Besuch vom Philosophen erhalten hatten und von denen keiner ein Idealist war) einfach nur Schöpfungen ihres eigenen Geistes waren. Sie hielten nach Einbruch der Dunkelheit am Lagerfeuer gelehrte Seminare ab. Sie schmiedeten ihre Schwerter zu Pflugscharen und ihre Speere zu Sicheln, und sie schickten unbewaffnete Erkunder aus, um die Widerspruchsfreiheit ihrer Gedanken zu überprüfen. Keiner kehrte je zurück. Die Realisten indessen gediehen. Sie gaben sich keinen Täuschungen über die Realität und den Realismus von Tigern hin und wurden reich und nahmen an Zahl zu. Ihre Nachkommen verbreiteten die realistischen Annahmen über die Welt, und bis heute werden sie in ihren Dörfern nicht in Frage gestellt. In der primitiven Welt ist der Tod der Lohn des Unrealismus.

Das Betrübliche an dieser kleinen Parabel ist, daß es so scheint, als ob der Entwicklungsprozeß den Glauben an den Realismus selbst dann begünstigen könnte, wenn er irrt. Andererseits überzeugt uns die Parabel vielleicht von der Realität von Löwen und Tigern. Die anderen anti-realistischen Philosophen lassen sich auf verschiedene Weisen in diese Parabel einordnen. Was die linguistischen Philosophen betrifft, könnten wir damit beginnen, daß wir an das Wort von William James erinnern: «Das Wort Hund beißt nicht.» Das weitere überlassen wir dem Leser als Übungsaufgabe.

Diese Überlegungen fordern eine letzte Spekulation heraus. Wir wissen den sehr hohen Überlebenswert zu schätzen, den ein gewisser gesunder Realismus in einer feindseligen Umgebung im Vergleich mit einer bewußten Lebensform des Idealismus hat. Wenn alle Idealisten sind, verhungern entweder alle, oder sie werden durch den Einfall eines realistischen räuberischen Wesens verdrängt. Wenn sich aber das Leben zu höheren Ebenen intellektueller Kultiviertheit entwickelt, können Lebewesen statt nur über Dinge über das Denken selbst nachdenken. In diesem Stadium kann zusammen mit anderen Abstraktionen, die keiner natürlichen Auslese unterliegen, der Idealismus entstehen und als abstrakte Idee überleben. Eine fortschrittliche Zivilisation jedoch, die unerbittlich durch solche Spekulationen vom Realismus abrückte, wäre zweifellos bei jedem Konflikt mit einer weniger philosophisch aufgeklärten Gesellschaft benachteiligt. Vielleicht führt die intellektuelle Entwicklung unweigerlich zu einer idealistischen Form, die durch einen realistischen «Räuber» überwunden werden muß?

Der Operationalist könnte den Realisten wegen seiner Einstellung zu Theorien angreifen, indem er darauf hinweist, daß seine Theorien gewöhnlich Begriffe enthalten, von denen selbst Realisten nicht behaupten würden, daß sie wirklich existieren: magnetische Kraftlinien, Quark«klumpen» und so weiter. Sie wurden eingeführt, weil sie nützliche Hilfsmittel zur Veranschaulichung der Abläufe sind. Der Realist sieht in diesen Einwänden einen Hinweis darauf, daß er nicht behaupten solle, er sei ein Realist in bezug auf Theorien; vielmehr sagt er nur, daß es etwas Reales gibt, über das sich philosophieren läßt. Der Operationalist dagegen würde fragen, wie sich entscheiden lasse, wo die Linie zwischen jenen schon in Theorien aufgezeigten Hilfsmitteln und den übrigen Komponenten zu ziehen sei, von denen man vertrauensvoll annimmt, daß es sie «wirklich» gibt. Der Realist würde auch gern die Aufmerksamkeit darauf lenken, wie sich diese Begriffe, etwa «Elektronen» oder «Atome», unter vielen völlig verschiedenen Umständen als nützlich erweisen. Diese Übereinstimmung angesichts unterschiedlicher äußerer Faktoren, die jeden subjektiven Begriff vom Elektron oder Atom beeinflussen sollten, legt nahe, daß es ein mit den verwendeten Begriffen verknüpftes Fundament der Wirklichkeit gibt, die über die reine Nützlichkeit hinausgeht.

Eine subtile Schwierigkeit liegt für den Realisten in der Vorstellung, es gäbe unabhängig von den von uns beschriebenen Spezialfällen allgemeingültige Begriffe. Das scheint zu bedingen, daß es einen Bereich gibt, in dem diese entkörperten Universalien abstrakt als eine Menge von Bauplänen existieren. Über dieses Dilemma werden wir mehr zu sagen haben, wenn wir die Rolle der Mathematik in der Natur behandeln.

Wir werden die realistische Sicht der Größen, aber nicht der Theorien, zu unserer Arbeitshypothese machen und damit weiterarbeiten, bis wir auf Probleme stoßen – was passieren wird. Wir sehen also die Naturgesetze und wissenschaftlichen Theorien als unsere eigene Erfindung. Sie können durchaus nur Näherungen der Wirklichkeit sein, aber es handelt sich um eine Realität, die unabhängig ist von unserem Verstand. Das Ziel unserer theoretischen Überlegungen ist es, realistische Modelle der Wirklichkeit zu schaffen. Wir hoffen, daß sie zu einer immer besseren Annäherung an die Realität konvergieren, und wir werden immer wieder das, was wir in der Welt sehen, mit dem vergleichen, was unsere Modelle vorhersagen, um zu bestätigen, daß es diese Konvergenz auch wirklich gibt. Nichtsdestoweniger leugnen wir nicht, daß einige Elemente unseres Bildes von der Natur idealistisch sind, genauso wie einige Teile schlichtweg falsch sind.

Einstein sah den effektivsten Wissenschaftler als einen, der viele Sprachen spricht und der dem Philosophen als reiner Opportunist erscheinen muß, weil er als Realist insofern erscheint, als er eine von den Akten der Wahrnehmung unabhängige Welt darzustellen sucht; als Idealist insofern, als er die Begriffe und Theorien als freie Empfindungen des menschlichen Geistes ansieht (nicht logisch ableitbar aus dem empirisch Gegebenen); als Positivist insofern, als er seine Begriffe und Theorien nur insoweit für begründet ansieht, als sie eine logische Darstellung von Beziehungen zwischen sinnlichen Erlebnissen liefern.

Hier zeigt sich das eigentliche Problem dieses Nachdenkens über den Status der Naturgesetze. Jede Position ist in sich widerspruchsfrei, und es gibt keine Möglichkeit, herauszufinden, welche der Alternativen die richtige ist. Wir könnten natürlich die eine oder andere aus völlig verschiedenen Gründen bevorzugen. Die Haltung des Idealisten erfordert den Einsatz von Ockhams «Rasiermesser», d. h. also die Reduktion auf die einfache Bestimmung, denn nach seiner Meinung müssen wir wohl jede Beobachtung so behandeln, als ob wir sie in einem Zerrspiegel sähen. Das ist natürlich möglich, aber warum sollen wir uns damit abgeben, wenn wir dann absolut keine Möglichkeit mehr haben, die ursprüngliche Realität herauszufinden? Untersuchen wir also nur die Phänomene. Ein interessantes Beispiel für dieses Verwirrspiel liefert die Debatte, die im neunzehnten Jahrhundert darüber entstand, wie sich vereinbaren lassen könnte, daß die Erde einerseits noch «jung», nur einige tausend Jahre alt sei und andererseits Fossilienfunde immer deutlicher ein sehr hohes Alter bezeugten. Ein Vorschlag war, die Welt könne zwar erst vor kurzem erschaffen worden sein, aber mit fertigen Fossilien, die auf großes Alter schließen ließen. (Etwas früher war dieses Dilemma in gelehrten Diskussionen über religiöse Kunst aufgetaucht, als entschieden werden mußte, ob Adam mit oder ohne Nabel dargestellt werden sollte.) Tatsächlich findet sich diese Art des Denkens heute noch. Viele amerikanische Fundamentalisten bejahen eine solche Sicht der Erschaffung der Erde oder des Weltalls und behaupten, Erde und Weltall seien schon bei ihrer Entstehung alt gewesen. Das läßt sich natürlich nicht widerlegen, aber ob die Behauptung wahr oder falsch ist, ist für die wissenschaftliche Praxis unwichtig, weil Wissenschaftler die Welt in jedem Fall so erforschen würden, als ob sie wirklich fünfzehn Milliarden Jahre alt wäre, selbst wenn sie erst vor zehn Jahren mit dem Aussehen einer fünfzehn Milliarden alten Welt erschaffen worden wäre. Wir können über einen so flüchtigen Begriff wie die «endgültige Wirklichkeit» nichts aussagen. Wir erforschen Erscheinungen. Sie sind unsere endgültige Wirklichkeit.

Etiketten

> *Was ist ein Name? Was uns Rose heißt,*
> *Wie es auch hieße, würde lieblich duften.*
> Shakespeare

Zur Entspannung möchten wir jetzt mit Hilfe eines von Eric Rogers erdachten Dialogs andeuten, wie einige unserer oberflächlich gesehen verschiedenen Ideen über dasselbe Phänomen eigentlich nur andere Etiketten, unterschiedliche Bezeichnungen sind.

Sie und Faust haben eine Meinungsdifferenz über die Natur der Reibung. Während Sie behaupten, ein rollender Ball werde durch Reibung gehemmt, möchte Faust Sie davon überzeugen, daß er in Wirklichkeit durch eine Horde listiger kleiner Teufel aufgehalten wird:

Sie: Ich glaube nicht an Teufel.
Faust: Ich schon.
S: Jedenfalls sehe ich nicht, wie Teufel Reibung erzeugen können.
F: Sie stehen einfach davor und halten das Ding zurück, damit es sich nicht bewegen kann.
S: Ich sehe selbst auf dem rauhesten Tisch keine Teufel.

F: Sie sind zu klein, fast durchsichtig.
S: Aber auf rauhen Oberflächen ist die Reibung größer.
F: Mehr Teufel.
S: Öl hilft.
F: Teufel ertrinken in Öl.
S: Wenn ich den Tisch poliere, ist die Reibung geringer, und der Ball rollt weiter.
F: Sie wischen die Teufel ab. Dann stoßen weniger.
S: Ein schwererer Ball hat mehr Reibung.
F: Dann stoßen mehr Teufel, und es ist mehr Knochenarbeit.
S: Wenn ich einen groben Ziegelstein auf den Tisch lege, kann ich mit immer mehr Kraft gegen die Reibung ankommen, bis ich an eine Grenze komme; der Stein bleibt liegen, wenn die Reibung genauso stark ist wie mein Stoß.
F: Natürlich, die Teufel stoßen gerade so stark, daß Sie daran gehindert werden, den Stein zu schieben; aber ihre Stärke kommt an eine Grenze, und danach fallen sie zusammen.
S: Aber wenn ich stark genug stoße und den Stein in Bewegung versetze, entsteht Reibung, die den Stein bei seiner Bewegung behindert.
F: Ja, wenn die Teufel nicht mehr können, werden sie von dem Stein erdrückt. Und ihre zerbrochenen Gebeine widersetzen sich dem Gleiten.
S: Ich fühle sie nicht.
F: Streichen Sie einmal mit den Fingern über den Tisch.
S: Reibung gehorcht Gesetzen. So zeigt zum Beispiel das Experiment, daß ein auf einem Tisch gleitender Stein durch die Reibung mit einer Kraft verlangsamt wird, die unabhängig ist von seiner Geschwindigkeit.
F: Natürlich, die Anzahl der Teufel, die Sie zermalmen müssen, bleibt gleich, egal, wie schnell Sie über sie hinstreichen.
S: Wenn ich einen Stein wiederholt über den Tisch gleiten lasse, ist die Reibung immer gleich. Teufel würden schon beim ersten Mal zerquetscht werden.
F: Ja, sie vermehren sich unglaublich rasch.
S: Es gibt andere Reibungsgesetze: So ist zum Beispiel der Widerstand proportional zu dem Druck, der die Flächen zusammenhält.
F: Die Teufel sitzen in den Poren der Fläche: Bei größerem Druck

kommen mehr heraus; sie können stoßen und zerstoßen werden. Teufel stoßen und hemmen eben genau in Übereinstimmung mit den Kräften, die Sie in Ihren Experimenten messen...

...und so weiter...
Fausts Idee ist gewiß nützlich zur Entwicklung eines Systems von Gesetzen. Wo Sie ein Reibungs«gesetz» aufstellen, schlägt er eine Regel der Teufel-Soziologie vor. Im Rahmen des obigen Dialogs lassen sich die beiden Vorschläge praktisch nicht unterscheiden. Einer scheint «wissenschaftlich» und richtig zu sein, während der andere (hoffentlich der mit den Teufeln) verrückt erscheint, weil die damit verbundenen Vorstellungen eine Bedeutung außerhalb des Zusammenhangs dieses Dialogs haben. Wir müssen uns davor hüten, die Wichtigkeit von Unterschieden in der Terminologie zu überschätzen. Dem Begriff «Naturgesetz» kann dieser Mißbrauch sehr leicht schaden. Ein Theist möchte Naturgesetze oft auf Gottes Wirken zurückführen oder sie sogar Gott gleichsetzen. Der Atheist könnte das Wirken des Weltalls der «Logik» oder der «Widerspruchsfreiheit» zuschreiben, aber im beschränkten Rahmen der Wissenschaften stellen beide nur verschiedene Etiketten dar wie die Teufel und die atomare Reibungstheorie.

Zufällige, juristische und statistische Gesetze

> *Gesetze beruhen auf Begriffen, Hypothesen und Experimenten und sind nicht genauer oder vertrauenswürdiger als die Formulierung der Definitionen und die Genauigkeit und die Reichweite der Experimente, auf die sie sich stützen.*
> Gerald Holton

Das Wort «Gesetz» wird in den Gesellschaften, in denen wir leben, auf so viele verschiedene Weisen benutzt, daß es wichtig ist, einige Ähnlichkeiten und Unterschiede zwischen diesem umgangssprachlichen Gebrauch und der Idee vom Naturgesetz aufzuzeigen. Wir haben schon auf die Doppelbedeutung der Naturgesetze hingewiesen, die als Beschreibung dessen gesehen werden können, was natürlich passiert – als Wirkung – oder auch als Vorschrift, die bestimmt, was passieren kann oder wird – als Ursache. Die erste dieser Alternativen sieht in den Aussagen, denen wir den Status eines Naturgesetzes verleihen, nicht mehr als ein Kürzel, das unser Verstand für einen bestimmten Ablauf von Ereignissen verwendet, bei denen wir oft beobachten, daß sie in Verbindung miteinander auftreten, und die dadurch für unsere Art des Denkens und Beobachtens wichtig sind. Aber das kann nicht alles sein, denn es schließt keine zufälligen Verallgemeinerungen aus. Ich könnte zum Beispiel beobachten, daß alle Kinder in meiner Straße Fahrräder haben oder daß es auf der Erde keinen einzigen Brillanten gibt, der mehr als 100 Tonnen Masse hat. Das sind dann wohl genaue Beschreibungen unserer Erfahrung, aber wir würden ihnen genausowenig den Rang eines Naturgesetzes zuschreiben, wie ein Astronom der Titius-Bodeschen Reihe der Planetenabstände den gleichen Rang zuschreiben würde wie Newtons Gravitationsgesetz. Die Befürworter der beschreibenden Gesetze könnten entgegnen, daß Newtons Gesetz zufällig ein sehr gutes Gesetz ist, das eine Beschreibung einer viel umfassenderen und interessanteren Klasse von Ereignissen zuläßt als mein Gesetz über den Fahrradbesitz und die Brillantengröße oder Bodes Gesetz der Planetenabstände, die einfach Beispiele für schlechte Gesetze sind. Aber die große Allgemeingültigkeit und Macht, die wir mit Gesetzen wie den Newtonschen verbinden (obwohl wir wissen, daß sie nicht exakt gelten, nehmen wir für den Augenblick an, sie seien mit allen bekannten Beobachtungen in Übereinstimmung), führen uns zu der Überzeugung, daß sie notwendig sind und nicht etwa zufällig Allgemeingültiges enthalten oder beschreiben. Wir sehen, daß solche Aussagen wie die Newtons, die wir über meine anderen Beispiele setzen, die Bedingungsform «Wenn ... dann» haben. Sie sind Regeln dafür, welche Wirkungen sich aus einer bestimmten Ursache ergeben. Sie können auch Beziehungen darstellen, die unter bestimmten Bedingungen zwischen verschiedenen Größen herrschen müssen, oder Funktionen sein, die uns sagen, wie sich eine Größe verhält, wenn eine andere ihren Wert ändert, oder auch, wie Größen unter bestimmten Umständen ihren Wert in Abhängigkeit von Zeit und Raum verändern. Gemeinsam ist diesen Vorschriften die Tatsache, daß sie sich sprachlich in der Form «Wenn ... dann» fassen lassen:

Wenn die auf einen Gegenstand wirkende Kraft sich verdoppelt, dann verdoppelt sich auch die Beschleunigung. Oder: Wenn ein Gas in einen isolierten Behälter mit einem bestimmten Druck und Volumen eingeschlossen ist, dann ergibt sich die Temperatur nach dem Boyle-Mariottschen Gesetz oder: Wenn zwei Planeten im Raum einen Zentralkörper umlaufen, dann verändert sich die Gravitationsanziehung zwischen ihnen und dem Zentralkörper mit dem Inversen des Quadrates ihres Abstands.

Zunächst sieht es so aus, als ob unsere zufälligen beschreibenden Gesetze über Fahrradbesitz («Alle Kinder in meiner Straße haben ein Fahrrad») ganz ähnlich klingen wie andere Naturgesetze, die besagen: Wenn jedes A ein B ist, muß es ein C sein. Wenn ein Kind in meiner Straße wohnt, muß es ein Fahrrad haben. Das klingt genau wie Newtons Gesetz: Wenn man einen Gegenstand nimmt und die auf ihn wirkende Kraft verdoppelt, verdoppelt sich die Beschleunigung. Aber Scheingesetze wie mein «Gesetz» über Fahrradbesitz lassen nicht die Folgen einer entgegengesetzten Tatsache zu. Sie führen nicht zu einer wahren Herleitung der Form: Wenn A ein B wäre, dann wäre A ein C. Der Satz: «Wenn jenes Kind (das in einer anderen Straße wohnt) in meiner Straße wohnte, würde es ein Fahrrad haben», braucht zum Beispiel nicht zu gelten. Aber wenn auf den Gegenstand (auf den keine doppelte Kraft wirkt) eine doppelt so starke Kraft angewendet wird, verdoppelt sich seine Beschleunigung. Rein beschreibende Aussagen zufälliger Regelmäßigkeiten lassen keine solchen aus Tatsachen abzulesenden bedingten Aussagen zu.

Wenn Naturgesetze als rein beschreibend gesehen werden, hat das einen weiteren Nachteil; es kann nämlich der Verdacht aufkommen, es läge Wissenschaftlern an nichts anderem als einer möglichst genauen Naturbeschreibung. Das erscheint als eine so armselige Vorstellung wie der Gedanke, es läge Künstlern nur an einer fotografisch genauen Wiedergabe ihrer Motive – einer reinen Kopie der Natur, die entweder richtig oder falsch sein kann. Das führt zu nichts. Wir wählen bestimmte beobachtete Eigenschaften aus, von denen wir meinen, sie hingen irgendwie zusammen, und wir ignorieren andere, die wir für das behandelte Problem als unwesentlich empfinden. Wir versuchen niemals, alles das zu beschreiben, was in einem Versuch abläuft. In der Praxis sind wissenschaftliche Gesetze gleichzeitig beschreibend, erklärend und vorhersagend. Der Versuch, sie weiter festzunageln, ist sinnlos, denn in unterschiedlichen Situationen verwenden wir sie in jeder dieser Eigenschaften.

Es wird oft gesagt, juristische Gesetze sagten uns, wie wir uns verhalten sollen, Naturgesetze dagegen, wie wir uns verhalten. Es gibt anscheinend keine Strafen für das Brechen von Naturgesetzen und auch keine Möglichkeit, sie zu verletzen. Juristische Gesetze lassen sich jedoch so formulieren, daß eine engere Verbindung zwischen Brechen und Verletzen deutlich wird. Die Geschwindigkeitsbegrenzung etwa könnte mit der Aussage zu tun haben, die Wahrscheinlichkeit des Überlebens sei für Autofahrer geringer, wenn sie ihre Geschwindigkeit auf der Autobahn nicht begrenzen. In diesem Sinn sind juristische Zwänge für unser Verhalten abstrahierte Evolutionsgesetze in statistischer Form. Wenn diese Gesetze für das Verhalten hinreichend oft verletzt werden, ergeben sich bestimmte Folgen mit größerer Wahrscheinlichkeit.

Wenn wir bei unserer Darstellung der Dinge die Wahrscheinlichkeit berücksichtigen, kommen wir zu einer anderen möglichen Reaktion auf Naturgesetze: Sind sie einfach statistische Aussagen? In der Tat werden wir später sehen, daß der gemeinsame Faktor hinter der beobachteten Unveränderlichkeit und Folgerichtigkeit vieler makroskopischer Erscheinungen der Zufall ist. In einem beachtlichen Ausmaß ist unser Wissen von der Welt statistisch. Es gibt kein System mechanischer Regeln oder Gesetze über das Verhalten der Materie, das sich anders als statistisch verifizieren läßt. Unsere Messungen können nicht hundertprozentig genau sein; es muß unausweichlich Ungewißheiten geben, und diese lassen sich nur reduzieren, wenn die Messungen sehr oft unter ähnlichen Bedingungen wiederholt werden. Unsere Gesetze der Planetenbewegungen sind Beschreibungen eines Mittelwerts von Daten, die über einen langen Zeitraum gewonnen wurden. Man könnte versucht sein zu schließen, daß wir nur unsere Unkenntnis der genauen zugrundeliegenden Gesetze bekennen, wenn wir uns mit der Formulierung statistischer Naturgesetze zufriedengeben, aber ebensogut ließe sich behaupten, daß unsere Entdeckung genauer Gesetze eine Täuschung ist, die dadurch zustande kommt, daß wir die Welt nur durch ein sehr grobes Raster sehen; eine gewaltige Menge mikroskopischer und ihrem Wesen nach statistischer Effekte verschmieren sie. Ein exaktes Gesetz läßt sich natürlich niemals genau verifizieren, sondern nur bis zu einem bestimmten

Grad. Es läßt sich jedoch definitiv durch die Beobachtung widerlegen. Ein statistisches Gesetz hat diese Eigenschaft nicht. Es kann niemals falsifiziert werden, weil die Folge der Beobachtungen in der Zukunft immer anders ablaufen könnte. Das statistische Gesetz sagt nichts über einzelne zukünftige Ereignisse aus. Es ist zum Beispiel ein statistisches Gesetz, daß bei unendlich vielen Würfen eine nicht gewichtete Münze genausooft Zahl zeigt wie Kopf, aber trotz dieser Gleichverteilung können wir das Ergebnis des nächsten Wurfes nicht mit Sicherheit vorhersagen.

Im nächsten Kapitel werden wir zu dem Ergebnis kommen, daß führende Wissenschaftler früher zwischen der Idee des juristischen und natürlichen Gesetzes eine engere Beziehung sahen als heute. Im Westen war es für viele ein Glaubenssatz, daß die Naturgesetze von einem göttlichen Gesetzgeber erlassen worden waren. Es ist sogar behauptet worden, daß diese Ansicht bei der erfolgreichen Entwicklung der abendländischen Naturwissenschaften eine Schlüsselrolle gespielt hat. Das war deswegen so, weil sie durch die judaisch-christliche Tradition beeinflußt war, die den Glauben an die zugrundeliegende Vernunft und Ordnung der Natur zu Zeiten vertrat, als in den Vorstellungen der Menschen noch alle möglichen magischen und okkulten Begriffe tief verwurzelt waren. Wer an Naturgötter glaubt, bringt vermutlich nicht viel Begeisterung für die Erforschung der Regelmäßigkeit des Wirkens der Natur auf. Aber die westliche Tradition, die Gesetze der Natur als Ausdruck göttlichen Willens und als Gottes Bekenntnis zur Weltordnung zu sehen, geriet darüber in einige Verwirrung. Ein Appell an die Ordnung der Natur, an (in den Worten eines berühmten englischen Chorals) «unverbrüchliche Gesetze, die ER als Leitfaden für die Menschen schuf», die als das Musterbeispiel für Gottes Existenz und Persönlichkeit gesehen wurde, verlor nach Newtons großen Entdeckungen seine Wirksamkeit. Die Naturtheologen wiesen nicht länger auf bestimmte Erfahrungen mit einer mehrdeutigen und subjektiven Natur hin, vielmehr stießen sie sich an den Gesetzen für die Ordnung der mechanischen Uhrenwelt, weil sie für die Existenz eines dahinterliegenden göttlichen Geistes plädierten. Aber paradoxerweise lebten diese Advokaten Seite an Seite mit anderen Theologen, deren Argumente für die Existenz der Gottheit auf den Hinweisen auf wunderbare Ereignisse beruhten – also auf Verletzungen der Gesetze und Ordnungen der Natur. Heute sind solche

Überlegungen bei Wissenschaftlern wie bei Theologen unmodern geworden. Ihnen erging es so wie den seltsamen, im Mittelalter so beliebten ontologischen Gottesbeweisen. Sie können nicht überzeugen, weil sie von Theologen vorgetragen wurden, deren eigener Glauben keineswegs auf ihnen beruhte. Eine Widerlegung der eigenartigen wissenschaftlichen oder philosophischen «Beweise» der Existenz Gottes hätte ihren eigenen Glauben um kein Jota ins Wanken gebracht. Aus demselben Grund können sie nicht erwartet haben, daß ihre «Beweise» bei anderen einen Sinneswandel bewirken würden.

Verständlichkeit

> *Zu jeder Zeit wird die übliche Deutung der Welt der Dinge durch ein System von Annahmen bestimmt, die fraglos und unverdächtig sind. Der Geist eines Einzelnen, wie wenig er sich auch selbst in Übereinstimmung mit seinen Zeitgenossen befinden mag, ist kein abgeschlossenes Zimmer, sondern eher wie ein Teich in einem Moor – in der allumfassenden Atmosphäre seines Ortes und seiner Zeit.*
>
> A. N. Whitehead

Einer der Gründe, warum die Naturwissenschaft so fasziniert, ist der so «interessante» Aufbau der natürlichen Welt. Ihre Struktur ist nämlich nicht so komplex, daß unser Versuch, sie zu erforschen, ein aussichts- und hoffnungsloses Unterfangen ist, und sie ist auch nicht so einfach, daß die Forschung schnell erledigt ist und so trivial erscheint wie etwa ein einfaches Mühlespiel. Die Natur ist eine Herausforderung, und sie läßt sich auch herausfordern. Diese Verbindung übt eine besondere Anziehung auf den menschlichen Verstand aus, wie der fantastische kommerzielle Erfolg des Rubik-Würfels beweist. Wenn wir uns an die Lösung anderer Rätsel setzen, machen wir dabei unweigerlich die Annahme, daß bestimmte Grundregeln eingehalten werden müssen. Wir erwarten, daß alle Stücke eines Puzzles vorhanden sind. Wir nehmen an, daß es bei dem Fragespiel Siebzehn und Vier wirklich ein Wort zu erraten gibt. Wir setzen voraus, daß der Rubik-

Würfel sich aus der Ausgangslage in die Anfangslage zurückdrehen läßt. Diese Annahmen sind so selbstverständlich, daß sie nicht ausgesprochen werden.

Die Praxis der Naturwissenschaften beruht auf einer Reihe von Annahmen über das Wesen der Wirklichkeit. Wir sehen sie gewöhnlich als selbstverständlich an. Das ist nicht nur so, weil wir, uns unbewußt, mit ihr so vertraut sind, vielmehr gilt, wie Michael Polanyi schreibt:

Die metaphysischen Annahmen der Naturwissenschaft... werden vom forschenden Wissenschaftler niemals ausdrücklich formuliert oder auch nur betrachtet. Sie ergeben sich einfach, sind Teil der Forschung, gehören zu ihren strukturell bedingten Voraussetzungen; sie sind nicht bewußt aufgestellte, der Forschung vorangehende philosophische Axiome. Sie sind transzendentale Vorbedingungen methodischen Denkens, nicht ausdrücklich Objekte dieses Denkens; wir denken mit ihnen und nicht über sie.

Aufgrund dieser Annahmen können wir so effektiv wie möglich von der einfachen Welterfahrung zum Wissen gelangen. Die offensichtlichsten Voraussetzungen sind die folgenden:
1. Es gibt eine äußere Welt, die außerhalb unseres Geistes ist und die die einzige Quelle aller unserer Empfindungen darstellt.
2. Diese äußere Welt ist letztlich rational. «A» und «nicht A» können nicht gleichzeitig zutreffen.
3. Die Welt läßt sich lokal erforschen, ohne daß ihre wesentliche Struktur verlorengeht.
4. Die elementaren Größen haben nicht das, was wir freien Willen nennen.
5. Die Trennung der Ereignisse und ihrer Wahrnehmung ist eine harmlose Vereinfachung.
6. In der Natur gibt es Regelmäßigkeiten, und diese sind in gewisser Weise vorhersagbar.
7. Es gibt Raum und Zeit.
8. Die Welt läßt sich mathematisch beschreiben.
9. Diese Annahmen gelten in gleicher Weise überall und jederzeit.

Die erste Annahme bewahrt uns vor dem Solipsismus und läßt die Existenz eines Forschungsgegenstandes zu, der nicht der Willkür unseres eigenen freien Willens unterliegt.

Die zweite Annahme verbürgt, daß das wissenschaftliche Unterfangen der Mühe wert ist, und nimmt an, daß die die äußere Welt beherrschenden Gesetze etwas mit jenen gemein haben, die das Funktionieren unseres Geistes bestimmen. Hier sollte man sich an Kurt Gödels Beweis dafür erinnern, daß ein mathematisches System Aussagen enthalten kann, die sich in der Symbolsprache des Systems ausdrücken lassen, jedoch innerhalb dieser Sprache nicht als wahr oder falsch bewiesen werden können. Nicht alle in der Sprache der Mathematik gemachten Aussagen sind wahr, und darum kann sie widerspruchsfrei sein. Das folgt, weil jedes nicht widerspruchsfreie logische System erlaubt, daß alle Aussagen in ihm beweisbar sind.

Der dritte Glaubenssatz stimmt hoffnungsvoller. Er fordert von uns zu glauben, daß wir die Welt lokal in kleinen Stücken oder in kleinen Raum- oder Zeitbereichen erforschen und die globale Struktur durch Zusammensetzen dieser kleinen Bestandteile gewinnen können. Wäre die Welt zutiefst holistisch, träfe diese Annahme nicht zu. Sie könnte zum Beispiel einem Rubik-Würfel oder dem Jonglieren von Keulen ähneln: Ein Problem ließe sich dann nur als ein Ganzes sinnvoll angehen.

Die vierte Annahme macht eigentlich zwei Aussagen. Erstens besagt sie, daß es Elementarteilchen gibt, und zweitens, daß diese einigen Regeln gehorchen, die sie nicht beeinflussen können und die deshalb vorhersagbar sind, ganz gleich, ob diese Vorhersagen mit jenen Größen ursächlich zusammenhängen oder nicht.

Die fünfte Annahme hat Philosophen seit Jahrhunderten schlaflose Nächte bereitet. Sie behauptet, daß der Vorgang der Beobachtung der Welt deren inneren Charakter nicht radikal verändert. Es ist die Überzeugung des Realisten. Wie wir oben andeuteten, müssen wir unabhängig von ihrem Wahrheitsgehalt annehmen, daß sie wahr ist, damit wir beginnen können, Naturwissenschaft zu betreiben.

Die sechste Annahme liegt unserer wissenschaftlichen Methode zugrunde. Sie urteilt nicht vorher darüber, ob diese Vorhersagen exakt oder statistisch oder auch nur in wesentlicher Weise beschränkt sein werden. Sie läßt auch zu, daß unsere versuchsweisen Vorhersagen widerlegt werden.

Die siebte Annahme garantiert, daß Raum und Zeit Bedingungen unserer Welterfahrung sind und deshalb aus dieser Erfahrung abgeleitet werden können. Wir müssen irgendwo anfangen.

Unsere achte Annahme ist etwas merkwürdig; wir werden sie in einem späteren Kapitel genauer behandeln. Sie ergibt sich aus unserer wahrscheinlich ziemlich beschränkten Welterfahrung. Die Mathematik ist die raffinierteste uns bekannte Sprache mit einer eingebauten Logik und einer Möglichkeit zum Abbau ihrer eigenen Grenzen. Sie ist ein Rezept zur Niederschrift analytischer Wahrheiten oder Tautologien, und die Wissenschaft behauptet, daß diese äquivalent sind zu verschiedenen Naturereignissen, die oberflächlich betrachtet weder analytische noch tautologische Wahrheiten zu sein scheinen. All unser präzises heutiges Wissen von der Natur ist im Grunde mathematisch, aber wir können nicht sicher sein, ob das den intrinsischen Charakter der Welt bezeugt oder die Tatsache, daß mathematische Eigenschaften die einzigen sind, die wir systematisch auffinden konnten.

Der neunte Punkt ist unser Bekenntnis zu dem Glauben, daß die letztgültige von uns entdeckte Struktur der Welt nicht davon abhängt, ob wir im Universum in dem Raum oder in der Zeit sind, zu der wir es erforschen. Die Ereignisse, die wir sehen, die Größen, die wir messen, und die Bedingungen, unter denen wir leben, können sich natürlich mit der Zeit und dem Beobachtungsort ändern, die Grundgesetze der Natur aber sollten es nicht. Diese eher spekulative Annahme ist für jeden Fortschritt der extraterrestrischen Wissenschaften entscheidend. Wir müssen annehmen, daß die Gesetze, die wir lokal als die Natur bestimmend finden, auch global gelten, damit wir vergleichbare Experimente zu anderen Zeiten und an anderen Orten durchführen können. Nur so kann der Wissenschaftler wie der Prinz von Dänemark sagen: «O Gott, ich könnte in eine Nußschale eingesperrt sein und mich für einen König von unermeßlichem Gebiete halten.»

Nicht alle neun Aussagen sind voneinander unabhängig, und die Liste beansprucht weder apodiktische Vollständigkeit noch letzte Richtigkeit. Sie dient dazu, dem Leser die Möglichkeit zu geben, sich mit der Denkweise eines forschenden Naturwissenschaftlers vertraut zu machen. Die meisten der Annahmen erscheinen uns in dem Sinne offensichtlich, daß wir keine Wahl haben, als sie zu unseren Leitlinien zu machen, wenn es überhaupt Fortschritt geben soll. Im nächsten Kapitel werden wir jedoch sehen, wie eine Abneigung gegen einige von ihnen in manchen Kulturen zum vorzeitigen Erlöschen des Interesses an den Wissenschaften geführt hat. Es könnte in einer Kultur mehr nötig sein als nur der Wunsch, die Welt zu erforschen, wenn sie eine Untergruppe ihrer Mitglieder mit auch nur den grundlegendsten Annahmen über die Vernünftigkeit der Welt betraut. Neugierde allein genügt nicht.

In den folgenden Kapiteln werden wir spüren, wie unser Vertrauen in die neun Glaubensartikel immer stärker untergraben wird. Wenn Forscher jedoch nicht mit der Annahme beginnen, daß diese Axiome wahr sind, können sie niemals verläßlich zu dem Schluß gelangen, daß sie falsch sind. Dieser Ablauf ist im wesentlichen der Weg von der klassischen zur modernen Physik. Aber bevor wir ihn nach vorn gehen können, müssen wir ihn erst zu seinem mutmaßlichen Ursprung zurückverfolgen.

Vergangene Zeiten

> *Es ist behauptet worden, daß zwar nicht Gott die Welt verändern kann, wohl aber die Historiker; vielleicht können sie ihm dadurch nützlich sein, und deshalb duldet er ihre Existenz.*
>
> Samuel Butler

Uranfänge

> *Die Wachen haben ein und dieselbe gemeinsame Welt, während sich von den Schlafenden ein jeder zu seiner eigenen abwendet.*
>
> Heraklit

Die ersten Menschen mußten begreifen lernen, daß ihr Wohlbefinden untrennbar damit verknüpft war, wie sie ihre sich ständig verändernde Umwelt beherrschten. Wer in einer rauhen und vom Wettbewerb bestimmten Welt gut leben will, muß sie überschauen und zu seinem Vorteil nutzen können. Der Urmensch nahm diese Welt nicht als äußere Welt wahr. Vielmehr erlebte er sie als erfüllt mit den Leidenschaften und Eigenschaften, die er in sich und seinen Mitmenschen fand. Ähnlich gewannen seine persönlichen Gefühle und Erfahrungen kosmische Bedeutung. In allen Dingen spürte er das Wirken eines geistigen Wesens. Die Welt war lediglich eine Ausdrucksform seines eigenen Geistes. Unbelebte Gegenstände gab es für ihn nicht. Träume waren so wirklich wie Regenschauer. Alle Ereignisse waren auf mannigfache Weise bedeutungsvoll, wie wir es heute nur bei symbolischen Darstellungen in der Kunst, Skulptur oder Poesie erleben. Die ersten Menschen nahmen sich selbst nicht als von der Natur getrennte Abstrakta wahr. Oft sieht es so aus, als ob die Urmenschen den Dingen menschliche Wesenszüge zugeschrieben hätten, aber das unterstellt eine Unterscheidung von Ding und Mensch, die sie nicht gemacht haben.

Wir erleben das heutige Interesse am Okkulten lediglich als distanzierte Zuschauer und nicht als wirklich Beteiligte. Wir können nicht nachempfinden, wie es sein muß, ganz in einer Welt zu leben, die als völlig magisch erlebt wird.

Zunächst lernten Menschen, wie Tiere, nur mühsam, einzig aus den Folgen der Erfahrung. Allmählich, als ihnen tägliche und jahreszeitliche Regelmäßigkeiten klar wurden, lernten sie jene Erscheinungen zu erkennen, die immer aus anderen zu folgen scheinen. Sie entdeckten, daß nicht alle Ereignisse willkürlich und zufällig entstehen, sondern einen Grad an Vorhersagbarkeit haben, der sich vorteilhaft nutzen läßt. Sie lernten, die Ergebnisse dieser möglichen zukünftigen Handlungen vorherzusehen, indem sie über sie nachdachten. Ein Verhalten, dessen unerwünschte Folgen man vorhersagen kann, läßt sich vermeiden. Die Menschen brauchten nicht länger allein aus den Folgen ihrer Fehler zu lernen. Sie waren vom Erleben der Welt zum Nachdenken über sie gekommen.

Aus den Entdeckungen der Völkerkundler wissen wir, welche Grundannahmen viele primitive Kulturen teilten. Sie alle glaubten an die Einheitlichkeit der Natur und an die Aufeinanderfolge von Ursache und Wirkung. Diese Worte klingen uns heute vertraut und modern, entstanden sind sie jedoch eher durch magische Erfahrungen als durch wissenschaftliche Experimente. Eine solche Folgerung erscheint auf den ersten Blick merkwürdig. Muß man nicht annehmen, alles sei möglich, wenn alles als magisch erlebt wird? Aber das trifft nicht unbedingt zu. Wenn der Regentanz getanzt wird, regnet es, wenn den Fruchtbarkeitsgöttern geopfert wird, ergibt sich eine reiche Ernte, und ein dem Kriegsgott geweihtes Fest bringt den Sieg über die Feinde. Solche einfachen Formeln bezeugen einen festen, wenn auch hier ganz unangebrachten Glauben an eine geordnete und vorhersagbare Welt, in der bestimmte Handlungen unweigerlich zu bestimmten Wirkungen führen. In Kulturen, die sich Mythen schufen, herrschte vollständiger Determinismus. Nichts geschah ohne Ursache und

Grund, alles ließ sich deuten. Für den Begriff «Zufall» war kein Raum.

Unsere Gewohnheit, Ursache und Wirkung in der Natur als Folge unpersönlicher Gesetze zu sehen, ist primitiven Kulturen fremd. Weil man keine Trennung zwischen dem Persönlichen und Subjektiven und den Dingen der Natur zu sehen vermochte, wurden alle Ereignisse als willentliche Handlungen verstanden, so zum Beispiel als das Ergebnis von Konflikten zwischen den gegnerischen Kräften des Guten und des Bösen. Wir sind zufrieden, wenn wir einem einzigen isolierten Ereignis in der äußeren Welt eine Ursache und eine Wirkung zuschreiben können; der primitive Verstand jedoch erlebte alles als miteinander verwoben, und das fand in Geschichten seinen Ausdruck. Die Ereignisse wurden nicht bis in die Einzelheiten untersucht, vielmehr wurde versucht, sie möglichst zufriedenstellend in das Ganze einzupassen. Dieser Brauch ist der Vorläufer dessen, was wir abstraktes Denken nennen: Es geht um die Manipulation von Zeichen und Symbolen in einer widerspruchsfreien, bestimmten Regeln entsprechenden logischen Art und Weise. Die ersten Menschen achteten – das ist ein weiterer Unterschied zwischen ihrer und unserer Einstellung zu Ursache und Wirkung – dort auf Eigentümlichkeiten und Besonderheiten der Natur, wo wir nach Gesetzmäßigkeiten suchen. Für den modernen Meteorologen lautet die treffende Frage: «Warum regnet es überhaupt?», für den primitiven Verstand aber: «Warum regnet es hier und jetzt?» Darauf kommt es an, wenn Ereignisse nur erlebt und nicht untersucht werden. Die Primitiven waren ein Teil der Natur und keine Beobachter. Erst die Griechen führten die Vorstellung einer «Theorie» ein. Dieser Begriff ergab sich aus der Gewohnheit, bei Wettspielen lieber nachdenklich zuzuschauen, als sich am Wettbewerb zu beteiligen. In unserer modernen Sprache hat das daraus abgeleitete Wort «Theater» noch die wahre Bedeutung bewahrt. Der primitive Mensch war ein Schauspieler in einem kosmischen Drama, und die ganze Welt war seine Bühne.

Magische Vorstellungen lassen sich nicht leicht über Bord werfen. Wie läßt sich die Vorstellung widerlegen, daß eine zeremonielle Anrufung den Regengott dazu bewegt, es regnen zu lassen? Wenn der Regen nicht kommt, war entweder die Zeremonie falsch durchgeführt oder durch einen mächtigeren Zauber überlagert. Warum? Weil der Medizinmann es sagt.

Magische Ansichten dieser Art teilen eine Gemeinschaft in zwei Gruppen: den Kern jener, die in die Kunst der Deutung und in die okkulten Techniken eingeweiht sind, und alle übrigen. Die zweite Gruppe kann sich nur fragen, wie die anderen es machen. Es ist sehr schwer, zu sagen: «Der Kaiser ist nackt», und noch schwerer, es überhaupt sagen zu wollen.

Diese frühen Stammeskulturen scheinen noch eine weitere Grundannahme zu teilen, die wir nicht machen: die Auffassung, daß Dinge, die einmal miteinander in Berührung gewesen sind, danach immer in Beziehung bleiben. Das ist für jeden, der an eine belebte Welt glaubt, in der Geister miteinander kämpfen, eine ganz natürliche Sichtweise. Behalten wir nicht einen Eindruck von einer Begegnung mit einem Menschen? Dieser Eindruck beeinflußt unsere späteren Gedanken und unser Verhalten. Ist es folglich nicht natürlich zu glauben, daß Dinge oder selbst Menschen kontrolliert werden können, wenn wir unseren Einfluß auf etwas geltend machen, das ihnen entweder ähnelt oder früher mit ihnen in Berührung war? Diese Gegenstände waren dann nicht mehr Symbol für den Menschen, zu dem sie gehört hatten, sondern der Mensch selbst. Solche Vorstellungen mögen ihren Ursprung in der Beobachtung der Verwandtschaft der Hegeinstinkte von Menschen und Tieren gehabt haben. Vielleicht stecken Reste davon in unseren Erörterungen der relativen Wichtigkeit von ererbten und erworbenen menschlichen Fähigkeiten. Der Glaube an die Möglichkeit, über andere Kontrolle ausüben zu können, indem man Ebenbilder von ihnen baut, die gewöhnlich eine Haarsträhne oder andere Teile ihres Körpers enthalten, lebt heute noch in den Voodoo-Praktiken der Karibik fort. (Ähnlich ist unser Gebrauch des Wortes «verhexen»; wenn jemand oder etwas «verhext» ist, widerfährt dadurch ein Unglück.) Das nimmt die experimentelle Simulierung vorweg, die moderne Wissenschaftler so erfolgreich verwenden. Oft bauen wir ein «Modell» eines Teiles der Natur, ob nun in Form mathematischer Schnörkel auf einem Stück Papier oder einer elektronischen Nachahmung des Verhaltens in einem Computer. Mit Hilfe dieser Nachbildung können wir dann die Sache selbst verstehen und Kontrolle über sie erlangen. Der primitive Glaube bezeugt also den Gedanken, daß ein Teil das Wesen des Ganzen enthält.

Die letzte ziemlich allgemeine Grundannahme über die Welt, die wir hier erwähnen sollten, ist der Glaube, daß die Benennung von

Dingen dem Benennenden Macht oder Kontrolle über das Benannte gibt. Dies war offensichtlich eine frühe jüdische Überzeugung, die die Nachbarkulturen teilten, und wird belegt durch die Bedeutung, die im ersten Buch der Bibel Adams Benennung der Tiere als Zeugnis seiner folgenden «Herrschaft» über sie beigemessen wird, durch die Umbenennung von Jakob und durch das für Juden geltende Verbot, den Namen Gottes auszusprechen. Die Ägypter versuchten ihre Feinde dadurch zu vernichten, daß sie die Namen ihrer Herrscher auf Krüge schrieben, die sie dann in rituellen Feiern zerstörten. Diese Tat, so glaubten sie, bereite ihren Feinden wirklichen Schmerz. Wir haben sogar Aufzeichnungen einer Verschwörung gegen einen der Pharaonen Ramses; Mitglieder seiner Familie wollten ihn töten, indem sie Ebenbilder von ihm anfertigten und zerstörten.

Vielleicht entstand diese Verbindung des Namens mit dem Benannten aus dem Brauch der Eltern, ihre Kinder bei der Geburt zu benennen und sie dann so zu erziehen, daß sie ihnen ähnlich wurden. Die Übereinstimmungen in den körperlichen und wesensmäßigen Zügen von Eltern und Kind nährten dann die Überzeugung, daß die Namensgebung ein besonderes Band zwischen ihnen geschaffen habe. Andererseits ist es genauso plausibel, daß Eltern ihren Kindern Namen gaben, weil sie einfach an die Macht des Namengebers über den Benannten glaubten. Wir werden es niemals wissen. (Es ist eine reizvolle Frage, ob einige Sprachphilosophen und Empiristen diesen seltsamen okkulten Glauben geerbt haben!) Selbst heute noch bestehen einige merkwürdige kulturelle Unterschiede im Gebrauch des Namens. Viele europäische Besucher der USA wundern sich, wenn sie dort sofort mit dem Vornamen angesprochen werden – selbst von Computern.

Diese Spekulationen sind interessant, weil die Magie zu den Vorläufern der modernen Erfahrungswissenschaften gehört. Noch im achtzehnten Jahrhundert hatte ein so bedeutender Wissenschaftler wie Newton seltsam magische Vorstellungen, die uns völlig fremdartig erscheinen, wenn wir sie neben die uns vertraute Newtonsche Mathematik und Physik halten.

Aber Newton sah seine Arbeit, ob es sich um Mathematik oder Optik, Alchimie oder Bibelkritik handelte, als Teil eines einzigen Unterfangens. Dieser seltsame Eklektizismus veranlaßte Keynes zu der folgenden Äußerung über Newton:

66 Die Natur der Natur

Newton war nicht der erste Mensch des Zeitalters der Vernunft. Er war der letzte Zauberer, der letzte Babylonier oder Sumerer, der letzte große Geist, der die sichtbare wie die geistige Welt mit denselben Augen sah wie jene, die vor wohl weniger als 10000 Jahren mit dem Bau unseres geistigen Erbes begonnen haben.

Was für Magie gehalten wird, ändert sich im Laufe der Zeit. Würde ein Bürger des Mittelalters die Errungenschaften der modernen Technik unserer Zeit von seinen Vorstellungen von Zauberei unterscheiden können? «Ein Yankee am Hofe des Königs Artus», von dem Mark Twain erzählt, war ein Rivale für den Zauberer Merlin, nicht für die Baumeister und Philosophen des Königs. Aber es wäre falsch, behaupten zu wollen, die Magie sei einfach der Vorläufer der modernen experimentellen Wissenschaften gewesen. Eines der Ziele dieses Kapitels ist es, das Ausmaß zu veranschaulichen, in dem das umfassendere System von Glaubenshaltungen einer Kultur bestimmt, ob sie einen guten Nährboden für das Wachstum der modernen Naturwissenschaften bildet oder nicht. Die Zauberei war in der Tat eine Form der experimentellen Technologie, aber sie entstand aus einer Überzeugung heraus, die der modernen Naturwissenschaft fremd ist – daß man nämlich den natürlichen Lauf der Welt irgendwie ändern oder umkehren müsse, um Macht über sie oder andere Menschen zu erhalten. Die althergebrachte Praxis der Zauberei erkannte implizit an, daß die Welt selbstverständlich durch etwas, was man «Gesetze» nennen könnte, beherrscht wird, denn sie suchte immer danach, sie zu umgehen. Ein Zauberer mußte den bösen Geist rufen, damit er sich dem guten widersetze. Das spiegelt sich bis heute in der Tatsache, daß so viele okkulte Praktiken die Umkehr der natürlichen Ordnung betonen – wir erinnern an die «Schwarzen Messen», in denen die katholische Messe rückwärts gesungen wurde.

Wenn diese unnatürlichen Methoden wirksam sein sollten, mußten sie in der richtigen Geisteshaltung durchgeführt werden. Die moderne Naturwissenschaft sucht nicht nach Phänomenen, die dem Geisteszustand des Experimentators entsprechen, und sie sieht auch nicht die Möglichkeit, daß die natürliche Ordnung der Dinge irgendwie durchbrochen werden könnte. Eine solche Vorstellung ist im Rahmen der modernen Grundannahmen sinnlos. Die wissenschaftliche Sicht möchte soviel wie möglich durch ein einziges logisches

Prinzip erklären. Sie möchte es vermeiden, die Welt in «gewöhnliche» Alltagserscheinungen einzuteilen, die von der einen Art Gesetz beherrscht werden, und abseits davon in eine außerordentliche okkulte Welt, die von anderen Gesetzen und einer anderen Logik bestimmt wird: einer, von der man glaubte, sie könne durch die Stärke des menschlichen Willens beeinflußt und beschworen werden.

Gesellschaftliche und religiöse Vorläufer

> *Du sollst dir kein Bildnis noch irgendein Gleichnis machen, weder des, das oben im Himmel, noch des, das unten auf Erden, oder des, das im Wasser unter der Erde ist.*
> Exodus 20, 4–5

Zu vielen Zeiten und an verschiedenen Orten haben sich Zivilisationen mit einer sehr zentralistischen Regierung entwickelt. Das hat indirekt die Annahmen beeinflußt, die sich für die Entwicklung der Naturwissenschaft als förderlich erwiesen. Unser Bild von der Welt als einem geordneten Staat mit zum Wohl der Menschen eingeführten Regeln und Vorschriften verdankt diesem Lauf der Ereignisse viel. Oft wurden wissenschaftliche Forschungen in großen Gesellschaften durch die praktischen Bedürfnisse der Gemeinschaft motiviert, ob es sich nun um Landwirtschaft, Seefahrt oder die Vorsorge für den militärischen Verteidigungsfall handelte. Aber es ist nicht so klar, welcher Geist eine eher abstrakte Suche begünstigt. Man könnte sogar spekulieren, daß eine äußerlich prosaische Kultur philosophische Ausflüge in abstrakte Fragen als eine die Vorstellungskraft anregende Übung sehen könnte und, geschieden von der Welt der Alltagserfahrung, nach dem Ursprung und dem Wesen des Weltalls fragt, so, wie wir die Lektüre eines Buches oder einen Theaterbesuch genießen.

Im Abendland scheint sich die Beschäftigung mit den Naturwissenschaften höchst erfolgreich in einer Umgebung entwickelt zu haben, in der ein unverbrüchlicher Glaube an die Bedeutung von Gesetz und Ordnung im weitesten Sinne herrschte. Zwei Beispiele bieten sich unmittelbar an: Staaten mit einer starken bürgerlichen Gesetzgebung und einer Zentralregierung sowie Kulturen mit einem ausgeprägten Monotheismus. Der erste Fall erlaubt es, eine Analogie zwischen dem geordneten Wirken der Natur unter der Rechtsprechung der Naturgesetze und dem geordneten Lauf einer Gesellschaft nach dem bürgerlichen Gesetzbuch zu entwickeln. Der zweite Fall begünstigt den Glauben daran, daß die Natur durch die Anordnungen eines allmächtigen und göttlichen Gesetzgebers beherrscht wird. Eine Kultur mit beiden dieser Eigenschaften bietet eine besonders vorteilhafte Umwelt für die Entwicklung eines festen Glaubens an die Gesetze der Natur und an die Rationalität und den geordneten Charakter der Welt: einen festen Glauben daran, daß es etwas gibt, was die Erforschung lohnt.

So überzeugend dieser Gedanke auch ist, entscheidend ist er wohl nicht. Wichtiger ist die Erkenntnis, daß sich die frühe Überzeugung, Gesetze ergäben sich aus dem ureigensten Wesen der Dinge, für die sie gelten, allmählich zu der Sichtweise der frühen monotheistischen Kulturen wandelte, ein außerhalb der Natur stehender Gesetzgeber setze das fest, was wir als Naturgesetze empfinden. Bei den Griechen geht diese Wandlung mit der Ablehnung teleologischer Erklärungsweisen zugunsten kausaler einher. Die Hinwendung zum Begriff des aufgebürdeten Gesetzes ist reich an Gedanken, die weit über die Sicht hinausgehen, Naturgesetze seien lediglich die beobachtete übliche Abfolge von Ereignissen. Sie betont eine jenseits der Natur liegende Gemeinsamkeit und etabliert ihre Allgemeingültigkeit. Wichtiger noch: Sie etabliert angesichts des Stroms von Ereignissen die Unwandelbarkeit der Natur. Wenn die Gesetze, die die Bewegung von Steinen bestimmen, aus den inneren Eigenschaften eines jeden Steins folgen, könnten sich verschiedene Steine unterschiedlich bewegen; derselbe Stein könnte sogar ein anderes dynamisches Verhalten zeigen, wenn er verwittert und sein Aussehen sich ändert. Dann gibt es in der Natur keine konstanten Faktoren und also auch keine unveränderlichen Gesetze. Wir wollen deshalb überlegen, was die großen monotheistischen Traditionen zur Vorstellung vom auferlegten Gesetz beigetragen haben.

Im allgemeinen hatten unsere Vorfahren eine ganz andere Vorstellung vom Wesen des Naturgesetzes als wir heute. Für den modernen Wissenschaftler ist das nützlichste Gesetz eine Sammlung von Regeln, gewöhnlich in Form von mathematischen Gleichungen, die festlegen, wie sich etwas ändert – entweder im Laufe der Zeit oder bei der Bewegung von einem Ort zum nächsten oder beidem zusammen. Für die Griechen jedoch bedeutete das Gesetz etwas, das sich nicht ändert: eine unveränderliche statische und vollkommene Harmonie. Wir werden sehen, daß wir heute noch oft eine enge Verbindung zwischen einer Gleichungsmenge aufzeigen können, die Veränderungen in Zeit und Raum beschreibt, und einer unveränderlichen harmonischen Symmetrie, wobei sich die Symmetrien jedoch oft als äußerst abstrakt herausstellen.

Die Sicht der Bibel ist wichtig, denn ihr Einfluß war groß zu der Zeit, als die Naturwissenschaft ihre moderne Form erhielt. Die Mehrzahl der führenden Naturwissenschaftler waren bis zum Beginn des zwanzigsten Jahrhunderts fromme Menschen, und wir werden sehen, daß sich dies in ganz bestimmter Weise auf ihre wissenschaftliche Arbeit auswirkte.

Das Alte Testament stellt Gott als den Schöpfer dar, der die Welt aus einer formlosen Leere erschafft, in besonderer Weise ordnet und einige deutliche Verbote aufstellt. Das führt zu einer ganz bestimmten Einstellung zur Natur und spiegelt sie gleichzeitig wider. Der jüdische religiöse Ritus und Glaube unterschieden sich sehr von allen anderen Bräuchen der alten Welt und auch von der eben beschriebenen frühen magischen Sicht der Natur. Der Gott der frühen Hebräer war nicht in den Dingen der Natur selbst, deshalb verbietet er Götzenbilder und die Herstellung von Ebenbildern. Die Juden kamen dem Entheistischen höchstens in der Verbindung von Gott mit Bergen und «hohen Plätzen» nah. Für sie gab es eine äußere, von der ordnenden Kraft hinter der Natur unterschiedene Welt, und die war von ihrer subjektiven Erfahrung getrennt. Das Verbot von Beschwörung und Prophezeiung ließ den Glauben nicht aufkommen, das Geschehen in der Natur werde durch menschliche Willenskraft bestimmt; es bestärkte die Unterscheidung des subjektiven menschlichen Geistes von der objektiven Welt der Natur.

Das zu Beginn dieses Abschnitts zitierte verblüffende Bilderverbot hat weitreichende Folgen. Das Wort Götzenbild oder Idol wird wohl seitdem in einem abschätzigen Sinn gebraucht. Das Gebot verbietet nicht nur die Anbetung von Dingen als Götter, sondern auch die *Darstellung* des einen wahren Gottes. Durch diese Auflage für die religiöse Praxis wurde eine immerwährende Befriedigung mit einer *ab-*

strakten Sicht der Dinge festgeschrieben und ein Argwohn gegen alle nützlichen oder symbolischen Darstellungen von Dingen geweckt. Wenn die Verbundenheit mit Religion und Natur stark ist, kann eine idealistische Weltanschauung nicht gedeihen.

Viele Bücher des Alten Testaments erzählen vom Bemühen der Juden, solche Unterschiede zwischen sich und ihren Nachbarstaaten zu bewahren. Viele ihrer prophetischen Schriften warnen vor den bösen Folgen der Götzenverehrung.

Die hebräische Sicht der Natur war eher ästhetisch und zelebrierend als kalt analytisch oder manipulativ. Die Natur wurde vor allem als Zeichen und Symbol des Schöpfers gesehen und weniger als ein zu lösendes Rätsel oder eine Machtquelle, die man sich nutzbar machen sollte. Für den frommen Juden war die Natur ein Wegweiser zu Gott, der Freude, Anbetung und Ehrfurcht inspirieren sollte. Sie war keine Darstellung *von* Gott. Manche Züge der Natur waren Zeichen seiner Güte und seines Wohlwollens, während andere sein Mißfallen anzeigten. Die Natur war kein losgelöstes Etwas, ließ sich nicht wie ein Objekt unter dem Mikroskop sezieren und noch weniger ändern oder ausbeuten; vielmehr wünschte man ein Teil von ihr zu sein, und sah sie insgesamt als etwas erfreuliches. Die Herrschaft über andere Geschöpfe war im Garten Eden legitimiert worden, aber nicht die Herrschaft über die Natur selbst. Zudem wurde zwar anerkannt, daß die natürliche Welt das Werk des Schöpfers ist, aber nicht, daß eine Kenntnis des Schöpfungswerkes unbedingt zu einem tieferen Verständnis für Gott führen müsse. Tiefes Verständnis oder «Weisheit» ließ sich nur in der moralischen Welt finden; sie kam nicht «im Erdbeben, im Wind oder im Feuer», sondern im «stillen sanften Säuseln» des Geistes Gottes. Die Juden hatten keinen religiösen Grund, sich besonders für die Welt der Natur zu interessieren.

Diese relativ prosaische Sicht der Natur steht in krassem Gegensatz zu dem, was sich in den meisten heidnischen Geschichten und Mythologien findet. Insofern sahen die Hebräer die natürliche Welt nicht als eine eigenwillige Gottheit, die zu verehren oder zu fürchten ist, sondern als ein Werk des Schöpfers, das von den von Ihm dazu ernannten Verwaltern zu fürchten, zu bewundern und zu pflegen ist.

Eine solche Weltanschauung war der Entwicklung der Naturwissenschaften nicht unmittelbar förderlich, aber ebensowenig bot sie den mystischen Begriffen einen Nährboden, die eine vernünftige Suche nach den Naturgesetzen verhinderten. Die Naturgötter waren den Juden verflucht, und wegen dieses Tabus war es ihnen erlaubt, die Natur zu erforschen. Die Natur ist weltlich. Die Sonnenastronomie stößt auf merkwürdige methodologische Probleme, wenn die Gesellschaft einen Sonnengott verehrt, und Tierzucht ist kaum mit heiligen Kühen in Einklang zu bringen. Trotz aller religiöser Fehler, die ihnen im Alten Testament zugeschrieben werden, hat die Ausübung der Astrologie die Juden, im Gegensatz zu fast allen anderen alten Kulturvölkern, niemals in ihren Bann gezogen. Das erste Kapitel des ersten Buches der Bibel stellt sehr bald fest, daß Sonne und Mond «und dazu auch Sterne» zweitrangige Schöpfungen sind. Dieser Satz könnte sehr wohl zu einer Zeit geschrieben worden sein, als die Juden unter der Herrschaft des babylonischen Reiches standen, dessen Ansichten in bezug auf den Ursprung der Welt mit astrologischen Vorstellungen über die Macht von Sonne und Mond getränkt waren. Im Gilgamesch-Epos, dem Schöpfungsmythos, von dem oft gesagt wird, er habe die Darstellung im Buch Genesis beeinflußt, wird der babylonische Gott Marduk als jemand beschrieben, dessen Befehlen die Sterne gehorchen:

Er schuf Standorte für die großen Götter,
Indem er mit Sternen die ihnen entsprechenden Sternbilder bildete.
Er bestimmte das Jahr, teilte die Abschnitte ab.
Für jeden der zwölf Monate bestimmte er drei Sterne.
Nachdem er die Tage des Jahres durch die Zeichen festgelegt hatte,
Begründete er den Standort des Zodiak,
Um ihre gegenseitigen Beziehungen zu bestimmen.
Damit keiner einen Fehler oder eine Unterlassung begehe.

Diese Darstellung ist auch deshalb interessant, weil sie ebenfalls die Vorstellung einer gesetzgebenden Gottheit enthält. Der Schreiber braucht einen Grund für die am Himmel beobachteten Regelmäßigkeiten.

Das Alte Testament enthält viele ausdrückliche Hinweise auf Jahwe in der Rolle des göttlichen Gesetzgebers, der Macht hat über die Natur. Er trennt das Land vom Wasser, regelt Tag und Nacht und die Jahreszeiten, bewegt die Winde und die Gezeiten. Diese Zuschreibungen zeigen, daß seit langem bestehende Regelmäßigkeiten in der Natur bewußt wahrgenommen und als bemerkenswert, der Vernunft zugänglich und einer göttlichen Erklärung wert empfunden wurden. Jahwe wurde als die nötige und hinreichende Erklärung aller Naturphänomene gesehen, der keine Unterstützung durch weitere Grundsätze oder den Dingen eigentümliche Neigungen nötig hatte. Die Anerkennung von wunderbaren Ereignissen zeigt an, daß der Unterschied zwischen dem, was «natürlich» ist und was nicht, völlig bewußt war. So wurde ein dauerhaftes Vertrauen in die *von außen auferlegte* Vernunft, Verständlichkeit und Beständigkeit der Natur bewahrt, aus dem sich dann der Begriff des Naturgesetzes entwickeln konnte.

Warum aber hatten die Juden in dieser frühen Zeit überhaupt keine naturwissenschaftlichen Interessen? Vielleicht, weil sie niemals ein Volk von Seefahrern waren. Sie brauchten sich nicht zum Zweck der Navigation auf eine systematische Erforschung des Himmels einzulassen. Das lange Nomadenleben und die ständigen Auseinandersetzungen mit den Nachbarn müssen gleichfalls den technischen Fortschritt behindert haben. Weder Architektur noch Gewerbe erhielten dadurch Auftrieb. Das Leben blieb an Landwirtschaft und Tradition gebunden. Arbeit war notwendig und hinreichend für die Erzeugung des täglichen Brots. Das Leben war zu schwer, um sich auch noch den Luxus der Forschung um der Forschung willen leisten zu können. Unter denen, die nicht die Sorgen der Armut teilten, ist nur Salomo jemand, von dem erzählt wird, er habe sich genauer mit der Natur beschäftigt. Sein Beweggrund jedoch scheint eher lyrisch als «wissenschaftlich» gewesen zu sein.

Es ist klar, daß astrologische Neigungen zweischneidig sind. Einerseits haben sie einige alte Kulturen zur Erforschung des Himmels geführt und dazu, genaue Aufzeichnungen von dem zu machen, was sie sahen, aber andererseits standen der Forschung immer die Deuter im Wege, die sich jeder Neigung, Dinge auf neue Weise zu sehen, widersetzten, denn das wäre ja der Einführung einer neuen Religion gleichgekommen. Über einen langen Zeitraum hinweg muß ein solches Glaubenssystem wohl immer komplizierter und gekünstelter werden, wenn jede neue Beobachtung in den bestehenden Plan eingeordnet wird, ganz gleich, wie schlecht sie passen mag; denn die eigentliche Rolle des Glaubenssystems ist es ja, die gesellschaftlichen Trennungen zwischen jenen, die den Himmel zu deuten wissen, und jenen, die es nicht können, aufrechtzuerhalten. Erst wenn es eine allgemeine und genaue mathematische Sprache gibt, kann wirklich jeder an der Naturwissenschaft teilhaben.

Chinesische Naturwissenschaft

> *Man kann nicht darauf vertrauen, daß der Geheimcode der Naturgesetze je gefunden und je verstanden werden kann, weil es sich nicht mit Gewißheit sagen läßt, daß ein göttliches Wesen, noch vernunftbegabter als wir selbst, je einen Code formuliert hat, der sich entziffern läßt.*
>
> Joseph Needham

Ein Monotheismus, der nichts mit Naturgottheiten und Astrologie zu tun hat, erleichtert, so läßt sich also wohl behaupten, die Entwicklung eines starken Glaubens an die Naturgesetze und an die Möglichkeit wissenschaftlicher Erforschung der Welt. Könnte es sich nicht andererseits auch zeigen, daß das Fehlen solcher Einstellungen die Erkenntnis der Naturgesetze behindert?

Diese Frage läßt sich nicht mit Gewißheit beantworten. Es gibt jedoch ein interessantes und gutbelegtes Beispiel dafür. Anscheinend war nämlich den alten Chinesen die Vorstellung einer einzigen höchsten Gottheit unbekannt, und deswegen war die Naturwissenschaft in jener Kultur eine merkwürdige Totgeburt. Die Chinesen hatten nicht die Vorstellung von einem göttlichen Wesen, dessen Handeln das Naturgeschehen regelt, dessen Verordnungen unverletzliche Natur«gesetze» darstellen und mit dessen Zustimmung Wissenschaft betrieben wird. Trotz ihrer raffinierten technischen Entwicklungen bei Feuerwerkskörpern, dem Buchdruck und der weiten Verbreitung des Magnetkompasses auf ihren Segelschiffen lösten die Erfindungen bei den Chinesen nicht den Drang aus, Regelmäßigkeiten in der Natur zu erforschen oder die Erde zu erkunden. Ihre Erfindungen führten nicht zu vergleichbaren Perioden revolutionärer wissenschaftlicher Veränderungen und solcher Erweiterung des intellektuellen Horizonts, wie sie sich im selben Zeitraum im Abendland abspielten.

Eine der wichtigsten Ideen des chinesischen Denkens von den frühesten Zeiten bis heute scheint die Vorstellung von einer spontanen Entwicklung der Weltordnung zu sein. Die Wurzeln dazu könnten in Naturbeobachtungen liegen und zum Beispiel bei der Betrachtung von pflanzlichen Mustern oder dem zweckmäßig organisierten Kollektivverhalten von Insektenkolonien entstehen. Bei diesen Beispielen zeigt sich eine geheimnisvolle Übereinstimmung zwischen vielen getrennten Teilen, ohne daß ein Mensch von außen eingreift. Andererseits könnten wir die Wurzeln auch in dem allmählichen Auftreten einer Gesellschaftsordnung innerhalb kleiner Gruppen von Bauern suchen, die in ihren Gemeinschaften ganz «natürlich» eine stabile und organisierte Lebensweise entwickelten, ohne daß eine Zentralregierung von außen Vorschriften erließ. Regeln ergaben sich eher durch Verhandlung und Kompromiß als durch diktatorische Verordnung.

Den Chinesen waren hauptsächlich zwei Denkweisen eigentümlich. Der Konfuzianismus entstand im sechsten vorchristlichen Jahrhundert zum Teil als Reaktion auf das in der damaligen Gesellschaft herrschende zerstörerische Chaos, das von ständigen Bürgerkriegen noch verschlimmert wurde. Die Jünger seines Gründers Kong Fu Zi («Konfuzius» ist die deutsche Form) betonten, wie wichtig ein richtiges und gerechtes Verhalten für die Gesellschaft sei, und legten Wert auf intuitive Sitten und Gebräuche, die zur richtigen Gesellschaftsordnung führten. Genau umgekehrt interessierten sich ihre späteren Gegner, die Taoisten, vor allem für die von der Natur offenbarte Ordnung. Sie betonten vor allem die Einheit der Natur und ihre Unabhängigkeit von allen menschlichen Verhaltensmaßstäben, die den Anhängern des Konfuzius als so wichtig erschienen.

Der Konfuzianismus erhielt schließlich offiziellen Status und entwickelte sich zu einer paternalistischen Form des Liberalismus. Er hatte großen Anteil an der Entwicklung einer Weltanschauung, die nicht in logischen Analysen oder systematischen Beobachtungen nach Regeln für das Verhalten der Natur suchte, sondern statt dessen nach Analogien mit den harmonischen gesellschaftlichen Sitten, die sich aus kollektivem menschlichem Handeln ergeben. Solche Analogien lassen sich nicht vorhersagen. Sie enthalten spontane und intuitive Aspekte, zu denen man nur gelangen kann, wenn ständig gesichert ist, daß man mit allem und jedem in der richtigen Weise zusammenarbeitet. Sie sind einfach zu kompliziert, um praktisch vorhersagbar zu sein.

Gemäß diesem liberalen Ideal des Konfuzianismus ist die Gesellschaftsordnung spontan und einvernehmlich von guten Sitten bestimmt. Dieses sogenannte *li* stand hinter der damaligen legalistischen Haltung, daß die Gesellschaft durch die positive Gesetzgebung, das *fa* eines höchsten Herrschers oder Richters, bestimmt sein sollte und nicht durch die weniger genauen natürlichen Zwänge, die jeder intuitiv teilt und die wir heute «Naturrecht» nennen würden – dem kleinsten gemeinsamen Nenner des Gefühls für das, was richtig ist, und zu dem sich die meisten Mitglieder einer stabilen und homogenen Gesellschaft bekennen.

Für die Konfuzianer bestand die Hauptaufgabe des weltlichen Herrschers darin, den Mitmenschen ein untadeliges Vorbild zu liefern. Ein Befehl, der spontan durch menschliche Übereinkunft und Interaktion entsteht, erschiene einem alten Chinesen jedem von außen diktierten bei weitem überlegen. Man kannte dort nicht jene Hochachtung für das positive Gesetzesrecht, wie sie der Tradition westlicher Kulturen entspricht. Wenn ein Edikt des *fa* sich als widersprüchlich zu dem herausstellte, was die Gesellschaft als *li* ansah, wurde das erste als unerwünscht behandelt*.

Li wirkte im ganzen Spektrum des Lebens. Es war der Grund für die Bewegung des Mondes und der Sterne, für erfolgreiche Selbstdis-

---

* Wir bemerken nebenbei, daß die angenehmste Art und Weise, sich ein Gefühl für die juristische Praxis im alten China zu verschaffen, die Lektüre der berühmten «Judge Dee»-Kriminalromane darstellt, die in den fünfziger Jahren von Robert Van Gulik geschrieben wurden. Sie verfolgen die Karriere eines konfuzianischen Richters im China des sechsten Jahrhunderts von seiner ersten Berufung zum Verwaltungsbeamten eines kleinen Bezirks bis zu seinen Erfahrungen als Oberster Richter und Reichsverweser in der Zeit, als Peking von der Pest heimgesucht wurde. Van Gulik war ein holländischer Diplomat und angesehener Ostasienforscher, der seine Kriminalgeschichten auf wirkliche Fälle gründete, die sich im alten China ereignet hatten – und die er nach Art der Geschichtenerzähler passend ausschmückte, wobei er einen traditionellen chinesischen literarischen Stil beibehielt (obwohl er dankenswerterweise von ihrer Tradition abweicht, den Täter statt am Ende schon zu Beginn des Krimis zu verraten). Er läßt den Leser das chinesische Alltagsleben nacherleben. Diese Erzählungen werden in vielen Vorlesungen zur Orientalistik als Ergänzungslektüre empfohlen, weil sie gut unterhalten und gleichzeitig genau in die Lebensumstände im alten China einführen.

ziplin im Umgang mit Menschen und für die Einteilung in Reiche und Arme und überhaupt «das allergrößte Prinzip». In bezug auf alle diese Bereiche wurde angenommen, daß das, was wir im Westen vielleicht Natur«gesetze» nennen würden, sich zwar allmählich entwickeln würde, aber doch ganz spontan entstanden wäre und als Verkörperung eines stabilen und geordneten Verhaltens zum gegenseitigen Nutzen von jedem und allem Bestand haben müsse.

Der Taoismus wandte sich gegen diese Suche nach der natürlichen Ordnung des Gesellschaftslebens. Er entstand unter dem Einfluß herumziehender Magier und ihrer Anhänger. Als Reaktion auf andere philosophische Lehren zogen sich die Taoisten zurück und lebten in Abgeschlossenheit fern von der Gesellschaft. Sie glauben, daß sich die innere Ordnung der Natur nur in der Einheit mit ihr verstehen ließe. Der Mensch und seine idiosynkratischen Bräuche waren bei dieser Suche nach der Vereinigung mit der Natur unwesentlich. Die Ordnung, die sie suchten, das Tao (der «Weg»), ließ keine genaue Definition zu. Sie liegt jenseits von menschlichem Verständnis und entstand als ein Gegengewicht zum geheimnisvollen Zusammenspiel der Gegensätze. Wieder liegt die Betonung auf der spontanen Ordnung, die sich durch das holistische Wechselspiel aller Bestandteile der Natur ergibt. Dieser holistische Gesichtspunkt verneint ebenfalls eine klare Sicht der äußeren Welt als physikalische Wirklichkeit, weil wir in einer Weise mit der Harmonie der Natur verwoben sind, die für die Ordnung des Ganzen wesentlich ist. Wenn man sich mit der Natur beschäftigt, stellt sich das Problem der Rückbezüglichkeit. Die Gesetze sind latent in den Dingen vorhanden, sie sind ihnen nicht von außen auferlegt.

Der magische Hintergrund der taoistischen Tradition war ein Beweggrund, sich mit «experimentellen» Praktiken zu befassen, während der konfuzianische Gelehrte ein Aristokrat war, der auf manuelle Arbeit und all das herabsah, was mit der experimentellen Erforschung der Welt zu tun hatte. Und doch haben die taoistischen Philosophen niemals Aussagen gemacht, die wir Naturgesetze nennen könnten. Sie vertrauten weder darauf, daß die Vernunft das Weltall offenbaren könne, noch daß sich eine geschaffene Ordnung forschend entdecken läßt. Letztlich glaubten sie nicht an die Erklärbarkeit der Natur. Ihre liberale Ansicht, das Tao könne keinen zwingenden Einfluß auf die Natur ausüben, und ihre Theologie eines pantheistischen Naturalismus liefen dem Gesamtkonzept eines die Welt beherrschenden Gottes (oder auch mehrerer Götter) zuwider.

Die ungewöhnlichen Ergebnisse dieser philosophischen Traditionen sind insbesondere durch Joseph Needhams ausführliche Erforschung der Geschichte der Naturwissenschaft und Technik im alten China beleuchtet worden. Danach scheint die Entwicklung der Naturwissenschaft in dieser großen Kultur durch ihre Weltanschauung erstickt worden zu sein. Die Harmonie des Lebens in Gesellschaft und Natur wurde auf die Persönlichkeit und die Lebensregeln eines jeden einzelnen Mitglieds dieser Gemeinschaft zurückgeführt; jeder einzelne wirkte von sich aus zum Wohle des Ganzen und nicht auf Anordnung eines äußeren höchsten Wesens. Niemals entwickelte sich der Gedanke, es bestünde eine Analogie zwischen der bürgerlichen Gesetzgebung und den Zwängen, die dem zulässigen Wirken der Natur auferlegt sind. Es gab keine Tradition des Glaubens an einen höchsten Gesetzgeber oder allmächtigen Schöpfer. Alles hatte die Möglichkeit, sich selbst zum Sein zu bringen, und deshalb gab es kein psychologisches Bedürfnis, einen persönlichen Schöpfer einzuführen.

So hat also die Betonung des *li* gegenüber dem der westlichen Tradition näheren *fa* die Auffassung unterdrückt, daß die Natur bestimmten von Gott gegebenen Regeln folgt. Die alten Chinesen hatten keinen Grund, an eine der Natur zugrundeliegende Vernunft zu glauben, die durch genaue Beobachtung und Einordnung in Systeme entdeckt werden könne. Sie hielten das Weltall für viel zu komplex, als daß sie ein solches Unterfangen auch nur in Erwägung gezogen hätten. Diese holistische Sicht würde auch den Gedanken ausschließen, daß man zu einem Verständnis des Ganzen gelangen könnte, indem man die Natur im Kleinen, Stück für Stück, erforscht. Die Natur war für sie aus einem Guß, jeder Teil hatte in einem riesigen widerspruchsfreien Ganzen seine Aufgabe, und doch folgte jeder nur seinem eigenen inneren Kompaß – sie gleicht eher einem Ameisenstaat als einer menschlichen Gesellschaft. Aus dem Wunsch nach Ordnung wurde niemals gefolgert, es müsse unweigerlich einschränkende Gesetze und einen verfügenden Gesetzgeber geben. Trotz der frühen technischen Überlegenheit des alten China schwand die Wissenschaftlichkeit. Sie starb schließlich aus, ohne ihre Vollendung erreicht zu haben, weil sich der Begriff des Naturgesetzes nicht entwickeln konnte.

Die Griechen

> *Die Griechen entdeckten – und darin liegt ihre wirkliche Bedeutung für den Fortschritt der Welt – das fast unglaubliche Geheimnis, daß die spekulative Vernunft selbst geordnet und methodisch ist.*
>
> A. N. Whitehead

Es wird oft behauptet, die moderne Kultur verdanke alles den alten Griechen: Alle unsere Mathematik, Naturwissenschaft und Philosophie hätten ihren Ursprung in den Leistungen einiger weniger begabter Einzelmenschen, die vor über zweitausend Jahren in einem winzigen Land am Mittelmeer lebten. Aber je genauer man diese Auffassung betrachtet, um so weniger läßt sie sich begründen. Obwohl es unter den Griechen geniale und einfallsreiche Philosophen und Mathematiker gab, gelang ihnen keine einzige bedeutende Zusammenfassung ihres naturwissenschaftlichen oder technischen Wissens. Die Entdeckung der Naturgesetze lag fast in ihrer Reichweite, blieb aber aus. Wie die meisten Verallgemeinerungen hat diese letzte Aussage ihre Ausnahmen, aber es sind überraschend wenige. Wohl findet sich in der Zeit nach Aristoteles das überragende Genie eines Archimedes oder Ptolemäus; es kommt jedoch nicht wie bei Newton zu einer Revolution des menschlichen Denkens. Die großen Fortschritte wurden in der Astronomie, Geometrie und in der Logik und Philosophie gemacht. Es ist eine reizvolle Frage, warum die intellektuelle Atmosphäre der griechischen Kultur mit ihrer stabilen Regierung und dem weitentwickelten System des Zivilrechts nicht zur Entdeckung des großen Systems der Naturgesetze führte.

Auf den ersten Blick scheint es, daß viele der griechischen Denkweisen eine Richtung einschlugen, die geradezu auf eine wissenschaftliche Revolution hinzusteuern schien. Die Fesseln des Denkens, das Mythen schafft, wurden immer lockerer. Statt dessen wurde ein rationales Denken wichtig, in dem die Beziehung zwischen Ursache und Wirkung bedeutsam war. Man sah die Natur nicht mehr als etwas, das willkürlich oder irrational handelt; vielmehr ließ sich die Welt verstehen. Sie war der Vernunft zugänglich und der Untersuchung wert. Zudem zeichnet sich die griechische Kultur dadurch aus, daß die Erforschung der Natur zum ersten Mal nicht ausschließlich von einer Minderheit von Auserwählten betrieben wurde, denen allein die Befugnis zukam, ihre Deutung gewöhnlichen Menschen mitzuteilen. Die Wissenschaft wurde weltlich.

Die starke Betonung der Suche nach der «absoluten Wahrheit» der zahlreichen philosophischen Schulen der Griechen bezeugt zum ersten Mal einen systematischen Wunsch, die Wahrheit um ihrer selbst willen zu suchen und zu begreifen, unabhängig von allen militärischen oder praktischen Anreizen oder dem auf Erwerb gerichteten Begehren, eine gewaltige Armee von Tatsachen anzuhäufen. Ist nicht dieses der Samen, aus dem der Baum der Erkenntnis wächst?

Es gibt viele Gründe dafür, daß es den Griechen nicht gelang, einen tragfähigen Begriff der Naturgesetze zu entwickeln und sie systematisch zu entdecken, und zwischen diesen Gründen bestehen komplizierte wechselseitige Beziehungen. Trotzdem läßt sich eine Reihe von Punkten herausheben, die das griechische Denken und Handeln bestimmte. Sie hat anscheinend in ihrer Gesamtheit eine Schranke aufgebaut, die für das Nachdenken über die Natur unüberwindbar war.

Wir beginnen mit einigen allgemeinen Kennzeichen, die die Zeit von etwa 600 vor Christus bis zum Tod von Aristoteles 322 vor Christus charakterisieren, jene Epoche, in der sich alle wichtigen Entwicklungen abspielten. Später werden wir die jeweiligen Vorlieben bestimmter einflußreicher philosophischer Richtungen untersuchen. Am stärksten fällt auf, wie weitgehend das, was wir jetzt «Naturwissenschaft» nennen, ein Zweig der Philosophie war. Es gab einfach keinen Unterschied zwischen den Bereichen, die wir heute als «Naturwissenschaft» und «Philosophie» bezeichnen: Es gab einzig eine allgemeine Suche nach der Natur der Dinge, eine Naturphilosophie. Vor Aristoteles existierte keinerlei methodische Einteilung in verschiedene Themenbereiche. Der Hauptunterschied, der gemacht wurde, war der zwischen der Ordnung der natürlichen Dinge, die Veränderung und Komplexität widerspiegeln, und den statischen und absoluten Wahrheiten mathematischer Art, wie sie die Geometrie verkörpert. Einzelne Gruppen von Denkern waren durch ihre Verbindung mit einer bestimmten Philosophenschule geprägt, und ihre Gedanken über Naturerscheinungen waren durch die zugehörige philosophische Denkweise bestimmt. Auf unsere Verhältnisse übertragen, war es so, als ob die Fachschaften für Physik an den heutigen Universitäten durch führende Philosophen verschiedener Richtungen geleitet würden. An der Universität von Humbarg zum Beispiel wären dann die Idealisten einflußreich und zögen Kollegen und Studenten an, die auf diese Richtung schwören, während an der Universität Kulln alles in strikter Übereinstimmung mit den Vorschriften der Operationalisten abliefe. Die Wissenschaft würde damit zur Naturphilosophie im schlimmsten Wortsinn. (Hiermit soll nicht geleugnet werden, daß es auch in der modernen wissenschaftlichen Arbeit engstirnige Einflüsse gibt und «Zentren» existieren, in denen eine bestimmte Schule die Folgerungen einer bestimmten Theorie untersucht oder in einer bestimmten von ihrem Leiter festgelegten Form arbeitet. Diese modernen wissenschaftlichen Schulen werden aber nicht von philosophischen Ansichten beherrscht, die das ganze Spektrum der menschlichen Forschungen erfassen.)

Dieses Dach, das die Philosophie über die Erkundung der natürlichen Welt spannte, war, wie wir früher erwähnten, anfangs lebenswichtig, wenn Probleme und Erscheinungen auf eine vernünftige Art untersucht werden sollten. In der Rückschau jedoch erscheinen die Ziele der frühen Philosophen als viel zu ehrgeizig. Die griechischen philosophischen Schulen waren daran interessiert, die ganze und letzte Wahrheit über die Welt in Erfahrung zu bringen. Sie konzentrierten sich immer eher auf das Allgemeine als auf das Besondere. Dieser Ehrgeiz hatte eine sehr unglückliche Wirkung: Da die Griechen mit einer allumfassenden Theorie begonnen hatten, fiel es ihnen sehr schwer, zu genaueren Theorien über Einzeldinge zu gelangen. Eine Theorie, die uns über alles etwas sagen kann, muß eben wegen dieser Allgemeinheit zu ungenau und schwach sein, um irgend etwas Spezielles sagen zu können. Die Naturwissenschaft machte erst in der Renaissance aufregende Fortschritte, als sie sich beschränkte und als notwendige Vorbedingung erkannte, daß sie sich zuerst auf das Besondere richten müsse, um sich dann um ein Verständnis des Allgemeinen bemühen zu können.

Wissenschaftler mögen heute über die richtige Erklärung der Dinge, die wir im Weltall sehen, uneins sein, aber sie stimmen doch darin überein, welche Themen untersuchenswert sind. Für die Griechen jedoch hatte der Begriff «Natur» viele verschiedene Bedeutungen, und ihre Philosophen beschäftigten sich lieber mit der Bedeutung der Idee als mit der Untersuchung dessen, was in der Welt vor sich ging.

Die Suche nach dem letzten Wesen der Dinge war durch eine weitere etwas unglückliche Gegebenheit erschwert, die das Werk der frühen materialistischen Philosophen bestimmte. Obwohl sie als einzige unter den griechischen Philosophen glaubten, daß die Dinge aufgrund von Sinneserfahrungen verstanden werden sollten und nicht als etwas, das von gewissen höheren, unseren Sinnen unzugänglichen Formen der Wirklichkeit und Wahrheit abhängt, lag das, worauf sie diese Logik anwandten, völlig außerhalb der Reichweite der Beobachtung: Sie fragten nach dem Ursprung aller Dinge, dem des Lebens und alles anderen. Als materialistische Reduktionisten nahmen sie an, alle möglichen Eigenschaften, ob nun die des Verstandes oder die eines Kieselsteins, müßten sich allein durch die Eigenschaften von Luft und Wasser erklären lassen, wenn doch alle Dinge aus Luft oder Wasser gemacht seien. Später wandten sich sowohl der Platonismus als auch der Aristotelismus entschieden gegen diese Vorstellungen. Beide hielten die letzte Realität für völlig materielos und nur dem reinen Denken zugänglich.

Die Vorherrschaft philosophischen Denkens führte dazu, daß sich ein anderes oberflächlich gesehen positives Zeichen als Fußangel herausstellte. Die Wertschätzung, wie sie besonders Aristoteles für die formale Logik hegte, der in ihr ein Musterbeispiel sah, dem alles Nachdenken über die Natur nachstreben sollte, bedingte Sterilität. Die formale Logik ist in der mathematischen Beweisführung bewundernswert; dort interessiert man sich dafür, ungewöhnliche Verknüpfungen zwischen Eigenschaften oder Zahlen oder den Beziehungen zwischen den Längen der Dreiecksseiten herauszufinden. Sie ermöglicht es, ein Netzwerk tiefer Wechselwirkungen zwischen schon bekannten Dingen aufzubauen. Sie vermischt schon definierte Dinge und stellt Beziehungen zwischen ihnen her. Aber mit Logik allein läßt sich nicht auf die Existenz neuer Seinsarten schließen. Sie läßt natürlich wenig Raum für das Experiment oder die Beobachtung. Wer die Geometrie verehrt, nährt den Glauben, daß die meisten wichtigen Eigenschaften der Welt statisch seien; das verhindert einen Glauben an die dynamischen Aspekte ihrer Struktur und verstärkt noch die griechische Einstellung, nach der es darauf ankommt, was die Dinge wirklich «sind», und nicht darauf, wie sie sich verhalten oder welche

Beziehung sie zu anderen Dingen haben. Ein Wissenschaftler, der sich nur auf logisches Nachdenken verläßt, das vermeintlich auf «selbstverständlichen» Grundlagen beruht, wird sich bald in der gleichen Sackgasse befinden wie ein blinder Landschaftsmaler. Damit unser Wissen vom Wirken der natürlichen Welt Fortschritte machen kann, müssen wir opportunistisch sein. Wir werden in einem späteren Kapitel sehen, daß die Naturwissenschaft der Mathematik geheimnisvollerweise beachtlich viel schuldet, aber die Griechen wurden bis zu einem gewissen Grade eben durch ihre Verehrung für ihre unerbittliche Logik behindert.

Die griechischen Mathematiker waren ohne jeden Skrupel reine Mathematiker. Sie führten «Axiome» ein, um Wahrheiten zu beschreiben, die sie für selbstverständlich hielten und die ihrer Meinung nach keinen Beweis nötig hatten. Sie erkannten, daß die Analysis einen Anfang haben muß. Sie vermieden es, an Anwendungen der Mathematik zu denken, und hatten gleichzeitig ein gesellschaftliches Vorurteil, das im Rückblick als ein Haupthindernis für die Entwicklung der Naturwissenschaft in ihrer Kultur erscheint.

Die Griechen hielten wenig von der Handarbeit. Sie waren echte Aristokraten; die Sklaverei war für ihre Wirtschaft wesentlich. Wir wissen, daß in einigen ihrer Gemeinden auf je zwei Freie mehr als ein Sklave kam. Diese Ungleichheit in ihrer Gesellschaft führte zu einer scharfen Trennung zwischen der geistigen und der praktischen Welt. Das wiederum führte zu einer Gesellschaft, die keinen technischen Fortschritt kannte. Man hat behauptet, eine Gesellschaft kenne dann, wenn sie Sklaven hat, keinen Anreiz mehr, nach arbeitssparenden Methoden zu suchen; die Existenz der Sklaverei genüge schon, das Fehlen allen systematischen technologischen Fortschritts auf diesem Gebiet zu erklären. Vielleicht gibt es Gesellschaften, auf die diese Überlegung zutrifft, sie ist aber nicht sehr überzeugend. Kannten nicht die Ägypter und andere bedeutende Völker der alten Welt Sklavenarbeit, und spannten sie die Sklaven nicht mit Vorteil für ihre technischen Projekte ein? Eher ist es wahrscheinlich, daß das Vorhandensein einer aus Sklaven bestehenden Arbeitskraft dazu ermutigt, große technische Unternehmungen wie die Konstruktion der ägyptischen Pyramiden überhaupt zu wagen. Bei den Griechen wirkte sich die Sklavenarbeit indirekt und eher psychologisch aus. Sklaven verrichteten Handarbeit, und die war prosaisch. Es war unter der Würde eines

Aristokraten, Geräte herzustellen oder Versuche durchzuführen; solche Tätigkeiten kamen nur jenen zu, die nicht denken konnten. Das Ergebnis dieses Wissenschaftsverständnisses, das theoretisches und praktisches Denken strikt getrennt sah, ist bedauerlich. Es ist bewundernswert, wenn jemand die Wahrheit allein deswegen sucht, um sie zu kennen, aber wenn das zu der Sicht führt, daß eine Suche nach der Wahrheit aus jedem anderen Grund verächtlich ist, wird sie zur Fußangel. Diese Einstellung führte dazu, daß jede Beschäftigung mit der Natur von der Theorie beherrscht wurde. Es gab kein Experiment. Die Erforschung der Natur ähnelte stark einem Zuschauersport. Sie war buchstäblich die Tätigkeit des «Theoretikers», der die Aktivitäten der Wettkämpfer bei den olympischen Spielen betrachtete. Er überbrachte die Offenbarung des delphischen Orakels. Weder nahm er teil, noch fand er die Fakten selbst.

Das Bestehen der Sklaverei hat eine unmittelbare praktische Folge für die Entwicklung der angewandten Wissenschaft. Obwohl sie, richtig genutzt, im Bau- oder Ingenieurwesen den Fortschritt beschleunigen kann, hindert sie eine Gesellschaft daran, eine Zunft unabhängiger geschickter Handwerker zu entwickeln. Aus den Werkstätten solcher Meister und durch ihr Bestreben, sich die Natur so zunutze zu machen, daß die Herstellung besserer Werkstücke und Werkzeuge möglich wurde, erhielten die angewandten Naturwissenschaften während der Renaissance viele Anstöße.

Bei dieser frühen griechischen Abneigung gegen das Experiment scheint mehr im Spiel gewesen zu sein als nur ein verzerrter Sinn für Werte. Obwohl die griechischen Denker sich nicht auf Naturgötter beriefen, wenn sie nach Erklärungen für die Erscheinungen suchten, die um sie herum geschahen, blieben doch in ihrer Kultur Hemmungen verankert, die frühen mythologischen Glaubenshaltungen entstammten. Die Natur war nicht völlig weltlich, und der Gedanke, über sie zu verfügen, um etwas zu lernen, wäre sehr merkwürdig erschienen. Die Natur war für die Griechen ein lebender Organismus, kein Mechanismus. Versuche, die Welt mit allen Mitteln zu verstehen, aber versuche nicht, sie zu ändern oder für prosaische Zwecke zu mißbrauchen. Es ist vermutlich kein Zufall, daß die Griechen den größten Fortschritt auf dem Gebiet der Astronomie machten, wo sich die Natur nicht manipulieren läßt. Zudem war die griechische Götterwelt – ein ungestümer und launischer Haufen – dem Gedanken nicht förderlich, daß die Werke der Natur durch ein allumfassendes göttliches Gebot bestimmt seien. Es gab viele Götter, jede Gottheit hatte ihren eigenen Zuständigkeitsbereich, und sie alle bewohnten eine Welt, in der Entscheidungen eher durch Auseinandersetzungen, Verhandlungen und Kompromisse zustande kamen als durch ein allmächtiges «Es werde».

Der mythologische Ursprung der ersten griechischen Vorstellungen von der Welt hatte vielleicht eine weitere wichtige Folge für die wissenschaftliche Methode, die sicherstellte, daß dem Experiment wenig Bedeutung beigemessen wurde. Viele der physikalischen Theorien und Kosmologien der Griechen lesen sich wie vernunftgeleitete Überarbeitungen der frühen Mythen. Sie waren unweigerlich Geschichten und Erklärungen dessen, was in der dunklen und fernen *Vergangenheit* geschah. Sie enthielten keine Hypothesen oder Vorhersagen über die Zukunft. Die einzige an sie gestellte Forderung war die der inneren Widerspruchsfreiheit. Sie waren Übungen in deduktivem Einfallsreichtum; die Frage nach beobachtbaren zukünftigen Folgen stellte sich nicht.

Die Gründung von Schulen und Akademien zur Förderung von Gespräch und Nachdenken brachte viele offensichtliche Vorteile. Zum einen bot sich dort Gelegenheit, kritische Kollegen zu treffen – etwas, das einem Copernicus oder Galilei fehlen sollte. Heute ist das informelle Gespräch mit Wissenschaftlern aller Meinungsrichtungen, die Erörterung von Vermutungen und Widerlegungen, die Grundlage moderner Forschungsarbeit. Im Widerspruch zum äußeren Anschein sind die Hauptsache bei einer großen wissenschaftlichen Konferenz heute nicht das offizielle Vortragsprogramm, um das sich das Treffen gruppiert, und auch nicht der Text dieser Vorträge in den veröffentlichten Konferenzberichten, sondern die Vielzahl der informellen Gespräche und Auseinandersetzungen, von denen es in der hektischen Konferenzatmosphäre wimmelt. Die meisten finden in der Empfangshalle der Hotels, in den Zügen oder Bussen auf der Fahrt zu den Vorträgen und in den Essenspausen oder in kleinen informellen Treffen beim Kaffee statt.

Wir haben jedoch gesehen, daß das Kollektivverhalten der griechischen Schulen auch eine schädliche Wirkung hatte, weil die einzelnen Schulen so eng an bestimmte philosophische Systeme gebunden waren. Eine andere nachteilige Nebenwirkung zeigt sich am deutlichsten bei den frühen Vorsokratikern, etwa den Pythagoräern, und zwar in ihrem merkwürdigen Wunsch nach Geheimhaltung. Sie waren, ähnlich wie die Freimaurer heute, Geheimbünde.

Um 530 vor Christus hatte Pythagoras von Samos eine monastische Bruderschaft gegründet, in der die philosophischen Überzeugungen der Schule das alltägliche Leben bestimmten. Heute würden wir so etwas eine kultische Religion nennen. Viele der Regeln und Vorschriften für das Alltagsleben sind den im Pentateuch gefundenen jüdischen Gesetzesvorschriften nicht unähnlich. Dieser Orden bestand etwa 200 Jahre lang, also auch zur Zeit von Platon und Aristoteles. Während die ersten griechischen Philosophen in Milet bei ihrem Nachdenken über Luft, Erde und Wasser einzig durch ihre Neugierde geleitet wurden, hatten die Pythagoräer einen mystischen Beweggrund. Sie suchten nach der göttlichen Harmonie der Welt, um mit ihr eins zu werden. Die Pythagoräer waren die ersten Griechen, die die Welt als einen «Kosmos» empfanden, womit sie die harmonische Ordnung betonten, die er darstellte. Sie glaubten an Wiedergeburt und Seelenwanderung und daran, daß die Erhöhung ihres gesellschaftlichen Status im nächsten Leben durch strenge Einhaltung der Verhaltensmaßregeln in dieser Welt gewährleistet werde. Schließlich würde der Kreislauf von Geburt und Tod durch das Aufgehen in ewige Einheit mit den Göttern gebrochen werden. Die Kontemplation war bei allen Aspekten des Alltagslebens das höchste Ideal. So hätte Pythagoras zum Beispiel die Zuschauer bei den Spielen für wichtiger gehalten als die Wettkämpfer. Denn die Zuschauer kommen weder aus materiellem Gewinnstreben noch auf der Suche nach Macht und Ansehen. Natürlich bedeutete Zuschauen für Pythagoras nicht nur müßiges Hinblicken, vielmehr war es das tätige, gedankenreiche Betrachten des Kunstliebhabers, der in einer Skulptur oder einem Bauwerk Schönheit und geometrische Harmonie findet. Es spricht ebenso den Geist an wie die Augen.

Die großen Entdeckungen der Pythagoräer auf dem Gebiet der Mathematik und der musikalischen Harmonie sind wohlbekannt; doch die mystischen Beweggründe ihrer Forschungen hatten einige seltsame Folgen. Die Entdeckung der irrationalen Zahlen in der Geometrie erschütterte die Grundfesten ihrer Überzeugungen, und deshalb mußten sie die Entdeckung eine Zeitlang geheimhalten. Ihre Religion der Zahlensymbolik forderte, daß Beobachtungen der Welt zu ihren Vorstellungen von Harmonie passen mußten: Die Beobachtung konnte nicht in der gleichen Weise als Leitfaden dienen wie die Welt. So schrieb Aristoteles zum Beispiel später über sie:

Sie behaupteten zum Beispiel, zehn sei eine vollkommene Zahl und enthielte alle Kraft der Zahl. Deshalb behaupteten sie, es müsse zehn Himmelskörper geben; und da nur neun sichtbar waren, erfanden sie als zehnte die «Gegenerde».

Oberflächlich gesehen scheint der pythagoräische Glaube, daß alles «aus Zahlen gemacht» sei, der modernen Vorstellung, daß das Weltall am besten durch mathematische Größen beschrieben werden kann, gar nicht so unähnlich zu sein. Aber es gibt einen großen Unterschied zwischen dem Zugeständnis, das wir zu machen bereit sind, daß es nämlich möglich ist, das Wirken der Natur durch mathematische Gesetze zu beschreiben, und der Annahme der Pythagoräer, daß an den Zahlen selbst etwas Göttliches ist. Wir haben die Idee als fruchtbar erkannt, daß es *zwischen* Dingen numerische Beziehungen gibt, aber wir schreiben nicht wie die Pythagoräer den Zahlen selbst einen magischen oder heiligen Status zu. Uns Heutigen kommt es merkwürdig vor, daß Pythagoras nicht verstanden hätte, wie es eine Unterscheidung zwischen seinen mathematischen Gedanken und seinen mystischen Überzeugungen über die Unsterblichkeit und die Einheit mit dem Kosmos geben könnte. Darin liegt die unüberwindbare Kluft zwischen der Vergangenheit und der Zukunft. Aber bis zur Zeit Galileis hat es immer Naturphilosophen mit einer Neigung zur Mystik gegeben. Die Beschäftigung mit der Zahlensymbolik war ein rivalisierender und letztlich erfolgloser Weg zur Mathematisierung der Natur. Während die Naturwissenschaft schließlich wuchs, indem sie in mathematischer Weise den Zusammenhang zwischen Ursache und Wirkung aufzeigte, suchten die dem Hermes Trismegistos* verpflichteten

---

* Die sogenannte «hermetische Literatur» besteht aus etwa fünfzehn anonymen Abhandlungen, die im ersten bis dritten Jahrhundert aufgeschrieben und üblicherweise dem ägyptischen Gott Hermes Trismegistos zugeschrieben wurden. Sie enthalten eine Mischung aus Offenbarungs- und Geheimlehren mit Elementen der griechischen, jüdischen und persischen Philosophie und beeinflußten einige Denker der Renaissance ganz wesentlich.

Nachfolger der Pythagoräer danach, die innere Bedeutung der Natur durch mathematische Symbole zu erfassen. Sie betrachteten jedoch die Natur als eine verborgene Botschaft, die sich durch Einsicht erahnen läßt, und nicht als ein Netzwerk von außen auferlegter Gesetze, die im Versuch mit immer größerer Genauigkeit bestimmt werden können. Ihr Bild der Natur als ein zu entzifferndes und zu lesendes Buch sollte schließlich durch das Bild von der Welt als Maschine ersetzt werden, in der jedes Ereignis eher eine Ursache und eine Wirkung hat als eine Bedeutung.

Schließlich wurden die Vorzüge der pythagoräischen Denkweise, die Verwendung der Mathematik zur Beschreibung der Welt und die Suche nach den Ursachen von Ereignissen, durch ihre mystischen Beweggründe aufgehoben. Aber diese Schule ging nicht an inneren Widersprüchen zugrunde; vielmehr führte die Vorherrschaft des ihr folgenden platonischen Denkens durch die Art und Weise, in der diese Schule früheres pythagoräisches Denken über das sichtbare Weltall weiterentwickelte, zu ihrem Untergang.

Platon

> *Schönheit ist eine Reihe von Hypothesen; die Häßlichkeit aber stellt sich ihr in den Weg und versperrt so den Weg, den wir schon ins Unbekannte sich öffnen sehen.*
> Marcel Proust

Platon wurde um 428 vor Christus in eine vornehme Athener Familie hineingeboren. Seine Beiträge zur Philosophie und Literatur sind bedeutend, aber wir möchten uns hier auf nur einen entscheidenden Punkt konzentrieren, der mit unserer Suche nach Naturgesetzen zu tun hat. Obwohl Platon von den Pythagoräern eine Hochachtung für die Rolle der Arithmetik und Geometrie bei der menschlichen Suche nach Wahrheit übernommen hatte, waren seine vorrangigen Beweggründe nicht solche, die wir wissenschaftlich nennen würden. Er versuchte auch nicht einfach, Probleme zu lösen, die frühere Generationen von Naturphilosophen gestellt hatten. Sein Hauptinteresse betraf moralische, gesellschaftliche und politische Fragen.

Platon führte einen Unterschied zwischen der unseren Sinnen erfahrbaren sichtbaren Welt und einer theoretischen Welt reiner «Ideen» ein. Diese sind die vollkommenen Vorlagen, alles, was wir in der Welt sehen und erfahren, jedoch nur schlechte Abbilder. Die wirkliche Wahrheit über die Welt, so behauptete Platon, läßt sich nur in dieser Welt der vollkommenen Ideen finden, nicht in den Naturphänomenen, die wir mit unseren Sinnen wahrnehmen, und auch nicht in den von uns entdeckten mathematischen Größen. Die Existenz von Materie ist nur zweitrangig: Sie verwirklicht die Ideen. Diese Ideen werden für unwandelbar gehalten. Sie bleiben irgendwie auch dann existent, wenn die physikalische Welt mit ihren Beobachtern verschwindet. Diese Vorstellung, daß die letzte Wirklichkeit nur in unsichtbaren Dingen zu finden sei, läßt sich sowohl bei den früheren pythagoräischen Denkern als auch in den bruchstückhaft überlieferten Schriften von Heraklit, Parmenides und Anaxagoras aufweisen. Der wirklichen Welt wird dualistisch eine scheinbare gegenübergestellt. Von der früheren wirklichen, unwandelbaren Welt der vollkommenen Ideen können wir nur mit Hilfe der Vernunft etwas wissen, von der sich ständig ändernden und immer unvollkommenen Welt unserer Erfahrung jedoch können wir empirisches Wissen erwerben. Platons Denken ist zu einem großen Teil darauf gerichtet, diese beiden Stränge miteinander zu verflechten. Aristoteles verfolgte den realistischen Strang und entwickelte ihn zu einer praktischen Wissenschaft. Das von Platon angeregte rationalistische und idealistische Denken verschmolz später mit dem aristotelischen Empirismus zur Weltanschauung des Mittelalters, trennte sich aber dann wieder.

Platon behielt die seltsamen Vorstellungen der Pythagoräer über die Wiedergeburt bei, denn er behauptete, daß unsere Sinne diese Ideen zuerst in einem früheren Leben wahrgenommen haben, in dem die Seele unbelastet von den Unvollkommenheiten des Körpers war. Dieses Vorwissen ermöglicht es uns, die Erscheinungsformen dieser vollkommenen Ideen, denen wir in ihrer jetzigen Verkörperung begegnen, zu erkennen und uns an sie zu erinnern.

Gelegentlich wurde aufgrund dieser Gedanken behauptet, daß die platonische Schule für die Naturwissenschaft ein ausgesprochenes

Unglück gewesen sei. Sie bewirkte eine vollständige Trennung von Theorie und Beobachtung. Kein Handwerker konnte je ein neues Gerät erfinden, weil er warten mußte, bis die Götter die vollkommene Idee geschaffen hatten, auf der es beruhen würde. Erfindern wurde in der Vergangenheit gesagt, sie hätten nur die Vorlagen der Götter kopiert! Neue Erfindungen mußten auf eine Art göttlicher Initiative warten, als ob die Götter Ideen freigeben mußten, bevor Menschen sie haben durften. Der Gedanke, daß sich Naturphilosophie unter dem Gesichtspunkt materiellen Vorteils oder zur Ersparnis der Arbeit betreiben ließe und nicht nur Teil der reinen Suche nach der letzten Wahrheit sei, wäre für die Schule Platons unannehmbar gewesen. Nicht nur war ihm aufgrund der vorherrschenden Vorurteile gegen die manuelle Arbeit auch die Idee der Technik und des Experiments verhaßt, sondern es wurde jetzt behauptet, es gebe keine direkten Hinweise darauf, daß sich die Struktur und das Wirken der Natur in der sinnlichen Wahrnehmung finden ließen. Die moderne wissenschaftliche Praxis (wenn auch, wie wir im ersten Kapitel sahen, nicht notwendigerweise alle philosophischen Deutungen der Naturwissenschaft) beruht auf dem genauen Gegenteil: dem Primat der Sinneswahrnehmungen, ob sie nun mit menschlichen Augen oder Geigerzählern gemacht werden. Deshalb scheint es, daß Platons Ideen sich nicht darauf beschränken, nur die Beobachtung der Natur nicht besonders zu betonen: Sie lehnen sie eindeutig ab, weil sie ein irreführender und unvollkommener Führer zu jener wahren Natur der Dinge sei, die sich nur durch reines Nachdenken finden läßt. Aber bevor wir einer solchen negativen Sicht zu begeistert zustimmen, sollten wir die platonischen Ideen etwas genauer betrachten. Vielleicht haben wir etwas eher Subtiles in der Denkweise Platons übersehen.

Das folgende Gespräch zwischen Sokrates und Glaukon aus *Der Staat* (528 ff, übers. von F. Schleiermacher) stellt deutlich seine Sicht der jeweiligen Vorzüge des theoretischen und des experimentellen Wissens dar. Die Unterhaltung dreht sich zunächst um die Astronomie:

«Und wenn du mir nun eben vorgeworfen hast, daß ich die Astronomie aus gemeinen Gründen lobe, so will ich sie nun nach deiner Art loben. Denn das ist offenbar jedem klar, daß sie die Seele nötigt, nach oben zu blicken, und daß sie sie von den Dingen hier fort nach drüben führt.»

Vielleicht, sagte ich, ist das jedem klar, nur mir nicht; denn ich bin anderer Meinung.

«Welcher denn?» fragte er.

Daß sie so, wie sie heute von denen betrieben wird, die zur Philosophie hinaufführen wollen, gerade bewirkt, daß man nach unten blickt.

«Wie meinst du das?» fragte er.

Ich glaube, du machst dir von der Art, wie die Gewinnung der Lehre über die Dinge dort oben vor sich geht, einen recht ungewöhnlichen Begriff, sagte ich. Wenn jemand an der Decke Gemälde betrachtet und sich hintenüberbeugt, um etwas zu erkennen, dann meinst du offenbar auch, er betrachte sie mit dem einsichtigen Denken und nicht mit den Augen. Vielleicht ist deine Ansicht richtig und die meine einfältig. Denn ich kann nicht glauben, daß eine andere Lehre die Seele nach oben blicken läßt als die vom Seienden und vom Unsichtbaren. Und wenn auch jemand mit offenem Mund nach oben oder mit geschlossenem Munde nach unten gafft und so etwas Wahrnehmbares erkennen möchte, so sage ich doch nie und nimmer, daß er eine Lehre gewinne – denn dergleichen hat nichts mit Wissenschaft zu tun – und seine Seele schaut nicht nach oben, sondern nach unten, und wenn er dabei auch zu Lande oder zu Wasser auf dem Rücken schwimmt.

«Da habe ich meine Strafe», erwiderte er; «du hast recht, daß du mich gescholten hast. Doch wie meintest du das, man müsse die Astronomie auf andere Art lernen, als das heute geschieht, wenn dieses Lernen für unsere Zwecke förderlich sein soll?»

Auf folgende Weise, sagte ich. Die glänzenden Bilder am Himmel, die ja im Sichtbaren geschaffen sind, sollen wir wohl für die schönsten und genauesten dieser Art halten, aber doch für etwas, das hinter den wahren Gebilden weit zurückbleibt und hinter jenen Bewegungen, welche die wirkliche Schnelligkeit und die wirkliche Langsamkeit in der wahren Zahl und in allen wahren Figuren im Verhältnis zueinander ausführen und dabei das, was in ihnen begriffen ist, bewegen, alles Dinge, die ja wohl in vernünftiger Rede und im Nachdenken faßbar sind, nicht aber mit dem Gesichtssinn. Oder meinst du?

«Auf keinen Fall», sagte er.

Jenes glänzende Bildwerk am Himmel, fuhr ich fort, soll man nun also nur als Illustration verwenden, um die Lehren von jenem anderen zu gewinnen, ähnlich, wie wenn jemand auf die hervorragenden Bilder stößt, welche Daidalos oder ein anderer Künstler oder Maler gezeichnet und ausgearbeitet hat. Wenn sie einer sieht, der sich auf die Geometrie versteht, so wird er wohl finden, daß sie in der Ausführung sehr schön seien, daß es aber lächerlich wäre, sie ernsthaft zu studieren, als könnte man darin die Wahrheit über das Gleiche oder das Doppelte oder sonst ein Verhältnis erfassen.

«Natürlich wäre das lächerlich», sagte er.

Meinst du nicht, fuhr ich fort, es werde einem wirklichen Astronomen ganz gleich ergehen, wenn er die Bewegungen der Sterne betrachtet? Er wird finden, der Himmel und was an ihm ist, sei von seinem Baumeister so schön zusammengefügt worden, wie solche Werke nur gefügt werden können. Das Verhältnis der Nacht zum Tage aber und dasjenige dieser beiden zum Monat und das des Monats zum Jahre und das der übrigen Gestirne zu diesen und zueinander – glaubst du, er würde den nicht für einfältig halten, der da meint, alles das sei ewig und ändere sich nie, während es doch körperliche und sichtbare Gebilde sind, und man müsse an ihnen durchaus die Wahrheit zu erfassen suchen?

«Das glaube ich auch, wenn ich es jetzt so höre», sagte er. Wir wollen sie also nur als Anlässe zum Nachdenken gebrauchen und die Astronomie gleich wie die Geometrie behandeln, fuhr ich fort, wollen aber die Gebilde am Himmel beiseite lassen, wenn wir uns wirklich mit der Astronomie beschäftigen wollen, um das von Natur Vernünftige in der Seele, das zunächst unbrauchbar ist, brauchbar zu machen.

«Da forderst du freilich viel mehr als das, was heute die Astronomen leisten», sagte er.

Und ich denke, erwiderte ich, daß wir auch alles andere in dieser Art anbefehlen müssen, wenn sich aus unserer Gesetzgebung ein Nutzen ergeben soll. – Aber hast du sonst noch eines Lehrfachs zu gedenken, das sich für uns eignet?

«Nein», antwortete er, «im Augenblick wenigstens nicht.»

Die Bewegung, fuhr ich fort, stellt sich, glaube ich, nicht nur auf eine Art, sondern auf mehrere dar. Sie alle könnte nun vielleicht ein Sachkundiger aufzählen, zwei davon sind auch uns klar.

«Welche denn?»

Außer der genannten, erwiderte ich, noch ihr Gegenstück.

«Was für eines?»

Wie die Augen für die Astronomie geschaffen sind, sagte ich, so sind die Ohren wohl für die Bewegung der Harmonie geschaffen. Diese Wissenschaften sind einander wie Schwestern verwandt. So behaupten die Pythagoreer, und wir, Glaukon, stimmen ihnen zu. Oder wie sollen wir es halten?

«Ebenso», sagte er.

Und weil das eine weitläufige Sache ist, fuhr ich fort, wollen wir uns bei ihnen erkundigen, was sie darüber sagen und was sie vielleicht sonst noch lehren.

Bei alledem werden wir aber unseren Grundsatz bewahren.

«Welchen?»

Daß sich unsere Zöglinge ja nicht unterstehen, auf diesem Gebiet etwas Halbes zu lernen, das nicht stets auf das hinausläuft, wohin alles führen soll, wie wir das eben von der Astronomie gesagt haben. Oder weißt du nicht, daß man es mit der Harmonie ganz ebenso hält? Die Konsonanzen und Töne, die sie hören, messen sie gegeneinander ab und machen sich damit endlose Mühe, ganz ebenso wie die Astronomen.

«Ja, bei den Göttern», rief er, «und das auf recht lächerliche Weise. Da reden sie von irgendwelchen Verdichtungen und neigen ihr Ohr, um noch einen Laut in der Nachbarschaft zu erhaschen. Die einen behaupten dann, sie hörten dazwischen noch irgendeinen Ton und das kleinste Intervall, das als Maß dienen müsse; die anderen bestreiten das und sagen, die Töne seien nunmehr gleich. Und beide stellen dabei das Ohr höher als die vernünftige Einsicht.»

Du sprichst gewiß von den guten Leuten, sagte ich, die die Saiten quälen und foltern, indem sie sie auf Wirbel schrauben. Damit aber der Vergleich nicht zu weit geht und wir nicht von Schlägen mit dem Plektron und von Anklagen, vom Leugnen und von den Ausreden der Saiten sprechen müssen, will ich ihn nicht weiterführen.

Ich erkläre, daß ich nicht diese Leute meine, sondern jene Pythagoreer, von denen wir eben sagten, wir wollten sie über die Harmonie befragen. Denn diese machen es ganz gleich wie die Astronomen. Sie suchen die Zahlen, die in den gehörten Konsonanzen liegen, aber sie lassen sie nicht zu Anlässen des Nachdenkens werden, um zu untersuchen, welche Zahlen harmonisch sind und welche nicht, und weshalb sie das oder jenes sind.

Hier begegnen wir der Auffassung, daß es drei Arten des Wissens von der Welt gibt. Im einen Extrem gibt es das ganz profane Wissen, also die Ansammlung nackter Fakten, Kataloge astronomischer Beobachtungen. Im anderen steht die Betrachtung der vollkommenen Ideen hinter der Welt. Dazwischen gibt es etwas anderes, die Beschreibung und Darstellung der nackten Tatsachen der astronomischen Beobachtung mit Hilfe von Arithmetik und Geometrie. Dieses kann dabei helfen, uns von dem unverarbeiteten Auflisten der Beobachtungen zu den Ideen zu bringen, die sie unvollkommen widerspiegeln. Der mittlere Weg, der mit Hilfe der Mathematik zu Gesetzen gelangt, mit denen sich arbeiten läßt, war «instrumentell». Er war nützlich, aber keineswegs einzigartig.

Zu Beginn des Gesprächs nimmt Sokrates die erwartete platonische Haltung ein und behauptet, die reine Beobachtung außerirdischer Phänomene sei nicht der richtige Weg zu einem tieferen Verständnis der Wirklichkeit. Eine solche Tiefe lasse sich nicht mit Hilfe unserer Sinne bei der Beobachtung konkreter Gegenstände finden, sondern nur durch theoretische Betrachtung. Die Ideen, die er den Astronom zu verfolgen drängt, könnten das darstellen, was wir jetzt Naturgesetze nennen würden, oder auch das, was der moderne Physiker ein «ideales Gas», eine «reibungsfreie Fläche» oder einen «vollkommen unelastischen Stoß» nennen würde. Sie sind also Idealisierungen, von denen man weiß, daß sie sich von dem unterscheiden, was beobachtet wird, aber die Unterschiede sind im wesentlichen harmlos; das «ideale Gas» hat die Hauptkennzeichen wirklicher Gase und läßt die Ableitung einfacher theoretischer Regeln zu.

Platons Idealismus in bezug auf die vollkommenen Ideen hat mit einer Art Instrumentalismus zu tun. Er meint, Astronomen sollten geometrische Modelle entwickeln, die «die Phänomene retten», also das beschreiben, was sichtbar ist, aber keinen Anspruch auf die zugrundeliegende Wirklichkeit erheben. Dieses Programm wurde später von Ptolemäus (100–170 nach Christus) ausgeführt, der die antirealistische platonische Einstellung vertrat, seine Beschreibungen der Himmelsbewegungen könnten das Beobachtbare gut wiedergeben. Verschiedene Beschreibungen vermochten dieses zu leisten, aber natürlich wurde das einfachste als das für Anwendungen nützlichste ausgewählt.

Die unmittelbare wissenschaftliche Folge aus der Ideenlehre oder dem platonischen Idealismus, wie sie genannt wurde, waren die immer stärkere Vernachlässigung der angewandten Wissenschaften und die Hinwendung zur mystischen Suche nach dem wirklichen «Sein» der Dinge und nicht nach ihrem Verhalten. Selbst wenn das die Vision von Naturgesetzen als einer größeren Wahrheit zuließ, als es Einzelfälle sein können, stellt es diese Gesetze außerhalb der Welt von Beobachtung und Messung.

Zum Abschluß unserer kurzen Betrachtung über den Einfluß Platons auf die Suche nach den Bauplänen der Natur stimmen wir vermutlich darin überein, daß die unmittelbaren Folgen seiner Einführung der Lehre von den Ideen für die Entwicklung der Naturwissenschaften verheerend waren. Die beobachteten Phänomene wurden als irreführend angesehen. Die letzte Wirklichkeit galt als unbeobachtbar und unstofflich. Zweifellos hatte eine solche stürmische Entwicklung abstrakten Denkens ihre Vorteile; später wurden auch die Unterschiede zwischen Wirklichkeit und Erscheinung wichtig, aber das konnte erst nach einer Periode der Faktenfindung geschehen. Platons Nachfolger sollte ein Philosoph sein, der eben eine solche Neigung zur Praxis hatte.

Aristoteles

> *Denn wir sind es alle gewohnt, die Forschung nicht im Hinblick auf die Sache zu führen, sondern im Hinblick auf den, der das Gegenteil behauptet. Auch der Einzelne für sich selbst forscht nur solange, bis er sich selbst nicht mehr widerlegen kann. Wenn sich nämlich eine bestimmte Schwere in einer bestimmten Zeit über eine bestimmte Strecke hinbewegt, so wird eine andere Schwere sich in noch kürzerer Zeit bewegen, und die Zeiten werden in einem umgekehrten Verhältnis zueinanderstehen, wie es die Schweren tun. (Übertragen von Olof Gigau, Artemis)*
>
> Aristoteles

Aristoteles wurde 384 vor Christus in Stagira, einer ionischen Kolonie an der Nordküste der Ägäis, geboren. Sein Vater war Leibarzt des Königs Amyntas II. von Makedonien, und obwohl er und seine Frau starben, als Aristoteles noch ein Kind war, scheint dieser frühe Kontakt mit praktischen wissenschaftlichen Fragen einen unauslöschlichen Eindruck hinterlassen zu haben. Mit 17 Jahren wurde er als ein Schüler Platons Mitglied der Akademie und begann seine Studien mit dem Schreiben von Dialogen nach der Art Platons, etwa so, wie fortgeschrittene Studenten heute ihre Lehrlingszeit in der Forschung mit der Arbeit an einem praktischen Problem oder einer einfachen Verallgemeinerung eines zuvor von ihrem Doktorvater gelösten Problems beginnen. Nach Platons Tod verließ Aristoteles Athen, vermutlich, weil ihm die in Mode kommende Neigung mißfiel, das philosophische Nachdenken über die Natur zu einem Zweig der Geometrie zu machen. Er hielt nichts davon, daß die Naturwissenschaft die «Phänomene retten» sollte, indem sie irgendeine hilfreiche geometrische Darstellung des Gesehenen gab. Als Realist wünschte er, daß die Theorien über die Natur in einen weiteren philosophischen Rahmen eingeordnet werden sollten.

Während seines selbstauferlegten Exils begann sein späteres Interesse an der Flora und Fauna zu keimen; seine großartigste Erfahrung war, Erzieher des jungen Sohnes Philipps von Makedonien zu sein – dem späteren Alexander dem Großen. Als Alexander nach dem Tod seines Vaters 335 vor Christus die Regentschaft übernahm, kehrte Aristoteles nach Athen zurück und gründete eine neue Schule, die als Lykeion bekannt wurde. Im Rahmen dieser ersten Universität machte er sich daran, alles zu untersuchen, was es zu untersuchen gab. Das Lykeion lebte in Athen und Alexandria etwa 600 Jahre lang weiter; das Vorbild, Platons Akademie, blieb über 900 Jahre lang in Athen lebendig. Die Namen beider Institutionen haben seitdem auf die Erziehung abgefärbt, und heute noch ist die Welt voller Akademien und Lyzeen.

Moderne Wissenschaftler haben eine äußerst negative Einstellung zu Aristoteles und seiner Arbeit. Ein Großteil ist darauf zurückzuführen, daß er nicht im Spiegel seiner eigenen Worte als Aristoteles, sondern durch die dunkle Brille der Peripatetik gesehen wurde, jenem Gedankenlabyrinth, das die mittelalterlichen Scholastiker entwickelten und verbreiteten. Diese dogmatische Lehre löste bei den aufgeklärten Wissenschaftlern der Renaissance Verachtung aus. Aber trotz aller Probleme mit den institutionalisierten Ansichten ihrer Tage hatten die Gelehrten der Renaissance, so etwa Galilei, die größte Hochachtung vor Aristoteles als Philosophen und Naturwissenschaftler. Selbst noch im neunzehnten Jahrhundert betrachtete Charles Darwin ihn als den größten aller Naturforscher. Unleugbar hat er sich als der einflußreichste Denker herausgestellt, der je gelebt hat.

Der Einfluß, den Aristoteles auf den Begriff des Naturgesetzes hatte, ist etwas zweideutig. Einerseits bewirkte er nach Platons idealistischem Einfluß eine entscheidende Verschiebung hin zum Empirismus, während er andererseits einen unproduktiven Weg des Nachdenkens über die Ursachen der Naturerscheinungen einführte, der sich fast zweitausend Jahre lang als ein Hindernis zum richtigen Verständnis der Natur erwies. Seine Schriften stellten bis zur Renaissance die für das Denken des Abendlandes höchste und endgültige Autorität dar und wurden mit einem Dogmatismus vertreten, der ihn selbst, nach seinen sich ständig weiterentwickelnden Ideen zu urteilen, sicherlich abgestoßen hätte.

Während Platon seinen Blick von den profanen Alltagserscheinungen abwandte und die Aufmerksamkeit seiner Schüler auf die imaginäre Welt der vollkommenen Ideen lenkte, war Aristoteles ein Mann dieser Welt. Als glühender Realist war er vor allem an der genauen Naturbeobachtung interessiert. Entsprechend organisierte er die

Arbeit seiner Schule. Botanik, Zoologie, Geologie, Astronomie: All diese Bereiche wurden systematisch und in allen Einzelheiten untersucht. Tiere wurden seziert und gesammelt und katalogisiert. Aristoteles war an einigen dieser Tätigkeiten selbst beteiligt, während er andere kompetenten Kollegen anvertraute.

Daß er diese praktischen Studien als wichtige Methode bei der Suche nach Wissen einführen und seine fähigsten Kollegen dazu bewegen konnte, sich an solcher Arbeit zu beteiligen, war eine beachtliche Leistung. Zunächst einmal waren die Menschen seiner Umgebung von dem platonischen Vorurteil gegen eine Betrachtung der Dinge überhaupt erfüllt, von Käfern und Schaben gar nicht zu reden. Junge Studenten träumten davon, neue und grandiose Spekulationen über das letzte Wesen der unsichtbaren Vollkommenheit jenseits der Welt aufzustellen. Jetzt fanden sie sich dazu bestimmt, Würmer auszugraben und die Eingeweide toter Hunde zu untersuchen. In der Tat, wieviele der Philosophieprofessoren heute fänden eine solche Neuausrichtung ihrer Tätigkeit reizvoll?

Dieser vollständige Wandel weg vom Abstrakten, von unbegründeten, theoretischen Spekulationen über Dinge, von denen man nichts wissen konnte, zu wirklichkeitsnahen Untersuchungen beobachteter Dinge war eine beachtliche und bedeutsame Leistung. Aristoteles hatte die Notwendigkeit eingesehen, daß Spekulationen über die Natur nach einem anderen und strengeren Kriterium beurteilt werden sollten als nach unserer Fähigkeit, ihre Widerspruchsfreiheit in einer philosophischen Debatte mit unseren Gegnern zu verteidigen.

Warum dann kam es angesichts der Leidenschaft des Aristoteles für die Beobachtung von Naturerscheinungen, seiner Verachtung für die fantastische Philosophie der Platoniker und seiner Einwände gegen die geheimnisvolle Geometrisierung der Natur durch die Pythagoräer nicht zu einer wissenschaftlichen Revolution?

Aristoteles wies durch sein Werk darauf hin, wie wichtig die Sammlung und Klassifizierung von Daten sind. Er war jedoch nicht daran interessiert, Tatsachen in einer solchen Weise miteinander in Verbindung zu setzen, wie es ein moderner Wissenschaftler tut. Außerdem unternahm er keinen Versuch, die Natur selbst zu befragen, indem er etwa Experimente zur Überprüfung von Hypothesen durchführte. Aristoteles suchte nicht nach Naturgesetzen, die Veränderungen verschlüsseln oder Ordnungen in der Kette von Ursache und Wirkung beschreiben. Sein blinder Fleck war keineswegs eine zufällige Auslassung, sondern eine unvermeidliche Folge seiner umfassenderen Sicht des Wesens der Dinge und der Gesetze, die ihr Verhalten bestimmen.

Während Platon Dinge in ihre Erscheinungsform und ihre Idee in einer anderen Welt eingeteilt hatte, hielt Aristoteles nur die beobachtbaren Dinge dieser Welt für wirklich und untersuchenswert. Aber er unterschied zwischen zwei Aspekten der uns sichtbaren und fühlbaren Dinge, die er «Form» und «Substanz» nannte. Wie Platon glaubte er an zeitlose unwandelbare Ideen, aber sie waren für ihn innere Eigenschaften der Objekte dieser Welt, nicht abstrakte Schablonen aus einem großen himmlischen Musterladen. «Substanz» war für ihn Materie, das, was wir fühlen und bewegen, «Form» aber die Verwirklichung, die sie in diesem besonderen Fall erhalten hatte; durch abstraktes Denken kann unser Verstand in jedem beobachtbaren Objekt die Form erkennen. Der Unterschied ist uns klar: Die Form kann nicht ohne die Substanz sein, die zu ihrem Ausdruck nötig ist, und jede Substanz muß eine Form haben – obwohl sich diese Form im Laufe der Zeit ändern kann.

Nehmen wir an, wir wollten im Garten einen Schuppen bauen. Die Substanz kann Holz sein (Aristoteles benutzte für «Substanz» das Wort für «Holz», das damals dort übliche Baumaterial) und wird es auch bleiben, aber das, wodurch sich das Endergebnis von einem Holzstapel unterscheidet, ist die Form. Diese Form kann sich im Laufe der Zeit wandeln, wenn Wind, Regen und Fäulnis das Aussehen des Schuppens verändern.

Die Idee der Form war nicht ohne Einfluß auf unsere eigene Sprache, denn wenn wir von «*informieren*» sprechen, meinen wir damit, daß wir eine abstrakte Idee übertragen wollen, und wir nennen solche Ideen «*Information*». Diese Information läßt sich heute in den verschiedensten Substanzen speichern – in den Nervenbahnen unseres Gedächtnisses, auf Papier, auf dem Tonband oder auf einer Wandtafel. Anders als Platons abstrakte Ideen waren die Formen des Aristoteles in den Dingen. Diese Denkweise führte zu seinen eigenwilligen Gedanken über die Ursachen von Naturerscheinungen. Grob gesagt sah Aristoteles Ursache und Wirkung als inhärente Eigenschaften der Dinge selbst und nicht, wie ein moderner Wissenschaftler, als Beziehung zwischen Ereignissen. So hätte er zum Beispiel eine Mondfinsternis eher als eine Eigenschaft des Mondes gesehen – und weniger als Folge der Mondbewegung. Dies war die Grundlage für seine Unterscheidung von *vier* verschiedenen «Ursachen» oder «Gründen» von Dingen.

Die rivalisierende Schule der Atomisten behauptete, ein Ding sei völlig erklärt, wenn seine Bestandteile bekannt seien. Dagegen behauptete Aristoteles, daß solche Information über die Zusammensetzung nur den materiellen Grund festlegte und uns deshalb nur das lieferte, was er «Materie» nannte – das Holz, aus dem mein Schuppen besteht. Damit wir etwas völlig verstehen, müssen wir drei weitere Ursachen kennen. Wir müssen eine «Formursache» aufzeigen. Sie beschreibt die Gestalt. Dann suchen wir die «Wirkursache»: Wir bestimmen den Beweggrund, der das Ding unmittelbar erzeugt, indem er die Form in einer materiellen Substanz verkörpert – den Erbauer meines Schuppens. Diese «Wirkursache» kommt dem, was moderne Wissenschaftler eine «Ursache» nennen würden, am nächsten. Schließlich gibt es noch die für Aristoteles wichtigste Ursache, den «letzten Grund», die Finalursache – den Zweck, für den das Ding existiert. Aus der Idee des Zweckes heraus entwickelte sich eine teleologische Sicht, daß die Dinge sich notwendigerweise auf ein Ziel oder einen Zweck hin entwickeln, als ob sie magnetisch von ihm angezogen würden. Aus dieser Vorstellung entstand eine Sicht der Welt, die das Denken des Abendlands mehr als tausend Jahre lang beherrschen sollte.

Grob gesagt sahen die Griechen die Welt eher als einen lebenden Organismus denn als ein Uhrwerk. Das hat viel mit dem letzten Grund des Aristoteles zu tun, denn Lebewesen verhalten sich zweckmäßig, und wenn man daran glaubt, daß sich die Welt mit einem Lebewesen vergleichen läßt, kommt man zu der Überzeugung, daß Naturereignisse einen Zweck haben. Regelmäßigkeiten in der mechanischen und unorganischen Welt zeigen deutlich, daß frühere Ursachen spätere Wirkungen haben: Wir stoßen einen Stein an, und er bewegt sich. Aber im Bereich der Lebewesen ist die Beziehung oberflächlich gesehen genau entgegengesetzt. Die Zukunft scheint die Gegenwart zu bestimmen. Wir tun etwas in Hinsicht auf einen späteren Zweck; Eichhörnchen sammeln Nüsse, um sich auf ihre Winterruhe vorzubereiten. Dieser teleologische Aspekt der Welt der Natur und das besondere Interesse des Aristoteles am Tierverhalten führten dazu, daß er dem letzten Grund in seinem vierfachen Ursachensystem eine Hauptrolle einräumte.

Was aus dieser Weltanschauung folgt, hängt wesentlich davon ab, was jenes «Letzte» bedeutet, auf das Ereignisse zielvoll gerichtet sind. Aristoteles charakterisierte dieses «Letzte» nicht durch das, was zuletzt geschieht, sondern als einen vollkommenen, von einzigartiger Harmonie erfüllten Zustand. Einen solchen Zustand versuchen die Dinge seiner Meinung nach natürlich zu erreichen, und alle Bewegung erfolgt in Übereinstimmung mit diesem Streben.

Diese Sicht stellte sich als ein besonders großer Stolperstein für den wissenschaftlichen Fortschritt heraus. Der Gedanke, das Weltall sei als Lebewesen zu sehen und nicht als eine Maschine (wozu man in modernen Zeiten neigt), ist seltsam, aber kaum unerwartet unter Denkern, die als erste in einer Gesellschaft, der alle Erfahrung mit Technik und Maschinen fehlt, Lebewesen untersuchen. Diese Einstellung veranschaulicht, was immer eine Hauptquelle fehlerhafter wissenschaftlicher Überlegungen darstellte: nicht so sehr fehlerhafte Daten oder falsche Theorien, sondern der Irrglauben, daß ein ganzes System von Ideen, die sich mit Erfolg auf ein Phänomen anwenden lassen, übernommen und zur Beschreibung eines ganz anderen verwendet werden kann – die falsche Analogie.

Die Einführung des letzten Grundes besiegelte mit großer Autorität eine Denkweise, die es schon vor Aristoteles sporadisch gegeben hatte, die aber in der Folge die Philosophie des Abendlandes beherrschte. Wie kann es, wenn die Natur auf ein Ziel hin gerichtet ist, ein besseres Ziel geben als das Wohl der Menschheit? Aus diesen Anfängen entwickelte sich die Tradition der teleologischen Gottesbeweise: Sie erklären, daß die Dinge so sind, wie sie sind, weil sie entweder zum Wohle des Menschen oder zum Zwecke der höchsten Harmonie von der Gottheit so gemacht wurden. Die Naturgesetze sind dazu da, das Weltall zu einem für den Menschen geeigneten Ort zu machen. Sie haben ihre wohlbestimmte Form, weil sie zielgerichtet sind. Folglich fügten jene, die das philosophische Denksystem des Aristoteles für theologische Zwecke einsetzen wollten, gewöhnlich den vier aristotelischen Ursachen einen weiteren «ersten Grund» hinzu. Dies wäre der Schöpfer oder (weniger grandios) der Initiator des Schuppens in unserem früheren Beispiel. Man spürt, wie die Symmetrie von erstem und letztem Grund eine Theologie ansprechen kann, die von Gott als Alpha und Omega spricht. Die mystischen Gedanken von Teilhard de Chardin, die in letzter Zeit erstaunlich viel Interesse finden, sind Ausdruck einer teleologischen kosmologischen Sicht, in der die Evolution auf einen letzten Grund hin fortschreitet, der Omegapunkt heißt.

Die Einführung des letzten Grundes war damals für die Entwicklung der Naturwissenschaft im modernen Sinn verheerend. Man wäre früher zu einem gesünderen Ergebnis gekommen, wenn man den Tendenzen und Regelmäßigkeiten im Charakter der Wirkursache mehr Aufmerksamkeit geschenkt hätte. Obwohl die frühen Atomisten sich eigentlich nur für die Wirkursache interessierten, gewannen ihre Ansichten erst an Einfluß, als sie viel später wiederbelebt wurden. Als später die Philosophie des Aristoteles mit der römisch-katholischen, auf Thomas von Aquin beruhenden Tradition verschmolz, wurde betont, daß dieser unfruchtbare Aspekt des letzten Grundes eine hinreichende Erklärung für das sei, was zu sehen ist. Diese Lehre wurde ein gefeiertes Argument für die Existenz Gottes; durch das Gewicht, das sie auf das Wohl des Menschen als Ziel aller Naturereignisse und im Grunde *einziges* Naturgesetz legte, war sie sehr anthropozentrisch.

Aber Aristoteles war in seiner ursprünglichen Formulierung des Gedankens weniger naiv. Er war bei seiner Idee des letzten Grundes weder anthropozentrisch noch animistisch. Auch wenn ein Stein gewöhnlich auf die Erde fällt, so ist das doch nicht sein *Wunsch*. Er hatte einen letzten Grund eingeführt, weil es seiner Meinung nach nicht genügte, Bewegungen nur mit den drei anderen Gründen zu beschreiben; sie ließen die Naturvorgänge zu unbestimmt: Alles war möglich. Diese Vieldeutigkeit wird vermieden, wenn wir jede Wirkursache mit einem Zweck verknüpfen. In den von Aristoteles angestellten astronomischen Untersuchungen der Himmelsbewegungen läuft der Zweck der Bewegung wirklich auf etwas hinaus, was wir ein Naturgesetz nennen können, denn wenn der Zustand der Bewegung zu einer bestimmten Zeit bekannt ist, bestimmt das gemeinsam mit dem letzten Grund, wie die Bewegung in Zukunft verläuft. Die tatsächliche zukünftige Bewegung ist völlig beschrieben. Zuerst erscheint es uns, als ob die Wirkursache zu Bewegungsgesetzen führt, während der letzte Grund Grenzbedingungen auferlegt, die die Bewegung eindeutig machen (wenn es auch End- und nicht, wie heute üblich, Anfangsbedingungen sind). Umgekehrt sind es die letzten Ursachen, die in modernen Zeiten zu unseren Naturgesetzen wurden; die Wirkursachen dagegen wurden zu den Naturkräften, welche diese Gesetze beschreiben.

Aus der Rückschau ist es auch klar, daß das System des Aristoteles mit Hilfe der verschiedenen Ursachen verschiedene abstrakte Aspekte der Dinge im allgemeinen erklärt es vernebelt jedoch die Sachlage, wenn wir unser Augenmerk auf Bestimmtes richten. Die Liste der indirekten «Ursachen», die wir mit dem Bau meines Schuppens verknüpfen könnten, ist endlos. Der Holzfäller, der die Bäume fällt, die Umwelt, die den Bäumen das Wachstum erlaubte, der Mensch, der als erster auf die Idee kam, eine Schutzhütte zu bauen, und so weiter. Es gibt zu viele mögliche Ursachen, wenn man sich dafür interessiert, «warum» etwas passiert und nicht nur «wie». Die Aufgabenstellung mußte ganz beträchtlich eingeschränkt werden, bevor die wissenschaftliche Methode schließlich sowohl fruchtbar als auch eindeutig werden konnte.

Die Bewegungsgesetze des Aristoteles

Ein bestimmtes Gewicht legt in einer bestimmten Zeit eine bestimmte Entfernung zurück; ein schwereres Gewicht legt dieselbe Entfernung in kürzerer Zeit zurück, wobei die Zeit umgekehrt proportional ist zum Gewicht.

Aristoteles

Aristoteles formulierte Bewegungsgesetze in Worten und nicht mit mathematischen Symbolen (das wurde erst nach Galilei üblich), eine symbolische Formulierung kann jedoch hilfreich sein. Aristoteles behauptete, die auf einen Körper wirkende Kraft F sei proportional zu dem Widerstand R, den die Bewegung erfährt; auch die Geschwindigkeit v, mit der er sich bewegt, ist proportional zu dieser aufgezwungenen Kraft F, so lange die die Bewegung verursachende Kraft größer ist als R. Wenn sie kleiner ist, gibt es keine Bewegung. Algebraisch ausgedrückt gilt also

Die Natur der Natur

$$v = kF/R \quad \text{wenn } F > R$$
$$v = 0 \quad \text{wenn } F \leq R \tag{2.1}$$

wobei k eine Proportionalitätskonstante ist. Außerdem ist für Körper, die unter dem Einfluß der Schwerkraft fallen, die erreichte Geschwindigkeit proportional zum Körpergewicht *(W)*, aber umgekehrt proportional zum Luftwiderstand, also gilt

$$v = kW/R. \tag{2.2}$$

In dieser Form scheinen die «Bewegungsgesetze» des Aristoteles im modernen Sinn wissenschaftliche Gesetze zu sein, aber das ist eine Täuschung. Sie beschreiben eigentlich nur, wie bewegte Körper in die Lehre vom letzten Grund eingeordnet werden können. Eine solche Überlegung erklärt natürlich fast gar nichts. Sie beschreibt nur mit anderen Worten ein Geheimnis. Die oben beschriebenen Bewegungsgesetze wurden weder dazu benutzt, irgend etwas über die Bewegung von Körpern zu erfahren, noch wurden sie experimentell überprüft. Ein Vergleich mit dem, was wirklich passiert, hätte Unstimmigkeiten aufgedeckt. Diese Gesetze sind keineswegs seltsam. Sie sind das, was vermutlich gescheite Sechstklässler finden würden, wenn sie niemals etwas anderes über die Bewegung gelernt hätten als das, was ihnen der gesunde Menschenverstand und die Alltagserfahrung eingeben. Vor einigen Jahren veröffentlichte ein amerikanischer Physiker die Ergebnisse einer Umfrage unter amerikanischen Studenten, die in der Schule keinen Physikunterricht gehabt hatten. Der Fragebogen sollte ihre auf der Alltagserfahrung beruhenden intuitiven Meinungen über die Bewegung von Körpern unter dem Einfluß von Kräften ermitteln. Das Ergebnis stimmte bemerkenswert gut mit den Ansichten des Aristoteles überein, Ansichten, die wir also zu Recht dem gesunden Menschenverstand zuordnen können. Die moderne Naturwissenschaft gründet sich natürlich nicht auf den gesunden Menschenverstand; sie möchte vor allem widerlegen, kritisieren oder die gängige Ansicht verbessern. Der «gesunde Menschenverstand» gibt dem schon Bekannten eine konkrete Form und bedingt einen gewissen Mangel an Bereitschaft, Veränderungen einzugestehen. Daraus folgt, daß jede Abweichung von ihm ungesund und unverständlich wäre. Oberflächlich gesehen erscheint die Annahme äußerst vernünftig, daß ein Ball, der auf dem Tisch liegt und sanft angestoßen wird, sich zunächst nicht bewegt – daß es also einen Widerstand gegen Bewegung gibt –, er aber plötzlich, wenn die Kraft, die ihn anstößt, größer wird als die Reibung, zu rollen beginnt. Je stärker ich stoße, um so schneller sollte er rollen.

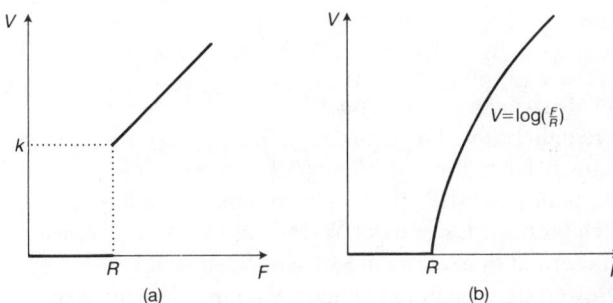

2.1 (a) Graph des aristotelischen Bewegungsgesetzes, das die Geschwindigkeit angibt, die erreicht wird, wenn gegen einen Widerstand R eine äußere Kraft F wirkt. Wenn F sich von entgegengesetzten Seiten dem Wert R nähert, ergibt sich eine unrealistische Unstetigkeit. (b) Ein Versuch, die Unstetigkeit mit Hilfe des von Thomas Bradwardine im 14. Jahrhundert vorgeschlagenen logarithmischen Gesetzes aufzuheben.

Nichtsdestoweniger weist das durch Formel (2.1) gegebene Gesetz eine unangenehme Lücke auf. Wenn F mit einem Wert beginnt, der größer ist als R und dann stetig abnimmt, muß v der Vorhersage nach zunächst stetig abnehmen; aber nach (2.1) muß v augenblicklich vom Wert k auf 0 fallen, wenn F gleich R wird. Es gibt eine Unstetigkeit (siehe Abbildung 2.1).

Diese Tatsache wurde von einigen mittelalterlichen Kommentatoren als problematisch angesehen. Im vierzehnten Jahrhundert schlug deshalb Thomas Bradwardine aus Oxford vor, dieses Gesetz in eine glatte Form zu bringen, die wir heute als

$$v = log(F/R) \qquad (2.3)$$

angeben würden. Dies hat den Vorteil eines stetigen Grenzwerts mit $v \to 0 = $ für $F \to R$. (Der mathematische Begriff des Logarithmus wurde formell erst im siebzehnten Jahrhundert eingeführt – Bradwardine kam mit Hilfe von geometrischen Überlegungen zu einem mit (2.3) gleichwertigen Ergebnis.)

Schon ein Kommentator des sechsten Jahrhunderts, Johannus Philoponus von Alexandrien, hatte eine Abänderung von (2.1) vorgeschlagen, die ebenfalls Stetigkeitsprobleme behebt, und (2.1) durch

$$v = F - R \qquad (2.4)$$

ersetzt, wobei also wieder $v \to 0 = $ für $F \to R$.

Eine weitere unliebsame Folge aus dem Gesetz (2.1) des Aristoteles und auch aus Bradwardines Fassung (2.3), aber nicht aus der Fassung des Philoponus ist, daß die Geschwindigkeit v eines Körpers dann unendlich groß wird, wenn der Widerstand zu 0 wird. Aristoteles war sich dieser unphysikalischen Konsequenz bewußt, aber er sah in ihr einen Beweis dafür, daß es in einem Vakuum (in dem ja sicherlich $R = 0$ gilt) keine Bewegung geben könne, und schloß daraus, daß es kein Vakuum gibt. Damit argumentierte er gegen rivalisierende atomistische Philosophien, die behaupteten, Bewegung fände im Vakuum des leeren Raumes statt.

Nach Aristoteles und den Gelehrten in der Tradition der Akademie und des Lykeion gab es in der griechischen Welt viele große Wissenschaftler. Menschen wie Archimedes, Aristarch und Ptolemäus müssen zu den größten Geistern aller Zeiten gezählt werden. Das Werk einiger dieser Wissenschaftler, wie zum Beispiel das des Archimedes, war eher technischer und experimenteller Natur. Sie alle aber stellten reines Nachdenken und die mathematischen Aspekte des vernünftigen Denkens über ihre praktische Arbeit. Folglich beeinflußten sie die Suche nach den Naturgesetzen in der nächsten geschichtlichen Epoche nicht. Vielmehr beherrschte mehr als ein Jahrtausend lang die teleologische aristotelische Sicht das Nachdenken über die Natur.

Das aristotelische Erbe

> *Es wäre sehr merkwürdig, wenn die ganze Natur, alle Planeten, ewigen Gesetzen gehorchten, ein kleines Tier jedoch, fünf Fuß hoch, unter Verachtung dieser Gesetze handeln kann, wie es ihm beliebt, einzig seiner Willkür gehorchend.*
>
> Voltaire

Wäre Aristoteles nur ein Riese unter vielen Riesen gewesen, hätte er heute zweifellos eine noch bessere wissenschaftliche Reputation. Seine Nachfolger hätten sich seiner umfangreichen Beiträge zur Wissenschaft und zur Logik bemächtigt und sie als Ausgangspunkt für weitere Forschung genutzt. Das hätte zu einem allmählichen Wissenszuwachs und zu weiterem Nachdenken über die Ursachen führen können. Wenn das geschehen wäre, würden wir zweifellos heute Aristoteles als den Erneuerer feiern, der den Ball in Bewegung setzte. Leider ist in der Folge kein solcher Anstoß erfolgt. Zwar distanzierten sich Theophrast und Strato, zwei der Nachfolger des Aristoteles als Leiter des Lykeion, vom unbeschränkten Gebrauch des letzten Grundes als Erklärung, warum Dinge so geschehen, wie sie beobachtet werden, die Ansichten beider fanden jedoch keine wirkliche Resonanz. Die teleologischen Ideen des Aristoteles konnten also zu einem Fossil versteinern, das man als Schablone verwandte, an der neue Ideen erprobt wurden.

Schließlich wurde die Schablone als vollkommen verehrt. Noch tausend Jahre nach seinem Tod wurde das von Aristoteles zu jeglichem Thema geschriebene Wort als völlig verbindlich akzeptiert. Seine Schriften zur Logik wurden von mittelalterlichen Gelehrten in einem Band zusammengefaßt, den sie als «Organum» oder «Instrument» bezeichneten und den sie für den Schlüssel zu allem Wissen hielten. Als Francis Bacon kurz vor dem Verlust seiner Ämter 1620 als Lordkanzler von Jakob I. ein einflußreiches Traktat über die experimentelle wissenschaftliche Methode schrieb, nannte er es *Novum Organum* («Das neue Instrument»), um die behauptete Überlegenheit über die aristotelische Lehre zu betonen.

Die Nachfolger von Christus und Mohammed hatten Aristoteles beide ohne jede Mühe für ihren Glauben nutzbar machen können.

Unglücklicherweise scheint der die Theologen anziehende Aspekt der aristotelischen Philosophie die Lehre vom letzten Grund gewesen zu sein. Diese falsche Gewichtung bestimmte zusammen mit dem Bild von der Welt als Lebewesen und nicht als Mechanismus das offizielle Denken des Mittelalters. Es bildete sich allmählich die Übereinkunft heraus, daß die letzten Ursachen als Hinweise auf die Existenz eines Gottes oder von Göttern zu suchen und zu deuten seien. Das früheste ausgearbeitete Werk dieser Art findet sich in Ciceros Dialogen mit dem Titel *Das Wesen der Götter*. Das Thema kehrt in einer etwas anderen Form in den Schriften von Galen wieder, dessen medizinische Werke die gleiche Autorität gewinnen sollten wie die des Aristoteles in anderen Bereichen. Die Tatsache, daß menschliche Organe entweder gut für den Zweck geeignet sind, für den sie bestimmt sind, oder sehr raffiniert gebaut sind, wird als Hinweis darauf gesehen, daß eine Gottheit sie vollkommen schuf und für die Rolle bestimmte, die sie haben. Es fehlt dann nur ein kleiner Schritt zu der Behauptung, daß die Existenz dieser schönen Beispiele eines «Plans», die wir immer wieder in der Natur vorfinden – die Feinheiten des menschlichen Auges, die Art, in der die Tiere an ihre Umwelt angepaßt zu sein scheinen, und so weiter –, in der Tat ein Hinweis auf einen Planer ist, der nicht nur eindeutig ist, sondern auch der Gott, an den man aus anderen Gründen glaubt. Die Naturgesetze sind anthropozentrisch, und Beobachtungen werden eher in ihrem Licht gedeutet als zur Überprüfung ihrer Richtigkeit herangezogen.

Solche Denkweisen behindern jede nützliche Suche nach den Gesetzen, nach denen die Natur handelt, weil es so leicht wird, «Erklärungen» zu erzeugen, die oberflächlich gesehen sehr befriedigend erscheinen, aber bei genauerer Betrachtung absolut nichts zum Verständnis der Welt beitragen. Wenn die Sonne scheint, weil es ihr Zweck ist, der Menschheit Licht und Wärme zu spenden, erübrigt sich jede weitere Frage nach ihrem Wesen. Diese Art des Denkens ist für den Philosophen reizvoll, der sich der Ansicht des Aristoteles über die Natur der Dinge im allgemeinen anschließen möchte, sich aber nicht mit dem profanen Geschäft aufhalten will, die natürliche Welt im einzelnen zu beobachten. Selbst wenn jemand von sich aus eher zur Beobachtung der Welt neigt als zum theoretischen Nachdenken nach der Art Platons, verfärbt diese Neigung zur Deutung der Welt als Manifestation eines anthropozentrischen Zwecks jede mögliche Beobachtung. Man sucht nach Anzeichen eines Plans, statt leidenschaftslos und umfassend die Beobachtungen zu dokumentieren. Beispiele, die den eigenen Vorurteilen über dem Zweck der natürlichen Dinge zuwiderlaufen, werden entsprechend ignoriert. Das Studium der Natur ist dann nicht mehr eine weltliche Suche nach Wahrheit; die Natur wird wieder gedeutet. Es bemüht sich nicht länger darum, zu erforschen, wie die Welt wirkt, sondern zur Suche nach Bestätigungen unserer Überzeugungen davon, warum sie wirkt. Das «Wie?» dient einfach als Bestätigung unseres Glaubens an das «Warum?».

Bis ins Mittelalter hinein hatte der Gedanke Bestand, daß materielle Dinge gewisse natürliche Sympathien oder Antipathien haben, die sie nach ihrem natürlichen Ort in der Natur streben lassen. Während wir heute betonen, daß die Beziehung zwischen den Dingen die einfachste Art ist, ihr Verhalten zu entschlüsseln, suchten die Menschen des Mittelalters nach den angeborenen Sympathien in den Dingen, um auf den Grund ihres Verhaltens zu kommen.

Wenn jedes Beobachtungsdatum mit einer Bedeutung und einer Deutung versehen wird, behindert das die Beobachtung durch eine große Anzahl gewöhnlicher Forscher, wie sie heute für den stetigen Fortschritt im Strom der wissenschaftlichen Erkenntnisse verantwortlich sind. Man kann darauf vertrauen, daß ein Genie den Fesseln unmoderner Ideen und naiver Vorurteile entkommen kann, aber das Genie ist nicht selbst die große Flutwelle des wissenschaftlichen Fortschritts. Es regt sie nur an.

Neben den teleologischen, aber realistischen Ansichten des Aristoteles behauptete sich die instrumentelle platonische Sicht, daß unsere mathematischen Naturgesetze nur nützliche Beschreibungen sind. Sie scheint bis zur Renaissance vorgeherrscht zu haben. Ptolemäus hatte sein astronomisches Bild als eine nützliche Fiktion gesehen, die es ihm erlaubte, Planetenbewegungen vorherzusagen, und die gleiche Ansicht wurde durch Maimonides und Thomas von Aquin in die scholastische Synthese von Aristoteles und der judaisch-christlichen Tradition eingebracht; sie suchten nach Möglichkeiten, ihren Glauben an die aristotelische Physik mit der Astronomie des Ptolemäus in Einklang zu bringen. Letztere enthielt auch «unvollkommene», nichtkreisförmige Bewegungen und mußte deshalb entweder für falsch oder für eine nur unvollkommene Darstellung des wahren astronomischen Systems gehalten werden. Die kopernikanische Revolution war zum Teil deswegen eine Revolution, weil sie behauptete, die heliozentrische Theorie beschriebe nicht nur die Erscheinungen, sondern auch, wie die Dinge *wirklich* sind. Wir erinnern daran, daß das anonyme Vorwort zu Copernicus *De revolutionibus orbium coelestium* von Andreas Osiander das beträchtliche vor der Veröffentlichung erregte Aufsehen zu beschwichtigen versuchte, indem es den realistischen Absichten von Copernicus widersprach und behauptete, «es ist nämlich nicht erforderlich, dass sie wahrscheinlich sind, sondern es reicht schon allein hin, wenn sie eine mit den Beobachtungen übereinstimmende Rechnung ergeben;...» (Dieses Vorwort hatte Osiander ohne Wissen von Copernicus hinzugefügt; Copernicus hat es nicht gesehen, als er am 24. Mai 1543 auf seinem Totenbett die erste gedruckte Ausgabe seines Werkes erhielt.) Obwohl Osiander damit der Absicht des Copernicus zuwiderhandelte, spricht doch einiges für Osianders Sicht, wenn auch nur, daß Copernicus eine sehr große Anzahl von Epizykeln in seine Theorie einbaute, um nach Art des Ptolemäus «die Phänomene zu retten». Die Kopernikaner jedoch bestanden in der Folgezeit auf der Wirklichkeit des Systems und seiner Bewegungen. Sie mußten diese Ansicht vertreten, weil sie zum erstenmal die genauen quantitativen Gesetze der irdischen Physik zur Erklärung der Bewegung der Himmelskörper angewendet hatten.

Naturgesetze und Regeln

> *Einer der merkwürdigsten und ärgerlichsten Züge dieser ganzen großartigen Bewegung ist, daß keiner ihrer bedeutenden Vertreter hinreichend deutlich gewußt zu haben scheint, was er tat oder wie er es tat.*
>
> E. Burtt

Es dauerte lange, bis der Ausdruck «Naturgesetz» explizit in wissenschaftlichen Arbeiten auftauchte. Die Griechen verwendeten ihn nicht systematisch; in seiner modernen Form taucht er zuerst bei Roger Bacon (1210–92) in den Studien zur Optik auf, wenn er von Gesetzen der Spiegelung und Brechung spricht und von Dingen, die «nicht den Naturgesetzen folgen». Er verwendet den Begriff «Gesetz» (*lex*) zur Beschreibung von Regelmäßigkeiten in der Natur etwa so wie wir heute. Aber er leitet diesen Gedanken nicht, wie sich vermuten ließe, aus der religiösen Vorstellung von einem einzigen göttlichen Gesetzgeber her. Für ihn werden vielmehr verschiedene Klassen von Phänomenen von verschiedenen Vorschriften bestimmt, und er vertritt nicht die allgemeinere Idee, daß es einen einzigen Satz vereinheitlichender Naturgesetze gibt, die einer einzigen Quelle entspringen. Deshalb verwendet er, wenn er von der Natur spricht, die Worte *lex* und *regula*. Während *lex* die von der Autorität auferlegte Gesetzgebung meinte, war die *regula* eine Leitlinie oder ein Maßstab, nach dem zu urteilen ist, und diese Bedeutung führte zu unserem Ausdruck «in der Regel», womit wir «gewöhnlich» meinen. Schließlich trennte sich die Bedeutung der beiden Begriffe, wobei *lex* zur Bezeichnung von etwas wurde, das den Dingen innewohnt und sie dazu veranlaßt, sich in bestimmter Weise zu verhalten, während *regula* zur Regelmäßigkeit wurde, zu einer Eigenschaft von Ereignissen oder ihrer Folgen beim Auftreten von Naturerscheinungen. Bacon sah in seinen Gesetzen über das Licht keine göttlichen Verordnungen, sondern an der Natur beobachtete Regelmäßigkeiten.

Die eher theologische Sicht, daß die Naturgesetze göttliche Festsetzungen* wären, herrschte am deutlichsten unter Astronomen, die ja

---

* Es scheint angebracht, sich hier an die mittelalterliche Sicht zu erinnern, die Thomas von Aquin gut beschreibt. Danach sind die aristotelischen angeborenen Neigungen als von der göttlichen Vorsehung eingesetzte Aspekte der natürlichen Welt zu sehen. In diesem Gemeinschaftsunternehmen war ihr Grundcharakter jedoch unverletzlich. Aus dieser Sicht ist Gottes Beziehung zur Natur eher die eines Partners als, wie in der mechanischen Sicht, die eines Herrschers, der der Natur die Naturgesetze von außen auferlegt. Diese Einstellung gewann die Oberhand, nachdem der Bischof von Paris, Étienne Tempier, 1277 gewisse aristotelische Ansichten verdammt hatte, und zwar besonders jene, die die freie Wahl Gottes bei der Gestaltung des Weltalls einschränkten – zum Beispiel das Verbot der geradlinigen Bewegung der Welt oder der Erschaffung einer Leere –, und bahnte den Weg für die mechanistische Lehre von frei erschaffenen Naturgesetzen. Viel später fanden Reformatoren wie Luther und Calvin diese Sichtweise ersprießlich, denn sie legten großen Wert auf die Oberherrschaft Gottes und die unbedingte Prädestination von gottgewollten Ereignissen. Die Reformatoren glaubten, daß die Bewegung der Dinge nicht durch der Materie innewohnende Neigungen bestimmt sein könnte: Ein solches Verhalten kann nur Gott befehlen, und die Naturgesetze waren für sie Ausdruck dieser Allmacht.

die Natur nicht manipulieren, um ihr Information zu entlocken, sondern den Himmel anschauen. Tycho Brahe (1546–1601) behauptete sogar, daß die «wunderbaren und ewigen Gesetze der Himmelsbewegungen, die so verschieden und doch so harmonisch sind, die Existenz Gottes beweisen». Eine ähnliche Beziehung zwischen den Anzeichen der natürlichen Ordnung und der biblischen Vorstellung eines himmlischen Gesetzgebers wurde von Descartes und Kepler hergestellt. Aber allmählich fanden diese Forscher heraus, daß sie eigentlich gar nicht nach dem Ursprung der Ordnung in der Natur zu fragen brauchten. Solange sie an eine solche Ordnung glaubten, machten sie Fortschritte, wenn sie beobachteten und ihre Beobachtungen mathematisch beschrieben; sie brauchten dann keine Wissenschaftstheorie. Als Copernicus und Kepler die der Welt zugrundeliegende Ordnung erkannt hatten, waren sie vor allem von dem Wunsch bewegt, mehr von ihr zu entdecken, und nicht davon, sie zu deuten oder in ihr eine Bestätigung einer Philosophie außerhalb der Naturwissenschaft zu finden. Deutung und wissenschaftliche Methode begannen ihre eigenen Wege zu gehen.

Kepler (1571–1630) war einer der ersten Wissenschaftler, die den Glauben an die zugrundeliegende Einfachheit und Harmonie der Natur als Leitfaden zu den Naturgesetzen zu nutzen wußten. Als leidenschaftlicher Realist glaubte er, daß Gott die Welt unter Verwendung bestimmter Archetypen geschaffen habe, die es auch im menschlichen Geist geben müsse, weil er als Gottes Ebenbild geschaffen sei. Er konnte also mit gutem Grund hoffen, daß es möglich ist, die Natur zu verstehen.

Die Vorstellung, daß die von ihm und anderen entdeckten Naturgesetze nur zeitgebundene Beschreibungen ohne letzten Wahrheitswert sein könnten, war für Kepler unannehmbar. Er behauptete, daß es in diesem Sinne keine verschiedenen, aber gleichwertigen Fassungen der Naturgesetze geben könne. Wenn man sie gründlich genug durchdachte und mit hinreichend vielen Beobachtungen vergliche, würde sich herausstellen, daß alle außer einer sich an mindestens einem entscheidenden Punkt von der Beobachtung unterscheiden. Deshalb war eine und nur eine der sogenannten gleichwertigen Darstellungen die richtige. Obwohl er seine Gesetze *a posteriori*, den Tatsachen entsprechend, aufstellte, glaubte er, daß sie *a priori* herleitbar sein müßten.

Wir verdanken Kepler auch die Formulierung von Naturgesetzen als mathematische Gleichungen. Diese Ausdrucksform war so erfolgreich, daß sie in der Folge zum *modus operandi* der Naturwissenschaft wurde: Wahre Naturgesetze sind seitdem immer mathematische Gesetze. Die mittelalterliche Sicht hatte damit begonnen, physikalische Ereignisse symbolisch zu sehen, aber sie hörte auf, als die Ereignisse durch mathematische Symbole ersetzt wurden. Solche Symbole sind universal. Sie ermöglichen es der Wissenschaft, an verschiedenen Orten zu wachsen und ihre Befunde unzweideutig mitzuteilen. Eine Sache war nicht länger dann erklärt, wenn ihr teleologischer Zweck entdeckt war; sie war erklärt, wenn sie auf ein einziges mathematisches System reduziert war. Im Laufe der Zeit wurde das zur impliziten Definition der wissenschaftlichen Erklärung.

Keplers Formulierung der mathematischen, auf Beobachtungsdaten gegründeten Gesetze war nicht voll befriedigend. Sein erstes Gesetz der Planetenbewegung stellt fest, daß sich Planeten auf elliptischen Bahnen bewegen, aber ein Gesetz dieser Art läßt keine Vorhersage zu, wo ein Planet in der Zukunft sein wird, wenn man seine jetzige Position kennt. Dazu mußte sich Keplers astronomisches Bild mit einer machtvolleren mathematischen Theorie vermählen. Die ersten Schritte in diese Richtung wurden in Pisa von Keplers brilliantem Kollegen Galileo Galilei (1564–1642) unternommen.

Galilei war nicht damit zufrieden, die Naturgesetze aus der Beobachtung herzuleiten, sondern machte sich daran, die Natur zu manipulieren, um die Naturgesetze offensichtlich und offenbar zu machen. Um Feinheiten beim Fall von Körpern unter dem Einfluß der Schwerkraft zu erfassen, ließ er Kugeln schiefe Ebenen hinunterrollen, so daß der Ablauf sich verlangsamte und der Untersuchung zugänglich wurde. Er formulierte und überprüfte seine Vermutungen mit großem Geschick und gewann allmählich durch systematische experimentelle Befragung der Natur eine erfolgreiche mathematische Beschreibung der Bewegungen. Er zeigte, daß das Bewegungsgesetz des Aristoteles nicht mit dem Versuch in Einklang stand. Das hätte auch Aristoteles entdecken können; aber was Galilei konnte, und wozu Aristoteles sich selbst niemals gebracht hätte, war, sich «Gedankenexperimente» auszudenken, in denen Körper ohne jeden Widerstand (in einem Vakuum!) fielen. Durch diese Idealisierung eines Vakuums konnte er wesentliche Kennzeichen der Bewegung von unwesentlichen isolieren. Die Gewohnheit, sich imaginäre Experimente auszudenken, zeigt das Ausmaß, in dem die neue wissenschaftliche Methode den Weg bestimmte, in dem jetzt wissenschaftliche Fragen entschieden werden konnten. Das Ergebnis dieser Schritte war zum ersten Mal eine einheitliche Physik, die sich auf alle Naturerscheinungen anwenden ließ. Sie war die erste Naturwissenschaft, die modern anmutet. Ihre zugrundeliegende Methodologie unterscheidet sich sehr von jeder früheren Naturphilosophie. Der britische Physiker Herbert Dingle meinte, ihr Kennzeichen sei

... eben die Selbstkontrolle – die freiwillige Beschränkung auf die Aufgabe, das Wissen nach außen hin vom Beobachteten zum Unbeobachteten zu erweitern, statt der beobachteten Welt nach innen vermutete allgemeine Grundsätze aufzuerlegen; dies ist gleichsam das Erkennungszeichen des Wissenschaftlers, das ihn zutiefst von dem heutigen Wissenschaftsphilosophen unterscheidet.

Nachdem Galilei dieses und soviel anderes geleistet hatte, tat er ein weiteres, das uns sehr modern vorkommt: Er schrieb auf italienisch, nicht in der Gelehrtensprache Latein, eine dem gebildeten Nicht-Wissenschaftler verständliche Darstellung seiner Entdeckungen.

Newton, seine Anhänger und der Newtonianismus

Sehr wenige Menschen lesen Newton, weil man gelehrt sein muß, um ihn zu verstehen. Aber jeder spricht von ihm.
Voltaire

Die faszinierendsten Fortschritte in der Entwicklung der Naturgesetze sind mit dem Werk Isaac Newtons (1642–1727) verbunden. Seine Beiträge zu dem, was über die Natur bekannt ist, waren die größten, die je ein einzelner gemacht hat, aber er ist nicht allein aus diesem Grund für uns wichtig. Anders als andere große Wissenschaftler, die kurz vor ihm lebten, hatte Newton mit seinem Werk auf einen ganzen Kulturkreis gewaltigen Einfluß. Dem Genius Newtons machten weder Zensur noch Verfolgung zu schaffen, wie es Galilei, der nie ein Blatt vor den Mund nahm, beschert war. Newton machten einzig immer wieder persönliche Prioritätsstreitereien Sorgen, zuerst mit Hooke und dann mit Leibniz. Er schuf eine ganze Naturphilosophie und machte die Wissenschaft als erster in englischer Sprache der Allgemeinheit zugänglich. Er konnte sich der Gunst der Kirche, der Königin und der Regierung erfreuen und wurde zum alles überragenden Mittelpunkt, um den herum die Royal Society ihre schwindende wissenschaftliche Bedeutung und ihren wissenschaftlichen Ruf neu beleben konnte.

Newton erschien zu einer günstigen Zeit. Die Kopernikaner hatten die Wissenschaft auf eine Bahn gelenkt, die nicht mehr den Menschen im Brennpunkt aller Dinge sah. Galilei hatte die mathematische Methode so weit entwickelt, daß es festumrissene Probleme gab. Die Entwicklung des Verkehrs und die Entstehung wissenschaftlicher Gesellschaften begünstigten den Austausch von Gedanken und Information. Das gesellschaftliche Ansehen der Naturwissenschaft verlockte wohlhabende und einflußreiche Männer, ihre Mäzene zu werden. Weil statt der passiven Beobachtung jetzt das aktive Experiment Vorrang erhielt, kamen äußerst geschickte Handwerker zur Wissenschaft. Sie entwarfen und bauten Instrumente allein für den Zweck, die Welt in immer mehr und genaueren Einzelheiten untersuchen zu können. Was Mikroskop und Teleskop offenbarten, fachte die Neugierde über alle Maßen an.

Während ein praktisches Genie der Renaissance wie Leonardo da Vinci ein ungeheuer vielseitiges Interesse bewies und Beispiele von allem, was er sah, zeichnete und katalogisierte, betrachtete Newton viele Dinge mit einem tiefen Verständnis für die Einheit der Natur. Er erkannte hinter oberflächlich verschiedenen Erscheinungen immer die wesentliche Gemeinsamkeit; deshalb betonte er eher die mathematische Ordnung der Natur als ihre Besonderheiten. Durch diese Zielstrebigkeit konnte Newton eine Reihe von profunden Naturgesetzen erkennen, die heute noch eine ausgezeichnete näherungsweise Beschreibung des Verhaltens von Körpern geben, die sich viel langsamer als mit Lichtgeschwindigkeit bewegen. Die Newtonsche Theorie der Welt war so erfolgreich, daß der Realismus neuen Auftrieb erhielt. Man glaubte weithin, daß Newton die endgültigen Gesetze des Schöpfers gefunden habe.

Newton erkannte, daß das aristotelische Erbe, das durch die Kleinlichkeit der Scholastiker Auftrieb erhalten hatte, unfruchtbar bleiben mußte. Ihm ging es dabei um die angeborenen Eigenschaften von Dingen, wobei die Ursachen dieser Eigenschaften in dem besonderen inhärenten Streben der Dinge selbst gesucht wurde. Newton war daran interessiert, allgemeine Regeln zu finden, die festlegten, *wie* Dinge passieren*.

Ihm lag nicht daran, das unlösbare Problem zu lösen, warum sie geschahen, weil er glaubte, es sei möglich, ohne irgendeinen Bezug zu der Frage «Warum?» nach dem «Wie?» zu fragen. In der Vorrede zu den Principia schreibt Cotes, die Aristoteliker «[hielten] sich durchaus bei dem Namen der Dinge, nicht bei den Dingen selbst» auf. Er gibt dann eine wissenschaftliche Methode an, die dieses Ungleichgewicht ausgleichen soll. Von dieser behauptet er: «Diese Prinzipien sehe ich nicht als geheimnisvolle Größen, die aus der besonderen Art der Dinge folgen, sondern als allgemeine Naturgesetze an, durch die die Dinge selbst gemacht sind.»

Newtons Methode war nicht völlig revolutionär, und wir können darauf vertrauen, daß er ihre Grundannahmen erst lange Zeit, nachdem er sie intuitiv zur Problemlösung angewandt hatte, explizit er-

---

* Hier zeigt sich ein Gegensatz zu der herkömmlichen aristotelischen Ansicht, daß die Materie durch angeborene Neigungen und nicht durch von außen auferlegte Gesetze bestimmt sei. Newton schrieb 1693 dazu ausdrücklich an Richard Bentley: «Daß die Schwerkraft der Materie gleichsam angeboren, inhärent und wesentlich sein sollte... ist für mich eine solche Absurdität, daß ich glaube, kein Mensch, der in philosophische Fragen das Vermögen hat zu denken, könnte jemals darauf hereinfallen.» Newton sah diese externen Gesetze als unmittelbar und vollständig von Gott der Natur auferlegt, so wie eine Gesellschaft ihren Bürgern Gesetze auferlegt. Das führte zu einer Auseinandersetzung mit Leibniz, der die aristotelische Ansicht wiederholte, daß die Materie angeborene Neigungen hat, und zu Samuel Clarkes in einem Briefwechsel mit Leibniz geäußerten Behauptung, daß es in Newtons Weltbild «keine von Gott unabhängigen Naturkräfte gebe». Wir sind mit der Vorstellung von uns auferlegten Gesetzen so vertraut (ganz unabhängig davon, ob wir Gott als den Gesetzgeber sehen oder nicht), daß wir leicht übersehen, welche Hindernisse sich dem Verständnis dieser Idee in den Weg hätten stellen können. Zu einer Zeit, als Vertreter des Vitalismus die belebte von der unbelebten Welt trennten und der menschliche Verstand den Menschen über die ganze Natur stellte, mußte man akzeptieren, daß Gottes Gesetze «verstanden» werden können und daß in Analogie dazu, wie Menschen auf moralische und soziale Gesetze reagieren, auch unbelebte Dinge die Gesetze Gottes «verstehen» und auf sie reagieren können.

faßte. Es genügt auch nicht, eine richtige Wissenschaftstheorie zu haben, um wissenschaftliche Entdeckungen machen zu können. Als Vorspiel zur Betrachtung von Newtons Grundgesetzen der Mechanik schauen wir uns einige jener Gesetze an, die der wenige Jahre nach Newtons Geburt verstorbene René Descartes (1596–1650) aufgestellt hat. Descartes nannte diese 1644 gefundenen Gesetze «Regeln der Natur», übernahm aber nach 1647 die Terminologie «Naturgesetze». Sie «scheinen» mathematisch zu sein. Sie leiten sich aus der Beobachtung her. Sie sind keinem System von letzten Ursachen verpflichtet. Nichtsdestoweniger sind sie nicht richtig. Die wissenschaftliche Methode eines Forschers mag noch so gut sein, er muß die Welt doch richtig beobachten.

Die Terminologie «Gesetze der Bewegung» scheint in der Nachfolge der Arbeiten von Descartes, Huygens, Wallis und Wren zum Verhalten von Körpern bei Stoßprozessen üblich geworden zu sein. Das von Descartes vorgeschlagene Gesetz ist ein Beispiel für ein unrichtiges Bewegungsgesetz, das später durch Newtons Gesetz ersetzt werden sollte. Descartes' Bewegungsgesetz hat zwei Teile und sagt das Ergebnis eines Zusammenstoßes zweier Massen vorher:

1. Wenn zwei Körper gleiche Masse und Geschwindigkeit haben, bevor sie zusammenstoßen, werden beide bei dem Stoß reflektiert; sie haben dann hinterher dieselbe Geschwindigkeit wie vorher.
2. Wenn zwei Körper verschiedene Massen haben, wird bei einem Stoß der leichtere Körper reflektiert; seine neue Geschwindigkeit wird gleich der des schwereren. Die Geschwindigkeit des schwereren Körpers bleibt unverändert.

Descartes hatte beide Gesetze auf der Grundlage scheinbarer Symmetrien aus der Vorstellung hergeleitet, daß bei dem Stoßprozeß eine Größe erhalten bleiben muß. Leider weist Descartes' Vorschlag denselben Makel auf, der der Behauptung des Aristoteles anhaftet: Es tritt eine Unstetigkeit auf. Darauf wies als erster Leibniz hin.

Lassen Sie uns eines der «Gedankenexperimente» durchführen, wie sie durch Galilei in Mode kamen. Stellen Sie sich eine Reihe von Zusammenstößen vor, an denen verschiedene Stoßpartner beteiligt sind, deren Massen sich einem bestimmten Massenpaar immer weiter annähern. Dann sollte sich auch die Wirkung der Zusammenstöße immer mehr der Wirkung nähern, die sich bei dem Grenzfall ergibt.

116 Die Natur der Natur

Wir nennen eine solche Eigenschaft «Stetigkeit». Wenn $E(A)$ die Wirkung einer Ursache A darstellt, dann ist Stetigkeit die Forderung, daß $E(A)$ sich $E(B)$ immer mehr nähert, wenn die Ursache A einer anderen Ursache B immer näher kommt. Es ist klar, daß Descartes' Bewegungsgesetz diese Eigenschaft nicht hat. Wenn der erste Körper die Masse M und vor dem Stoß die Geschwindigkeit v hat und $E(M)$ seine Geschwindigkeit nach dem Zusammenstoß bezeichnet und wir die Masse des zweiten Körpers mit m bezeichnen, dann besagt das zweite Gesetz des Descartes, daß

$$E(M) = v \text{ falls } M > m \tag{2.5}$$

und

$$E(M) = -v \text{ falls } M \leq m \tag{2.6}$$

Wenn wir nun in unserer Folge von Gedankenexperimenten zuerst den Betrag von M so reduzieren, daß er dem Wert von m immer näher kommt, ihn dann aber, angefangen mit Werten unter m, wachsen lassen, kommen wir zu einem Widerspruch, weil aus (2.5) und (2.6) folgt, daß v dem Wert $-v$ immer näher kommen muß; das aber ist nur möglich, wenn v gleich null ist! Sorgfältige Beobachtungen von Zusammenstößen von Kugeln fast gleicher Masse hätten die Unrichtigkeit der cartesischen «Stoßgesetze» offenbaren können.

Newton beobachtete die Welt sowohl sorgfältiger als auch umfassender als Descartes und hatte zudem den Vorteil, die weitreichenden Einsichten zu kennen, die Descartes vor ihm gewonnen hatte. Die von Newton gefundenen Bewegungsgesetze wurden 1687 veröffentlicht, obwohl Newton sie schon lange zuvor aufgestellt hatte. Anders als ein heutiger Wissenschaftler hatte Newton es gar nicht eilig damit, seine Entdeckungen zu veröffentlichen oder sonstwie bekannt zu machen. Es könnte sogar nur auf das Betreiben seiner Freunde zurückzuführen sein, daß ein Großteil seines Werkes überhaupt bekannt wurde. Man kann jedenfalls argwöhnen, daß Newton angesichts der öffentlichen und offiziellen Ablehnung, der Copernicus und Galilei begegnet waren, viele seiner Entdeckungen zusammen «mit seinem Prisma und seinem verschlossenen Gesicht» ins Grab genommen hätte. Glücklicherweise geschah das nicht.

Newtons drei Grundsätze der Mechanik wurden von ihm wie folgt formuliert:

1. Jeder Körper beharrt in seinem Zustande der Ruhe oder der gleichförmigen geradlinigen Bewegung, wenn er nicht durch einwirkende Kräfte gezwungen wird, seinen Zustand zu ändern.
2. Die Aenderung der Bewegung ist der Einwirkung der bewegenden Kraft proportional und geschieht nach der Richtung derjenigen geraden Linie, nach welcher jene Kraft wirkt.
3. Die Wirkung ist stets der Gegenwirkung gleich, oder die Wirkungen zweier Körper auf einander sind stets gleich und von entgegengesetzter Richtung.

Die interessanteste dieser Aussagen ist die erste, das sogenannte Trägheitsgesetz. Es begegnet uns in der Schule gewöhnlich in einer vertrauten Sprache (Newton schrieb es ursprünglich auf lateinisch) als die Aussage: «Körper, auf die keine Kraft wirkt, bleiben in Ruhe oder bewegen sich mit gleichbleibender Geschwindigkeit.» In einer früheren Fassung schrieb Newton

Wenn eine Größe einmal bewegt ist, kommt sie niemals zur Ruhe, wenn sie nicht durch eine äußere Ursache behindert wird.

und dann

Durch die ihm innewohnende Kraft allein bewegt sich ein Körper gleichförmig auf einer Geraden, wenn ihn nichts behindert.

Die vorletzte Fassung lautete dann so:

Durch die ihm innewohnende Kraft beharrt jeder Körper in seinem Zustand der Ruhe oder gleichförmigen geradlinigen Bewegung, wenn er nicht durch von außen auf ihn wirkende Kräfte zu einer Zustandsänderung gezwungen wird.

In der Tat verdankt dieses Gesetz Descartes vieles; dieser entkräftete nämlich als erster die alte Vorstellung, daß Bewegung eine Art Fortschritt sei, und erkannte an, in welcher Weise der Zustand der Ruhe dem der gleichförmigen Bewegung ähnelt. Seine berühmten *Principia philosophiae* von 1644 enthalten den folgenden Vorläufer des Trägheitsgesetzes:

> Wenn [ein Körper] in Ruhe ist, glauben wir nicht, daß er je in Bewegung versetzt wird, bis ihn ein [äußerer] Grund dazu zwingt. Noch gibt es irgendeinen Grund, warum wir, wenn er bewegt wird, denken sollten, er würde seine Bewegung je aus eigener Kraft, völlig unbehindert, unterbrechen.

Newtons Herleitungen unterschieden sich von denen Descartes' durch die Art und Weise, wie er zu ihnen gelangt war – durch eine Reihe von Versuchen und Beobachtungen. Zur Bestätigung zitiert er Beobachtungen an Geschützen, Kreiseln und Planeten. Ihre Reichweite war größer, weil Newton erkannte, daß immer dann, wenn die Bewegung nicht mehr gleichförmig war, eine Kraft wirken mußte. Newton bringt auch das Element der Universalität hinein, wenn er mit «Jeder Körper» beginnt. Offenbar beabsichtigte Newton eine Gegendarstellung zu Descartes' *Principia philosophiae*, als er sein großes Werk *Philosophiae naturalis principia mathematica* nannte.

Newton stellt in seinem ersten Axiom fest, daß es ohne Kräfte keine Beschleunigung gibt. Wenn sich ein Körper mit veränderlicher Geschwindigkeit oder entlang einer nicht geradlinigen Bahn bewegt, wirkt auf ihn insgesamt eine Kraft. Dagegen war das Bewegungsgesetz (2.1) des Aristoteles ganz anders geartet. Aristoteles behauptete, daß Kraft auf der Erde zu *nichtbeschleunigter* Bewegung führt und (wenn auch nur aus philosophischen Gründen) daß die natürliche Himmelsbewegung eine Kreisbewegung sei. In der Himmelswelt des Aristoteles ist der Naturzustand die Bewegung auf einem Kreis und nicht die auf einer Geraden. Der natürliche Bewegungszustand der Dinge der irdischen Welt dagegen ist die Ruhe. Newton hätte Aristoteles gesagt, daß Kraft die «Wirkursache» der Beschleunigung ist.

Newtons Aussage wird dadurch so bemerkenswert, daß weder Descartes noch Newton noch irgend jemand sonst je einen Körper gesehen hat, auf den keine Kräfte wirken. Jeder Körper unterliegt der Schwerkraft, die von allen anderen Körpern in der Welt auf ihn ausgeübt wird, und in jeder Lage erfährt ein Körper normalerweise unvermeidlich auch alle möglichen anderen Kräfte. Wir kennen keine Möglichkeit, Körper von allen Kräften zu isolieren. Wir können die Kräfte der Natur nicht einfach abstellen. Einige dieser Kräfte halten ja Festkörper überhaupt erst zusammen. Newton hat also etwas viel Anspruchsvolleres gemacht als seine Vorgänger. Er hat nicht einfach eine auf der Erfahrung beruhende Beschreibung dessen gegeben, was er in der Natur sah, denn sein erstes Gesetz beschreibt eine Situation, die niemals gesehen wurde und niemals gesehen werden wird. Hier entdeckt nicht etwa ein redlicher Realist, wie die Welt beschaffen ist. In der Welt erfüllt gar nichts die Bedingungen des Gesetzes. Trotzdem war Newton davon überzeugt, daß er eine tieferliegende Wirklichkeit beschrieb und nicht nur «die Phänomene rettete». Seine Aussage ist auch nicht nur operational: Sie sagt nicht, wie wir Kräfte oder Geschwindigkeiten messen sollten. Sie scheint dem Geist des platonischen Idealisten verwandt zu sein. Newton hat eine ideale Situation vor Augen, die er durch Beobachtungen an vielen nicht-idealen Situationen abstrahiert hat. Moderne Physiker nennen sie ein «Modell». Er hat die Umstände jenen angeglichen, in denen auf den Körper entgegengesetzte Kräfte wirken, aber sie heben einander fast auf, so daß mit einem sehr hohen Grad an Genauigkeit keine auf den Körper wirkende Kraft übrigbleibt. Sein erstes Gesetz ist in diesem spektakulären Sinn ein Geschöpf seines Geistes. Es ist eine Abstraktion, die die wesentlichen Elemente des Realen einfängt. Sie erwächst aus einer Eingebung darüber, was die wirkenden Kräfte sind und wie ihnen allen der gleiche Rang verliehen werden kann.

Spätere Wissenschaftler haben bei vielen Gelegenheiten den gleichen Kurs eingeschlagen. Die Kunst der Formulierung guter Naturgesetze besteht darin zu erkennen, welche Gegebenheiten unwichtig sind. Keine Aussage über ein Naturgesetz kann alle Faktoren in Betracht ziehen, die bei einem bestimmten Naturereignis ins Spiel kommen. Es ist zu kompliziert. Vielmehr kennzeichnet es den schöpferischen Wissenschaftler, daß er durch das Unwesentliche hindurch die beherrschenden Kennzeichen sieht. Aber das sich ergebende Gesetz muß wahr bleiben, wenn all die unwesentlichen nicht beachteten zweitrangigen Kennzeichen der Welt in die Beschreibung eingebaut werden. Man ignoriert diese Eigenschaften nicht, weil sie störende Gegenbeispiele sind, sondern weil sie nichts wesentlich Neues bringen. Wenn das hergeleitete Gesetz nach ihrer Einführung nicht mehr gelten würde, wären sie nicht unwesentlich.

Mit der Entwicklung der Newtonschen Physik tauchten unter anderem solche Begriffe auf wie reibungsfreie Flächen, ideale Gase, vollkommene Stromleiter, unelastische Stöße, perfekte Isolatoren, vollkommene Kugeln. Solche Dinge gibt es in der wirklichen Welt nicht, aber Gesetze lassen sich höchst nützlich mit Begriffen formulieren, die sich auf das Verhalten solcher «idealer» Objekte beziehen, falls sie der Grenzfall einer stetigen Folge von Zuständen wären, die dem Ideal immer näher kämen. So gelangen wir mit Hilfe des Prinzips der Stetigkeit, das wir so eindrucksvoll als Beweis gegen das Bewegungsgesetz des Descartes anführten, zu allgemeineren Aspekten der physikalischen Gesetze. Das ideale Objekt wird als Grenzfall einer Folge von beobachtbaren Objekten gesehen und nicht als Plan oder Entwurf aus einer anderen Welt. Diese Denkweise bedeutet die Loslösung der Physik von der Philosophie des Descartes. Newton war nie in Debatten über den platonischen Idealismus verwickelt. Gesetze dieser Art erlauben es, das Verhalten realer Dinge durch das Maß ihrer Abweichung vom idealen Verhalten zu erfassen. Wenn sich die Situation, die wir beschreiben möchten, immer mehr der durch das Gesetz geforderten idealen Situation nähert, erwarten wir, daß sich das Verhalten der wirklichen Situation immer mehr dem im Gesetz festgelegten Verhalten nähert. In der Praxis können unsere Messungen und Beobachtungen unmöglich vollkommen genau sein, und deshalb gibt es keine Möglichkeit, jemals zu bestätigen, ob ein Gesetz *fast* oder *völlig* wahr ist.

Auch das zweite Axiom, die sogenannte Bewegungsgleichung, brauchte viele Jahre, bis die heutige Form gefunden war.

Zuerst lautete es:
Ein Körper muß sich auf dem Weg bewegen, auf den er gedrängt wird.

dann:

Die Bewegungsänderung ist immer proportional zu der Kraft, mit der sie geändert wird.

und in der vorletzten Fassung:

Die Änderung des Zustands der Bewegung oder Ruhe [eines Körpers] ist proportional zu der auf ihn wirkenden Kraft und geschieht entlang der Geraden, längs der die Kraft wirkt.

Das dritte Axiom, das Reaktionsprinzip Kraft gleich Gegenkraft, ist wieder ein interessantes Beispiel für die Absage an alte Vorurteile. Kräfte resultieren, so erkannte er, aus der Wechselwirkung von Körpern. Aber es kann nicht subjektiv entschieden werden, was «wirklich» worauf wirkt: Die Tür klopft genauso an meine Hand, wie ich an die Tür anklopfe. Kein mittelalterlicher oder aristotelischer Gelehrter hätte zu einer solch demokratischen Sicht gelangen können. Der «Zweck» des Klopfers und der Unterschied zwischen dem unbelebten und dem belebten Beteiligten wären beherrschend gewesen. Newton leugnet nicht, daß diese Faktoren existieren, aber ihm ist klar, daß sie für das, was ihn interessiert, unwesentlich sind. Zur Weiterführung der kopernikanischen Wende, die Menschliches und Göttliches von der wissenschaftlichen Methode fernhält, gehört auch, in den Naturwissenschaften nicht länger nach Absicht und Zweck zu fragen. Wir wissen, daß Newton dem dritten Gesetz folgende vorläufige Formulierung gab:

So viel wie ein Körper auf einen wirkt, erfährt er an Gegenwirkung. Was ein Ding drückt oder zieht, wird von diesem gleicherweise gedrückt oder gezogen.

Newton interessierte sich vor allem dafür, wie Dinge in der Natur ablaufen, und nicht für die philosophischen Argumente, warum sie passieren oder für welchen letzten Zweck sie bestimmt sind. Trotzdem sah er diese Themen nicht als bedeutungslos oder unwichtig an. Vielmehr verbrachte er den größten Teil seiner Zeit damit, sich mit seltsamen metaphysikalischen und theologischen Themen zu beschäftigen*. Newton sah sie als Fragen, deren Antworten sich nicht durch sorgfältige Beobachtung und experimentelle Befragung der Natur

---

* Erstaunlicherweise wird Newton nie deswegen belächelt, daß er für die Erschaffung der Welt das Jahr 3988 vor Christus errechnete; dabei ergießt sich heute noch viel Spott auf Bischof James Ussher (seinen Zeitgenossen), der das Datum als 4004 vor Christus errechnete.

finden lassen. Nach seinen Schriften zur Alchimie und Religion zu urteilen, die zahlenmäßig jene zu naturwissenschaftlichen Themen weit überwiegen, war er offenbar davon überzeugt, daß einige dieser Fragen mit anderen Methoden beantwortet werden könnten.

Newton verengte die Ziele der Naturphilosophie beträchtlich, aber das gereichte ihm sehr zum Vorteil, denn er konnte die Aufmerksamkeit zum ersten Mal auf den Bereich *lösbarer* Probleme richten. Indem er seine Ziele einengte, konnte er die bemerkenswerte Behauptung aufstellen, daß die bei seinen Vorgängern so beliebten unsicheren Spekulationen, die er «Hypothesen» nannte, für sein Unterfangen unnötig waren. Es gab einen narrensicheren Weg, Naturgesetze oder wissenschaftliche Theorien allein aus der Erfahrung herzuleiten: die experimentelle Untersuchung. Diese wissenschaftliche Methode ist die einzige, die wir heute noch verwenden. Sie erscheint als eine so offensichtliche Möglichkeit, daß wir kaum sehen, wie irgend jemand je etwas anderes gedacht haben könnte, aber so war es. Die aristotelische Tradition hat zwar die Beobachtung gefördert, aber nicht das Experiment.

Als Galileis Gegner mit den Tatsachen der mit seinem Fernrohr gemachten Beobachtungen konfrontiert wurden, behaupteten sie zuerst, die Daten seien unzuverlässig, weil die Linsen und die anderen Beobachtungsinstrumente die Wirklichkeit verzerrten. Der Gedanke, Ereignisse künstlich zu beeinflussen, um so etwas über die Welt zu erfahren, war unseren Vorfahren völlig fremd. Er entwickelte sich in Europa ebenso durch den Einfluß von Handwerkern und Technikern wie durch den der Naturphilosophen. Newtons Methoden erlaubten es, das Verhalten von Ereignissen zu erforschen, indem er zur systematischen Überprüfung seiner Ideen kontrollierte Versuche durchführte. Viele seiner Zeitgenossen standen der Möglichkeit, das Wesen der Dinge aufgrund von praktischen Erfahrungsdaten und nicht aufgrund eines allumfassenden philosophischen Prinzips bestimmen zu können, skeptisch gegenüber. Ihre Zweifel waren nicht ganz unbegründet. Sie waren davon überzeugt, und klassische Vorstellungen über das Ziel der Dinge geben dazu ja auch Anlaß, daß es keine eindeutige Deutung der gemachten Beobachtungen gebe. Das begünstigte eine Vielzahl von Spekulationen, die gar nicht beabsichtigten, die eine eindeutige und zutreffende Erklärung zu finden. In der Tat hatte Newton nichts gegen Deutungen und Spekulationen als solche, sondern nur gegen jene, die solche Hypothesen als Entschuldigung dafür benutzten, daß sie nicht wirkliche Experimente durchführten, wenn es doch möglich war. Seine Abneigung gegen «Hypothesen» ist die natürliche Reaktion eines Mannes, der über ein weit besseres Mittel verfügt, die Wahrheit vom Irrtum zu scheiden. Von da an konnten allgemeine philosophische Aussagen nicht länger den Status eines Naturgesetzes beanspruchen. Nur solche Aussagen, die sich bei der Überprüfung im Experiment gegen die manifesten Fakten der Erfahrung behauptet hatten, konnten diese Auszeichnung erhalten. Newton trennte endgültig die Deutung von der wissenschaftlichen Methode.

Die Unterscheidung zwischen der Newtonschen Naturwissenschaft und den «Hypothesen» wird an seiner zweiten großen Neuerung offensichtlich: dem Gebrauch der Mathematik. Diese Methode eröffnete jetzt neue Möglichkeiten zur experimentellen Untersuchung. Die Physik Newtons ist eine mathematische Physik. Bei all seinen Untersuchungen strebte Newton danach, die Naturgesetze in mathematischer Sprache auszudrücken, um sie vollkommen eindeutig zu fassen. Wenn es die nötige Mathematik noch nicht wirklich gab, entwickelte er sie selbst. Auf diese Weise gelangten einige der wichtigsten je erfundenen mathematischen Hilfsmittel ins Handwerkszeug der Physiker. Wenn die Ausgangslage bekannt war, ließ sich die Zukunft vorhersagen oder die Vergangenheit rekonstruieren. Dieser Schritt führte zu einem allmählichen Einstellungswandel; Wissenschaftler begannen, anders über das letzte Wesen der von ihnen untersuchten Welt nachzudenken.

Zu Newtons vielen Leistungen gehört jenes Gesetz, das sich in der Rückschau als von größter Wichtigkeit für das spätere Nachdenken über die Naturgesetze herausstellte: das Gravitationsgesetz. Bei seiner Entwicklung nutzte er mit Vorteil die wichtigen früheren, von Kepler und Huygens gewonnenen Erkenntnisse über die Himmelsbewegungen. Er war sich um 1665 der Existenz eines solches Gesetzes bewußt. Über diese schöpferische Zeit schrieb er ein halbes Jahrhundert später: Ich... Die erste geschriebene und bekannte Fassung des Newtonschen Gravitationsgesetzes steht in einem Manuskript, dem er keinen Titel gab und das er nicht veröffentlichte. Heute hält man es für wahrscheinlich, daß es 1665 geschrieben wurde und *On Circular Motion* betitelt war. Dieses Manuskript zitierte Newton in seinem

124 Die Natur der Natur

Briefwechsel mit Halley als Beweis seiner Priorität, als es im Streit mit Hooke darum ging, wer die Abhängigkeit mit $1/r^2$ entdeckt habe. Der 23jährige Newton leitet das Gesetz dort aus dem dritten Keplerschen «Gesetz» der Planetenbewegung und der Definition der Zentripetalkraft her, die zur Aufrechterhaltung einer Kreisbewegung nötig ist, und schließt:

> Da in den Hauptplaneten die Kuben der Entfernungen von der Sonne reziprok zu den Quadraten der Anzahl der Umdrehungen pro Zeiteinheit sind (Keplers drittes Gesetz), ist die Fliehtendenz proportional zum umgekehrten Quadrat der Entfernungen von der Sonne, entsprechend der Menge der Materieteilchen, die sie [die Sonne und die Planeten] enthalten, und sie breitet ihre Kraft nach allen Seiten bis in ungeheure Entfernungen aus, wobei sie immer mit dem umgekehrten Quadrat des Abstands abnimmt.

Natürlich war die Behauptung damit nur für den Spezialfall der *Kreisbewegung* bewiesen. Später, in Buch I der *Principia*, verallgemeinerte Newton dies auf den wichtigeren Fall der Bewegung auf Bahnen, die Kegelschnitten sind. Zudem ist die Abhängigkeit vom Inversen von r^2 noch nicht alles; das ganze Gravitationsgesetz enthält eine direkte Proportionalität zu den Massen der anziehenden Körper. Das Endergebnis läßt sich sehr leicht angeben: Wenn zwei Körper mit den Massen M und m gegeben sind, deren Mittelpunkte im Raum einen Abstand r haben, dann ist die zwischen ihnen wirkende Anziehungskraft F proportional zum Produkt ihrer Massen und umgekehrt proportional zu dem Quadrat des Abstandes r ihrer Mittelpunkte im Raum, und sie wirkt entlang der Verbindungslinien ihrer Mittelpunkte:

$$F \sim Mm/r^2 \tag{2.7}$$

Newtons Beschreibung der Schwerkraft in Buch III der *Principia* besagt, sie wirke

> der Menge der festen Materie entsprechend, die [Sonne und die Planeten] enthalten, und sie breite ihre Kraft nach allen Seiten in ungeheure Entfernungen aus, wobei sie immer mit dem Inversen zum Quadrat des Abstands abnimmt.

Der entscheidende Punkt, der aus dieser allgemeinen Aussage über die Natur folgt, betrifft die in Formel (2.7) implizit enthaltene Proportionalitätskonstante. Obwohl sie in den Principia nicht vorkommt und erst im achtzehnten Jahrhundert durch Laplace, der sie später mit dem Symbol G bezeichnete, in die Literatur eingeführt wurde, wird sie seither die Newtonsche Gravitationskonstante genannt. Damit gilt also

$$F = GMm/r^2 \tag{2.8}$$

Indem Newton diese Konstante in eine mathematische Formel einführte, machte er einen gewaltigen Schritt nach vorn. Er behauptete, daß alle Körper, ob himmlisch oder irdisch, den gleichen Naturgesetzen unterliegen. Jeder fühlt die eine allen Körpern innewohnende Gravitationskraft, ganz unabhängig davon, wie groß Abstände und Massen sind.

Was meinen wir, wenn wir sagen, eine Größe sei eine *Naturkonstante*? Daß sie unabhängig davon ist, welcher Art die Massen M und m sind, unabhängig von all ihren physikalischen Eigenschaften und allen anderen Bedingungen – der Zeit und dem Ort der Messung, der Temperatur im Labor und so weiter. Die Entdeckung solcher Größen ermöglichte der Wissenschaft eine großartige Entwicklung, die sogar die Aussicht eröffnete, einen großen Teil unseres Bildes von der Struktur der Welt durch die Zahlenwerte einer kleinen Anzahl von Fundamentalkonstanten der Natur, zu denen auch Newtons G gehört, zu erfassen. Die von uns gemessenen Werte dieser Größen verleihen unserer Welt ihre besonderen physikalischen Eigenschaften. Bis heute wissen wir noch nicht, warum diese Naturkonstanten ebenden von uns gemessenen Zahlenwert haben. Das wird uns in späteren Kapiteln beschäftigen.

Newtons Einführung einer universalen Gravitationskonstanten in (2.8) betont einen weiteren wichtigen Punkt. Die Proportionalitäten zwischen den Massen und Abständen sind Beziehungen, die sich durch theoretische Überlegungen aus einfacheren Grundsätzen herleiten lassen, aber der Wert der Proportionalitätskonstanten läßt sich nur durch die Messung bestimmen. Diese Einteilung der Naturgesetze in funktionale Abhängigkeiten zwischen Größen (hier zwischen Kraft, Masse und Entfernung) und universalen Proportionalitätskonstanten ist ein Kennzeichen der Naturwissenschaft, auf das wir zurückkommen werden. Es genügt hier der Hinweis, daß es das Ziel der Physiker ist, die Anzahl der Naturkonstanten, deren Werte letztlich durch Experimente bestimmt werden müssen, in ihren Theorien so klein wie möglich zu halten. Dieses Bemühen um Sparsamkeit zeigt sich in dem Versuch, die Größen, die wir zuvor für unabhängige Naturkonstanten gehalten haben, entweder untereinander oder mit grundlegenderen veränderlichen Größen in Beziehung zu setzen.

Für die Menschen des Altertums war die Welt ein Lebewesen, aber für Newton und seine Nachfolger wird sie ein einheitlicher Mechanismus – wie das Werk einer riesigen Uhr. Ihre Arbeitsweise ist verläßlich: genau, mechanisch und mathematisch. Einmal vom Schöpfer in Gang gesetzt, folgt sie ihrer eigenen unerbittlichen inneren Logik. Während der Gott der Scholastiker Omega war, der letzte Grund, war der Gott Newtons Alpha, der seit Beginn seiende erste Grund aller Dinge. Dieser starke Glauben an den deterministischen Charakter der Welt verdankte dem religiösen Denken der damaligen Zeit viel. Die christliche Sicht des einen Gottes, der die Naturgesetze festlegte und «sie mit seinem allmächtigen Wort bewahrte», führte zu einem starken Vertrauen in die Vernunft, Widerspruchsfreiheit und Vorhersagbarkeit der Natur. Man sollte dabei jedoch bedenken, daß diese Gesetze zumindest teilweise deswegen gesucht und gefunden wurden, weil man an eine gesetzgebende Gottheit glaubte. Ein Teil der langdauernden Auseinandersetzung Newtons mit Leibniz hatte mit diesen Gedanken zu tun, die Leibniz gotteslästerlich fand, weil sie der Gottheit keine Möglichkeit gaben, nach dem ersten Schöpfungsakt in die Natur einzugreifen.

Newtons erste allgemeingültige Beschreibung eines Naturphänomens wurde von den Befürwortern seiner Methode als die Entdeckung eines der Grundgesetze der Natur gefeiert – er habe damit einen von Gottes Gedanken gedacht. Die Entdeckung einer solchen universalen Eigenschaft bestätigte religiöse Apologeten wie William Whiston, der behauptete, sie beweise die Einheit der Schöpfung und damit den einen Schöpfer. Das Gesetz war zu bemerkenswert, um in einem anderen Verständnis als dem des Realisten gesehen zu werden, deshalb wurde es die Triebfeder des neuen mechanischen Paradigmas eines Weltalls, das wie ein Uhrwerk nach bestimmten mathematischen Regeln abläuft. Es begründete eine Einstellung zur Wissenschaft, die seitdem alle Wissenschaftler des Abendlands kennzeichnet: die Betonung der Tatsache, daß alles auf ein anschauliches mechanisches Bild reduzierbar sei. Andere europäische Wissenschaftler haben üblicherweise abstrakter gedacht; sie brauchten kein geistiges mechanisches Modell eines komplizierten Phänomens, bevor sie behaupteten, es sei verstanden. Ihnen genügte eine abstrakte mathematische Beschreibung. Der Hang der Engländer zu anschaulichen Modellen war ein psychologisches Faktum, das besonders Henri Poincaré zu Beginn des zwanzigsten Jahrhunderts zu schaffen machte. Als angesehener Repräsentant der französischen Vorliebe für abstraktes Denken behauptete er, daß es nicht nötig sei, alles auf die bei vielen Wissenschaftlern so beliebten mechanischen Analogien zu reduzieren. Diese Liebe zu mechanischen Analogien als ein Mittel zur Erklärung komplizierter abstrakter physikalischer Begriffe ist zugleich Tugend und Laster und beherrscht heute noch die Popularisierung der Wissenschaft. Es ist in vieler Hinsicht ein Erbe aus der Zeit und des Stils Newtons: Große Wahrheiten über das Wirken der Welt werden mit Hilfe einfacher mechanischer Experimente hergeleitet; man ist überzeugt, daß Gott in Wirklichkeit ein großer Mechanismus ist.

Newtons Art der Naturforschung führte zum größten Fortschritt in bezug auf die Erkenntnis der Wirkungsweise der Welt, der je von einem einzelnen Menschen gemacht wurde. Aber die Veröffentlichung der monumentalen *Philosophiae naturalis principia mathematica* 1687 und der (auf englisch geschriebenen) *Opticks* 1704 leiteten mehr ein als nur eine Revolution wissenschaftlichen Denkens. Sie veränderten auch das Denken der Nichtwissenschaftler. Die *Principia* wurden das erste wissenschaftliche «Kult»buch (also ein Buch, über das man liest, ohne es selbst zu lesen); es schuf das, was «Newtonianismus» genannt werden kann. Die interessanteste der vielen Folgen war der Beginn der systematischen Popularisierung der Wissenschaft durch die Veröffentlichung von einfachen, für den Nichtfachmann bestimmten Erklärungen. In der ersten Hälfte des achtzehnten Jahrhunderts wurde eine große Anzahl solcher Bücher geschrieben, um das öffentliche Interesse an Newton und seinen Entdeckungen zu befriedigen. Zu Beginn jenes Jahrhunderts hatte Newton ein öffentliches Ansehen gewonnen, wie es kein britischer Wissenschaftler vorher oder nachher je gehabt hat. Er gehörte als Vertreter der Universität Cambridge 1701 und 1705 dem Parlament an, und als er 1705 von

Queen Anne geadelt wurde, war er der erste Wissenschaftler, dem diese Ehre zuteil wurde. Er war das «Schmuckstück seines Zeitalters», von 1703 bis zu seinem Tode 1727 Präsident der Royal Society und viele dieser Jahre zuerst Münzwardein und dann, von 1696 an, beispiellos lange als Nachfolger von Thomas Neale Vorsteher der Königlichen Münze. Diese Institution hatte übrigens Verluste gemacht, bis Newton die Verwaltung übernahm! Es war damals zwar ein Kapitalverbrechen, aber dennoch weitverbreiteter Brauch, die Ränder von Silbermünzen abzuschneiden; da die Münze solche Geldstücke für ihren vollen Wert eintauschte und damit praktisch skrupellosen Mitbürgern Silber schenkte, verlor die Münze an Kapital. Newton beendete diesen Mißbrauch, indem er das Rändeln von Geldstücken einführte. Eine Münze war danach kein legales Zahlungsmittel mehr, wenn ihr Rand nicht überall geriffelt war. Diese Neuerung blieb seitdem Brauch und läßt es doppelt angemessen erscheinen, daß 1978 Newtons Antlitz auf der Rückseite der Einpfundnote zu finden war, bis der Geldschein 1985 außer Kurs gesetzt wurde. (Leider wurde das Diagramm aus den *Principia* danebenben falsch gezeichnet – mit der Sonne irreführend nahe im Zentrum der elliptischen Planetenbahn statt im Brennpunkt!) Newtons öffentliche Ämter wurden gut entlohnt. Bei seinem Tod betrug sein Vermögen insgesamt £ 32000, eine damals ungeheuer große Summe. Die Quelle seines Wohlstands war eine doppelte. Er erhielt ein beträchtliches Gehalt von £ 600 pro Jahr von der Münze, war aber als Münzwardein zu einer Kommission von 1 s 5½ d (etwa 50 Pfennig) für jedes gemünzte Pfund Silber berechtigt, und das belief sich nach Abzug der Unkosten der Präger immer noch auf ein jährliches Zusatzeinkommen von über £ 1000.

Diese Seite seines Lebens machte Newton zu einem Mitglied der Gesellschaft; gegen Ende seines Lebens wurden sowohl er als auch die Royal Society im allgemeinen unweigerlich Zielscheibe vieler Satiren. Aber anders als so viele geniale Menschen wurde Newton von seinen Zeitgenossen schon zu seinen Lebzeiten geehrt und geschätzt und in einem Ehrengrab neben Chaucer und Shakespeare in der Westminster Abbey beigesetzt. Im ganzen achtzehnten Jahrhundert waren Newton und seine Leistungen ein Thema, das die Londoner Gesellschaft faszinierte. Seine Zurückgezogenheit und Zurückhaltung sorgten, gekoppelt mit seinem überragenden Geist, zweifellos für eine Aura von Weltfremdheit. Es gab Anfragen von ehrfürchtigen

Ausländern, die wissen wollten, ob Newton wie andere Menschen esse und schlafe. Während die Intellektuellen in der Vergangenheit durch schwierige und verwickelte Überlegungen zu bedeutenden Schlußfolgerungen über das Wesen der Welt gekommen waren, war Newton dadurch ein Neuerer, daß er seine großen Einsichten sooft durch sehr einfache Versuche unter Benutzung profaner Dinge gewonnen hatte: die Gesetze der Optik mit Hilfe eines einfachen Prismas, die Bewegungsgesetze, indem er Dinge (vielleicht sogar Äpfel) auf die Erde fallen ließ. Die Öffentlichkeit verstand diese Entdeckungen nicht (sie dienten nur dazu, ihre Faszination zu vergrößern; etwas ähnliches passierte mit Einstein; Darwins Theorie dagegen konnte die Öffentlichkeit nur zu gut verstehen, aber sie wollte wissen, was diese neue «Newtonianismus» genannte Idee war.

Es gab populäre Darstellungen von Newtons Werk für Kinder, so etwa Newberry's *Newtonian System of Philosophy, Adapted to the Capacities of Young Gentlemen and Ladies* (1761), und für Frauen, die eines vollwertigen Studiums nicht für fähig gehalten wurden. Dazu gehören Titel wie das in sechs Sprachen übersetzte Buch des Grafen Francesco Algarottis *Newtonianismo per le donne ovvero dialoghi sopra la luce e i colori* (1736) oder Benjamin Martins *The Young Gentlemen und Lady's Philosophy* (1759). Neben diesen weniger anspruchsvollen Darstellungen erschienen Erläuterungen höchster Qualität, die von führenden Wissenschaftlern sowohl für andere Wissenschaftler als auch für die gebildete Öffentlichkeit geschrieben wurden. Die verdienstvollste war Colin Maclaurins *Account of Sir Isaac Newton's Philosophical Discoveries* (1748); der Verfasser war nachweislich der fähigste englische Wissenschaftler und Mathematiker seiner Zeit. Auf der weniger zuverlässigen Seite gab es exzentrische Bücher wie das von John Desagulier *The Newtonian System of the World, the Best Model of Government* (1728), in dem er versucht, Newtons Methoden auf alle Lebensbereiche anzuwenden. All diese Verehrung und das ganze öffentliche Interesse an Newtons Naturgesetzen und seinen Methoden wurden zudem durch etwas geschürt, das das Interesse von Intellektuellen und Laien gleichermaßen fesselte – die Religion.

Wir sahen schon, wie die Vorstellungen des Aristoteles über den letzten Grund zur Entwicklung eines anthropozentrischen teleologischen Naturverständnisses führte, durch die der Mensch alles Gute um sich herum als von der Vorsehung für ihn bestimmt sieht und nicht

2.2 Von der Schwerkraft zum Schweben: eine satirische Zeichnung eines Zeitgenossen Newtons zu seiner Arbeit zur Gravitation

Sir Isaac Newton's PHILOSOPHY Explained For the Use of the Ladies.

2.3 Titelseite der englischen Übersetzung des Buches «Newtonianismo per le donne ovvero dialoghi sopra la luce e i colori», das Graf Francesco Algarotti – ein Freund Voltaires, den Friedrich der Große 1740 an seinen Hof nach Berlin berief – 1737 veröffentlichte. Dieses Buch, das unter dem Titel «Newtons Weltwissenschaft für das Frauenzimmer» 1745 auf Deutsch erschien und in fünf weitere Sprachen übersetzt wurde, erlebte 30 Auflagen und trug wesentlich zur Verbreitung der Vorstellungen Newtons über das Licht bei. Die Marquise du Châtellet, «Lady Newton», fand, wie ihr Freund Voltaire, diese Popularisierung für ihren Geschmack «zu frivol, mit zu vielen Späßen».

als einfach zufällig von ihm benutzt. Newtons Werk gab dem herkömmlichen Gottesbeweis neuen Auftrieb. Danach sind die Werke der Natur so wunderbar zu unserem Vorteil geschaffen, daß sie das Ergebnis eines allumfassenden göttlichen Plans sein müssen. Während die früheren und plumperen Zweckmäßigkeitsbeweise behauptet hatten, daß die Naturphänomene für den Nutzen der Menschheit optimal seien und deshalb eine göttliche Absicht bewiesen, appellierte der Newtonsche teleologische Gottesbeweis an die *universalen Naturgesetze* selbst als unanfechtbares Zeugnis für den Plan der Natur und damit für ihren Planer. Die realistische Ansicht, daß die Newtonschen Gesetze die Welt so beschreiben, wie sie wirklich ist – eine Sicht, die Newton wegen seiner vorsichtigen Einstellung zu Wirkungen über eine Entfernung hinweg selbst nicht verteidigt hätte –, und nicht nur eine nützliche Beschreibung liefern, paßte ausgezeichnet zu dem Glauben, die Naturgesetze seien die Verordnungen eines göttlichen Gesetzgebers. Die Überlegung wurde mit Begeisterung umgedreht: Die Newtonsche Uhrenwelt brauchte einen Uhrmacher. Die früheren Zweckmäßigkeitsüberlegungen waren natürlich eng mit der scholastischen Tradition der «letzten Ursache» verknüpft, die für die nachreformatorische protestantische Orthodoxie der Zeit Newtons ein Greuel geworden war. Newton scheint zusammen mit seinem Freund Samuel Clarke ein Anhänger der von den Unitariern vertretenen Einstellung zur Dreifaltigkeit und anderen fundamentalen christlichen Lehrmeinungen gewesen zu sein. Ein 1689 vom Parlament verabschiedetes Gesetz schloß Anhänger dieser arianischen* Ansichten

---

* Arian war ein libyscher Theologe des vierten Jahrhunderts, der die Lehre von der Dreieinigkeit ablehnte, deren Haupturheber Athanasius war. Newtons private Aufzeichnungen zeigen, daß er fast alle wichtigen Lehrmeinungen der Kirche in Frage stellte und immer wieder behauptete, die ursprünglichen Schriften seien im vierten und fünften Jahrhundert durch die Hinzufügung von unechten Abschnitten, die nur eine erfundene Lehre von der Dreieinigkeit stützen sollten, verfälscht worden. Newton behauptete, daß die erste, unverfälschte Fassung der christlichen Botschaft von Arian und nicht von Athanasius stammte, und Newtons Schrift mit dem Titel *Notable Corruptions of Scripture* bezeugt seine etwas wahnhaften verschwörerischen Theorien über diese Unlauterkeiten in der frühen Kirche. Es scheint Newton gewesen zu sein, der das hauptsächliche Interesse an der Ketzerei des Arian wiederbelebte, die nach ihrer Verdammung durch die Konzilien der frühen christlichen Kirche jahrhundertelang in Vergessenheit geraten war.

von bestimmten akademischen und öffentlichen Ämtern aus. Newton konnte seine Lucasian-Professur in Cambridge nur behalten, als ihm 1675 ein besonderer Dispens erteilt wurde, der dem Inhaber dieses Lehrstuhls erlaubte, Fellow seines College zu bleiben, ohne in den geistlichen Stand der anglikanischen Kirche einzutreten. Newton scheint sich nicht leichtfertig zu einer Minderheitenmeinung in bezug auf seine religiöse Haltung bekannt zu haben. Er hat sich dem Thema mit Leidenschaft gewidmet und die geschichtlichen Ursprünge der Glaubensbekenntnisse bis in die frühe Kirche zurückverfolgt; man respektierte ihn in bezug auf diese Fragen als eine Autorität. Seine umfangreichen Schriften zur Bibelkritik machen ihn zum ersten liberalen Textkritiker.

Newton versuchte, «Regeln» für die Deutung der heiligen Schrift festzulegen, die jene widerspiegelten, die er in den *Principia* für philosophische Überlegungen festgelegt hatte. Einige seiner Arbeiten wurden jedoch auch von seinen ihn sonst so bewundernden Zeitgenossen für baren Unsinn gehalten und erst im zwanzigsten Jahrhundert von Gelehrten untersucht. Über seine religiösen Ansichten sagt vielleicht die von Conduitt berichtete Tatsache etwas aus, daß Newton auf seinem Totenbett das Sakrament der Kirche zurückwies. Das war so schockierend, daß die Zeugen es noch fünfzig Jahre nach seinem Tod geheimhielten und keiner seiner frühen Biographen es verzeichnet. Im Gegenteil berichtet William Stukeley von einer Szene am Totenbett, die von Conduitt und seiner Frau zum Teil erfunden worden sein muß, weil darin Newtons letzte Minuten «wahrlich christlich» genannt werden.

Newton selbst leitete den teleologischen Gottesbeweis nicht explizit aus den Naturgesetzen her, aber er bemerkt im Vorwort zu seinen *Principia*, daß er beim Schreiben «ein Auge...» für einen Glauben an eine Gottheit hatte, und er ermunterte dazu, daß andere, die einen Zweckmäßigkeitsbeweis führen wollten, sein Werk benutzen sollten. Sein berühmter Briefwechsel mit Bentley, der so viele bemerkenswerte wissenschaftliche Einsichten enthält, entwickelte sich, als Bentley auserwählt wurde, die ersten Boyle-Vorlesungen zu halten. Robert Boyle hatte in seinem Testament ausdrücklich verfügt, diese Vorlesungsreihe solle eine wissenschaftliche christliche Rechtfertigungslehre verbreiten. Bentleys drei Predigten bieten eine klassische Darstellung des Newtonschen Zweckmäßigkeitsbeweises, der auf der

Existenz von mathematischen und universalen Naturgesetzen beruht. Bei der Vorbereitung wirkte Newton als wissenschaftliches Gewissen mit. Der Brauch, Beispiele zu wählen, die peinlich genau beweisen, daß die Naturgesetze zum menschlichen Wohl bestimmt sind und die Umwelt der sie bewohnenden Flora und Fauna auf den Leib geschneidert ist, wurde eine wichtige Beschäftigung, die erst im neunzehnten Jahrhundert durch Darwins Veröffentlichung vom *Origin of Species* ein Ende fand. Damit wurde die Behauptung untergraben, die Harmonie zwischen den Lebewesen und ihrem Habitat ließe sich nur durch einen göttlichen Plan erklären, was aber eigentlich für den Newtonschen Gottesbeweis aufgrund der Naturgesetze ganz unerheblich war.

Um Beispiele für Newtons Einfluß auf das religiöse Denken und den Einfluß der Naturgesetze auf den in der Natur waltenden «zweckmäßigen Plan» zu finden, braucht man nur in ein Gesangbuch hineinzusehen. Aber diese Newtonsche Deutung der Natur wurde nicht kritiklos hingenommen. William Blake zum Beispiel sah die mechanistische Weltanschauung als unerbittliche und bedrückende «dunkle Satansmühle».

Bevor wir Newton verlassen, sollten wir unsere Aufmerksamkeit einem letzten Thema zuwenden, das den Begriff der Naturgesetze betrifft und das durch die Popularisierer und Nachfolger der Newtonschen Philosophie ins Blickfeld geriet: Es ist die Frage der Wunder. In Newtons Zeit waren religiöse Probleme dieser Art ein wichtiges Thema, und deshalb haben Auseinandersetzungen über die Verträglichkeit der Newtonschen Welt und ihre von Gott gegebenen Naturgesetze mit der Möglichkeit von Wundern viel Gewicht. Genau deswegen widmete David Hume in seinen *Dialogues Concerning Natural Religion* (1779) dieser Frage soviel Raum. Nach Ansicht mancher gab es zwei Erscheinungsformen: eine «natürliche», die von den Newtonschen Naturgesetzen beherrscht wurde, und eine «übernatürliche». Durch Beobachtung der Geschehen könne man dann erkennen, so wurde behauptet, ob man ein Wunder erlebte oder nicht. Pieter Van Musschenbroek schrieb, daß das übernatürliche Phänomen «entgegen den Naturgesetzen» geschehe. Obwohl er meinte, unsere Kenntnis der Naturgesetze sei unvollständig, behauptete er nicht, man würde anscheinend übernatürliche Phänomene schließlich als natürlich ansehen, wenn erst neue Gesetze entdeckt wären. Andere Verfasser waren der Ansicht, Naturgesetze seien einfach Beschreibungen von Vorgängen, und obwohl sie gewisse vertraute Tendenzen aufwiesen, verböten sie doch nichts. John Rowning faßt diese Ansicht seiner Zeitgenossen so zusammen:

> Zweifellos kann der Urheber sowohl der Materie wie eben der Prinzipien, durch die sie handelt, ungeachtet jener Prinzipien sie anders handeln lassen, als sie es allein in ihrer Folge tun würde, und so dadurch Wirkungen erzeugen, die dem üblichen Lauf der Natur entgegenstehen, wann immer es ihm angebracht erscheint... Im Ganzen ist die Annahme, daß der gewöhnliche und übliche Lauf der Natur nicht manchmal geändert werden könnte, voreilig und ungerechtfertigt.

In der Zeit unmittelbar nach Newton kommt der Ausdruck «Naturgesetz» explizit vor. Gewöhnlich wird dieser Begriff zu Beginn in der üppigen Newtonschen Weise definiert und in religiöse Rechtfertigungen eingegliedert. Nichtsdestoweniger ist die Bezeichnung belastet, weil die Naturgesetze einerseits als Gebote Gottes Allgemeingültigkeit beanspruchen und andererseits mit Gott gleichgesetzt werden können.

Newton hatte diese Schwierigkeiten bereits vorhergesehen, und wir finden in Cotes Vorwort zur zweiten Ausgabe der *Principia* (Übersetzung von Wolfers) die folgende Aussage über den Widerstreit zwischen der Notwendigkeit bestimmter Naturgesetze und der göttlichen Wahl:

> Auf keine Weise konnte die, durch die schönste Mannigfaltigkeit der Formen und Bewegungen ausgezeichnete Welt anders, als aus dem freien Willen des alles vorhersehenden und beherrschenden Gottes hervorgehen.
>
> Aus diesen Quellen sind alle jene sogenannten Naturgesetze hervorgegangen, in denen man wohl viele Spuren von weiser Ueberlegung, aber keine von einer Nothwendigkeit wahrnimmt... Wer die Principien der Naturlehre und die Gesetze der Dinge finden zu können glaubt, indem er sich allein auf die Kraft seines Geistes und das innere Licht seiner Vernunft stützt, muss entweder annehmen, die Welt sei aus einer Nothwendigkeit hervorgegangen und die aufgestellten Gesetze aus derselben Nothwendigkeit folgen lassen; oder er muss der Meinung sein, dass, wenn die Ordnung der Natur durch den Willen Gottes entstanden sei, er, ein elendes Menschlein, eingesehen habe, was als das Beste zu thun sei. Eine gesunde und wahre Naturlehre gründet sich auf die Erscheinungen der Dinge... Für [manche] werden sie Wunder und verbor-

gene Eigenschaften sein, an denen sie keinen Gefallen finden; allein die boshafter Weise beigelegten Namen darf man nicht aus Versehen auf die Dinge übertragen; wenn man nicht zuletzt erklären will, dass die Naturlehre sich auf Atheismus gründen müsse.

Die Rationalität der Welt

> *So auch sagt es nichts über die Welt aus, daß sie sich durch die Newtonsche Mechanik beschreiben läßt; wohl aber, daß sie sich so durch jene beschreiben läßt, wie dies eben der Fall ist.*
> Ludwig Wittgenstein

Ende des 18. Jahrhunderts waren teleologische Gottesbeweise ein Teil des orthodoxen religiösen Denkens geworden; dagegen wurden jedoch bald triftige Einwände erhoben, die implizit auch eine Kritik an der Vernunft des neuen wissenschaftlichen Unterfangens selbst darstellten. Vor allem zwei Männer trugen zu diesem Angriff bei, die jetzt zu Recht oder Unrecht zu den bedeutendsten Philosophen seit dem Altertum gezählt werden, obwohl sie zu ihren Lebzeiten in England fast keinen Einfluß hatten.

David Hume und Immanuel Kant ließen sich beide auf eine Auseinandersetzung mit der logischen Grundlage des Zweckmäßigkeitsbeweises ein. In seinen berühmten *Dialogues Concerning Natural Religion* bringt Hume ihn ausdrücklich mit Newton in Verbindung, obwohl der Begriff viel älter ist; er zitiert die Fassung, die Maclaurin in seiner allgemeinverständlichen Fassung von Newtons Werk gibt. Mit einem Hauch von Ironie nennt er ihn «die religiöse Hypothese». Es ist klar, daß die Anhänger Newtons eine schlichte realistische Sicht der von ihnen gefundenen Naturgesetze vertraten. Die Welt war für sie wirklich ein Mechanismus, der den von Newton gefundenen genauen mathematischen Regeln gehorchte. (Sie schrieben Newtons Idealisierungen keinerlei Bedeutung zu.) Hume wollte keine eindeutige Deutung der Gesetzmäßigkeit der Welt zulassen – selbst wenn er von ihrer Gesetzmäßigkeit überzeugt worden wäre. Hume akzeptierte auch nicht die Beweisführung, daß sie ein Mechanismus und nicht zum Beispiel ein Organismus sei. Und er hielt die von Newton vorausgesetzte

Verbindung von Ursache und Wirkung für nicht gesichert. Diese Gedanken wurden in Humes *Dialogen* ausgeführt, die drei Jahre nach seinem Tod 1776 bei einem unbekannten Verleger, vermutlich in Edinburgh, erschienen. Sie erregten nicht nur beträchtlichen Widerspruch, sondern veranlaßten auch den Philosophen Immanuel Kant (1724–1804), das genauer zu untersuchen, was wir jetzt Erkenntnisphilosophie nennen.

Kants Werk läuft eigentlich auf eine Infragestellung der realistischen Deutung der Newtonschen Naturgesetze hinaus, die er zuvor bei seinen Ausflügen in die Naturwissenschaft und Astronomie unkritisch übernommen hatte. Wie viele seiner Zeitgenossen war er davon überzeugt gewesen, daß die Newtonschen Gesetze der Mechanik und Gravitation die einzigen logisch möglichen Naturgesetze sind, mit denen sich Bewegung und Schwerkraft beschreiben lassen. In einer seiner ersten Arbeiten schließt er, daß der Raum dreidimensional sein muß, wenn die Kraft zwischen zwei Körpern zum Inversen des Quadrates ihres Abstands proportional ist. Aber später scheint er den Glauben an diese realistische Sicht verloren zu haben. Durch Humes Schriften aus seinem «dogmatischen Schlummer» aufgeschreckt, begann er mit der Arbeit an einer Reihe von Kritiken, die sich mit den Wurzeln der wissenschaftlichen Methode beschäftigten.

Kant behauptet, es sei uns nicht möglich, Aussagen über die wirkliche Welt allein mit den Mitteln der Vernunft zu beweisen oder zu widerlegen. Es gibt unvermeidliche Filter zwischen den Dingen an sich, unserer Wahrnehmung und unserem Verstehen. Diese sogenannten «Kategorien» sind zwangsläufig; sie sind für den Verständnisvorgang notwendig, und sie schaffen dort eine Ordnung, wo es keine gibt. Die Dinge an sich könnten vom Verstand unabhängig sein, aber jede von uns wahrgenommene Ordnung ist notwendig vom Verstand bestimmt. In dieser Einstellung erkennen wir die Grundgedanken der im letzten Kapitel erläuterten idealistischen Position wieder. Sie leidet unter ähnlichen Schwächen. Kant belegt mit ihrer Hilfe, daß die vorgefundenen Naturgesetze, und damit auch alle großartigen metaphysischen Schlüsse über die Zweckmäßigkeit der Natur, die sich daraus ziehen lassen, Geschöpfe unseres eigenen Verstandes sein müssen. (Kant war übrigens dem Zweckmäßigkeitsbeweis, den er aus anderen Gründen überzeugend fand, äußerst wohlgesonnen. Ihm ging es nur darum zu zeigen, daß er mit den Mitteln der Vernunft weder zu beweisen noch zu widerlegen sei.) Wie wir im letzten Kapitel erwähnten, glaubte Kant auch, Wissenschaftler sollten die Erwartung hegen, daß die Welt zweckmäßig geordnet sei, denn eine solche verheiße am meisten Erfolg. Kants Ideen kamen in mancher Hinsicht denen Platons nahe. Wir könnten Platons Ideen als die Wirklichkeit der Natur sehen, die der Beobachtungsvorgang und unsere Versuche, die Beobachtungen mit Hilfe mathematischer Formeln darzustellen, zu den unvollkommenen Fassungen verzerren, von denen wir irrtümlich annehmen, sie stellten die Wirklichkeit dar. Diese Form des Idealismus wurde in unserem Jahrhundert vor dem Zweiten Weltkrieg mit Nachdruck von Jeans und Eddington vertreten. Danach sagt unsere Beobachtung der Welt uns vor allem etwas über die Kategorien unseres Denkens.

Die wichtigste Auseinandersetzung mit den Gedanken Kants im Rahmen der Naturwissenschaft verdanken wir dem jungen Heinrich Hertz. Er verdeutlichte um 1900 besser, als Kant es gekonnt hatte die Unterschiede und Beziehungen zwischen den unbeobachteten Dingen selbst, unserer Sinneswahrnehmung von ihnen und unseren Darstellungen davon.

In der Praxis erschaffen wir uns geistige Bilder oder mathematische Symbole, um die Objekte darzustellen, die wir in der Natur sehen. Diese Bilder wählen wir nach nur einem Kriterium aus: Das Ergebnis einer geistigen Vorstellung eines Dinges muß immer dasselbe sein wie das geistige Bild der Wirkung dieses Dinges in der Natur. Wenn also die Wirkung eines Phänomens P mit $E(P)$ bezeichnet wird und unser geistiges Bild von P durch $I[P]$, soll $I[E(P)]$ dasselbe sein wie $E(I[(P])$. Den Kantschen Kategorien, mit deren Hilfe wir der Welt einen Sinn geben, kommt diese Eigenschaft, die sogenannte Umkehrbarkeit, zu. Wir können nicht wissen, ob unsere wissenschaftlichen Beschreibungen der Natur mit ihnen in irgendeiner anderen Hinsicht außer in bezug auf die Umkehrbarkeit übereinstimmen. Newton erkannte, daß zur Lösung des Problems, «wie» sich Dinge verhalten, keine weitere Entsprechung nötig war. Um das «warum» zu erfahren, müßte man wissen, daß die Anwendung der Operationen $E(\ )$ und $I[\ ]$ auch andere Eigenschaften hat.

Absolute Realisten würden behaupten, daß die Wirklichkeit zum Beispiel von Newtons Gravitationsgesetz genau beschrieben wird, und daß alle in diesem Gesetz erwähnten Größen (Masse, Entfernung, die Gravitationskonstante, die nötigen mathematischen Operationen und so weiter) genau so existieren, wie sie in der Theorie vorkommen; sie halten *I[P]* für identisch mit *P* und *I[E(P)]* für dasselbe wie *E(P)*. Es gibt a priori keinen Grund, warum eine solche Entsprechung möglich sein sollte, aber für die Entwicklung einer Spezies ist es sicherlich ein beträchtlicher Vorteil, wenn sie gilt. Wir könnten diese Probleme sicherlich nicht untersuchen, wenn es sie nicht gäbe. Dagegen könnte ein Hyper-Idealist, der schon fast ein Solipsist ist, behaupten, daß es keinen Grund zu der Annahme gibt, die Operation *I* sei universal. Nach allem, was wir wissen, könnte sie bei jedem Menschen anders aussehen.

Es gibt eine Parallele zwischen den Bedingungen für die Operationen *I* und *E*, die sie austauschbar machen, und den Eigenschaften, die zur Verschlüsselung von Operationen nötig sind, wie sie bei der Entwicklung der modernen Codes mit öffentlichem Schlüssel (public key) vorkommen. Es ist möglich, zwischen zwei Menschen Botschaften so zu übermitteln, daß beide Codes verwenden, die dem anderen unbekannt bleiben, sie aber doch jede zwischen ihnen ausgetauschte Nachricht entziffern können. Das ist viel sicherer als alle Verfahren, bei denen dem Empfänger außer der Nachricht unabhängig davon die Codes mitgeteilt werden müssen, die zur Entschlüsselung der Nachricht nötig sind. Lassen Sie uns zur Veranschaulichung annehmen, daß wir jemandem eine Botschaft schicken wollen, die in einem Kasten liegt. Das Analogon zur Verschlüsselung der Botschaft ist das Anbringen eines Vorhängeschlosses. Wir möchten den Kasten jemandem schicken, der den Kasten öffnen (entschlüsseln) soll, *ohne* daß er eine Kopie des Schlüssels vom Vorhängeschloß hat. Das klingt unmöglich, ist es aber nicht. Wir verschließen den Kasten und schicken ihn unserem Kollegen, der ihn mit seinem eigenen Vorhängeschloß verschließt und uns zurückschickt. Wir entfernen unser Vorhängeschloß und schicken ihm den Kasten wieder, und jetzt kann er ihn mit seinem eigenen Schlüssel öffnen. Zur Durchführung dieses Verfahrens mit zwei echten Codes müssen sie austauschbar sein. Wenn meine Kodierung *E* ist und Ihre *I*, dann hat es auf die Botschaft dieselbe Wirkung, ob wir zuerst *E* und dann *I* anwenden, oder zuerst *I* und dann *E*.

Hertz behauptete, daß die geistigen Bilder, die wir uns von Dingen machen können, nicht ausschließlich durch die Forderung nach Austauschbarkeit bestimmt sind. Das war zu Newtons Zeit nicht bekannt. Aber es gibt viele verschiedene «Bilder» der Bewegungsgesetze. In der Folge fanden Lagrange, Hamilton, Euler und Maupertuis einige von ihnen. Wenn wir als Naturwissenschaftler versuchen, die Naturgesetze zu formulieren, untersuchen wir viele mögliche Bilder und schließen jene aus, die gewisse Kriterien nicht erfüllen. Wir werfen jene hinaus, die logische Widersprüche enthalten, weil sie fordern, daß etwas gleichzeitig wahr und falsch ist, und wir schließen jene Vorstellungen aus, die zu Bildern führen, die nicht mit unserer Erfahrung von den wirklichen Operationen der Natur übereinstimmen. Schließlich beurteilen wir auch, welches Bild das Wesentliche am wirtschaftlichsten darstellen kann, was sich also mit einem Minimum an überflüssigen Zutaten beobachten läßt. Da wir es immer mit geistigen Bildern zu tun haben, müssen wir erwarten, daß es notwendigerweise immer auch Überflüssiges gibt. Alles, was wir tun können, ist, ihre Anzahl zu verringern. Dieses letzte Kriterium können wir dazu verwenden, unsere Bilder abzuändern und aufeinander abzustimmen, aber verschiedene Menschen können schließlich verschiedene Bilder vorziehen, weil Einfachheit und Wirtschaftlichkeit subjektive Kriterien sind. Der Chemiker mag sehr wohl die Dinge lieber anders sehen als der Physiker.

Nachdem wir die besten geistigen Bilder von dem, was in der Welt geschieht, ausgewählt haben, gehen wir nun dazu über, diese Bilder darzustellen. Die Mathematik scheint für diese Aufgabe wunderbar geeignet zu sein, und wir werden die Bedeutung dieses Umstands in Kapitel 5 untersuchen.

Kant könnte zu seiner Kritik an der realistischen Weltanschauung zum Teil aus religiösen Gründen gekommen sein. Als frommer Lutheraner war ihm klar, daß das von Newton und seinen Anhängern geschaffene mechanische Weltmodell von unabänderlichen Gesetzen über Ursache und Wirkung beherrscht war, die dem freien Willen keinen Raum ließen. Seine Behauptung, daß wir niemals die «Dinge an sich» beobachten, sondern nur unsere subjektiven Bilder und Darstellungen davon, ermöglichte es ihm, die Sichtweise Newtons mit der Existenz eines freien Willens zu vereinbaren. Newtons strenge Kausalität bestimmte nur die subjektive Welt der Bilder der beobachteten Dinge, aber die «Dinge an sich» brauchten nicht völlig kausal bestimmt zu sein. Trotz seines von ihm selbst zugestandenen Hangs zur

Newtonschen Zweckmäßigkeit behauptet Kant überzeugend, daß sie eine Ableitung aus unseren Bildern von den Naturgesetzen ist, die der zugrundeliegenden Wirklichkeit nicht unbedingt entsprechen müsse. Alle großen metaphysischen «Beweise», die Aspekte der Naturgesetze verwenden – der teleologische, der ontologische, der kosmologische Gottesbeweis –, sind nur Beweise, das heißt, sie beginnen mit gewissen *Voraussetzungen* und leiten daraus eine Folgerung ab. Diese Folgerung taugt nicht mehr und nicht weniger als die anfänglichen Voraussetzungen und kann niemals unabhängig von ihnen sein. Sie werden genausowenig durch Gegenbeweise der Art Kants widerlegt, wie sie durch solche der Art Newtons bewiesen werden. Obwohl zum Beispiel die Form der Newtonschen Bewegungsgesetze jede teleologische Vorstellung ausschließt und letzte Ursachen durch erste Ursachen und Algorithmen zur Berechnung der Zustände ersetzt, die aus ihnen folgen, sollte man aus diesem Bild keine weitreichenden metaphysischen Schlüsse ziehen. Maupertuis zeigte 1748, daß Newtons Grundgesetze der Mechanik durch die Anwendung eines teleologischen Prinzips hergeleitet werden könnten. Es ist möglich, eine mathematische Größe, die *Wirkung*, zu definieren, die das Produkt aus Masse, Geschwindigkeit und der von Körpern zurückgelegten Entfernung ist. Maupertuis' Prinzip, das wir jetzt das Prinzip der kleinsten Wirkung nennen, besagt:

Wenn es in der Natur eine Veränderung gibt, muß das Maß der für diese Veränderung nötigen Wirkung so klein sein wie nur möglich.

Dieser elegante Gedanke erweist sich als gleichwertig mit den Newtonschen Bewegungsgesetzen (obwohl dieses Prinzip in dem Sinn umfassender ist, als es zur Herleitung von Bewegungen in anderen Bereichen der Physik benutzt werden kann, wenn die entsprechende Wirkung bekannt ist). Aber anders als die Newtonsche Formulierung ist es teleologisch. Es besagt, daß von all den Bahnen, auf denen sich ein Körper von A nach B bewegen könnte, er sich tatsächlich auf jener bewegt, auf der die zugehörige Wirkung am kleinsten ist. Diese Bahn ist also sowohl vom Anfangs- wie vom Endzustand bestimmt. Maupertuis schrieb diesem Ergebnis große metaphysische Bedeutung zu und sah darin einen «Beweis für die Existenz dessen, der die Welt regiert». Früher hatten Beweise dafür, daß wir in der «besten aller

Welten» leben, den Einwand erlaubt, daß wir keine anderen Welten kennen, mit denen wir die unsere vergleichen könnten, aber Maupertuis behauptete, daß die anderen Welten solche sind, in denen Bewegung nicht mit kleinster Wirkung erfolgt. Unsere Welt schien ihm in diesem wohlbestimmten Sinn die beste zu sein, und zudem ließen sich teleologische Aspekte der Naturgesetze aufzeigen. (Einige Kommentatoren deuteten im neunzehnten Jahrhundert sogar Fossilien als Überbleibsel aus totgeborenen Welten mit nicht minimaler Wirkung.) An diesen Verschrobenheiten läßt sich lehrreich aufzeigen, wie eine Vorstellung von den Naturgesetzen, die gewählt wurde, um lediglich dem Sichtbaren Rechnung zu tragen, zu einer völlig anderen Metaphysik führen kann als eine andere, die zum selben Naturgesetz führt.

Kants und Humes logische Einwände gegen die Deutung der mathematischen Naturgesetze und des daraus folgenden teleologischen Gottesbeweises trafen zunächst auf taube Ohren. Hume starb 1776 und wurde in literarischen Kreisen einfach für jemand gehalten, der respektlos nach Ruhm haschte. Kants Werk erschien erst 1796 auf englisch und war sehr schwer zu lesen. Das machte es in England leicht, diese Überlegungen zu ignorieren. Aber der wahre Grund, warum englische Wissenschaftler diese philosophischen Einwände nicht ernst nahmen, ist leicht zu finden. Sie erlebten eben deswegen eine Blütezeit, weil sie sich dem Einfluß der philosophischen Auseinandersetzungen entzogen hatten und sich nicht in akademischen Streitereien über die Bedeutung der Worte ergingen, sondern sich mit der Bedeutung von Beobachtungen beschäftigten. Wenn sie sich mit diesen metaphysischen Einwänden belastet hätten, wäre das ein Schritt zurück in das Labyrinth der philosophischen Disputation gewesen, wo unsichtbare Dinge die Deutung sichtbarer Dinge beeinflußten. Mit dieser psychologischen Schranke war die Tatsache gekoppelt, daß nur noch Experimente und Beobachtungsdaten als Schiedsrichter anerkannt wurden. Die Einwände von Kant und Hume beriefen sich nicht auf Beobachtungen, während die Gottesbeweise, ob von der Art Newtons oder aus dem Bereich der Biologie, wo zahllose Beweise der «Zweckmäßigkeit» peinlich genau dokumentiert waren, von der Beobachtung durchtränkt waren. Diese empirische Basis entsprach der naturwissenschaftlichen Einstellung der Engländer sehr. Der Gedanke der Zweckmäßigkeit der Natur wurde nicht wegen philosophischer Einwände gegen seine logische Stimmigkeit, sondern erst durch die Evolutionstheorie Darwins über Bord geworfen. Darwin konnte für die vielen genauen Beobachtungen, die anscheinend für einen Plan im Aufbau der Welt der Natur sprachen, eine weitere Erklärung liefern, die selbst auf genauen Beobachtungen beruhte. Er überzeugte schließlich, weil er die Naturbeobachtungen anders erklärte, und nicht, weil er die Logik des Zweckmäßigkeitsbeweises untergrub. Die Anhänger Newtons lebten fast zwei Jahrhunderte nach Copernicus. Obwohl zweifellos der Mensch im Mittelpunkt ihrer Weltanschauung stand, stand er nicht länger im Mittelpunkt ihres Weltmodells. Die Übernahme der Denkweise Kants wäre wie ein Schritt zurück in die Zeit vor Copernicus erschienen, in der der Mensch im Brennpunkt aller Dinge stand, denn der Idealismus gibt der menschlichen Vernunft einen Platz im Brennpunkt der Welt und macht sie zu einem kosmischen Zensor.

Damals wie heute vertrauen Naturwissenschaftler am meisten jenen philosophischen Abhandlungen, die von Naturwissenschaftlern geschrieben sind. Aus diesem Grund war John Herschels *Preliminary Discourse on the Study of Natural Philosophy* in der ersten Hälfte des neunzehnten Jahrhunderts ein höchst einflußreiches Werk zur Philosophie der Naturwissenschaften. Herschel bekannte sich zur Beobachtung als dem Mittel, durch das die Naturgesetze erfahrbar werden. Der Wissenschaftler, schreibt er, beschäftigt sich mit dem, was primäre Qualitäten ursprünglich und unabänderlich der Materie eingeprägt haben und ... mit dem «Wesen der Naturgesetze» ... Diese von naivem Realismus zeugende Aussage illustriert den begrenzten Einfluß des Kantschen Denkens auf den Hauptstrom der englischen Wissenschaft des 19. Jahrhunderts. Folglich kam der heftigste Angriff gegen die unkritische Zustimmung zu einer grandiosen Sicht der Naturgesetze aus der aufkommenden positivistischen Bewegung. Sie sprach dem naturwissenschaftlichen Gesetz alle ontologische Autorität ab und nahm eine starre operationalistische Haltung an. William Jevons und Karl Pearson waren die einflußreichsten Vertreter dieser Ansicht im englischen Sprachraum; sie versuchten den Status der Naturgesetze zu schwächen, indem sie sie als Näherungen und Ausgeburten reiner geistiger Aktivität ansahen. Jevons behauptete, «daß sich angesichts einer strengen logischen Überprüfung die Herrschaft des Gesetzes als eine unbestätigte Hypothese herausstellen wird und die

Gewißheit unserer wissenschaftlichen Folgerungen zu einem großen Maße als eine Täuschung». Er sah die «Naturgesetze» als nur auf Wahrscheinlichkeit gegründete Vorschläge zur Beziehung von Ereignissen. Zudem deutete er den Zweiten Hauptsatz der Thermodynamik als einen Beweis gegen die angenommene Beständigkeit der Natur. Der Zweite Hauptsatz weise auf einen Beginn der Welt und auf eine höchst ungewöhnliche Zukunft hin, die völlig anders sein werde als die Gegenwart. Pearson war radikaler. Er sah die Naturgesetze als rein vernünftige Reaktionen auf Empfindungen in bezug auf die Welt. Allerdings waren die bedeutenden Physiker der Zeit keine Anhänger dieser subtileren Ansichten der Naturgesetze. Menschen wie Faraday, Maxwell und Kelvin waren tief religiös und stellten die Überzeugung nicht in Frage, daß die Naturgesetze wirklich und der Welt durch Gottes Willen selbst auferlegt waren.

Darwinsche Gesetze

Die natürliche Auslese ist ein Mechanismus zur Erzeugung eines außerordentlich hohen Grades an Unwahrscheinlichkeit.

R. A. Fisher

Bis zur Mitte des neunzehnten Jahrhunderts hatte man eine klare Wahl in bezug auf die Struktur der Welt. Sie war entweder ein Kosmos oder ein Chaos. Im ersten Fall mußte ihre Ordnung eine Quelle haben, der zweite dagegen ist für alles, was wir in der Natur sehen, ein Schlag ins Gesicht. Die Naturgesetze, die das Getriebe der Welt offenlegten, zeugten von ihrem inneren Wirken. Sie überzeugten damals Wissenschaftler und Kleriker, daß der Urheber dieser Naturgesetze den Inbegriff von Ordnung und Logik verkörpert. Dann aber entwickelte sich eine neue Lehre, die seither unsere Einstellung zum Ursprung der Ordnung in der Natur beeinflußt hat.

Ein ausgebürgerter amerikanischer Arzt, der am St. Thomas's Hospital in London arbeitete, hielt 1813 vor der Royal Society einen außergewöhnlichen Vortrag. Er hieß William Wells und berichtete von einer weißen Frau, deren Haut der einer Negerin ähnelte. Wells schlug vor, das Auftreten vorgefundener körperlicher Kennzeichen in Lebewesen durch den Vorgang der, wie wir heute sagen würden, «natürlichen Auslese» zu erklären. Er leitete die Hypothese von seinen Untersuchungen darüber ab, wie die menschliche Haut auf das Klima reagiert. Im Widerspruch zur vorherrschenden Meinung behauptete er, es sei nicht nötig, kunstvolle Zweckmäßigkeitsbetrachtungen heranzuziehen, um die beachtlichen Möglichkeiten zu erklären, wie sich Lebewesen an ihre Umwelt anpassen können. Wenn wir die Anpassung durch künstliche Auslese erreichen können, wie sie die Züchtung darstellt, dann könne diese Anpassung «mit gleicher Wirksamkeit, wenn auch langsamer, durch die Natur» erreicht werden. Darüber hinaus meinte Wells, daß es so etwas wie die «Gleichförmigkeit der Natur» nicht gebe. Die natürliche Welt verändere sich ständig, und der Vorgang der Anpassung könne niemals vollständig sein. Well's Arbeit wurde 1818 veröffentlicht.

Diese Ansichten waren sowohl wichtig als auch radikal. Man könnte erwarten, sie hätten allen möglichen Widerstand und öffentliche Diskussion hervorgerufen. Aber nein: Sie beeinflußten niemanden, sie wurden nirgends zitiert, weder gelobt noch getadelt. Es ist schwer zu sagen, warum das so war. Wells war ein angesehener Wissenschaftler, Mitglied der Royal Society, der 1814 die Rumford-Medaille für seine klassische Untersuchung von Tautropfen bekommen hatte. Er veröffentlichte seine Arbeit zur natürlichen Auslese nur als Anhang zu seiner Preisschrift. Es ist möglich, daß sie ebendeshalb übersehen wurde, denn der Aufsatz wurde von Wissenschaftsphilosophen weithin als ein klassisches Beispiel für die Anwendung der wissenschaftlichen Methode zitiert. Was immer auch die Gründe für die ursprüngliche Nichtbeachtung von Wells gewesen sein mögen, so wurde er schließlich in späteren Ausgaben von Darwins *Origin of Species* als Urheber des Gedankens der natürlichen Auslese anerkannt, nachdem Darwins Aufmerksamkeit 1860 durch einen unbekannten amerikanischen Wissenschaftler auf sein Werk gelenkt wurde.

Darwin und Alfred Wallace gingen bei ihrer Suche nach Bestätigungen des Verfahrens der natürlichen Auslese als Beweis für das Bestehen einer Ordnung in der organischen Welt viel weiter als Wells. Durch ihre Arbeit wurde eine neue Art der Erklärung legitim. Wenn alle möglichen Varianten in einem reproduzierenden System zufällig auftreten, überleben jene Varianten, die das System am besten zur Reproduktion führen, mit größerer Wahrscheinlichkeit als jene, die das nicht tun. Nachkommen, die gut an die Umwelt, in der sie sich befinden, angepaßt sind, werden leichter überleben als jene, die schlecht angepaßt sind. Deshalb können Zeit und Zufall zu der bemerkenswerten Anpassung des Lebewesens an seine Umwelt führen. So läßt sich die spontane Entwicklung der Ordnung ohne Rückgriff auf letzte Ursachen oder einen expliziten übernatürlichen Eingriff erklären. Diese Evolution durch «Survival of the fittest» untergrub das traditionelle Zweckmäßigkeitsdenken im Bereich der Biologie, wenn es auch nicht jene bekehrte, die sich auf den vorteilhaften Charakter der Naturgesetze selbst beriefen. Im Gegenteil trug sie eher noch zur Bestätigung dieser späteren Fassung des Beweises bei, weil die bemerkenswerten Übereinstimmungen zwischen Lebewesen und ihrem Habitat jetzt als eine Folge der Wirkung der Naturgesetze über lange Zeiten hinweg erkannt wurden und nicht als Folge von unabänderlichen Gegebenheiten, die der Welt ab initio auferlegt sind. Einige Forscher, so T. H. Huxley (1825–95), versuchten den Bereich der natürlichen Auslese zu erweitern, um auch die Naturgesetze selbst erfassen zu können, während konservative Physiker wie Lord Kelvin (1824–1907) die Evolution aus religiösen Gründen ablehnten. Sie behaupteten auch, die Zeit sei zu kurz gewesen, als daß sich menschliches Leben durch Evolution bis heute hätte entwickeln können. Andere, besonders James Clerk Maxwell (1831–79), beschränkten ihre Opposition auf die Versuche, den Begriff der natürlichen Auslese außerhalb des Reiches der Biologie anzuwenden, indem sie auf die Invarianzen der mikroskopisch kleinen Welt hinwiesen. Insbesondere betonte Maxwell die Entdeckung, daß Atome (die er «Moleküle» nannte) identisch sind und ihre Eigenschaften nicht dem Prozeß der natürlichen Auslese unterliegen. Er erkannte, daß irgendwo in der Hierarchie der Natur eine Linie zu ziehen war, unterhalb der die natürliche Auslese keine Erklärung der Ordnung liefern kann. Diese Linie mußte über der atomaren Skala liegen.

Schon im ersten Kapitel dieses Buches wird der Leser den Einfluß der Lehre von der natürlichen Auslese entdeckt haben. Wenn wir vor der Aufgabe stehen, die Existenz eines Zustands mit sehr kleiner *A-priori*-Wahrscheinlichkeit zu erklären, versuchen wir heute herauszufinden, ob dieser spezielle Zustand unabhängig von den Anfangsbedingungen nach langer Zeit immer eintritt. Zudem meint man, manche Bedingungen seien für die Existenz von Lebewesen, die diese Bedingungen beobachten, notwendig. Unabhängig davon, wie unwahrscheinlich ihr Auftreten *a priori* ist, sollten wir nicht überrascht sein, wenn wir sie heute vorfinden. A priori mag es äußerst unwahrscheinlich erscheinen, daß sich die Erde nicht an irgendeinem von all den Orten befindet, wo ein Planet in diesem ungeheuer großen Weltall sein kann, sondern ausgerechnet einen Stern wie die Sonne umläuft. Aber eine solche Nähe ist zweifellos für die Entwicklung intelligenter Lebensformen notwendig.

Die Darwinsche Sicht hat auch zur Metaphysik Bedenkenswertes beizutragen. Betrachten wir zum Beispiel die Kantsche Anschauung, daß unsere Sicht der Natur notwendig durch menschliche Kategorien bedingt wird. Der Kantianer mußte sich vor Darwin dazu bekennen, daß es ein Zufall ist, wenn alle Menschen in gleichen Kategorien denken und immer gedacht haben. Der Darwinist dagegen sieht die Kategorien des menschlichen Geistes als Ergebnis des Vorgangs der natürlichen Auslese und durch die physikalische Welt so gemacht – als Ding an sich. Diese Sicht bestätigt aufs neue den Realismus. Denn wenn wir sowohl physiologisch wie psychologisch zu dem wurden, was wir sind, weil wir auf den Anpassungsdruck der natürlichen Auslese reagiert haben, dann müssen wir in mancher Hinsicht eine physikalische Welt widerspiegeln, die es wirklich gibt, genau wie das menschliche Ohr sich in Reaktion auf Klang und das Auge auf die Existenz von Licht hin entwickelt haben. So gesehen läßt sich die Allgemeingültigkeit unserer angeborenen Denkkategorien mit der Allgemeingültigkeit der Naturgesetze in Verbindung bringen.

Anpassung ist ein Begriff, den sich Denker aller Schulen zu eigen gemacht haben. Er ließe sich auch auf das Thema dieses Kapitels anwenden. Unter all den primitiven Auffassungen über die Welt hatten zunächst jene einen selektiven Vorteil, die ihre Harmonie und Regelhaftigkeit einer Form außermenschlicher Gesetzgebung zuschrieben. Dadurch konnten die primitiven Menschen die Regelmäßigkeiten der Natur zu ihrem Wohle nutzen. Im Lauf der Jahrhunderte ist die Menschheit in ihrer Neugierde über die Natur und in ihrem Nachdenken über das Denken immer raffinierter geworden, aber immer noch findet sie, daß gewisse Gedanken einen dauerhaften Nutzen und viele Auswirkungen und Vorteile haben. Einer dieser Gedanken bleibt der

Begriff des Naturgesetzes. Er wurde immer wieder der veränderten intellektuellen Umwelt angepaßt, aber wie in der Biologie gibt es keine Garantie für ein ewiges Leben. Das zwanzigste Jahrhundert hat zu Abstraktionen, Ideen und Entdeckungen in bezug auf die Welt geführt, die sich die Akteure unserer bisherigen Geschichte nicht hätten träumen lassen. Ihre Nachfolger wurden geleitet durch den Begriff des Naturgesetzes, wie sie ihn ererbt hatten; gleichzeitig wurden sie auch dazu herausgefordert, ihn am Prüfstein der Realität auf ein irreduzierbares Minimum zu schleifen.

Ungesehene Welten

Es wird jedoch immer deutlicher, daß die Natur einen anderen Plan verfolgt. Ihre Grundgesetze beherrschen die Welt, wie wir sie wahrnehmen, keineswegs unmittelbar; sie schaffen vielmehr eine Grundlage, von der wir uns kein geistiges Bild machen können, ohne Unwesentliches hineinzubringen.
Paul Dirac

Mechanismen ohne Mechanismus

Das Verfahren aber, dessen wir uns zur Ableitung des Zukünftigen aus dem Vergangenen und damit zur Erlangung der erstrebten Voraussicht stets bedienen, ist dieses: Wir machen uns innere Scheinbilder oder Symbole der äußeren Gegenstände, und zwar machen wir sie von solcher Art, daß die denknotwendigen Folgen der Bilder stets wieder die Bilder seien von den naturnotwendigen Folgen der abgebildeten Gegenstände.
Wissenschaftliche Begriffe sind innere Bilder.
Heinrich Hertz

Galilei und Newton wählten zur Beschreibung der Naturgesetze die Sprache der Mathematik. Sie waren nicht die ersten, denen die Bedeutung dieser präzisen und universalen Sprache klar war, aber die Erfolgreichsten. Weil sie diese Form der Weltbeschreibung wählten, mußten sie jedoch bis zu einem gewissen Grade idealistisch sein. Sie mußten auswählen, was sie als das Wesentliche eines physikalischen

Phänomens darstellen wollten. So läßt sich der Zusammenstoß zwischen einem roten und einem blauen Ball durch Bewegungsgesetze beschreiben, die die Farbe außer acht lassen. Es kommt nur auf die Massen und Geschwindigkeiten der Bälle an. Zudem lassen sich die Gesetze am aufschlußreichsten formulieren, wenn sie auf ideale Objekte angewendet werden – zum Beispiel auf Körper, die sich kräftefrei bewegen.

Die mathematische Beschreibung trennt klar Fragen nach dem «Warum?» von denen nach dem «Wie?». Die Newtonsche Physik eignet sich ausgezeichnet dazu, den Endzustand eines Systems zu bestimmen, wenn der Anfangszustand vorgegeben ist. Obwohl sie oft mechanisch genannt wird, ist das eine völlig falsche Bezeichnung: Das einzige, was sie *nicht* tut, ist, einen *Mechanismus* vorzugeben, nach dem sich Veränderungen abspielen, denn dazu müßte man wissen, wie es zu Veränderungen kommt. «Es ist genug,» schreibt Newton, «daß es die Schwerkraft wirklich gibt und sie entsprechend den von uns angegebenen Gesetzen wirkt und so ausgezeichnet alle Bewegungen der Himmelskörper und unseres Meeres erklärt.» Ganz ähnlich sagt Galilei, wenn er über die Beschleunigung fallender Körper nachdenkt: «Die Ursache der Beschleunigung der Bewegung fallender Körper ist kein notwendiger Bestandteil der Untersuchung.»

Wir werden hier unsere Aufmerksamkeit vor allem auf zwei Aspekte der Newtonschen Sicht der Naturgesetze richten, nämlich seine Konzentration auf *sichtbare Naturphänomene* und die Vorstellung, daß Kräfte zwischen Teilchen, die einen räumlichen Abstand haben, *instantan* wirken. Beides sind Gedanken, die später allmählich verblassen. Welche Entwicklung dazu führte, ist Inhalt eines weiteren Kapitels der Suche nach den Naturgesetzen und den Größen, die sie regieren.

Kraftfelder

> *In Newtons System wird die physikalische Wirklichkeit durch die Begriffe Raum, Zeit, Massenpunkt und Kraft darge-stellt... in der Nachfolge Maxwells suchte man die physikalische Wirklichkeit als nicht mechanisch erklärbare Felder zu erfassen, die partiellen Differentialgleichungen genügen. Diese veränderte Auffassung der Wirklichkeit ist die tiefste und fruchtbarste, zu der man seit Newton gelangt ist.*
>
> Albert Einstein

Das Newtonsche Gravitationsgesetz war bei der Bestimmung der Gezeiten und der Mondbewegung wie auch von lokalen auf der Erde beobachtbaren Bewegungen außerordentlich erfolgreich. Alle diese Erscheinungen wurden auf die instantane Wirkung einer Kraft zurückgeführt, nach dem die Kraft proportional zum Inversen des Quadrats der Entfernung ist. Das verleitete zu der Annahme, alle Naturkräfte würden nur von der Entfernung zwischen den betroffenen Körpern abhängen und entlang der Verbindungslinie ihrer Mittelpunkte wirken. Laplace konnte dadurch viele optische und chemische Erscheinungen erklären. Newton selbst hielt an der älteren Vorstellung fest, daß alle physikalischen Kräfte durch direkte Berührung der Materie übermittelt werden, aber er fand keinen Weg, diese Überzeugung im Fall der Gravitationsanziehung zu belegen. Sicherlich hatte er nicht das Gefühl, alle Phänomene so erklären zu können, wie er die Schwerkraft durch sein Gravitationsgesetz erklärte. Im Hinblick auf den Erfolg dieses Gesetzes schrieb er im Vorwort zu den Principia (Übersetzung von Wolfers):

Möchte es gestattet sein, die übrigen Erscheinungen der Natur auf dieselbe Weise aus mathematischen Prinzipien abzuleiten! Viele Beweggründe bringen mich zu der Vermutung, daß diese Erscheinungen alle von gewissen Kräften abhängen können. Durch diese werden die Theilchen der Körper nämlich, aus noch nicht bekannten Ursachen, entweder gegen einander getrieben und hängen alsdann als regelmäßige Körper zusammen, oder sie weichen von einander zurück und fliehen sich gegenseitig.

Im Jahre 1773 bemerkte der französische Mathematiker Joseph Lagrange, daß sich Newtons Gravitationsgesetz als Einfluß eines den ganzen Raum stetig ausfüllenden Kraftfeldes beschreiben läßt. Die mathematische Größe, deren räumliche Veränderung Newtons Kraftgesetz gehorcht, wurde später, 1828, von dem englischen Mathematiker George Green Gravitationspotential genannt. Laplace gelang es, eine Differentialgleichung zu finden, die die stetige Veränderung dieses Potentials außerhalb einer Masse angibt; 1813 vervollständigte Simeon Poisson das Bild schließlich durch eine Verallgemeinerung, die das Potential an einem beliebigen Punkt innerhalb einer Materieverteilung mit vorgegebener Dichte angibt.

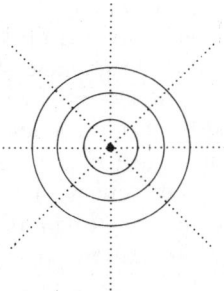

3.1 Einige Feldlinien (gepunktet) und Äquipotentiallinien (ausgezogen) des Gravitationsfelds einer Punktmasse. Die Kraftlinien und die Äquipotentiale stehen immer senkrecht aufeinander.

Die Verbindung der Punkte, an denen dieses Potential gleiche Werte hat, ergibt eine Kurvenschar – Äquipotentiallinien –, eine Umrißkarte, die angibt, wie stark das Kraftfeld auf Körper in seiner Nähe wirkt. Einige der von einer einzelnen Masse ausgeübten Äquipotentiale sind in Abbildung 3.1 dargestellt. Wir sagen «einige», weil sie bis in die Unendlichkeit hinaus stetig verteilt sind; in jedem radialen Abstand von der Masse liegt eine Linie. Theoretisch ließen sich unendlich viele zeichnen. Die Menge all dieser den Raum füllenden Feldlinien stellt eine Beschreibung des *Gravitationsfeldes* dar. Wenn ein Teilchen von der Bewegung auf einer Äquipotentialen abgelenkt wird, fühlt es in seiner neuen Lage eine senkrecht zur Äquipotentialen wirkende Kraft. Deshalb kann man sich, wie in Abbildung 3.1 angedeutet, ein stetiges Kraftfeld vorstellen. Die von der Schwerkraft in einem Punkt bewirkte Beschleunigung wirkt immer längs der durch diesen Punkt laufenden Linie, und ihre Größe ist proportional zur Dichte der Feldlinien in diesem Punkt. Die Zahl der bei einer Masse endenden Feldlinien wird proportional zur Größe der Masse gesetzt.

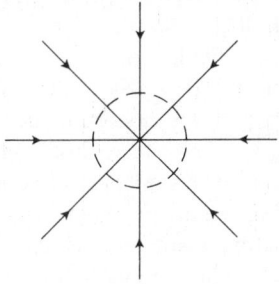

3.2 Die Feldlinien der Schwerkraft einer Kugel (gestrichelte Umrißlinie), die dieselbe Masse wie ein Punkt in der Mitte habe, sind – aus großer Entfernung – die gleichen wie die der Punktmasse. Das äußere Feld einer Kugel oder einer Kugelhülle ist dasselbe wie das eines Punktes mit der gleichen Masse in der Mitte der Kugel.

Schauen wir uns das berühmte Ergebnis näher an, um das Newton so lange rang, bevor er die *Principia* veröffentlichte: Das Gravitationsfeld außerhalb einer Kugel ist dasselbe wie das einer im Mittelpunkt der Kugel gelegenen gleichen Punktmasse, falls die Schwerkraft einem inversen Quadratgesetz genügt. Abbildung 3.2 zeigt Kraftlinien, die von einer Punktmasse ausgehen. Denken wir uns jetzt die Grenzen einer Kugel (gestrichelt) darübergelegt. Dann sehen die Kraftlinien außerhalb des gestrichelten Bereichs gleich aus, ganz unabhängig davon, ob sie als von dem Punkt oder von der Kugeloberfläche ausgehend gedacht werden. Es gibt genauso viele Kraftlinien, die

die Kugelfläche schneiden, wie solche, die den Punkt in der Kugelmitte erreichen, und deshalb stellen sie das Gravitationsfeld identischer Massen dar.

Dieses Bild vermittelt die Vorstellung einer stetigen Wirkung, die von der Masse und nicht von der Anziehung von Punktmassen herrührt. Aber ist das mehr als nur eine hilfreiche Vorstellung? Schließlich könnte die Geschwindigkeit, mit der sich die Gravitationswechselwirkung entlang der Kraftlinien ausbreitet, immer noch unendlich sein.

Diese Beispiele zeigen, wie der Begriff der Kraftlinien in das Handwerkszeug des Physikers der Neuzeit gelangte. Die Feldvorstellung ist uns heute selbstverständlich, und wir wissen, daß es in der Natur verschiedene Arten stetiger Felder gibt. Das eben gerade behandelte Schwerefeld ist ein Beispiel für ein Skalarfeld. Bei ihm verändert sich von einem Punkt zum anderen höchstens der Betrag. Weitere Beispiele für Skalarfelder sind die Meereshöhe oder die Schwankungen von Lufttemperatur oder -druck mit dem Ort oder auch die Dichte der Druckerschwärze auf dieser Seite. Aber es gibt auch Felder, die in jedem Punkt eine Richtung festlegen. Sie heißen *Vektorfelder*. So bilden zum Beispiel die jedem Ort zugeschriebene Windrichtung, die Maserung eines Holzstücks oder die Flußrichtung einer Flüssigkeit Vektorfelder. Die Wetterkarte in der Tageszeitung zeigt ein skalares Feld von Isobaren und gewöhnlich auch ein Vektorfeld von Pfeilen, die die Windrichtung angeben. Beide Felder können sich sowohl mit der Zeit als auch von Ort zu Ort ändern. Sie können einander auch in komplizierter Weise beeinflussen. Eine Veränderung des Wind-Vektorfeldes erzeugt und reflektiert Veränderungen in den Skalarfeldern der Temperatur und des Drucks in seiner Nähe.

Wenn Physiker solche Felder in der Natur vorfinden, bemühen sie sich, die sogenannten *Feldgleichungen* aufzustellen, also Gleichungen anzugeben, die beschreiben, wie sich ein Feld in Abhängigkeit von den Veränderungen der Quellen in Raum und Zeit verhält. Poissons Feldgleichung bestimmt, wie sich das Schwerefeld einer räumlichen Massenverteilung verändert. Sie ist dem Newtonschen Gravitationsgesetz vollständig äquivalent. Immer, wenn wir eine Naturkraft beschreiben, versuchen wir, die zugrundeliegende Feldgleichung (oder Gleichungen, wenn es eine kompliziertere Kraft ist) zu finden, die uns sagt, welches Kraftfeld durch eine bestimmte Kraft erzeugt wird, und auch die Bewegungsgleichungen anzugeben, die bestimmen, wie sich Teilchen bewegen, wenn sie in den Einfluß des Kraftfelds geraten. Im Fall der Newtonschen Gravitation sind die Bewegungsgleichungen einfach die drei Newtonschen Bewegungsgesetze. In der Praxis sind alle diese Gleichungen partielle Differentialgleichungen.

Elektrizität und Magnetismus

> *Faraday sah vor seinem geistigen Auge den ganzen Raum durchquerende Kraftlinien, wo die Mathematiker aus der Ferne wirkende Kraftzentren sahen. Faraday sah dort, wo sie nichts sahen außer Entfernung, ein Medium. Faraday suchte den Sitz der Erscheinung in wirklichem Geschehen, das sich in einem Medium abspielte; sie jedoch gaben sich damit zufrieden, die Kraft zu erkennen, die aus der Ferne auf den elektrischen Strom wirkt.*
>
> James Clerk Maxwell

Die Vorstellung von Kraftlinien wurde in der ersten Hälfte des neunzehnten Jahrhunderts am erfolgreichsten von Michael Faraday vertreten. Faraday (1791–1867), eine Art Volksheld, stammte aus einer armen Hufschmiedfamilie und erhielt in einer Dorfschule eine nur dürftige Schulbildung, bis er als Dreizehnjähriger als Lehrling zu einem Buchbinder geschickt wurde. Offenbar verbrachte er mehr Zeit damit, Bücher zu lesen, als sie zu binden, denn er war bald ein erstaunlicher Autodidakt. Er schreibt, er habe «den Versuch sehr gemocht und [sei] dem Gewerbe sehr abgeneigt, ... das ich als feindselig und steril empfand». Sein ganzer Ehrgeiz war darauf gerichtet, sich mit Wissenschaft zu beschäftigen. Er bildete sich also selbst und war so erfolgreich, daß er eine umfassende Sammlung von Mitschriften der Vorlesungen von Sir Humphrey Davy an der *Royal Institution* zusammenstellen konnte. Diese band er und schickte sie mit der Bitte um Anstellung an der Royal Institution an Davy. Davy berichtet, wie er sich mit einem Freund über diese Bewerbung unterhielt:

Was soll ich tun? Hier ist ein Brief von einem jungen Mann namens Faraday. Er hat meine Vorlesungen gehört und möchte, daß ich ihm eine Anstellung an der Royal Institution gebe – was soll ich tun?«

«Tun? Laß ihn Flaschen auswaschen; wenn er überhaupt etwas taugt, wird er es gleich tun, wenn nicht, wird er ablehnen.»

«Nein, nein, wir müssen ihn auf bessere Art prüfen.»

Faraday wurde 1813 für geringen Lohn Laborassistent bei Davy. Innerhalb von drei Jahren schrieb er wissenschaftliche Arbeiten, nach zehn Jahren war er Mitglied der Royal Society, und schließlich stieg er zum Direktor der Laboratorien der Royal Institution auf, wurde einer der größten Experimentalphysiker seiner Zeit und ein glänzender Vertreter der Wissenschaft in der Öffentlichkeit. Trotzdem blieb Faraday ein bescheidener und zurückhaltender Mensch, der kein Interesse an den vielen ihm angebotenen öffentlichen Ehren zeigte. Er blieb bis zu seinem Tod 1867 an der Royal Institution.

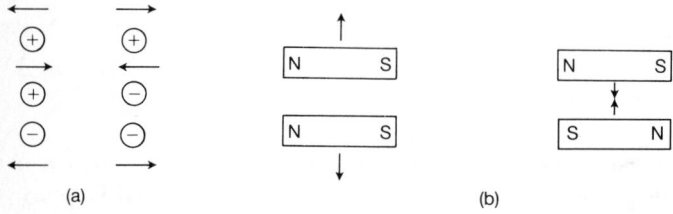

3.3 (a) Gleichnamige und ungleichnamige elektrische Ladungen stoßen einander ab bzw. ziehen einander an. (b) Analoge Abstoßung und Anziehung gleich- und ungleichnamiger Magnetpole.

Zu der Zeit, als Faraday seine Bitte um Anstellung an Sir Humphrey Davy schrieb, war schon bekannt, daß es sowohl elektrische als auch magnetische Kräfte gibt, die sehr ähnlich wirken wie die Schwerkraft. Zwei ungleiche Magnetpole oder ungleiche elektrische Ladungen ziehen einander mit einer Kraft an, die proportional ist zu dem inversen Quadrat ihres Abstands, während zwei gleiche Ladungen einander mit der gleichen Abhängigkeit von ihrem Abstand abstoßen (siehe Abbildung 3.3): Sie scheinen sich von der Schwerkraft nur insofern zu unterscheiden, als sie sowohl als positive wie als negative

Ladungen (oder «Nord- und Südpole») auftreten, während die Masse immer eine positive Gravitations«ladung» ist. Während der ersten dreißig Jahre des neunzehnten Jahrhunderts zeigte eine Reihe von Experimenten, die von André Marie Ampère, Christian Oersted, Jean Biot und Felix Savart ausgeführt wurden, daß die Kräfte durch bewegte elektrische oder magnetische Ladungen erzeugt werden. Damit ist das vom Gravitationsgesetz ausgehende Vorurteil haltlos, daß die Naturkräfte immer nur von der Entfernung zweier Körper abhängen und entlang ihrer Verbindungslinie wirken.

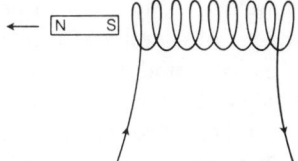

3.4 Die Bewegung eines Magneten durch eine Spule verursacht die Beschleunigung elektrischer Ladungen und induziert einen elektrischen Strom.

Ein bewegter Magnetpol kann eine elektrische Ladung beschleunigen und so einen Strom erzeugen (Abbildung 3.4). Ebenso kann eine bewegte elektrische Ladung ein Magnetfeld erzeugen. Das enthüllt einen tiefen Zusammenhang zwischen Elektrizität und Magnetismus: Es gibt magnetische Kräfte, die nicht von magnetischen Quellen herrühren, und elektrische Felder, die allein durch bewegte Magneten erzeugt werden. Diese Entdeckungen zeigten, daß das langbekannte Phänomen des Magnetismus nichts anderes ist als Elektrizität in Bewegung. Die Wirkungen der Magnete ließen sich durch geeignet angeordnete stromdurchflossene Drähte reproduzieren.

Faraday war von diesen Entdeckungen fasziniert; durch seinen engen Freund Richard Phillips wurde er zum kritischen Forscher. Phillips gab nämlich eine philosophische Zeitschrift heraus und suchte nach einem Artikel, der die Geschichte der Gedanken und Versuche in bezug auf Elektrizität und Magnetismus beschrieb, damit die neuen Entdeckungen durch Naturphilosophen beurteilt werden könnten. Er bat Michael Faraday, diesen Aufsatz zu schreiben.

Und so begann Faradays Laufbahn als Physiker.

Faraday zeigte, daß die Vorstellung von Feldern magnetischer und elektrischer Kräfte die Gleichartigkeit von Elektrizität und Magnetismus enthüllt. Abbildung 3.5 zeigt einige der magnetischen Feldlinien in der Umgebung eines Stabmagneten. Jede Feldlinie beginnt am einen Pol und endet am anderen. Wenn man auf ein Stück Papier, das auf einem Stabmagneten liegt, Eisenfeilspäne streut, ordnen sich die Späne entlang dieser Feldlinien an. Faraday beobachtete, daß sich die Feldlinien nicht ändern, wenn der Magnet um seine Achse gedreht wird. Daran sah er, daß sie keine individuellen Linien sind, die irgendwie wie winzige Saiten mit dem Magneten verbunden sind. Dann nämlich hätte sich die beobachtete Verteilung der Eisenfeilspäne verdreht und verändert. Abbildung 3.6(a) und 3.6(b) zeigen jeweils die Feldlinien außerhalb zweier gleicher und zweier ungleicher *elektrischer* Ladungen. Die Menge aller Feldlinien, die, in Abbildung 3.6 eingetragen, den ganzen Raum füllen würden, stellt das in jedem dieser Fälle erzeugte elektrische Feld dar. Das von einem Strom bewegter elektrischer Ladungen in einer Spule erzeugte Feld (Abbildung 3.7) hat das gleiche äußere Erscheinungsbild wie das von dem Stabmagneten in Abbildung 3.5 erzeugte Feld.

Diese einfachen Veranschaulichungen weisen auf einen tiefen Zusammenhang zwischen Elektrizität und Magnetismus hin, der sich dann voll offenbart, wenn ihre Quellen sich relativ zueinander bewegen; diese «symbiotische» Beziehung wird am besten durch den Feldbegriff erfaßt. Das wahre Wesen der Beziehung wurde 1865 enthüllt, als der junge Schotte James Clerk Maxwell ein System von vier Gleichungen aufstellte, in dem die symbiotische Beziehung der elektrischen und magnetischen Felder enthalten ist und das erfolgreich neue Phänomene vorhersagen kann. Unsere moderne technologische Gesellschaft beruht zu einem beträchtlichen Teil auf dem, was diese Gleichungen über das miteinander verwobene Verhalten von Elektrizität und Magnetismus besagen. Danach werden diese als verschiedene Formen einer einzigen Erscheinung, des elektromagnetischen Feldes, verstanden.

3.5 Faradays Zeichnungen von Feldlinien, die von Eisenfeilspänen um Magnetpole herum markiert wurden. Die Abbildung ist Michael Faradays Buch *Electricity entnommen.*

Ungesehene Welten 159

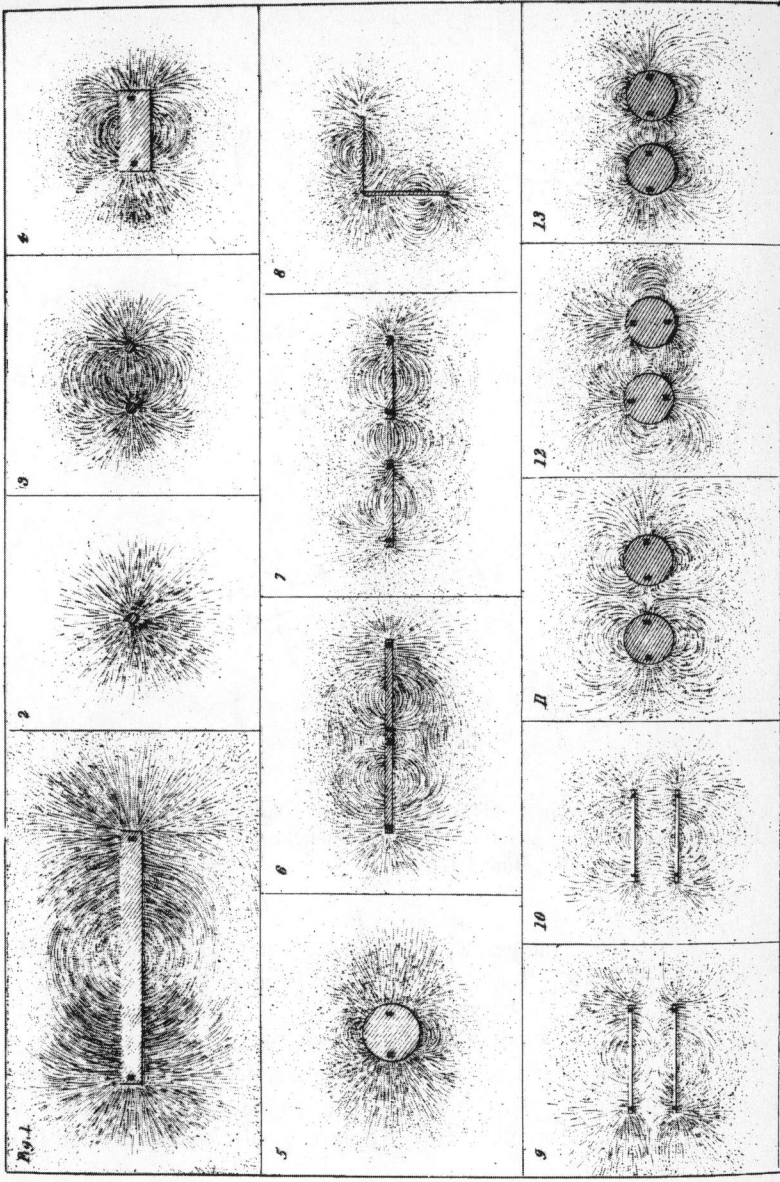

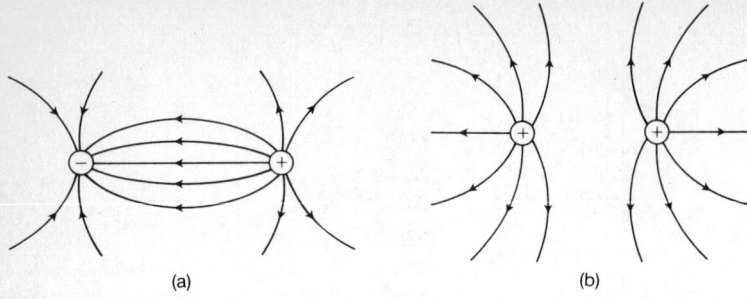

(a) (b)

3.6 Elektrische Feldlinien in der Nähe gleich- und ungleichnamiger elektrischer Ladungen.

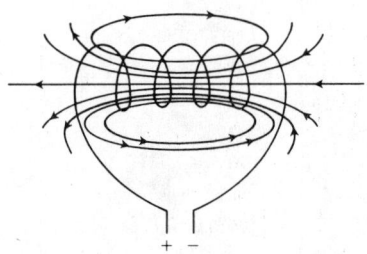

3.7 Die magnetischen Feldlinien, wie sie in einer Spule erzeugt werden, in der elektrische Ladungen fließen. Man vergleiche sie mit den Feldlinien eines Stabmagneten. (Abbildung 3.5, 1. Bild)

Faradays Forschungen widerlegten die Vorstellung, daß die Wechselwirkung von Kräften über eine Entfernung nach Newtonscher Art zu geschehen hätte. Elektrische und magnetische Kräfte hängen von der Verteilung der Feldlinien ab, und diese Linien sind überall – selbst im Inneren von Magneten. Die Kräfte lassen sich zwischen Magneten und Ladungen aufzeigen, nicht nur in ihnen. Als Faraday den Bereich zwischen zwei Magneten luftleer pumpte, hatte das keinen Einfluß auf die Feldlinien.

Maxwells Theorie der Elektrizität und des Magnetismus lieferte Gesetze für das Verhalten dieser Naturerscheinungen, die sogar noch weiterreichen als Newtons Bewegungs- und Gravitationsgesetze. Newtons Gesetze, so erkannte man jetzt, stellten eine gute Zusammenfassung alles dessen dar, was über diese Themen bekannt war. Sie zeigen die wechselseitige Beziehung zwischen den Bewegungen des Mondes und dem Phänomen der Gezeiten; sie erfassen die Gesetzmäßigkeiten der Bewegung, aber sie sagen keine fundamental neuen, noch unbekannten Eigenschaften des Weltalls vorher; die Maxwellschen Gleichungen dagegen beschreiben auf elegante Weise all die miteinander verwobenen Phänomene von Elektrizität und Magnetismus und machen auch weitreichende Vorhersagen über nie zuvor erahnte Aspekte der Welt. Einige der Maxwellschen Gleichungen haben die Form von Gleichungen, wie sie die Ausbreitung von Wellen beschreiben, und müssen in diesem Zusammenhang als Wellen im elektromagnetischen Kräftefeld verstanden werden. Man erwartete als Ausbreitungsgeschwindigkeit dieser Wellen im leeren Raum etwa 300 000 km/s, also die beim Licht gemessene Geschwindigkeit. Maxwell schloß, daß elektromagnetische Wellen eine Form von Licht sind. Man wußte auch, daß Licht das für Wellenerscheinungen typische Verhalten aufweist; folglich muß es unsichtbare Formen von Licht mit Wellenlängen geben, die sich von denen im sichtbaren Bereich des Spektrums unterscheiden. Diese aufregende Vorhersage der Maxwellschen Gleichungen wurde durch Heinrich Hertz bestätigt, der 1887 Radiowellen mit einer Wellenlänge von mehr als dem Milliardenfachen des sichtbaren Lichts entdeckte. Später wurde das gesamte Spektrum der elektromagnetischen Strahlung nachgewiesen.

Diese Entdeckungen zeigten, daß das elektromagnetische Feld nicht nur eine einfache Möglichkeit bietet, sich Fernwirkungen vorzustellen, sondern eine eigenständige Existenzberechtigung hat. Es hat vorhersagbare und meßbare Eigenschaften und teilt sich uns durch die enge Verbindung zwischen Licht und Elektromagnetismus mit.

Die Weltanschauung der Sandemanianer

In meiner Religion gibt es keine Philosophie.
Michael Faraday

Faradays bescheidener familiärer Hintergrund, der Mangel an mathematischer Ausbildung und seine überwiegend experimentelle Weise, sich der Naturwissenschaft zu nähern, stellen je für sich ungewöhnliche Bedingungen dar, gehören aber doch eng zusammen. Die Sandemanianer, zu denen Faraday und vor ihm schon zwei Generationen seiner Familie zählten, bildeten eine ungewöhnliche religiöse Gemeinschaft. Sie entstand im achtzehnten Jahrhundert als Ableger der schottischen Presbyterianischen Kirche und wurde zuerst von John Glas und dann von seinem Schwiegersohn Robert Sandeman geleitet. Sie scheute alle Institution und Zeremonie und war in bezug auf Theologie und Alltagsleben außerordentlich fundamentalistisch. Sie war sogar voller Mißtrauen gegenüber jeder Form der Bibelinterpretation durch Theologen und hielt an einem ganz buchstäblichen Verständnis des Textes mit einem Minimum an Deutung fest. Diese Gemeinschaft hatte weder Theologen noch Pfarrer; sie verließ sich darauf, daß der einzelne genau wie die ernannten Vorsteher den biblischen Text unmittelbar erschließen könnten. Seltsamerweise hatten viele ihrer Anhänger, wie ja auch der junge Faraday einmal, mit der Veröffentlichung von Büchern zu tun. Faraday war in London Kirchenältester und auch Prediger. Er nahm seinen Glauben sehr ernst; alles, was er tat und sagte, war durch ihn beeinflußt. Sein alter Freund und Kollege John Tyndall, der selbst nicht religiös war, schrieb: «Ich denke, daß ein großer Teil der Stärke und Ausdauer, die Faraday an Wochentagen zeigt, auf seinen sonntäglichen Gottesdienst zurückgeht. Er trinkt am Sonntag aus einer Quelle, die seine Seele eine Woche lang speist.»

Genau wie Faradays religiöse Ansichten zu einer einfachen und untheoretischen Sicht der Bibel neigten, verstand er auch die Welt der Natur ganz unmittelbar. Die mathematischen Physiker mit ihren verzwickten theoretischen Beschreibungen der Natur waren für ihn nichts anderes als jene raffinierten Wortdeuter, mit denen die Anhänger Sandemans nichts zu tun haben wollten. Faraday nannte seine wissenschaftlichen Forschungen ein Lesen im Buch der Natur. Sein Lesen war buchstäblich und einfach: eine Fortführung dessen, was die Sandemanianer «Schlichtheit» nannten. Für ihn war die experimentelle Untersuchung die einzige Möglichkeit, zu erfahren, was im Buch der Natur steht. Zudem glaubte er, daß seine Forschungen die natürlichen Gesetze Gottes offenbaren würden, Gesetze, die den moralischen Gesetzen entsprachen, die er «experimentell» durch das Lesen in der Bibel fand. Dieser Hintergrund beleuchtet recht gut Faradays Einstellung zu Kraftfeldern und zur mathematischen Arbeit seiner berühmten Zeitgenossen. Sein buchstäbliches Verständnis von Gottes Naturgesetzen ließ ihn die sichtbaren Kraftlinien der Magnete und Spulen als völlig real erleben. Seine Verachtung für die Mathematik verrät eher eine wirkliche Abneigung als nur einen Mangel an Ausbildung in den Methoden. Sandemanianer scheinen eine starke Abneigung gegen alle Zeichen und Symbole gehabt zu haben, weil sie als allein Gott zugehörig betrachtet wurden. Die Verwendung von Mathematik wurde als Verwandlung einer von Gott gegebenen Wirklichkeit in eine Darstellung durch den gefallenen Menschen gesehen – eine Deutung des Buches der Natur durch die «Theologen» der Naturwissenschaft. *Traduttore, traditore.*

Diese Einstellung zu Symbolen erinnert etwas an die antike Einstellung zum Schauspieler. Man erinnere sich, daß Thespis sich vom Chor absonderte, um eine Gestalt zu verkörpern, von der im Gesang erzählt wird. Dadurch erfand er den Beruf des Schauspielers, aber eine lange Zeit hindurch wurde diese Tätigkeit als Täuschung und gefährliche Ketzerei gebrandmarkt, die sich die Rolle Gottes anmaßt und verkörpert.

Das Ende der Veranschaulichung?

> *Die Maxwell'sche Theorie ist das System der Maxwell'schen Gleichungen.*
>
> Heinrich Hertz

Faraday hatte aufgrund seiner Religion einen praktischen und völlig unmathematischen Zugang zur Naturwissenschaft. Es überrascht deshalb nicht, daß er Maxwells anspruchsvolle mathematische Beschreibung der elektromagnetischen Phänomene ganz außerhalb seines Fassungsvermögens fand. Er fragte Maxwell einmal, ob er seine Schlußfolgerungen nicht genauso vollständig, klar und deutlich in der Umgangssprache darstellen könne wie durch mathematische Formeln, um so ihre Hieroglyphen verständlich zu machen.

Als Maxwell sich zuerst mit dem Elektromagnetismus beschäftigte, war er ein junger Student in Cambridge, der viel Wert auf Mathematik legte. Er berichtet, daß er gewarnt worden sei, es gäbe einen Unterschied zwischen Faradays Art, Phänomene zu sehen, und der Sichtweise der Mathematiker. Deshalb habe er sich entschlossen, vor allen mathematischen Darstellungen die Darstellung Faradays zu lesen. Es wurde Maxwell bald klar, daß sich Faradays Feldlinien in die Sprache der Mathematik übersetzen ließen. Sein natürlicher Instinkt war dem Faradays genau entgegengesetzt.

Weil Faraday keine mathematische Ausbildung hatte und er jedem Symbolismus abgeneigt war, wurden seine Gedanken von vielen seiner begabten Zeitgenossen nicht ernst genommen. Er wiederum war nicht in der Lage, die von mathematischen Physikern wie Ampère oder Maxwell erarbeiteten Theorien zu verstehen. Das erschwerte die Verbreitung seiner revolutionären Ideen. Die Vorstellung von einer Fernwirkung war eine tiefverwurzelte Überzeugung, und das hatte sehr verständliche Gründe: Sie war bei der Erklärung der Wirkung der Naturkräfte sehr erfolgreich gewesen. Früh schon hatten Philosophen wie Kant und Hume versucht, sie zu widerlegen, aber englische Naturwissenschaftler hatten ihre Einwände größtenteils ignoriert. Es ist auch wichtig zu sehen, wie mächtig das Ideal der mechanistischen Erklärung geworden war. Es war fast zur Definition dessen geworden, wie die Physik der zweiten Hälfte des neunzehnten

Jahrhunderts sich selbst sah. Folglich wurden Größen wie Kraftfelder noch unweigerlich durch mechanische Modelle beschrieben und dargestellt. Selbst ein so abstrakter Denker wie Maxwell veranschaulichte das elektromagnetische Feld ganz konkret durch eine nicht komprimierbare Flüssigkeit, die durch von den Feldlinien gebildeten Röhren strömt.

Die Hauptschwierigkeit, die sich der Annahme der Faradayschen Feldlinien entgegenstellte, scheint ästhetischer Natur gewesen zu sein – die meisten mathematisch denkenden Wissenschaftler hielten Feldlinien für eine häßliche und lästige Erfindung, die absolut nichts zum Verständnis dessen beitrug, was ein Magnet wirklich ist. Der Königliche Astronom hielt Faradays Ideen für «sinnlos». Glücklicherweise erkannten einflußreiche Menschen wie Kelvin und Maxwell, wie vielversprechend Faradays Gedanken waren. Maxwells Werk verschaffte ihnen schließlich Ansehen. Maxwell erkannte die Tragweite des Feldbegriffs sogar in einem allgemeineren Zusammenhang. In einem Brief an Faraday entwickelt er eine Vorstellung von einem Gravitationsfeld:

Die Kraftlinien der Sonne gehen von ihr aus und krümmen sich dann, wenn sie in die Nähe eines Planeten kommen, so daß jeder Planet durch eine seiner Masse proportionalen Kraft von seiner Bahn abgelenkt wird. Wenn die Kraftlinien sichtbar und ein eigenes System wären, ähnelte er also einem Kometen.

Maxwell erkannte, daß Faradays Kraftlinien gleichbedeutend sind mit einer Fernwirkung, wenn man den Begriff des Potentialfelds in der von Lagrange, Poisson und Green betrachteten Form richtig faßte. Aber Maxwell hatte seine eigenen Schwierigkeiten. Die Art, wie er Faradays physikalische Gedanken in Mathematik transformierte, schloß Abstraktionen ein, die viel fähigere Mathematiker als Faraday verwirrten. Für einige, wie Kelvin, waren Maxwells elektromagnetische Gleichungen unbefriedigend, weil sie nichts Konkretes boten, nichts, was sich veranschaulichen ließ. Sie waren einfach Zaubervorschriften, die die richtigen Antworten gaben. Aber sie taten noch mehr: Sie führten zu neuen Fragen. Ihr Erfolg war geheimnisvoll genug, um Hertz bemerken zu lassen, daß «das Gefühl unausweichlich ist, daß diese Gleichungen eine ganz eigene Existenz und Intelligenz haben, daß sie weiser sind als wir, weiser selbst als ihre Entdecker, daß wir mehr aus ihnen herausbekommen, als wir ursprünglich in sie hineinsteckten».

Maxwell hatte einen Ausdruck für Naturgesetze gefunden, dessen Auswirkungen weit über alles hinausreichten, was ihre Entdeckung ermöglicht hatte. Die Erklärung des Bekannten spielte hinfort für Naturgesetze nur eine zweitrangige Rolle.

Mathematische Modelle

> *Es gibt eine Richtung der mathematischen Physik, deren Vertreter sich gegen die Einführung von Gedanken wenden, die nichts mit Dingen zu tun haben, die wirklich beobachtet und gemessen werden können... Ich meine, daß die Einführung einer Größe, die zur Klärung der Gedanken verhelfen kann, selbst dann nicht nur legitim, sondern sogar wünschenswert ist, wenn uns zur Zeit noch die Mittel fehlen, sie mit Genauigkeit zu bestimmen. Das, was heute unmeßbar ist, könnte morgen meßbar sein.*
>
> J. J. Thomson

Descartes war der erste, der die Analogie explizit als eine Methode einführte, um einen Bereich der Natur durch Vergleich mit einem anderen aufzuhellen. Trotz des Einwandes seiner Kritiker, daß sich Analogien immer von der gespiegelten Wirklichkeit in einem (möglicherweise) entscheidenden Punkt unterscheiden, behauptete Descartes, es müsse *notwendig* Analogien zu anderen Bereichen der Naturwissenschaft geben, damit eine Erklärung annehmbar sei:

Ich behaupte, daß sie [Analogien] die dem menschlichen Verstande geeignetste Möglichkeit bieten, die Wahrheit über physikalische Fragen zu klären; sogar in einem solchen Grade, daß ich glaube, schlüssig gezeigt zu haben, daß eine Annahme über die Natur, die nicht durch eine Analogie erklärt werden kann, falsch sein muß.

Descartes folgte dieser Regel, indem er sich freizügig vergrößerter Modelle mikroskopisch kleiner physikalischer Erscheinungen bediente. Er benutzte tropfende Weinfässer, Kugeln, Bälle und Spazierstöcke zum Bau seiner Modelle der Lichtbrechung. Vielleicht sollte man seine Aussage auch als Zeugnis seines Glaubens an die Einheit der Dinge sehen. Die Notwendigkeit der Analogie reflektiert einen Glauben an die Allgemeingültigkeit gewisser Zwecke in der Maschinerie der Natur, von denen er annimmt, daß sie in unterschiedlichen Zusammenhängen auftauchen. Eine Welt, in der alles neu ist, würde zur Untersuchung eines jeden Phänomens die Erfindung einer neuen Naturwissenschaft bedingen. In ihr gäbe es keine allgemeinen Naturgesetze; alles wäre sein eigenes Gesetz. Auf einer weniger abstrakten Ebene erleichtert die Verwendung von Modellen und Analogien die Untersuchung, weil sie der Veranschaulichung dient. Unter Maxwells Anleitung machte dieses Verfahren neue und wichtige Fortschritte.

Bei seinen Erklärungen der Theorie elektromagnetischer Erscheinungen verwandte Maxwell gern Analogien und mechanische Modelle aller Art. Für einige Puristen war das ärgerlich. Sie sahen darin einen weiteren Beweis für jene lästige Vorliebe, physikalische Theorien aufzustellen, die nur *anschauliche* Begriffe enthalten. Aber Maxwell war nicht auf eine solche Rolle festgelegt. Er verwandte mechanische Modelle nicht nur zur Beschreibung oder Veranschaulichung des betrachteten physikalischen Phänomens, sondern vielmehr als Hilfe bei der Suche nach dem bestmöglichen *mathematischen Modell* für das Phänomen. Schon als Student hatte er dazu Faradays Beschreibungen benutzt. Die Fortschritte der Wissenschaft bestätigten dann eine solche opportunistische Denkweise. Kelvin entdeckte, daß sich die Wirkung eines Wärmestroms durch einen Stoff genau wie die Schwerkraft durch ein Gesetz beschreiben ließ, das das Inverse des Quadrates der Entfernung enthält. Maxwell erkannte, daß zwei Naturerscheinungen trotz beträchtlicher physikalischer Unterschiede auf ein und dieselbe Weise mathematisch beschrieben werden können und führte daraufhin etwas ein, was wir heute *mathematische Modelle* nennen. Die genaue Beschreibung der Natur in jeder vorstellbaren physikalischen Einzelheit wird zweitrangig; Vorrang erhält die Aufgabe, eine mathematische Beschreibung oder Analogie zu finden. Diese Beschreibung kann durch eine Reihe logischer oder visueller Schritte gewonnen werden, die in der Natur nicht unbedingt genaue Entsprechungen zu haben brauchen. Sie sind einfach Katalysatoren bei der Gewinnung eines endgültigen Systems überprüfbarer Gleichungen. Maxwell erläutert dieses neue Verfahren recht ausführlich:

«Um physikalische Ideen zu erhalten, ohne eine physikalische Theorie zu übernehmen, müssen wir uns mit der Existenz physikalischer Analogien vertraut machen. Mit einer physikalischen Analogie meine ich jene teilweise Ähnlichkeit der Gesetze einer Wissenschaft mit jenen einer anderen, durch die jeweils die eine die andere erklärt. So läßt sich die Mathematik auf Beziehungen zwischen physikalischen Gesetzen und Gesetzen für Zahlen gründen, und das Ziel der exakten Naturwissenschaft ist es, das Problem der Natur durch den Umgang mit Zahlen auf die Bestimmung von Größen zurückzuführen.

Diese Faszination für die mathematische Darstellung wurde durch die Interessen der Mathematiker selbst gefördert. Die Potential- und Wellentheorie entwickelte sich zu einem eigenen Gebiet der angewandten Mathematik. Ein höchst interessanter Schwerpunkt dieser Entwicklungen war der systematische Gebrauch verschiedener Koordinatensysteme bei der Aufstellung mathematischer Modelle für physikalische Erscheinungen, die partielle Differentialgleichungen enthalten.

Wir sind im täglichen Leben mit Koordinatensystemen vertraut. Wenn wir uns mit jemandem treffen wollen, müssen wir vier Koordinaten festlegen: die Zeit des Treffens und drei andere, die die Lage des Treffpunkts eindeutig in unseren drei senkrecht zueinander stehenden Raumdimensionen festlegen. Diese speziellen Ortskoordinaten heißen rechtwinklige oder nach Descartes kartesische Koordinaten. Aber sie eignen sich nicht immer. Auf der Erdoberfläche verwenden wir statt dessen die geographische Länge und Breite. Lamé war der erste, der eine systematische Theorie der in beliebigen Koordinatensystemen dargestellten physikalischen Gleichungen entwickelte. Er untersuchte die elastische Verformung von Stoffen; man versteht, wie das zum Wunsch nach einer Beschreibung der Naturgesetze führt, die anpassungsfähiger ist als jene, die üblicherweise für flache, nicht deformierte Flächen verwendet wird.

Bei einem sehr symmetrischen Körper gibt es ein natürliches Koordinatensystem, in dem er sich besonders einfach beschreiben läßt. Wenn er aber unter Druck deformiert ist, verliert er vielleicht seine Symmetrie. Die ursprüngliche Koordinatenwahl führt dann zu einer unnötig komplizierten Beschreibung. Lamé zeigte, wie sich die physikalischen Gleichungen in allgemeinen Koordinatensystemen darstellen lassen. Dieser Schritt offenbart ein unausgesprochenes Vertrauen darauf, daß sich die Gesetze der Physik in mathematischer Form schreiben lassen, die jedoch über die Form, in der die mathematische Buchführung geschieht, hinausgehen muß. Die Naturgesetze hängen nicht davon ab, in welcher Form man sie gern sehen möchte. Es sollte kein bestimmtes Koordinatensystem geben, das alle Probleme vereinfacht. Um die Folgen dieses einfachen Gedankens zu erkunden, brauchen wir die Hilfe eines jungen schweizerischen Experten am Patentamt.

Raum und Zeit verflechten sich

> *Es gibt ein Paradoxon, auf das ich schon im Alter von 16 Jahren stieß. Wenn ich einen Lichtstrahl verfolge,... sollte ich einen solchen Lichtstrahl als ein ruhendes, im Raum oszillierendes elektromagnetisches Feld sehen. So etwas scheint es jedoch nicht zu geben, weder auf Grund der Erfahrung noch nach den Maxwellschen Gleichungen.*
>
> Albert Einstein

Die von Newton skizzierte und von Maxwells raffinierterer Mathematik fixierte Vorstellung von den Naturgesetzen eröffnete die Möglichkeit, absolute, ihrem Wesen nach mathematische Regeln zu finden, die bestimmen, wie sich Körper und Felder von Ort zu Ort und von einem Augenblick zum nächsten verändern. Die Naturgesetze werden also am zweckmäßigsten in einer Weise dargestellt, die betont, wie sich Dinge *verändern*; das veranlaßte später die Philosophen dazu, in Vorhersage und Widerlegung die entscheidenden Prüfsteine dafür zu sehen, ob die behaupteten Veränderungen tatsächlich mit der Erfahrung übereinstimmen. Die Bühne, auf der sich die Naturereignisse abspielen, wurde als gegeben betrachtet. Der Newtonsche Raum war ein absolut unveränderlicher und für alle Beobachter gleicher Rahmen, auf den sich alle Bewegung bezog. Entsprechend sah man die Zeit als universalen linearen Strom, der für jeden in der ganzen Welt mit derselben Geschwindigkeit und auf dieselbe Art und Weise floß. Raum und Zeit waren undefinierte Größen und trotzdem jedem wohlbekannt und offenbar, jedem außer möglicherweise Albert Einstein, dessen Entwicklung der Speziellen und Allgemeinen Relativitätstheorie unser Weltbild radikal verändern sollte. Die wesentlichen neuen Teile seiner Theorien und ihre experimentelle Bestätigung enthalten eine Reihe revolutionärer Lektionen über die Naturgesetze:

1. In den Naturgesetzen kommen nur Relativbewegungen vor.
2. Es gibt weder einen absoluten Raum noch eine absolute Zeit. Raum und Zeit sind für relativ zueinander bewegte Beobachter verschieden.
3. Es gibt eine Höchstgeschwindigkeit für die Übermittlung von Signalen.
4. Masse und Energie sind äquivalent.
5. Das Vorhandensein von Masse und Energie in Raum und Zeit bestimmt die Geometrie des Raums und die Geschwindigkeit des Verlaufs der Zeit.
6. Die Schwerkraft ist keine Fernkraft.

Diese Wandlungen der Sicht der Naturgesetze waren nicht in dem Sinne revolutionär, daß sie das, was Newton gefunden hatte, völlig über den Haufen warfen. Vielmehr beschreiben sie das Geschehen in der Welt unter viel weiterreichenden Bedingungen als Newtons Gesetze. Wenn die Geschwindigkeiten der betrachteten Bewegungen sehr klein sind im Verhältnis zur Lichtgeschwindigkeit und das Schwerefeld wie im Alltagsleben eher schwach, lassen sich die Einsteinschen Gesetze für Bewegung und Schwerkraft von denen Newtons nicht mehr unterscheiden. Was sie jedoch für den Fall vorhersagen, daß wir die allerhöchsten Geschwindigkeiten untersuchen, war bizarr und völlig unerwartet.

Gelegentlich macht man in einem stehenden Zug eine seltsame Erfahrung. Der Zug scheint aus dem Bahnsteig herauszufahren, aber plötzlich wird klar, daß es nur die Bewegung eines anderen Zugs in die Gegenrichtung war, die uns für einen Augenblick unsere eigene Bewegung vortäuschte. Wie läßt sich entscheiden, wer sich wirklich bewegt? Gewöhnlich bemerken wir, daß unser Wagen nicht ruckelt oder daß wir uns relativ zu etwas anderem nicht bewegen – etwa relativ zum Bahnsteig oder zur Aussicht auf der anderen Seite. Was jedoch, wenn unser Zug vollkommen gefedert ist und nichts anderes zu sehen ist als der andere Zug? Könnten wir dann herausfinden, wer sich bewegt und wer nicht? Einstein wußte wie Descartes, Galilei und

Newton vor ihm, daß ein Passagier dann, wenn die Züge mit gleichbleibender, nicht beschleunigter Geschwindigkeit relativ zueinander fahren, nicht bestimmen kann, welcher Zug sich bewegt und welcher nicht. Es gibt kein mechanisches Experiment, das sich im Zug durchführen läßt, um die absolute Geschwindigkeit der Passagiere mit einem universalen Metermaß zu bestimmen. Sie können immer höchstens ihre *Relativgeschwindigkeit* gegenüber dem anderen Zug oder der Erde bestimmen. Sie können nicht wissen, ob die Erde sich mit einer anderen konstanten Geschwindigkeit relativ zur Sonne oder zu entfernten Sternen bewegt. Diese Information ist nicht etwa irgendwie verborgen oder schwierig zu bestimmen, weil die wissenschaftlichen Instrumente nicht genau genug sind. Sie ist unerreichbar, weil es sie nicht gibt. Die Züge haben keine «Absolut»geschwindigkeit, weil es keinen absoluten Längen- und Zeitmaßstab gibt. Diese naive Relativität hatte schon Galilei voll verstanden, der sie durch eine ihm vertraute Erfahrung beschrieb: Man schließe sich unter Deck in eine Schiffskabine ein und schreibe mit einer Feder auf Papier oder beobachte einen Fisch in einem Aquarium auf dem Schreibtisch. Dann läßt sich nicht durch Beobachtung herausfinden, ob das Schiff stillsteht oder sich mit konstanter Geschwindigkeit bewegt. Nur wenn sich die Geschwindigkeit *verändert,* fließt die Tinte anders, schwimmt der Fisch in eine bevorzugte Richtung.

Einstein wollte mit diesen Überlegungen über seine berühmten Vorgänger hinausgehen und sicherstellen, daß man auch mit Maxwells Gesetzen des Elektromagnetismus den Unterschied zwischen einem ruhenden und einem mit konstanter Geschwindigkeit bewegten System nicht herausfinden kann. Wie muß die Natur beschaffen sein, damit Galileis «Relativitätsprinzip» für alle Naturgesetze gilt und nicht nur für die der Mechanik?

Wenn wir zwei Gruppen von Wissenschaftlern jeweils in abgeschlossene Laboratorien setzen, dann entdecken sie, wenn sich diese relativ zueinander mit konstanter Geschwindigkeit bewegen, so behauptet Einstein, in ihren jeweiligen Laboratorien dieselben physikalischen Gesetze. Sie erhalten für die gemessenen Größen vielleicht verschiedene Werte, aber die Gesetze und die Beziehungen zwischen den Größen stellen sich als dieselben heraus. Das scheint eine ganz andere Situation zu sein als die der Zugreisenden, beschreibt aber dasselbe. Die beiden Forschergruppen können auf keine Art herausfinden, ob sich ihr Labor bewegt und das andere ruht und umgekehrt, weil dieser Unterschied für keines dieser Naturgesetze wesentlich ist. Dieses «Gedankenexperiment» läßt sich umformulieren, so daß es etwas Tiefliegendes über das Naturgesetz aussagt, das gewöhnlich Einsteins *Spezielles Relativitätsprinzip* genannt wird (obwohl es etwas über invariante Dinge aussagt):

Die physikalischen Gesetze sind für alle gleichförmig gegeneinander bewegten Beobachter gleich.

Diese Annahme ist nur wenig allgemeiner als das, was früher für wahr gehalten wurde (auch wenn sie nicht in entsprechender Form explizit gemacht wurde). Durch die Ersetzung des Wortes «Mechanik» durch «Physik» schließt sie die Gesetze für Elektrizität und Magnetismus ein.

Damit haben wir einen weiteren interessanten Fortschritt im Nachdenken über die Naturgesetze nachvollzogen. Hier wird zum ersten Mal der Wunsch deutlich, die Naturgesetze unabhängig von unserer eigenen Rolle als Beobachter zu beschreiben. Wenn es den Wissenschaftlern in ihren abgeschlossenen Labors gelungen wäre, mit Hilfe der Naturgesetze ihre absolute, und nicht nur ihre relative Bewegung zu bestimmen, hätten sich in den verschiedenen Labors verschiedene Gesetze ergeben. Sie wären dann subjektiv und vom Bewegungszustand ihrer Beobachter abhängig, also nicht im vollsten Sinn allgemeingültig.

Damit das Relativitätsprinzip gilt, muß die Natur auf unerwartete Weise eingeschränkt sein, und doch gewinnt sie dadurch eine Reihe neuartiger Freiheiten. Maxwells Gesetze des Elektromagnetismus erfüllen dieses Prinzip von selbst, Newtons Bewegungsgesetze jedoch nur so lange, wie die von den beiden Forschergruppen benutzten Experimente keine Lichtwellen oder elektromagnetischen Felder betreffen. Einsteins Spezielle Relativitätstheorie revidierte die Newtonsche Theorie und stellte den Zusammenhang zwischen den Maxwellschen Gleichungen und dem Relativitätsprinzip her. Sie stellt die Vollendung der «klassischen» Physik dar.

Die Spezielle Relativitätstheorie fordert außer dem Relativitätsprinzip eine weitere Invarianzannahme:

Die Lichtgeschwindigkeit im Vakuum erweist sich für irgend zwei gleichförmig gegeneinander bewegte Beobachter als gleich.

Eine der Folgen dieser Bedingung ist, daß die Lichtgeschwindigkeit im Vakuum unabhängig von der Geschwindigkeit ihrer Quelle ist. Ganz gleich, wie schnell sich ein Beobachter bewegt, er erhält für die Lichtgeschwindigkeit im Vakuum immer denselben Wert. Sie ist eine Naturkonstante. Dieses Prinzip löst das Problem des 16jährigen Einstein im Motto dieses Abschnitts.

Die Newtonsche Mechanik behauptet, daß für die Geschwindigkeit einer Kugel, die mit einer Geschwindigkeit u von einem sich relativ zur Erde mit einer Geschwindigkeit v bewegenden Gefährt abgeschossen wird, gilt:

Relativgeschwindigkeit $= u + v$. (3.1)

Aus Einsteins zwei Prinzipien ergibt sich jedoch die Antwort

Relativgeschwindigkeit $= (u + v)/(1 + uv/c^2)$ (3.2)

wobei c die Lichtgeschwindigkeit ist. Aus Newtons Gesetz würde also folgen, daß verschiedene Beobachter verschiedene Lichtgeschwindigkeiten messen. Wenn wir von einem Gefährt, das sich mit der Geschwindigkeit v bewegt, Laserlicht abfeuern, dessen Geschwindigkeit u gleich der Geschwindigkeit c von Licht im Vakuum ist, ergibt sich die relativ zur Erde gemessene Geschwindigkeit des Laserlichts aus den Newtonschen Gleichungen als $c + v$, und das ist nicht gleich c. Das Newtonsche Ergebnis entspricht nicht der Beobachtung und widerspricht damit Maxwells Gesetzen des Elektromagnetismus. Dieses Problem hatte dem jungen Einstein Sorgen gemacht. Denn wenn er auf einem Lichtstrahl säße, könnte ihn nach Newtons Bild der Bewegung ein anderer Lichtstrahl niemals überholen, er könnte also kein Licht sehen. Das fand er absurd.

Das Einsteinsche Gesetz (3.2) hat die Eigenschaft, daß für $u = c$ die Relativgeschwindigkeit ganz unabhängig von dem Wert von v, nämlich immer gleich c, ist. Tatsächlich ist das Gesetz (3.2) anders als (3.1) mit der Existenz einer kosmischen Geschwindigkeitsbegrenzung verträglich. Wenn weder u noch v größer sind als c, kann die

Relativgeschwindigkeit (3.2) niemals größer sein als c. Wenn wir es natürlich mit Geschwindigkeiten u und v zu tun haben, die viel kleiner sind als die des Lichts, dann ist der Term uv/c^2 im Nenner von (3.2) sehr viel kleiner als 1, und das Gesetz (3.2) stimmt näherungsweise mit Newtons Gesetz (3.1) überein. Entsprechend können wir nur dann die besonderen Wirkungen des Gesetzes (3.2) beobachten, wenn wir mit Geschwindigkeiten umgehen, die der des Lichts nahe kommen.

Die Invarianz der Lichtgeschwindigkeit kann für Beobachter, die sich relativ zueinander mit verschiedenen Geschwindigkeiten bewegen, nur dann erhalten bleiben, wenn die Maßstäbe für Raum und Zeit, mittels derer sie die Geschwindigkeiten bestimmen, nicht dieselben sind. Wenn wir die Länge eines Stabs als L messen, während er relativ zu uns ruht, erhalten wir für seine Länge einen anderen Wert, als wenn er sich auch relativ zu uns bewegt. Wenn er sich von uns aus gesehen mit konstanter Geschwindigkeit v bewegt, erhalten wir für seine Länge L^* den Wert

$$L^* = L(1 - v^2/c^2)^{1/2}. \tag{3.3}$$

Da v zwischen 0 und c liegt, sehen wir, das L^* immer kleiner ist als L. Der relativ zu uns bewegte Stab stellt sich also als kürzer heraus als der nicht relativ zu uns bewegte. Je mehr sich die Relativgeschwindigkeit des Stabs zum Beobachter der Lichtgeschwindigkeit nähert, um so kleiner wird die beobachtete Länge. Dieses Phänomen bezeichnet man als *Längenkontraktion*. Es bedeutet, daß es keinen absoluten Längenbegriff gibt, der unabhängig ist vom Beobachter.

Nehmen wir an, wir hätten zwei gleiche Stäbe, deren Längen genau gleich sind, wenn wir einen auf den anderen legen, sie also relativ zueinander nicht in Bewegung sind. Jetzt versetzen wir diese Stäbe relativ zueinander in hohe Geschwindigkeit. Wenn wir auf dem ersten Stab sitzen, bewegt sich der zweite Stab relativ zu uns, und wenn wir seine Länge messen, während er an uns vorbeifliegt, ist er kürzer als der erste Stab. Wenn aber ein anderer Beobachter auf dem zweiten Stab sitzt, sieht er, wie sich der erste Stab relativ zu ihm bewegt; er findet den ersten Stab kürzer als den zweiten. Welcher Stab ist nun wirklich kürzer? Es gibt keine Antwort auf diese Frage, die sich nicht auf die Bewegung des Messenden relativ zum jeweiligen Stab bezieht.

Der Längenbegriff hat keine absolute Bedeutung. Wir sprechen am besten von der Länge, die ein Beobachter messen würde, der sich nicht relativ zum Stab bewegt. Dieser Begriff ist eindeutig und wird als Ruhelänge bezeichnet. Es ist die größte Länge, die sich an dem Stab messen läßt.

Diese Relativität wirkt sich in ähnlicher Weise auf die Zeitmessung aus. Wenn wir ein Zeitintervall, das eine Uhr, die wir mit uns tragen, als T anzeigt, mit einer anderen Uhr messen, zu der wir uns relativ mit der Geschwindigkeit v bewegen, und dafür T^* ablesen, ist

$$T^* = T/(1 - v^2/c^2)^{1/2}. \tag{3.4}$$

T^* ist also größer als T: Bewegte Uhren gehen nach. Diese Auswirkung der Relativität nennt man *Zeitdilatation*. Wieder also gibt es keinen absoluten Zeitmaßstab. Die Länge meines Lebens hängt davon ab, wie schnell ich mich relativ zu den Menschen bewege, die über solche Begriffe reden wollen. Was für einen Beobachter ein Tag ist, wird von einem anderen, der sich relativ zu ihm schnell genug bewegt, als tausend Jahre gemessen. Nur die Zeit, die eine Uhr mißt, die sich relativ zum Beobachter nicht bewegt, ist eindeutig: Man bezeichnet sie als die *Eigenzeit*.

Diese Vorstellungen von Raum und Zeit sind seltsam, und sie werden doch täglich überall in der Welt in physikalischen Experimenten bestätigt. Die einfachste Bestätigung ergibt sich aus unserer Beobachtung von Myonen auf der Erdoberfläche. Diese Elementarteilchen werden beim Eindringen kosmischer Strahlung in die Erdatmosphäre erzeugt. Wenn das einfache Newtonsche Bild von Raum und Zeit zuträfe, könnten wir die so entstandenen Myonen hier auf der Erdoberfläche niemals nachweisen, denn Myonen sind instabile Teilchen, die im Mittel nach nur zwei Mikrosekunden zerfallen. Da sie fast 6000 Meter über der Erdoberfläche entstehen, würden sie selbst dann nicht lange genug leben, um die Erde zu erreichen, wenn sie sich mit Lichtgeschwindigkeit bewegten, weil sie in ihrem flüchtigen Leben nur einen Bruchteil der 6000 Meter zurücklegen können. Die Tatsache, daß wir ihre Ankunft auf der Erdoberfläche beobachten, läßt sich durch die Spezielle Relativitätstheorie erklären. Für einen auf einem einfallenden Myon sitzenden Beobachter bewegt sich die Erde mit großer Geschwindigkeit auf ihn zu (die Reisegeschwindigkeit der Myonen beträgt $v = 0,999 c$), und deshalb reduziert sich die Entfernung zwischen dem Myon und der Erde (nach Gleichung (3.3)) für das Myon auf etwa 268 m. Diese Entfernung kann das Myon leicht zurücklegen, bevor es zerfällt, und deshalb werden auf der Erdoberfläche kosmische Myonen beobachtet. Man kann diese Erscheinung auch aus der Sicht eines Beobachters auf der Erde sehen. Das ergibt die äquivalente Beschreibung: Für den irdischen Beobachter nähert sich das Myon mit großer Geschwindigkeit. Es hat deshalb eine längere Lebensdauer, als wenn es relativ zu ihm in Ruhe wäre. Die (durch Gleichung (3.4) gegebene) größere Lebensdauer läßt dem Myon nach der Uhr des Beobachters auf der Erde genügend Zeit, vor seinem Zerfall die Erdoberfläche zu erreichen.

Diese der Intuition widerstrebenden Aspekte des relativistischen Raum- und Zeitbegriffs sind keineswegs optische Täuschungen. Die Formveränderungen entstehen also nicht etwa so, wie ein Körper eine andere Form zu haben scheint, wenn er unter einem anderen Winkel gesehen wird. Die schnelle Bewegung zerbricht keine Uhren und verbiegt keine Maßstäbe. Davon kann nur in bezug auf Standardmaße die Rede sein. Myonen erreichen die Erde wirklich. Sie täten das nicht, wenn Raum und Zeit absolute Newtonsche Begriffe wären.

Man könnte sich fragen, ob es möglich wäre, daß ich ein Ereignis A beobachte, das die Ursache von einem Ereignis B ist, während ein anderer Beobachter sich relativ zu mir so schnell bewegt, daß er das Ereignis B früher sieht als A. Dies ist zum Glück durch die Regeln (3.3) und (3.4) ausgeschlossen: Die Anordnung der sich beeinflussenden Ereignisse ist für alle Beobachter gleich. Die Reihenfolge von Ursache und Wirkung bleibt erhalten. Der Begriff der Gleichzeitigkeit jedoch ist nicht universal. Wenn ich beobachte, daß zwei Ereignisse gleichzeitig sind, dann beobachtet ein relativ zu mir mit konstanter Geschwindigkeit bewegter Beobachter diese beiden Ereignisse nicht gleichzeitig.

Diese Relativität des Begriffs der Gleichzeitigkeit gab den in Kapitel 1 behandelten operationalistischen und instrumentalistischen Philosophen Auftrieb. Experimentalphysiker wie Percy Bridgeman erkannten, daß die von Einsteins Spezieller Relativitätstheorie behaupteten, der Intuition widersprechenden Eigenschaften von Raum und Zeit den Glauben an die alltäglichen Begriffe untergraben. Ein so «offensichtlicher» Begriff wie Gleichzeitigkeit hat also keine absolute Bedeutung, weil er von der Bewegung des Beobachters abhängt. Wie kann man dann sicher sein, daß andere vertraute wissenschaftliche Begriffe nicht ebenso vieldeutig oder bedeutungslos sind? Aus diesem Grund betonten Einstein und Bridgeman die Notwendigkeit, daß Konzepte eindeutig durch ein festgelegtes Verfahren meßbar sein müssen, bevor sie als sinnvoll akzeptiert werden.

Durch die Entwicklung der Speziellen Relativitätstheorie erfahren wir eine Reihe neuer grundsätzlicher Wesenszüge der Naturgesetze und gewinnen zugleich eine neue Theorie der Bewegung. Wir sehen, daß experimentell belegte Gesetze wie die Newtons sich als nur näherungsweise richtig herausstellen, weil die Experimente und Beobachtungen, auf denen sie beruhen, nur einen kleinen Bereich von Bedingungen erfüllen. In diesem Fall stellt sich die Newtonsche Mechanik als Näherung der Speziellen Relativitätstheorie bei kleinen Geschwindigkeiten heraus. Wir haben auch die Vorstellung eines vom Beobachter unabhängigen allgemeingültigen Raum- und Zeitbegriffs verloren. Vielmehr bestimmt jeder Beobachter das Wesen dieser Größen relativ zu jenen, die andere relativ zu ihm bewegte Beobachter messen. Das Prinzip der Speziellen Relativität deutet auch darauf hin, daß die Naturgesetze als Einschränkung dessen gesehen werden können, was möglich ist, und nicht als direkte Aussagen über die Wirkungen gewisser Ursachen. Die Spezielle Relativitätstheorie macht Aussagen über *Invarianzen* der Natur. Ihre Prinzipien sind Gesetze über Gesetze.

Die gekrümmte Raumzeit

> *Das Fest ist jetzt zu Ende; unsre Spieler,*
> *Wie ich Euch sagte, waren Geister, und*
> *Sind aufgelöst in Luft, in dünne Luft.*
> *Wie dieses Scheines lockrer Bau, so werden*
> *Die wolkenhohen Türme, die Paläste,*
> *Die hehren Tempel, selbst der große Ball,*
> *Ja, was daran nur Teil hat, untergehn*
> *Und, wie dies leere Schaugepräng' erblaßt,*
> *Spurlos verschwinden. Wir sind solcher Zeug*
> *Wie der zu Träumen, und dies kleine Leben*
> *Umfaßt ein Schlaf.*
>
> Shakespeare

Obwohl die Spezielle Relativitätstheorie den absoluten Charakter von Raum und Zeit aufhebt und ihn durch die Invarianz der Lichtgeschwindigkeit und der Naturgesetze für alle relativ zueinander gleichförmig bewegten Beobachter ersetzt, bedingt sie doch keine radikale Veränderung unseres Bildes von Raum und Zeit. Aber das Bild, das sie bietet, ist unvollständig. Eine kosmische Geschwindigkeitsgrenze für die Übermittlung eines Signals läßt sich nicht mit dem Newtonschen Gravitationsgesetz in Einklang bringen. Eine neue Beschreibung der Schwerkraft muß irgendwie die Invarianzen der Speziellen Relativitätstheorie mit dem bei der Beschreibung der Dynamik des Sonnensystems so überaus erfolgreichen einfachen Newtonschen Gesetz verbinden. Einstein gelang diese Synthese 1915, zehn Jahre nach seiner Arbeit zur Speziellen Relativitätstheorie. Diese neue Gravitationstheorie heißt *Allgemeine Relativitätstheorie*. Sie enthält viele völlig neue Bestandteile, die sie von allen anderen Naturgesetzen unterscheiden. Anders als die Spezielle Relativitätstheorie läßt sie sich nicht als eine notwendige logische Erweiterung früherer Gedanken sehen.

Denken wir zurück an unsere hermetisch abgeschlossenen Labors, in denen Forschergruppen Experimente zur Bestimmung der Naturgesetze durchführen. Einstein erkannte, daß die Insassen dann, wenn eines dieser Labors unter dem Einfluß der Schwerkraft frei fällt, während das andere geeignet beschleunigt wird, nicht bestimmen können, ob sie im Inneren des beschleunigten oder des freifallenden Labors sind, solange die Laboratorien nur klein genug sind. In einem hinreichend kleinen Bereich ist es nämlich immer möglich, die Wirkung der Schwerkraft dadurch zu kompensieren, daß in die entgegengesetzte Richtung eine geeignete Beschleunigung ausgeübt wird. Da die Stärke des Schwerefelds sich jedoch von Ort zu Ort verändern kann, könnte dazu an jedem Ort eine andere Beschleunigung nötig sein. Es gibt keine Möglichkeit, das Schwerefeld überall mit derselben Gegenbeschleunigung aufzuheben; ein Feld von Beschleunigungen jedoch könnte die Wirkung der Schwerkraft überall neutralisieren. Dann wäre eine Beschreibung der Gravitation möglich, die die Schwerkraft nicht explizit enthält.

Newton hatte sich die Schwerkraft als eine Kraft vorgestellt, die zwischen verschiedenen Massen wirkt, die alle einem einzigen absoluten raum-zeitlichen Bezugssystem angehören; Einstein dagegen wollte die Newtonsche Auffassung vom Raum als einem Rahmen aufgeben, in dem Körper geheimnisvolle weitreichende Einflüsse, die sogenannte «Schwerkraft», fühlen oder in dem es absolut festliegende Feldlinien gibt. Statt dessen wollte er viele lokal beschleunigte raumzeitliche Bezugssysteme einführen, die gar keine Kräfte spüren können, weil ihre Schwerkraft durch ihre jeweiligen lokalen Beschleunigungen aufgehoben werden. Das Gravitationsgesetz würde dann zu zeigen haben, wie alle diese verschiedenen beschleunigten Bewegungen, die die Wirkung der Schwerkraft lokal aufheben, miteinander verwoben werden können, um Raum und Zeit im großen zu schaffen. Das klingt auf den ersten Blick ziemlich merkwürdig. Schließlich macht es einen Unterschied, ob man neben einer großen Masse sitzt oder neben gar keiner Masse. Im ersten Fall fühlt man eine Gravitationsanziehung, im zweiten nicht. Um alle solchen Erfahrungen mit der Vorstellung von einer Schwerkraft und ihrer besonderen momentanen Fernwirkung zu vereinbaren, mußte Einstein auf das übliche Bild von Raum und Zeit verzichten.

Herkömmlich wurde der Raum als eine Art kosmischer Billardtisch gesehen, auf dem sich die Bewegungen der Materie abspielen. Die Zeit war das stetig laufende Maß der linearen Folge dieser Bewegungen. Wenn sie diese Rolle spielen, sind Raum und Zeit unabhängig von den Ereignissen, die in ihnen ablaufen. Die Naturgesetze bestimmen dann, welche Dinge «in» der Zeit «auf» dem festen Billardtisch des Raumes geschehen. Einstein suchte nach einer Beschreibung, in der das Vorhandensein von Materie in Raum und Zeit notwendig die Geometrie und den zeitlichen Fluß bestimmen würde.

William Clifford, ein englischer Mathematiker, hatte 1879 einen spekulativen und weitsichtigen, aber wenig beachteten Vorschlag gemacht. Er meinte, der Raum ähnele mehr der Oberfläche einer Landschaft als der Spielfläche eines Billardtisches. Er könne kleine Hügel und Täler haben und also nur im Mittel flach sein. Weiterhin meinte er, diese hügelige Fläche müsse nicht statisch sein, sondern könne sich wie das Kräuseln der Wellen auf dem Meer immerzu bewegen. Das, was wir Bewegung nennen, sei eigentlich diese Wellenbewegung der Form des Raumes. Der stetige Bewegungsfluß des Raumes könne seiner Meinung nach genau wie die Bewegung einer Flüssigkeit als Stetigkeitsgesetz bestimmt sein. Anscheinend hat keiner von Cliffords Zeitgenossen mit dieser seltsamen Sicht etwas anzufangen gewußt. Maxwell war durch seinen Freund Tait auf Cliffords Gedanken aufmerksam gemacht worden. Auf einer Postkarte lehnt Maxwell Cliffords auf die nicht-euklidische Geometrie Riemanns gegründete Raumauffassung ab; sie stehe im Widerspruch zu seiner Vorstellung vom absoluten Raum als einer Gegebenheit, in der Koordinaten die in ihm definierten Felder bezeichnen. Er sah die Feldlinien nicht wie Einstein als die Linien, die die Geometrie des Raumes definieren. Er schreibt in dieser eiligen Notiz an den Physiker Tait:

Das Ziel der Raum-Knüller ist, ihre Krümmung überall gleichförmig zu machen, also im ganzen Raum, ob das Ganze nun mehr oder weniger als ∞ ist. Die Richtung der Krümmung hat zu keinem der $x\,y\,z$ mehr Beziehung als zu einem anderen oder zu $-x\,-y\,-z$, so daß wir, soweit ich es verstehe, wieder einmal auf einem Meer sind, ohne Weg, Sterne, Wind und Pole.

Einstein gelang es, einen Gedanken dieser Art in mathematischem Detail auszuführen und damit seine neue Gravitationstheorie zu schaffen. Es brauche keine geheimnisvollen Schwerkräfte, um die Massen im flachen Raum zusammenzuziehen, sondern, so meinte er, das Vorhandensein von Masse oder anderen Energieformen im Raum könne seine Geometrie verzerren; die Platte des Billardtisches würde gleichsam durch eine Gummimembran ersetzt. An Stellen, wo sich große Massen befinden, entstehen im Raum tiefe Mulden, während der Raum dort, wo keine Massen sind, bis auf kleine Ausläufer von Dellen anderswo auf der Membran fast völlig flach ist. Auch auf den Verlauf der Zeit muß sich das Vorhandensein von Massen auswirken, denn in der Nähe von Massen laufen Uhren langsamer.

Newtons erstes Bewegungsgesetz betrifft Körper, die sich kräftefrei auf Geraden bewegen. Aber solche Körper gibt es nicht: Alle Körper sollten die Schwerkraft anderer Körper fühlen, deshalb wäre es natürlicher, statt der kräftefreien Bewegung die unter dem Einfluß der Schwerkraft ablaufende Bewegung als Bezugsgröße zu nehmen. Wenn die Gravitationswirkungen der Massen durch die Geometrie des dadurch geschaffenen gekrümmten Raumes erklärt werden, dann ist die Bewegung, die sich in jener Geometrie abspielt, wenn keine anderen Kräfte wirken, analog zu einer Geraden auf einer gekrümmten Fläche. Diese «Gerade» ist einfach die kürzeste Verbindung zwischen zwei Punkten einer Fläche. Wir wissen, daß wir dann, wenn der Reiseweg auf einer gekrümmten Fläche möglichst kurz sein soll, besser nicht auf einer Geraden reisen. Wenn wir zum Beispiel von London nach San Francisco fliegen wollen, verläuft der schnellste Reiseweg auf der gekrümmten Erdoberfläche entlang des Bogens eines «Großkreises», der nahe am Nordpol vorbei- und die Westküste Nordamerikas hinunterführt. Diese kürzesten Wege auf gekrümmten Flächen heißen *Geodätische*.

Ein Körper, auf den keine Kräfte wirken, bewegt sich auf der Gummimembran der Raumzeit auf einer Geodätischen. Wenn es in dieser Raumzeit keine Massen gibt, ist die Membran flach, und die Geodätische, auf der sich der Körper bewegt, ist eine Gerade. Eine große Masse hinterläßt jedoch in der Geometrie der Raumzeit eine tiefe Einbuchtung. An diesem Trog vorbei läuft ein Körper in dieser gekrümmten Raumzeit so auf seiner Geodätischen, wie ein von seiner Quelle zum Meer fließender Bergbach seiner Geodätischen folgt. Ein solcher Raumtrog bewirkt, daß sich der Körper der Masse nähert; dabei folgt er der Geodätischen nur *lokal* und nicht, weil von der Masse eine fernwirkende Kraft ausgeht. Jetzt gibt es also im alten Sinn keine Fernkräfte mehr, sondern nur eine Verzerrung der Raum-Zeit-Geometrie. Statt fernwirkender Schwerkräfte haben wir es mit

Körpern zu tun, die ihre Marschbefehle von der lokalen Topographie der Raumzeit erhalten; sie wiederum ist durch die Massen in ihr bestimmt. Genau wie die Windungen und Kehren eines Bergbachs durch das *lokale* Gefälle seines Flußbetts bestimmt sind, so ist auch die Bewegung von Körpern in der Raumzeit durch *lokale* Krümmung bestimmt. Es gibt weder Gravitationskräfte noch momentane Wirkungen, weder einen absoluten Raum noch eine absolute Zeit, die unabhängig von den darin enthaltenen Objekten sind, denn, wie John Wheeler sagt: «Die Masse diktiert dem Raum die Krümmung, der Raum diktiert der Masse die Bewegung.» Masse und Energie sind nur mehr Runzeln in der Geometrie des Raumes.

Einsteins größte Leistung war die Aufstellung des außerordentlich komplizierten Systems mathematischer Gleichungen, das uns sagt, wie sich diese symbiotische Beziehung zwischen der Materie und der Geometrie der Raumzeit bestimmen läßt. Diese Gleichungen sind wie die Gleichungen von Poisson und Laplace Feldgleichungen. In jedem Fall, in dem die ungewöhnlichen Vorhersagen aus diesem Weltbild bis jetzt durch Beobachtung überprüft wurden, haben sie sich mit großer Genauigkeit als richtig erwiesen.

Im Zusammenhang mit Einsteins Gravitationstheorie ist dieser letzte Hinweis auf den Erfolg von Vorhersagen noch bedeutungsvoller als gewöhnlich. Einsteins Theorie läßt sich nicht allein aus der Beobachtung herleiten. Sie enthält Schritte, die, soweit wir wissen, nicht unbedingt wahr sein müssen. Insbesondere wird in ihnen vorausgesetzt, daß Raum und Zeit durch die Gegenwart von Masse und Energie zu einer ganz bestimmten Klasse von Geometrien verzerrt werden. (Diese Geometrien wurden zuerst durch Bernhard Riemann, den großen Mathematiker und Schüler von Gauß, in Göttingen systematisch untersucht.) Das ist nur eine Hypothese. Die Beobachtungen könnten einen Widerspruch aufzeigen. Wir wissen nicht, warum sich die Welt so als gekrümmte Geometrie beschreiben lassen sollte, daß es bei kleinen Krümmungen aussieht, als ob sie einem Kräftegesetz gehorcht, das nach Newtonscher Art das Inverse des Abstandsquadrats enthält.

Eine amüsante und scharfsinnige Zusammenfassung der Einsteinschen Auffassung der Raumkrümmung im Gegensatz zu dem im Newtonschen Raum herrschenden Kraftgesetz hat George Bernard Shaw gegeben, als er gebeten wurde, bei einem Essen einen Toast auf

Einstein vorzubringen. Wie seine Sekretärin berichtet, sah der Ire Shaw die Sache so:*

Als Engländer postulierte [Newton] ein von Geraden begrenztes, rechtwinkliges Weltall, weil das Wort «geradlinig» Ehrlichkeit, Wahrheitsliebe, kurz Aufrichtigkeit, meint. Newton wußte, daß das Weltall aus bewegten Körpern besteht, und daß sich keiner von ihnen je auf Geraden bewegte oder das jemals könnte. Aber ein Engländer läßt sich durch die Tatsachen nicht einschüchtern. Um erklären zu können, warum alle Bahnkurven in seinem rechtwinkligen Weltall gekrümmt sind, erfand er eine Gravitation genannte Kraft, errichtete dann ein kompliziertes britisches Universum und etablierte es als eine Religion, an die 300 Jahre lang inbrünstig geglaubt wurde. Das Buch dieser Newtonschen Religion war nicht die Bibel, jenes orientalische Zauberwerk. Er hielt sich an ein vernünftiges und brauchbares Ding, ein Kursbuch. Es gibt die Stationen aller Himmelskörper an, ihre Entfernungen, die Geschwindigkeiten, mit denen sie sich bewegen, und die Stunde, zu der sie ihre Eklipsen erreichen oder auf die Erde stürzen. Jede Angabe ist genau, abgesichert, absolut und englisch. Dreihundert Jahre nach seiner Fertigstellung erhebt sich gelassen mitten in Europa ein junger Professor und sagt zu unseren Astronomen: «Meine Herren! Wenn Sie die nächste Sonnenfinsternis sorgfältig beobachten, werden Sie erklären können, was mit dem Perihel des Merkur nicht stimmt.» ... Der junge Professor lächelt und sagt, daß die Gravitation eine sehr nützliche Hypothese ist und in den meisten Fällen sehr gute Ergebnisse liefert, er persönlich aber ohne sie auskommt. Er wird gebeten zu erklären, wieso die Himmelskörper dann, wenn es keine Gravitation gibt, nicht geradlinig laufen und einfach aus dem Weltall hinaus. Er antwortete, es sei keine Erklärung nötig, weil das Weltall nicht rechtwinklig und geradlinig sei; es sei gekrümmt. Das Newtonsche Universum fällt daraufhin tot um und wird durch das Einsteinsche ersetzt. Einstein hat nicht die wissenschaftlichen Tatsachen in Frage gestellt, sondern ihre Axiome, und die Wissenschaft hat die Waffen gestreckt.

---

* Shaw äußerte sich auch in seinem 1934 veröffentlichten Schauspiel *Zu wahr, um gut zu sein* zu diesem Thema. Er bedauert darin: «Das Weltall des Isaac Newton, dreihundert Jahre lang eine uneinnehmbare Festung der modernen Kultur, stürzte vor der Kritik Einsteins zusammen wie die Mauern von Jericho. Newtons Weltall war ein Bollwerk des rationalen Determinismus... Alles ließ sich berechnen: Alles geschah, weil es geschehen mußte. Die Zehn Gebote wurden von den Gesetzestafeln gelöscht, und an ihre Stelle trat die kosmische Algebra: die Gleichungen der Mathematiker.» Der letzte Punkt spielt wahrscheinlich auf die beträchtliche mathematische Schwierigkeit der Formulierung der Einsteinschen Allgemeinen Relativitätstheorie an.

184 Die Natur der Natur

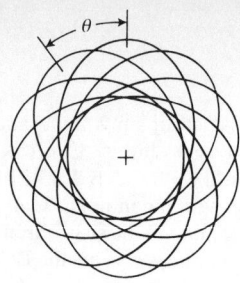

3.8 Eine »Rosette«, die sich nach zehn Umläufen schließt. Der nächste Punkt (das «Perihel») wandert wie angedeutet bei jedem Umlauf um den Winkel Θ weiter.

Der Hinweis auf das Perihel des Planeten Merkur bezieht sich darauf, daß um 1900 Unstimmigkeiten zwischen der beobachteten Bahn des Planeten Merkur und den Vorhersagen der auf dem einfachen Newtonschen Gravitationsgesetz beruhenden Newtonschen Gravitationstheorie gab. Merkur läuft wie alle anderen Planeten auf einer Bahn um die Sonne, die keine vollkommene, geschlossene Ellipse ist. Wenn die einzige auf den Planeten wirkende Kraft die wäre, die die Sonne ausübt, wäre die Bahn nach Newton eine geschlossene Ellipse. Tatsächlich jedoch machen sich kleine Störungen durch die anderen Körper des Sonnensystems bemerkbar. Deshalb schließt sich die Bahn nicht ganz, sondern kreiselt sehr langsam in einer in Abbildung 3.8 gezeigten Schleifenbahn. Die Drehung der großen Achse der Ellipse heißt Periheldrehung.

Wie sehr sich auch die Astronomen bemühten, so konnten sie doch die Drehung des Merkurperihels nicht verstehen. Nach Berücksichtigung der äußeren Störungen blieb eine Diskrepanz der Periheldrehung von 43 Bogensekunden pro Jahrhundert. Die Artikel in der *Enzyclopaedia Britannica* gegen Ende des neunzehnten Jahrhunderts schlagen sogar *ad hoc* Veränderungen des Newtonschen Gravitationsgesetzes vor, um die Unstimmigkeit zu beheben. Der größte Erfolg der Allgemeinen Relativitätstheorie war die genaue Erklärung der Diskrepanz. Die durch die Sonne bedingte Raumkrümmung bewirkt in einem Jahrhundert zusätzliche 43 Bogensekunden der Periheldrehung, während Merkur seine geodätische Bahn durch die gekrümmte Raumzeit verfolgt.

Einsteins Gravitationstheorie bedingt nicht nur ein anderes Weltbild als die Newtonsche Theorie. Newtons Theorie gibt eine falsche Beschreibung des Verhaltens von Körpern in starken Schwerefeldern, in denen die Krümmung der Raumzeit groß ist. Natürlich bewährt sie sich ausgezeichnet in den verhältnismäßig schwachen Schwerefeldern der Erdoberfläche. In solchen Fällen ist Newtons Theorie eine sehr gute Näherung der Einsteinschen. Das ist wieder sehr lehrreich. Wir können ein Naturgesetz Hunderte von Jahren ohne irgendwelche nachteiligen Ergebnisse verwenden und sogar eine ganze Metaphysik der mechanischen Wirkungsweise der Natur darauf gründen und doch finden, daß es nur ein kleiner Teil einer ungeheuer großen und völlig andersgearteten Struktur ist.

In dem großen Schritt vom Newtonschen zum Einsteinschen Bild der Materie und Bewegung gibt es noch einen weiteren interessanten Zug. Nicht nur hat sich die Form der Newtonschen Gesetze geändert, sondern auch die *Bedeutung* der Grundbegriffe Masse, Länge und Zeit ist eine andere. Das wahre Ausmaß dieser Veränderung wird dadurch verdeckt, daß die Worte, die diese Größen beschreiben, gleich geblieben sind. Am bemerkenswertesten ist jedoch, daß Einsteins außergewöhnliche Einsicht, die zur Schaffung der Allgemeinen Relativitätstheorie führte, nicht durch Beobachtung angeregt wurde: Weder eine Krise noch widersprechende Beobachtungsdaten hatten Newtons Theorie widerlegt. Die Anomalie der Periheldrehung wurde damals als eine unbedeutende Störung gesehen und nicht als ein fundamentales Problem, das eine neue Theorie der Gravitation erforderlich machte. Es gab keinen Paradigmenwechsel der Kuhnschen Art (siehe Kapitel 7). Alle anderen Physiker in der Welt waren mit völlig anderen Problemen beschäftigt. Seine Einsicht machte durch ihre intuitive Tiefe Revolutionen unnötig; ihre Neuartigkeit unterscheidet sie noch immer von anderen Naturgesetzen.

Invarianz

> *Falls das universale Naturgesetz entdeckt werden sollte, wären Invarianzprinzipien lediglich mathematische Transformationen, die das Gesetz invariant lassen.*
>
> Eugene Wigner

Während der Stalinära lehnte der sowjetische Staat Einsteins Relativitätstheorie aus politischen Gründen ab (wobei die Physik, im Vergleich mit anderen Fächern, insbesondere der Biologie, nur wenig unter den Ideologen zu leiden hatte). Das Staatsgefährdende an der Speziellen Relativitätstheorie scheint die verbreitete Meinung gewesen zu sein, sie behaupte: «Alles ist relativ.» Ein wenig Nachdenken enthüllt dieses journalistische Schlagwort als bedeutungslos, aber angesichts politischer Drohungen betonten einige sowjetische Physiker klugerweise, wieviel zutreffender Einsteins Theorie statt als «Theorie der Relativität» als eine «Theorie der Invarianz» bezeichnet werden sollte.

Der Ausdruck *Relativität* eignet sich zur Beschreibung des Wesens der in Raum und Zeit beobachteten Dinge: Ihre Längen, Lebensdauern und Massen sind meßbare Eigenschaften; sie sind nur in bezug auf eine bestimmte Klasse von Beobachtern bedeutungsvoll, nämlich solche, die durch ihre Bewegung relativ zu dem Körper, dessen Eigenschaften gemessen werden, definiert sind. Aber der Grund dafür, daß verschiedene Beobachter verschiedene Längen- und Zeitmaße haben, liegt darin, daß zwei Dinge *nicht* relativ sind: Messungen der Lichtgeschwindigkeit ergeben ganz unabhängig vom Bewegungszustand des Beobachters immer denselben Wert, und die physikalischen Gesetze sind in allen Laboratorien gleich, die sich relativ zueinander mit konstanter Geschwindigkeit bewegen. Sie sind also gegenüber bestimmten Veränderungen *invariant*. Die relativistischen Naturgesetze ergeben sich auf Grund der Annahme, daß die Natur sich an Invarianzprinzipien hält.

Im Ideal sollte eine Beschreibung der Natur nicht davon abhängen, wer ihr Urheber ist. Sonst könnten wir uns nicht unmißverständlich mit anderen Menschen über die Struktur der Welt unterhalten. Weil es zudem keinen Grund gibt, warum die Sichtweise eines bestimmten

Beobachters wertvoller sein sollte als die eines anderen, wünschen wir uns Naturgesetze, deren Form nicht vom Beobachter abhängt. Das klingt einfach und offensichtlich, hat aber, so stellt sich heraus, weitreichende Folgen. Es gibt einfach so viele Möglichkeiten, wie die Form der Naturgesetze vom Bewegungszustand ihrer Beobachter abhängen *könnte*, daß die Forderung des Gegenteils ihnen viele miteinander verknüpfte Bedingungen auferlegt. Sie müssen ganz bestimmte Formen haben. Damit sagen wir also, daß die von verschiedenen Beobachtern gefundenen Natur*gesetze* alle übereinstimmen sollten. Diese verschiedenen Beobachter brauchen aber nicht zu finden, daß alle in diesen Gesetzen auftretenden Größen denselben Wert haben. So leiten sie etwa alle her, daß bei einem Zusammenstoß zweier Teilchen der Impuls erhalten bleibt, obwohl sie verschiedene Massen und Geschwindigkeiten beobachten. Abgesehen vom Gesetz können sie sich nur auf einen einzigen Beobachtungswert einigen: Die Lichtgeschwindigkeit hat für alle Beobachter denselben Wert, obwohl die Längen und Zeiten, die sie messen, um zu bestimmen, wie weit Licht in einer bestimmten Zeitspanne reist, sich unterscheiden können. Wir lernen daraus, daß sich die Unabhängigkeit vom Beobachter auf die Beziehungen zwischen Ereignissen und nicht auf die Ereignisse selbst bezieht.

Einstein hielt es für einen äußerst wichtigen Grundsatz, die Naturgesetze in einer mathematischen Form darzustellen, die für alle Beobachter gleich ist. Newtons Bewegungsgesetze haben diese Eigenschaft nicht. Das zweite Gesetz besagt, daß eine auf einen Körper der Masse m wirkende Kraft F dem Körper eine Beschleunigung a aufzwingt, die durch

$$F = ma \qquad (3.5)$$

gegeben ist. Aber dieses Gesetz wird nicht von allen Beobachtern gefunden. Nur eine spezielle Gruppe von Beobachtern, die gelegentlich Inertialbeobachter genannt werden und die sich mit konstanter Geschwindigkeit bewegen, finden die Form (3.5). Stellen wir uns einen anderen Beobachter vor, der sich relativ zu den Inertialbeobachtern mit einer Beschleunigung a bewegt und der ebenfalls die wirkende Kraft und die dadurch hervorgerufene Beschleunigung mißt.

Er findet, daß ein Bewegungsgesetz der Form

$$F = m(a + a^*) \qquad (3.6)$$

gilt und nicht (3.5).

Auch für das erste Newtonsche Gesetz – daß Körper, auf die keine Kräfte wirken, sich mit konstanter Geschwindigkeit bewegen – gilt diese Beschränkung auf Inertialbeobachter. Wenn ein Satellit weit entfernt von der Gravitationswirkung eines Sterns oder Planeten ohne Antriebsquelle durch den Raum fliegt, würde ein Inertialbeobachter feststellen, daß er sich mit konstanter Geschwindigkeit bewegt. Wenn wir aber den Satelliten aus dem Inneren einer sich drehenden Rakete heraus beobachten könnten, erschiene uns die Satellitenbahn als Spirale. Wir würden irrtümlich aus der Abweichung dieser Bahn von einer Geraden schließen, daß auf ihn äußere Kräfte wirken müssen. Wieder sind Newtons Gesetze nicht direkt auf die Beobachtungen von beschleunigten Beobachtern anwendbar. Das Bewegungsgesetz für den Satelliten muß zusätzliche Faktoren enthalten, um der nicht gleichförmigen Bewegung oder Rotation der Beobachter Rechnung zu tragen. Diese Korrekturen heißen nach Gustave de Coriolis, einem französischen Physiker des vorigen Jahrhunderts, Corioliskräfte. Sie sind Scheinkräfte und wurden eingeführt, um die Newtonschen Bewegungsgesetze für Körper herzuleiten, die von einem rotierenden Bezugssystem aus betrachtet werden.

Einstein fand diese Lage der Dinge unbefriedigend. Naturgesetze sollten in einer Form ausgedrückt werden, die für alle Beobachter gleich bleibt. Er sagte zu diesem *Invarianzprinzip*:

Dies ist kein Naturgesetz, sondern nur ein wichtiges Prinzip für dessen Formulierung. Jedes als eine Differentialgleichung geschriebene Bewegungsgesetz läßt sich in eine kovariante Form bringen, wenn man sich viel Mühe gibt.*

---

* Durch die Forderung, daß die Naturgesetze die stärkere Eigenschaft der «Invarianz» haben, sie also kovariant sind, und zugleich alle mathematischen Funktionen, deren Werte durch die Materie nicht beeinflußt werden (zum Beispiel mathematische Ableitungen von Funktionen), unverändert bleiben, werden bestimmte mathematische Gleichungen ausgewählt.

Diese Form wird immer länger, je unbefriedigender das mutmaßliche Gesetz ist. Einstein bemühte sich mehrere Jahre lang sehr darum, seine Theorie in eine voll kovariante Form zu bringen. Das erreichte er mit Hilfe seines Freundes Marcel Grossmann, den er aus seinen Studentenzeiten kannte. Grossmann, ein begabter Mathematiker, führte Einstein in Gebiete der reinen Mathematik ein, die sich für seine Zwecke als ideal herausstellten.

Im neunzehnten Jahrhundert hatten Mathematiker die sogenannten *Tensoren* erforscht, mathematische Größen, von denen Skalare und Vektoren Spezialfälle sind. Tensoren werden durch ihre Transformationseigenschaften definiert, also durch ihr Verhalten bei Koordinatentransformationen. Wenn nämlich eine Tensorgleichung in einem bestimmten Koordinatensystem zutrifft, gilt sie *in derselben Form* in jedem anderen Koordinatensystem. Wenn Naturgesetze immer als Tensorgleichungen geschrieben werden, gilt, wie Einstein erkannte, folgendes: Wenn bestimmte Beobachter zum Beispiel für zwei Größen S und T die Beziehung

$$S = T \tag{3.7}$$

als Gesetz erkennen, finden andere Beobachter, die sich relativ zu den ersten beliebig bewegen und dabei die beiden im Gesetz vorkommenden Größen messen, die sie S^* und T^* nennen, ebenfalls die Beziehung

$$S^* = T^* . \tag{3.8}$$

Obwohl sich S und T von S^* und T^* unterscheiden, ist die Form des sie verbindenden Gesetzes in (3.7) und (3.8) gleich. Das ist anders als im Fall von (3.5) und (3.6), wo die zweite Gruppe der (nicht Inertial-) Beobachter ein anderes Gesetz erhält. Diese Eigenschaften der Tensorgleichungen besagen, daß sie von selbst die Unabhängigkeit der Naturgesetze von ihren Beobachtern enthalten. Es gibt kein ausgezeichnetes Koordinatensystem und keinen privilegierten Beobachter, für den die ganze Natur leicht zu durchschauen ist. Es kann wohl Koordinatensysteme geben, die die Beschreibung bestimmter Probleme vereinfachen, aber es gibt keine Wahl, die *alle* Probleme vereinfacht.

Diese Entwicklungen sind auch in anderer Hinsicht interessant. Vor Einstein hatten die Wissenschaftler ein ziemlich festgelegtes mathematisches Handwerkszeug. Die angewandte Mathematik benutzte keine Methoden der «reinen» Mathematik. Als die Allgemeine Relativitätstheorie Tensoren und die Riemannsche Geometrie der gekrümmten Flächen berücksichtigte, war sie die erste physikalische Theorie, welche sich der reinen Mathematik zuwandte, die die Mathematiker unabhängig von Anwendungen entwickelt hatten. Während Newton einen großen Teil seiner Mathematik erfand, um physikalische Probleme lösen zu können, griff Einstein auf von Menschen entwickelte logische Strukturen zurück und merkte, daß sie seinen Bedürfnissen glänzend genügten. Hätte sich die reine Mathematik anders entwickelt, hätte Einstein sein Gravitationsgesetz vielleicht nicht entwickeln können.

Symmetrie

Das Problem mit den Tatsachen ist, daß es so viele gibt.
Samuel McChord Crothers

Die Entschlüsselung der Natur durch uns Menschen hat eine Entwicklung durchgemacht. Zuerst konnten wir nicht mehr tun, als das Auftreten von Ereignissen zu verzeichnen. Die von den Alten übernommenen astronomischen Daten sind eines der positiven Ergebnisse dieser Gewohnheit. Zunächst wandten die Menschen ihre Aufmerksamkeit vor allem den Unregelmäßigkeiten und Sonderfällen der Natur zu, ob es nun um Ellipsen oder Kometen ging. Später beobachten wir eine stärkere Betonung und Erforschung der Regelmäßigkeiten der Natur. Das führte zum Begriff der Naturgesetze. Der nächste Schritt ist die Suche nach der sparsamsten Darstellung dieser Gesetze und nach einfachen Grundsätzen, unter denen sich die Gesetze zusammenfassen lassen. Die Gesetze werden also nun fast genauso behandelt wie die Ereignisse, die sie bestimmen.

Die Naturgesetze sind Gesetze über Veränderungen. Sie sagen uns, wie Körper sich unter verschiedenen Krafteinwirkungen oder besonderen Umständen verhalten. Wenn solche Gesetze nicht die Bewegung der Dinge bestimmten, könnten sie sich beliebig verändern. Die Tatsache, daß mögliche Veränderungen nicht willkürlich sind, bedeutet, daß bei jeder Veränderung, die in Übereinstimmung mit dem Gesetz passiert, etwas erhalten bleibt. Wir sprechen dann von einer *Invarianz*. Die Naturgesetze sind, bis zu einem gewissen Grade, nichts anderes als ein Verzeichnis dieser unveränderlichen Eigenschaften der Natur, der sogenannten *Erhaltungsgrößen*. Solche Größen lassen sich auch bei vielen Spielen aufzeigen, die ihren eigenen Mikrokosmos von ihnen auferlegten Regeln haben. So gibt es zum Beispiel beim Schachspiel mit den «Gesetzen» verknüpfte Invarianzen, die bestimmen, wie sich die einzelnen Figuren bewegen dürfen: Die Farbe des Feldes, auf dem ein bestimmter Läufer steht, ist immer gleich.

Ein Kennzeichen der modernen Naturwissenschaft ist ihre Betonung dessen, was die Natur unverändert läßt; es wird nicht in erster Linie darauf geachtet, wie Veränderungen ablaufen. Die Naturgesetze sind so schließlich ein Katalog jener Dinge, die wir mit der Welt anstellen können, ohne sie zu verändern. Im nächsten Kapitel werden wir sehen, wie fruchtbar dieser Gedanke bei der Untersuchung der Elementarteilchen ist.

Die Worte, mit denen wir die Erhaltungsgröße einer Invarianz beschrieben haben, unterscheiden sich wenig von denen, mit denen wir eine Symmetrie beschreiben würden. Wir sagen, etwas sei symmetrisch, wenn es trotz aller oberflächlichen Vielfalt eine besondere Art von Harmonie oder Einheit aufzeigt. Diese Harmonie spricht das menschliche Auge an, wie die Dekorationen bezeugen, die die Wände (einiger) unserer Häuser schmücken. Wenn wir unsere Aufmerksamkeit auf das einfachste Muster richten (Abbildung 3.9), erkennen wir, wie die Harmonie erzeugt wird: Eine Seite ist das Spiegelbild der anderen.

Zwischen dieser Spiegelsymmetrie und der Idee der Invarianz besteht eine Verbindung. Denn wenn wir eine Seite von Abbildung 3.9 durch ein Spiegelbild der anderen Seite ersetzen (etwa indem wir entlang einer senkrechten Linie einen Spiegel aufstellen), bleibt die Abbildung unverändert. Wir sagen, das Muster sei invariant unter Spiegelungen entlang dieser Achse. Es lassen sich leicht andere Beispiele ausdenken, bei denen eine Invarianz in bezug auf eine Bewegung die

3.9 Ein Beispiel für ein Muster, das Spiegelsymmetrie um eine Vertikale durch den Mittelpunkt aufweist.

Folge einer geometrischen Symmetrie ist. Wenn wir einen kugelrunden Ball um eine Achse durch seine Mitte drehen, sieht er immer gleich aus. Das ist ein Beispiel für eine Rotationsinvarianz. Sie ist interessant, weil ein Beobachter, der sich um den stationären Ball dreht, dieselbe Invarianz beobachtet. Bei dem Beispiel in Abbildung 3.9 trifft das nicht zu, denn es gibt keine Bewegung des Beobachters, die der Spiegelsymmetrie entspricht.

Diese einfachen Beispiele verdeutlichen die Beziehung zwischen Symmetrie und Invarianz. Sie gilt für jede Invarianz, obwohl die betroffene Symmetrie recht verborgen sein kann. Die einfachsten und wichtigsten Entsprechungen von Symmetrie und Invarianz sind die folgenden:

Die Naturgesetze sind invariant bei:	Die zugehörige Erhaltungsgröße ist:
Translationen im Raum	Impuls
Translationen in der Zeit	Energie
Drehungen im Raum	Drehimpuls

Diese schönen Beziehungen offenbaren das Ausmaß, in dem tiefe Symmetrien unwissentlich in die von Newton gefundenen Bewegungsgesetze eingebaut sind. Die wichtigsten Erhaltungssätze folgen aus der Tatsache, daß die Naturgesetze weder vom Ort oder der Orientierung noch vom Zeitpunkt der Beobachtung abhängen.

Die Wissenschaftler waren von dieser symbiotischen Beziehung zwischen Symmetrie und Invarianz so beeindruckt, daß sie den Symmetrien einen höheren Rang zumaßen als den herkömmlichen Gleichungen, die ihnen Aufschluß über die Veränderungen gaben. Welches Naturgesetz könnte einfacher sein als die Aussage, daß sich *nichts ändert*? Wenn wir verstehen, welche Symmetrien die Natur erhalten muß, können wir Gesetze für die Veränderungsvorgänge in der Natur ableiten. Aber wie wir sehen werden, liegen die Dinge nicht ganz so einfach. Es gibt nämlich eine Reihe von Beziehungen, die wir lange Zeit für genau symmetrisch gehalten haben, bevor sehr genaue Experimente zeigten, daß die Symmetrie nur beinahe gilt. Außerdem führen Symmetriegesetze leider nicht immer zu Ereignissen, die wieder dieselbe Symmetrie aufweisen. Die Bewegungsgesetze geben keiner Raumrichtung den Vorzug, setzen wir aber einen Ball auf die Spitze eines Kegels, muß er in die eine oder andere Richtung fallen. Alle Richtungen sind gleich wahrscheinlich, keiner kommt eine besondere Bedeutung zu; aber diese Symmetrie wird durch die Bewegung verdeckt, die sich als Ergebnis des Gesetzes ergibt.

Die Tatsache, daß sich die Naturgesetze mit *exakten* Symmetrien identifizieren lassen, scheint von jenen nicht angemessen erfaßt worden zu sein, die wie die Wissenschaftstheoretikerin Cartwright davon überzeugt sind, daß die behaupteten physikalischen Gleichungen nie zutreffen, weil sie Idealisierungen sind, die niemals alles erfassen können, was in einer bestimmten Situation abläuft. Die Gleichungen sind jedoch nur zweitrangige Darstellungen exakter Invarianzprinzipien, die, so wird behauptet, unabhängig davon gelten, wie viele Kräfte miteinander im Wettbewerb sind.

Die Wahrscheinlichkeitsgesetze

> *Die physikalische Forschung hat klipp und klar bewiesen, daß zum mindesten für die erdrückende Mehrheit der Erscheinungsabläufe, deren Regelmäßigkeit und Beständigkeit zur Aufstellung des Postulats der allgemeinen Kausalität geführt haben, die gemeinsame Wurzel der beobachteten strengen Gesetzmäßigkeit – der* Zufall *ist.*
>
> Erwin Schrödinger

Die Thermodynamik war der letzte große Eckstein der Naturwissenschaft des neunzehnten Jahrhunderts. Anders als andere Naturgesetze, die wir kennenlernten, macht sie keine Aussagen darüber, wie einzelne Teilchen auf die Wirkung bestimmter Kräfte reagieren. Sie hat nichts mit Symmetrien oder Invarianzen zu tun. Vielmehr sagt sie etwas über das Verhalten einer ganzen Gruppe von Teilchen aus. Statt zu sagen, «Wenn..., dann...», sagt sie einfach: «Wenn..., dann vielleicht...».

Diese Einführung läßt die Thermodynamik nicht als ein sehr verläßliches Hilfsmittel erscheinen. Nehmen wir einmal an, ein Geschäftsmann träfe seine Entscheidungen nach einem Verfahren, das nicht bestimmter wäre als «Wenn..., dann vielleicht...». Wäre ein solches Unternehmen nicht für einen baldigen Ruin bestimmt?

Und doch basieren einige der erfolgreichsten Unternehmen auf dem durch eine sehr große Anzahl solcher «Vielleichts» erzeugten Muster. Große Versicherungsunternehmen müssen die Wahrscheinlichkeitsgesetze erfolgreich nutzen, wenn sie im Geschäft bleiben wollen. Ihr offensichtlicher Wohlstand bezeugt, wie effektiv sich das machen läßt. Ein Versicherungsunternehmer kann nicht vorhersagen, wann Ihr Auto in einen Unfall verwickelt sein wird, wenn er Sie für einen Versicherungsabschluß gewinnt. Es gibt auch kein Naturgesetz, das ihm eine solche Vorhersage erlauben würde. Er kann jedoch die *Wahrscheinlichkeit* angeben, daß jemand mit Ihrem Geschlecht und Alter und Ihrer Fahrpraxis in einen Unfall verwickelt wird, das heißt, welcher Anteil einer sehr großen Anzahl von Menschen mit Kennzeichen, die den Ihren ähneln, jedes Jahr in Unfälle verwickelt ist, und welche Ansprüche sie an die Versicherung stellen. Das tut er, indem er die Statistik betrachtet, die die Kennzeichen von Opfern von Verkehrsunfällen enthält. Das Ergebnis ist dann, daß er seine Aussage: «Wenn Sie ein Jahr lang Auto fahren, werden Sie *vielleicht* einen Unfall haben» quantifizieren kann. Je genauer er sein Risiko abschätzen kann, indem er sehr viele Unfälle betrachtet, um so zuverlässiger kann er sein Risiko abschätzen und eine realistische Prämie berechnen. Er kann niemals sicher sein, daß er nicht über kurz oder lang der Verlierer ist. Je weniger Daten er jedoch über Unfälle der Art hat, gegen die er versichert, um so schlechter wird seine Einschätzung des Risikos sein. Es könnte ihm gehen wie Versicherungen für Satelliten an Bord von Raumfähren – in kurzer Zeit wäre ein Vermögen verloren.

Nehmen Sie an, Sie ständen auf der Straße und verzeichnen die Größe aller vorübergehenden Männer. Allmählich stellt sich eine gewisse Häufigkeit heraus, mit der Menschen verschiedener Größe vorbeigehen. Obwohl Sie niemals vorhersagen können, wie groß der nächste Passant sein wird, und Sie vielleicht nichts über die menschliche Physiologie wissen, die das Längenwachstum bestimmt, können Sie etwas über den Anteil von Menschen vorhersagen, den Sie in jedem Größenintervall finden. Wenn die Anzahl der Menschen, deren Größe Sie aufgezeichnet haben, wächst, nähert sich das Verhältnis einer Verteilung der in Abbildung 3.10 gezeigten charakteristischen Form der «Glockenkurve». Zwischen den Passanten besteht keine Verbindung; sie können ihr Vorbeigehen auf keine Art korrelieren, also nicht arrangieren, daß Sie einen bestimmten Anteil großer und kleiner Männer beobachten. Und doch sollte die Übereinstimmung zwischen der Größenverteilung und der Glockenkurve immer besser werden. Der Grund, warum wir eine statistische Vorhersage über die Größenverteilung machen können, obwohl wir die Größe des nächsten Passanten nicht kennen, liegt darin, daß die Größe eines jeden Menschen völlig unabhängig ist von der aller anderen. Gerade das Fehlen jeder Beziehung zwischen den Größen verschiedener Passanten ermöglicht es uns, das Gesamtmuster der Größenverteilung vorherzusagen. Natürlich wird eine Zufallsverteilung immer wieder einmal Überraschungen bieten. Gelegentlich könnten eineiige Zwillinge oder ein Basketballspieler oder ein Pygmäe vorbeikommen. Aber auf lange Sicht überwiegt der statistische Durchschnitt alle Sonderfälle. Je länger das Experiment dauert, um so besser wird die Übereinstimmung mit der Glockenkurve. Nicht jeder solche Zufallsprozeß erzeugt dieselbe Glockenkurve. Sie unterscheiden sich in der Lage ihrer Spitzen und in ihrer Breite. Die Spitze wird durch den typischen Wert bestimmt (den wir den «Durchschnitt» nennen könnten) und die Breite dadurch, wie stark die beobachteten Ereignisse vom Mittelwert abweichen.

Dieses Beispiel veranschaulicht, daß es Gesetze geben kann, die ihrem Wesen nach *statistisch* sind. Durch eine Verkettung von Zufallsereignissen kann sich ein großes Maß an Regelmäßigkeit ergeben. Diese Gesetze sind unabhängig von den Eigenschaften der Objekte, die die Ereignisreihe bilden (in unserem Beispiel könnten es ebenso die Größen von vorübergehenden Frauen oder auch von Mäusen gewesen sein). Sie werden genauer, wenn sie auf eine sehr große Ansammlung von Objekten angewendet werden. Sie besagen etwas über das wahrscheinlichste Verhalten des Systems, darüber, wie oft ein bestimmtes Ereignis im Vergleich mit der Gesamtzahl aller möglichen Ergebnisse vorkommen kann. Das Verhältnis der beiden nennen wir die *Wahrscheinlichkeit* dieses Ereignisses. So ist die Wahrscheinlichkeit, eine Sechs zu würfeln, ein Sechstel, und das ist dieselbe Wahrscheinlichkeit wie die, mit zwei Würfeln sieben zu würfeln, weil es im zweiten Fall $6 \cdot 6 = 36$ mögliche Kombinationen gibt, von denen allerdings nur sechs Würfe sieben Augen ergeben, nämlich die, bei denen die beiden Würfel die Werte (6,1), (1,6), (2,5), (5,2), (3,4) oder (4,3) zeigen.

Ein solcher Rückzug auf das Zweitbeste, das uns nur sagt, wie wahrscheinlich ein Ereignis ist, scheint eine schlechte Alternative zu den schönen Formeln eines Newton, Maxwell und Einstein zu sein. Sie fragen, warum man sich damit überhaupt abgeben sollte? Leider wird uns die Beschäftigung damit durch die Komplexität der Natur aufgedrängt. Newtons Bewegungsgesetz erlaubt uns im Prinzip, die Bewegungen aller etwa hundert Milliarden Sterne unseres eigenen Milchstraßensystems zu beschreiben. (Die durch Einsteins Theorie bedingten Korrekturen sind winzig, weil die Schwerefelder nach kosmischen Maßstäben verhältnismäßig schwach sind.) In der Praxis jedoch ist ihre Lösung völlig unmöglich. Bis heute sind die Mathematiker nicht einmal in der Lage gewesen, auch nur das Dreikörperproblem zu lösen, also die Bewegung von drei Massen exakt zu beschreiben, die einander unter dem Einfluß ihrer jeweiligen Gravitationsan-

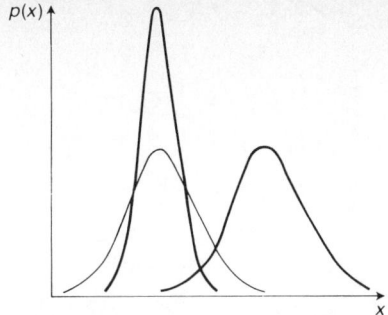

3.10 Die Gaußsche oder «Normalverteilung» für drei Werte ihrer Kenngrößen, die Mittelwert und Streuung festlegen. Jede solche Verteilung hat die charakteristische «Glockenform», unter der immer die Einheitsfläche liegt. Diese Wahrscheinlichkeitsverteilung ergibt sich für jede große Menge unabhängiger Zufallsereignisse.

ziehung umlaufen. Astronomische Probleme jedoch konfrontieren uns mit Systemen, in denen sich Milliarden von Sternen gleichzeitig bewegen. Nicht einmal die größten und schnellsten Supercomputer können die Gleichungssysteme lösen, die die Bahnen dieser von der Gravitationsanziehung vieler anderer hin und her gezogenen Sterne bestimmen. Wir sind in einer ähnlichen Zwickmühle, wenn wir versuchen, unsere Bewegungsgesetze auf die Gasmoleküle eines normalen Raumes anzuwenden. Es gibt so viele davon, und ihre einzelnen Bewegungen sind so raffiniert mit denen der anderen verquickt, daß eine Kenntnis der Gesetze, die Bewegungen im einzelnen bestimmen, nicht viel nützt. Wir können die Gleichungen, die sie uns stellen, einfach nicht lösen.

In dieser trüben Lage muß ein Kompromiß gefunden werden; dieser jedoch bietet einen unerwarteten Hoffnungsschimmer. Zwar ist das Dreikörperproblem zu schwierig, um mathematisch exakt gelöst zu werden, das Milliardenkörperproblem aber ist nicht milliardenmal schwieriger. Wenn sehr viele Körper betroffen sind, werden die Ereignisse von Wahrscheinlichkeiten bestimmt. Obwohl wir das Verhalten eines einzelnen Sterns nicht vorhersagen können, können wir die Wahrscheinlichkeit vorhersagen, daß sich an einem bestimmten Ort

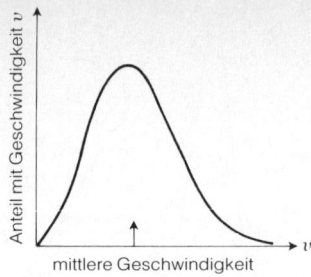

3.11 Die Maxwell-Boltzmann-Verteilung der Geschwindigkeiten von Molekülen in einem Gas, das sich in einem statistischen Gleichgewicht befindet. Die mittlere Geschwindigkeit von Teilchen der Masse m in einem Gas mit dieser Verteilung von Molekülgeschwindigkeiten beträgt $8kT/\pi m$, wobei k die Boltzmann-Konstante ist, die es erlaubt, die Temperatur in Energie umzurechnen, und T die Temperatur bezeichnet.

ein Stern finden läßt, der sich mit einer bestimmten Geschwindigkeit in eine bestimmte Richtung bewegt. Ähnlich können wir in einem Gas aus Luftmolekülen, das eine bestimmte Temperatur hat, die Wahrscheinlichkeitsverteilung der Geschwindigkeiten bestimmen. Die Vorhersage ist die in Abbildung 3.11 gezeigte sogenannte Maxwell-Boltzmann-Verteilung.

Diese Wahrscheinlichkeitsverteilung der Geschwindigkeit von Gasmolekülen wurde in den dreißiger Jahren durch I. Zartman und C. Ko in einem schönen Versuch überprüft. Sie schossen einen scharfen Strahl von Wismutdampf mit einer Temperatur von etwa 800° auf eine rotierende Trommel. Der Dampf kann bei diesem Versuch nur durch einen sehr engen Schlitz in der Trommelwand ins Innere gelangen. Im Inneren der Trommel, genau gegenüber vom Schlitz, ist ein Film angebracht. Die Trommel wird dann sehr schnell gedreht (mit etwa 6000 Umdrehungen pro Minute, also etwa 133mal schneller als die Umdrehungsgeschwindigkeit einer Single-Schallplatte). Wenn der enge Spalt vor dem einfallenden Dampfstrahl liegt, können die Moleküle ins Innere der Trommel gelangen und den Film auf der anderen Trommelseite erreichen. Schnellere Moleküle, die durch den Schlitz hindurchgehen, erreichen den Film, nachdem er sich nur wenig, langsamere jedoch erst, nachdem er sich schon viel weiter ge-

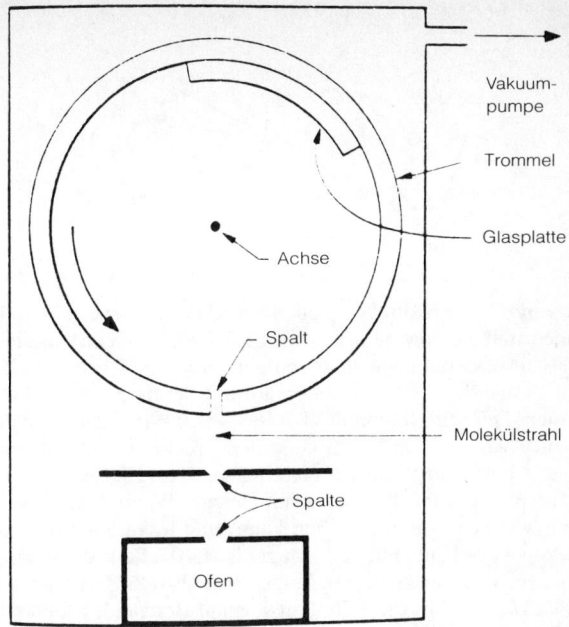

3.12 Die genial erdachte Versuchsanordnung, mit der Zartman et al die Verteilung der Molekülgeschwindigkeiten in einem Gas nachwiesen, das sich im thermischen Gleichgewicht befindet. Die Moleküle werden in einem Ofen aufgeheizt und treten mit einer thermischen Geschwindigkeitsverteilung aus der Ofenöffnung. Mit Hilfe von Spaltblenden wird ein enger Strahl erzeugt, der auf eine rotierende Trommel gerichtet wird und dort nur in bestimmten Momenten durch einen Spalt ins Innere der Trommel gelangt. Das auf der Glasplatte auf der gegenüberliegenden Seite der Trommel entstehende Muster zeigt die Verteilung der Geschwindigkeiten an. [Aus Beiser, A. (1967), *Concepts of modern physics*, S. 247, mit freundlicher Erlaubnis von *McGraw-Hill*.]

dreht hat. Der entwickelte Film bietet dann ein genaues Bild der Verteilung der Molekulargeschwindigkeiten im Wismutdampf, und zwar tatsächlich die von Maxwell und Boltzmann vorhergesagte Verteilung.

Wenn wir die Wahrscheinlichkeit angeben können, mit zwei Würfen eine vorgegebene Würfelzahl zu erreichen, ist die Situation ein-

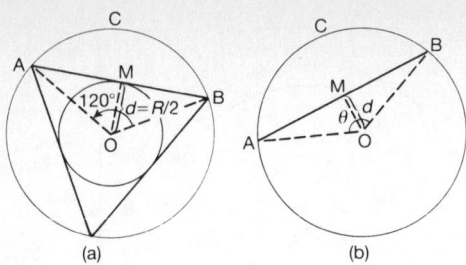

(a) (b)

3.13 Bertrands Paradoxon. Wir wollen berechnen, mit welcher Wahrscheinlichkeit eine zufällig gezogene Sekante eines Kreises länger ist als die Seite des in den Kreis eingeschriebenen gleichseitigen Dreiecks. Die beiden Zeichnungen deuten einige der Konstruktionen an, mit deren Hilfe wir die Antwort geben können. Der Mittelpunkt des Kreises sei O. Wir bezeichnen den Kreisabschnitt mit ACB und den Mittelpunkt der Strecke AM mit M, so daß OM senkrecht zu AB ist. Der Radius des Kreises sei R, und der Abstand OM sei d. Wir behaupten dann zunächst, daß d mit gleicher Wahrscheinlichkeit irgendeinen Wert zwischen O und R haben kann, und lesen aus (a) ab, daß eine beliebig gezogene Sekante nur dann länger ist als die Seite des eingeschriebenen gleichseitigen Dreiecks, wenn d kleiner ist als $R/2$. Die Wahrscheinlichkeit dafür ist 1/2. Dies ist die erste Antwort auf Bertrands Problem. Danach überlegen wir uns, daß M mit gleicher Wahrscheinlichkeit irgendwo auf der Kreisscheibe liegen kann. Eine zufällig gezogene Sekante ist nur dann länger als die Seite des einbeschriebenen Dreiecks, wenn M im Inneren eines Kreises mit Radius $R/2$ liegt. Die gewünschte Wahrscheinlichkeit ist deshalb gleich dem Verhältnis der Fläche πR^2, also gleich 1/4. Drittens können wir uns überlegen, daß der Winkel AOB mit gleicher Wahrscheinlichkeit irgendwo zwischen 0 und 360 Grad liegen kann. Das gewünschte Ereignis kann nur eintreten, wenn der Winkel AOB zwischen 120 und 240 Grad liegt. Die gesuchte Wahrscheinlichkeit beträgt deshalb $(240-120)/360 = 1/3$. In jedem Fall wurden die gleich wahrscheinlichen Ereignisse anders gewählt.

deutig bestimmt. Bei den eben anhand dieser physikalischen Anwendungen erörterten Wahrscheinlichkeiten haben wir in Analogie zu der einfachen Situation mit den Würfeln ebenfalls Eindeutigkeit vorausgesetzt. Die Wahrscheinlichkeit, daß ein bestimmtes Ergebnis eintritt, ist gleich dem Quotienten aus der Zahl der Möglichkeiten, bei denen dieses Ergebnis eintritt, und der Gesamtzahl aller möglicher Ergebnisse. Damit eine solche Definition der Wahrscheinlichkeit kohärent ist, muß eindeutig sein, welches die grundlegenden Ereignisse sind, die wir *a priori* für gleich wahrscheinlich halten. Nur dann können wir durch die Berechnung der relativen Häufigkeiten die richtige Wahrscheinlichkeit von Ereignissen finden. Beim Würfeln ist es klar, welches die gleich wahrscheinlichen Elementarereignisse sind; aber in vertrackten Fällen läßt sich gar nicht eindeutig angeben, welche Ereignisse gleich wahrscheinlich sind. Dann gibt es viele Möglichkeiten, und die getroffene Wahl bestimmt die numerische Wahrscheinlichkeit, die einem bestimmten Ergebnis zugeschrieben wird. Ein klassisches Beispiel für diese Sackgasse liefert Joseph Bertrands Problem, die Wahrscheinlichkeit zu bestimmen, daß eine zufällig bestimmte Kreissehne länger ist als die Seite des eingeschriebenen gleichseitigen Dreiecks. In Abbildung 3.13 haben wir drei Lösungen des Problems dargestellt. Jede gibt eine andere Antwort! Alle stimmen! Obwohl das Problem so gut gestellt scheint, enthält es eine Mehrdeutigkeit, die zuläßt, daß verschiedenen Elementarereignissen gleiche Wahrscheinlichkeiten zugeschrieben werden. Die getroffene Wahl bestimmt, ob die Antwort zu Bertrands Problem 1/2, 1/3 oder 1/4 lautet. Deshalb läßt sich die Wahrscheinlichkeit nicht völlig mechanisch abschätzen. Eine subjektive Einschätzung der «globalen» Natur des Problems ist nötig, damit die Bedeutung der Lösung klar wird.

Thermodynamik

> *Das Gesetz, daß die Entropie zunimmt – der zweite Hauptsatz der Thermodynamik –, hat, so denke ich, die höchste Stellung unter den Naturgesetzen inne. Wenn Sie darauf hingewiesen werden, daß Ihre Lieblingstheorie für den Bau der Welt nicht mit den Maxwellschen Gleichungen verträglich ist – schlimm für die Maxwellschen Gleichungen. Wenn sich herausstellt, daß sie im Widerspruch zu den Beobachtungen ist – nun, die Experimentalphysiker bringen die Dinge wirklich manchmal etwas durcheinander. Wenn sich aber erweist, daß Ihre Theorie gegen den zweiten Hauptsatz der Thermodynamik verstößt, gibt es keine Hoffnung mehr; es bleibt nichts anderes übrig, als in tiefste Erniedrigung zu versinken.*
> A. S. Eddington

Die Regelmäßigkeiten im Verhalten großer Ansammlungen von Teilchen, ob es nun Atome oder Sterne sind, führen zu einer «statistischen Mechanik» der Materie. Ihre Schönheit besteht darin, daß einfache statistische Größen, wie die Durchschnittsgeschwindigkeit von Teilchen, die uns vertrauten makroskopischen Größen wie die Temperatur bestimmen. Die makroskopischen Konsequenzen der statistischen mechanischen Unordnung in der Natur führen zu drei wichtigen, sehr umfassenden statistischen Gesetzen. Sie gelten, soweit wir wissen, für alle Arten physikalischer Prozesse und sind als die drei Hauptsätze der Thermodynamik bekannt.

Der erste Hauptsatz behauptet die Erhaltung der Energie:

Die Gesamtenergie eines abgeschlossenen Systems bleibt immer gleich.

Er wurde zuerst in der ersten Hälfte des neunzehnten Jahrhunderts von dem deutschen Physiker Rudolf Clausius formuliert, nachdem dieser eine Reihe von Untersuchungen durchgeführt hatte, mit denen er die Eigenschaften und Grenzen von Dampfmaschinen als Kraftquelle untersucht hatte. Der erste Hauptsatz stellt fest, daß zwar in einem abgeschlossenen und vollkommen isolierten Bereich Energie von einer Form in eine andere umgewandelt, aber nicht zerstört werden kann. (Wenn Sie zum Beispiel Ihre Uhr aufziehen, wandeln Sie chemische Energiequellen innerhalb Ihres Körpers in kinetische Muskelenergie um, die wiederum in der gespannten Feder der Uhr elastische «potentielle» Energie speichert, die langsam wieder in kinetische Energie umgewandelt wird, welche die Bewegung der Uhrzeiger antreibt.) Sie kann nur in andere Formen umgewandelt werden. Die Unterscheidung zwischen «kinetischen» und «potentiellen» Formen der Energie im Rahmen der Wärmelehre entstand kurz nach 1850. Kelvin unterschied diese Formen zuerst als «dynamisch» und «statisch», während Rankine sie «aktuell oder sensibel» und «potentiell oder latent» nannte. Die jetzige Terminologie wurde durch Kelvin und Tait festgelegt. Rankine stellt 1853 ausdrücklich einen Erhaltungssatz auf, der den Austausch verschiedener Energieformen zuläßt:

Der Energieerhaltungssatz ist schon bekannt, nämlich, daß die Summe der wirklichen [kinetischen] und potentiellen Energie in der Welt unveränderlich ist.

Einsteins spätere Entdeckung, daß Masse und Energie äquivalent sind ($E = mc^2$), widerspricht dem von Clausius aufgestellten Energieerhaltungssatz nicht; sie beweist nur, daß die Masse gleichsam eine Vorratskammer für Energie ist und bei der Überprüfung der Gesetze der Thermodynamik im Energiehaushalt berücksichtigt werden muß. Würde meine Uhr mit Kernkraft betrieben, würde nach Einsteins Formel Masse in Energie umgewandelt werden, damit sich die Zeiger drehen (dieses Modell wird nicht empfohlen). Wegen dieser Äquivalenz von Masse und Energie sprechen wir heute oft statt von der Erhaltung der Energie von der Erhaltung der Massenenergie.

Dieses Gesetz hat viele interessante Folgen. Es besagt, daß Energie nicht aus dem Nichts entstehen kann, und auch, daß es unmöglich ist, ein sogenanntes Perpetuum mobile zu bauen, eine Maschine also, die nicht von einer äußeren Kraftquelle gespeist wird und unendlich lange arbeiten kann. In der Praxis muß jede solche Erfindung Reibungswiderstand überwinden, und dazu braucht sie Energie. Diese Energie wird in Wärme umgewandelt, und weil die Gesamtenergie gleich bleibt, muß die Bewegungsenergie der Maschine abnehmen. Schließlich wird die ganze Bewegungsenergie durch die Reibung in Wärme umgewandelt sein. Natürlich achten Entwerfer und Gestalter darauf, Lager und Gelenke so glatt wie möglich zu gestalten, und wir halten den Energieverlust durch Reibung mit Hilfe von Schmiermitteln möglichst klein. Das kann den Stillstand eines Perpetuum mobile aufschieben, er bleibt jedoch unvermeidlich.

Clausius hat mehr geleistet als nur bemerkt, daß die Gesamtenergie in verschiedene Formen umgewandelt, aber niemals zerstört werden kann. Er erkannte, was aus unserer Beschreibung der Wirkungsweise realer Maschinen folgt. Einige sehr geordnete Energieformen, wie die Bewegungsenergie oder die chemische Energie, die frei wird, wenn wir ein Streichholz anzünden, werden letztlich immer zu Wärme, aber wir beobachten selten die umgekehrte Reihenfolge von Ereignissen. Wenn wir die Bremsen unseres Fahrrads ziehen, wandelt sich die Bewegungsenergie innerhalb der Bremsblöcke in Wärme um und erzeugt ein bißchen Schallenergie. Die Wärme ist selbst eine Bewegung. Eine höhere Temperatur der Bremsblöcke entspricht einer Zunahme der Energie der Molekularbewegung innerhalb des Gummis, aus dem sie bestehen. Andererseits läßt sich eine Maschine nur dann mit Wärme betreiben, wenn die Temperatur in mindestens zweien ihrer Bereiche verschieden ist. In dem Fall führt die Neigung der Temperaturen, sich anzugleichen, zu einer systematischen Bewegung. Wenn ein Bereich überall dieselbe Temperatur hat, kann seine Wärmeenergie nicht wieder in Bewegungsenergie umgewandelt werden. Das ist ein Hinweis darauf, daß die Natur in gewisser Weise eine Einbahnstraße ist. Die Energie verteilt sich von großräumig geordneten Formen wie etwa Fahrradfahren auf die ungeordnetsten mikroskopischen Formen: die Wärmestrahlung.

Diese Unordnung nannte Clausius schließlich «Entropie». Für sie gilt sein 1865 veröffentlichter berühmter Zweiter Hauptsatz der Thermodynamik:

Die Gesamtentropie eines abgeschlossenen Systems kann niemals abnehmen.

Dieses Gesetz erklärt also, warum ein Auto bei abgestelltem Motor nicht bergauf fährt, wenn man einfach seine Temperatur senkt; der erste Hauptsatz der Energieerhaltung würde das zulassen, wenn es nicht den zweiten Hauptsatz gäbe. Wie wenig Nichtwissenschaftler mit diesem Sachverhalt vertraut sind, war für C. P. Snow ebenso schockierend wie die Vorstellung, ein Wissenschaftler könnte nie von Shakespeare gehört haben. In seinem berühmten Vortrag mit dem Titel *Zwei Kulturen* bemerkt er:

Viele Male bin ich mit Menschen zusammengetroffen, die nach dem üblichen Maßstab für hochgebildet gelten konnten und die ziemlich genüßlich ihrer Verwunderung über die mangelnde Bildung der Naturwissenschaftler Ausdruck gaben. Ein- oder zweimal habe ich mich zu der Frage hinreißen lassen, wie viele von ihnen den Zweiten Hauptsatz der Thermodynamik kennen. Die Reaktion war kühl; sie war auch negativ.

Der zweite Hauptsatz der Thermodynamik ist wohl das wichtigste allgemeingültige physikalische Prinzip. Es gilt ausnahmslos für alle physikalischen Prozesse, die uns begegnen. Wenn es für das Weltall gilt, hat es grundlegende Folgen für seine zukünftige Entwicklung. Dieses Gesetz der Thermodynamik hat zu der Vorstellung vom «Wärmetod» des Weltalls geführt, die viele Philosophen sehr pessimistisch stimmte, als sie um 1930 von Jeans und Eddington so begeistert verbreitet wurde. Es ist auch auf schlimmste Weise durch Nichtwissenschaftler mißbraucht worden. Das hartnäckigste Beispiel ist die Behauptung einiger Anhänger der vor allem in Amerika verbreiteten Schöpfungslehre, daß die Evolutionstheorie nicht zutreffen kann, weil sie dem Zweiten Hauptsatz widerspricht, nach dem ja im Laufe der Zeit die Unordnung zunehmen muß. Man kann verstehen, wie eine solche Ansicht entstand: Die Evolutionsbiologen führen Beweise dafür an, daß sich komplexe, hoch strukturierte Lebensformen langsam, unter dem unvermeidlichen Einfluß der natürlichen Auslese in einer Folge winziger und nicht unwahrscheinlicher evolutionärer Veränderungen aus einfacheren, weniger geordneten Formen entwickelten. Daraus scheint zu folgen, daß sich im Widerspruch zum Zweiten Hauptsatz Unordnung zu Ordnung entwickelt. Wo ist der Trugschluß?

Der Zweite Hauptsatz wurde für ein abgeschlossenes System aufgestellt, für einen Bereich also, der insofern isoliert ist, als Energiequellen seine Grenzflächen nicht durchdringen können. Die Erdoberfläche, auf der die Evolution abläuft, ist in diesem Sinne kein isoliertes System. Sie empfängt Energie von der Sonne, deren Oberflächentemperatur zwanzigmal höher ist als die der Erde. Die Gesamtrechnung für die Entwicklung der Entropie im Evolutionsprozeß muß also den Wärmefluß in das irdische System hinein mitberücksichtigen. Der ursprüngliche Einwand ist ein Fehlschluß und ähnelt dem, den man gegen einen Tischler vorbringen könnte, der aus einem Haufen von altem Holz einen eleganten Stuhl gebaut hat. Der Zweite Hauptsatz hindert den Tischler nicht daran, ungeordnetes Holz in ein höchst geordnetes handwerkliches Meisterstück umzuwandeln, nur weil die Energie, die er bei der Herstellung mit seinen Händen und Werkzeugen aufbrachte, viel Wärme erzeugt hat. Wenn diese freigewordene Wärme in der Entropierechnung berücksichtigt wird, läuft das immer auf einen Entropiezuwachs hinaus, der größer ist als die durch das Ordnen der Holzstücke lokal erzeugte Abnahme. Wenn Systemen von außen Energie zugeführt wird, können verschiedene exotische Dinge passieren, und sie treten eher spontan auf, als daß sie geordnete Strukturen stören. (Eine Flamme ist dafür ein Beispiel.) Solche «offenen» Systeme werden in vielen Bereichen der zeitgenössischen Naturwissenschaft genau erforscht.

Es gibt ein drittes thermodynamisches Gesetz, welches das erlaubte Verhalten von Ansammlungen von Teilchen bestimmt. Es besagt:

Ein System läßt sich nicht in endlich vielen Schritten auf den absoluten Nullpunkt abkühlen.

Um dieses Gesetz zu verstehen, erinnern wir uns daran, daß die Temperatur ein Maß der mittleren Geschwindigkeit in einem Gas ist. Man kann sich deshalb eine Lage vorstellen, in der den Molekülen so viel Bewegungsenergie entzogen wurde, daß sie alle in Ruhe sind. Dieser «absolute Nullpunkt» entspricht $-273°$ Celsius. Tieftemperaturphysiker, also Wissenschaftler, die sich mit dem Verhalten von Gasen und Flüssigkeiten bei sehr tiefen Temperaturen beschäftigen, finden es bequemer, Temperaturen in Kelvin anzugeben, also als Celsiusgrade über dem absoluten Nullpunkt; die Außentemperatur beträgt demnach heute $15°$ C oder 288 K.

Wir können diese drei Gesetze der Thermodynamik – die Erhaltung der Energie, die Nichtabnahme der Entropie und die Unerreichbarkeit des absoluten Nullpunkts – etwas umgangssprachlicher zusammenfassen. Das erste stellt dann fest: «Du kannst nicht gewinnen», das zweite «Die Chancen sind nicht gleichverteilt» und das dritte «Du kannst nicht aussteigen aus dem Spiel»! Noch weniger ernstgemeint ist die Bemerkung, daß der Kapitalismus auf der falschen Voraussetzung beruht, daß man gewinnen könne, und der Sozialismus auf der ebenso falschen, die Chancen seien gleichverteilt; das Trio der Mißverständnisse wird durch den Mystizismus vervollständigt, der sich auf die falsche Prämisse stützt, man könne aus dem Spiel heraus!

Die Gesetze der Thermodynamik, und das ist wichtig, sind ihrem Wesen nach statistisch. Sie gelten für große Ansammlungen von Teilchen, nicht für einzelne Moleküle. Wir nehmen sie wahr, weil wir viel größer sind als Atome und Moleküle und deshalb den Kollektivwirkungen vieler von ihnen ausgesetzt sind. Sie stellen grobe statistische Eigenschaften von Teilchensystemen dar, die sich nicht auf die einzelnen Teilchen oder die anderen auf sie wirkenden Naturkräfte beziehen. Aus diesen Gründen betont Eddington in dem diesem Kapitel vorangestellten Motto den Vorrang der Gesetze der Thermodynamik für den Wissenschaftler. Das sollte nicht als eine willkürliche Verpflichtung verstanden werden, unbedingt auf der Wahrheit der thermodynamischen Gesetze zu bestehen, wenn es doch Hinweise auf ihre Unrichtigkeit gibt, sondern eher als Hinweis darauf, daß die Gesetze der Thermodynamik nichts Genaues über das Wesen und die Eigenschaften der elementaren Bestandteile der Welt aussagen, sie also nicht erschüttert zu werden brauchen, wenn sich unsere Vorstellungen vom Wesen dieser Größen ändern.

Unaufgeräumte Schreibtische

> *Wenn die Bewegung eines jeden Teilchens im Weltall in irgendeinem Augenblick genau umgekehrt sein würde, liefe die Natur danach einfach immer umgekehrt ab. Die platzenden Schaumblasen am Fuße eines Wasserfalls würden sich wieder sammeln und ins Wasser zurückkehren; die Wärmebewegungen würden ihre Energie wieder konzentrieren und ihre Masse als schlanke Wassersäule den Wasserfall hinaufschleudern... Lebewesen würden zurückwachsen, ihre Zukunft bewußt kennen, aber keine Erinnerung an die Vergangenheit haben und wieder ungeboren sein.*
>
> Lord Kelvin

Die Einführung statistischer Gesetze zur Beschreibung des Verhaltens einer riesigen Anzahl von Teilchen, ganz gleich, ob es um Sterne oder um Gasmoleküle geht, sollte nicht als ein Anzeichen verstanden werden, daß diese Bewegung an sich irgendwie zufällig oder ungewiß wäre. Wenn unsere Klugheit ausreichte, Newtons Bewegungsgleichungen für all die Trillionen in einem Raum voller Luftmoleküle miteinander wechselwirkenden Körper zu lösen, würden wir für jedes Teilchen die genaue Bahn bestimmen können – aber das können wir nicht. Wir nutzen vielmehr die Tatsache, daß die sehr große Anzahl von Körpern eine Art vorhersagbarer Zufälligkeit hat, und finden, daß das wahrscheinlichste Verhalten des Systems erfreulich einfachen Regeln gehorcht. Es wird durch statistische Mittelwerte für die Bewegungen beschrieben, die sich, wie etwa Temperatur oder Druck, makrophysikalisch deuten lassen.

Der statistische Aspekt des Zweiten Hauptsatzes der Thermodynamik ist auf den ersten Blick etwas verwirrend, weil dieser Zweite Hauptsatz etwas darüber aussagt, wie sich eine bestimmte Eigenschaft einer großen Ansammlung von Teilchen im Laufe der Zeit ändert: Sie wird weniger geordnet. Man könnte dies zur Definition der Zukunft verwenden, wenn man eine Zeitmaschine hätte, aber ihrer Navigationsmöglichkeiten nicht sicher wäre. Wenn wir jedoch klug genug wären, könnten wir alle Newtonschen Gleichungen lösen und die genaue zeitliche Bewegung eines jeden Teilchens bestimmen.

Aber die Newtonschen Gleichungen und Bewegungsgesetze haben eine einfache Eigenschaft: Sie erlauben keine Unterscheidung zwischen Zukunft und Vergangenheit. Wenn Sie einen Film sehen, in dem Billardkugeln auf einem Tisch gemäß den Newtonschen Gesetzen zusammenstoßen, dann können Sie durch Untersuchung dieser Bewegungen nicht bestimmen, ob Sie den Film sehen, wie er aufgenommen wurde, oder ob derselbe Film rückwärts läuft. Wir sagen, daß diese Bewegungsgesetze gegenüber einer Umkehr der Zeitrichtung invariant sind. Maxwells und Einsteins Gleichungen haben beide diese Invarianz. Hier stehen wir also vor dem Dilemma: Wie kann es zu einer statistischen Eigenschaft wie der Entropie kommen, die unausweichlich in einer Zeitrichtung zunimmt, wenn der Film von der Bewegung der Teilchen nach den Newtonschen Gesetzen gleich aussieht, ob er nun vorwärts oder rückwärts läuft? Sind die Newtonschen Gesetze mit dem Zweiten Hauptsatz unvereinbar? Oder hat die Mittelwertbildung, die nötig war, um zum Zweiten Hauptsatz zu kommen, Information verlorengehen lassen? Aus diesem scheinbaren Paradoxon lernen wir eine einfache Lektion.

Unsere Alltagserfahrung liefert anscheinend viele Beispiele für den Zweiten Hauptsatz. Verändern sich nicht unsere Schreibtische und die Kinderzimmer mühelos von einem aufgeräumten zu einem unordentlichen Zustand, aber niemals umgekehrt? Die Zeitumkehrbarkeit der Newtonschen Bewegungsgesetze weist darauf hin, daß sich beobachten lassen sollte, daß Glasscherben sich genausooft zu einem kostbaren Weinglas zusammenfinden, wie Gläser zu Scherben zerfallen. Aber das tun sie nicht.

Die von uns beobachteten Bewegungen werden eben nicht nur von den Newtonschen Gesetzen bestimmt. Sie hängen auch vom Anfangszustand ab, und es gibt Anfangszustände, die viel wahrscheinlicher sind als andere. So ist zum Beispiel der Anfangszustand der Unachtsamkeit, der dazu führt, daß wir ein Weinglas in einen höheren Stand der Entropie zu ungeordneten Scherben zerbrechen sehen, viel wahrscheinlicher als die hergeholte Situation, daß sich alle Scherben mit genau der richtigen Geschwindigkeit in genau den Richtungen in Bewegung setzten, wie es nötig ist, damit sie sich zu einem Weinglas zusammenfinden. Eine solche Möglichkeit ist so absurd unwahrscheinlich, daß sie in der ganzen Menschheitsgeschichte niemals beobachtet wurde. Es gibt in den Naturgesetzen nichts, das sie verbietet, aber ihre praktische Verwirklichung würde eine ganz besondere Situation erfordern. In diesem Sinn enthält das «Gesetz» vom Zuwachs der Entropie ein statistisches Element.

In dem vertrauteren Fall unseres unaufgeräumten Schreibtischs können wir die Einbahnstraße der Verschlimmerung durch eine ähnliche Überlegung über die Wahrscheinlichkeit verschiedener Ereignisfolgen erklären. Es gibt viel mehr Möglichkeiten, wie mein Schreibtisch von einem aufgeräumten in einen unaufgeräumten Zustand übergehen kann, als umgekehrt. Der zweite Hauptsatz ist in diesem Sinn statistisch: Er verkörpert die Tatsache, daß es mehr Wege von A nach B gibt als von B nach A, wenn A höher organisiert ist als B. Levitation verletzt nicht die Naturgesetze – alle Moleküle Ihres Körpers könnten zufällig so zusammenstoßen, daß sie sich alle zusammen genau in diesem Augenblick gleichzeitig nach oben bewegen und Sie frei schweben lassen –, sie ist nur außerordentlich unwahrscheinlich. Viel unwahrscheinlicher sogar, als daß ein Bericht darüber einfach falsch verstanden wird.

Dämonen an der Arbeit

> *Der Teufel zitiert Shakespeare für seine eigene Sache.*
> G. B. Shaw

Maxwell bemerkte schon 1891 eine Merkwürdigkeit der statistischen Naturgesetze, die erst fast fünfzig Jahre später gelöst werden sollte. Das Problem besteht darin, daß sie von (angeblich) intelligenten Wesen wie uns Menschen manipuliert werden könnten.

Wenn wir uns ein Wesen vorstellen, dessen Sinne so scharf sind, daß es dem Lauf eines jeden Moleküls folgen kann, würde ein solches Wesen, dessen Eigenschaften doch im wesentlichen so endlich sind wie unsere eigenen, etwas tun können, was uns gegenwärtig unmöglich ist. Denn wir haben gesehen, daß die Moleküle in einem mit gleichmäßig erwärmter Luft gefüllten Gefäß sich keineswegs mit gleichbleibender Geschwindigkeit bewegen, obwohl die mittlere Geschwindigkeit einer beliebig ausgewählten großen Anzahl fast genau gleichförmig ist. Nehmen wir nun an, das Gefäß sei durch eine Scheidewand, in der ein kleines Loch ist, in zwei Teile A und B geteilt, und ein Wesen, das die einzelnen Moleküle sehen kann, öffnet und schließt dieses Loch, so daß nur die langsameren von B nach A gelangen können. Es erhöht dadurch, ohne Arbeit zu verrichten, die Temperatur von B und vermindert die von A, was im Widerspruch zum Zweiten Hauptsatz der Thermodynamik steht.

Die Naturgesetze, die wir bis jetzt kennengelernt haben, haben einen von ihren Beobachtern unabhängigen objektiven Charakter. Im Geist des Descartes war es immer möglich, den Beobachter von der äußeren Welt zu trennen. Naturwissenschaftler sind Naturalisten in einem vollkommenen Versteck; sie beobachten die Welt, ohne sie zu stören. Oberflächlich gesehen scheint die Spezielle Relativitätstheorie den «Beobachter» in die Physik einzuführen; genaugenommen trifft das aber nicht zu. Gewiß, die Spezielle Relativitätstheorie sagt uns, daß verschiedene relativ zueinander bewegte Beobachter bei ihren Messungen von Masse, Länge und Zeit verschiedene Ergebnisse erhalten, aber sie sind sich doch alle über die Gesetze einig, die die Beziehungen zwischen den Massen, Längen und Zeiten regeln, und sie stimmen alle in bezug auf solche Längen, Massen oder Zeiten überein, die relativ zu ihnen unbewegt sind. Die die Ereignisse, deren Zeugen sie sind, bestimmenden Gesetze werden in Einsteins Theorie ebensowenig durch die Art oder die Bewegung der Beobachter bestimmt wie in der Newtons. Es kommt nicht darauf an, ob die «Beobachter» Geigerzähler, photographische Platten oder Menschen sind.

Die Entdeckung statistischer Gesetze scheint die Trennung des Beobachters vom Beobachtungsgegenstand aufzuheben und erlaubt es dem «Beobachter», sich selbst mittels seiner geistigen Fähigkeiten als eine fünfte Säule in die Wirkungsweise der mikroskopischen Welt einzubringen. Der Zweite Hauptsatz der Thermodynamik ist, so sagten wir, nur eine Manifestation dessen, daß es viel mehr Wege gibt, die von A nach B führen als von B nach A. Was würde nun geschehen, wenn ein intelligentes Agens das Geschehen vorzugsweise durch das enge Tor leiten würde, das von B nach A führt, so daß es wahrscheinlicher wird, daß die Ereignisse diesem Weg folgen als der breiten Straße, die von A nach B führt? Maxwell gab ein verblüffendes Beispiel dafür, wie diese Manipulation der statistischen Naturgesetze geschehen könnte. Damit trieb er, obwohl er das gar nicht beabsichtigte, das Dilemma seines Jahrhunderts auf die Spitze; es geht nämlich um die Frage, wie Leben und menschlicher Verstand in das Bild von deterministischen Naturgesetzen einzuordnen seien. Maxwell glaubte, der Zweite Hauptsatz sei ein Anthropomorphismus, geschaffen durch die Tatsache, daß wir soviel größer sind als die Moleküle eines Gases. Wenn unsere Sinne scharf genug wären, das Verhalten einzelner Atome beobachten zu können, könnten wir Molekül für Molekül Wärme von kalten Körpern auf warme übertragen. Maxwells Rezept sollte diese Eigenschaft beleuchten. Schauen wir uns die Zutaten an.

Man nehme einen versiegelten Kasten, der ein im thermischen Gleichgewicht befindliches Gas enthält, das dieselbe Temperatur hat wie der Kasten. Die Entropie des Kastens ist dann so groß wie möglich. Die statistische Verteilung der Molekülgeschwindigkeiten hat dann die von Maxwell und Boltzmann vorhergesagte und von Zartman und Ko hergeleitete Form angenommen. Da dieses Stadium erreicht ist, können wir das Gas nicht zum Antrieb einer Maschine benutzen. Dazu müßte es innerhalb des Kastens einen Temperaturunterschied geben. Wenn ein solcher erzeugt werden könnte, würden die sich ergebenden Molekularbewegungen, die ja in Übereinstimmung mit dem Zweiten Hauptsatz bestrebt sein würden, die Gleichförmigkeit der Temperatur wiederherzustellen, zum Betreiben einer geeignet damit verbundenen Maschine genutzt werden können.

Maxwell durchkreuzte diese Überlegungen, indem er vorschlug, wir könnten uns eine mikroskopisch kleine Intelligenz vorstellen, die Kelvin den «Auswahldämon» nannte, der mit den Gasmolekülen in unserem Kasten Unsinn treibt. Denken wir uns in dem Kasten eine Mauer aus Gas mit konstanter Temperatur, die den Kasten in die beiden Teile A und B teilt, aber eine kleine Falltür eingebaut hat. Diese Falltür kann von unserem teuflischen Kollegen bedient werden, der ausgewählt wurde, weil sein scharfes Auge die Geschwindigkeiten der Moleküle bestimmen kann und er im Umgang mit der Falltür sehr geschickt ist. Er hat die strenge Anweisung seines Chefs, die Tür nur dann zu öffnen, wenn er ein überdurchschnittlich schnelles Molekül vom Abschnitt A oder ein unterdurchschnittlich langsames vom Abschnitt B sich der Tür nähern sieht, und sie sonst geschlossen zu halten. Nach einer Weile sollte unser Dämon die meisten der schnelleren Moleküle nach B und die langsameren nach A geleitet haben, ohne auf irgendeines von ihnen eine Kraft auszuüben. Da die Temperatur in jeder Hälfte durch die mittlere Geschwindigkeit der Moleküle bestimmt ist, bildet sich ohne irgendeinen Energieaufwand ein Temperaturunterschied zwischen den beiden Hälften heraus. Dieser Temperaturunterschied läßt sich dazu benutzen, unsere Maschine so lange zu betreiben, wie der Dämon die Geduld aufbringt, zwischen den bewegten Molekülen zu unterscheiden. Wir haben dem Zweiten Hauptsatz der Thermodynamik zum Trotz ein Perpetuum mobile geschaffen!

Maxwells Dämon braucht Verstand, um die statistische Verteilung der Geschwindigkeiten in den verschiedenen Teilen des Kastens zu beeinflussen. Dadurch verletzt er den Satz von der Energieerhaltung nicht. Wenn diese Art phantastischer Verschwörung auch nur im Prinzip möglich ist, führt es eine unbefriedigende Subjektivität in die thermodynamischen Gesetze ein. Obwohl die Verletzungen im einzelnen mikroskopisch klein sind, addieren sie sich doch zu einer Verletzung des zweiten Hauptsatzes im großen. Andere, wie Tait, dem Maxwell das Dämonenparadoxon zuerst vortrug, glaubten, daß der Zweite Hauptsatz in der Natur verletzt würde. Tait behauptete, daß ein großer Bruchteil der von Sternen ausgeschickten Energie aus unserem Weltall in eine andere Welt (die einfach durch interstellaren Staub verdunkelt und absorbiert wird) hineinsickern müsse, in der für die Thermodynamik andere Gesetze gelten.

Obwohl Maxwell und seine Zeitgenossen nicht meinten, ein Dämon könne diese merkwürdigen Dinge tun, fanden sie doch auch keinen guten Grund, warum er es nicht tun sollte. Viele von ihnen gaben sich einfach mit der Behauptung zufrieden, daß es keine solchen mikroskopisch kleinen Dämonen gäbe; das löst natürlich das Problem nicht. Um die logische Konsequenz der Thermodynamik zu wahren, muß gezeigt werden, daß es keine mikroskopischen Dämonen geben kann, die so handeln wie Maxwells Dämonen. Das stellt sich nun als möglich heraus, obwohl der Kenntnisstand zu Zeiten Maxwells nicht zum Beweis ausreichte.

Das schwache Glied in dem dämonischen Unterfangen wurde 1929 von Leo Szilard entdeckt und ist seitdem von anderen immer genauer untersucht worden. Das Problem liegt darin, daß der Dämon herausfinden muß, welche der Teilchen, die sich der Scheidewand nähern, langsam und welche schnell sind; er muß sie dann einfangen, im anderen Kastenteil loslassen und seinen Apparat schließlich wieder in den Zustand bringen, in dem die Geschwindigkeit eines anderen Moleküls als langsamer oder schneller als der Durchschnitt bestimmt werden kann. Dazu muß er irgendwie mit den Molekülen wechselwirken, etwa indem er sie mit Licht bestrahlt und beobachtet, wie sich die Wellenlängen des reflektierten Lichts unterscheiden. Die Arbeit, die er verrichten muß, um zwischen den schnellen und langsamen Teilchen zu unterscheiden und *um dann diese Information zu zerstören, damit das Ganze von vorn beginnen kann,* überwiegt immer die Arbeit, die durch eine Ausnutzung des vom Dämonen geschaffenen Temperaturunterschieds geleistet werden kann. Maxwells Dämon wurde ausgetrieben. Es ist ihm genausowenig möglich, den Zweiten Hauptsatz zu verletzen, wie es möglich ist, beim Roulette dadurch zu gewinnen, daß man immer auf alle Zahlen setzt. Die Kosten einer solchen Strategie sind immer höher als der mögliche Gewinn.

Die ewige Wiederkehr

> *Um zu sehen, wie Wärme von einem kalten Körper auf einen warmen übergeht, braucht es nicht die Scharfsicht, den Verstand und die Geschicklichkeit von Maxwells Dämon; es genügt ein wenig Geduld.*
>
> Henri Poincaré

Der französische mathematische Physiker Henri Poincaré war sehr beeindruckt von der Frage nach dem wirklichen Status des Zweiten Hauptsatzes der Thermodynamik. Das «Umkehrbarkeitsparadoxon» – daß die Zunahme der Entropie sich mit der Zeit aus den Newtonschen Bewegungsgesetzen für die einzelnen Moleküle ergeben muß, die keine ausgezeichnete Zeitrichtung haben – könnte sich überwinden lassen, wenn der Zweite Hauptsatz in menschlichen Dimensionen nur ein statistisches Mittel wäre, aber im mikroskopischen Bereich verletzt würde. Poincaré verschärfte 1893 den Konflikt zwischen den zeitsymmetrischen Gesetzen der Bewegung und denen der Thermodynamik noch mehr. Er zeigte, daß es nicht nötig ist, zu mikroskopisch kleinen Bereichen überzugehen, damit der Zweite Hauptsatz der Thermodynamik verletzt ist – man braucht nur lange genug zu warten. Jedes mechanische System von Bewegungen mit endlicher Energie, die auf ein endliches Volumen beschränkt sind, kehrt unendlich oft in einen Zustand zurück, der jedem vergangenen Zustand unendlich nahe ist. Selbst wenn wir mit einem System beginnen, das in einem sehr geordneten Zustand niedriger Entropie ist und anfangs in Übereinstimmung mit dem Zweiten Hauptsatz weniger geordnet wird, muß es schließlich irgendwann in der Zukunft beliebig nahe zu dem ursprünglichen geordneten Zustand zurückkehren. Dazu müßte die Entropie abnehmen. Das vom Zweiten Hauptsatz behauptete monotone Verhalten des Weltalls ließe sich nicht von den zyklischen Folgen der Newtonschen Gesetze herleiten.

Auf dieses Dilemma gab es mehrere Reaktionen. Poincarés Wiederkehrzeit eines Systems ist im Vergleich mit den 10–18 Milliarden Jahren für die ältesten Objekte, die wir im Weltall gefunden haben, ungeheuer groß – $10^{10^{80}}$ Jahre. Wenn wir so lange auf eine Verletzung des Zweiten Hauptsatzes warten müssen, könnten wir genausogut sagen, daß diese Verletzung äußerst unwahrscheinlich ist. Das war für Boltzmann und andere, die die statistische Interpretation des Zweiten Hauptsatzes vertraten, völlig akzeptabel. Sie leugneten nicht, daß jedes System im Prinzip zu Zusammenstößen von Molekülen führen könnte, die viele Glasscherben veranlassen, sich im Widerspruch zum Zweiten Hauptsatz zu einem Weinglas zusammenzufinden. Es ist nur fantastisch unwahrscheinlich.

Zwei Alternativen boten sich an. Man könnte behaupten, daß das Weltall in einem sehr geordneten Zustand niedriger Energie geschaffen worden sei und es dann viel mehr Möglichkeiten hatte, ungeordnet zu werden als geordnet, so daß es sich mit großer Wahrscheinlichkeit zur Unregelmäßigkeit hinbewegen muß. Wenn es in ferner Zukunft dem Gleichgewicht näher kommt, nimmt die Wahrscheinlichkeit einer Rekursion zu. Andererseits könnte man sich vorstellen, daß im Weltall trotz der örtlich und zeitlich veränderlichen Zufallsschwankungen insgesamt ein beständiges thermisches Gleichgewicht herrscht. Aus dieser Sicht gäbe es Orte, an denen die Entropie sich vergrößert, und andere, an denen sie abnimmt, wie sich aufgrund der Zeitsymmetrie der Newtonschen Gesetze vermuten läßt. Wenn aber menschliches Leben nur an solchen Orten entstehen kann, wo die

Entropie zunimmt, könnten wir erklären, warum wir in einer Umwelt leben, in der die Entropie zunimmt. Dieser Vorschlag wurde sowohl von Boltzmann als auch von Poincaré befürwortet, und es wurden viele Argumente angeführt, die zeigen sollten, daß in einer Welt, in der die Entropie abnimmt, merkwürdige Instabilitäten entstehen können, die Leben unmöglich machen. So würde zum Beispiel ein kleiner Temperaturunterschied zwischen zwei Teilen eines Lebewesens in einer Welt mit solchen Instabilitäten immer weiter zunehmen, statt, wie in unserer Welt, sich auszugleichen.

Poincaré hielt bis 1904 an seiner Überzeugung fest, daß der Zweite Hauptsatz kein statistisches Produkt unserer grobkörnigen Beobachtungen ist. Er wurde schließlich dazu bekehrt, daß mikroskopische Verletzungen des Zweiten Hauptsatzes vorkommen können, als dies bei der Brownschen Bewegung wirklich beobachtet wurde.

Quantengesetze:
Die Natur jenseits von Eden

> *Es hat einmal eine Zeit gegeben, da schrieben die Zeitungen, nur zwölf Menschen verstünden die Relativitätstheorie. Ich glaube nicht, daß es je eine solche Zeit gegeben hat. Es könnte eine Zeit gegeben haben, als nur ein Mann sie verstand, weil er der einzige war, der davon wußte, bevor er seine Arbeit schrieb. Aber nachdem seine Arbeit erschienen war, verstanden viele Menschen die Relativitätstheorie auf die eine oder andere Weise, sicherlich mehr als zwölf. Andererseits glaube ich mit Sicherheit sagen zu können, daß niemand die Quantenmechanik versteht.*
>
> Richard Feynman

Der statistische Charakter der Gesetze der Thermodynamik folgt einzig aus der Unmöglichkeit, das gleichzeitige Durcheinander gewaltig vieler Teilchen zu beschreiben. Wenn wir Begriffe wie «Zufall» und «wahrscheinliches Verhalten» verwenden, sagen wir damit nicht, daß die Zusammenstöße von Gasmolekülen und Sternansammlungen im

Weltraum ihrem innersten Wesen nach nicht determiniert sind; es belegt vielmehr unsere Unfähigkeit, sie zu bestimmen.

Die Existenz solcher statistischen Gesetze stellt die einfache realistische Sicht der physikalischen Gesetze nicht in Frage. Zwar treten solch nützliche Begriffe wie Temperatur und Entropie, die in diesen statistischen Gesetzen vorkommen, nur als Mittelwerte oder mathematische Operationen auf. Mit ihrer Hilfe lassen sich die Konfigurationen zählen, die das System annehmen könnte; sie sind nichtsdestoweniger aus Eigenschaften wie der Geschwindigkeit von Molekülen hergeleitet, deren Existenz nicht mit gutem Grund in Frage gestellt werden kann.

Im ersten Viertel des zwanzigsten Jahrhunderts wurde unser Bild der physikalischen Wirklichkeit derartig erschüttert, daß die Nachwehen dieser Erschütterung noch heute Gegenstand grundsätzlicher und ungelöster Auseinandersetzungen unter Physikern sind. Die offenen Fragen und die Möglichkeiten, die sie in bezug auf das grundsätzliche Wesen der Naturgesetze eröffnen, haben alle Vorstellungen über das Wesen der Wirklichkeit in einer Weise in Frage gestellt, die kein Philosoph je hätte vorhersehen können. Diese Auseinandersetzungen betreffen bemerkenswerterweise eine physikalische Theorie, deren experimentelle Vorhersagen genauer und in ihren technischen Anwendungen weitreichender sind als die einer jeden anderen Entwicklung. Auf ihren Vorhersagen über das Verhalten der Materie im kleinen beruht der größte Teil der Hochpräzisionstechnologie der Welt. Aber sie gibt dem Beobachter einen neuen Status, sie offenbart ein inhärentes Maß an Unvorhersagbarkeit der Natur, und sie deckt wahrlich Außerordentliches über die Wirklichkeit auf, das der experimentellen Überprüfung zugänglich ist. All das gehört zu der seltsamen und noch nicht abgeschlossenen Geschichte der Quantenphysik.

Schizophrene Materie

> *Der Dichter möchte gern mit dem Kopf in den Himmel kommen. Der Logiker dagegen versucht, den Himmel in seinen Kopf zu bekommen. Und deshalb spaltet sich sein Kopf.*
>
> G. K. Chesterton

Seit den Zeiten Newtons ist bekannt, daß Licht eine ungewöhnliche Form von «Schizophrenie» aufweist. Unter gewissen Bedingungen verhält es sich wie kleine Teilchen, unter anderen dagegen wie Wellen. Aber man kann sich Situationen ausdenken, in denen es einen wirklichen logischen Unterschied gibt. Es läßt sich leicht sagen, ein Teilchen mit einer bestimmten Masse verhalte sich wie eine Welle mit einer bestimmten Wellenlänge und umgekehrt. Wenn wir unser Wellenteilchen oder unsere Teilchenwelle jedoch in einen Kasten sperren und den Kasten unterteilen, ist das Teilchen entsprechend der Definition eines Teilchens entweder in der einen oder in der anderen Hälfte des Kastens. Und in welcher Hälfte ist die Welle?

Die überraschenden Eigenschaften mikroskopischer Materieteilchen lassen sich am besten an drei Situationen veranschaulichen, die zuerst von Richard Feynman verdeutlicht wurden, einem der Physiker, die Wesentliches zur modernen Quantentheorie von Licht und Materie beigetragen haben. Diese Situationen veranschaulichen die inhärenten Unterschiede zwischen Teilchen und Wellen.

Zuerst schlagen wir Golfbälle durch zwei enge senkrechte Schlitze hindurch, die in einen zwischen Abschlag und Ziel aufgestellten Schirm geschnitten sind. Die Spalte sind so weit, daß die Golfbälle hindurchkönnen (Abbildung 3.14). Das Ergebnis ist klar. Die Schläge treffen entlang zweier Streifen auf, je nachdem, ob die Bälle den einen oder den anderen der beiden Spalte passiert haben. Um jeden Streifen herum gibt es einen schmalen Streubereich, weil ja der Schlitz größer ist als ein Ball. In dem dazwischenliegenden abgeschirmten Bereich gibt es keine Treffer.

Wenn wir dieses Experiment mit Schallwellen hoher Intensität durchführen, die von einem Lautsprecher auf die beiden Spalte gerichtet sind (Abbildung 3.15), erhalten wir ein ganz anderes Ergebnis. Wir können den Empfang der Schallwellen am Ziel aufzeichnen,

Ungesehene Welten

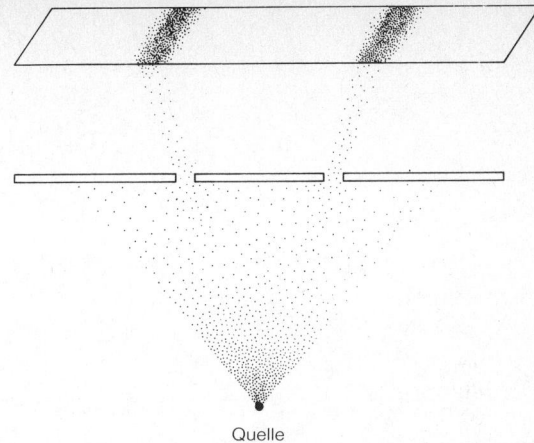

Quelle

3.14 Das Muster der Treffer, das Golfbälle hinterlassen, wenn sie durch einen Schirm mit zwei Öffnungen hindurch auf ein Ziel treffen. Das Ziel hinter den beiden Öffnungen wird entlang zweier Streifen bombardiert.

indem wir die Intensität des Geräusches entlang dem Zielschirm messen, wobei wir abwechselnde Streifen hoher und niedrigerer Klangintensität finden. Wenn wir einen der Spalte abdecken und das eine Geräuschmuster am Ziel aufzeichnen und dazu dann das Muster hinzufügen, das wir erhalten, wenn der andere Spalt abgedeckt ist, ergibt sich *nicht* dasselbe Muster wie dann, wenn beide Spalte offen sind. Wenn beide Spalte offen sind, tritt gleichzeitig das Phänomen der Welleninterferenz auf. Der Grund für die Entstehung dieses *Interferenzmusters* liegt darin, daß sich die Wellen der beiden Spalte überlagern. Die «Arithmetik» von Wellen unterscheidet sich hier ganz wesentlich von der von Teilchen, weil Wellen sich entweder *konstruktiv* addieren können, wenn Wellenberge auf Wellenberge treffen und sich so die Intensität verstärkt, oder *destruktiv*, wenn Berge auf Täler fallen und sich dadurch die Gesamtintensität Null ergibt (Abbildung 3.16).

Beide Versuche lassen sich im makroskopischen Maßstab durchführen. Der erste könnte mit Kanonenkugeln durchgeführt werden, der zweite mit Wasserwellen, die im Hafen auf eine unterteilte Buhne

220 Die Natur der Natur

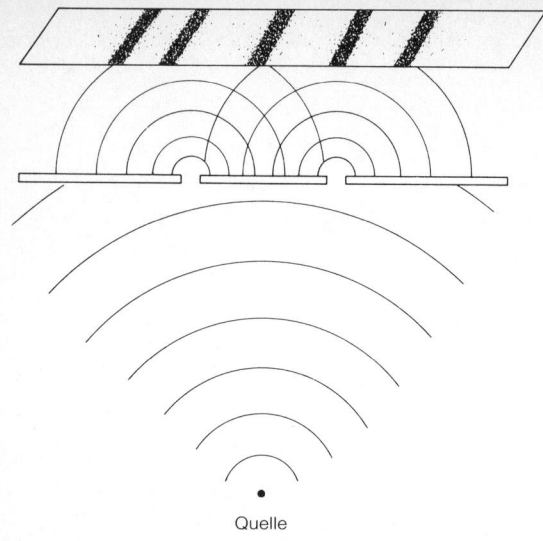

Quelle

3.15 Das von einer Wellenquelle erzeugte Intensitätsmuster, das sich ergibt, wenn eine Welle durch einen Schirm mit zwei Öffnungen auf ein Ziel trifft. Das Ziel weist dann Interferenzstreifen mit abwechselnd maximaler und minimaler Intensität auf.

treffen. Betrachten wir jetzt, was passiert, wenn subatomare Teilchen wie Neutronen gegen die beiden Spalte geschossen werden. Wenn wir einen Film vor das Ziel setzen, erhalten wir das überraschende in Abbildung 3.17 gezeigte Ergebnis. Die Neutronen verhalten sich insofern wie Golfbälle, als jeder Treffer auf dem Film ein deutliches Zeichen hinterläßt. Aber wenn immer mehr Neutronen auf den Schirm geschossen werden, kombinieren sich die einzelnen Treffer zu einem Bild, das alle Kennzeichen eines Welleninterferenzmusters hat. Streifen, in denen der Film stark belichtet ist, wechseln sich mit weniger entwickelten Streifen ab, die wiederum alle statistische Streuung aufweisen. Obwohl diese Neutronen wie Golfbälle als einzelne Objekte ankommen, wird die Wahrscheinlichkeit, daß sie einen bestimmten Zielpunkt erreichen, durch eine Wellenintensität bestimmt. Wenn wir einen der Spalte zuhalten, ergibt sich genau wie bei den Schallwel-

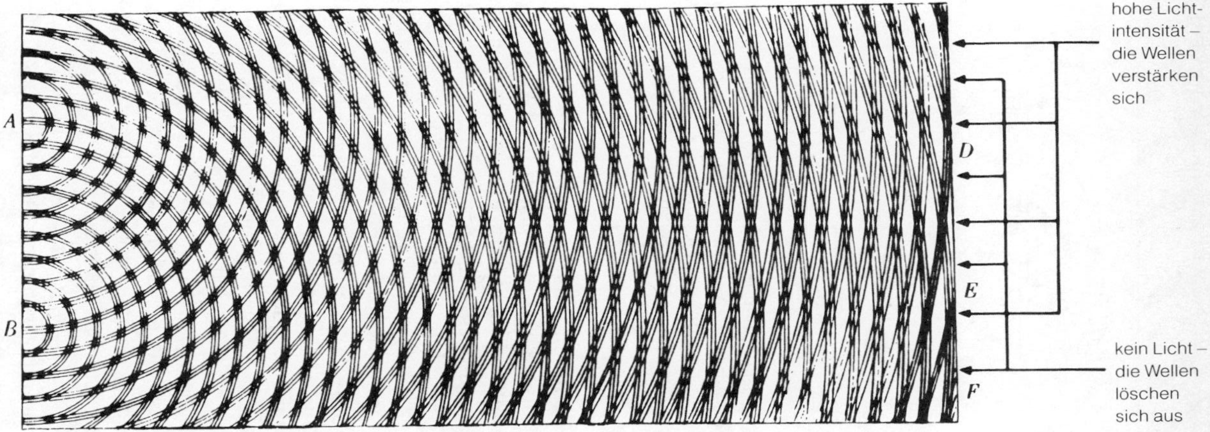

Ungesehene Welten 221

3.16 Die konstruktive und destruktive Interferenz zweier Wellen, die zu dem in Abbildung 3.15 gezeigten Intensitätsmuster mit zwei Spalten A und B führt. Die Abbildung ist die ursprüngliche Zeichnung von Thomas Young. Young lieferte in den ersten zwanzig Jahren des 19. Jahrhunderts wichtige Beiträge zum Nachweis der Wellennatur des Lichts und war der erste, der das hier gezeigte Doppelspalt-Experiment durchführte und analysierte.

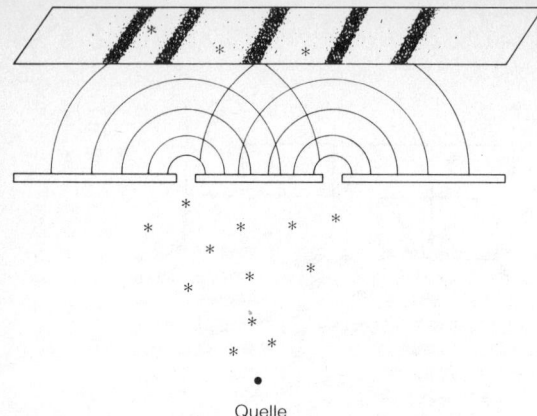

3.17 Das von einer Neutronenquelle erzeugte Muster, das sich ergibt, wenn Neutronen durch eine Blende mit zwei Öffnungen gelangen. Das mit Detektoren ermittelte Muster gleicht dem in Abbildung 3.15, obwohl es sich wie in Abbildung 3.14 aus einzelnen diskreten Ereignissen aufbaut.

len eine einzige Wellenintensitätsverteilung ohne Interferenz. Die Neutronen zeigen also gleichzeitig Teilchen- und Welleneigenschaften auf: Sie kommen am Ziel als «Treffer» an, zeigen aber das für eine Welle charakteristische Intensitätsmuster.

Es gibt noch mehr seltsame Aspekte des von den Neutronen auf dem Schirm erzeugten Welleninterferenzmusters, und dadurch wird es subtiler als das «gewöhnlich» von Schallwellen erzeugte Interferenzmuster. Wenn wir die Neutronen langsam, einzeln und nacheinander, auf den Schirm schießen, so daß wir Neutron für Neutron die Belichtung des Films beobachten können und so jede offensichtliche Wechselwirkung zwischen Neutronen vermeiden, die zu Interferenzen führen könnte, baut sich doch nach und nach ein Interferenzmuster auf. Noch überraschender ist das Ergebnis, wenn wir überall in der Welt viele identische Fassungen dieses Experiments aufbauen und jedesmal in einem vorbestimmten Augenblick nur ein Neutron auf die Spalte schießen. Das Gesamtergebnis, das wir durch Zusammensetzen all dieser völlig verschiedenen Versuche erhalten, würde wie das Welleninterferenzmuster aussehen! Das einzelne Neutron interferiert anscheinend mit sich selbst. Das ist in der Tat «einhändiges Klatschen». Wir hätten die anderen Experimente durch gewaltige Abstände trennen und den Ablauf so synchronisieren können, daß in der Zeit, die das Neutron braucht, um von seiner Quelle zum Ziel zu kommen, kein Signal, nicht einmal eines mit Lichtgeschwindigkeit, eine Beziehung zwischen den Ergebnissen beider Experimente hätte herstellen können. Das Ergebnis bleibt gleich: Die einzelnen Neutronentreffer bilden insgesamt ein korreliertes Interferenzmuster. Wie weiß ein Neutron, welche Rolle es zu spielen hat, damit sich das «richtige» Gesamtbild der Welleninterferenz ergibt?

Noch überraschender ist bei den mikroskopischen Doppelspaltexperimenten mit Neutronen, daß jeder Versuch, die Wellen-Teilchen-Mehrdeutigkeit zu entwirren und zu entdecken, durch welchen Spalt jedes einzelne Neutron auf seinem Weg zum Ziel läuft, das Interferenzmuster im Ziel zerstört. Neutronen sind ziemlich empfindlich. Wenn wir vor jedem der Spalte am Schirm eine photoelektrische Zelle anbringen, die anspricht, wenn ein Neutron durch diesen Spalt läuft, könnten wir erwarten herauszufinden, durch welchen Spalt jedes einzelne Neutron auf seinem Weg zum Ziel läuft. Dieser Ehrgeiz läßt sich aber leider nicht befriedigen. Wenn wir nämlich bestimmen, durch welchen Spalt ein Neutron läuft, wird das in Abbildung 3.17 gezeigte wellenähnliche Muster auf dem Schirm zu dem teilchenähnlichen der Golfbälle in Abbildung 3.14. Es verhält sich dann und nur dann wie ein Teilchen, wenn wir nachforschen wollen, ob ein Neutron sich wie ein Teilchen verhält, und bestimmen, durch welchen Spalt es läuft. Wenn wir nicht versuchen zu bestimmen, ob es sich wie ein Teilchen verhält, dann, und nur dann, erweist es sich als Welle. Es ist unmöglich, ein Verfahren zu entwickeln, das bestimmt, durch welchen Spalt ein Neutron läuft, ohne das Welleninterferenzmuster im Ziel zu zerstören.

Das ist völlig anders als alles in der klassischen Physik. Es stellt alle philosophischen Positionen bezüglich des Wesens der Naturgesetze und der zugrundeliegenden Wirklichkeit vor eine völlig neue Herausforderung. Anscheinend spielt der Beobachter eine entscheidende Rolle bei der Bestimmung dessen, was beobachtbar ist. Das geschieht aber auf eine Weise, die sich auf subtile Art von der alten idealistischen Ansicht unterscheidet, nach der alles am Beobachter liegt. Der naive Realist würde an der Überzeugung festhalten, daß es eine objektive Welt gibt, die existiert, ob es uns gefällt oder nicht, und die bestimmte Eigenschaften hat, die unabhängig davon existieren, ob sie gemessen werden. Leider bewährt sich das bei der ersten Begegnung mit den Quantengesetzen der Natur nicht. Das beobachtete Phänomen bestimmt *zusammen* mit dem Beobachtungsvorgang, was im Doppelspaltexperiment beobachtet wird. Daraus folgt keineswegs, daß alles, was beobachtet wird, vom Beobachter erschaffen ist in dem Sinn, wie es der Idealist oder der Solipsist behaupten würde. Es gibt keinen Grund dafür, den Glauben an eine zugrundeliegende Wirklichkeit aufzugeben. Es ist nur so, daß die Schritte, die wir machen, um sie zu bestimmen, die Wirklichkeit erst erschaffen. Die Wirklichkeit ist an einen Kontext gebunden. Wir müssen auch anerkennen, daß zumindest diese Wirklichkeit, die bestimmt, was in der Mikrowelt der Photonen und Neutronen abläuft, sehr verschieden ist von dem näherungsweisen Eindruck von ihr, den wir durch unseren Kontakt mit großen Objekten haben, deren Quantenwellenlängen winzig und deren Welleneigenschaften für alle praktischen Zwecke nicht erkennbar sind. Es ist nicht so, daß Golfbälle keine wellenähnlichen Eigenschaften haben, im Gegenteil. Aber Golfbälle sind im Vergleich mit Neutronen so groß und ihre «Wellenlängen» so klein, daß das menschliche Auge die Interferenzeffekte nicht wahrnehmen kann.

Intrinsische Unschärfe

> *Den Physikern blieb nichts anderes übrig, als das Beste daraus zu machen, und sie liefen mit Jammermienen herum. Sie klagten erbärmlich darüber, daß sie montags, mittwochs und freitags das Licht als Welle betrachten mußten, dienstags, donnerstags und sonnabends aber als Teilchen. Sonntags beteten sie.*
>
> Banesh Hoffmann

Der Wellencharakter von Teilchen wurde zuerst 1924 von dem französischen Prinzen Louis-Victor de Broglie vorhergesagt und drei Jahre später von Germer und Davisson experimentell bestätigt. Sie führten im wesentlichen das oben beschriebene Doppelspaltexperiment mit Elektronen durch und zeigten damit, daß Neutronen ein wellenähnliches Interferenzmuster erzeugen. De Broglie leitete eine einfache, aber grundlegende Formel her, die die Wellenlänge L der Wellen eines Teilchens der Masse m als

$$L = h/mv \qquad (3.9)$$

bestimmt, wobei v die Geschwindigkeit des Teilchens ist und h eine Naturkonstante, die den Physikern schon aus ihren Untersuchungen der Strahlung als Plancksche Konstante ($h = 6{,}63 \cdot 10^{-34}$ Joulesekunden) bekannt war. De Broglie machte den mutigen Vorschlag, diese Formel ausnahmslos für alle Körper anzunehmen. Grob gesagt sollte danach der Wellencharakter von Teilchen dann wesentlich werden, wenn ihre de-Broglie-Wellenlänge L etwa gleich ihrer wirklichen Größe oder kleiner ist als sie, während er dann vernachlässigbar ist, wenn die Teilchengröße die de-Broglie-Wellenlänge wesentlich übertrifft. Weil h eine so kleine Zahl ist, sind alltägliche Objekte viel größer als ihre de-Broglie-Wellenlängen; Neutronen aber und andere Angehörige der Mikrowelt mit sehr kleinen Massen sind kleiner als ihre de-Broglie-Wellenlängen, und deshalb wird ihr Verhalten von den Welleneigenschaften der Quanten dominiert. Golfbälle also erzeugen am Ziel keine merklichen Welleneffekte. Aber auch Golfbälle haben durchaus eine de-Broglie-Wellenlänge; im Vergleich zur Größe eines Balls und deshalb auch zum Spalt ist sie jedoch fantastisch klein.

Die Allgegenwart der Welleneigenschaften läßt vermuten, daß es eine Beziehung zwischen den Ergebnissen einer Beobachtung und der Art der angestellten Messungen gibt. Wenn wir etwas beobachten, empfangen wir Licht, das von dem beobachteten Gegenstand reflektiert wurde. Wenn wir seinen Ort mit sehr hoher Genauigkeit messen wollen, brauchen wir Licht mit einer sehr kurzen Wellenlänge, damit eine einfache Lichtschwingung das Objekt nicht verfehlt. Aber je kürzer die Lichtwellenlänge ist, um so höher ist die Schwingungsfrequenz, um so höher ist die Energie, und um so stärker wirkt sich die Störung auf die beobachteten Körper aus.

Diese Beschränkung der Beobachtungsgenauigkeit spiegelt in besonderer Weise eine den Objekten anhaftende Unschärfe wider, die zuerst 1927 von Werner Heisenberg erfaßt wurde. Wenn man versucht, die Lage x und den Impuls p (das Produkt aus Masse und Geschwindigkeit) eines Teilchens zu messen, bleibt bei jeder gleichzeitigen Bestimmung dieser Größen immer ein durch unseren Eingriff bedingter Rest von Unschärfe. Wir bezeichnen diese Unschärfen bei der Bestimmung von Ort und Impuls als δx und δp. Dann ist das Heisenbergsche Unschärfeprinzip eine Ungleichung:

$$\delta x \cdot \delta p \geq h/4\pi \qquad (3.10)$$

Wieder tritt die winzige Plancksche Konstante auf. Diese Unschärfe ist also viel kleiner als alles, was wir mit dem bloßen Auge erkennen können. Bei keinem Verkehrsunfall werden wir deswegen ums Leben kommen, weil wir Ort und Geschwindigkeit eines sich nahenden Autos nicht mit hinreichender Genauigkeit bestimmen konnten.

Das Unschärfeprinzip behauptet, daß es grundsätzlich unmöglich ist, gleichzeitig Ort und Impuls eines Teilchens mit einer Genauigkeit zu bestimmen, die besser ist als die Zahl $h/4\pi$. Naiv wird dies oft nur als eine Illustration der Tatsache gedeutet, daß eine Messung unweigerlich den beobachteten Zustand stört – etwa so, wie ein Fotograf ein Problem hat, wenn er ein «natürliches» Bild machen will oder wenn ein Vogelbeobachter in seinem Versteck unbemerkt sein will. Diese unvermeidliche Störung bedeutet, daß es unmöglich ist, *genau* zu wissen, in welchem Zustand das Objekt war, bevor die Messung durchgeführt wurde. Wenn wir zum Beispiel ein ruhendes impulsfreies Atom beobachten, gehört zu unserem Versuch, seinen Ort zu bestimmen, daß (wenn auch durch eine Reihe von Zwischenstufen) Licht von dem Atom in die Netzhaut unseres Auges gelangt. Aber das auf das Atom treffende Licht verändert die Lage des Atoms und schafft eine Unschärfe seines Orts, die unweigerlich Heisenbergs Beziehung genügt.

So einleuchtend diese Beschreibung intuitiv auch sein mag, ist es doch wichtig, die tieferliegende Bedeutung der Heisenbergschen Unschärferelation zu erfassen. Die von ihr garantierte unvermeidliche Wissenslücke ist nicht etwa Ausdruck der *Unvollkommenheit* unserer Meßverfahren (die bereits der von der Unschärferelation (3.10) vorgegebenen Meßgenauigkeit sehr nahe kommen). Selbst wenn unsere Uhren, Meßstäbe und Mikroskope vollkommen genau wären, fänden wir doch, daß gleichzeitige Messungen von Ort und Zeit durch die innewohnende Unschärfe (3.10) begrenzt sind. Das Unschärfeprinzip ist gleichsam ein Mindestmaß für den «Abstand» von Beobachter und Beobachtern in dem Konzept einer dualistischen Auffassung der Welt, als einer, die in Beobachter und Beobachtetes aufgeteilt ist.

Die übliche populäre Deutung des Unschärfeprinzips als Folge einer Störung einer sonst wohldefinierten Situation wird der vollen Quantensicht von der Welt nicht gerecht. Sie erwähnt nicht das vom Beobachter geschaffene Problem der Wirklichkeit, das die Deutung des Doppelspaltexperiments erschwerte. Sie setzt nicht ausdrücklich einen Beobachter voraus (ein Mikroskop genügt) und bedingt, daß es wirklich gleichzeitige Werte für Impuls und Ort gibt, aber wegen unserer unüberwindlichen Unbeholfenheit schaffen wir es nicht zu messen, ohne zu stören.

Die volle in den ersten dreißig Jahren dieses Jahrhunderts entwikkelte Quantentheorie, die seitdem erfolgreich verwendet wird, vertritt eine viel radikalere Ansicht. Wir können Ort und Impuls nicht gleichzeitig mit beliebiger Genauigkeit messen, weil Ort und Impuls einer Größe nicht gleichzeitig existieren. Wir sind durch unsere Erfahrungen mit der klassischen Physik irrtümlich zu der Überzeugung gekommen, daß sich ein mikroskopisches Phänomen durch Begriffe wie Ort und Impuls beschreiben läßt, die sich aus unserer Erfahrung mit der Bewegung großer Körper ergeben haben. In der Mikrowelt der Quanten zeigt sich, daß der gemessene Zustand dann, wenn wir uns entscheiden, eine dieser Eigenschaften genau zu messen, aufhört, die andere Eigenschaft zu haben. Man sollte sich vor der Vorstellung hüten, wir könnten sie einfach nicht erkennen. Sie können nicht gleichzeitig existieren. In dem Doppelspaltexperiment zeigt sich diese Dichotomie, wenn wir versuchen, sowohl den Impuls als auch den Ort eines Neutrons im selben Moment zu messen, um herauszufinden, durch welchen Schlitz es läuft. Dabei wird ein Teil der am Ziel registrierten Wirklichkeit zerstört, und das Wellenmuster, das wir in einzelne Teilchenbahnen zerlegen wollen, wird zu einem Teilchenmuster.

Niels Bohr, einer der Baumeister der Quantentheorie, mit dem Heisenberg bei der Entdeckung des Unschärfeprinzips zusammenarbeitete, nannte Größen wie Ort und Impuls, die sich nicht mit beliebiger Genauigkeit gleichzeitig messen lassen, zueinander *komplementär*. Es gibt in der Natur noch andere komplementäre Größen – Zeit und Energie sind zueinander komplementär. Wir sahen im Doppelspaltexperiment ein Beispiel für die Komplementarität, als wir versuchten zu bestimmen, durch welchen Spalt ein Neutron auf seinem Weg zum wellenähnlichen Interferenzmuster läuft. Der Fehlschlag dieses Versuchs zeigt die Komplementarität von Wellen- und Teilchenverhalten bei Neutronen. Man kann entweder das Teilchenverhalten oder das Wellenverhalten nachweisen, aber nicht beides gleichzeitig. Die Messung des einen Verhaltens bedingt die Nichtexistenz des anderen.

Es sollte deshalb betont werden, daß die quantenmechanische Sichtweise radikaler ist als der Pragmatismus der logischen Positivisten, die behaupten würden, es sei sinnlos, über Größen zu sprechen, die nicht gemessen werden können. Die Komplementarität behauptet, daß es nicht nur sinnlos ist, wenn man Ort und Impuls genau zu kennen vorgibt: Es gibt diese Größen gar nicht gleichzeitig. Das ist eben so.

Bohr aber – dessen Wappen das orientalische Symbol für *Yin-Yang* enthält – erfaßte, daß der Begriff der Komplementarität eine viel größere philosophische Bedeutung hat, als sein Auftreten in einer strengen mathematischen Herleitung der Quantenphysik vermuten läßt. Er meinte, auch für paradoxe Aspekte der menschlichen Erfahrung würden analoge, aber wohl unbestimmtere «Unschärferelationen» gelten. So schlug er zum Beispiel vor, daß die widersprüchlichen Begriffe des freien Willens und des Determinismus oder des Vitalismus und des Mechanismus zueinander komplementär sein könnten, so daß das eine bedeutungslos wird, wenn man die andere Ansicht vertritt. Diese umfassendere Komplementarität deutete er ebenso wie die Unmöglichkeit, atomare Systeme genau zu beschreiben, nämlich als das Unvermögen unserer primitiven klassischen Begriffe, das Wesen der Wirklichkeit zu erfassen, und nicht als eine Absage an die Koexistenz einer objektiven Wirklichkeit. Diese Anwendungen der Komplementarität auf Bereiche außerhalb der Quantenphysik erscheinen auf den ersten Blick als recht optimistische Extrapolitionen der Quantenidee, aber mit großer Wahrscheinlichkeit haben umgekehrt gerade sie Bohr dazu gebracht, die Komplementarität in der Physik zu betonen. Bohrs Vater war ein Physiologe, der ebendiesen Gedanken der Komplementarität in sein eigenes Gebiet eingeführt hatte, um den Konflikt zwischen Teleologie und Mechanismus bei der

Beschreibung biologischer Phänomene zu beheben. Er behauptete, daß die Gültigkeit einer Sichtweise von der Frage abhängt, nach welcher Eigenschaft der Welt gefragt wird. Man sieht leicht, wie auch in der Biologie und den Humanwissenschaften die Existenz komplementärer Beschreibungen zu «Unschärferelationen» führt. Damit die Physiologie eines lebenden Tieres untersucht werden kann, muß es getötet und seziert werden. Die Einwirkung des Beobachters verändert unwiderruflich das Wesen des Versuchstieres. Diese Art von Beobachterabhängigkeit scheint auch bei anthropologischen Feldstudien ein Hauptproblem zu sein. In den letzten Jahren wurde behauptet, daß Margaret Meads klassische Studien bei Eingeborenen auf Inseln im Pazifik ernsthaft durch das mutwillige gegen ihre Anwesenheit gerichtete Verhalten der beobachteten Völker gestört wurden.

Philosophen haben sich außerhalb des Bereichs der Quantenmechanik anscheinend wenig mit Bohrs Gedanken beschäftigt. Sicherlich sind wir mit heuristischen Beispielen vertraut wie etwa, wenn wir gleichzeitig den genauen Pinselstrich und den Gesamteindruck eines Gemäldes beurteilen wollen: Der für den einen Gesichtspunkt nötige Blickwinkel macht den anderen unmöglich. Obwohl es interessant ist, die Existenz solcher komplementären Eigenschaften außerhalb der Quantenphysik zu beobachten, hat das unser Wissen über die betrachteten Probleme noch nicht bereichert. In den Humanwissenschaften scheint die Komplementarität lediglich ein neuer Name für ein altes Problem zu sein und keine Lösung. Aber in der Quantentheorie ist sie ein grundlegendes Nebenprodukt einer exakten Theorie mit genau beschreibbaren Konsequenzen für die Beobachtung. Sie ist nicht nur ein Name. Sie löst Probleme und deckt neue auf.

Niels Bohrs Vater gehörte zu der biologischen Schule, die später «Teleomechanisten» genannt wurde. Sie folgten Kant in seinem Widerstand gegen jene Biologen, die jedem Aspekt des Lebens eine mechanische Erklärung geben wollten. Kant betonte die Rolle absichtsvollen Handelns von Lebewesen als einen notwendigen Bestandteil jeder vollständigen Beschreibung ihres Verhaltens. In Analogie dazu erfordert eine vollständige Beschreibung eines Computers einen Hinweis auf die Natur oder den Zweck des Programms, nach dem er arbeitet, zusätzlich zur Erläuterung der rein mechanischen Arbeitsweise der Hardware. Die beiden sind in dem Sinne komplementär, daß dann, wenn der Computer auf der Hardware-Ebene voll verstanden ist, weitere, andersgeartete Information zur Vervollständigung der Beschreibung keineswegs überflüssig wird. Menschen sind zweifellos als Hardware betrachtet Ansammlungen von Chemikalien, aber es wäre falsch, allein aufgrund dieser Tatsache zu schließen, daß sie «nichts als» Ansammlungen von Chemikalien sind. Obwohl die Teleomechanisten in der Embryologie eine Reihe wichtiger Entdeckungen machten, verschwanden sie aus dem Blickfeld, weil sie den Denkfehler machten, daß das in Lebewesen im kleinen Maßstab beobachtete zweckgerichtete Verhalten einen Hinweis auf eine innewohnende «Lebenskraft» gäbe. Diese als Vitalismus bekannte Sicht wird von modernen Biologen abgelehnt. Und doch führte dieser Konflikt zwischen Mechanismus und Zweck Christian Bohr dazu, die Bedeutung komplementärer Beobachtungsebenen zu betonen und in seinem jungen Sohn den Samen der Revolution zu pflanzen. Wie seltsam und direkt ist doch der Weg von Kant zur Quantentheorie!

Zufallswellen

Erwin kann mit seinem Psi
Rechnen wie sonst niemand, nie.
Aber eines kann ich nicht verstehen:
Mit welcher Bedeutung das Psi versehen?
                                        Felix Bloch

Die von uns aufgezeigten Aspekte der Quantenprobleme werden durch eine von Erwin Schrödinger entdeckte Differentialgleichung – heute als Schrödingergleichung bekannt – zusammengefaßt; sie bestimmt das Verhalten der sogenannten «Wellenfunktion» und tritt an die Stelle der Newtonschen Bewegungsgleichungen, die die Orte und Geschwindigkeiten der Teilchen bestimmt, deren Bewegung von den Newtonschen Gesetzen geregelt wird. Die aus Schrödingers Auffassung resultierende «Quantenmechanik» weist tiefliegende neue Züge auf. Obwohl die Schrödingergleichung so deterministisch ist wie die Gleichungen Newtons – wenn die Wellenfunktion im Raum zu einem Zeitpunkt bestimmt ist, können wir im Prinzip ihre Eigenschaften zu jeder zukünftigen Zeit genau bestimmen –, erweist sich dieser Determinismus als nichtssagend, denn die Wellenfunktion läßt sich nicht direkt beobachten. Wenn wir an einem physikalischen System eine Messung vornehmen, können wir mit Hilfe der Quantenmechanik nur die *Wahrscheinlichkeit* vorhersagen, daß ein bestimmtes Ereignis gemessen wird. Von unserem menschlichen Standpunkt aus bedeutet das einen prinzipiellen Zusammenbruch des Determinismus. Das hat nichts mit unserer Unfähigkeit zu tun, absolut genaue Messungen durchzuführen, sondern es offenbart vielmehr die der Sache anhaftende, durch den Eingriff eines Beobachters bewirkte Unvorhersagbarkeit und verweist auf die irreduzierbare Ebene, auf der alles in der Natur miteinander verwoben ist. Es liegt nicht daran, daß wir, wie bei der statistischen Behandlung der Thermodynamik, ein effizientes Verfahren der Beschreibung durch die Mittelwertbildung gewählt haben. Die genauen deterministischen Gesetze der Quantenmechanik bestimmen, so stellt sich heraus, eine Schicht der Welt, die uns nicht direkt zugänglich ist. Sie ist unbeobachtbar. Und für das, was beobachtbar ist, können wir nur die Wahrscheinlichkeiten des Auftretens angeben. Wenn die betrachteten Dinge größer werden, werden ihre de-Broglie-Wellenlängen kleiner, streuen sie weniger und lassen sich deshalb mit immer besserer Genauigkeit durch die klassische Newtonsche Mechanik beschreiben, so daß die *Mittelwerte* der Quantenobservablen den Newtonschen Bewegungsgesetzen gehorchen.

Die Wahrscheinlichkeitsverteilung der Meßergebnisse, die in einem durch seine Wellenfunktion beschriebenen Quantensystem möglich sind, wird durch das Quadrat des Betrags der Wellenfunktion gegeben. Diese Deutung gab Max Born 1926 der Wellenfunktion; sie unterscheidet sich von der, die Schrödinger für die Wellenfunktion erwartet hatte. Wenn wir wieder Abbildung 3.17 anschauen, liefert die Quantenbeschreibung eine Wellenfunktion, deren Betragsquadrat die Wahrscheinlichkeit (oder Intensität) liefert, mit der Neutronen auf bestimmte Bereiche des Ziels auftreffen.

Es lohnt sich, etwas über die Wellennatur des Neutrons nachzudenken, wie sie sich in Schrödingers Wellenfunktion zeigt. Die Quantenwelle eines Teilchens wie des Neutrons ist keine Schall- oder Wasserwelle, sondern eine Wahrscheinlichkeitswelle: Sie enthält Information. Sie gibt Auskunft über die Wahrscheinlichkeit, mit der sich die Wirkung bestimmen läßt, die wir mit dem Vorhandensein jener gewöhnlich «Neutron» genannten Größe verbinden, wenn wir an einem bestimmten Ort eine Messung durchführen. Wir sollten sie weniger als eine Wasserwelle und eher als Hysteriewelle sehen. Wenn eine Welle der Hysterie einen bestimmten Bereich erfaßt, treffen wir dort hysterisches Verhalten an. Analog dazu finden wir ein Neutron mit größerer Wahrscheinlichkeit an jenen Orten, wo die Wahrscheinlichkeit seiner Wellenfunktion am größten ist. In Atomen zum Beispiel nimmt die Aufenthaltswahrscheinlichkeit für Elektronen an den Stellen einen Spitzenwert an, die wir als Radius der Elektronenbahn bezeichnen würden, wenn wir uns naiv die Atome als Sonnensysteme im kleinen vorstellen, wonach Elektronen in genau bestimmten Abständen die Kerne umlaufen.

Quantengesetze haben eine weitere auffällige Eigenschaft, die sie von ihren klassischen Gegenstücken unterscheiden. In der Welt Newtons führen gleiche Ursachen zu gleichen Wirkungen. In der Quantenwelt jedoch ist das anders. Gleiche Ursachen erzeugen gleiche Wahrscheinlichkeitsverteilungen für die Meßergebnisse, aber zwei gleiche Messungen ergeben nicht notwendig das gleiche Ergebnis. Wie wir früher schon bemerkten, würden die Ergebnisse nicht identisch sein, wenn wir viele gleiche Doppelspaltexperimente durchführten, bei denen jeweils nur ein Neutron auf sein Ziel geschossen würde. Sie erzeugen vielmehr zusammengesetzt eine Wahrscheinlichkeitsverteilung mit der charakteristischen Form eines wellenähnlichen Interferenzmusters. So sagt es die Schrödingergleichung vorher, und diese Vorhersagen stimmen wunderschön mit den Beobachtungsergebnissen überein.

Hier scheint mehr Nachdenken über den Zusammenbruch des Determinismus angebracht. Wir haben uns an die klassische Form des Determinismus gewöhnt, wie ihn zuerst Laplace und Leibniz klar sahen, wonach die Zukunft eindeutig durch die Gegenwart bestimmt wird. Eine Alternative läßt sich fast nicht vorstellen. Was außer der Gegenwart könnte schließlich die Zukunft beeinflussen? Was «bestimmt» die Quantenzukunft?

Diese neue nicht-deterministische Zutat zu unserer Suche nach den Naturgesetzen stellt sich als zweischneidig heraus. Während sie überall in der Quantenwelt zu Unvorhersagbarkeit führt, birgt sie für den Makrokosmos den Schlüssel zu Beständigkeit und Vorhersagbarkeit. Eine der Folgen der Quantentheorie der Materie – und der Grund für den Namen («Quantum» ist das lateinische Wort für Menge) – ist die Enthüllung, daß die Energie eines Systems nicht jeden beliebigen Wert annehmen kann. Vielmehr nimmt sie nur bestimmte diskrete Werte an. Die Energieniveaus eines Atoms sitzen auf den Stufen einer Leiter und nicht auf einer Rutschbahn. Das weicht radikal von der klassischen Newtonschen Sicht ab, daß die Energie eines Systems jeden beliebigen Wert annehmen kann. Die Sprünge zwischen den erlaubten Energiewerten sind winzig und durch die Plancksche Konstante bestimmt. Für große und alltägliche Körper sind die Sprünge deshalb nicht zu bemerken. Wenn wir die Welt aber in der Größenordnung von Atomen untersuchen, unterscheidet sich die Energie der Quantensprünge nicht sehr von der Gesamtenergie der Atome. Unter solchen Umständen ist die Tatsache, daß die Energie des Atoms nur in ganz bestimmten Stufen auftreten kann, eine wichtige Folge. Betrachten wir zum Beispiel das Wasserstoffatom: Es besteht aus einem Proton, um das herum ein Elektron existiert, das höchstwahrscheinlich nur auf einer einzigen Bahn gefunden wird. Unterschiedliche elektrische Ladungen ziehen einander genauso an wie ungleichnamige Magnetpole. Warum stoßen das positiv geladene Proton und das gleich, aber negativ geladene Elektron nicht zusammen und vernichten einander unter Aussendung von Strahlung? Warum gibt es Atome? Das Unschärfeprinzip liefert eine Antwort. Wenn der Ort des Elektrons dem Proton immer näher kommt, nimmt die ihm komplementäre Größe – der Impuls – weiter zu, und das Elektron bewegt sich so rasch, daß es unmöglich ist, die beiden zusammenzuhalten.

Die Quantisierung der Energieniveaus bewirkt auch die Gleichförmigkeit der Natur. Wenn die Bahnen der Elektronen um den zentralen Atomkern durch die klassische Newtonsche Mechanik beschrieben würden, könnte das Elektron den Kern auf einer Bahn mit *beliebigem* Radius umkreisen, wenn es nur die geeignete Geschwindigkeit hätte. Ein Elektron könnte dann praktisch immer, wenn es auf einer Bahn um ein Proton gebunden ist, eine andere Geschwindigkeit und einen anderen Bahnradius haben. Jedesmal ergäbe sich folglich eine andere Konfiguration, und jedes Wasserstoffatom wäre anders. Quantenmechanisch gedacht kann die Gesamtenergie nur bestimmte diskrete Werte annehmen, da ein auf eine Bahn um ein Proton geschicktes Elektron nicht auf unendlich vielen Bahnen laufen kann. Es gibt einen kleinsten Radius für die Elektronenbahn, bei dem die durch die Wellenfunktion bestimmte Wahrscheinlichkeit ein Maximum hat. Wenn das Elektron einmal in diesem Grundzustand ist, kann sich die Energie nicht allmählich ändern, weil das Elektron ständig von Licht hin und her gestoßen wird. Sie ändert sich nur, wenn eine Störung auftritt, die groß genug ist, die Energie um ein ganzes Quantum zu verändern. Atome sind folglich im Meer der winzigen Stöße stabil und ändern nicht fortwährend ihre intrinsischen Eigenschaften. Die Quantisierung der Energie ist der Grund dafür, daß alle Wasserstoffatome gleich sind. Wenn die Energie nicht quantisiert wäre, würden sie alle verschieden sein, und die Einheitlichkeit der Natur wäre eine unrealisierte Idealisierung.

Das Wesen der Quantenwirklichkeit

Der naive Realismus führt zur Physik, und die Physik zeigt, daß der naive Realismus falsch ist. Deshalb ist der naive Realismus, falls er wahr ist, falsch; deshalb ist er falsch.
Bertrand Russell

Nichts könnte einfacher sein als das Bild eines Neutrons, das seine Quelle verläßt und dann beim Aufprall auf eine Photoplatte entdeckt wird. Das ist das Bild der Welt vor der Quantentheorie. Nachdem wir die Quantengesetze der Natur kennengelernt haben, wird das Bild vom Neutron verblüffend abenteuerlich. Denn wir werden zu der Überzeugung gezwungen, daß diese Größe, die wir Wellenfunktion nennen, eine Wahrscheinlichkeitswelle für Neutronen durch den Raum schickt, und zwar auf einer Bahn, die durch die Schrödingergleichung genau bestimmt ist. Diese Welle von «Neutronenheit» konzentriert sich hauptsächlich auf einen kleinen Bereich und vermittelt dadurch den Eindruck, das Neutron sei eine lokalisierte Konzentration von etwas, das wir Masse nennen. Aber die Neutronenwelle breitet sich überall aus, wenn sie auch in großer Entfernung von der größten lokalen Konzentration viel weniger intensiv ist, und das spiegelt die Tatsache wider, daß die Wahrscheinlichkeit, das Neutron *irgendwo* zu finden, nicht Null ist. Wenn an dem System eine Messung gemacht wird – wenn zum Beispiel die Photoplatte aufgestellt und von einem Neutron getroffen wird –, muß die Wellenfunktion sich momentan ändern, wenn sie uns immer noch die Wahrscheinlichkeit mitteilen soll, mit der wir an einem bestimmten Ort ein Neutron finden, weil das Neutron jetzt an einem bestimmten Ort ist: Es ist dort, wo wir seinen Abdruck auf dem Film sehen. Der Meßprozeß scheint sich deshalb irgendwie von den anderen von den Quantengesetzen beschriebenen physikalischen Prozessen zu unterscheiden. Wenn wir uns nicht damit zufriedengeben, die bewundernswerte Genauigkeit und Fähigkeit der Quantentheorie zur richtigen Beschreibung der Welt zu nutzen, sondern fortwährend nach der Deutung und dem richtigen Verständnis der Quantentheorie suchen, geht es im Grunde darum, ob die Quantenmechanik *alles* beschreibt, was in der Natur vorkommt, den Meßprozeß eingeschlossen, oder nicht.

Das «EPR-Paradoxon»

> Paradoxon *Bezeichnung für eine scheinbar alogische, unsinnige, widersprüchliche Behauptung, die aber bei genauerer gedanklicher Analyse auf eine höhere Wahrheit hinweist.*
> Meyers Taschenlexikon

Während seiner ganzen erstaunlichen frühen Karriere als Wissenschaftler, der durchweg die tiefsten und weitreichendsten Einsichten in die Struktur der Naturgesetze gewann, stand Einstein den Gedanken der Quantenphysik immer und mit Entschiedenheit feindlich gegenüber. Obwohl er selbst durch seine Entdeckung des photoelektrischen Effekts der Vorstellung den Weg bahnte, daß Energie nur in diskreten Quantenpaketen vorkommt, konnte er sich nie mit dem Element der Unbestimmtheit anfreunden, das sich als notwendiger Bestandteil der Quantengesetze erweist. Seine oft zitierte Weigerung zu glauben, daß Gott würfele, zeigt seine Abneigung gegen Abweichungen von der traditionellen realistischen Einstellung zu den Naturgesetzen. Seiner Meinung nach ist es die Aufgabe der Naturwissenschaft, eine genaue Beschreibung einer unabhängigen und objektiven physikalischen Wirklichkeit zu liefern. Bohrs Lehre der Komplementarität sah er als eine Ablehnung dieser grundsätzlichen Einstellung und nur als reine Widerspiegelung einer übertrieben positivistischen Einstellung zur Wissenschaft, bei der nur das, was meßbar ist, eine Bedeutung haben darf. Wie stark sein Widerstand gegen die Quantenvorstellung mit ihrer Vorhersage von Wahrscheinlichkeiten statt von Gewißheiten war, zeigt sich in einem Brief an seinen Freund James Franck:

Ich kann mir, wenn es zum Allerschlimmsten kommt, immer noch klarmachen, daß der liebe Gott eine Welt geschaffen haben könnte, in der es keine Naturgesetze gibt. Kurz ein Chaos. Aber daß es statistische Gesetze mit bestimmten Lösungen geben sollte, zum Beispiel Gesetze, die den lieben Gott zwingen, in jedem einzelnen Fall zu würfeln, finde ich höchst unangenehm.

Einstein unternahm viele Versuche, die Bohrsche Deutung der Quantentheorie zu untergraben, indem er sich geradezu geniale Gedankenexperimente ausdachte, um innerhalb der Theorie einen Widerspruch aufzudecken. All diese Versuche werden allgemein als Fehlschläge gesehen. Aber sie alle hatten großen und andauernden Einfluß auf die Versuche, die Quantentheorie zu interpretieren. Die größte Herausforderung an Bohrs Sicht der physikalischen Wirklichkeit stellte sich 1935 in einem von Einstein in Zusammenarbeit mit seinen Kollegen Boris Podolski und Nathan Rosen erdachten Bild. Es wurde unter Verwendung der Anfangsbuchstaben der Verfassernamen als EPR-Paradoxon bekannt und erschien unter dem Titel *Kann man die quantenmechanische Beschreibung der physikalischen Wirklichkeit als vollständig betrachten?* Die Autoren wollten die Kopenhagener Deutung der Quantenwirklichkeit in Frage stellen, die behauptet, daß von einem Objekt erst dann gesagt werden kann, es existiere, wenn es beobachtet worden ist. Es treffe nicht zu, daß es den Physikern darum ginge herauszufinden, was die Wirklichkeit ist, und nicht um das, was sie über sie aussagen können. Einstein bevorzugte anders als Bohr die traditionelle Sicht, nach der die Dinge unabhängig davon existieren, ob sie beobachtet werden oder nicht. Um diese Ansicht zu präzisieren, definierten die Verfasser, daß es dann ein Element der physikalischen Wirklichkeit gibt, das einer physikalischen Größe entspricht, «wenn wir, ohne auf irgendeine Weise ein System zu stören, den Wert einer physikalischen Größe mit Sicherheit (d. h. mit der Wahrscheinlichkeit eins) vorhersagen können». Einstein und seine Kollegen glaubten, daß sie Bohrs Stellung untergraben und die Quantenbeschreibung der Wirklichkeit als unvollständig erweisen könnten, wenn sich zeigen ließe, daß die unbeobachteten Größen unabhängig davon, ob sie gemessen werden oder nicht, ganz bestimmte Werte haben.

Den EPR-Experimenten liegt im Kern eine Untersuchung des Zerfalls eines instabilen Elementarteilchens (etwa eines elektrisch neutralen) in zwei Photonen zugrunde. Wenn das Teilchen zerfällt, bewegen sich die Photonen wegen des Drehimpulserhaltungssatzes mit gleichem Betrag des Drehimpulses in entgegengesetzte Richtungen. Beide Photonen haben einen Eigendrehimpuls, und wenn sich eines im Uhrzeigersinn dreht, muß sich das andere gegen den Uhrzeigersinn drehen, damit der Gesamtdrehimpuls des Systems während des Zerfalls erhalten bleibt. Einstein, Podolski und Rosen betrachteten die diesem Spin komplementäre Eigenschaft und arbeiteten einen Gedanken heraus, den sie als paradox empfanden und mit dem sie beweisen wollten, daß die Quantentheorie keine vollständige Beschreibung des Geschehens liefert.

Wenn das Teilchen zerfällt, können wir nicht vorhersagen, welches der verbleibenden Photonen sich im Uhrzeigersinn drehen wird. Die Wahrscheinlichkeiten für beide Richtungen sind gleich groß. Aber selbst wenn wir sie bis an entgegengesetzte Enden des Weltalls fliegen lassen, sollten wir sofort, wenn wir den Drehimpuls eines der Teilchen messen, ohne den geringsten Zweifel wissen, daß der Drehimpuls des anderen dem des eben gemessenen entgegengesetzt gleich ist. Das wissen wir, *ohne* es gemessen zu haben. Also, behaupten Einstein, Podolski und Rosen, muß der nichtgemessene Drehimpuls des anderen Photons ihrer Definition der physikalischen Wirklichkeit entsprechend als real angesehen werden, weil er vorhersagbar ist. Er muß deshalb mit einem Element einer vom Beobachter unabhängigen Wirklichkeit in Beziehung stehen.

Ein solches Konstrukt verdient die Bezeichnung «Paradoxon», weil es irgendwie so aussieht, als ob das zweite Photon das Ergebnis der Messung des Drehimpulses des ersten Photons «kennen» müßte (und auch wissen, daß er gemessen wurde), damit es, wenn es auch gemessen wird, den entgegengesetzten Wert annehmen kann, obwohl die zweite Messung so bald nach der ersten gemacht werden kann, daß die Zeit nicht zum Austausch eines Lichtsignals zwischen den Orten der beiden Messungen reicht. Es steht deshalb außer Frage, daß das zweite Photon vom ersten «geschmiert» wurde; sie sind *incommunicado*.

Der von diesem Versuch aufgedeckte neue Aspekt der Naturgesetze zeigt, daß die unvermeidliche Folge des Beobachtungsvorgangs *nicht-lokal* sein kann. Er hat Auswirkungen auf Ereignisse, die in dem Sinn weit entfernt sind, daß Lichtsignale sie nicht erreichen können und deshalb überhaupt keine Information übermittelt werden kann. Die Messung des Spins des ersten Photons bewirkt augenblicklich, daß der Wert des Drehimpulses des zweiten Photons festliegt. Das widerspricht ganz und gar dem gesunden Menschenverstand. Wir erinnern daran, daß einer der Mängel der ursprünglichen Newtonschen Gravitationstheorie in ihrer Forderung lag, Dinge hier sollten sich instantan auf ferne Ereignisse auswirken. Diese Fernwirkung wurde übrigens 1982 in einer Reihe wirklicher EPR-Experimente von dem französischen Physiker Alain Aspect und seinen Kollegen gezeigt. Sie änderten im wesentlichen alle zehn Milliardstel Sekunden den Anfangszustand des Drehimpulses und maßen in der Zwischenzeit die entgegengesetzten Drehimpulse der Zerfallsprodukte, wenn sie um das Vierfache der Entfernung getrennt waren, die das Licht in der Zeit vor der nächsten Veränderung des Spins zurücklegen konnte. Die Vorhersagen der Quantentheorie wurden bestätigt.

Ein Hintertürchen in bezug auf die Frage der Komplementarität öffnet sich, wenn wir annehmen, daß es noch eine andere Gruppe von Größen gibt, die unabhängig vom Meßprozeß immer genau bestimmt sind, und daß diese «verborgenen Variablen» in den Naturgesetzen die Hauptrolle spielen. In Experimenten, in denen die Heisenbergsche Unschärferelation die gleichzeitige Messung von Ort und Impuls einschränkt, könnte es andere unbekannte Größen geben, die sich genau messen lassen und aus denen sich Ort und Impuls genau berechnen lassen. Die quantenmechanische Wirklichkeit könnte, durch diese Größen ausgedrückt, eindeutig und nicht statistisch sein. Mitte der sechziger Jahre zeigte jedoch John Bell, ein englischer Physiker am CERN in Genf, daß jede Theorie, die vorgibt, die Wirklichkeit hinter Experimenten zu beschreiben, wie sie von Einstein und seinen Kollegen vorgeschlagen wurden, dann, wenn eine einfache arithmetische Bedingung erfüllt ist, nicht-lokale Kennzeichen haben muß. Die Quantenmechanik erfüllt diese Bellschen Bedingungen, nach der es nicht-lokale Wechselwirkungen gibt. Die irrtümliche Vorstellung, daß die Unschärfen der Messungen nur Auswirkungen der Grobschlächtigkeit des Beobachters sind, wenn sie den untersuchten Zustand stören, genügt dem Bellschen Test nicht, weil sie eine lokale Erklärung ist. Die Quantenunsicherheit liegt tiefer als ihr klassisches Gegenstück. Die Quantengesetze der Natur müssen akausale nicht-lokale Züge aufweisen. Keine gegenwärtige oder zukünftige Theorie, die keine nicht-lokalen Einflüsse enthält, kann mit allen Experimenten verträglich sein. Am überraschendsten und ganz einzigartig ist an Bells Beweis, daß er eine notwendige logische Eigenschaft *jeder* Theorie der Wirklichkeit aufstellt, nicht nur eine Eigenschaft ihrer beobachteten Manifestationen, wie alle anderen Sätze der mathematischen Physik: Damit die Sicht der Wirklichkeit die richtige ist, muß die Theorie nicht-lokal sein.

Bemerkenswerterweise läßt die Quantenmechanik nicht zu, daß zwei Messungen durch ein Signal verbunden werden, das schneller ist als Licht. Die momentanen nicht-lokalen Einflüsse, die sich in allen Quantengesetzen der Natur finden müssen, stehen nicht im Widerspruch zur Einsteinschen Speziellen Relativitätstheorie. Einsteins Theorie erlegt nur der Geschwindigkeit eine Grenze auf, mit der Information übertragen werden kann. Nehmen wir zum Beispiel an, daß wir Tausende von Robotern in einer langen Reihe anordnen und sie so programmieren, daß jeder seinen Monitor zu einer genau bestimmten Zeit aufleuchten läßt. Wir könnten das von vornherein so planen, daß zwar jeder Roboter nach seinem rechten Nachbarn aufleuchtet, aber so bald danach, daß es dem nicht eingeweihten Beobachter erscheint, als ob ein Signal sich schneller als Licht von einem Ende der Roboterreihe zum anderen fortpflanzt. Das ist dann keine Verletzung der Einsteinschen Theorie, denn durch dieses System, das schneller ist als Licht, läßt sich keine Information übermitteln. Wenn die Roboter einander etwas mitteilen wollten, müßten sie, etwa mit Radiosignalen, Nachrichten von einem Nachbarn zum nächsten schicken. Da sich solche Signale nicht schneller fortpflanzen können als Licht im Vakuum, gibt es keine Möglichkeit, wie sie mit Überlichtgeschwindigkeit Information austauschen können. Wir konnten ein Phänomen schaffen, das schneller ist als Licht, weil wir vorher Beziehungen zwischen voneinander unabhängigen Ereignissen festlegten. Das wird durch kein Naturgesetz verboten.

Im EPR-Experiment besteht diese Art der Korrelation, bei der es keine Übertragung von Information gibt. Wir erinnern daran, daß Gleichzeitigkeit ein Begriff ist, der von der Bewegung des Beobachters abhängt. Drei Beobachter könnten so angeordnet sein, daß sie sich relativ zueinander und zum EPR-Experiment bewegen; einer sieht also, daß die Messungen der beiden Spins gleichzeitig vorgenommen werden, während die anderen zuerst die eine oder die andere beobachten. Würde der Drehimpuls des anderen wirklich kausal durch die Übermittlung eines Signals verursacht, hätten wir durch unsere Relativbewegung bei den beobachteten Quantenereignissen die Reihenfolge von Ursache und Wirkung in der Natur verändert. Das akausale Element der Quantenwirklichkeit läßt sich nicht für die Übermittlung von Mitteilungen nutzen, die schneller sind als Licht.

Falls es wirklich «verborgene Variablen» gibt, wären Signale möglich, die schneller sind als das Licht. In einer Theorie des EPR-Experiments, die verborgene Variablen enthält, gibt es eine verborgene Größe, die durch die Messung des ersten Spins beeinflußt wird und die dann den Wert Spin des zweiten gemessenen Spins beeinflußt, selbst wenn beide gleichzeitig gemessen werden. Das ist ein wenig reizvoller Zug von verborgenen Variablen; er bringt sie in Konflikt mit Einsteins Spezieller Relativitätstheorie. Auch wenn alle je durchgeführten Experimente der Hochenergiephysik die Spezielle Relativitätstheorie bestätigt haben, läßt sich darin keine Widerlegung der Existenz von verborgenen Variablen sehen, da wir verborgene Variablen auf keine Weise messen können.

Seinerzeit machte der ursprüngliche Vorschlag Einsteins und seiner Kollegen auf Bohr nicht viel Eindruck; Bohr akzeptierte einfach nicht ihre Definition von «Wirklichkeit». Statt die übliche Weise des Denkens über Realität beizubehalten und die Quantentheorie zu zwingen, sich ihr zu beugen, akzeptierte er die Ergebnisse der Quantentheorie und betrachtete ihren Erfolg als eine Herausforderung, daraus die Konsequenzen für die herkömmliche realistische Sicht der Welt herzuleiten. Er behauptete, eine Unterscheidung zwischen Wirklichkeit und beobachteter Wirklichkeit sei bedeutungslos. Man könne nicht sinnvoll ohne Bezug auf den Beobachter über eine Eigenschaft eines Quantensystems sprechen: Der Beobachter ist ein Teil des

Phänomens. In einem ganz bestimmten Sinn erschafft er es. Nach Bohr gibt es unabhängig vom Beobachter weder eine Wirklichkeit noch Naturgesetze. Obwohl die beiden sich drehenden Teilchen einander anscheinend nicht beeinflussen können, sind sie, so behauptete er, durch die Anwesenheit eines Beobachters verknüpft, der beschließt, etwas über den Drehimpuls des zweiten Teilchens zu erfahren, indem er am ersten eine Messung vornimmt. Das macht ihn zu einem untrennbaren Teil des ganzen Systems. Man kann sich die beiden Drehimpulse nicht als Größen vorstellen, die voneinander unabhängig sind, bis der Beobachter, der sie durch den Meßvorgang trennt, interveniert. Das Ergebnis beider, der ersten wie der zweiten Messung, läßt sich vor der Messung nicht vorhersagen. Bohr erweiterte die EPR-Definition der Wirklichkeit dahin, daß sie die ganze Versuchsanordnung umfaßt. Die quantenmechanische Beschreibung der Wirklichkeit war nicht, wie Einstein und seine Kollegen behaupteten, unvollständig, sondern nur nicht-lokal und von größerer Reichweite, als EPR bereit war gutzuheißen.

Wir sollten uns hier daran erinnern, wie wichtig die Vorstellung von einem «isolierten» System für die Entwicklung der Naturwissenschaft war. Das Geheimnis des Erfolgs von Galilei und Newton beruhte darauf, daß sie eine physikalische Situation idealisiert und in mathematischer Sprache eine Näherung geschaffen hatten, die die wesentlichen Züge einfing und äußere Einflüsse ignorierte. Klassische holistische Vorstellungen lieferten keine Methode, wie ein umfassendes Verständnis zu gewinnen sei, weil sie es nicht zuließen, die Natur in handliche, voneinander unabhängige Stücke zu zerschneiden, die sich jedes für sich verstehen ließen. Die Trennung des Beobachters vom Beobachtungsgegenstand war dabei ein Schlüsselelement. Sie bewährte sich so gut, weil die Beobachter (wir), ihre Beobachtungsinstrumente (die Augen) und die Datenverarbeitungsmaschinen (die Gehirne) große Objekte sind, für die die quantenmechanischen Einflüsse der Beobachtung nicht wahrnehmbar sind. Wenn wir mikroskopisch kleine Intelligenzen wären, hätten wir die Vorstellung von einer äußeren objektiven Welt nicht nützlich gefunden. Die Geschichte der Philosophie wäre dann völlig anders verlaufen.

Es lohnt sich, an diesem Punkt darauf hinzuweisen, daß die modische Verknüpfung von östlichem Mystizismus und quantenmechanischen Gedanken in solchen populärwissenschaftlichen Schriften wie

Das Tao der Physik und *Die tanzenden Wu-Li-Meister* auf einem Mißverständnis beruht. Zu einer Zeit, in der uns keine Instrumente zur Beobachtung der mikroskopisch kleinen Wirklichkeit zur Verfügung stehen, gibt es keinen Grund, eine holistische Sicht der Wirklichkeit einer mechanischen vorzuziehen. Unter solchen Umständen führt es zur Stagnation der Forschung, wenn wir Beobachter und Beobachtungsgegenstand nicht trennen; wir können dann keine verläßliche und nützliche Information über die das Wirken der Natur bestimmenden Gesetze erhalten. Gerade der philosophische Holismus scheint in östlichen Kulturen mit starker mystischer Tradition dem wissenschaftlichen Fortschritt im Weg gestanden zu haben. Die neuere Entdeckung eines holistischen Faktors in der mikroskopischen Welt der Quantenphysik und rückwirkend die Beobachtung ihrer Verknüpfung mit mystischen Intuitionen über die Welt hätten niemals in einer Kultur geschehen können, die sich *ab initio* solchen Intuitionen über die Welt verschrieben hätte.

In der Quantentheorie stehen wir vor den Problemen, die die notwendige Abschaffung einer solchen Sicht behindern. Der Beobachter kann nicht von dem isoliert werden, was er beobachtet; es wird sehr schwierig zu sagen, in Beziehung auf was die «Außenwelt» eigentlich außen ist. Bells Beweis der Unvermeidlichkeit nicht-lokaler Einflüsse scheint dem Ausmaß des «vollständigen» Systems von Apparaten und Beobachtern keine Grenzen zu setzen, die Bohr immer so wichtig gewesen waren. Wie können wir wissen, welche fernen Beobachtungen einen Zustand *nicht* beeinflussen?

Bohrs einst revolutionäre Sicht wurde als «Kopenhagener Deutung» der Quantenmechanik bekannt, weil sie von Bohr in Kopenhagen erarbeitet wurde, wo er viele der größten Physiker seiner Zeit um sich versammelt hatte. Während Kollegen eifrig an der neuen Quantentheorie arbeiteten und beachtliche Erfolge dabei erzielten, viele der Grundeigenschaften der Materie zu erklären, dachte Bohr über die Deutung und Bedeutung der Quantengesetze der Natur nach. Die Kopenhagener Deutung ist wohl die, zu der sich die meisten Quantenphysiker bekennen würden, wenn sie sich für eine Deutung dieser erfolgreichsten aller wissenschaftlichen Deutungen der Quantenmechanik entscheiden müßten – obwohl die Anzahl derer, die sich für solche Fragen nicht interessieren, wohl noch größer ist. Danach können wir im herkömmlichen Sinn keine tiefe Wirklichkeit entdecken,

Ungesehene Welten 243

sondern nur eine Beschreibung davon. Die beobachtete Wirklichkeit wird durch den Beobachtungsvorgang bestimmt. Es gibt sie wirklich, wenn sie gemessen wurde – sie ist keine Täuschung –, aber es läßt sich nicht sinnvoll sagen, daß sie ohne einen Beobachtungsvorgang existiert. Wir müssen anerkennen, daß «Dinge» wie Photonen und Neutronen nicht in derselben Art «wirklich» sein können, wie wir Stühle und Tische als wirklich sehen. Sie sind eher wie Schatten: Sie entstehen in einer Verbindung von Licht und der Situation des Beobachters. Schatten sind wirklich genug, aber sie existieren nicht genauso wie ein Buch. Das Element der Wirklichkeit, das Einstein mit dem Photon verband, weil es eine vorhersagbare Eigenschaft hat, kann nichts Konkreteres bedeuten als die Art und Weise, in der es gelegentlich seine meßbaren Eigenschaften offenbart.

Man könnte diese Auffassung je nach der eigenen Einstellung «Quantenidealismus» oder auch «Quantenpositivismus» nennen. Nach dieser Deutung spiegelt die durch die Unschärferelationen verkörperte Komplementarität die Unfähigkeit der klassischen Begriffe wie Ort und Impuls, nebeneinander zu existieren und die Quantenwelt einzufangen. Sie können diese Aufgabe nicht erfüllen, weil sie wie alle «klassischen» Begriffe voraussetzen, daß Eigenschaften definiert werden können, ohne daß eine Beobachtung angestellt wird; nach Bohr gibt es eine solche Welt nicht wirklich. Es ist sinnlos, davon zu sprechen, ein Teilchen habe einen nicht gemessenen Drehimpuls, oder zu denken, daß die Wirklichkeit des gemessenen Spins von einem anderen zugrundeliegenden Reservoir der Wirklichkeit geschaffen wird. Stellen wir uns vor, Bohr würde um eine Deutung des von den Neutronen im Doppelspaltexperiment gebildeten Wellen- und Teilchenmusters gebeten, das entsteht, wenn wir versuchen herauszufinden, durch welchen Spalt das Neutron lief. Er hätte darin ein Beispiel dafür gesehen, wie die Art der Messung, zu der sich ein Beobachter entschließt, bestimmt, ob sich das Neutron als Welle oder als Teilchen erweist. Es ist sinnlos, so hätte er gesagt, darüber zu reden, was es «wirklich» ist, oder zu denken, daß die Messung es irgendwie hindert zu zeigen, was es wirklich ist. Es gibt keine solche tiefere Wirklichkeit.

Die verrückte verwirrte Katze

> *Wie die Wasser eines Flusses Die im raschen Lauf des Stroms*
> *Ein großer Fels zerteilt – Obwohl unsere Wege getrennt zu*
> *sein scheinen Ich weiß, am Ende begegnen wir uns.*
> Japan, 12. Jhd.

Viele Physiker finden die Kopenhagener Deutung gar nicht so wunderbar. Immer noch hinterläßt sie ärgerliche Lücken in unserem Verständnis der Quantenwelt und fordert von uns anzunehmen, daß eine Messung nicht-lokale Einflüsse hat. Aber das größte Problem mit der Kopenhagener Deutung ist grundlegender: Was ist eine Messung? Wir erinnern daran, daß nach Bohr dann, wenn eine «Messung» gemacht wird, die unendlich ausgebreitete Wellenfunktion an einem bestimmten Ort zu einem bestimmten, aber nicht vorhersagbaren Zustand «kollabieren» muß – im Doppelspaltexperiment zum Beispiel da, wo ein Teilchen den Film getroffen hat. Der Übergang von der Quantenvorstellung zum klassischen Bild ist plötzlich und geheimnisvoll. Kollabiert die Wellenfunktion eines Neutrons, weil es auf den Film trifft, der die Rolle eines unbelebten Beobachters spielt, oder kollabiert sie, weil ein Physiker das Gesamtsystem der Interaktion von Wellenfunktion des Neutrons mit dem Film beobachtet? Wo und wann kollabiert die Wellenfunktion eigentlich? Das Problem der Bohrschen Deutung ist, daß sie nicht wirklich vorgibt zu beschreiben, was Quantenzustände und Meßvorrichtungen sind, sondern nur, in welcher Beziehung sie zueinander stehen. Das ist ziemlich verwirrend. Denn an Meßgeräten wie Geigerzählern und Fotopapier scheint nichts Besonderes zu sein. Sie bestehen selbst aus Quanten, die den Neutronen ähnlich sind.

Die Kopenhagener Deutung muß eine bestimmte Klasse von physikalischen Prozessen, die sogenannten «Messungen», als etwas Besonderes ansehen, weil sie die Wellenfunktionen instantan kollabieren lassen. Es scheint aber keinen guten Grund dafür zu geben, warum diese «Meßvorgänge» irgendwie besonders sein sollten. Klar ist jedoch, daß der Meßvorgang eine Reihe von Eigenschaften hat, die genau entgegengesetzt sind zu jenen, die die deterministische Auffassung der quantentheoretischen Wellenfunktion in Übereinstimmung mit der Schrödingergleichung dann aufweist, wenn keine durch die Messung bedingte Reduktion vorliegt. Während die Wellenfunktion deterministisch, linear, stetig und lokal ist und keine ausgezeichnete Zeitrichtung kennt, ist der Meßvorgang fast zufällig, nicht linear, unstetig, nicht-lokal und nicht umkehrbar. Zwei Phänomene könnten nicht verschiedener sein.

Der Unterschied zwischen der Quantenentwicklung der Wellenfunktion und dem tatsächlichen Meßvorgang wird wunderschön an einem 1935 von Schrödinger erdachten Gedankenexperiment klar, zu dem er durch den früher in jenem Jahr erschienenen Artikel von Einstein, Podolski und Rosen angeregt worden war. Wie Einstein und seine Kollegen akzeptierte Schrödinger niemals die Kopenhagener Deutung der Quantentheorie; sein Gedankenexperiment erschien ihm als «burlesker Fall», der die Vernunft in Frage stellt. Das Katzenparadoxon lautet so:

Denken wir uns eine Katze zusammen mit einem Geigerzähler, der neben einer schwachen Quelle radioaktiver Strahlung steht, in eine Stahlkammer eingesperrt. Wenn der Zeiger innerhalb einer Stunde einen dieser (für alle praktischen Zwecke) zufälligen Zerfälle registriert, setzt er ein Giftgas frei, das die Katze rasch tötet. Wenn während dieser Stunde kein Atom zerfällt, überlebt die Katze. Das Experiment ist beendet, wenn wir nach einer Stunde nachsehen, ob die Katze lebt oder nicht. Nach der Kopenhagener Deutung der Quantenmechanik, so behauptet Schrödinger, hat die Katze, bevor wir in die Stahlkammer blicken, eine Wellenfunktion, die so beschaffen ist, daß sich die Katze in einer Mischung der Zustände «tot» und «lebendig» befindet, in denen sie gefunden werden kann, nachdem durch das Nachsehen bestimmt worden ist, in welchem Zustand sich die Katze befindet. Wann und wo wandelt sich der vermischte, halbtote Katzenzustand von weder tot noch lebendig in den einen oder anderen? Wer läßt die Wellenfunktion der Katze kollabieren? Ist es die Katze, der Geigerzähler oder der Physiker? Oder gibt es die Quantentheorie für «große» und komplizierte Objekte einfach nicht, obwohl sie aus kleinen zusammengesetzt ist, für die sie gilt?

Das «Katzenparadoxon» erhielt einen letzten bizarren Dreh durch den Physiker F. J. Belinfante aus Indiana, der darauf hinwies, daß man gemäß dem Quantenformalismus tote Katzen zum Leben erwecken kann, indem man einfach genau die zur Eigenschaft «tote Katze» oder «lebende Katze» komplementäre Eigenschaft bestimmt. Eine Reihe dieser Messungen erweist früher oder später tatsächlich den Zustand der Katze als lebendig!

Quantenkatzenphobie

> *Wer weiß, ob meine Katze, wenn ich mit ihr spiele, sich nicht mehr mit mir amüsiert als ich mich mit ihr?*
>
> Montaigne

Schrödinger wollte mit der Aufstellung seines Katzenparadoxons darauf hinweisen, daß die Quantentheorie die physikalische Wirklichkeit nicht vollständig beschreibt. Wir sollten unser Wissen von der Katze in einem verwirrten Zustand sehen und nicht die Katze selbst. Bohr dagegen hätte behauptet, daß es so etwas wie «die Katze selbst» nicht gibt: Die einzige existierende Wirklichkeit ist unser Wissen über die Katze. Darüber hinaus vermindert der makroskopische Maßstab des Schrödingerschen Beispiels seine Bedeutung. Wir könnten einwenden, daß wir nicht wissen, ob eine Katze in einem gemischten Zustand ist, wenn wir eine sehen; wenn auch jetzt Laser dazu gebracht werden können, uns gemischte Zustände zu zeigen, so sind diese doch nicht makroskopisch.

Während einige angesehene Physiker behauptet haben, diese begrifflichen Probleme belegten die Auflösung der traditionellen Begriffe von «Beobachter» und Beobachtungsgegenstand oder sogar der klassischen Begriffe der Logik, haben andere, vor allem Eugene Wigner und John von Neumann, sich zu der überraschenden Einstellung bekannt, daß nur bestimmte Arten von Meßgeräten – solche, die ein Bewußtsein haben, das dem des Menschen ähnelt – Wellenfunktionen kollabieren lassen können. Es sei, behaupten sie, nicht möglich, die Gesetze der Quantenmechanik in einer völlig konsistenten Art zu formulieren, wenn nicht ausdrücklich die Tatsache genutzt wird, daß die letzten Instanzen der Beobachtungsvorgänge bewußte Wesen sind. Eine solche Position erfordert, daß wir glauben, menschliches Bewußtsein sei etwas, das sich ganz anders verhält als alles, was uns sonst in der Natur begegnet. Insbesondere wird sich dann auch die Frage stellen, was passiert, falls die intelligenten Beobachter einmal aussterben sollten.

Es gibt keinen Zweifel daran, daß das Gehirn aus gewöhnlicher Materie besteht, und leidenschaftliche Anhänger der Künstlichen Intelligenz würden wohl behaupten, daß der Konstruktion eines voll bewußten intelligenten Roboters im Prinzip kein Hindernis entgegensteht. Man könnte sich eine Reihe von Gehirnoperationen vorstellen, die die Schaltkreise in Ihrem Gehirn nach und nach durch Siliziumchips ersetzen. Würden Sie während dieser Ersetzungen je plötzlich aufhören, ein Mensch zu sein, anders als wenn Ihre inneren Organe nach und nach durch perfekte mechanische Transplantationen ersetzt würden? Aber die Quantentheorie erschüttert naive Argumente für die Unvermeidbarkeit der künstlichen Intelligenz. Diese Argumente beruhen auf der Annahme, daß das Gehirn eine Art biochemischer Mechanismus ist, der durch einen Supercomputer nachgeahmt werden kann. Wenn wir analysieren, was wir bis jetzt über das menschliche Gehirn gelernt haben, können wir es in der Tat bis zu einem bestimmten Grad durch Begriffe aus der Biochemie und dem Computerwesen erklären. Wenn wir aber weitersuchen, treffen Determinismus und Quantenunschärfe zusammen. Bis wir verstehen, wie Quantencomputer funktionieren, muß unser Verständnis dafür unvollständig bleiben, wie jene spezielle Software, die «Bewußtsein» heißt und die das Gehirn braucht, mit der Hardware des Nervensystems verknüpft ist. Paradoxerweise kommen wir dann, wenn wir einen Beobachter wie Sie und mich in immer kleinere mechanische Stücke zerlegen, schließlich an Ebenen der Quantenstruktur, denen erst ein Beobachter Bedeutung geben kann.

Eine höchst ungewöhnliche Eigenschaft des menschlichen Geistes ist sein Hang zum Nachdenken über sich selbst. Wir müssen nicht durch Versuch und Irrtum lernen. Wir können die Ergebnisse zukünftiger Handlungen vorwegnehmen und entsprechend vorausschauend handeln. Wir brauchen uns nicht auf Gedeih und Verderb der natürlichen Auslese auszusetzen, wenn wir es nicht wollen. Dadurch können wir uns eine geistige Welt der Abstraktionen schaffen: Musik, Träume, geistige Bilder, logische Systeme, Regeln. All diese unterscheiden sich von den konkreten physikalischen Objekten um uns herum und von der emotionalen und mit Gedanken erfüllten Welt unserer bewußten Erfahrung. Diese letztere, persönliche Welt vermittelt zwischen der objektiven Welt der «Dinge» dort draußen und den abstrakten Gedanken und Theorien, die wir uns von ihr machen.

Einen sehr erstaunlichen, vom Beobachter erschaffenen Aspekt der Wirklichkeit hat der große amerikanische Physiker John Wheeler, ein Schüler und Mitarbeiter Bohrs, betont. Er weist darauf hin, daß fast alle von uns angestellten astronomischen Beobachtungen mit Strahlung gemacht werden, die vor Milliarden von Jahren ferne Sterne und Galaxien verließ. Das Meer der kalten Mikrowellenhintergrundstrahlung, die wir überall am Himmel beobachten, ist der verlöschende letzte Funke des Urknalls, aus dem unser Weltall entstand. Letztlich sind all die Photonen, die wir von fernen Sternen empfangen, Quantenwellen, deren Wellenfunktionen durch die Detektoren und Astronomen, die sie beobachten, zu klassischer Gewißheit kollabiert sind. Bedeutet das, daß *wir* diese astronomischen Objekte und das Weltall selbst in gewissem Sinne zum Leben bringen, wenn wir sie heute beobachten?

Für jemanden, der meint, das Bewußtsein erschaffe die Wirklichkeit, ist angesichts der Übereinstimmung unserer Beobachtungen das schwierigste Problem die Verwandtschaft dieser Einstellung mit einer Form von «Quantensolipsismus». Wie kann es sein, daß all diese verschiedenen menschlichen «Bewußtheiten», die so leidenschaftlich über alles, von Tapeten bis zur Sozialhilfe, verschiedener Meinung sind, sich (soweit wir es feststellen können) völlig über die beobachtbaren Tatsachen der Quantenwirklichkeit, die Ergebnisse der Doppelspaltexperimente, über das Aussehen von Sternen und den Unterschied zwischen lebenden und toten Katzen einig sind? Das Hauptproblem mit der von Bohr behaupteten vom Beobachter geschaffenen Wirklichkeit ist andererseits zu erfassen, wie sie sich durch mehr als den Namen von der vom Bewußtsein erschaffenen Wirklichkeit unterscheidet, weil sie einer Gruppe von Vorgängen, die wir «Messungen» nennen, eine Sonderrolle zuschreibt.

Wie viele Welten brauchen wir?

> *Ich halte es für sehr wahrscheinlich, daß wir zu einer zukünftigen Zeit eine bessere Quantenmechanik haben werden, in der es eine Rückkehr zum Determinismus gibt und die deshalb die Einsteinsche Sicht rechtfertigt. Aber der Preis für eine solche Rückkehr zum Determinismus könnte der Verzicht auf eine andere grundlegende Idee sein, die wir jetzt fraglos voraussetzen.*
>
> Paul Dirac

Die Quantengesetze der Natur ergaben sich aus der Untersuchung der physikalischen Wirklichkeit; sie führten zu überraschend genauen Beschreibungen der Atomstruktur, in der Hand Bohrs jedoch auch zu dem Schluß, daß es die Wirklichkeit, aus der heraus sie geboren wurden, im Sinne des naiven Realisten nicht gibt. Die Schaffung der Wirklichkeit durch den Meßvorgang hat uns zwei große Fragen gestellt: Was ist eine Messung? und: Wie kollabiert die Wellenfunktion instantan, um dann, wenn der Ort eines Teilchens gemessen wird, eine bestimmte Lage anzunehmen? Hugh Everett III, ein Doktorand Wheelers an der Universität Princeton, ging das Problem 1957 radikal, aber logisch an. Was passiert, so fragte er, wenn wir den Quantenformalismus wörtlich nehmen? Nehmen wir an, er beschriebe wirklich alles, sogar den Meßprozeß. Was wäre, wenn die Wellenfunktion *niemals* kollabierte? Das Ergebnis ist einer realistischen Deutung der Quantenmechanik näher als jedes andere, aber der geforderte Preis ist hoch. Damit die realistische Position folgerichtig ist, müssen wir unser Bild von der Wirklichkeit entscheidend verändern.

Nach Everett spaltet sich dann, wenn eine Messung vorgenommen wird, der Zustand des Beobachters in jede der Optionen, die nach der Kopenhagener Deutung als Ergebnisse möglich sind. Während Bohrs Bild zum Zusammenbruch des Determinismus führt, weil nur die *Wahrscheinlichkeit* vorhersagbar ist, mit der sich in dem verwirklichten Zustand ein bestimmtes Meßergebnis ergibt, behauptet Everett, daß der Determinismus vollständig erhalten bleibt: Jedes mögliche Ergebnis tritt wirklich ein. Keines hat einen anderen Status als die anderen. Alle sind gleich wirklich, so «wirklich» wie alles, was wir im

Labor beobachten oder messen. Alle möglichen Wege durch die erlaubten Ergebnisse sind voneinander getrennt. Wir erleben eine Geschichte, die aus nur einem von ihnen besteht.

Diese außerordentliche «Viele-Welten-Deutung» der Quantenmechanik wird aus einem einzigen Grund ernst genommen: Sie folgt unleugbar, wenn der mathematische Formalismus der Quantenmechanik für alles in der Welt gelten soll. Wenn ihre Schlüsse vermieden werden sollen, müssen wir annehmen, daß die Quantenmechanik nicht den Meßprozeß beschreibt.

Die Viele-Welten-Deutung ist, wie sich sehen läßt, im Prinzip deterministisch. Während sich die Wellenfunktion in der Zeit entwickelt, können wir alle zukünftigen Zustände vorhersagen, die sich durch die Spaltung des Zustands des Beobachters ergeben. Aber paradoxerweise können wir die frühere Evolution unseres Zustands nicht bestimmen, weil wir nicht alle anderen Verzweigungen kennen, denen unser Zustand während seiner Entwicklung nicht gefolgt ist. Wir können die Wirkungen von Quantenursachen vorhersagen, aber nicht die Ursachen von Quantenwirkungen herausfinden. Der logische Reiz der Viele-Welten-Deutung ist für ihre Anhänger (zu denen auch einige der größten Quantenphysiker der Welt gehören), daß sie jede Erwähnung von «Bewußtsein» oder «Beobachter» vermeidet und auch keine spitzfindigen Unterschiede zwischen Systemen und Meßgeräten macht. Vermutlich verzweigt sich die Welt bei jeder Wechselwirkung zwischen Elementarteilchen und nicht nur bei solchen, die in Bohrs Sinn «beobachtet» werden. Aus dieser Sicht erscheint die Bohrsche Deutung etwas vor-kopernikanisch, weil sie uns einen Sonderstatus verleiht, den Everett abstreitet. Sie ist in der Tat eine Form des Vitalismus.

Everetts Deutung des Katzenparadoxons ist einfach. Das Experiment ergibt zwei gleich wirkliche Zustände des Beobachters: Einer sieht in seinem Kasten eine lebende Katze, der andere in seinem eine tote. Beide Situationen sind gleich wirklich. Beide Situationen sind gleich real. Wir erleben nur eine von ihnen. Nach der Viele-Welten-Deutung liefert die Wellenfunktion eine Zustandsbeschreibung des Neutrons, während es sich in dem Doppelspaltexperiment auf einen Zielfilm zubewegt. Die Wellenfunktion spaltet sich in alle Möglichkeiten auf, statt nur in eine zusammenzufallen. Es gibt keine Meßvorgänge mehr, sondern nur noch Beziehungen zwischen verschiedenen Zuständen. Für Everett war die Vorstellung vom Kollaps der Wellenfunktion einfach eine Folge aus unserer Unfähigkeit, mit der Gesamtheit der Quantenwirklichkeit in Wechselwirkung zu treten, weil wir seiner Meinung nach darauf beschränkt sind, entlang eines einzelnen Zweiges unserer immer gespaltenen «schizophrenen» Wirklichkeit zu irren.

Diese Vorstellung hat außerordentliche Folgen: Wie in einer von Borges entworfenen Welt passiert alles, was logischerweise passieren kann. Es gibt Welten, in denen wir nie sterben. So unwahrscheinlich die Entwicklung von Leben auch sein mag, es muß sich im Weltall entwickeln. Jeder von uns lebt, solange es Raum und Zeit gibt, denn selbst wenn wir in dieser Welt sterben, gibt es eine andere, in der wir nicht sterben, *ad infinitum*. Wie ironisch ist es dann, daß die Entwicklung von Bewußtsein nur in der einen Deutung der Quantenmechanik möglich ist, die sie nicht für die Schaffung der Quantenwirklichkeit voraussetzt! Es stimmt auch, daß die Viele-Welten-Deutung der Quantenwirklichkeit die einzige Lehre ist, die keine nicht-lokalen Wechselwirkungen fordert. Der Bellsche Satz gilt nicht. Aber die Existenz der vielen Welten läßt sich schwerlich ein lokales Phänomen nennen.

So einfach die Deutung Everetts ist, so fordert sie doch ein ebenso großes Opfer an Unglauben, um eine unbegrenzte Vielfalt realer Welten zu schlucken, wie es braucht, um sich mit Bohrs Behauptung abzufinden, es gäbe überhaupt keine wirkliche Welt. Sie stellt uns vor viele Rätsel: Warum sollte ein bewußter Verstand sich nur eines der Everettschen Wege bewußt sein? Können Wege, die sich einst getrennt haben, je mit beobachtbaren Folgen wieder zusammenkommen? Können wir mit «anderen Welten» wechselwirken? Der Grund dafür, daß Everetts Sicht in der Grundlagenphysik immer wichtiger wird, liegt darin, daß Kosmologen sich mit den Elementarteilchenphysikern verbündet haben. Ihr gemeinsames Ziel ist eine Quantentheorie der Gravitation. Diese Synthese scheint gegenwärtig eine sehr unheilige Ehe zu führen. Der Quantentheorie fehlt die elegante Eigenschaft der Allgemeinen Relativitätstheorie, daß durch das Vorhandensein von Masse und Energie im Raum die lokale Geometrie und der Ablauf der Zeit erzeugt werden. Der Allgemeinen Relativitätstheorie fehlen die der Quantenwelt innewohnende Unschärfe und Komplementarität. Wie ungewöhnlich sich jede neue vereinheitlichte Theorie dieser beiden großen physikalischen Theorien erweisen mag, läßt sich beurteilen, wenn wir die Folgen dieser Ehe erwägen. Die Allgemeine Relativitätstheorie besagt, daß es das Vorhandensein und die Bewegung von Massen in Raum und Zeit sind, die die Struktur des Raumes und den Ablauf der Zeit bestimmen. Die Quantentheorie jedoch besagt, daß wir Ort und Bewegung von keiner Masse in Raum und Zeit gleichzeitig mit beliebiger Genauigkeit vorhersagen können. Wie können wir dann das Raum- und Zeitkontinuum kennen, in das wir die Massen einführen wollen? Wir stecken in einem Teufelskreis. Trotz dieser Probleme sind vorläufige Versuche unternommen worden, Zwittertheorien der Quantengravitation zu erzeugen. Die Hauptanwendung dieser neuen Synthese wird es sein, eine Quantentheorie des ganzen Weltalls zu liefern, die wir so verwenden können, wie wir heute mit Hilfe von Einsteins Allgemeiner Relativitätstheorie ein klassisches kosmologisches Bild des Weltalls erhalten. Dafür wird die Deutung Everetts wichtig, denn ohne sie bleibt uns die Frage «Wer oder was kollabiert die Wellenfunktion des Weltalls?» – ein «letzter Beobachter» am Weltende oder überhaupt außerhalb von Raum und Zeit? Es scheint natürlicher anzunehmen, daß Quantenwellenfunktionen nie kollabieren. Es ist kein Zufall, daß alle wichtigen Vertreter der Viele-Welten-Deutung der Quantenwirklichkeit an der Quantenkosmologie arbeiten.

Ein weiteres tiefes grundsätzliches Problem, das sich bei jeder Anwendung der Quantentheorie auf das Weltall stellt, ist der ungewöhnliche Status der Zeit in der Quantentheorie. Die stationäre Lösung der Schrödingergleichung für die Wellenfunktion des Weltalls enthält keine Größe, die wir «Zeit» nennen könnten. In allen Anwendungen der Quantenmechanik erscheint die Zeit als ein sonderbarer Begriff in einer Form, wie sie die Naturgesetze der klassischen Physik nicht kennen. Es gibt Fassungen des Heisenbergschen Unschärfeprinzips, die besagen, daß es unmöglich ist, Energie und Zeit gleichzeitig so genau zu messen, daß das Produkt ihrer Unterschiede kleiner ist als die Plancksche Konstante. Aber das erlegt nur den Zeitmessungen eine Beschränkung auf, die intrinsisch durch den beobachteten Zustand definiert ist. Es gibt keine Beschränkung für die Genauigkeit, mit der Energie und Zeit gleichzeitig gemessen werden könnten, wenn zu ihrer Messung ein externer Zeitstandard verwendet würde.

Die Quantenlegislatur

> *Wenn ich den Eindruck gewinne, daß die Natur selbst die Wahl trifft, welche Möglichkeit zu realisieren sei, wenn die Quantentheorie sagt, daß mehr als ein Ergebnis möglich ist, schreibe ich der Natur eine Persönlichkeit zu, also etwas, das immer überall ist. Eine allgegenwärtige ewige Person, die allmächtig Entscheidungen trifft, die nicht von physikalischen Gesetzen bestimmt sind, ist genau das, was in der Sprache der Religion Gott heißt.*
>
> F. J. Belinfante

Die Gesetze, die wir zur Beschreibung der Quantenwelt gefunden haben, sind in mehrfachem Wortsinn phantastisch. Sie sind die genauesten und präzisesten Hilfsmittel, die wir je für die erfolgreiche Beschreibung und Vorhersage des Wirkens der Natur gefunden haben. In einigen Fällen ist die Übereinstimmung zwischen den Vorhersagen der Theorie und dem, was wir messen, so gut wie oder sogar besser als eins zu einer Milliarde. Wenn aber jene Gesetze bis in ihre Grundlagen erforscht werden, zwingen sie uns zu möglichen Ansichten über die Wirklichkeit, die völlig verschieden sind von all unserem intuitiven Wissen und dem, was uns unser gesunder Menschenverstand über die Wirklichkeit sagt. Sie enthüllen eine bemerkenswerte Tiefe der Struktur und eine Neuartigkeit, die in einem mathematischen Formalismus verborgen waren, der mit anderen, pragmatischeren Absichten entwickelt wurde.

Das Ausmaß unseres Unwissens über die Deutung der Quantentheorie könnte in bezug auf unsere Fähigkeit, sie erfolgreich zu nutzen, Böses ahnen lassen. Nichts ist weiter von der Wahrheit entfernt. Noch haben die radikal verschiedenen Quantenontologien für kein Experiment verschiedene Ergebnisse vorhergesagt. Die Annahme der Nicht-Lokalität wurde durch Aspect experimentell bestätigt. Die Kopenhagener und die Viele-Welten-Deutung scheinen völlig unverträglich zu sein, und doch ist die Ansicht weitverbreitet, daß sie experimentell ununterscheidbar sind. Diese Ansicht könnte sich als falsch erweisen. Kürzlich hat David Deutsch erwogen, daß es eines Tages möglich sein könnte, Quantencomputer zu bauen, deren Operation davon abhängt, ob die Viele-Welten-Deutung wahr oder falsch ist. Quantencomputer sind so faszinierend, weil sie von sich aus Information parallel verarbeiten können. Wenn die sich aus einer Stunde Arbeit an einem Quantencomputer ergebende Rechnung äquivalent ist zu zwei Computerstunden serieller Arbeit ohne Quantenprozesse, dann, so behauptet Deutsch, müssen wir schließen, daß diese Rechnungen in den anderen Welten gemacht wurden. Die Neuartigkeit seines detaillierten Vorschlags ist, daß er die Möglichkeit nutzt, einen Quantencomputer zu entwerfen, der die Realität in verschiedene «Welten» aufspaltet und dann wieder kombiniert und der *sich an diese Aufspaltung erinnert*. Diese Eigenschaft stellt sicher, daß jeder Quantencomputer in der Lage sein wird, Rechnungen schneller auszuführen als sein gewöhnliches Gegenstück. Das unterscheidet die Deutungen von Bohr und Everett.

Die Hauptschwierigkeit bei dieser aufregenden Vorstellung ist, daß ein Zusammensetzen des Quantensystems zwar auf dem Papier möglich sein mag, der gewünschte Zustand aber am Ende einer praktischen Demonstration präpariert und extrahiert werden muß. Das Experiment wird durch die klassischen Probleme beschränkt, Information in den Quantencomputer einzugeben und ihm zu entnehmen, ohne ihn wesentlich und unwiederbringlich zu verändern.

Es gibt in Übereinstimmung mit der Einstellung vieler der «großen Meister», die die Quantentheorie entwickelt haben, eine letzte Antwort auf die Probleme mit der Quantenwirklichkeit: Die Quantenmechanik könnte nicht wahr sein. Die Quantenmechanik ist niemals im Widerspruch zum Experiment gewesen – nach diesem Kriterium ist sie sogar die genaueste Theorie der Natur, die wir je gehabt haben. Sie hat das magnetische Moment des Elektrons als

1,001 159 652 46

vorhergesagt, und die letzten Experimente ergaben einen Wert von

1,001 159 652 21,

wobei jedesmal die letzten zwei Ziffern ungewiß sind. Das ist eine Genauigkeit von 1 zu zehn Milliarden! Wenn also die Quantentheorie «falsch» ist, dann versagt sie entweder in einer Umwelt, die unserer

Erfahrung völlig fremd ist, oder sie ist irgendwie ungeeignet, wenn es um sehr große oder sehr komplizierte Systeme geht, weil neue, eine höhere Organisation betreffende Gesetze spontan ins Spiel kommen. Das ist die klassische Situation, in der sich ehrwürdige Naturgesetze als ungeeignet erweisen. Die Newtonschen Gesetze für die Bewegung und Gravitation wurden fast zweihundertfünfzig Jahre lang nicht angezweifelt, bevor sie sich dann nur als erste Näherungen für kompliziertere Gesetze erwiesen, als große Gravitationsfelder und Bewegungen mit großen Geschwindigkeiten sehr genau beobachtet wurden.

Einstein, Podolski und Rosen stellten die Richtigkeit der Quantenmechanik nicht als Beschreibung der Beobachtungen in Frage, sondern ihre *Vollständigkeit* als eine Beschreibung aller Aspekte der Wirklichkeit. Schrödinger glaubte nicht, daß seine Gleichung auf Dinge angewandt werden sollte, die so ungeheuer kompliziert sind wie eine Katze. Vielleicht hatte er recht. Die Schrödingergleichung mit ihrer linearen, zeitreversiblen Entwicklung der Wellenfunktion könnte nichts weiter als eine Näherung für eine kompliziertere *nichtlineare* Gleichung sein, deren Lösungen irreversibel sind und deshalb die wesentlichen Kennzeichen des Meßvorgangs besitzen. In Zukunft könnte es gelingen, diese Möglichkeit zu erforschen, wenn das Quantenverhalten relativ großer atomarer Systeme bei niedrigen Temperaturen erforscht wird. Beim Übergang zu noch größeren Systemen wird die Quantentheorie vermutlich ungewöhnliche Veränderungen erfahren, wenn sie mit der Gravitationstheorie verknüpft wird. Diese Modifikationen werden weitreichende Folgen für unser Verständnis der Kosmologie und der Elementarteilchenphysik haben. Wir wenden uns jetzt dem inneren und dem äußeren Raum zu.

Innerer und äußerer Raum

Der wahre, starke und gesunde Verstand kann gleicherweise die großen wie die kleinen Dinge verstehen.

Samuel Johnson

Die Bühnenausstattung

Die Physik war zuerst eine beschreibende Makrophysik mit enorm vielen scheinbar zusammenhanglosen empirischen Gesetzen. Zu Beginn einer Wissenschaft sind Wissenschaftler vielleicht sehr stolz, wenn sie Hunderte von Gesetzen entdecken. Wenn es jedoch immer noch mehr Gesetze werden, sind sie mit diesem Zustand unzufrieden und beginnen, nach den Grundprinzipien zu suchen.

Rudolf Carnap

Die Entwicklung der Relativitäts- und Quantentheorie in den ersten Jahrzehnten dieses Jahrhunderts schuf die Grundlagen, die ein tieferes Verständnis des von der Astronomie beschriebenen Weltalls und der mikrophysikalischen Welt subatomarer Elementarteilchen ermöglichten. Diese Theorien haben, so läßt sich in der Rückschau sagen, unsere Auffassung von den Gesetzen der Natur radikal verändert. Die Quantentheorie offenbarte, daß die tiefsten Gesetze der Mikrowelt Aussagen über seltsame und unbeobachtbare Dinge machen. An den Grenzen des quantentheoretischen Wissens sind Veranschaulichung und «gesunder Menschenverstand» keine vertrauenswürdigen Führer mehr. Wir können nicht länger wie im neunzehnten Jahrhundert darauf vertrauen, daß sich alles durch einfache mechanische Modelle darstellen läßt – Atome verhalten sich nicht wie kleine Billardkugeln, und der Raum liegt nicht flach und offen da wie die Spielfläche eines Billardtischs. Die sich in den Quantengesetzen offenbarende Komplementarität zeigt, wiewenig unsere klassischen Begriffe den Reichtum und die Subtilität der Welt erfassen können; sie hebt die Schranke zwischen Beobachter und Beobachtungsgegenstand auf, die Descartes errichtet hatte. Der naive Realismus ist tot.

Die Relativitätstheorie zeigt uns, daß der Grundstock unserer Erfahrung – der Raum und die Zeit, in die wir eingebettet sind und die uns mit sich reißen – so formbar ist wie alles andere, was wir kennen. Raum und Zeit sind nicht nur grundlegende Kategorien, in die wir unsere Erfahrung einordnen müssen: Sie werden durch diese Erfahrungen beeinflußt. Der Lauf der Zeit und die Geometrie des Raumes werden beide lokal durch die Materie im Weltall bestimmt. Wir können nicht unterscheiden zwischen der Raumkrümmung und den Massen, die sie bewirken. Sie sind gleichberechtigte Möglichkeiten zur Beschreibung desselben Phänomens.

Üblicherweise zeigen sich die Wirkungen von Einsteins Bild der Raumzeit nur im astronomischen Bereich. Nur bei großen Entfernungen und in der Nähe der größten Massenansammlungen wirkt sich die Einsteinsche elastische Raumzeit in einem Maß aus, das im Rahmen der Empfindlichkeit unserer heutigen Instrumente liegt. Im Gegensatz dazu ist die Quantentheorie in der Welt des ganz Kleinen wirksam, dort, wo die de-Broglie-Wellenlänge eines Teilchens nicht viel kleiner ist als das Teilchen selbst. Die Quantentheorie ist eine unwesentliche Zutat zu unserer Beschreibung von fast allem, das größer ist als einige Atome. In unserem und selbst in dem einem Experimentalphysiker zugänglichen Erfahrungsbereich sind die Gebiete, in denen die Allgemeine Relativitätstheorie und die Quantentheorie jeweils einflußreich sind, merkwürdig getrennt. Wir leben in einer Zwischenwelt, in der die Dinge zu klein und zu schwerfällig sind, als daß sich die Wirkungen der Relativität zeigen könnten, und doch zu groß, als daß ihre Quantennatur wahrnehmbar wäre. Wir haben Glück mit dieser unserer Mittelstellung in der Natur; für die Bürger dieser Welt zwischen dem «Teufel» der Quanten und dem «tiefen blauen Meer» des gekrümmten Raumes ist die Physik einfach. Wenn sich Schwierigkeiten ergeben, so rühren sie vom Kollektivverhalten vieler Atome und

Moleküle her. Eine der reizvollsten Komplikationen ist die Spiralstruktur der Kombination von Kohlenstoff, Wasserstoff, Stickstoff, Sauerstoff und Phosphor, die wir als DNS-Molekül kennen. Aus seinen Feinheiten hat sich das Phänomen entwickelt, das wir «Leben» nennen. Seine Struktur ist nicht einfach. Sonst wären wir zu einfältig, sie zu erkennen.

Die Maßeinheiten, die wir angenommen und übernommen haben, zeugen von unserer Engstirnigkeit. Viele sind anthropomorph – Fuß, Elle, Spann – und ergeben sich aus den Maßen von Teilen des menschlichen Körpers. Andere, wie Tag oder Jahr, werden uns von den periodischen Bewegungen der Erde diktiert. Unsere modernen metrischen Einheiten, wie das Gramm oder der Zentimeter, haben ihren Ursprung darin, daß sie sich zur Beschreibung alltäglicher Größen eignen. Wenn man uns sagt, daß das Weltall 15 000 000 000 Jahre alt ist oder daß der Kern eines Wasserstoffatoms etwa 1/1 000 000 000 000 000 000 000 000 eines Gramms wiegt, müssen wir uns ziemlich dumm vorkommen. Diese riesigen beziehungsweise winzigen Zahlen sind deshalb wichtig, weil sie die Besonderheit der Situation des Menschen zeigen, der gegen die ungeheure Größe des äußeren Raumes und den Mikrokosmos des innersten Wirkens der Natur ankämpft. Das Besondere ist nicht die Größe des Weltalls oder des Atomkerns, sondern unsere eigene Zwischenstellung, die uns beide Enden der Wirklichkeit weit entfernt erscheinen läßt. Es gibt im Weltall etwa so viele Sterne wie Atome in einem Zuckerwürfel. Aber die Erforschung der endgültigen Naturgesetze spielt sich heute an der Schnittstelle ab, dort, wo sich die Gesetze des sehr Großen und des sehr Kleinen begegnen. Nur in dieser Umwelt können wir sehen, wie kompliziert oder wie einfach die meisten Grundgesetze der Natur sind. In diesem Kapitel beschäftigen wir uns mit dem Zusammentreffen von innerem und äußerem Raum und den diese Räume beherrschenden Gesetzen. Wir werden an die Grenzen der modernen Physik gelangen und alle einfachen Beschreibungen der Natur und ihrer Gesetze in Frage stellen. Unsere Geschichte beginnt mit der Welt im kleinen.

Eine Welt in der Welt

> *Sei auch dies Ding – wir nennen's Welt –*
> *Zufällig aus Atomen erstellt, die*
> *Unaufhörlich gewirbelt und geprellt*
> *Und stille nie:*
> *Beweist das – sei nicht betrübt!*
> *Daß du schön – und ich verliebt?*
>
> John Hall

Die Vorstellung, daß Materie aus unsichtbaren mikroskopisch kleinen Einheiten besteht, ist alt; sie hat ihren Ursprung bei den alten Griechen und war ein Teil ihrer auf Vernunft gründenden Naturphilosophie, geriet jedoch in Vergessenheit, bis sie im Mittelalter – unter anderem durch Wilhelm von Ockham – wiederbelebt wurde. In früheren Zeiten gründete sie sich weder auf Erfahrung noch auf Experimente; das wäre gar nicht möglich gewesen. Der «Atomismus» entwickelte sich innerhalb einer umfassenden Weltanschauung als eine Naturphilosophie und nicht als eine wissenschaftliche Theorie in unserem Sinn. Griechen wie Aristoteles, ein Gegner des «Atomismus», setzten ihn dem blinden Wunsch gleich, die Herrschaft der Natur zugunsten des reinen Zufalls zu leugnen. Atome hatten keine göttliche Hilfe nötig. Es gab sie seit ewigen Zeiten. Ihre Bewegung leitete sich auf keine Weise aus ihren inhärenten Eigenschaften her: Ihnen ließ sich kein letzter Grund zuschreiben. Solche «zufälligen» Eigenschaften waren aus der Sicht des Aristoteles ebenso zweitrangig wie die materiellen Ursachen. Wesentlich war vielmehr das, was die Bewegung und die materielle Zusammensetzung bestimmt, also die formalen und finalen Gründe. Aristoteles war auch davon überzeugt, daß menschliches Wissen auf Empfindungen beruht. Sein konsequenter Empirismus schreckte vor der atomistischen Annahme zurück, die Wirklichkeit beruhe auf unbeobachtbaren mikroskopischen Größen.

Jahrhunderte lang wurde der Ausdruck «Atomismus» mit Atheismus und der extremsten Form von Materialismus gleichgesetzt; er weckte wohl ähnliche Leidenschaften wie heute bei manchen fundamentalistischen Vertretern der Schöpfungslehre die Vorstellung von der «Evolution». Der Begriff läßt sie an Zufall und Unordnung denken, eben den Zustand, den der Schöpfer beseitigt hatte. Er könnte einer Extremform des Reduktionismus förderlich sein, wobei alles auf Atome reduziert wird, folglich für «nichts als Atome» gehalten wird. Eine solche Ansicht findet besonders beredten Ausdruck in *De rerum naturum* des Lukrez, wonach die Sterblichkeit von Geist, Körper und Seele des Menschen durch die atomare Zusammensetzung bedingt ist. Atheistisch war an der frühen Atomlehre auch die Vorstellung, es gäbe unendlich viele Welten, wobei jede durch das zufällige Verschmelzen von Atomen erzeugt worden sei. Eine solche kosmogonische Extravaganz schien die Großartigkeit der geschaffenen Ordnung unserer eigenen Welt zu schmälern.

Der Atomismus war kein Gedanke, der sich im Osten zu voller Reife entwickelte. Er taucht kurz in den Schriften von Hui Shih auf, einem Philosophen des vierten vorchristlichen Jahrhunderts. Shih hatte eine an Zeno erinnernde Vorliebe für die Paradoxa des Unendlichen, die den Begriff der «kleinen Einheit» einführen: Sie ist die kleinste Einheit der Natur, die nichts in sich enthält. Solche Gedanken hatten in der intellektuellen Umwelt Chinas wenig Überlebenswert und wurden wie die Zenos bald mit Kritik überschüttet. Heute würden Physiker mathematischen Paradoxa, die sich mit unendlicher Teilbarkeit beschäftigen, in diesem Zusammenhang überhaupt keine Bedeutung zuschreiben. Die Unterscheidung von mathematischer und physikalischer Teilbarkeit wurde insbesondere schon von Averroes, einem arabischen Philosophen des zwölften Jahrhunderts, in Betracht gezogen und in ihrer Bedeutung erkannt. Er hielt die Vorstellung der unendlichen Teilbarkeit für unphysikalisch, weil sie praktisch nicht zu verwirklichen ist.

Der Orient, mit seiner Vorliebe für holistisches Denken, sah die Grundelemente der Natur gern als wellenähnliche, antithetische Einflüsse, deren Verschmelzung mühelos sichtbare Objekte und Strukturen entstehen läßt. Für die Chinesen war das Weltall ein nahtloses Ganzes. Obwohl sie in diesem Ganzen einzelne Dinge und Teile unterscheiden konnten, erhielten diese Teile ihre Bedeutung nur als spontane und harmonische Einzelklänge in der großen Symphonie der Natur. Der Atomismus hätte ihren Glauben an die letztgültige Stetigkeit und Gleichförmigkeit der Natur verletzt. Im Gegensatz dazu hatten die Araber und Inder viel Sympathie für Vorstellungen, die weitgehend mit denen der griechischen Atomisten übereinstimmten. Im Islam wurden oft theologische Überlegungen angestellt, die einer atomaren Sicht der Welt nahekamen. Insbesondere sahen sie den Atomismus als eine Eigenschaft der Welt, die nötig ist, damit Gott beim Jüngsten Gericht alle Dinge systematisch in Rechnung stellen kann. (Diese systematische Abrechnung erfordert interessanterweise eigentlich die moderne von Cantor erfaßte Vorstellung einer *abzählbaren* Unendlichkeit; Endlichkeit genügt nicht.)

Die griechische Vorstellung, daß Materie aus unteilbaren Elementarteilchen besteht, entstand zuerst im fünften vorchristlichen Jahrhundert als Erklärung dafür, wie es möglich sein kann, daß Dinge kleine Veränderungen erleiden können und doch im wesentlichen ihre Identität behalten. Alles Materielle und Spirituelle, selbst die Götter, bestanden nach Meinung der Griechen aus «Atomen». Das griechische Wort «*atomos*» bedeutet unteilbar oder untrennbar. (Im Mittelalter wurde das Wort latinisiert und bedeutete nur die kleinste Zeiteinheit.) Später gab der Wunsch, die unteilbaren «Atome» der Materie mit den von den Pythagoräern eingeführten infinitesimalen geometrischen Punkten gleichzusetzen, Anlaß zu Kontroversen und zu Zenos wohlbekannten Paradoxa des Unendlichen, mit denen er zeigen wollte, daß die Natur im Grund eine räumliche Stetigkeit aufweist und nicht die Unstetigkeit, die durch im Raum verteilte Atome nahegelegt wird.

Nicht alle frühen griechischen Atomisten stellten sich Atome winzig klein vor. Sie wünschten sie sich nur unteilbar – eine Eigenschaft, die eine gewisse Struktur nicht ausschließt. Sie stellten sie sich auch nicht als genau gleich, sondern in einer Vielzahl von Formen und Größen vor. Atome einer Art ließen sich jedoch nicht in jene einer anderen überführen. Sie waren immer in Bewegung und nicht unbedingt irgendwo konzentriert, sondern durch «Leeren» voneinander getrennt. Die Eigenschaften dieser Atome wurden als die einzigen «wirklichen» Merkmale der Materie betrachtet. Andere Eigenschaften, wie Farbe, Geschmack oder Geruch, die in großen Atomansammlungen entstehen, wurden als zweitrangige Konstruktionen der menschlichen Sinne gesehen. Die unterschiedliche Dichte verschiedener Stoffe erklärten die Atomisten zum Beispiel damit, daß einige Stoffe mehr Atome enthalten und ihre Zerbrechlichkeit durch die Verteilung der Leeren zwischen den Atomen geringer sei und so weiter. Solche «Erklärungen» beruhten nicht wirklich auf Beobachtungsdaten, sondern dienten zu ihrer Bestätigung. Die Trennung zwischen Atomen und Leere war insofern bedeutungsvoll, als dadurch zum ersten Mal dem leeren Raum eine Existenz zugeschrieben wurde. Das war zur Erklärung der Bewegung notwendig. Denn wenn alles Sein aus Atomen besteht, müssen Atome, um sich zu bewegen, vom Nichtsein ins Sein übergehen, weil Atome einander nur durch Berührung beeinflussen können. Die Griechen kannten kein Analogon zum Begriff einer Kraft, mittels derer ein Teilchen ohne direkten Kontakt auf andere Teilchen wirken kann. Die Fernwirkung ist eine vergleichsweise moderne Vorstellung; selbst Newton hätte sie gern vermieden und verwandte sie nur im Sinn des Instrumentalismus.

Die Atome selbst bestanden nach Meinung der Griechen aus einem geheimnisvollen Urstoff. Man nahm an, daß die vier Elemente Erde, Luft, Feuer und Wasser aus den festgelegten, aber scheinbar zufälligen Bewegungen des Urstoffs entstanden, und zwar aus Wirbeln, die sich bei atomaren Zusammenstößen bildeten. Es ist seltsam, daß Demokrit und Leukipp die atomaren Bewegungen zwar ursprünglich als determiniert sahen, die späteren Epikuräer ihre Meinung jedoch ändern mußten, um ihre Hochachtung für die Freiheit des menschlichen Willens wahren zu können. Dazu führten sie den Gedanken ein, daß es einen ihnen innewohnenden Zufallsfaktor gibt, eine Art unberechenbaren Seiteffet, der die Bewegung der Atome auf nicht vorhersagbare Weise beeinflußt. Je größer der gesamte Seiteffet einer Größe, um so geistiger und materieloser ihr Wesen. Auf dem Höhepunkt dieser spirituellen Hierarchie der Launenhaftigkeit war der Sitz des Willens: die menschliche Seele.

Obwohl Aristoteles sich gegen die atomistische Lehre von der Wirklichkeit wandte, vertrat er doch eine Theorie der «Minima» für Lebewesen. Er behauptete, kein Körper lasse sich in unendlich viele Teile zerlegen. Jeder müsse kleinste Teile haben; sie sind seiner Meinung nach durch die jeweilige Materie bestimmt und anders als Atome der Veränderung und dem Zerfall preisgegeben. Deshalb waren für ihn die kleinsten Teile jene, die bei weiterer Unterteilung ihre Identität verlieren würden. Merkwürdigerweise scheinen sich die Gedanken des Aristoteles bis ins Mittelalter hinein erhalten und sogar vervollkommnet zu haben; sie wurden in das Labyrinth der scholastischen Philosophie eingebaut, obwohl die Scholastiker die

Ansichten der Atomisten ablehnten. Dadurch überlebte die Vorstellung der Atomisten, wenn auch nicht ihr Vokabular.

Zwar mag es heute so scheinen, als ob die Ansichten der Atomisten eine vielversprechendere Grundlage für die Naturwissenschaften geboten hätten als ihre metaphysikalischen Konkurrenten; trotzdem gewannen sie keinen wesentlichen Einfluß auf das klassische Altertum. Dieser Platz gehörte dem System des Aristoteles. Nach dem Mittelalter wurde der Glaube an die «atomare» Teilbarkeit der Materie durch Wissenschaftler wie Copernicus, Sennert, Basse, van Goole, Gassendi, Huygens und Boyle rehabilitiert, als zu Anfang des fünfzehnten Jahrhunderts die alten Texte der Atomisten wiederentdeckt und nachgedruckt worden waren. Wieder wurde die atomistische Weltanschauung vor allem innerhalb einer bestimmten *philosophischen* Sichtweise vertreten.*

Es war einfach und bequem sich vorzustellen, die Natur sei aus festen, nicht wahrnehmbaren Steinen aufgebaut. Die Atome spielten in keiner der konkreten Theorien eine Rolle und ließen sich auch nicht beobachten. (Zur Zeit Gassendis hatten die kleinsten beobachteten Objekte einen Durchmesser von etwa einem tausendstel Millimeter.) Man brauchte sie zur Erklärung der verschiedenen Erscheinungsformen von Körpern mit gleicher Größe, Gestalt und Bewegung. Francis

---

* Die traditionelle griechische Form des Atomismus ließ sich erst dann als annehmbare Erklärung der offensichtlichen Vernunft der Natur wiederbeleben, als die ihr innewohnenden Begriffe von Zufall und Chaos verstanden werden konnten. Das wiederum wurde erst möglich, als die aristotelische Vorstellung, der Materie seien Neigungen und Fähigkeiten angeboren, vollständig durch das Bild abgelöst worden war, der Materie seien durch göttlichen Ratschluß von außen Gesetze auferlegt worden. Erst dann konnte man wieder auf die Vorstellung vom kosmischen Gesetzgeber zurückkommen, der die oberflächlich gesehen zufälligen Bewegungen der Atome so kontrolliert, daß Ordnung entsteht. Durch diesen Ausweg konnte die Atomlehre von den überkommenen atheistischen Assoziationen befreit und von den Verfechtern einer mechanistischen Weltanschauung übernommen werden.

Gassendi, ein französischer Priester, führte Gott ausdrücklich als Quelle der atomaren Bewegungen ein; der einflußreiche Walter Charleton, der seine Gedanken in England verbreitete, kehrte indessen die Logik um und leitete die Existenz Gottes aus der Tatsache her, daß Atome offensichtlich zu geordneten Erscheinungen führen. Charletons neues atomistisches Bild beeinflußte auch Newton, als er Student in Cambridge war. In seinen frühen Notizbüchern finden sich Hinweise auf seine Beschäftigung mit Charletons atomistischen Ansichten.

Bacon fand sie unabhängig davon, ob sie existierten oder nicht, außerordentlich nützlich für «die Exposition der Natur». Neben dieser instrumentalistischen Sicht wurde die entgegengesetzte Lehre des Descartes von der unendlichen Teilbarkeit der Materie vertreten. Nachdem beide kaum Tatsachen für sich anführen konnten, erhielt die atomistische Sicht 1665 durch die Veröffentlichung von Hookes *Micrographia* zweifellos und deutlich Auftrieb. Auf den Seiten dieses Buches konnte die breite Öffentlichkeit zum ersten Mal die durch die Erfindung des Mikroskops sichtbar gewordenen allerfeinsten Einzelheiten winziger Lebewesen bestaunen. Das half mit, die im sechzehnten Jahrhundert verbreitete Ansicht zu verdrängen, «Atome» seien nichts als wilde, menschlichem Wissen nicht zugängliche Phantasie – eine Ansicht, die Shakespeare in *Wie es euch gefällt* in der Zeile ausdrückt: «Es ist ebenso leicht, Atome zu zählen, als die Aufgaben eines Verliebten zu lösen.»

Zwei Jahre nach dem Erscheinen von Hookes Werk veröffentlichte Robert Boyle sein einflußreiches Buch *Sceptical Chymist*, mit dem die moderne Chemie beginnt. Boyle behauptete, daß sich der okkulte und teleologische Einfluß der Alchemisten nur dann vermeiden ließe, wenn man sich atomistischer Gedanken bemächtigte. Von nun an sollten chemische Reaktionen nicht länger durch merkwürdige Affinitäten und Beschwörungen bestimmt sein, sondern durch dynamische Gesetze. Diese Denkweise hat sich erst Ende des achtzehnten Jahrhunderts wirklich durchgesetzt, als Antoine Lavoisier schließlich die Chemie von der Vorstellung des Phlogiston befreite; danach ist Wärme ein materieller Stoff, dessen Hinein- und Herausgehen aus der Materie ohne Berufung auf die Vorstellung von kleinsten Teilchen zur Erklärung von chemischen Veränderungen dienen sollte. In der Physik versuchte Huygens, Naturerscheinungen als Veränderungen von Geschwindigkeit und Lage mikroskopisch kleiner Atome zu deuten, bei denen nur äußere Eigenschaften wie Energie und Impuls erhalten bleiben mußten. Es ist bedeutungsvoll, daß Huygens eine Erklärung der Regelmäßigkeiten von Materie und Bewegung in Erhaltungs*gesetzen* für die Atome suchte, während frühere Atomisten sie durch allgemeingültige, den Atomen inhärente Eigenschaften zu erklären suchten.

Newton bestimmte die Dicke von Seifenfilmen und berechnete daraus die Mindestgröße der Maße der kleinsten Dinge der Natur als etwa ein hunderttausendstel Zentimeter. Er ignorierte frühere Überzeugungen, daß der Glaube an Atome irgendwie gottlos sei, und vertrat eine theistische Sicht einer Welt, die aus Atomen besteht und von Gott geschaffen und in Bewegung versetzt wurde. In seinen *Opticks* vermutet er:

Nach allen diesen Betrachtungen ist es mir wahrscheinlich, dass Gott im Anfange der Dinge die Materie in massiven, festen, harten, undurchdringlichen und beweglichen Partikeln erschuf, von solcher Grösse und Gestalt, mit solchen Eigenschaften und in solchem Verhältniss zum Raume, wie sie zu dem Endzwecke führten, für den er sie gebildet hatte, dass ferner diese primitiven Theilchen, weil sie fest sind, unvergleichlich härter sind, als irgend welche aus ihnen zusammengesetzte poröse Körper, ja so hart, dass sie nimmer verderben oder zerbrechen können, denn keine Macht von gewöhnlicher Art würde im Stande sein, das zu zertheilen, was Gott selbst bei der ersten Schöpfung als Ganzes erschuf.

Newton war der Meinung, daß diese festen Grundbestandteile der Materie «durch sehr starke Anziehungen» zusammengehalten werden. Die systematische Aufdeckung dieser sehr starken Anziehungskräfte und das Vordringen in die Welt der Elementarteilchen, in der sie wirken, sind eine der wichtigsten Leistungen der Physik des zwanzigsten Jahrhunderts.

Leibniz stimmte in bezug auf die Atomlehre natürlich nicht mit Newton überein. Wir haben in Kapitel 2 etwas darüber erfahren, wie wichtig für Leibniz die *Stetigkeit* der Natur war. Aus diesem Grund empörte ihn der Gedanke, Atome hätten endliche Größe. Denn wenn sie aller mikroskopischen Bewegung zugrundelägen, müßten ihre Geschwindigkeiten beim Zusammenstoß mit anderen Atomen Unstetigkeiten aufweisen. Folglich behauptete Leibniz, Materie sei unendlich teilbar und das Weltall unendlich ausgedehnt und das Spektrum der Natur vom unendlich Kleinen zum unendlich Großen stetig. Während Leibniz nicht leugnete, daß es Hinweise auf sehr kleine Materieteilchen geben könnte, glaubte er jedoch, daß sie alle «eine Welt voll mit einer Unendlichkeit verschiedener Geschöpfe» enthalten mußten. Die Vorstellung, Atome könnten der Unterteilung der Materie ein Ende setzen, hielt er für eine verwerfliche und verführerische Täuschung:

Atome sind die Auswirkung der Schwäche unserer Vorstellungskraft, denn sie ruht sich gern aus und beeilt sich deshalb, durch Unterteilung oder Analyse zu einem Schluß zu kommen; dies ist in der Natur, die aus dem Unendlichen kommt und ins Unendliche geht, nicht der Fall. Atome befriedigen nur die Vorstellungskraft, sie schockieren jedoch die höhere Vernunft.

Während die Anhänger des Aristoteles grundsätzlich die Existenz von wirklichen oder näherungsweise unendlich großen oder kleinen Größen leugneten, waren sie Leibniz willkommen; er erwartete sogar, sie überall in der Natur als Beweis für die unendliche Vollkommenheit ihres Schöpfers zu finden.

Obwohl wir heute mit der Vorstellung von Atomen als den Bausteinen der Materie vertraut sind, war dieser Gedanke noch zu Beginn des zwanzigsten Jahrhunderts auch Naturwissenschaftlern nicht selbstverständlich. In den ersten Jahren des neunzehnten Jahrhunderts hatten jedoch so bahnbrechende Chemiker wie John Dalton, Amedeo Avogadro und Stanislao Cannizzaro diese Vorstellung mit Vorteil verwendet. Dalton wurde 1766 geboren und verbrachte den Hauptteil seines wissenschaftlichen Lebens in Manchester. Seine erste naturwissenschaftliche Arbeit, die Entdeckung der Farbenblindheit (an der er selbst litt), entstand aufgrund seiner Erfahrung, daß er Farben nicht so sah wie andere (heute noch bezeichnen wir Farbenblindheit als Daltonismus). Nach seiner erfolgreichen Arbeit über das Sehen wandte er sein Interesse der Meteorologie zu und nahm sich sogar die Zeit, ein Werk über «Elemente der englischen Grammatik» zu veröffentlichen, bevor ein öffentlicher Vortrag mit Demonstration seine Neugierde auf die Chemie von Gasen lenkte. Seine Chemie zeigt, wie sehr er dem Atomismus verpflichtet war, den er durch die Lektüre der Werke Newtons und der griechischen Atomisten kennengelernt hatte. Durch ihn kam es zu zwei dauerhaften Neuerungen in der chemischen Forschung. Dalton baute als erster Modelle von zusammengesetzten Atomen, indem er farbige Holzblöcke zusammensteckte, und er verwandte als erster ein umfassendes System chemischer Symbole als abkürzende Schreibweise für Atomverbindungen. Seine Atomtheorie führte er zwischen 1808 und 1810 vor allem durch das wichtige Werk *A New System of Chemical Philosophy* ein, in dem er behauptet, alle Materie bestehe aus unteilbaren Atomen endlicher Größe. Diese Atome seien, so sagt er, unveränderlich und identisch;

sie ließen sich durch chemische Reaktionen verschieden kombinieren, aber niemals erschaffen oder zerstören. Diese Vorstellung lieferte eine einfache Erklärung für die Erhaltung der Masse bei chemischen Prozessen, die schon zuvor von Lavoisier behauptet und demonstriert worden war, und bewährte sich ausgezeichnet bei der Aufstellung des Gesetzes der multiplen Proportionen bei chemischen Reaktionen. Daltons Bedeutung liegt vor allem darin, daß er annahm, Atome hätten ganz bestimmte Eigenschaften, die er durch Beobachtungen chemischer Veränderungen erklärte und nicht als Ergebnis seiner eigenen traditionellen philosophischen Neigungen darstellte. Seine Theorie basierte auf beobachteten Tatsachen; sie konnte jedoch nicht ausschließlich darauf bauen, weil der Einfluß der atomistischen Tradition unvermeidbar war.

Dalton unterschied zwischen Atomen und «zusammengesetzten Atomen», dem, was wir heute Moleküle nennen würden. Das Molekül war für ihn die kleinstmögliche Menge einer chemischen Verbindung. Ein Wassermolekül läßt sich in Wasserstoff- und Sauerstoffatome zerlegen, verliert dabei aber die mit Wasser verbundenen Eigenschaften. Die Wasser- und Sauerstoffatome andererseits hielt Dalton für unteilbar. Gegen Ende des 19. Jahrhunderts wies J. J. Thomson nach, daß auch Atome teilbar sind. Dalton glaubte, Atome und Moleküle müßten miteinander eng und starr verbunden sein. Das wurde von seinem italienischen Zeitgenossen Amedeo Avogadro bestritten, der behauptete, Moleküle hätten im Verhältnis zu ihrer Größe gewaltige Abstände voneinander – eine Sicht, die an die klassische Vorstellung von den Atomen und Leerräumen erinnert.

Wie wir schon sahen, verliehen die frühen Thermodynamiker wie Maxwell und Boltzmann implizit der Atomvorstellung Glaubwürdigkeit, wenn sie Gase wie mechanische Systeme mikroskopischer Massen behandelten. Maxwell, der seine wissenschaftlichen Gedanken gern in halb-ernstgemeinte Verse kleidete, erläuterte den historischen Prozeß, der in dieser Sicht seinen Höhepunkt fand, so:

Am Anfang der Naturwissenschaften
Schufen die Pfarrer, die damals die Dinge so machten,
Und im Umgang mit Hammer und Meißel geschickt,
Die Götter so, wie sie den Menschen erblickt;

Bis der Handel entstand, der das Walten
Einiger besonders mächtiger Personen –
Gleicherweise Götter wie Dämonen –
Durch Atome ersetzte, die bis heute halten.

Selbst Pragmatiker wie Faraday fühlten sich trotz der Sorge, Atome könnten nur heuristisch sein, zu der Vorstellung von kleinen Materieteilchen hingezogen. Maxwell legte viel Wert auf die Vorstellung von «Molekülen» (womit er das meinte, was wir heute Atome nennen würden). Er schätzte ihre mögliche maximale Größe sorgfältig ab und sah sie als universal und unveränderlich – das war für seinen Glauben an den Plan der Natur wichtig. Darin nämlich sah er einen Hinweis darauf, daß das Ausmaß der Darwinschen Evolution begrenzt sein müsse. Die spektroskopischen Eigenschaften von Atomen ließen Maxwell und seine Gesinnungsgenossen vermuten, die unteilbaren Atome müßten eine Art innerer Struktur haben, so daß jede Sorte anders auf Störungen reagiert – wieder eine Ansicht, die im wesentlichen von der des Altertums gar nicht so verschieden ist.

Nichtsdestoweniger brachte der starke Einfluß der empiristischen und positivistischen Philosophie am Ende des neunzehnten Jahrhunderts eine ansehnliche Menge von hervorragenden Wissenschaftlern hervor, Männer wie Mach, Ostwald und Duhem, die die Atomlehre aus philosophischen Gründen ablehnten. Da sie keine auf unmittelbarer Beobachtung beruhenden Beweise für die Existenz von Atomen hatten, sahen sie die Einführung des Begriffs überhaupt als ein theoretisches Mittel, das in einer allein auf Beobachtungstatsachen gegründeten Philosophie keinen Platz hatte.

Für Duhem spielte die instrumentalistische Lehre eine Schlüsselrolle bei der Aufrechterhaltung eines friedlichen Miteinanders seiner religiösen und wissenschaftlichen Ansichten. Seiner Meinung nach liefern alle wissenschaftlichen «Gesetze» nur nützliche Beschreibungen von beobachteten Tatsachen, können also nur «die Erscheinungen retten»; er behauptete, bestenfalls käme ein umfassender Glaube an unsichtbare Dinge der Wirklichkeit nah. Wilhelm Ostwald unternahm es, ein Lehrbuch der Chemie zu schreiben, in dem er jede Erwähnung der Atomvorstellung unterließ; jetzt ist sie gerade für dieses Thema grundlegend. Eine Äußerung, die er 1895 in einer Vorlesung über seine anti-atomistische Philosophie machte, ist lehrreich, weil sich darin sein Widerstand gegen alle Alternativen zeigt, die Größen enthalten, die die Sinne nicht unmittelbar wahrnehmen können :

Du sollst dir kein Bildnis oder Gleichnis machen! Unsere Aufgabe ist es nicht, die Welt in einem mehr oder weniger dunklen Spiegel zu sehen, sondern so direkt, wie es unser Sein möglicherweise erlaubt. Die Aufgabe der Wissenschaft ist es, Wirklichkeiten, aufweisbare und meßbare Größen in Beziehung zueinander zu setzen... das läßt sich nicht durch die Anwendung eines hypothetischen Modells erreichen, sondern einzig durch Aufzeigen der Wechselbeziehungen zwischen meßbaren Größen.

Ostwald entwickelte die Thermodynamik und die physikalische Chemie zu einer gemeinsamen auf «Energetik» beruhenden Betrachtungsweise der Natur. Für ihn stellte die Energie die einzige physikalische Wirklichkeit dar (er nannte sogar sein Haus «Energie»); auch Materie war nur davon abgeleitet. Auch von mechanischen Erklärungen hielt er nichts, und die von Maxwell und Boltzmann entwickelten kinetischen Gastheorien lehnte er vollends ab. Schließlich wurden seine Ansichten unglaubwürdig, als Planck bewies, daß sich der zweite Hauptsatz der Thermodynamik nicht allein mit Hilfe des Energiebegriffs erklären läßt.

Selbst 1906 behaupteten diese Gegner der Atomvorstellung noch, das Atom sei nicht mehr als ein Symbol zur Darstellung von Tatsachen. Sie wollten nur dem Beobachtbaren eine Wirklichkeit zuschreiben. Später, als direkte Beobachtungen die Atomtheorie bestätigten, ließen sie sich im allgemeinen bekehren – mit Ausnahme von Ernst Mach, der die Atomlehre nie akzeptierte. Er behielt seine instrumentalistische Auffassung bei und war der festen Überzeugung, daß erfolgreiche Theorien nur die geeignetsten unter allen Mitbewerbern sind, die sich bemühen, den Tatsachen Rechnung zu tragen. Wie Ostwald leugnete Mach den Vorrang der mechanistischen Erklärung. Er behauptete, daß die beherrschende Rolle mechanischer Modelle und Erklärungsweisen auf historischen Zufällen beruhe und keine notwendige Voraussetzung für eine reife Naturphilosophie sei. Die Machsche Sicht der Wirklichkeit, die seinen Widerstand gegen unbeobachtete und unbeobachtbare Begriffe untermauerte, gründete sich auf die Annahme, daß nur unsere Empfindungen wirklich sind. Gegen diesen «Sensualismus» wandten sich überzeugte Atomisten wie Boltzmann mit großer Entschiedenheit. Sie behaupteten, die rein «energetischen» Erklärungen der Gasdynamik und der chemischen Kräfte, wie sie die Sensationalisten bevorzugten, bezögen sich gleichfalls auf unbeobachtbare Elemente; denn die Sensationalisten beriefen sich auf den von der Thermodynamik und durch Differentialgleichungen bestimmten Energiefluß – alles Begriffe mit unbeobachtbaren Aspekten – und machten vollen Gebrauch von einer Vielfalt geistiger Bilder. Sie behaupteten, sie würden nur glauben, was sie sehen, aber eigentlich war ihr Glaube dem Sehen weit voraus. Denn warum soll man dann, wenn man nicht an Atome glaubt, weil man sie nicht direkt sehen kann, glauben, daß Sterne riesige astronomische Körper sind? Den Sinnen erscheinen die Sterne als mikroskopische Stecknadelköpfe von Licht, ungefähr so groß wie kleine Materiestücke; aber weder Mach noch irgend jemand sonst würden sagen, sie seien «wirklich» so groß wie Leuchtkäfer oder andere irdische Lichtquellen gleicher *scheinbarer* Ausdehnung. Zusätzlich zu der den Sinnen zugänglichen Information müssen also andere Überlegungen zu der Annahme führen, daß die Sterne trotz ihres kleinen Erscheinungsbildes sehr weit entfernt sind. Beobachtungen oder andere Sinnesdaten können weder verhindern, daß sie mit Zusammenhängen in Verbindung gebracht werden, die sie in das kohärente Bild der Natur verweben, noch lassen sie sich in das Bild einfügen, wenn nicht die dem Sammeln von Beobachtungsdaten zugrundeliegenden vorgefaßten Meinungen theoretisch erfaßt sind. Es gibt eben keine bloßen Tatsachen.

Man sieht hier, wie nachteilig es sich zu Beginn des zwanzigsten Jahrhunderts für die Physiker auswirkte, wenn sie sich übermäßig für die Lehre der Positivisten begeisterten. Diese Vermutung führt zu der faszinierenden Überlegung, es könnte einen Zusammenhang zwischen dem plötzlichen Untergang der französischen Naturwissenschaft in den ersten Jahren des zwanzigsten Jahrhunderts und ihrem Widerstand gegen das atomare Bild der Natur geben. Diese Probleme waren keineswegs auf französische Wissenschaftler beschränkt. Als sich die Aufmerksamkeit der Naturwissenschaft dem Mikrokosmos zuwandte und dort Dinge fand, die jeder Veranschaulichung spotteten, hatte die Flexibilität eines Maxwell einen Vorteil gegenüber dem starren Formalismus eines Duhem oder Mach.

Dem modernen Naturwissenschaftler erscheinen diese metaphysischen Auseinandersetzungen vielleicht sonderbar. Wir sind daran gewöhnt, daß die naturwissenschaftlichen «Tatsachen» den Weg bestimmen, dem die Naturphilosophie folgt. Aber die Philosophen des neunzehnten Jahrhunderts spielten keine solche Nebenrolle. Sie sahen den Ausgangspunkt für ihre philosophischen Spekulationen über die Naturwissenschaft und die Natur nicht in den Daten und Theorien der Naturwissenschaftler, aus denen sie dann die grundlegenden metaphysischen Probleme gewannen. Sie hatten die Probleme in ihrer traditionellen Form gemeinsam mit der philosophischen Grundhaltung der Kantianer, Hegelianer und Positivisten übernommen. Wie weit sich eine bestimmte Ansicht zur Lösung wissenschaftlicher Fragen eignet, beurteilten sie vor allem danach, wie erfolgreich sie diese traditionellen philosophischen Fragen beantworten konnte.

Die Zerlegung des Atoms

> *Wir wissen jetzt, soviel trifft zu, daß der oft geäußerte Zweifel an der Realität der Atome übertrieben war; denn die wunderbare Entwicklung der Kunst des Experimentierens hat es uns ermöglicht, die Wirkungen einzelner Atome zu untersuchen.*
> Niels Bohr

Vom Beginn des neunzehnten Jahrhunderts an entwickelte sich bei den Anhängern der Atomlehre die Überzeugung, es müsse eine enge Beziehung zwischen Atomen und Elektrizität geben. Am überzeugendsten hatte Faraday diese Verwandtschaft demonstriert. Man hatte Kochsalz für eine elektrisch neutrale Verbindung von Natrium und Chlor gehalten: Ein negativ geladenes Chloratom verbindet sich mit einem positiv geladenen Natriumatom zu einem neutralen Chlor-Natrium-Molekül. Faraday zeigte, daß die positiven Natriumatome dann, wenn positive und negative Elektroden zusammen in Salzwasser getaucht werden und einen Stromkreis schließen, vom negativen Pol angezogen werden; die negativen Chloratome dagegen wandern zum positiven Pol. Die Gesamtmenge der Atome, die sich an den Leitungsenden sammeln, stellte sich zudem als direkt proportional zur Stärke des dort fließenden elektrischen Stroms heraus.

Diese Art von Erscheinungen lieferte einen Hinweis darauf, daß einzelne Atome und Moleküle elektrische Ladungen abstoßen oder an sich binden können müssen, obwohl sie jedes für sich genommen neutral sind. Diese Atome, die irgendwie zusätzliche elektrische Ladung verloren oder gewonnen haben, wurden (nach dem griechischen Verb für «wandern») *Ionen* genannt. Etwa 1833 kam Faraday durch diese Beobachtungen auf den Gedanken, daß die Vorstellung des Atomismus sich ebenso wie auf die Bestandteile der Materie auch auf elektrische Ladungen anwenden läßt. Außerdem schienen diese grundlegenden elektrischen Ladungen ein Teil des Atoms oder jedenfalls mit ihm verbunden zu sein.

Schon 1848 hatte Weber behauptet, daß sich die elektrischen Eigenschaften von Metallen durch die Bewegung von negativen und positiven Ladungen in ihnen erklären ließen, aber erst 1874 behauptete der irische Physiker George Johnson Stoney, es müsse eine Grundeinheit der elektrischen Ladung geben. Sie könne Experimente von der Art, wie sie Faraday durchgeführt hatte, erklären. Zwei Jahrzehnte später schlug er vor, diese Grundeinheit der Ladung «Elektron» zu nennen (das griechische Wort für «Bernstein» – dieses Material wurde oft bei elektrostatischen Versuchen benutzt, weil es rasch negative statische elektrische Ladung aufweist, wenn es mit Fell gerieben wird), und sagte einen Zahlenwert vorher. Genau sechs Jahre später bewies J. J. Thomson in Cambridge im Versuch die Existenz des Elektrons. Thomson versuchte dann erfolglos, es in «Korpuskel» umzutaufen; Johnson Stoneys Bezeichnung überlebte.

Es gab mehrere einfallsreiche Versuche, sich aufgrund dieser Entdeckung ein Bild von einem Atom zu machen. Sie alle sahen Atome nicht als unteilbare Teile strukturloser Materie, wie man sie sich zunächst gedacht hatte. Vielmehr haben sie eine ganz bestimmte innere Struktur. Das gröbste, Anfang unseres Jahrhunderts von Lenard vorgeschlagene frühe Bild stellt das Atom als aus Tausenden von Teilen zusammengesetzt dar, die alle gleiche positive und negative Ladungen tragen und durch elektrische Anziehungs- und Abstoßungskräfte im Gleichgewicht gehalten werden. Ein wenig bekannter japanischer Physiker, Nagaoko, schlug vor, sich das Atom als zentrale positive Ladung vorzustellen, die von negativ geladenen «Saturnringen» umgeben wird. Thomson selbst entwarf das einflußreichste Bild, nämlich das einer homogen positiv geladenen Kugel, die mit Elektronen durchsetzt ist wie ein Rosinenkuchen. Er ließ sogar die Möglichkeit zu, daß die Elektronen dadurch stabil sein könnten, daß sie sich auf Kreisen bewegen oder um einen Gleichgewichtszustand herum hin und her schwingen. Um 1910 hatten Ernest Rutherford und seine Mitarbeiter in Manchester ein Atom befragt, indem sie es mit schwereren Teilchen beschossen. Die einfallenden Teilchen werden dabei von den Atomen abgelenkt; die Untersuchung dieser Ablenkung ergab, daß der Großteil der Masse des Atoms in einem winzigen elektrisch positiv geladenen «Kern» konzentriert ist, den die negativ geladenen Elektronen in unterschiedlichen Abständen umgeben. Später behauptete Rutherford, der Kern sei aus sogenannten «Protonen» zusammengesetzt, massereichen Teilchen, von denen jedes eine positive Ladung trägt, die der Elektronenladung gleich und entgegengesetzt ist, deren Masse jedoch 1836mal so groß ist wie die des Elektrons, und aus hypothetischen Teilchen ähnlicher Masse, die keine elektrische Ladung tragen. Diese sollten nach seinem Vorschlag «Neutronen» genannt werden. 1932, über zwanzig Jahre nach Rutherfords Vorhersage, entdeckte James Chadwick die Neutronen.

Es folgte eine atemberaubende Entwicklung zum jetzt üblichen Bild; Atome bestehen danach aus massereichen Kernen von nicht mehr als 10^{-13} cm Durchmesser; sie werden von Elektronen umkreist, die vom Atomkern höchstens 10^{-8} cm Abstand haben. Ihre Anordnung bestimmt die Chemie des fraglichen Atoms. Als sich diese Vorstellung mit Bohrs Prinzip der Energiequantelung verband, entstand ein außerordentlich genaues Modell, das die Eigenschaften aller Arten von Atomen genau vorherzusagen erlaubte. Damit ergibt sich eine einfache Unterscheidung der Aufgaben von Chemie und Physik. Die Chemiker interessieren sich für die Anordnung der Elektronen in Atomen; sie erforschen, wie sich Atome zu Molekülen und Verbindungen zusammenfinden können. Physiker richten ihre Aufmerksamkeit auf die Struktur des Kerns und die Eigenschaften der Teilchen, aus denen er besteht.

In der Zeit von 1920 bis heute hat die Elementarteilchenphysik größte Wichtigkeit erlangt. Sie ist zum grundlegendsten, teuersten und aufregendsten Teil der Physik geworden und zieht weiterhin die fähigsten mathematischen Physiker in ihren Bann. Lange schon lassen sich die Experimente nicht mehr von einem einzelnen Physiker durchführen. Sie sind riesige internationale Unternehmungen geworden, an denen Hunderte von Wissenschaftlern, Technikern und Computerexperten mitarbeiten. Ihre Leiter brauchen zum Erfolg gleichzeitig das Geschick eines Physikers, eines Wirtschaftsfachmanns, eines Politikers (manche sagen sogar eines Mafiabosses!) und eines Personalmanagers. Der italienische Nobelpreisträger Carlo Rubbia, der den Ruf hat, all diese Eigenschaften zu vereinen, ging sogar so weit, die Leistungen der modernen experimentellen Teilchenphysik mit jenen der Renaissance zu vergleichen. In kommenden Jahrhunderten könnte die Enthüllung der elementaren Bausteine der Materie sehr wohl als die größte Leistung unserer Kultur gesehen werden; vielleicht werden unsere Teilchenbeschleuniger dann als große Denkmäler und weltliche Kathedralen des menschlichen Geistes gesehen.

Schöne neue Welt

> *Eine explizit wissenschaftliche Weltanschauung könnte sich durch eine größere Spezialisierung desselben grammatischen Grundmusters ergeben, das die naive und implizite Sicht hervorbrachte. So ergibt sich die Weltsicht der modernen Naturwissenschaft durch weitergehende Spezialisierung der Grundlagen.*
>
> Benjamin Lee Whorf

Zu Beginn des zwanzigsten Jahrhunderts kannten wir nur zwei Arten von Naturkräften: die Schwerkraft und die miteinander verwobenen Wirkungen von Elektrizität und Magnetismus. Dieser Bereich wird als «klassische Physik» bezeichnet, um ihn von der späteren Quantenrevolution zu unterscheiden. Seinerzeit glaubten einige Gruppen, alles, was es von der Welt zu wissen gäbe, würde von der klassischen Physik erfaßt. Dieser übermäßig vertrauensvolle Negativismus taucht immer wieder einmal auf, wenn Wissenschaftler eine erfolgreiche Zeit durchleben. Menschen sorgen sich dann, sie könnten so erfolgreich sein, daß das Thema abgetan und das Buch geschlossen werden könnte. Hier wird kolportiert, daß der Direktor des Preußischen Patentamts einmal bemerkt hätte, er müsse wohl bald sein Amt schließen, weil er sich nichts mehr vorstellen könne, das noch zu erfinden wäre! Einer der führenden Physiker seiner Zeit, Albert Michelson, behauptete 1894:

Die wichtigsten Grundgesetze und Tatsachen der Physik sind alle entdeckt worden und jetzt so fest etabliert, daß die Möglichkeit, sie könnten je durch Konsequenzen aus neuen Entdeckungen ersetzt werden, äußerst gering ist... Unsere zukünftigen Entdeckungen müssen in der sechsten Stelle nach dem Komma gesucht werden.

In gewissem Grade bezeugen solche Aussagen nur die Engstirnigkeit der Physik jener Zeit. Ihr wurde nur sehr beschränkte Bedeutung zugemessen, und man sah kaum einen Zusammenhang mit Chemie und Biologie. Trotzdem, Wissenschaftler wie Michelson schenkten den gewaltigen Lücken in der Physik ihrer Zeit einfach keine Aufmerksamkeit. Sie wußten wenig oder nichts über die Eigenschaften von Stoffen, das Wesen des Lichts und der Himmelskörper. Es gab einen latenten Konflikt zwischen der Ansicht der Physiker, daß die Sonne ihre Kraft durch die Wärme erhält, die sich bei ihrer allmählichen Zusammenziehung unter dem Einfluß ihrer eigenen Schwerkraft entwickelt, und der Forderung, daß es sie schon so lange gibt, wie es die Darwinsche Evolutionstheorie bedingt. Die Samen einer Revolution begannen zu sprießen, aber wenige beachteten sie. Innerhalb von fünfzehn Jahren nach Michelsons Aussage hatten Einstein und Bohr mit ihren Theorien über Relativität und Quanten die Physik auf den Kopf gestellt.

Seit jener Zeit, in der die Welt durch Elektrizität, Schwerkraft und Magnetismus bestimmt war, haben unsere experimentellen Untersuchungen zwei weitere Grundkräfte der Natur offenbart: die «starke» oder «Kern»kraft, die die Atomkerne zusammenhält, und die «schwache» Kraft, die einige Arten der Radioaktivität bewirkt. Während es für die Reichweite von Schwerkraft und Elektromagnetismus keinerlei Grenzen gibt, hat die starke Kraft eine Reichweite, die der Größe des kleinsten Atomkerns entspricht, also etwa 10^{-13} cm, und die Reichweite der schwachen Kraft beträgt wieder ein Hundertstel davon. Die Wirkung dieser Einflüsse läßt sich im einzelnen nicht mit Hilfe von Äpfeln und Magneten erklären. Sie erfordern ganz besondere Umstände und Umgebungen, in denen empfindliche Geräte die

Spuren der mikroskopischen Kräfte ertasten. Aber ihre Wirkungen sind uns keineswegs verborgen, denn zu ihnen gehören auch die Energieerzeugung in der Atombombe und in der Sonne.

Man entdeckte bald, daß Proton, Neutron und Elektron nicht allein sind. Der Verein der Elementarteilchen schien nicht einmal besonders exklusiv zu sein. Der Strom neuer Entdeckungen riß nicht ab: 1936 wurde das Myon, 1947 das ungeladene Pion, 1950 das geladene Pion und 1956 das von Pauli schon 1931 vorhergesagte und lange gesuchte Neutrino gefunden. In den fünfziger und sechziger Jahren wurden die ersten Maschinen gebaut, die Protonen sehr stark beschleunigen und bei Zusammenstößen in Stücke zerschmettern konnten, und das führte zu einer Bevölkerungsexplosion bei den Elementarteilchen. Schließlich wurden mehrere hundert solcher Teilchen gefunden. Was als ein exklusiver Club begann, hatte sich zu einem Basar gemausert.

Inzestuöse Materie?

> *Naturkundler beobachten es so: Ein Floh*
> *Wird von kleineren Flöhen so oder so*
> *Benutzt und gequält und diese wiederum*
> *Von kleineren gebissen – ad infinitum.*
> Jonathan Swift

Aus den Trümmern, die in den Jahren nach 1960 die Zusammenstöße von Protonen mit immer höheren Energien überlebten, erblühten einige Zeit lang zwei völlig verschiedene Konzepte. Das erste hielt sich in Übereinstimmung mit der atomistischen Intuition der alten Griechen an die Ansicht, daß die Materie aus Teilchen wie Protonen und Neutronen besteht, und daß diese wiederum eine kleine Anzahl von elementareren Bestandteilen enthalten, die ihrerseits wieder aus Kleinerem aufgebaut sind. Schließlich würde man dieser Teilbarkeit auf den «Grund» kommen, und *die* endlich vielen Elementarteilchen, aus denen alle Materie durch Zusammensetzen aufgebaut wird, würden sich zeigen. Die zweite Meinung hielt dagegen nichts von der atomistischen Tradition. Sie geht zurück auf einen holistischen Ansatz für ganzheitliche Wechselwirkung zwischen allen Teilen der Natur und auf Leibniz' Vorliebe für die unendliche Teilbarkeit und Stetigkeit der Materie. Sie behauptet, daß die Materie immer weiter in unendlich viele Elementarteilchen zerlegbar ist, die alle in einem wohldefinierten Sinn aufeinander aufgebaut sind. Dieses inzestuöse Arrangement wurde zu Ehren des exzentrischen Barons von Münchhausen, der behauptete, sich an seinem eigenen Zopf aus dem Sumpf gezogen zu haben, als «Zopftheorie» oder – nach der englischen Bezeichnung für den Münchhausentrick – «*bootstrap*-Theorie» bekannt. Sie unterscheidet sich von der erstgenannten Vorstellung in folgender Weise: Wenn wir einen Kasten mit Masseteilchen erhitzen, sagt die erste Vorstellung vorher, daß die Materie in dem Kasten sich schließlich in die einfachsten Bestandteile aufspaltet; diese werden immer heißer und energiereicher, je heißer der Kasten wird. Das zweite Bild führt zu dem Schluß, daß die Energie dann, wenn der Kasten erhitzt wird, zur Erzeugung von immer mehr und anderen Arten einer unendlich großen Mannigfaltigkeit von möglichen Teilchen mit immer größerer Masse verwendet wird. Dazu werden immer größere Energien benötigt. Folglich braucht die Temperatur nicht weiter zu steigen. Eine der verblüffenden Vorhersagen der frühen Zopftheorie war, daß es eine Maximaltemperatur von etwa einer Billion Grad geben muß. Wir wissen jetzt, daß diese Art von Theorie den Tatsachen widerspricht; bei der Beschleunigung von Teilchen werden viel höhere Temperaturen erreicht als die von der Zopftheorie behauptete Grenztemperatur, aber es ist immer noch möglich, daß die Natur in einem noch kleineren Maßstab, als er bisher untersucht werden konnte, eine Zopfstruktur mit einer sehr viel höheren Maximaltemperatur hat.

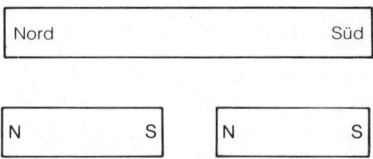

4.1 Wenn ein Magnet geteilt wird, entstehen zwei Magnete und nicht zwei voneinander isolierte Magnetpole.

Schon der Gedanke, daß «alles aus allem anderen gemacht» sei, klingt wie eine mystische Verirrung, stimmte aber mit dem überein, was bei den Experimenten der Teilchenphysik zu beobachten ist. Das Zertrümmern von Protonen erzeugt immer mehr Protonen und nicht ihre Bestandteile. Wenn drei verschiedene Elementarteilchen «Max», «Karl» und «Jakob» vorgegeben sind, läßt sich die Beobachtung mit einer intransitiven Zopftheorie vereinbaren, die aus «Max» und «Karl» «Jakob» macht und aus «Max» und «Jakob» «Karl» und aus «Jakob» und «Karl» «Max». Ein solches Dilemma scheint unvermeidlich zu sein, wenn man bedenkt, was bei einem Versuch, Protonen oder Neutronen zu spalten, passieren würde. Alle ihre Teile werden durch so starke Kernkräfte zusammengehalten, daß die freigesetzte Energie dann, wenn die Bindung gebrochen ist, entsprechend der berühmten Einsteinschen Äquivalenz von Masse und Energie $E = mc^2$ zur Herstellung neuer Teilchen ausreicht. Das Bild von einem Elementarteilchen wird unter solchen Umständen etwas nebulös. Es erinnert an den Versuch, einen Stabmagneten durch Halbieren in elementarere einzelne Magnetpole zu teilen. Statt dadurch einzelne Nord- und Südpole zu erzeugen, erhalten wir zwei Magnete (siehe Abbildung 4.1), die jedes ein Paar von Magnetpolen aufweisen. In gewissem Sinne bestehen Magnete aus anderen Magneten.

Das «Zopfbild» verblaßte allmählich, als sich Hinweise auf eine bestimmte Art der Substruktur von Protonen und Neutronen ergaben – in Form der Quarks.

Quarks

> *Drei Quarks für Muster Mark!*
> James Joyce

In den Jahren nach 1960 konnten die Theoretiker endlich Aussagen machen, die den Verfechtern der Einfachheit sinnvoll erschienen. Murray Gell-Mann und George Zweig zeigten, daß ein wunderschön einfaches Bild alle bekannten Teilchen erklären könnte. Sie meinten nämlich, Teilchen wie das Proton, das Neutron und die Mesonen, die

die starke Kernkraft spüren, seien keine Elementarteilchen, sondern enthielten wiederum Bestandteile. Gell-Mann nannte sie «Quarks» und Zweig «Asse». Gell-Manns literarische Anspielung auf James Joyce' «Three Quarks for Muster Mark» hat überlebt. (In Joyce' *Finnegans Wake* scheinen die drei Quarks die drei Kinder von Mr. Finn zu sein. Bei manchen Gelegenheiten wird der Begriff von Mr. Finn selbst repräsentiert, bei anderen jedoch wird die Rolle von den drei jungen Quarks gespielt.)

Wir können die subatomaren Teilchen in drei Gruppen einteilen: Baryonen, Mesonen und Leptonen. Die Leptonen (*«lepton»* bedeutet im Griechischen «leicht» oder «klein» – so wird das Scherflein der armen Witwe im Neuen Testament genannt) spüren den Einfluß der Schwerkraft und den der schwachen und elektromagnetischen Kräfte. Die Baryonen («*barys*» ist das griechische Wort für «schwer») spüren alle Kräfte, besitzen aber mit der sogenannten Baryonenzahl eine Größe, die immer erhalten bleibt. Die Mesonen spüren ebenfalls alle Kräfte, haben aber keine Baryonenzahl. Proton und Neutron sind Baryonen; Elektron, Myon und Neutrino sind Leptonen, während Pionen Mesonen sind. Eine Zeitlang wurde das Myon My-Meson genannt, weil es irrtümlich für ein Meson gehalten wurde.

In den letzten Jahren haben immer mehr Hinweise den Gedanken von Zweig und Gell-Mann erhärtet, daß Proton und Neutron keine Elementarteilchen sind. Bei Streuexperimenten verhalten sie sich, als ob sie drei sehr viel kleinere Bestandteile hätten, die sich beim Beschuß von Protonen und Neutronen durch das Streumuster verraten. Aber niemand hat je eines dieser Quarks gesehen, aus denen alle Materie besteht. Warum nicht?

Quarks tragen zwei Sorten Ladung. Außer der gewöhnlichen elektrischen Ladung, wie sie Elektronen und Protonen tragen, besitzen sie eine andere Ladungsart, die «Farbe» genannt wird – obwohl sie absolut nichts mit der Farbe der Dinge zu tun hat. Wie die elektrische Ladung scheint auch die Farbladung in der Natur erhalten zu bleiben. Wenn Teilchen wechselwirken und bei Zusammenstößen ihre Identität aufgeben, kann die Farbladung neuverteilt werden, aber der Gesamtbetrag ist bei der Abrechnung am Schluß unverändert. Nun üben Teilchen mit der Eigenschaft *Farbe* aufeinander genauso Kräfte aus, wie Teilchen mit elektrischer Ladung eine elektromagnetische Anziehungs- oder Abstoßungskraft spüren. Diese zwischen den Quarks, aus denen die Kernteilchen bestehen, wirkende «Farbkraft» ist der Ursprung der zwischen den Kernteilchen beobachteten Kernkraft, genau wie die elektromagnetischen Kräfte zwischen Protonen und Elektronen chemische Kräfte zwischen den Molekülen und Verbindungen bewirken. Die Kernkraft ist der Prozeß, durch den wir der Farbkraft zwischen Quarks Energie entziehen können. Sie ist so wirklich wie Sie und ich. Aber die Farbkraft ist eine merkwürdige Kraft. Während Schwerkraft, Elektrizität und Magnetismus alle mit dem Inversen des Quadrats vom Teilchenabstand abnehmen, wird die Farbkraft stärker, wenn der Abstand zwischen den Quarks zunimmt. Sie wirkt wie eine elastische Kraft. Und sie hält die Quarks innerhalb der Baryonen und Mesonen gefangen.

Quantenfelder

> *Die Naturgesetze schreiben gewissen Größen eine grundlegende Rolle zu. Wir sind nicht ganz sicher, was sie sind, aber nach unserem gegenwärtigen Verständnis scheinen sie die elementaren Quantenfelder zu sein.*
>
> Steven Weinberg

Die Hauptkennzeichen der vier bekannten Naturkräfte sind in Tabelle 4.1 angegeben.

Wir fanden, daß sich all diese Kräfte am besten durch eine Verbindung der klassischen Vorstellung von Faradays stetigem Kraft«feld» mit der Quantenmehrdeutigkeit der Natur beschreiben lassen. Das Ergebnis dieser Verbindung ist das *Quantenfeld*. Wir erinnern daran, daß das klassische Feld Faradays ein unspezifisches, den Raum erfüllendes «Etwas» ist, dessen Eigenschaften durch Zahlen beschrieben werden können. Diese Zahlen geben in jedem Raumpunkt die Stärke und Richtung des Feldes an. Elektrische und Magnet- und Gravitationsfelder sind klassische Beispiele dafür. Manche Felder kann man sich gut als einen den ganzen Raum ausfüllenden Fluß vorstellen. Jedes Kraftfeld entspricht dann einem anderen solchen Strom. Quantenfelder manifestieren das Wahrscheinlichkeitselement, das in

Tabelle 4.1 Die vier Grundkräfte der Natur

Kraft	Reichweite	relative Stärke	Einfluß	Trägerteilchen
Schwerkraft (Gravitation)	∞	10^{-39}	Alles	Graviton
Elektromagnetische Kraft	∞	10^{-2}	Elektrisch geladene Teilchen	Photon
Schwache Kraft	10^{-15} cm	10^{-5}	Leptonen und Hadronen	W^+, W^-, Z-Bosonen
Starke Kraft (Farbkraft)	10^{-13} cm	1	Teilchen mit Farbladung	Gluonen

Übereinstimmung mit dem Heisenbergschen Unschärfeprinzip durch unsere Messung hineinkommt. Sie lassen sich mit einem wirbelnden Strom vergleichen, in dem die chaotischen Schwankungen größer werden, wenn man die Flüssigkeit unter einer Lupe in immer kleinerem Maßstab betrachtet. Über einen größeren Bereich hinweg mittelt sich die Flüssigkeit jedoch zu einem relativ glatten Fluß, ähnlich wie die Meeresfläche aus der Entfernung glatt erscheint. Quantenfeldtheorien sind mathematische Beschreibungen der Durchschnittswerte von Kraftfeldern in endlichen Raumbereichen in endlichen Zeiträumen. Sie sagen vorher, wie sich die Felder ändern und wie sie miteinander wechselwirken. Während ein klassisches Skalarfeld an jedem Punkt durch seine Stärke beschrieben wird, läßt sich ein Quantenfeld durch eine Menge von Möglichkeiten beschreiben; sie geben uns die Wahrscheinlichkeit an, daß das Feld zu einem bestimmten Zeitpunkt an einem bestimmten Ort einen bestimmten Wert annimmt. All unsere bewährten Gesetze über die elementaren Bestandteile der Natur sind Quantenfeldtheorien.

Die Quantenfeldtheorien unterscheiden sich radikal von ihren klassischen Vorgängern. Dieser Unterschied wird am deutlichsten in dem Bild, das sie vom Vakuum entwerfen. Für den Naturforscher vor der

Quantentheorie war nichts einfacher als das Vakuum – es ist schlicht und einfach ein Nichts. Aber die Quantensicht der Welt versagt uns diese Art genauen Wissens; wir können nicht sagen, ein Kasten enthielte etwas so Bestimmtes wie das «Nichts». Eine Messung bedeutet Strahlung. Elektromagnetische Strahlung ist überall. Das Quantenvakuum ist voller Aktivität. Es ist nur dadurch ausgezeichnet, daß es der niedrigste Energiezustand ist, in dem sich das ganze System befinden kann.

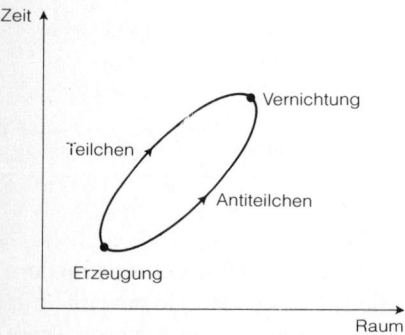

4.2 Das Quantenvakuum: Dieses Raumzeitdiagramm illustriert die spontane Erzeugung eines Teilchen-Antiteilchen-Paars. Das Paar vernichtet sich nach einer Zeitspanne, die im Vergleich zu der Zeit, die nach der Heisenbergschen Unschärferelation der zu ihrer Erschaffung nötigen Massenenergie entspricht, nicht beobachtbar ist. Ein solcher nicht direkt beobachtbarer Vorgang heißt virtuell. Unter bestimmten Bedingungen wird die Vernichtung durch ein äußeres Kräftefeld verhindert; dann lassen sich die Teilchen nachweisen. Das Quantenvakuum muß man sich als ein unendliches Meer virtueller Vorgänge vorstellen. Trotzdem läßt sich der Prozeß im Experiment indirekt überprüfen.

Wir stellen uns das Quantenvakuum als ein Meer ständig auftauchender und verschwindender Paare entgegengesetzt geladener Teilchen vor (Abbildung 4.2). Jedes dieser Teilchen ist als einzelnes in Übereinstimmung mit Heisenbergs Unschärfeprinzip unbeobachtbar, wenn es eine Energie δE hat und eine Zeit δt lang existiert, so daß

$\delta E\ \delta t < h/4\pi$

Diese Teilchenpaare heißen «virtuell». Obwohl einzelne virtuelle Teilchen nicht beobachtet werden können, verändern sie insgesamt das Energieniveau von Atomen um ein winziges, aber meßbares Bißchen. Später werden wir sehen, daß die Existenz eines solchen Quantenvakuums für die Struktur der Welt wichtige Folgen hat.

Die Vorstellung von virtuellen Teilchen bestimmt auch das Bild, das wir uns von der Wirkung der Naturkräfte machen. Während Newton zu einer Modellvorstellung gezwungen war, in der Kräfte auf unbekannte Weise augenblicklich über große Entfernungen hinweg wirken, erfordert die Quantensicht, daß eine Wechselwirkung durch Austausch eines «Träger»teilchens vermittelt wird. Im Fall der elektromagnetischen Wechselwirkung zwischen elektrisch geladenen Teilchen ist das Photon der Träger; die starke Kernkraft zwischen Quarks wird durch die sogenannten Gluonen übermittelt und die schwache Wechselwirkung durch die sogenannten W- und Z-Bosonen, Teilchen, die vor wenigen Jahren in Stoßexperimenten mit hochenergetischen Protonen am CERN in Genf entdeckt wurden. Der Übermittler der Gravitationswirkung schließlich heißt Graviton. Heisenbergs Unschärfeprinzip gibt die Beziehung zwischen der Masse des Trägerteilchens und der Reichweite der Kraft an, die es übermittelt. Die Reichweite entspricht etwa der de-Broglie-Wellenlänge des Trägerteilchens und ist deshalb umgekehrt proportional zur Masse des zugehörigen Trägerteilchens. Die masselosen Photonen und Gravitonen vermitteln also die elektromagnetische beziehungsweise die Gravitationskraft, deren Reichweite unendlich ist. Die sehr kurzen Reichweiten der starken und schwachen Wechselwirkung spiegeln die relativ große Masse ihrer Trägerteilchen wider.

Die grundlegenden Gesetze des inneren Raums

Ich neige zu der Meinung, daß wissenschaftliche Entdeckungen ohne ein Vertrauen in rein spekulative und manchmal ziemlich verschwommene Gedanken unmöglich sind, ein Vertrauen also, das sich vom wissenschaftlichen Standpunkt aus überhaupt nicht rechtfertigen läßt.

Karl Popper

Physiker haben mathematische Gesetze hergeleitet, die beschreiben, wie sich die verschiedenen Naturkräfte auf der mikrophysikalischen Ebene verhalten. Jede Theorie ist für die praktische Arbeit in der Elementarteilchenphysik nützlich, in sich konsistent und nach jedem pragmatischen Kriterium «erfolgreich», und doch sind die Teilchenphysiker alles andere als zufrieden. Es bleibt eine Reihe unbeantworteter Fragen übrig, die die modernen Vorurteile und Erwartungen in bezug auf die Naturgesetze aufzeigen:

(i) Gibt es einfache Grundsätze, die bestimmen, welche Kräfte und Teilchen es in der Natur gibt und wie sie miteinander wechselwirken?
(ii) Gibt es ein einziges einheitliches Naturgesetz: eine Theorie für alles?
(iii) Warum haben die Naturkräfte gerade die Stärke, die wir vorfinden?
(iv) Was sind die letzten Bestandteile der Materie – die elementarsten der Elementarteilchen?
(v) Welche Grundsätze sollten wir letztlich bei der Suche nach den Naturgesetzen anwenden?

Die Tatsache, daß solche Fragen gestellt werden, zeugt von unserem tiefen Vertrauen in die Einfachheit und Einheit der Natur. Physiker glauben, daß der Grad der Vernunft, den sie jetzt schon im Aufbau der Natur entdeckt haben, deutlich auf eine tiefere und allumfassende, die grundlegendsten Größen bestimmende Vernunft hinweist. Die brennende Frage bleibt: Was sind diese Grundgrößen? Auf was wirken die Naturgesetze?

Die von uns bis jetzt verfolgte Entwicklung der Naturgesetze, ob es sich nun um die Gesetze Newtons, die der Relativitätstheorie oder die der Quantentheorie handelte, war durch ein einziges Gebot bestimmt. Es wurden Regeln gesucht, die vorschreiben oder beschreiben, wie sich physikalische Erscheinungen an einem anderen Ort oder zu einer anderen Zeit verhalten, wenn sie hier und jetzt festgelegt werden können. Diese Denkweise sollte nach mathematischen Regeln auf die Welt der Elementarteilchen ausgeweitet werden können, damit wir wissen, wie sich die Grundbausteine der Materie verhalten. Aber das ist nur die halbe Wahrheit. Die Forschung auf dem Gebiet der Elementarteilchenphysik will etwas anderes als jeder andere Zweig der Physik. Sie möchte, daß die Gesetze für das Verhalten von Elementarteilchen bestimmen, welche Elementarteilchen es gibt. Wer sich mit der Newtonschen Mechanik beschäftigt, hat kein Interesse daran, all die Objekte der Natur zu katalogisieren, die Newtons Bewegungsgesetz gehorchen. Er hat von Galilei gelernt, daß die Eigenschaften der Körper sich nicht darauf auswirken, wie sie auf Kräfte reagieren. Zudem lassen sich alle makroskopischen Körper voneinander unterscheiden. Der Teilchenphysiker dagegen hat bemerkt, daß es endlich viele *identische* Arten von Elementarteilchen gibt. Überall, wo wir in der Natur danach suchen, finden wir das Objekt, das wir Elektron nennen und das durch einige wenige Eigenschaften wie Masse, elektrische Ladung, Spin und so weiter definiert ist. Jedes Elektron scheint mit jedem anderen Elektron identisch zu sein: «Wer *ein* Elektron gesehen hat, kennt sie alle». Das ist der überzeugendste Beleg für die «Einheit der Natur.» (John Wheeler und Richard Feynman waren davon einmal so beeindruckt, daß sie den Gedanken erwogen, es gäbe überhaupt nur *ein* Elektron, dessen Einfluß sich auf unendlich viele Weisen vorwärts und rückwärts in der Zeit ausbreiten kann und dadurch die Illusion weckt, es gebe so viele gleiche Elektronen!)

Wenn wir den Gedanken akzeptieren, daß die Grundbausteine der Materie jeweils völlig identisch sind, würden wir gern wissen, ob es Gesetze gibt, die die Anzahl der verschiedenen Teilchenarten begrenzen. In gewissem Maße haben wir dieses Ziel erreicht.

Moderne Theorien der Elementarteilchen und ihrer Wechselwirkungen gehören zur Gruppe der sogenannten *Eichtheorien*. Die erste solche Eichtheorie war Maxwells Theorie des Elektromagnetismus. Die bewährtesten Beschreibungen der bekannten Naturkräfte – Schwerkraft, Elektromagnetismus und starke und schwache Kernkraft – sind alle Eichtheorien. Solche Theorien beruhen ganz und gar auf Symmetrien. Wir erinnern uns an Kapitel 3 und daran, wie das Vorliegen einer geometrischen Symmetrie immer, auch angesichts allgemeiner Veränderungen, mit der Erhaltung oder Unwandelbarkeit einer bestimmten Eigenschaft des untersuchten Systems verknüpft ist. Jeder Symmetrie entspricht eine zugeordnete Erhaltungsgröße. Das trifft auch dann zu, wenn die betroffenen Symmetrien esoterischer sind als einfache geometrische Translationen und Rotationen. Diese zusätzlichen Symmetrien heißen *innere* Symmetrien. Sie entsprechen Invarianzen bei Umbenennungen der Teilchenidentität – wenn zum Beispiel die Identität aller Protonen der Welt mit denen der Neutronen vertauscht wird. Wie die geometrischen Symmetrien führen auch diese inneren Symmetrien zu Erhaltungsgesetzen – darauf beruht die Erhaltung der elektrischen Ladung.

Ideale *Eichsymmetrien* sind ganz anders. Insbesondere führen sie nicht zu Erhaltungsgrößen der Natur; die Forderung, daß eine bestimmte Eichsymmetrie zum Beispiel bei elektromagnetischen Wechselwirkungen erhalten bleiben soll, erlegt ihrer Struktur vielmehr im einzelnen sehr starke mathematische Einschränkungen auf. So verbietet zum Beispiel die Bedingung, die Maxwellschen Gleichungen und ihre Quantenformen sollten Eichsymmetrie aufweisen, die Existenz eines Photons, das eine Masse hat, und schreibt genau vor, wie elektrisch geladene Teilchen mit Licht wechselwirken. Aber solche Überlegungen sind noch weitreichender. Die einfachsten, in Kapitel 3 erwähnten geometrischen Symmetrien waren Beispiele für sogenannte *globale* Symmetrien. Betrachten Sie irgendein Objekt, zum Beispiel Ihre Hand, und verändern Sie die Lage so, daß jeder Punkt auf der Hand in gleicher Weise transformiert wird. Das Ergebnis ist einfach: Die Hand bewegt sich einfach als Ganzes an einen anderen Ort im Raum. Sie sieht noch ganz und gar gleich aus. Aber Physiker möchten gern, daß die Naturgesetze bei viel allgemeineren Veränderungen unverändert bleiben. Bei Veränderungen jedoch, die sich nach Voraussetzung überall als gleich erweisen sollen, läßt sich natürlich keine Invarianz erwarten. Wie können elektromagnetische Phänomene hier und jetzt augenblicklich wissen, wie sie sich verhalten müssen, damit sie mit der Veränderung Schritt halten und die globale Symmetrie wahren, wenn sich auf der anderen Seite des Weltalls eine Veränderung abspielt? Die Endlichkeit der Lichtgeschwindigkeit scheint das zu verbieten. Um diese Schwierigkeit zu vermeiden, müssen wir die Invarianz der Naturgesetze bei Veränderungen fordern, die an jedem Ort und zu jeder Zeit anders und völlig willkürlich sein können. Zu dieser Invarianz gehört die sogenannte *lokale* Eichsymmetrie. Während die geometrischen und inneren Symmetrien zu Invarianzen gehören, die dann existieren, wenn Dinge überall und jederzeit verändert werden, fordert die lokale Eichsymmetrie dann Invarianz, wenn an verschiedenen Orten zu verschiedenen Zeiten verschiedene Dinge getan werden. Auf den ersten Blick scheint das unmöglich zu sein. Wenn sich jeder Teil meiner Hand anders und irgendwie bewegen kann, verliert die Hand sicherlich ihre Form. Sie löst sich in lauter Stücke auf, die ihre eigenen Wege gehen. Es gibt nur eine Möglichkeit, wie die Hand ihre Form behalten und trotz solcher zügelloser Veränderungen unverändert bleiben kann: Es muß Kräfte geben, die den Bewegungen der verschiedenen Teile der Hand Beschränkungen auferlegen. Wir könnten uns ganz trivial Gummibänder um die Finger gewickelt vorstellen, damit sie nicht wie oben beschrieben abwandern. Das bedeutet, daß eine allgemeinere oder *lokale* Eichsymmetrie genau vorschreibt, welche Kräfte zwischen den betroffenen Teilchen herrschen. Einsteins Allgemeine Relativitätstheorie ist eine solche lokale Eichtheorie. Die Bewegungsgesetze, die Einstein formulierte, um der gleichförmigen Bewegung mit konstanter Geschwindigkeit Rechnung zu tragen, machen die Spezielle Relativitätstheorie aus. Sie haben für alle gleichförmig zueinander bewegten Beobachter dieselbe Form. Die Form der Bewegungsgesetze kann nur dann für alle relativ zueinander beliebig beschleunigten Beobachter gleich bleiben – in diesem Fall spüren sie die Wirkung von Kräften –, wenn es ein Schwerefeld gibt, das sie aufhebt.

Die Tatsache, daß Elementarteilchenphysiker von Eichtheorien fasziniert sind, läßt sich auf diese bemerkenswerten Eigenschaften zurückführen. Wenn eine bestimmte Symmetrie vorgegeben ist, läßt sich mit ihrer Hilfe eine vollständige Theorie einer oder mehrerer Wechselwirkungen der Natur entwickeln, die den Teilchenarten ihres Bereichs und den zwischen ihnen herrschenden Kräften sehr starke Einschränkungen auferlegt. Das Eichzeitalter hat die Gesetze der Mikrowelt systematisch und mit Entschiedenheit auf Symmetrien zurückgeführt. Während die Gesetze der klassischen Physik nur in der Rückschau mit der Erhaltung gewisser Symmetrien verbunden werden konnten, lassen sich die Gesetze der modernen Quantenphysik *ab initio* aus dem Glauben an die Allgemeingültigkeit der Symmetrie ableiten.

Diese Überlegungen scheinen den Physikern zum ersten Mal einen zuverlässigen Leitfaden an die Hand zu geben, der es ihnen erlaubt, unser Wissen über die Naturgesetze zu erweitern, ohne daß wir vor allem auf die Beobachtung angewiesen sind. Wenn die Eichsymmetrie der Schlüssel zur grundlegenden Wirkungsweise der Natur ist, dann haben wir jetzt anscheinend eine systematische Methode zur Erzeugung neuer Naturgesetze, die sich durch Beobachtung und Experiment überprüfen lassen. Dies entspricht jedoch noch gar nicht recht dem wahren Stand des Wissens. Insbesondere beschreiben Eichtheorien zwar, welche Teilchenart erlaubt ist, aber nicht, wie viele Varianten jedes erlaubte Teilchen hat. So haben wir zum Beispiel Hinweise auf drei Arten von Neutrinos und die ihnen zugeordneten geladenen Teilchen (Elektron, Myon und Tau), aber die Übereinstimmung zwischen der Eichtheorie und den zugehörigen Wechselwirkungen besagt nicht, wie viele unentdeckte andere Neutrinoarten es geben könnte. Die Eichsymmetrie sagt auch nichts aus über die Massen der Elementarteilchen und die genaue Stärke ihrer Wechselwirkungen. Sie sagt uns, daß gewisse Größen zu anderen proportional sind, aber sie legt die Werte der Proportionalitätsfaktoren nicht fest. Sie sagt etwas über die Struktur der Naturgesetze aus, aber nichts über die Verteilung der Teilchenarten oder die Werte der Naturkonstanten. Diese Mängel führen nicht etwa zu Unstimmigkeiten zwischen den bekannten Eichtheorien und der Beobachtung. Diese Fragen lassen sich nur von der heute gängigen Fassung dieser Theorien nicht beantworten. Sie spiegeln wider, daß diese Eichtheorien nicht die letztgültigen Beschreibungen der Natur darstellen. Das könnten wir schon aufgrund der einfachen Tatsache vermuten, daß es so viele von ihnen gibt. Die erfolgreichen Eichtheorien für die Naturkräfte sind alle verschieden, in sich schlüssig und voneinander unabhängig. Wir glauben, daß die Grundgesetze der Natur nicht so sind. Vielmehr sollte es eine tiefere Beschreibung geben, in der sich die vielen Wechselwirkungen der Natur als verschiedene Formen einer einzigen Kraft erweisen. Das ist ein alter Traum, der aber ernsthaft erst seit dem Ende der siebziger Jahre erforscht wird. Es ist wichtig zu erkennen, daß zeitgenössische Teilchenphysiker mit der heutigen Form ihrer Theorien unzufrieden sind, obwohl sich jede als Beschreibung ihres eigenen Gültigkeitsbereichs ausgezeichnet zu bewähren scheint. Die Suche nach größeren und besseren Theorien ist nicht durch den Widerspruch zwischen dem Status quo und dem Experiment bedingt. Vielmehr gibt es eine philosophische Unzufriedenheit mit der Reichweite und dem Mangel an Allgemeingültigkeit der bestehenden Theorien. Sie sind offensichtlich unvollständig, und ihnen fehlen die vereinheitlichenden Verbindungen. Der Fortschritt wird hier nicht durch Erschütterungen eines Kuhnschen Paradigmas angetrieben, sondern durch den Wunsch, das zusammenzufügen, was der Mensch geschieden hat.

Bevor wir uns der Frage zuwenden, ob es eine durchschlagende Vereinheitlichung aller Naturgesetze gibt – eine einzige allumfassende Symmetrie –, ist es angebracht, sich jene tiefliegende Tatsache über die Symmetrien der Naturgesetze bewußt zu machen, die die Herleitung der Naturgesetze aus Beobachtungen so erschwert.

Wenn wir sagen, daß die Natur eine bestimmte Symmetrie hat, meinen wir damit, daß es eine in mathematischer Sprache beschreibbare Größe gibt, die diese Symmetrie aufweist und mit deren Hilfe wir eine Reihe von Differentialgleichungen herleiten können, die ebenfalls diese Symmetrie aufweisen. Für alle praktischen Zwecke sind diese Gleichungen unsere Naturgesetze; sie bestimmen das Verhalten der betrachteten Größen. Aber die Lösungen der Gleichungen brauchen nicht die Symmetrien aufzuweisen, die die Gleichungen selbst haben. Betrachten wir ein einfaches Beispiel. Wenn wir einen auf seiner Spitze stehenden Bleistift abstützen, dann ist das Gravitationsgesetz, das bestimmt, wie der Bleistift fällt, wenn er losgelassen wird, in dem Sinn symmetrisch, daß es keine Raumrichtung vorzieht. Die mathematischen Gleichungen Newtons oder Einsteins erwähnen nicht ausdrücklich eine Raumrichtung. Der Bleistift muß jedoch immer in eine Richtung fallen, wenn er losgelassen wird. Die Symmetrie des Gesetzes wird also gebrochen, wenn es auf einen bestimmten Fall angewendet wird.

Mit ein wenig Nachdenken ist das klar. Ich sitze in diesem Moment an einem bestimmten Ort der Welt, und Sie auch. Aber wir sahen, daß die Naturgesetze eine Invarianz aufweisen, die sie jedem Beobachter als gleich erscheinen lassen. Diese Symmetrie führt zur Erhaltung des Impulses. Ein solches raum-blindes System von Gesetzen läßt sich nur dann mit der Tatsache vereinbaren, daß diese Gesetze mir (und Ihnen) erlauben, an einem bestimmten Ort der Welt zu sein, wenn symmetrische Gesetze nicht notwendig dieselben Invarianzprinzipien widerspiegeln. Ein anderes Beispiel ist die Tatsache, daß Menschen ihr Herz auf der linken Körperseite haben. Es gibt keine tiefe Symmetrie der Natur, die das zu fordern scheint. Wir könnten wie unsere Spiegelbilder unsere Herzen alle auf der rechten Brustseite haben, und unsere Körper würden genauso arbeiten. Vermutlich hatte der erste der Evolution entstammende Mensch diese «Linksherzigkeit», und das pflanzte sich durch die Weitergabe des Erbmaterials lawinenartig fort. Wir können aus unserer eigenen Linksherzigkeit nichts über die Linkshändigkeit der Grundgesetze der Natur folgern.

Das Studium der Natur ist also schwierig. Überall im Weltall sehen wir die konkreten asymmetrischen Auswirkungen von zugrundeliegenden Gesetzen, die symmetrisch sein könnten. Die wahren Symmetrien sind verborgen. Sie bestimmen Gesetze, nicht ihre Folgen; wir können nur die Folgen der Symmetriebrechung beobachten.

Wenn eine Eichsymmetrie in einer bestimmten Weise gebrochen wird, passiert etwas Ungewöhnliches. Das Trägerteilchen der Naturkraft, das zur Vermittlung der lokalen Eichinvarianz nötig ist, nimmt eine Masse an. Hierin liegt vermutlich der Ursprung der Masse. Es gibt sogar ein zugrundeliegendes, jeden Raumpunkt durchdringendes Energiefeld (das nach dem schottischen Physiker Peter Higgs Higgsfeld heißt); es bedingt, daß das Trägerteilchen dann, wenn die Symmetrie gebrochen wird, eine Masse haben muß. Manche Eichsymmetrien, zum Beispiel solche, die zu elektromagnetischen und Gravitationsfeldern führen, werden nicht gebrochen. Ihre Trägerteilchen, Photon und Graviton, sind deshalb masselos. Aber die Eichsymmetrie, die zur schwachen Kraft führt, wird gebrochen, und die Trägerteilchen, die W- und Z-Bosonen, erhalten dadurch Masse.

Vereinheitlichung

In der Physik liegen überall die Leichname der vereinheitlichten Feldtheorien herum.

Freeman Dyson

Der Traum von einem einzigen allumfassenden Naturgesetz, das die ganze Grundlagenphysik enthält und alle Naturkräfte als unterschiedliche Manifestationen einer einzigen grundlegenden Wirkung erweist, hat viele große Physiker aus ihrer Zufriedenheit mit dem Status quo aufgescheucht. Eddington und Einstein sind die berühmtesten Vordenker einer grandiosen «Theorie für alles», die Elektrizität, Magnetismus und Schwerkraft umfaßt. Aus dieser Synthese sollten sich einer inneren Logik folgend die Werte der Naturkonstanten ergeben. Obwohl wir aus der Rückschau sehen, daß diese einfallsreichen Pioniere am falschen Ort nach dem Heiligen Gral der Physik suchten und das Problem zu einer Zeit angingen, als wir nicht einmal wußten, was vereinheitlicht werden sollte, schufen sie eine Vision, die die höchste theoretische Herausforderung der Physik geblieben ist und immer noch auf einen weiteren Einstein wartet, der sich erfolgreich mit ihr beschäftigt.

Seit 1975 wird wieder ernsthaft an dem Problem der Vereinheitlichung der bekannten Naturgesetze zu einer einzigen sogenannten «Großen Vereinheitlichten Theorie» («GUT») gearbeitet. Angespornt davon, wie die Natur offensichtlich die Eichsymmetrie nutzt, haben Theoretiker versucht, die bekannten Symmetrien, die je für sich von der starken, elektromagnetischen und schwachen Kraft respektiert werden, in eine größere, allumfassende Symmetrie einzubetten. Die Form, die diese vereinheitlichende Symmetrie annehmen kann, wird durch eine Reihe von wesentlichen Bedingungen eingeschränkt, damit die Teilsymmetrien logisch konsistent hineinpassen. Grob gesprochen ist diese Form für mathematische Symmetrieoperationen das, was eine Primzahl für die Mathematik ist – sie darf nicht genau in Paare von Teilsymmetrien zerlegbar sein. Diese Forderungen lassen eine Reihe von Symmetrien zu, von denen jede mit ihren physikalischen Auswirkungen verknüpft werden muß, damit sich überprüfen läßt, ob sie eine richtige Beschreibung der Welt liefert.

Zunächst erscheint es merkwürdig, daß es überhaupt möglich ist, eine solche Vereinigung verschiedener Naturkräfte in Betracht zu ziehen. Wie kann man erwarten, Schwerkraft und Elektromagnetismus mit den schwachen und starken Kernkräften zu verbinden, wenn diese Kräfte solch unterschiedliche Stärken und Reichweiten haben? Die Schwerkraft ist 10^{39} mal schwächer als der Elektromagnetismus! Zudem geht die Ungleichartigkeit weiter: Es hat sich gezeigt, daß die verschiedenen Kräfte auf verschiedene und einander ausschließende Gruppen von Elementarteilchen wirken. Als Einstein und Eddington nach einheitlichen Theorien suchten, war die Vielfalt der Teilchenwelt noch unerforscht. Als ihre Komplexität offenbar wurde, gab es keine Eile, neue einheitliche Beschreibungen zu schaffen, denn es gab ein grundsätzliches Problem: Die verschiedenen Naturkräfte sind anscheinend qualitativ und quantitativ so verschieden, wie vier Dinge nur sein können.

Trotz dieser Hindernisse erweist sich eine Vereinheitlichung allmählich stückweise als möglich. Wir haben eine vereinheitlichte Theorie der schwachen und elektromagnetischen Kräfte, deren Vorhersagen durch Experimente bei CERN gut bestätigt wurden. Der nächste Schritt besteht in der Einordnung der starken Wechselwirkung. Der letzte Schritt – die Hinzufügung der Schwerkraft – ist der schwierigste und fesselt die Aufmerksamkeit der heutigen theoretischen Physiker ganz besonders.

Das Problem, so verschieden starke Wechselwirkungen miteinander zu verbinden, wurde lösbar, als wir die Eigenschaften des Quantenvakuums kennen und verstehen lernten. Nach dem klassischen Elektromagnetismus müssen sich zwei negativ geladene Elektronen (wie zwei gleiche Magnetpole) mit einer Kraft abstoßen, die ein Maß für die Stärke der elektromagnetischen Kraft ist, aber nicht von der Temperatur der Umgebung abhängt, in der sich die Wechselwirkung abspielt. Wenn jedoch ein geladenes Teilchen in das Quantenvakuum hineingebracht wird, ändert sich die Lage radikal. Das Meer der virtuellen Teilchenpaare enthält Elektronen und ihre Antiteilchen (Positronen), die ständig entstehen und sich zu Strahlung vernichten. Wenn ein reelles negativ geladenes Teilchen in dieses Meer hineingerät, wird es von einer Wolke virtueller Teilchen positiver Ladung abgeschirmt. Jedes ankommende negativ geladene Teilchen wird also eher schwach abgestoßen, wenn es sich mit wenig Energie nähert,

Innerer und äußerer Raum 293

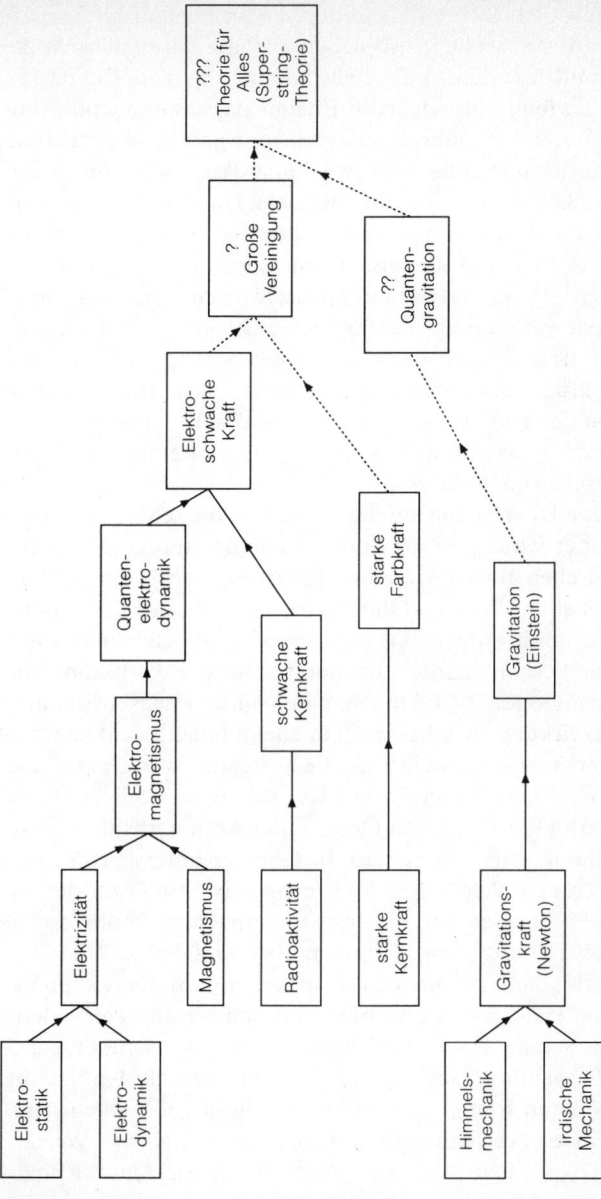

Tabelle 4.2 Die schrittweise Vereinheitlichung der Naturkräfte. Die punktierten Linien markieren Fortschritte, die nicht direkt durch Experimente bestätigt werden konnten. Die gestrichelten Linien bezeichnen gesuchte Erweiterungen, die es in der Theorie noch nicht gibt. Die Fragezeichen bezeichnen Synthesen, die für möglich gehalten werden, für die es jedoch noch keine bestimmten experimentellen Hinweise gibt.

weil es dann nur den äußeren Rand der abschirmenden Ladung erreicht, während ein schnelles Teilchen die abschirmende Wolke durchdringen und dem Zentrum so nahe kommen kann, daß es dessen volle negative Ladung spürt. Je mehr Energie das ankommende Teilchen hat, um so stärker erfährt es das elektromagnetische Feld. Eine hilfreiche Veranschaulichung sind zwei Billardkugeln, die dick mit Wollstoff umwickelt sind. Wenn diese weichen Dinge gegeneinanderprallen, hängt die Kraft, mit der sie abprallen, stark von der Geschwindigkeit ab, mit der sie zusammenstoßen. Bei geringen Geschwindigkeiten gibt es nur wenig Wechselwirkung zwischen ihren wolligen Hüllen, während sich bei hohen Geschwindigkeiten die harten Kerne treffen und stark abprallen. Ähnlich hängt die wirksame Stärke der elektromagnetischen Wechselwirkung zwischen Elementarteilchen von der Energie und Temperatur der Umgebung ab, innerhalb derer sie gemessen wurde. Wenn die Temperatur zunimmt, wird die Wechselwirkung stärker.

Wenn dieselbe Überlegung auf die starke und die schwache Naturkraft angewendet wird, passiert etwas Komplizierteres. Die starke Kraft wirkt zwischen Teilchen, die die früher eingeführte Eigenschaft «Farbladung» haben. Während die Quantentheorie des Elektromagnetismus beschreibt, wie elektrisch geladene Teilchen mit Licht wechselwirken, beschreibt die Quantentheorie der Farbkraft, wie Quarks und ihre Träger, die Gluonen, miteinander wechselwirken.

Die Wechselwirkung zwischen zwei in einem Quantenvakuum befindlichen Quarks ist ganz anders als die zwischen zwei Elektronen. Ein einzelnes Quark wird von einem Meer ständig entstehender und vergehender virtueller Paare von Quarks und Antiquarks und Gluonen und Antigluonen umgeben. Aber die Gluonen unterscheiden sich sehr von den Trägerteilchen der elektromagnetischen Kraft, die mit den virtuellen Elektronen und Positronen auftauchen. Photonen haben keine elektrische Ladung, Gluonen aber sind Träger und Vermittler der Farbladung. Während die virtuellen Antiquarks im Vakuum zum Quark hingezogen werden und damit seine Farbladung abschirmen, versammeln sich die Gluonen vorzugsweise um Quarks der gleichen Farbladung; sie verbreiten so die zentrale Farbladung über einen größeren Raum. Das wirkt der von den virtuellen Antiquarks geförderten Abtrennung der Farbladung entgegen. Wer gewinnt? Wenn es weniger als siebzehn verschiedene Quarkformen gibt, verbreiten Gluonen die Farbladung. In diesem Fall ist die Energie eines Quarks bei der Annäherung an ein anderes um so größer, je größer die Energie der Umgebung ist; die Quarks können einander also um so näher kommen, je größer die Energie der Umgebung ist, aber je näher sie kommen, um so ausgebreiteter ist die abstoßende Farbladung und um so *schwächer* die sich ergebende Wechselwirkung. Diese Wirkung ist völlig entgegengesetzt zu der, die sich bei der elektromagnetischen Kraft einstellt; die starke Wechselwirkung wird also bei höheren Energien der Wechselwirkung immer schwächer. Wir sprechen von *asymptotischer Freiheit*, um zu betonen, daß die Wechselwirkungen bei steigenden Energien immer schwächer werden, so daß sich die Teilchen asymptotisch so verhalten, als ob überhaupt keine Kräfte auf sie wirkten. Ähnliche Überlegungen wie die eben angestellten zeigen, daß die schwache Kraft ihre wirksame Stärke ändert, wenn die Energie, bei der sie gemessen wird, zunimmt.

Die Stärken der elektromagnetischen, schwachen und starken Kräfte hängen also nur von der Energie ab, bei der sie gemessen wurden. Bei Temperaturen, wie wir sie dort finden, wo Leben möglich ist, erscheinen die Stärken dieser drei Wechselwirkungen sehr unterschiedlich und ganz entschieden nicht einheitlich. Aber wenn die Temperatur zunimmt, wird die starke Wechselwirkung schwächer, während die anderen beiden Wechselwirkungen unterschiedlich rasch stärker werden. Die schwache Kraft ist ab Energien von etwa 90 GeV (Giga-Elektronenvolt) ungefähr so stark wie die elektromagnetische, aber erst bei Energien von etwa 10^{15} GeV sollte die Stärke dieser beiden Kräfte jener der starken Wechselwirkung ähnlich sein – und das liegt weit jenseits der Reichweite direkter irdischer Experimente.

Wir sehen also, wie die Niedrigtemperaturen der Umwelt, die Physiker notgedrungen bewohnen, das Bild entstellen, das sie sich von den Naturkräften gemacht haben. Das quantitative Problem, Kräfte anscheinend verschiedener Stärken zu vereinheitlichen, wird durch die Eigenschaften des Quantenvakuums gelöst. Aber damit ist das qualitative Problem noch nicht gelöst. Nach unserem herkömmlichen Wissen gilt für die Farbladung der Quarks ein *Erhaltungsgesetz*. Leptonen (wie das Elektron und das Myon) jedoch tragen diese Ladung nicht. So hat die Erfahrung uns davon überzeugt, daß ein Lepton niemals zu einem Quark werden kann und umgekehrt. Wenn die Natur-

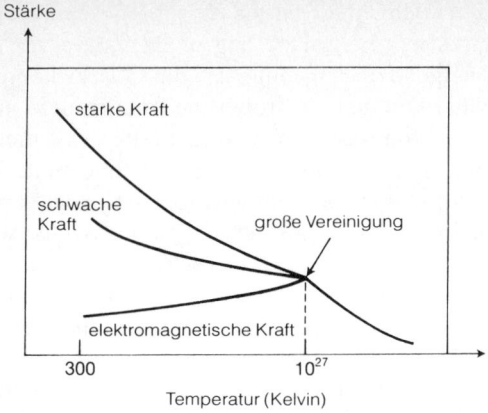

4.3 Die «wirksame» Stärke der starken, schwachen und elektromagnetischen Kräfte in Abhängigkeit von der Energie, bei der sie gemessen werden. Die Veränderungen werden durch das Quantenvakuum bewirkt.

kräfte, die die Wechselwirkungen zwischen Quarks und Leptonen bestimmen, vereinheitlicht werden können, muß es unentdeckte Elementarteilchen geben, die eine Wechselwirkung zwischen Quarks und Leptonen vermitteln. Diese Teilchen sollten nur bei den sehr hohen Temperaturen reichlich vorhanden sein, bei denen die Vereinheitlichung stattfindet. Ihre Ruhemassenenergie sollte also etwa ihrer Vereinheitlichungsenergie entsprechen. Dieser Zustand macht es sehr unwahrscheinlich, daß die Wirkungen dieser Vereinheitlichung sich deutlich bei den niedrigen Energien des Alltagslebens – selbst dem der Teilchenphysiker – zeigen sollten. Eine ähnliche Logik wurde auf den gut untersuchten Fall der schwachen und elektromagnetischen Vereinheitlichung angewendet, die bei Energien um 90 GeV stattfindet. Damit diese Vereinheitlichung geschehen kann, muß es drei neue Elementarteilchen geben, deren Massen der Energie der Vereinheitlichung der elektromagnetischen und schwachen Kräfte sehr nahe kommen. Diese drei Teilchen wurden vor wenigen Jahren entdeckt – mit genau den vorhergesagten Massen – und W^+, W^- und Z^0 Boson genannt. Die analogen mit der Großen Vereinheitlichung bei 10^{15} GeV verbundenen schweren Bosonen lassen sich nur an ihren indirekten Wirkungen aufzeigen, wenn unsere jetzigen Vorstellungen zutreffen. Die am ehesten beobachtbare Wirkung dieser Art sollte der Zerfall des Protons in Leptonen, Mesonen und Licht sein, also gleichsam eine neue Art der Radioaktivität. Die Lebensdauer des Protons dürfte also nicht mehr als 10^{31} Jahre betragen. Das entspricht einem Zerfall von etwa einem Proton im Körper eines Menschen während seines Lebens. Die Lebensdauer ist also außerordentlich lang, aber wegen der ungeheuer vielen Protonen in großen Körpern gibt es doch die Aussicht, solche Zerfälle in Materieansammlungen aufzuspüren, die Tausende von Tonnen Wasser oder Eisen enthalten. Tief unter der Erde, durch die Erdkruste von störender kosmischer Strahlung abgeschirmt, sollten sich diese verräterischen Zerfälle entdecken lassen. Obwohl schon eine Reihe von solchen Experimenten angestellt wurde, hat sich dieses Charakteristikum der Großen Vereinheitlichung erst in einem nachweisen lassen, und bis jetzt können wir nur mit Sicherheit sagen, daß das Proton eine mittlere Lebensdauer hat, die größer ist als 10^{32} Jahre. Die «Große Vereinheitlichung» kann es geben oder auch nicht.

Richard Feynman hat zur Richtung dieser Suche nach Symmetrie in der Natur und der Bedeutung der schon gewonnenen Ergebnisse einige deutliche Worte gesagt. Wir haben gute Eichtheorien der verschiedenen Wechselwirkungen. Ihre Struktur weist eine bezwingende Ähnlichkeit auf. Aber warum, so fragt Feynman, ähneln sich die Strukturen aller physikalischen Eichtheorien?

Es gibt eine Reihe von Möglichkeiten. Die erste ist die beschränkte Phantasie der Physiker; wenn wir ein neues Phänomen sehen, versuchen wir, es in dem Rahmen zu verstehen, den wir schon haben – und bis wir nicht hinreichend viele Experimente gemacht haben, wissen wir gar nicht, daß es nicht geht. Wenn darum ein solcher verrückter Physiker 1983 in Los Angeles an der Universität von California [bei Feynmans «Konkurrenz»] eine Vorlesung hält und sagt: «So läuft die Sache, und ist es nicht großartig, wie ähnlich sich die Theorien sind?», dann ist das nicht so, weil die Theorien *wirklich* ähnlich sind, sondern weil die Physiker nur immer wieder das gleiche denken können.

Eine andere Möglichkeit besteht darin, daß es wirklich immer wieder dasselbe ist – daß die Natur nur einen Weg kennt und sie ihre Geschichten von Zeit zu Zeit wiederholt.

Eine andere Möglichkeit ist, daß die Dinge ähnlich erscheinen, weil sie Aspekte derselben Sache sind – eines größeren zugrundeliegenden Bildes, aus dem sich Dinge herausbrechen lassen, die, wie die Finger einer Hand, verschieden aussehen.

Diese Suche nach einer Vereinheitlichung aller Naturkräfte hat sich als eine Technik weiterentwickelt, muß aber noch zu einer experimentell bestätigten Symmetrie gelangen, die das Wunder vollbringt. Wir haben nicht die Absicht, diese Entwicklungen der theoretischen und experimentellen Forschung hier genau darzustellen, sondern wollen nur neue Aspekte der vermuteten Naturgesetze andeuten. Die aufregendsten Folgen ergaben sich, als ein alter Gedanke abgestaubt und neu belebt wurde.

Eine neue Dimension

> *Der Gedanke, mit Hilfe eines fünfdimensionalen Zylinders zu einer einheitlichen Feldtheorie zu gelangen, ist mir nie gedämmert... Mir gefällt Ihre Idee außerordentlich gut.*
> Albert Einstein [an Theodor Kaluza]

Im Jahre 1919, bald nachdem Einstein seine revolutionäre Allgemeine Relativitätstheorie entwickelt hatte, erhielt er einen Brief aus Königsberg, wo Immanuel Kant gelebt und gearbeitet hatte. Theodor Kaluza, ein unbekannter Mathematiker der dortigen Universität, stellte sich Einsteins Gravitationstheorie für ein Weltall formuliert vor, das eine Raumdimension mehr hat als unser eigenes. Dann, so behauptete er, sei sie mathematisch identisch mit der Verbindung von Einsteins Theorie für unsere dreidimensionale Welt und dem elektromagnetischen Feld Maxwells. Durch Hinzufügung einer zusätzlichen Raumdimension ließen sich Elektromagnetismus plus Schwerkraft auf die Schwerkraft allein reduzieren. Die abstrakten Symmetrien, die zu den Erhaltungsgrößen für den Elektromagnetismus führten, seien dann einfach die Bedingungen für die allgemeine Kovarianz der vierdimensionalen Gravitationstheorie, also dafür, daß die Gleichungen in allen Koordinatensystemen die gleiche Form haben, wie Einstein es für alle physikalischen Gesetze gefordert hatte.

Dieser Gedanke erschien Einstein so ausgefallen, daß er Kaluzas Arbeit zwei Jahre liegen ließ, bevor er ihr schließlich sein *imprimatur* gab. Schließlich wurde sie 1921 in den Annalen der Preußischen Akademie der Wissenschaften veröffentlicht. Wenige Menschen nahmen den Gedanken ernst. Noch weniger allerdings konnten sie verstehen, denn schon die in der nur dreidimensionalen Einsteinschen Theorie der Allgemeinen Relativitätstheorie verwendete Mathematik war den meisten Naturwissenschaftlern damals nicht leicht zugänglich. Wenn weitere Dimensionen hinzukamen, wurde die Abstraktion noch schlimmer. Zudem konnte Kaluza für seine Theorie keinerlei Beobachtungstatsachen oder mögliche Überprüfungen durch Experimente anbieten. Heutzutage sind Physiker schönen mathematischen Überlegungen gegenüber recht aufgeschlossen. Diese Aufgeschlossenheit war 1921 noch nicht weit entwickelt.

Um Kaluzas Gedanken zu verstehen, mußte man erklären können, wo die zusätzliche Raumdimension geblieben war. Warum spüren wir sie nicht? Warum kommt uns der Weltraum dreidimensional vor, wenn er doch in Wirklichkeit vierdimensional ist?

Kaluza hatte gemeint, die zusätzliche Raumdimension könne sich von den anderen dreien ganz grundsätzlich unterscheiden. Der schwedische Mathematiker Oskar Klein hat diesen Gedanken so formuliert, daß er etwas mit Physik zu tun hatte. Er zeigte nämlich, daß diese zusätzliche Dimension dann, wenn sie die Verbindung zwischen Elektromagnetismus und Schwerkraft vermittelt, eine winzige Ausdehnung haben muß – vielleicht nur 10^{-33} cm –, so daß wir sie sowohl in unserem Alltagsleben als auch in allen bisher ausgeführten wissenschaftlichen Experimenten nicht bemerkt haben könnten. Wir wären wie jene flachen Käfer, die ihr Leben lang auf der flachen Erde herumlaufen, ohne sich der Höhe über uns bewußt zu sein. Obwohl unsere Erfahrung der Oberfläche unseres «Flachlands» sich weit und breit erstreckt, könnte die der dazu senkrechten dritten Dimension auf ein winziges, kaum wahrnehmbares Maß beschränkt sein.

Kleins Bild des vierdimensionalen Raumes wickelt die zusätzliche Raumdimension so zusammen, daß das, was wir bisher einen Raumpunkt nannten, wirklich ein kleiner Kreis ist, und das, was wir als Linie sehen, ein schmaler Schlauch.

Nach einem halben Jahrhundert Dornröschenschlaf sind die Überlegungen von Kaluza und Klein in den letzten Jahren mit Begeisterung wiederbelebt worden. Zuerst wurde angenommen, das Wunder ließe sich noch dadurch vervollkommnen, daß wir einfach Raumdimensionen hinzufügen, bis es insgesamt zehn sind. Die starken und schwachen Kernkräfte könnten sich dann zusammen mit den sie erzeugenden Eichsymmetrien in einem mehrdimensionalen Reich auf reine Gravitation reduzieren.

Es hat sich herausgestellt, daß die Dinge nicht ganz so einfach liegen, aber der Gedanke, es könnte zusätzliche Raumdimensionen geben, wird jetzt ernst genommen. Die Naturgesetze könnten ihre tiefste und symmetrischste Struktur in mehr als drei Dimensionen zeigen. Wir sehen dann nur den dreidimensionalen Schatten der mehrdimensionalen Gesetze (Abbildung 4.4). Diese Möglichkeit erschwert die Aufgabe, die Naturgesetze zu verstehen, aufs neue. Sie stellt auch eigene interessante kosmologische Probleme. Was bestimmt die Gesamtzahl der Raumdimensionen? Warum sind drei von ihnen groß und unserer Beobachtung zugänglich, während sich alle anderen zu einem unendlich kleinen Knäuel zusammenkrümmen?

Warum gibt es drei Raumdimensionen?

> *In zwei Dimensionen müssen sich zwei Kurven fast unbedingt früher oder später treffen, aber in drei und noch eher in vier Dimensionen können sich zwei Kurven immer verpassen – und gewöhnlich tun sie das auch –, und wenn wir beobachten, daß sie zusammentreffen, haben wir wirklich an Wissen gewonnen.*
>
> A. S. Eddington

Die Tatsache, daß wir drei Raumdimensionen erfassen, hängt eng mit den Naturgesetzen zusammen, die es in diesen drei Dimensionen gibt. Dieser Zusammenhang wurde zuerst von Immanuel Kant in den frühen, «vorkritischen» Phasen seiner Laufbahn erfaßt, als er noch ein glühender Anhänger Newtons war und glaubte, die Form des von Newton gefundenen Gravitationsgesetzes sei ebenso die einzig mögliche, wie man die euklidische Geometrie für die einzige hielt. Er be-

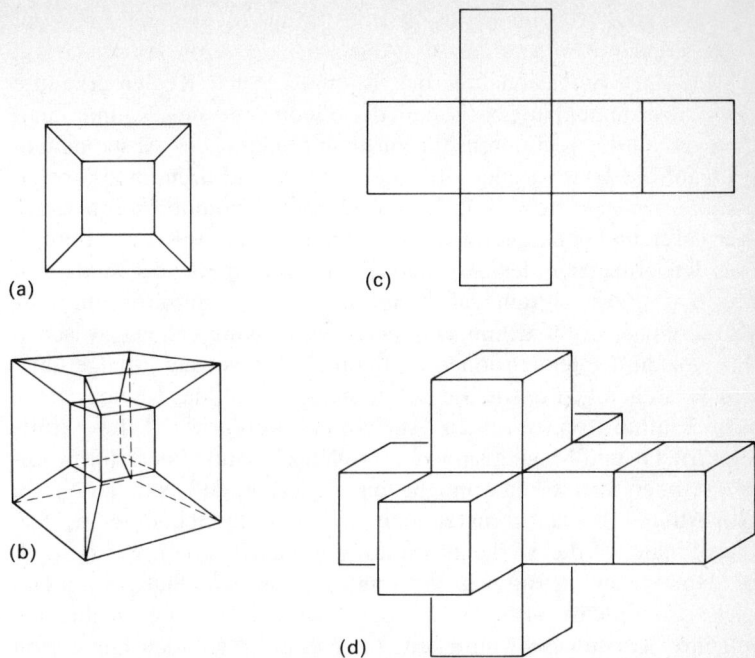

4.4 (a) Wenn wir einen dreidimensionalen Würfel im Aufriß spiegeln, sehen wir zwei Quadrate, deren je vier Eckpunkte durch vier Strecken verbunden sind. Wir können uns keinen vierdimensionalen Würfel vorstellen, sein Aufriß im Spiegel jedoch würde die dreidimensionale Projektion (b) sein, die wir uns vorstellen können. Sie bestünde aus zwei Würfeln, die durch zwölf Flächen verbunden sind, von denen jede von einer Kante des inneren Würfels ausgeht und an einer Kante des äußeren Würfels endet. Wenn wir die eindimensionale Grenze eines zweidimensionalen Quadrates abwickeln, entsteht eine Strecke mit vier gleichlangen Abschnitten. Wenn wir die zweidimensionale Grenze eines dreidimensionalen Würfels abwickeln, entsteht ein Kreuz (b) aus sechs gleichen Quadraten. Entsprechend würde die dreidimensionale Grenze eines (nichtvorstellbaren) vierdimensionalen «Würfels» abgewickelt wie das Gebilde (d) aussehen, das aus acht gleichen Würfeln besteht.

hauptete, die Allgemeingültigkeit des Gesetzes, das die Kraft mit dem Inversen des Quadrats des Abstands verknüpft, sei der Grund für die Dreidimensionalität des Raumes. Auch Kepler erkannte einen Zusammenhang zwischen der Geometrie des Raumes und dem Abfall der Lichtintensität mit dem Quadrat des Abstands und wies auf die Unterschiede hin, die in zwei- und dreidimensionalen Räumen zu erwarten sind. (Heute würden wir andersherum argumentieren und behaupten, daß drei Dimensionen zu Kräften führen, die dem Inversen des Abstandsquadrats proportional sind.) Im Laufe des zwanzigsten Jahrhunderts wurden mehrere sehr aufschlußreiche Untersuchungen über den Zusammenhang zwischen der Anzahl der Dimensionen und den Naturgesetzen durchgeführt. Wir verstehen heute, wie die Dreidimensionalität des Raumes unter dem Einfluß von zentralen Anziehungskräften wie Schwerkraft, Elektrizität und Magnetismus zu stabilen Umlaufbahnen führt. Solche stabilen Strukturen ermöglichen wiederum, daß es in der Natur, von Atomen bis zu Sternsystemen, viele stabile Gebilde gibt. Darüber hinaus ist die Wellenausbreitung in ganz subtiler Weise durch die Dimension des Raumes bestimmt, in dem sie abläuft. Nur wenn diese ungerade ist, also 3,5,7..., bewegen sich Wellen ausschließlich mit ihrer Grundgeschwindigkeit. Im Fall einer geraden Dimension laufen Teile der Welle mit Geschwindigkeiten, die kleiner oder gleich der Grundgeschwindigkeit sind. Dann lassen sich keine deutlichen Signale übermitteln. Einige Teile der Signale kommen nämlich zu anderen Zeiten an als andere. Wenn wir unsere Aufmerksamkeit auf die Räume mit ungerader Dimension beschränken, finden wir, daß die Wellensignale bei ihrer Reise verzerrt werden, wenn die Dimension größer ist als drei. Nur im dreidimensionalen Raum können sich Wellen unverzerrt und störungsfrei ausbreiten. Das hat für alle jene Bereiche wichtige Auswirkungen, in denen die Wellenausbreitung das Weltall beeinflußt. Quantenwellen, neuronale Wellen, Gravitationswellen, elektromagnetische Wellen – die Arten von Gesetzen, die sie und die Naturerscheinungen bestimmen, sind alle unausweichlich mit den Raumdimensionen verbunden. Nur im dreidimensionalen Raum ist die Anzahl der Dimensionen gleich der Zahl der Achsen, um die verschiedene Drehungen möglich sind. Diese einfache Tatsache bestimmt die Form der elektromagnetischen Gesetze.

Wegen dieser besonderen Eigenschaften der drei Raumdimensionen läßt sich schwer vorstellen, wie sich chemisches Leben irgendwelcher Art entwickelt haben sollte, wenn diese Welt mehr als drei Dimensionen ausgedehnt gewesen wäre. Aber die Vorzüge von drei Dimensionen lassen sich auch weniger anthropozentrisch sehen. Mathematiker haben wiederholt gefunden, daß Räume mit drei und vier Dimensionen ungewöhnliche und oft einzigartige Eigenschaften haben, die Räumen anderer Dimensionen fehlen. Die Beschäftigung mit solchen Räumen niedriger Dimension stellt einen eigenen Bereich der Mathematik dar, der sich von dem mit Räumen mit mehr als vier Dimensionen stark unterscheidet. In Zukunft werden wir vielleicht entdecken, daß die besonderen Eigenschaften von drei- und vierdimensionalen Räumen uns Wichtiges über den von uns erfahrbaren dreidimensionalen Raum und die vierdimensionale Raum-Zeit sagen. Wenn der Raum wirklich mehr als drei Dimensionen hat, diese zusätzlichen Dimensionen aber unendlich klein zusammengeknüllt sind, müssen wir in Erfahrung bringen, warum drei und nur drei von ihnen groß werden durften, denn das hat starke Auswirkungen auf die Form der Naturgesetze. Bis jetzt wissen wir noch nicht, ob es nur drei große Raumdimensionen geben durfte, aber wir beginnen zu argwöhnen, daß nur große dreidimensionale Welten für komplexe Wesen begreifbar sind. Wenn das Weltall einmal viel mehr Raumdimensionen hatte, müssen wir herausfinden, ob es in der Dimensionsgymnastik ein Zufallselement gab, das drei Dimensionen ihre eigenen Wege gehen und zu dem Raum werden ließ, in dem wir leben. Hätte es auch vier oder fünf Dimensionen geben können, oder gibt es eine grundlegende Eigenschaft der Natur, die sicherstellte, daß es nur drei sind?

Was sind die letzten Bausteine der Materie?

> Prüfer: *Was ist Elektrizität?*
> Prüfling: *Oh, Herr Professor, ich bin sicher, ich habe es gelernt – ich bin sicher, ich habe es gewußt – aber ich hab's vergessen.*
> Prüfer: *Wie sehr bedauerlich: Nur zwei Personen haben je gewußt, was Elektrizität ist, der Urheber der Natur und Sie. Jetzt hat es einer von Ihnen vergessen.*
>
> Prüfungsprotokoll der Universität Oxford, um 1890

Die atomistischen Vorstellungen, die von den Physikern des zwanzigsten Jahrhunderts übernommen und mathematisch exakt erfaßt wurden, haben zu einer Reihe von Symmetrien geführt, die zulassen, daß gewisse Teilchenarten existieren und mit anderen in ganz besonderer Weise wechselwirken. Diese Symmetrien *sind* gewissermaßen die Naturkräfte. Das folgt entweder aus dem zutiefst mathematischen Wesen der Natur, oder es ist, wie Kant behauptet hätte, einfach die unvermeidliche Folge der Notwendigkeit einer Darstellung der Natur, die unser Gehirn verstehen kann. Wenn wir eine Lösung dieser Frage höherer Ordnung für den Augenblick beiseite lassen, sehen wir, daß wir genau wissen müssen, was die elementarsten Objekte in der Natur sind, um die Rolle der Symmetrie richtig einschätzen zu können. Kurz: Wir müssen wissen, auf was die Naturgesetze wirken. Was sind die Grundelemente der Welt?

Üblicherweise nehmen moderne Physiker an, diese Grundelemente seien «Punkte», also ausdehnungslose Größen. Sie halten Quarks und Leptonen für die einfachsten Dinge, deren Verhalten durch Eichsymmetrien bestimmt wird, und sehen sie als punktförmige Teilchen. Praktisch bedeutet das nicht mehr als die Annahme, daß sie bei Zusammenstößen mit anderen Teilchen wie Punkte zurückprallen. Möglicherweise müssen wir mit unserer begrenzten Kenntnis der Teilchenwelt erst noch entdecken, daß Quarks und Leptonen weitere Teilchen enthalten. Unabhängig davon ist nicht zu leugnen, daß bis vor ganz kurzer Zeit überwiegend angenommen wurde, die Grundgrößen seien Raumpunkte. Diese Gedanken sind mathematisch in den Quantenfeldtheorien verankert. Aber obwohl diese Theorien die verschiedenen Wechselwirkungen der Natur erfolgreich beschreiben, scheinen sie an einer Krankheit zu leiden, die jeden Versuch, alle Naturkräfte zu vereinheitlichen, verhindert. Versuche, einige der in der Natur beobachteten Größen zu berechnen, führen, so stellte sich heraus, in diesen Theorien zu unendlich großen Werten. Diese Unendlichkeiten lassen sich nur mit Tricks beheben, und in einigen Fällen ist nicht einmal das möglich.

Die Rechnungen führen oft zu Zahlen, die sich als Summe unendlich vieler Terme einer Reihe ergeben. Von einer «guten» Theorie erwartet man, daß diese unendliche Summe Terme enthalten sollte, die so schnell kleiner werden, daß die Reihe einem Grenzwert immer näher kommt, wenn mehr Terme hinzukommen. Ein einfaches Beispiel ist die Reihe

$$1/1^2 + 1/2^2 + 1/3^2 + 1/4^2 + \ldots \textit{ad infinitum}$$

Wenn diese Terme berechnet und addiert werden, kommt die Summe dem Wert 1,64 immer näher. In der Tat ist die Summe der unendlich vielen Glieder gleich

$$\pi^2/6 = 1{,}644934\ldots$$

Wenn wir jedoch die Reihe

$$1/1 + 1/2 + 1/3 + 1/4 + 1/5 + 1/6 + \ldots$$

betrachten, nähert sich der Wert der Summe niemals einer festen Zahl. Er wird einfach immer größer. Die Summe dieser unendlich vielen Glieder führt zu einer unendlich großen Zahl, obwohl jedes folgende Glied kleiner ist als das vorhergehende. Eine solche Reihe heißt *divergent*.

Es ist leicht zu sehen, daß die letzte Reihe divergiert, wenn wir einfach die Glieder jeweils zu zwei, vier, acht, sechzehn und so weiter Summanden zusammenfassen:

$$1/1 + 1/2 + [1/3 + 1/4] + [1/5 + 1/6 + 1/7 + 1/8] + [1/9 + \ldots + 1/16]$$
$$+ [1/17 + \ldots + 1/32] + \ldots$$

Jeder Klammerausdruck ist größer als 1/2. Es gibt unendlich viele dieser Teilsummen, und deshalb ist die Gesamtsumme die Summe unendlich vieler Summanden, die je 1/2 sind, also unendlich. Natürlich stimmt etwas nicht, wenn eine physikalische Theorie zu solchen Antworten führt. Sie läßt sich mit einem Computerprogramm vergleichen, in dem ein gravierender Fehler ist.

Im Jahr 1984 machten zwei Physiker, Michael Green von der Universität London und John Schwarz vom California Institute of Technology, eine bemerkenswerte Entdeckung. Sie zeigten, daß alle Krankheiten der üblichen Quantenfeldtheorie wunderbar geheilt werden können, wenn man auf den Gedanken verzichtet, die Grundelemente der Natur seien Punkte, sondern sie sich statt dessen als Saiten oder Fäden, sogenannte «Strings», vorstellt. Alle möglichen Symmetrien der Natur lassen sich dann durch nur zwei mögliche Fälle erfassen – Welten mit neun Raum- und einer Zeitdimension und Welten mit fünfundzwanzig Raum- und einer Zeitdimension. Einige dieser angenehmen Eigenschaften wurden schon zehn Jahre früher wahrgenommen, aber die Vorstellung, es könne mehr als drei Raumdimensionen geben, wurde damals nicht ernst genommen – das war noch vor der Wiederbelebung der Gedanken von Kaluza und Klein. Folglich wurde diese Forschungsrichtung vom Hauptstrom der Forschung in der Elementarteilchenphysik nicht weiter verfolgt. Nur echte Dickschädel, wie Green und Schwarz, blieben den Strings treu, als andere sich um die Erforschung der erfolgreichen Eichtheorien bemühten.

Dann aber ließ sich ein anderes altes Problem mit einer Stringtheorie der Natur beheben – sie sagt nämlich «Tachyonen» vorher, Teilchen, die sich schneller als Licht bewegen und zu widersprüchlichen Naturbeschreibungen führen; der Widerspruch löste sich auf, als die Eigenschaft der «Supersymmetrie» in die Theorie eingebaut wurde. Das war erwünscht, denn Eichtheoretiker hatten diese mathematische Symmetrie entwickelt, um Elementarteilchen mit verschiedenem inneren Spin vereinheitlichen zu können. Die Supersymmetrie faßt praktisch Materie und Strahlung zu einer einzigen Theorie zusammen. Wir wissen noch nicht, ob sie eine Realität ist. Die meisten Teilchentheoretiker tun so, als ob sie wahr ist; wir werden jedoch erst dann mehr wissen, wenn Teilchenbeschleuniger die Elementarteilchen entdecken, deren Existenz sie vorhersagt. Jedenfalls wurden

Strings so zu «Superstrings» und zur Verkörperung aller Symmetrien, die sie möglicherweise besitzen könnten.

An diesem Punkt ist eine interessante Einzelheit der Betrachtung wert. Wir schilderten gerade, wie die Kraftgesetze und Wellengleichungen der Natur ihre Form und Eigenschaften den Raumdimensionen verdanken. Die besonderen Eigenschaften der supersymmetrischen Stringtheorien zeichnen keine bestimmte *Raum*dimension vor einer anderen aus; sie bestimmen Dimensionen der *Raumzeit*. In der Praxis wird jedoch immer angenommen, daß es nur eine Zeitdimension gibt, weil sich sonst seltsame Probleme mit der Kausalität ergeben könnten und die Energie nicht erhalten bleiben müßte; dann wären die Bewegungsgesetze bei Zeitverschiebungen nicht mehr invariant (siehe Kapitel 3). Nur deswegen schließen wir, daß zehn- oder sechsundzwanzig-dimensionale Superstringtheorien neun oder fünfundzwanzig Raumdimensionen bedeuten. Diese Überlegungen verdeutlichen wieder einmal, wie verschieden Zeit und Raum aus physikalischer Sicht sind, obwohl in den zugehörigen mathematischen Theorien die beiden Größen durch die Verwendung von räumlichen und zeitlichen Koordinaten zur eindeutigen Beschreibung von Ereignissen formal sehr ähnlich sind.

Die Einführung von «Superstrings» anstelle von Punkten erscheint zunächst merkwürdig, wenn wir wissen, daß Teilchen sich bei den Energien von Beschleunigungsexperimenten eindeutig wie Punkte verhalten. Die Strings jedoch, aus denen die Natur besteht, weisen eine Spannung auf, die von der Energie ihrer Umgebung abhängt. Wenn die Temperatur fällt, nimmt die Spannung zu und zieht den Faden zu einem Punkt zusammen. Aber der wirkliche Reiz der Stringvorstellung besteht darin, daß man gleichsam für wenig Geld viel Ware bekommt. Wenn die bekannten Elementarteilchen der Materie punktförmig gesehen werden, ergeben sich sehr viele verschiedene Teilchenarten – und das ärgert manche Physiker, denn sie müssen die Eigenschaften jeder Teilchenart anders erklären. Ein einzelner String jedoch besitzt viele verschiedene Schwingungsmöglichkeiten. Das Stringbild der Wirklichkeit schreibt jeder Kraft und jedem Elementarteilchen in der Welt eine andere Schwingung eines einzelnen String zu. Die niedrigste Schwingung wird der schwächsten Kraft, der Schwerkraft, zugeordnet, während die energiereichen Anregungszustande des String zu anderen Kräften und Teilchen führen können.

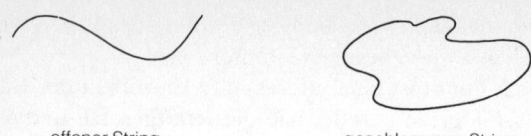

4.5 Ein offener und ein geschlossener Superstring.

Strings können zwei Formen haben: offen oder geschlossen. Jede dieser Formen kann «ungerichtet» oder «gerichtet» sein. Wellen, die sich um ein ungerichtetes String herum ausbreiten, haben unabhängig von ihrer Ausbreitungsrichtung die gleichen Eigenschaften, solche um ein gerichtetes String dagegen nicht. Heute scheint die zur Beschreibung der Natur geeignetste Struktur ein gerichteter geschlossener String zu sein, der von den vier Physikern aus Princeton, die ihn einführten, der «heterotische» String genannt wurde.

Strings können in klar definierter und intuitiv einsichtiger Weise miteinander wechselwirken. Ein offener String kann in zwei offene Strings zerbrechen oder eine Schleife abzwicken, wodurch ein geschlossener und ein offener String entstehen, oder sich einfach schließen und einen geschlossenen Schlauch bilden. Ein geschlossener String kann sich in zwei geschlossene Schlingen teilen. Zwei offene Strings können sich auch kreuzen und an der Kreuzungsstelle trennen, so daß zwei andere offene Strings entstehen.

Zur Zeit steht dieser Denkansatz im Mittelpunkt des Interesses der Elementarteilchenphysik. Er ist der erste Hoffnungsschimmer einer allumfassenden Theorie, den Physiker je hatten. Wunderbarerweise könnte die Theorie durch die Forderung, daß keine Divergenzen auftreten dürfen, sogar eindeutig bestimmt sein. Noch sprechen keine experimentellen Tatsachen für oder gegen sie. In den kommenden Jahren wird sicherlich eine Bresche in ihr beträchtliches mathematisches Bollwerk geschlagen werden, und es werden sich überprüfbare Vorhersagen machen lassen. Erst dann werden wir wissen, ob die von ihr gelieferte eindeutige Beschreibung eine allumfassende oder eine nichtssagende Theorie ist.

Der Glaube an den inneren Raum

> *Nein, nein! Sie haben nur das gemalt, was ist! Jeder kann malen, was ist; das wahre Geheimnis ist, das zu malen, was nicht ist!*
>
> Oscar Mandel

Was haben wir bei unserem kurzen Ausflug in die Welt der Elementarteilchen gelernt? Die in ihr geltenden Naturgesetze stellen sich auf eine Weise als eindeutig und durchsichtig heraus, die wir in der komplizierten Alltagswelt nicht kennen, in der eine Vielzahl einfacher Ereignisse die Grundzüge störend verdunkelt. In der Welt der Elementarteilchen ist das Leitprinzip die Symmetrie – ob erhalten oder gebrochen –, weil sie einen tiefen Zusammenhang zwischen den Naturgesetzen und der Identität der Dinge, die von ihnen bestimmt werden, herstellt. Die Suche nach den Gesetzen für die Vorgänge zwischen den Elementarteilchen erscheint ihrem Ansatz nach platonisch. Symmetrien werden unter der Voraussetzung betrachtet, daß die Natur die größten und besten von ihnen nutzt. Die Naturgesetze werden auf die Liste der Dinge reduziert, die in der Welt passieren können, ohne daß sich ihre beobachtbaren Merkmale verändern. Diese Einstellung führt zu mathematischen Gleichungssystemen, die dann «die Theorie» ausmachen. Es ist jedoch oft einfacher, eine Theorie zu finden, als die Gleichungen zu lösen, aus denen sie besteht. Obwohl die Theorie eine elegante Symmetrie aufweisen kann, brauchen die Lösungen dieser Theorie sie nicht zu zeigen; diese Lösungen aber sagen uns, was wir in der Natur sehen sollten. Wieder finden wir, daß die tiefste Logik nur das bestimmt, was hinter den Kulissen steckt. Die Natur nutzt die Symmetrie letztlich, um die Naturgesetze zu diktieren, nicht um die Formen der einzelnen Dinge festzulegen. Diese Symmetrien sind eigentlich alle Schutzmaßnahmen, die es ermöglichen, daß die Form der Naturgesetze ganz unabhängig vom Bewegungszustand und der Sichtweise des Beobachters immer gleich erscheint. Diese Sicht, die Einstein mit seiner genialen Schöpferkraft verfolgte, hat sich als die fruchtbarste Deutung der Symmetrie in der Natur erwiesen. Darüber hinaus können wir mit einiger Berechtigung vermuten, daß die Symmetrien, die durch die Form der jetzt bekannten Gesetze für Elementarteilchen gegeben sind, wahrscheinlich zumindest einige der Eigenschaften der wirklichen Grundgesetze haben, die wir noch entdecken müssen. Schlimmstenfalls sind sie ein Teil der Wahrheit.

Die bewährte Annahme, daß die Natur auf Symmetrie beruht, läßt zwei Einstellungen zur Form unbekannter Naturgesetze zu. Einerseits gibt es den «totalitären» Ansatz; danach muß alles, was durch die Forderung nach Symmetrie nicht ausdrücklich verboten ist, eine notwendige Bedingung der Naturgesetze sein. Dem steht die «liberalere» Einstellung gegenüber, daß alles verboten ist, was nicht zur Aufrechterhaltung einer Symmetrie nötig ist. Zur Zeit ist es Geschmackssache, welchen Leitfaden man wählt.

Allmählich haben wir Hinweise darauf entdeckt, daß die wirksamsten und harmonischsten mathematischen Naturgesetze jene sind, die sich in mehr als drei Raumdimensionen formulieren lassen. Die uns bekannte Welt könnte nur eine dünne Scheibe eines höherdimensionalen Weltalls sein, das viel komplexer ist, als wir es für möglich halten. Zu diesem Schluß führt auch ein Glaubensartikel: das tiefe Vertrauen des Physikers an die *Einheit* der Natur. Dieser Glaube bewegt uns, nach einer einheitlichen Theorie aller Naturkräfte und Teilchen zu suchen. Die Existenz einer solchen Theorie wird nicht in Frage gestellt, obwohl wir uns auch zwei rivalisierende Systeme von Naturgesetzen vorstellen könnten, die in verschiedenen Bereichen des Weltalls herrschen und wie zwei verschiedene Lebensformen miteinander im Wettbewerb sind. Der Glaube daran, daß alles auf Symmetrie beruht, und daß es eine einzige einheitliche, möglichst einfache Beschreibung geben müsse, bestimmt die Entwicklung von Theorien über die Form der Naturgesetze in der Elementarteilchenphysik; dort liegen die experimentellen Hinweise ja oft außerhalb der Reichweite heute möglicher Experimente. Es könnte sich wohl erweisen, daß unsere Mittel und Fähigkeiten nicht ausreichen, die «Theorie für alles», wenn es sie denn gibt, durch Beobachtung zu bestätigen. Wir könnten eine schöne mathematische Theorie entdecken, deren einzigartige Eigenschaften alle an sie gestellten grundsätzlichen Fragen zu lösen vermöchten. Sie hätte keine Mängel, wäre unseres Wissens nicht unvollständig – sie könnte sogar *die* richtige Theorie sein. Aber es gibt keinen Grund, warum wir sie durch Experimente verifizieren oder alternative Theorien falsifizieren können sollten. Es gibt keinen Grund, warum das Weltall so sein sollte, daß Menschen seine Grundgesetze entdecken können. Wenn wir Glück haben, finden wir vielleicht eine Möglichkeit, eine mathematische Beschreibung der einfachsten Grundgesetze der Natur zu überprüfen, aber wir könnten genausogut finden, daß sie ihre entscheidenden Züge nur bei extremen Temperaturen und Energien enthüllt, die wir niemals reproduzieren können.

Unsere kurze Begegnung mit der Suche nach den Gesetzen des inneren Raumes zeigt, wie weit die Naturgesetze und die von ihnen bestimmten Dinge von dem entfernt sind, was wir von der Welt sehen und erahnen. Newton hat Generationen von Wissenschaftlern davon überzeugt, daß die Welt als ein riesiges Uhrwerk zu sehen sei, aber die moderne Teilchenphysik erweist sie als ein Kaleidoskop mit ständig wechselnden Mustern. Wir jedoch fragen uns immer noch, wie nah wir den Grundsätzen gekommen sind, auf denen die Naturgesetze beruhen.

Der äußere Raum

> *Bei der Suche nach Wahrheit gibt es gewisse Fragen, die nicht wichtig sind. Aus welchem Stoff ist das Weltall gemacht? Ist die Welt ewig? Hat das Weltall Grenzen oder nicht? Wenn ein Mensch seine Suche und Übung der Erleuchtung aufschieben müßte, bis solche Fragen gelöst wären, würde er sterben, bevor er den Weg gefunden hätte.*
>
> Buddha

Bevor Einstein die Allgemeine Relativitätstheorie formuliert hatte, herrschte die alte vorgefaßte Meinung, alle Himmelsbewegungen spielten sich vor einem absolut festen Hintergrund ab. Einsteins Bild einer dynamischen Raumzeit warf genau diese Vorstellung über Bord. Der russische Meteorologe und Mathematiker Alexander Friedmann leitete nämlich aus dieser neuen Theorie her, daß die ganze Welt – alles, was es gibt – sich fortwährend verändert. Sieben Jahre später, 1929, bestätigte der amerikanische Astronom Edwin Hubble diese Vorhersage durch seine Entdeckung der sogenannten

«Rotverschiebung». Die Wellenlänge des Lichts, das uns von Sternen ferner Galaxien erreicht, ist immer um einen Betrag, der direkt proportional ist zur Entfernung der aussendenden Galaxie, zum roten Ende des Farbspektrums hin verschoben. Diese Verschiebung läßt sich einfach als «Dopplerverschiebung» erklären, die durch das Zurückweichen entfernter Galaxien von uns weg verursacht wird. Dopplereffekte sind uns zum Beispiel im Bereich der Schallwellen vom Signalhorn eines vorbeirasenden Krankenwagens her vertraut. Wenn wir am Straßenrand stehen und dem sich nähernden Auto lauschen, hören wir einen Ton, der plötzlich tiefer wird, wenn der Wagen an uns vorbeifährt. Solange sich der Wagen nähert, erreichen uns die Klangwellen der Sirene mit einer höheren Frequenz als der, mit der sie ausgeschickt werden, während die Empfangsfrequenz für unsere Ohren niedriger ist als die Sendefrequenz, wenn sich die Sirene entfernt. Durch Messung der Tonhöhenänderung läßt sich die Geschwindigkeit des Fahrzeugs bestimmen. (Auf diesem Prinzip beruhen übrigens auch die Radarfallen der Polizei.)

Hubble erschloß zunächst die Entfernungen ferner Galaxien aus der Helligkeit und zeichnete sie dann im Verhältnis zu den Rezessionsgeschwindigkeiten auf, die sich aus der Rotverschiebung ergeben, wenn diese als Dopplereffekt verstanden wird; er fand so die in Abbildung 4.6 dargestellte Beziehung.

Die Vorstellung, das Weltall dehne sich aus, fällt nicht leicht. Sie gibt zu vielen Begriffsverwirrungen Anlaß, weil wir uns die Ausdehnung gewöhnlich so vorstellen, als ob der Raum eine Mitte hätte und sich fortwährend von dieser Mitte weg in den Raum erstreckt – genau wie bei einer Explosion. Eine solche Welle muß einen äußeren Rand haben; wir fragen nach dem, was jenseits von diesem Rand ist: Sind es unentdeckte Teile des Weltalls, oder ist es vielleicht die Vorhölle? Diese Vorstellung vom expandierenden Weltall ist jedoch unzutreffend. Die von Hubble gefundene und von Einstein beschriebene Ausdehnung der gekrümmten Raumzeit ist eine Ausdehnung des Raumes selbst und nicht eine in den Raum hinein. Sie hat keine Mitte, keinen Rand und kein Jenseits, in das hinein sich das Weltall ausdehnt. Unser dreidimensionales Vorstellungsvermögen versagt hier, aber wir können den Grundgedanken erfassen, wenn wir uns ein in unser eigenes Weltall eingebettetes Weltall mit nur zwei Dimensionen vorstellen. Das Weltall wird dann durch die gekrümmte Oberfläche eines Ballons

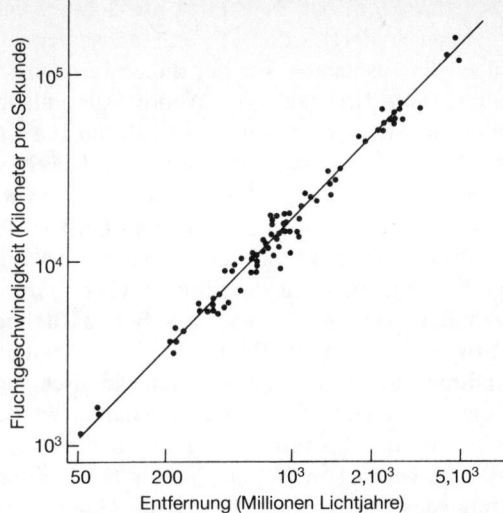

4.6 Hubbles Gesetz zeigt die beobachtete Zunahme der Fluchtgeschwindigkeit ferner Lichtquellen bei wachsender Entfernung.

dargestellt, der aufgeblasen wird. Wenn wir auf den Ballon viele Punkte malen, die alle gleichen Abstand voneinander haben, dehnt sich dieses zweidimensionale Weltall in dem Sinn aus, daß jeder Punkt auf dem Ballon sich während des Aufblasens von jedem anderen entfernt. Wenn wir als Betrachter von einem dieser Punkte aus beobachten könnten, würden wir alle anderen Punkte von uns zurückweichen sehen, als ob wir im Mittelpunkt der Ausdehnung wären, ganz gleich, *von welchem Punkt aus wir beobachteten.* Wir erkennen, daß diese ungewöhnliche Situation dadurch zustande kommt, daß der Mittelpunkt der Ausdehnung selbst nicht auf der Oberfläche des Ballons liegt.

Zudem hat die Oberfläche des Ballons, diese zweidimensionale Welt, die ungewöhnliche Eigenschaft, endlich ausgedehnt (die Oberfläche einer Kugel ist vier π mal dem Quadrat des Radius der Kugel), aber unbegrenzt zu sein. Wenn wir uns auf der Ballonfläche bewegen, kommen wir nie an einen Rand. Die Ausdehnung der Welt kann entweder immer weitergehen; der Ballon wird also immer größer (wobei wir hier vernachlässigen, daß er, falls er aus echtem Gummi wäre, schließlich platzen müßte!); oder sie kann langsamer werden, dann zieht sie sich wieder zusammen, wie der Ballon Luft verliert.

In dem Film *Annie Hall* fühlt sich Woody Allen allein durch das Nachdenken über das expandierende Weltall auf die Couch seines Analytikers gebannt. Er ist davon überzeugt – und das ist sein größtes Problem –, daß dann, wenn sich alles ausdehnt, auch Amerika, Brooklyn und sogar er selbst sich ausdehnen müssen. Glücklicherweise irrt er. Nur jene Objekte entfernen sich mit der Ausdehnung des Weltalls voneinander, die nicht durch noch mächtigere Naturkräfte zusammengehalten werden. Im Fall des Ballons dehnen sich die Atome des Stoffes, aus dem die Ballonoberfläche besteht, nicht aus. Sie behalten ihre feste Größe, weil sie durch chemische und nukleare Kräfte mit kurzer Reichweite zusammengehalten werden, die viel mächtiger sind als der Luftdruck, der auf das sich ausdehnende Gummi wirkt. Im wirklichen Weltall sind die Größen, an denen wir die Ausdehnung des Weltalls feststellen, große Galaxienhaufen. Kleinere Objekte, wie Galaxien und Sterne, dehnen sich selbst nicht aus: Sie werden einfach vom Fluß der Ausdehnung mitgetragen.

Einzigartige kosmologische Aspekte

> *Zum Begriff eines physikalischen Gesetzes gehört es jedoch, daß es uns erlaubt, ein System als einen Sonderfall unter vielen zu behandeln. Das Weltall ist aber ein einzigartiges System, und deshalb scheint dieser Aspekt eines physikalischen Gesetzes alle Bedeutung zu verlieren, wenn wir versuchen, ihn auf das Weltall anzuwenden.*
>
> W. H. McCrea

Die Kosmologie ist die höchste Stufe der Suche nach Wissen. Sie betrachtet das Weltall als Ganzes, seine Größe, sein Alter, seine Form, seine Falten, seinen Ursprung und seinen Inhalt. Darüber haben Menschen wohl schon immer nachgedacht, aber erst im zwanzigsten Jahrhundert gelangte dieses Nachdenken aus dem Reich der Metaphysik in die Reichweite der Physik, wo es nicht zügellos ist, sondern sich der Beobachtung stellen muß. Obwohl die Kosmologie die Methoden der irdischeren Naturwissenschaften übernommen hat, zeichnet sie sich doch durch eine Reihe ganz einzigartiger Merkmale aus, die wir im Kopf behalten müssen, wenn wir die Gesetze betrachten, die das Verhalten des Weltalls *als Ganzes* bestimmen. Wenn es solche gibt, weisen sie auf etwas zutiefst Bedeutungsvolles hin – auf eine Logik jenseits der materiellen Erscheinungsform des Weltalls. Mit diesem Gedanken im Sinn betrachten wir jetzt einige der einzigartigen Aspekte der Kosmologie als Naturwissenschaft, die sie von allen anderen Untersuchungen der Naturgesetze unterscheiden.

In den erdgebundenen Naturwissenschaften stehen wir vor einem Übermaß an Daten und der Aussicht, in Zukunft noch mehr anzuhäufen. Oft fehlt eine gereifte und umfassende Theorie, die die verfügbare Information einordnen, in Beziehung setzen und erklären kann. Allein die Masse von Beobachtungsdaten, die sich mit einer möglichen Theorie in Einklang bringen lassen müssen, erschwert es fast jedem vielversprechenden Theorieansatz, vom Reißbrett wegzukommen. Eine Theorie muß so viele Fälle gleichzeitig erfassen. In der Kosmologie ist die Lage umgekehrt. Die Daten sind knapp, schwer erkämpft und schwierig zu verstehen. Wir können nicht nach Belieben beobachten; wir müssen mit den Hinweisen vorliebnehmen, die das Weltall zur Zeit bietet. In Einsteins Allgemeiner Relativitätstheorie jedoch haben wir ein mächtiges Mittel, das uns das, was wir sehen, verstehen läßt.

Wir können mit dem Weltall keine Versuche anstellen, sondern es nur beobachten. Und doch haben wir zwei Möglichkeiten, unserer traditionellen Methode zur Erforschung der Natur treu zu bleiben, bei der wir theoretische Vorhersagen an der Elle der Beobachtung messen. Zunächst können wir nach Beziehungen zwischen Beobachtungsdaten suchen. Unsere Theorie sagt vielleicht vorher, daß die massereichsten Galaxien am hellsten sind. Wir überprüfen das, indem wir Leuchtkraft und Masse der beobachteten Galaxien vergleichen, um zu entdecken, ob es eine stetige Tendenz für die Veränderung der Beziehung von Masse und Leuchtkraft gibt. In der Praxis liegen die Dinge selten so einfach. Wenn wir nach Beziehungen suchen, finden wir gewöhnlich, daß die Daten um eine direkte Proportionalität herum streuen. Sie können auch durch experimentelle Fehler aus bekannten und unbekannten Quellen verzerrt sein. Schließlich müssen die Beziehungen statistisch ausgewertet werden; es läßt sich nur sagen, daß mit einer bestimmten Wahrscheinlichkeit eine Beziehung besteht. Dieser statistische Aspekt ist natürlich nicht nur der Kosmologie eigen. Er haftet allen wiederholbaren Experimenten an.

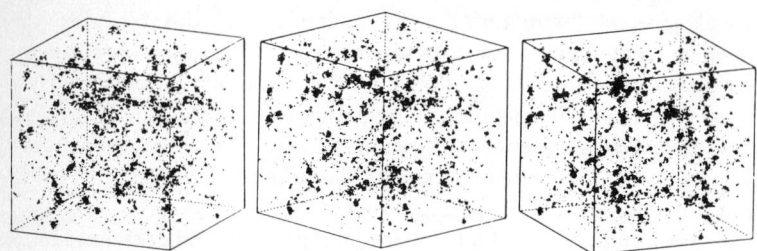

4.7 N-Körper-Simulationen. Mit Hilfe schneller Computer können Kosmologen die Wirkung der Schwerkraft auf die Bewegung von Zehntausenden von Massen simulieren. Diese Massen werden als Repräsentanten embryonaler Galaxien gesehen. Wenn 32000 dieser Objekte in einem mathematischen Modell des expandierenden Weltalls eine zufällige Verteilung aufweisen, kann ihre Entwicklung statistisch analysiert werden. Die Abbildung zeigt drei orthogonale Ansichten der Haufenbildung, die sich bei einem der von Marc Davis, George Efstathiou, Carlos Frenk und Simon White durchgeführten Experimente ergaben. Der Computer speichert die Geschwindigkeit und die Bewegungsrichtung jedes der Haufen, registriert, wo er sich befindet, und berechnet, wie er sich unter dem Einfluß des Gravitationsgesetzes im Laufe der Zeit verändert. Die Ergebnisse dieser Simulationen können dann mit Beobachtungen der Haufenbildung und der Bewegungen von Galaxien im wirklichen Weltall verglichen werden. So läßt sich die Richtigkeit der Annahmen über die Ausgangsmuster und die Haufenbildung überprüfen.

In den letzten Jahren sind neue Hilfsmittel verfügbar geworden: Wir können einige Aspekte der Entwicklung des Weltalls am Computer simulieren. So kann man zum Beispiel die mögliche Entwicklung eines vereinfachten Weltmodells, das aus einer großen Anzahl von Massen besteht (von denen jede eine Galaxie vorstellen soll), unter dem Einfluß des Gravitationsgesetzes verfolgen; die Häufungsmuster, die sich aus bestimmten Anfangsbedingungen ergeben, lassen sich mit dem vergleichen, was heute am Himmel zu sehen ist. Auf diese Weise können die Folgen verschiedener möglicher vergangener Zustände an der Beobachtung überprüft werden. Abbildung 4.7 zeigt einige typische Beispiele für diese numerischen Simulationen. Gegenwärtig sind die Möglichkeiten dieser Simulationen durch die Rechengeschwindigkeiten begrenzt. Die größten Simulationen verfolgen die wechselseitigen Gravitationswirkungen von etwa 32000 Massen – jede soll eine Galaxie darstellen. Das muß mit einer vermuteten Gesamtzahl von etwa 10^{11} Galaxien im ganzen sichtbaren Weltall verglichen werden. Trotz des gewaltigen Unterschieds zwischen den beiden Zahlen lassen sich die vorhandenen Simulationen vermutlich als eine «gute Stichprobe» im Sinne des Statistikers sehen – eine Art kosmische Meinungsumfrage zur Gravitationswirkung.

Es ist reizvoll, sich die logischen Folgerungen immer größerer und besserer numerischer Simulationen des Weltalls vorzustellen. Schließlich werden sie so groß und langlebig, daß sich in den Simulationen Sterne und Planeten bilden können und es zur Entwicklung bewußten Lebens kommt. In diesem Science-fiction-Bild finden sich die Simulatoren vermutlich in der Rolle von Göttern wieder, und von den Bewohnern der simulierten Welt, die sie verehren, behaupten womöglich einige, daß es in ihrem «Weltall» nichts anderes gibt als das, was in der Simulation mit ihren Gesetzen anzutreffen ist. Gelegentlich könnten die Simulatoren etwas Verwirrung stiften, indem sie in der Simulation in den Ablauf der Ereignisse eingreifen – also etwa gelegentlich die Gesetze verändern und ein «Wunder» vollbringen. Die Vorstellung vom Computerwissenschaftler und der numerischen Simulation bietet eine interessante Analogie zur Beziehung zwischen dem Weltall und einer alles beherrschenden Gottheit; sie wurde anscheinend noch von keinem für solche Gedanken aufgeschlossenen Theologen verfolgt!

(i) Das Weltall ist einzigartig

Die Einzigartigkeit des Weltalls ist eigentlich eine Tautologie, die für die Anwendung der wissenschaftlichen Methode eine grundsätzliche Schwierigkeit darstellt. Wir sind daran gewöhnt, wiederholbare Beobachtungen zu machen und allgemeine Grundsätze anzuwenden, um das Verhalten bestimmter Ereignisse einzuordnen, die einige entscheidende Gemeinsamkeiten aufweisen. Die Unmöglichkeit dieses Vorgehens dort, wo es um das Weltall insgesamt geht, weist uns auf die Möglichkeit oder sogar Wahrscheinlichkeit hin, daß zur Klärung seiner Grundstruktur und inneren Logik sehr spezielle Überlegungen nötig sind. Für das Verständnis der Erscheinungen im Weltall jedoch brauchen diese Grundsätze keine entsprechend wichtige Rolle zu spielen. Wenn es Gesetze gibt, die das Verhalten des Weltalls insgesamt bestimmen, aber das Verhalten einzelner Teile nicht beeinflussen, können lokale naturwissenschaftliche Beobachtungen sie nicht offenbaren.

Die wissenschaftliche Methode verläßt sich auch in anderer Weise auf wiederholbare Beobachtungen. Ein physikalisches Phänomen stellt sich gewöhnlich als eine Kombination von zufälligen Elementen mit solchen heraus, die durch die Naturgesetze vorgegeben sind. Die Wissenschaft kann dann Fortschritte machen, wenn sie diese beiden Mengen trennt. Die Tatsache, daß wir unter dem Einfluß der Schwerkraft einen roten Ball fallen sehen, könnte *a priori* zum Teil auf die Farbe Rot zurückzuführen sein.* Wir können das nur dadurch widerlegen, daß wir den freien Fall von Bällen untersuchen, die eine andere Farbe haben, aber sonst völlig gleich sind. Wenn es um das Weltall geht, haben wir diesen Spielraum nicht, und deshalb fällt es uns schwer, die gesetzmäßigen Eigenschaften des Weltalls von den zufälligen zu trennen.

Wir sollten auch darüber nachdenken, was wir meinen, wenn wir eine bestimmte Eigenschaft des Weltalls «unwahrscheinlich» nennen. Dieser Sprachgebrauch setzt mehrere gleich lebensfähige Welten voraus; unser Weltall erwiese sich dann im Vergleich mit den Alternativen als das in bezug auf die fragliche Eigenschaft hervorstechende.

---

* Die Methode, die gemeinsamen Faktoren zu isolieren, ist nicht unbedingt narrensicher. Stellen wir uns vor, ein Mann beschließt, durch Versuche herauszufinden, wieviel Alkohol er trinken kann, bevor er betrunken ist. Am ersten Abend trinkt er zehn Gin mit Tonic und fällt zusammen, bevor er zu Hause angekommen ist. Am zweiten Abend trinkt er zehn Whiskey mit Tonic und bricht wieder zusammen, bevor er zu Hause ist. Am dritten Abend geht es ihm genauso, nachdem er sich zehn Wodka und Tonic einverleibt hat. Nachdem er den gemeinsamen Faktor isoliert hat, beschließt er, daß er in Zukunft nur das Tonic-Wasser weglassen muß, um nüchtern zu bleiben.

Aber da wir nicht wissen, ob es diese anderen Möglichkeiten gibt, sollten wir diesen Gedankengang mit Vorsicht verfolgen; es ist gar nicht klar, ob der Begriff «Wahrscheinlichkeit» dann noch wohldefiniert ist.

(ii) Das «Weltall» und das «Sichtbare Weltall»

Beobachtungen der *Ausdehnung* des sichtbaren Weltalls lassen darauf schließen, daß sie vor ungefähr fünfzehn Milliarden Jahren begann. Seit dieser Zeit hat das Licht nicht die Zeit gehabt, mehr als fünfzehn Milliarden Lichtjahre zu reisen, und deshalb haben Ereignisse jenseits dieses «Horizonts» nicht lange genug existiert, als daß wir sie schon sehen könnten. Jeder Beobachter des Weltalls wird von einer rein gedanklichen Kugel mit einem Radius von etwa fünfzehn Milliarden Lichtjahren umgeben, die sein *Sichtbares Weltall* definiert. Im Laufe der Zeit wird das Sichtbare Weltall immer größer. Unser eigenes Sichtbares Weltall markiert die Grenzen des Teils des Weltalls, das gesehen werden kann oder irgendwie kausal mit uns wechselwirkt. Die Unterscheidung zwischen dem Sichtbaren Weltall und *dem* Weltall überhaupt ist wichtig. Die beobachtende Naturwissenschaft kennt nur das Sichtbare Weltall. Die Erforschung dieses endlichen Bereichs hat zu unseren Naturgesetzen geführt. Im Prinzip lassen sich theoretische Vorhersagen überhaupt nur über diesen Teil des Alls durch Beobachtungen bestätigen oder widerlegen. Vom Weltall insgesamt wissen wir andererseits im wesentlichen nichts. Es könnte unendlich ausgedehnt sein; in diesem Fall macht das endliche Sichtbare Weltall immer nur einen infinitesimalen und möglicherweise nicht repräsentativen Bruchteil des Ganzen aus. Wenn das Weltall endlich ist, sind wir etwas besser dran: unsere Beobachtungen erfassen wenigstens einen endlichen Bruchteil des Ganzen, und wir haben etwas mehr Grund, sie als repräsentativ zu betrachten.

Der Unterschied zwischen dem Weltall insgesamt und dem Sichtbaren Weltall wird in kosmologischen Darstellungen oft verwischt. In der Praxis berufen sich die Kosmologen auf eine Annahme, die sie zum Status eines «Grundsatzes» erhoben haben, um nicht ständig auf diesen Unterschied hinweisen zu müssen. Dieses «kosmologische Prinzip» läßt sich auf viele verschiedene Weisen formulieren. Einige

320 Die Natur der Natur

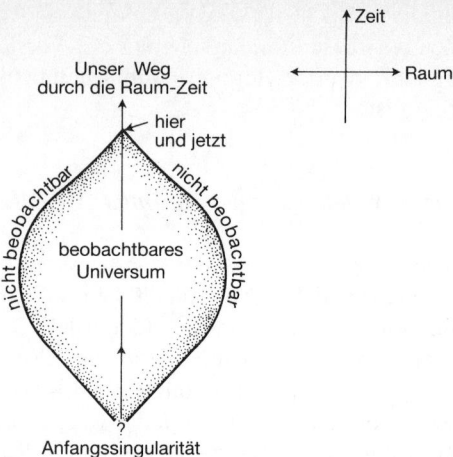

4.8 Ein Raumzeitdiagramm, das den Teil des Weltalls zeigt, mit dem wir kausal in Verbindung stehen. Nur dieser Bereich ist unserer direkten Beobachtung zugänglich. Die Größe dieses «Sichtbaren Weltalls» nimmt mit der Ausdehnung des Weltalls ständig zu. Die Bahnen der Lichtstrahlen, die uns bis heute erreicht haben können, werden anscheinend durch die Anziehung, die die Schwerkraft auf Licht ausübt, in der Vergangenheit in einer Singularität unendlicher Dichte versammelt.

Fassungen besagen, das Weltall sei «im Mittel» überall gleich. Andere sind verschwommener und fordern nur das kopernikanische Prinzip, nach dem es im Weltall keinen Ort gibt, der vor anderen ausgezeichnet ist. Das Ziel all dieser Bemühungen ist es, zu verbürgen, daß das Weltall grob gesehen überall dieselben Eigenschaften hat. Wenn wir also finden, daß die Galaxiendichte des Sichtbaren Weltalls immer gleich ist, in welche Richtung wir auch sehen, ermöglicht uns diese Annahme, dem Weltall insgesamt mit gutem Gewissen dieselbe Eigenschaft zuzuschreiben. Genaugenommen ist diese Annahme unbeweisbar, falls sich nicht zeigen läßt, daß die Struktur der Welt jenseits unseres sichtbaren Horizonts für ihr lokales Aussehen beobachtbare Folgen hat. Das kosmologische Prinzip gibt vor, nur etwas über das Sichtbare Weltall auszusagen, implizit aber macht es auch eine

Annahme über die Naturgesetze. Wir nehmen an, daß die Naturgesetze, die entsprechend unserer Beobachtungen den Ablauf lokaler Ereignisse bestimmen, überall gelten. Das ist keine Annahme, die wir jenseits unseres sichtbaren Horizonts überprüfen können, aber wir haben, wie wir in einem späteren Kapitel sehen werden, deutliche Hinweise darauf, daß die Naturgesetze, die sich auf der Erde bewähren, sich nicht von jenen unterscheiden, die die Struktur astronomischer Objekte beherrschen, die Milliarden von Lichtjahren entfernt sind.

Ein Problem, das wir in Hinsicht auf die Endlichkeit des beobachtbaren Teils des Weltalls ernst nehmen müssen, ist die Möglichkeit, daß dieser sichtbare Teil des Weltalls nicht genug Information enthält, als daß wir daraus die Naturgesetze herleiten könnten. Sicherlich fehlen in unserem kosmischen Puzzle einige Stücke. Wir wissen nicht, wie viele es sind oder wie entscheidend sie für das Gesamtbild sind. Wir sind weit davon entfernt zu wissen, ob das Weltall «etwas» ist, das eine bestimmte Auswirkung der Naturgesetze darstellt, ob es in irgendeinem Sinn äquivalent ist zu den Naturgesetzen, die es bestimmen, oder ob es sich überhaupt nicht durch Naturgesetze erfassen läßt. Diese Unterscheidung scheint jenen Kosmologen nicht besonders wichtig zu sein, die einen physikalischen Mechanismus suchen, durch den das sich ausdehnende Weltall aus dem «Nichts» entstehen kann. Selbst wenn sie erfolgreich sein sollten, bliebe immer noch zu klären, wie es im Augenblick der Weltentstehung zur Existenz von Naturgesetzen kam. Das letzte kosmologische Rätsel scheint die Frage zu sein, wie und wann die Naturgesetze entstanden, wenn man sich das Weltall von Raum und Zeit als spontan aus dem Nichts entstanden denkt.

(iii) Nichtlokale Einflüsse

Wir haben uns an Naturgesetze gewöhnt, die «lokal» sind. Sie haben die Eigenschaft, daß Körper nicht sofort über gewaltige Entfernungen hinweg wechselwirken, sondern nur lokal durch die Vermittlung eines Kraftfelds. Das klassische Bild dafür ist Einsteins gekrümmte Raumzeit; in ihr wird die Bewegung von Objekten durch die lokale Form der gekrümmten Raumzeit bestimmt, in der sie sich bewegen.

In den größten kosmologischen Dimensionen könnte das Weltall jedoch auch anders sein. Es könnte Fernwirkungen und sogar neue Naturkräfte geben, deren Stärke mit der Entfernung zwischen den Körpern zunimmt, so daß sie zu schwach sind, um sich auf der Erde oder auch im Sonnensystem zu zeigen, wohl aber die Ausdehnung des Weltalls im großen Maßstab bestimmen. Einsteins Allgemeine Relativitätstheorie läßt eine solche Kraft zu. Sie würde proportional zum Abstand der Körper zunehmen, aber nicht von ihrer Beschaffenheit oder Masse abhängen.

Wir sahen schon, daß die Quantenwirklichkeit ein nichtlokales Element enthalten muß, das Wirkungen zuläßt, die augenblicklich oder im gewöhnlichen Sinn grundlos geschehen. Es ist nicht bekannt, ob dem eine tiefe kosmologische Bedeutung zukommt.

Ein merkwürdiges nichtlokales Problem entsteht, wenn unser Weltall räumlich unendlich ausgedehnt ist. In einer unendlichen Welt geschieht alles, was geschehen *kann* – sogar unendlich oft –, wenn die unendliche Welt völlig zufällig ist. Dieser Gedanke hat ziemlich beunruhigende Folgen. Wenn das Weltall nämlich unendlich groß ist, muß es also in diesem Augenblick unendlich viele dem Leser identische Leser geben, die irgendwo in der Welt identische Kopien dieses Buches lesen. Dieser Schluß ist allerdings nicht so unausweichlich, wie er oft dargestellt wird. Im Kleingeschriebenen steht, daß die Ereignisse völlig zufällig sind, daß sie also alle Möglichkeiten rein zufällig verwirklichen. Dazu genügt nicht jede beliebige Unendlichkeit. So bilden zum Beispiel alle geraden Zahlen eine unendliche Menge, aber nie wird auch nur eine einzige ungerade Zahl darunter sein, weil eine unendliche Menge gerader Zahlen keine *völlig* zufällige unendliche Menge von ganzen Zahlen ist.

(iv) Die mögliche Rolle von Anfangsbedingungen

Wenn wir die Struktur des Weltalls betrachten, sehen wir uns vor Einzelerscheinungen gestellt, die sich aus der Tatsache ergeben haben, daß sich das Weltall in einem bestimmten *früheren* Zustand befand und gleichzeitig von Naturgesetzen bestimmt wurde, die vorschreiben, wie sich dieser Zustand im Laufe der Zeit ändert. Betrachten wir als ein Beispiel die Galaxien. Wir wissen nicht, warum es Galaxien in einer solchen Vielfalt von Formen gibt. Es könnte sein, daß diese ungeheuer großen Welteninseln, die millionenmal dichter sind als das Weltall, in das sie eingebettet sind, ihr Sein und ihre Form und Größe vor allem Bedingungen verdanken, die zu einer Zeit herrschten, als die Ausdehnung des Weltalls (oder auch das Weltall selbst) begann. Andererseits könnten diese Eigenschaften vor allem ein Ergebnis der Form und der Nebenbedingungen der Gravitationsgesetze sein, die die Bewegung der Sterne und der in ihnen enthaltenen Materie regeln. Diese Aufspaltung der relativen Einflüsse von Gesetzen und Anfangsbedingungen hat kein Gewicht, wenn wir die Auswirkungen der Naturgesetze im Labor untersuchen. Dann nämlich können wir die Versuchsanordnung kontrollieren, so daß klar ist, welchen Einfluß die Anfangsbedingungen auf das Endergebnis eines Versuchs ausüben.

Die Kosmologie erklärt großräumige Eigenschaften des Weltalls üblicherweise auf zwei Arten. Einmal führt sie die heutige Struktur des Weltalls vor allem auf die besonderen Anfangsbedingungen zurück, oder sie versucht zu zeigen, daß das Weltall unabhängig von seinem Anfang nach fünfzehn Milliarden Lichtjahren Ausdehnung unweigerlich die jetzt beobachtete Grobstruktur haben muß. Für beide Ansichten spricht einiges; dabei ist Vorsicht geboten, damit nicht Konformität mit einer bestimmten Methode mit der Wahrheit verwechselt wird.

Jene, die sich auf die Anfangsbedingungen berufen, scheinen auf den ersten Blick den bequemeren Standpunkt zu vertreten, der an den der Biologen vor Darwin erinnert, die alle Harmonie in der Natur auf die Tatsache zurückführten, daß «sie eben so geschaffen war»: Die Dinge sind, wie sie sind, weil sie waren, wie sie waren. In der Kosmologie liegt das Problem etwas anders. Kosmologen, die sich auf Anfangsbedingungen berufen, tun das im festen Glauben, daß ein großer Teil der Physik, die mit dem Anfang der Welt zu tun hat, uns unbekannt ist. Wenn das Weltall einen zeitlichen Anfang hatte, wurde er sehr wahrscheinlich durch etwas ganz Besonderes bestimmt. Aus diesem Grund unterscheidet sich die Berufung auf einmalige Anfangsbedingungen – und nicht auf die Naturgesetze – zur Erklärung heutiger Aspekte des Weltalls von der Berufung auf eine prästabilierte Harmonie, mit der zum Beispiel Biologen erklären, warum Tiere in ihrem Habitat so gut getarnt sind. Für den forschenden Kosmologen hat diese Sichtweise den Nachteil, daß jene Gesetze, die die Anfangsbedingungen des Weltalls bestimmen, vermutlich am schwierigsten zu entdecken sind. Um die Gesetze der Quantengravitation herleiten zu können, müßten wir nämlich wissen, wie Quantentheorie und Allgemeine Relativitätstheorie miteinander verknüpft sind. Schlimmer noch, ließen sich diese Gesetze nur aus Beobachtungen der heutigen Struktur der Welt herleiten und überprüfen, und gerade die sollte ja ursprünglich erklärt werden. Der umgekehrte Ansatz, der den Nachweis versucht, daß die heutige Struktur der Welt unabhängig von den Anfangsbedingungen des Urknalls eine unvermeidliche Folge der Naturgesetze ist, wird oft «Chaos-Kosmologie» genannt. Sie möchte nachweisen, daß das Weltall dann, wenn es in einem beliebig chaotischen Zustand entstanden wäre, unweigerlich in den heute beobachteten Zustand ruhiger und geordneter Ausdehnung übergegangen wäre. Träfe das zu, wäre das aus methodischer Sicht vorteilhaft, denn wir könnten pessimistisch sein und behaupten, daß wir niemals wissen werden, was am Anfang der Welt passierte, und deshalb hat jede Erklärung ihren Reiz, die uns sagt, warum das Weltall *unabhängig von seinem Beginn* seine beobachtete Struktur hat. Andererseits ist es, falls die heutige Struktur von der Weltentstehung unabhängig ist, enttäuschend, daß heutige Beobachtungen kein Licht auf das Außerordentlichste aller Probleme werfen – den Ursprung der Welt. Wir sollten natürlich auch erwägen, daß das Weltall – selbst das Bißchen, was wir von ihm sehen – vielleicht gar keinen zeitlichen Ursprung hat. In dem Fall ist es noch unwahrscheinlicher, daß wir die Frage nach dem «Warum» seiner heutigen Existenz je zwingend beantworten können.

Wenn sich die zeitliche Entwicklung der Welt durch deterministische mathematische Gleichungen so beschreiben läßt, daß die Zukunft eindeutig und vollständig durch die Vergangenheit bestimmt ist, muß die heutige Struktur des Weltalls das Ergebnis von nur einem System ganz bestimmter Anfangsbedingungen sein.

(v) Auswahleffekte

Weil wir das Weltall nicht nach unserem Willen manipulieren können, stehen wir vor dem Dilemma, unsere astronomischen Beobachtungen von den ihnen anhaftenden Vorurteilen befreien zu müssen. Bestimmte Arten von Hinweisen lassen sich leichter zusammentragen als andere: Absolut helle Galaxien sind besser sichtbar als schwach strahlende und sind deshalb bei jeder Zählung der galaktischen Population überrepräsentiert. Das ist genau die Art von «Auswahlproblemen», mit denen sich Meinungsforscher abgeben müssen. Nehmen wir an, jemand wollte in einer armen Gegend des Landes eine Telefonumfrage machen, um die Höhe der Einkommen herauszufinden. Das Umfragesystem würde sofort all jene Haushalte ausschließen, die sich kein Telefon leisten können. Es ist also tendenziös. Das Ergebnis sagt genausoviel aus über die Art der Auswahl wie über das Ziel der beabsichtigten Untersuchung.

Seit Tausenden von Jahren beobachten wir den Himmel, indem wir Licht im sogenannten «sichtbaren Wellenbereich» untersuchen. Dieser Bereich erstreckt sich in dem Spektrum, für das das menschliche Auge und gewöhnliche optische Teleskope mit Linsen und Spiegeln empfindlich sind, von Rot bis Violett. Außerhalb dieses engen Streifens ist Licht entweder so energiereich, daß es die lichtempfindlichen Rhodopsinmoleküle in der menschlichen Netzhaut zerstören würde, oder es hat so wenig Energie, daß es sie gar nicht anregen kann. In den letzten dreißig Jahren haben wir das Weltall allmählich auch in anderem Licht gesehen – mit Röntgenstrahlung, Radiowellen, infrarotem und ultraviolettem Licht –, und immer ergab sich ein anderes Bild des Weltalls, eines, das andere Eigenschaften erhellte. Wenn wir Röntgenstrahlen sehen könnten, hätten wir in den vergangenen Jahrhunderten völlig andere astrologische und astronomische Ergebnisse über den Aufbau und die Bedeutung des Weltalls gewonnen. Wir wissen, daß es noch andere Möglichkeiten gibt, das Weltall zu sehen – mit Detektoren, die auf Neutrinos und Gravitationswellen ansprechen –, welche weitere Einzelbilder davon liefern würden, wie das Weltall beschaffen ist, aber unsere Technologie muß noch verfeinert werden, bevor wir das Weltall mit diesen Mitteln überschauen können.

In den erdgebundeneren Naturwissenschaften fällt der Umgang mit Beschränkungen dieser Art leichter, weil wir dort Experimente und

Beobachtungen unter veränderten Versuchsbedingungen wiederholen können; so lassen sich Vorurteile und ihre Auswirkungen identifizieren. In der Kosmologie ist das selten möglich. Zudem sind uns unvermeidliche weitreichende Beschränkungen auferlegt. Sie sind durch die Tatsache bedingt, daß Beobachter wie wir selbst – zerbrechliche Geschöpfe aus nur locker verbundenen Molekülen – die Existenz recht besonderer Temperatur- und Schwerebedingungen brauchen. Unsere Beobachtungen sind notwendigerweise durch die Tatsache belastet, daß die Orte, an denen sich auf Kohlenstoff basierendes Leben entwickeln kann, ganz speziell beschaffen zu sein scheinen. Wir werden zu diesem Problem in Kapitel 7 noch mehr zu sagen haben. In diesem Augenblick ist es wichtig, einfach zu bemerken, daß es keine «Rohdaten» gibt. Wenn wir Beobachtungen über das Weltall sammeln, ohne zu verstehen, welche systematischen Vorurteile und Sichtweisen sie färben, können wir nur einen Katalog von Beobachtungen zusammenstellen, denen untereinander jede zuverlässige systematische Beziehung fehlt. Aus ihnen ließe sich niemals ein wirkliches Naturgesetz herleiten.

Die Ziele der Theorie

Wenn der jetzige Zustand des Weltalls genau dem früheren Zustand gliche, der ihn erzeugt hat, würde er seinerseits einen ähnlichen Zustand gebären: Die Folge dieser Zustände hörte dann nie auf.

Pierre Laplace

An dem Erfolg, den die Einsteinsche Gravitationstheorie hatte, als sie die Expansion des Weltalls vorhersagte, ist besonders bemerkenswert, daß die Einsteinschen Gleichungen das Verhalten des Weltalls insgesamt und nicht nur das von einzelnen seiner Teile beschreiben. Kein anderes Naturgesetz läßt sich auf solche Weise anwenden. Selbst wenn das Weltall unendlich ausgedehnt ist, beschreiben die Einsteinschen Gleichungen seine Gesamtausdehnung und Struktur. Wenn wir wüßten, wieviel Materie das Weltall enthält und wie sie sich bewegt, könnten die Einsteinschen Gleichungen zumindest theoretisch an jedem Ort und zu jeder Zeit die Geometrie des Raumes und den Verlauf der Zeit festlegen. Praktisch können wir die Anordnung der Materie des Weltalls nicht so bestimmen, und selbst wenn wir es könnten, wäre die Lösung der Einsteinschen Gleichungen für uns oder auch die gescheitesten unserer heutigen Computer viel zu schwierig.

Die Fähigkeit der Einsteinschen Allgemeinen Relativitätstheorie, das Verhalten des Weltalls im ganzen zu beschreiben und vorherzusagen, führt zu einem interessanten Dilemma: Sie beschreibt ebenso andere Welten! Einsteins Gleichungen haben viele verschiedene Lösungen. Jede beschreibt eine andere Welt. Einige dieser Welten sind extrem unregelmäßig, manche drehen sich oder ziehen sich sogar zusammen, statt sich auszudehnen, andere dehnen sich in jede Richtung mit unterschiedlicher Geschwindigkeit aus, während einige oszillieren oder auch statisch sind. Diese Überfülle möglicher Welten zeigt, daß Einsteins Theorie noch nicht alles sein kann. Es gibt (nach Definition) nur *ein* Weltall und nur *eine* Lösung der Einsteinschen Gleichungen, die es beschreibt. Warum dann gibt es so viele überflüssige Lösungen, die andere hypothetische Welten beschreiben? Wenn sie nicht alle dort draußen die vielen Welten Everetts bevölkern, fehlt uns einfach ein Prinzip, das die Spreu vom Weizen trennt und außer einer einzigen Einsteinschen Welt alle anderen aufgrund eines tieferen inneren Widerspruchs ausschließt, und nicht nur wegen der Erfahrungstatsache, daß sie einfach nicht mit der heutigen Beobachtung übereinstimmen. Dieses Prinzip müßte nach Überzeugung vieler moderner Kosmologen den Anfangszustand der Welt eindeutig beschreiben. Sie hoffen also, in Zukunft eine neue Naturbeschreibung zu finden, die sowohl die Quantentheorie als auch die Allgemeine Relativitätstheorie umfaßt oder sie durch ein raffinierteres Bild ersetzt, das unter Verzicht auf Unwesentliches das beibehält, in dem sie erfolgreich waren. Beide, Quantentheorie wie Relativitätstheorie, werden sich zweifellos verändern müssen, wenn sie Bedingungen mit hoher Dichte beschreiben sollen, bei denen sie in für uns noch unvorstellbarer Weise konkurrieren. Aber die Vorstellung, daß eine Vereinheitlichung dieser beiden Grundtheorien der Natur oder ihrer Nachfolger die eindeutig richtige Beschreibung der Welt liefern könnte, erscheint immer noch äußerst unwahrscheinlich. Die wirkliche Welt hat eine höchst komplizierte Struktur. Wir finden überall Klumpen und Unregelmäßigkeiten. Sie läßt sich ziemlich gut als gleichförmige Materieverteilung idealisieren, die sich in alle Richtungen mit gleicher Geschwindigkeit ausdehnt; die Bestimmung und Beschreibung ihrer *genauen* Struktur sind für uns zu kompliziert. Sie sind sowohl durch Gesetze als auch durch den Zufall bestimmt. Wie kann sich die Grundstruktur dieses wirklichen und ungeheuer komplizierten Weltalls zwangsläufig und eindeutig aus der Super-Quanten-Relativität der Zukunft ergeben? Sogar wenn das möglich wäre, könnten wir sie niemals erfolgreich herleiten. Die Gleichungen der Theorie, die das Weltall vollkommen genau beschreibt, wären zu schwierig zu lösen. Wenn sie nur eine einzige Lösung haben, können uns einfache idealisierte Teillösungen nicht helfen. Und wenn zutrifft, daß all unsere Naturbeschreibungen und -gesetze in einem gewissen Grade Annäherungen an die Wirklichkeit sind dann werden wir diese eindeutige und vollkommen genaue Beschreibung der Wirklichkeit nie finden, weil unsere Gleichungen sie letztlich nicht beschreiben können.

Wir sollten betonen, daß es gegenwärtig weder mit der Quanten- noch mit der Allgemeinen Relativitätstheorie Probleme gibt. Beide stimmen mit allen in der Welt gemachten Beobachtungen überein. Jede wird für in sich widerspruchsfrei gehalten, und jede hat die Struktur der Welt auffallend genau vorhergesagt. Aber Physiker wissen, daß sie bestenfalls ein Teil der Wahrheit sein können. Die Allgemeine Relativitätstheorie ist keine Quantentheorie, und die Quantentheorie bestimmt nicht die Geometrie der Raumzeit, der sie die Wellenfunktionen vorschreibt. Glücklicherweise sind wir noch nicht unmittelbar auf Bedingungen getroffen, in denen sich die Auswirkungen der Quantenunschärfe und der gekrümmten Raumzeit gemeinsam bemerkbar machen. Solche Umgebungen müßten billionenmal dichter und heißer sein als die dichtesten Sterne in ihrem Kern. Der einzige uns bekannte Zustand, in dem die Quantengravitation die Hauptrolle gespielt hat, sind die ersten Augenblicke in der Geschichte der Welt, als diese sich unmittelbar nach dem Urknall auszudehnen begann. Wir können solche Zustände nicht unmittelbar beobachten, aber wir können entdecken, ob unsere Theorien über das, was sich unter solchen extremen Bedingungen abspielt, Folgen haben, die mit dem, was wir heute in der Welt beobachten, in Widerspruch stehen, oder ob sie sogar etwas Licht in die großen Geheimnisse der großräumigen Struktur der Welt bringen können.

Vor wenig mehr als zehn Jahren erschien diese Suche ziemlich hoffnungslos. Wenn wir damals im Geiste zu den Frühstadien unserer sich ausdehnenden Welt zurückschauten, trafen wir auf immer größere Dichten, in denen die Teilchen mit immer größeren Energien zusammenstießen. Man meinte, dies sei ein Signal für eine immer größere Komplexität und Stärke der Wechselwirkung zwischen den Elementarteilchen, aus denen das Weltall damals bestand; je weiter wir in frühere Zeiten zurückschauten, um so unzugänglicher wurde das Problem. Aber das Quantenvakuum, das, wie wir früher in diesem Kapitel sahen, die wirksame Stärke der verschiedenen Naturkräfte verändert, wenn die Umgebungstemperatur wächst, hat Auswirkungen, die besagen, daß die Naturkräfte unter den überdichten Umständen des Urknalls nicht stärker und komplizierter werden, sondern *schwächer* und *einfacher*. Diese Erkenntnis ermöglichte es, mit der Erforschung des frühen Universums ernst zu machen. In der Tat sehen Teilchenphysiker heute die Kosmologie als die einzige Möglichkeit, viele ihrer esoterischsten Vorhersagen über die Naturgesetze bei sehr hohen Energien zu überprüfen.

Das Vermächtnis der Steady-State-Theoretiker

> *Wir haben schon gelernt, daß es auf die Geographie nicht ankommt. Die Steady-State-Theorie lehrt uns, daß es auch auf die Geschichte nicht ankommt.*
>
> Herman Bondi

Astronomische Beobachtungen müssen sich heute in die Urknalltheorie des expandierenden Weltalls einordnen lassen; mit Hilfe dieser Theorie rekonstruieren wir die Vergangenheit des Weltalls. Sie hat nur einen ernst zu nehmenden Rivalen gehabt. Von 1948 bis 1965 haben Thomas Gold und Herman Bondi und unabhängig von ihnen Fred Hoyle ein anderes kosmologisches Bild vertreten. Dieses sogenannte «Steady-State»-Universum war eine radikale Alternative zu dem herkömmlichen Bild vom Urknall einer Welt, die anscheinend in einem bestimmten Augenblick der Vergangenheit aus dem Nichts erschaffen worden war. Danach hatte sie sich ausgedehnt und war bis zum Erreichen ihres jetzigen Ruhezustands immer kälter und dünner geworden. Das kosmologische Modell der Steady-State-Theorie wollte ohne all diese Besonderheiten auskommen und versuchte das mit Hilfe eines Hinweises auf die Kovarianz der Naturgesetze. Die herkömmliche Theorie vom Urknall (dieser Ausdruck wurde erst 1950 – verächtlich – von Hoyle eingeführt) berief sich stark auf das sogenannte kosmologische Prinzip, wenn sie behauptete, daß das Weltall an jedem Ort und in jeder Richtung ähnliche Struktur haben müsse, damit nicht einige Orte einen unkopernikanischen Sonderstatus erhielten. Durch Beobachtungen ließe sich demnach unser Aussichtspunkt im Raum niemals absolut bestimmen. Diese räumliche Gleichförmigkeit der Struktur der Welt sollte, so stellte man sich vor, auch für ihren physikalischen Gehalt gelten – die Dichte der Materie, die mittlere Temperatur, die Haufenbildung von Galaxien und so weiter. Natürlich sieht das Weltall im kleinen Maßstab an verschiedenen Orten verschieden aus. Von der Erde aus ist die Sicht sicher anders als von der Sonne oder von der Mitte unserer Galaxie aus. Aber das kosmologische Prinzip gilt nur im sehr großen Maßstab, der selbst den der Galaxien noch übertrifft. Danach sollte die mittlere Ungleichförmigkeit um so kleiner werden, je größer der Raum ist, den man im Weltall überschaut. Die Steady-State-Theorie versuchte, das kosmologische Prinzip vom Raum auf die Raumzeit auszudehnen. Das «vollkommene kosmologische Prinzip» fordert, daß das Weltall nicht nur von Ort zu Ort, sondern auch zu allen Zeiten gleich ist: Astronomische Beobachtungen allein könnten die kosmische Epoche, in der wir leben, nicht kennzeichnen. Das Weltall wäre danach in einem Zustand, in dem es zu jeder Zeit gleich aussieht. Diese Meinung war zum Teil durch die Tatsache motiviert, daß die Naturgesetze überall und für alle kosmischen Epochen gleich sein sollten. Das wurde als Grundlage vernünftiger wissenschaftlicher Forschung gesehen. Das vollkommene kosmologische Prinzip schreibt für die Struktur des Weltalls dieselbe Symmetrie vor wie für die Gesetze selbst. Aus dem, was wir in diesem Kapitel schon über die Beziehung zwischen symmetrischen Gesetzen und ihren asymmetrischen Auswirkungen gesagt haben, geht hervor, daß eine solche Begründung nicht stichhaltig ist. Wenn die Struktur der Welt eine Auswirkung der Naturgesetze ist, braucht sie nicht all die Symmetrien aufzuweisen, die jene Gesetze haben. Wie kann das Weltall in einem Zustand sein, in dem seine Grobstruktur zu allen Zeiten gleich ist? Die einfachste Möglichkeit ist ein statisches Weltall, das gestern, heute und in alle Ewigkeit gleich ist. Aber das widerspricht der beobachteten Expansion des Weltalls. Das Sichtbare Weltall ist nicht statisch. Die Vertreter der Steady-State-Theorie suchten nach einem Weltmodell, das Expansion zuläßt, aber doch, wie ein strömender Fluß, immer denselben Anblick bietet. Das scheint unmöglich zu sein, denn wenn sich das Weltall ausdehnt, nimmt die Dichte der Materie in jeder seiner Volumeneinheiten im Laufe der Zeit ab. Wenn wir die mittlere Dichte der Materie als Uhr nehmen, unterscheidet sich die Vergangenheit ganz radikal von der Gegenwart: Die Vergangenheit hat eine hohe Dichte, die Gegenwart eine niedrige.

Die Beständigkeit kann nur dann so bewahrt werden, daß sich Zukunft und Vergangenheit nicht aufgrund einer physikalischen Eigenschaft des Weltalls unterscheiden lassen, wenn fortwährend überall Materie erzeugt wird, so daß die durch die Ausdehnung bewirkte Verdünnung genau kompensiert wird. Dieser Materiezuwachs stellt sich als zu klein heraus, als daß er jemals direkt durch Beobachtungen entdeckt werden könnte. Das sich ergebende kosmologische Modell dehnt sich immer gleich schnell aus – sonst würde eine Messung der Expansionsgeschwindigkeit einen Augenblick der kosmischen Zeit von einem anderen zu unterscheiden erlauben. Die Welt kann keinen Anfang und kein Ende haben – sonst würden diese verheerenden Augenblicke «besondere» Zeiten sein. Der Gegensatz zum Urknallmodell des sich ausdehnenden Weltalls könnte nicht größer sein.

Die fortwährende Erschaffung von Materie, wie sie die Steady-State-Theorie fordert, war eine radikale Idee. Sie bedingte hier und jetzt ein neues Naturgesetz. Während aus der Urknalltheorie die Erschaffung der Welt (gleichzeitig mit der Erschaffung der Naturgesetze selbst) zu einem bestimmten früheren Zeitpunkt folgt, geschieht die Schöpfung entsprechend der Steady-State-Theorie nach ewig bestehenden Gesetzen und zu allen Zeiten. Leider ließ sich in der Quantenphysik keine Erklärung für eine fortwährende Schöpfung finden. Ein anderes leidiges Problem, das Hoyle später als Hauptgrund für das Scheitern der Vorstellung von immerwährender Schöpfung bezeichnete, war die im heutigen Weltall beobachtete Asymmetrie zwischen

Materie und Antimaterie. Hoyle glaubte, der fortwährende Schöpfungsvorgang müsse Teilchen und ihre Antiteilchen in gleicher Anzahl herstellen, während das beobachtete Weltall keinerlei Hinweise auf astronomische Quellen von Antimaterie gibt. Wir haben keine Antiplaneten, keine Antisterne oder Antigalaxien gefunden, und die einzigen in kosmischer Strahlung gefundenen Antiteilchen haben genau die Kennzeichen von Teilchen, die sich in den Trümmern von Zusammenstößen gewöhnlicher Materieteilchen bilden. Schließlich geriet das Steady-State-Modell in Konflikt mit astronomischen Beobachtungen. Sie bestätigten, daß das Weltall sein Aussehen im Laufe der Zeit verändert. Daß quasi-stellare Objekte anscheinend alle etwa gleich weit von uns entfernt sind, bedeutet, daß sie anscheinend alle etwa zur selben Zeit entstanden, denn das Licht braucht eine endliche Zeit, um von fernen Quellen zu unseren Teleskopen zu gelangen, und deshalb müssen fernere Objekte ihr Licht zu einer früheren kosmischen Epoche ausgeschickt haben als nähere. Den Todesstoß erhielt die Steady-State-Theorie 1965, als das «Echo» des Urknalls entdeckt wurde. Wenn das Bild der Urknalltheorie von einer heißen und dichten Vergangenheit stimmte, so hatten zwei junge Amerikaner, Ralph Alpher und Robert Herman, 1948 vorhergesagt, müsse eine Art Fossil in Form von Strahlung aus dieser feurigen Zeit übriggeblieben sein, die sich durch die Ausdehnung des Weltalls auf eine Temperatur von etwa fünf Grad über dem absoluten Nullpunkt abgekühlt haben sollte. 1965 stießen Arno Penzias und Robert Wilson zufällig auf dieses Strahlungsfeld, als sie einen für die Satellitenforschung bestimmten hochempfindlichen Radioempfänger eichten. Die Strahlung hatte eine Temperatur von drei Grad über dem absoluten Nullpunkt – fast genau wie Alpher und Herman es vorhergesagt hatten –, und spätere Beobachtungen haben gezeigt, daß ihr Spektrum unverwechselbar die Kennzeichen der Planckschen Wärmestrahlung trägt. Solche Strahlung kann nicht lokal im Weltall erzeugt werden. In der Folge wurde die Urknalltheorie bestätigt, als sie erfolgreich die kosmischen Häufigkeiten an Helium, Deuterium und Lithium bestimmen konnte, die bei Kernreaktionen in den ersten drei Minuten der Ausdehnung nach dem Urknall entstanden. Da die Vergangenheit nach der Steady-State-Theorie niemals sehr dicht und heiß war – das Steady-State-Universum bleibt immer gleich –, kann sie natürlich die Existenz der Reststrahlung nicht erklären; sie sagt auch die Häufigkeiten der leichten Kerne nicht so vorher, wie es die Urknalltheorie mit großer Genauigkeit kann.

Die Steady-State-Theorie starb Mitte der sechziger Jahre, obwohl einige ihrer Anhänger heldenhaft zu beweisen versuchten, Berichte über ihren Tod seien stark übertrieben. Wir haben ihr hier nicht deshalb soviel Platz gewidmet, weil der interessierte Nichtastronom oft meint, der alte Streit der Urknalltheorie *gegen* die Steady-State-Theorie sei noch nicht beigelegt, sondern weil die Vertreter der Steady-State-Theorie uns ein wichtiges Vermächtnis hinterlassen haben, das zu einigen der tiefsten Probleme führt, die moderne Kosmologen erwägen; diese Probleme wiederum sind außerordentlich wichtig für das, was wir von Naturgesetzen erwarten, die das Weltall betreffen.

Chaotische Kosmologie

> *Gott hat eine verborgene Kunst in die Kräfte der Natur gelegt, die ihr die Fähigkeit verleiht, sich selbst aus einem Aggregat zu einem vollkommenen Weltsystem zu bilden.*
> Immanuel Kant

Seit Hubble zuerst die Ausdehnung des Weltalls beobachtete, wissen wir, daß sie überraschende Eigenschaften hat. Sie läuft in praktisch allen Himmelsrichtungen gleich schnell ab. Seit der Entdeckung der Reststrahlung ist es möglich gewesen, das Niveau dieser Richtungsunabhängigkeit oder «Isotropie», wie die Physiker sagen, sehr genau zu bestimmen, indem man nach Unterschieden der Strahlungstemperatur in den verschiedenen Himmelsrichtungen suchte. Die Unterschiede sind überwältigend klein – kleiner als ein Zehntausendstel. Deshalb muß das Weltall über die größten sichtbaren Entfernungen hinweg an jedem Ort dieselbe Dichte und Ausdehnungsgeschwindigkeit haben. Jede wesentliche Ungleichförmigkeit zwischen dem einen oder anderen Ort würde auch Richtungsunterschiede in der Strahlungstemperatur erzeugen, wenn sie vom Urknall her durch die Schwerefelder des Weltalls reist. Diese Beobachtungshinweise auf

Isotropie und Gleichförmigkeit bestätigen das kosmologische Prinzip. Uns fehlt jedoch noch eine Erklärung dafür, warum die Natur sich eigentlich so streng an das kosmologische Prinzip halten sollte. Allein aus Wahrscheinlichkeitsgründen wäre anzunehmen, es gebe einfach viel mehr Möglichkeiten für ein nicht gleichförmiges Weltall als für ein gleichförmiges; deshalb sollte das Weltall eher sehr ungeordnet und unregelmäßig sein. Zudem kennen wir den Zweiten Hauptsatz der Thermodynamik und könnten aufgrund unseres Wissens über die Zunahme von Entropie und Unordnung im Laufe der Zeit erwarten, daß die Unordnung, selbst wenn das Weltall geordnet begonnen hätte, schließlich fünfzehn Milliarden Jahre Zeit genutzt hätte, um ihren unerbittlichen Einfluß spürbar zu machen. Warum also ist das Weltall heute noch so geordnet?

Die Frage, warum das Weltall eine bemerkenswert isotrope und gleichförmige Struktur aufweist, wenn es doch so viele ungeordnete Alternativen gibt, wurde zuerst von den Steady-State-Kosmologen ernst genommen. Hoyle und sein Schüler Jayant Narlikar behaupteten 1963, diese Gleichförmigkeit lasse sich im Rahmen der Steady-State-Theorie ohne jede Schwierigkeit verstehen. Das Steady-State-Universum kehrt dann, wenn es etwas aus dem Gleichgewicht gebracht wird, wieder ins Gleichgewicht zurück. Wir nennen es deshalb stabil. Wie bei einer Murmel in einer Schale führt jede Störung in eine Richtung zu einer ihr entgegengesetzten, die wieder zur stabilen Lage zurückführt. In diesem Sinne wurde behauptet, das Steady-State-Universum würde immer in einem sich gleichförmig ausdehnenden Zustand bleiben, wenn er einmal erreicht war. Jene Kräfte, die durch die stetige Erschaffung der Materie entstehen, würden es darin erhalten; das Urknallmodell dagegen würde sich allmählich von ihm entfernen. So könnte die Steady-State-Theorie die isotrope Ausbreitung des Weltalls erklären, ohne auf Anfangsbedingungen im Augenblick der Schöpfung verweisen zu müssen, die sich mit wissenschaftlichen Methoden nicht absichern lassen.

Nach dem Untergang der Steady-State-Theorie und der Entdeckung der bemerkenswerten Isotropie der Reststrahlung griffen die Urknallkosmologen den Grundgedanken von Hoyle und Narlikar auf: Sie wollten unabhängig von der Entstehung des Weltalls seine Beschaffenheit erklären, indem sie zu zeigen versuchten, daß es unabhängig von seinem Ausgangszustand oder von den Ereignissen, die sich in seiner Geschichte abspielten, nach vielen Milliarden Jahren Ausdehnung unweigerlich zu dem beobachteten Zustand der Isotropie und Gleichförmigkeit kommen müßte. Diese Auffassung wurde von Charles Misner, ihrem Hauptvertreter, «Chaos-Kosmologie» genannt. Wäre die Welt bei ihrer Erschaffung in der vagen und fernen Vergangenheit auch noch so chaotisch gewesen, immer, so behaupteten ihre Verfechter, würde es Reibungsprozesse geben, die die Unregelmäßigkeiten und Anisotropien im Laufe der Ausdehnung ausgleichen. Wenn eine solche Beschreibung zuträfe, hätte sie ihre Reize. Sie verhieße unabhängig vom jetzt und vielleicht immer unbekannten Anfangszustand der Welt eine Erklärung für die gegenwärtige Struktur des Universums und wäre praktisch ein Beweis für das kosmologische Prinzip. Die Last der Verantwortung für die Erklärung des jetzigen Zustands der Welt verschöbe sich damit völlig auf die Naturgesetze; die Anfangsbedingungen spielten dann keine oder nur eine geringe Rolle.

In der Folge zeigten sich die Schwächen dieses attraktiven Denksystems. Wenn die Entwicklung des Weltalls durch ein System deterministischer Gesetze der Art beschrieben wird, wie sie die Allgemeine Relativitätstheorie liefert und wie sie die Chaos-Kosmologen voraussetzen, dann, so lautet der Haupteinwand, kann sich der jetzige Zustand der Welt nicht aus allen möglichen Anfangszuständen entwickelt haben. Wenn die Gesetze deterministisch sind, muß sich jeder Anfangszustand in fünfzehn Milliarden Jahren zu einem vorher festgelegten Zustand entwickeln; aber das bedeutet auch, daß sich jeder denkbare fünfzehn Milliarden Jahre alte Zustand aus einem bestimmten Anfangsstadium heraus entwickelt haben muß. Wenn man die Chaos-Kosmologen verwirren will, braucht man nur ein kosmologisches Modell anzugeben, das die Einsteinschen mathematischen Gleichungen löst, aber nicht die Welt beschreibt, in der wir leben, und es dann bis zu seinem Anfangszustand zurückzuverfolgen. So erhalten wir ein Beispiel für einen Anfangszustand, der sich nicht bis zum heutigen Zeitpunkt zum heutigen Zustand entwickelt haben kann. Der Einfluß der Anfangsbedingungen auf zukünftige Zustände eines deterministischen Systems läßt sich nicht völlig auslöschen.

Zunächst einmal könnte man sich, wenn man den philosophischen Reiz des Programms der Chaos-Kosmologie bewahren wollte, auf eine Position zurückziehen, in der man zu zeigen versucht, daß in einem noch genauer zu definierenden Sinn die Anfangszustände, die nach fünfzehn Milliarden Jahren der Ausdehnung zu Welten führen, die so gleichförmig sind wie die unsere, *wahrscheinlicher* sind als solche, die das nicht tun. Damit ein solcher Beweis zwingend ist, müßte er zeigen, daß die Chancen mindestens 100 zu 1 oder besser stehen und nicht etwa 6 zu 4. Wir wünschen uns eine überwältigende Wahrscheinlichkeit. Wir möchten, daß wie beim Strafrecht «vernünftige Zweifel nicht mehr aufkommen» können; uns genügt nicht wie im Zivilrecht «ein hoher Grad an Wahrscheinlichkeit». Das wäre der Idealfall. Denken wir uns alle möglichen Anfangszustände der Welt durch die Punkte dieser Seite repräsentiert. Wenn wir jene rot färben, die zu einem Sichtbaren Weltall führen, wie es das unsrige heute ist, und jene, für die das nicht gilt, blau, möchten wir nur isolierte blaue Punkte auf rotem Grund sehen, so daß die kleinste Abweichung von einem blauen Punkt immer zu einem anderen roten Punkt führt. In den siebziger Jahren ergaben alle Untersuchungen zu diesem Thema unweigerlich, daß die Anfangszustände, die zu Welten führen, die *ganz anders* sind als die unsere, sehr viel wahrscheinlicher sind. Die Seite ist *blau* und zeigt nur einige wenige rote Punkte. Zudem war es unrealistisch, für die ersten Augenblicke der Ausdehnung des Weltalls umständliche glättende Reibungsprozesse zu fordern. Bei all diesen physikalischen Vorgängen müßte es Mittel geben, unterschiedliche Temperaturen und Dichten an verschiedenen Orten durch den Transport von Strahlung oder Teilchen auszugleichen. Eine solche Übermittlung kann nicht schneller als mit Lichtgeschwindigkeit erfolgen; wenn das Weltall ein Alter T hat, kann das Glätten nur in Bereichen erfolgen, die gleich dem T-fachen der Lichtgeschwindigkeit sind. Leider sind diese Bereiche dann, wenn die Prozesse stark genug sind, die Dinge wirklich zu glätten, außerordentlich klein – kleiner sogar als das Sonnensystem! Sie können die Gleichförmigkeit der Welt in ihren größten beobachteten Ausmaßen heute nicht erklären.

Das Interesse an diesem Vorschlag ließ nach; bis 1980 richtete sich die Aufmerksamkeit darauf, wie die Regelmäßigkeit des Weltalls von Anfang an hätte eingebaut werden können – dieser Gedanke ist dem der Chaos-Kosmologen genau entgegengesetzt. In diesem Jahr änderte der amerikanische Teilchenphysiker Alan Guth die Richtung der kosmologischen Spekulation, indem er zeigte, wie sich die Chancen ganz erheblich zugunsten der Chaos-Kosmologie steigern lassen.

Inflation

*Große Ströme fließen aus Bächen klein und schmächtig.
Kleine Eicheln erwachsen zu Eichen hoch und mächtig.*

David Everett

Guths ursprüngliche Theorie, das sogenannte «inflationäre Universum» (eine amüsante Spiegelung der Zeit, in der wir leben!), hat seit ihrer Aufstellung einige wesentliche Veränderungen erfahren, aber der Grundgedanke blieb stets der gleiche. Die frühen Untersuchungen der Chaos-Kosmologen in den siebziger Jahren spielten sich vor der Revolution der Teilchenphysik ab, die zum «Eichzeitalter» führte. Damals nahm man noch an, alle Formen der Materie übten Gravitation aus.

In den achtziger Jahren war man von dieser Überzeugung ganz und gar abgekommen, denn die Physiker meinten nun, daß es bei sehr hohen Temperaturen und Dichten sogar *anti-gravitierende* Formen von Materie geben könnte. Wenn Materiefelder dieser Art in den ersten Augenblicken nach dem Beginn der Ausdehnung für sehr kurze Zeiten entstanden wären (die Zeitspanne braucht nicht länger zu sein als die von 10^{-35} bis 10^{-33} Sekunden!), hätte das eine Reihe von bemerkenswerten Folgen, die mehrere der Eigenschaften des Weltalls im großen erklären könnten.

Die wichtigste Wirkung dieser anti-gravitierenden Materie auf das Weltall wäre eine *Beschleunigung* der Expansion; ohne solche Materie müßte die Beschleunigung sofort nach Beginn abnehmen. Der Teil des frühen Weltalls, der sich bis heute zu unserem sichtbaren Weltall ausgedehnt hat, könnte also viel kleiner sein, als die Standardtheorie des expandierenden Weltalls es errechnet. Der Bereich könnte sogar so klein sein, daß er zu sehr frühen Zeiten – etwa 10^{-35} Sekunden nach Beginn der Ausdehnung – innerhalb des glättenden Bereichs der Reibungskräfte lag. Als dann das Weltall in diese beschleunigte Phase der Ausdehnung kam, wurden bald alle Richtungsunterschiede in der Ausdehnungsgeschwindigkeit vernachlässigbar; die Ausdehnung des Weltalls näherte sich der kritischen Grenze zwischen der Ausdehnung von Welten, die immer größer werden, und solchen, die schließlich wieder zusammenfallen. Damit hätten wir eine Erklärung für eine

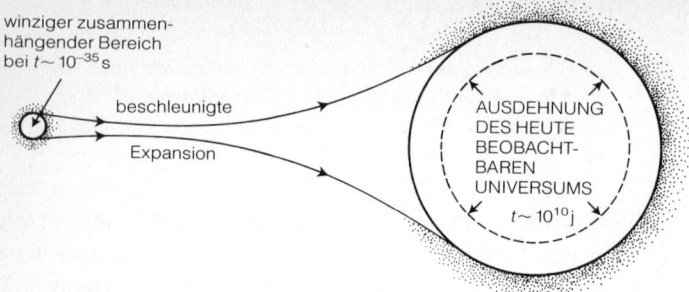

4.9 Das inflationäre Universum. Eine schematische Darstellung des inflationären Weltmodells, wonach sich das gesamte Sichtbare Weltall durch die beschleunigte Ausdehnung eines einzigen kausal zusammenhängenden winzig kleinen Bereichs entwickelt. (Dieser Bereich ist hier für einen Sekundenbruchteil von ungefähr 10^{-35}s, nach dem Urknall angedeutet.) Ohne die beschleunigte Ausdehnung würden sich diese glatten mikroskopischen Bereiche nur zu Gebieten entwickelt haben, die viel kleiner sind als das heute beobachtete Weltall (das ungefähr 10^{10}, also zehn Milliarden Jahre, alt ist).

bislang geheimnisvolle Eigenschaft des jetzigen Ausdehnungszustands der Welt.

Die von der Inflationstheorie angebotene Lösung des Problems der Gleichförmigkeit der Welt ist faszinierend. Sie versucht nämlich im Unterschied zur Chaos-Kosmologie nicht, ein Urchaos, das es gegeben haben könnte, als das Weltall begann (oder das von einer unendlichen Vergangenheit her ererbt sein könnte), *aufzulösen*. Vielmehr liegt das gesamte Sichtbare Weltall nach dieser Vorstellung innerhalb eines Bereichs, der damals mikroskopisch klein war und sich augenblicklich aufblähte und, so läßt sich mit gutem Grund vermuten, in ferner Vergangenheit durch physikalische Prozesse geglättet wurde. Die Glätte des Sichtbaren Weltalls ließe sich dann einfach auf diese mikroskopische Glätte zurückführen. Ohne die beschleunigte Periode der inflationären Ausdehnung hätten jene glatten mikroskopischen Bereiche sich bis heute nur unwesentlich ausgedehnt; wir könnten die Glätte des gesamten Sichtbaren Weltalls dann nicht erklären (Abbildung 4.9).

Auch dann, wenn das Weltall eher zufällig begonnen hätte, wäre jeder mikroskopische Bereich für sich glatt geblieben, hätte aber eine ganz andere Dichte haben können als alle seine Nachbarn. Die Vorstellung ist faszinierend, daß all diese kausal nicht verbundenen Bereiche sich vielleicht verschieden stark aufgebläht hätten; innerhalb unseres jetzigen Weltalls, jedoch jenseits des Horizonts unseres Sichtbaren Weltalls, wären daraus gewaltige Bereiche entstanden. Es entspricht dem Bild von der inflationären Welt, daß das kosmologische Prinzip nicht für das ganze Weltall gilt, sondern nur lokal für den sichtbaren Teil. Die Inflation erklärt die Gleichförmigkeit des Sichtbaren Weltalls nicht, indem sie das Urchaos abschafft, sondern indem sie seine Auswirkungen außer Sichtweite der Grenzen des Sichtbaren Weltalls fegt.

In der Rückschau lassen sich einige der schönen Eigenschaften des inflationären Weltbilds in der Steady-State-Theorie wiederfinden, bei der die Ausdehnung immer *beschleunigt* ist. Im Stadium der von Guth behaupteten inflationären Ausdehnung stimmt das inflationäre Modell im wesentlichen mit dem Steady-State-Modell überein. Die fortwährende Schöpfung bewirkt dabei etwas ähnliches wie die merkwürdigen anti-gravitierenden Materiefelder, die nötig sind, damit die Ausdehnung in den sehr frühen Stadien des Urknallmodells beschleunigt sein kann. Hoyle führte in seiner Fassung der Steady-State-Theorie sogar ausdrücklich ein Materiefeld dieser Art ein, das er «C[reation]-Feld» nennt.

Es gibt ein weiteres Rätsel. Trotz der bemerkenswerten Gleichförmigkeit des beobachteten Weltalls im großen ist es nicht *vollkommen* gleichförmig. Wir wären sonst nicht hier. Es gibt im Weltall eine Reihe von Materieansammlungen – Planeten, Sterne, Galaxien und Galaxienhaufen. Warum gibt es sie?

In der Kosmologie stand man immer vor einer Entscheidung: Entweder konnte man die Existenz eines glatten, sich ausdehnenden Urzustands annehmen und versuchen, die Existenz der kleinen darauf vorgefundenen Unregelmäßigkeiten zu erklären – die «Rüschen und Schleifchen» der Welt, wie Herbert Robertson einmal sagte –, oder man konnte wie die Chaos-Kosmologen der Meinung sein, daß vor allem die Glätte des Urzustands einer Erklärung bedarf. Eines der Schreckgespenster bei der Steady-State-Theorie war, daß die *dauernde* Beschleunigung der Ausdehnung alle Dichteschwankungen im

Weltall ausgleichen würde. Das kann keine Galaxie überleben. Die beschleunigte Ausdehnung würde Materie gleichmäßig verteilen, auch wenn die Gravitationsanziehung sie zu kondensieren versuchte.

Weil aber im Urknallmodell die inflationäre Phase der beschleunigten Ausdehnung nur kurz ist, führt sie nicht zur Auslöschung aller Unregelmäßigkeiten. Besser noch, sie sagt eine ganz bestimmte Verteilung kleiner Unregelmäßigkeiten vorher, denn jeder winzige Bereich, der aufgebläht wird, muß von Ort zu Ort ein Mindestmaß an Quantenkörnigkeit haben; die intrinsische Quantenunschärfe verhindert ja, daß der Zustand der Materie je ein für allemal festliegt. Diese Quantenfluktuationen erhalten durch die inflationäre Ausdehnung eine besondere Form, die dem vollkommenen kosmologischen Prinzip gehorcht; sie könnten zu all den Galaxien und Galaxienhaufen Anlaß gegeben haben, die wir jetzt sehen.

Es gibt einen Schwachpunkt in der inflationären Erklärung der Gleichförmigkeit des Weltalls, in dem unbewußt das «Glaubensbekenntnis» beschworen wird. Wenn das Sichtbare Weltall so glatt und regelmäßig ist, weil es das aufgeblähte Bild eines mikroskopischen Urzustands ist, müssen wir schließen, daß die Raumstruktur glatt bleibt, wenn man zu immer kürzeren Strecken übergeht. Wir wissen nicht, ob das stimmt. Die kürzeste Strecke, die sich durch direkte Beobachtung überprüfen läßt, mißt nur etwa 10^{-15} Zentimeter, während die Inflation die Raumstruktur in einem Maßstab von weniger als 10^{-30} Zentimeter betrifft. Wenn der Raum in diesem oder in noch kleinerem Maßstab so turbulent ist wie Schaum, versagt die Inflation bei der Erklärung der jetzigen Struktur des beobachteten Weltalls. Die jetzige Form des Weltalls wäre dann nur das ausgedehnte Bild dieses mikroskopischen Chaos. Anschauliche Beispiele für irreduzible Strukturen in beliebig kleinem Maßstab liefern die «Fraktale» Mandelbrots (siehe Abbildung 4.10; sie werden auf S. 439 genauer betrachtet): Der Raum und selbst die Raumzeit könnten unter den extremen Verhältnissen des Urknalls sehr wohl ein solches bodenloses Faß der Komplexität gewesen sein.

4.10 Die Mandelbrotmenge. In diesem Muster steckt zum Beispiel Information darüber, welche Frequenzen ein pulsierendes System (etwa das menschliche Herz) durchläuft, wenn es außer Kontrolle gerät und in einen arythmischen Zustand übergeht. Die raffinierte, unendlich große Komplexität wird in der Ebene, in der x horizontal und y vertikal aufgetragen ist, durch immer wiederholte Anwendung des Algorithmus $(x,y) \rightarrow (x^2 - y^2 + A, 2xy + B)$ geschaffen, wobei A und B feste Zahlen sind. Bei den meisten Beträgen für A und B fliegt das Bild nach wenigen Wiederholungen mit sehr großen Werten auseinander, wenn die Anfangswerte von x und y beide null sind. Aber bei anderen Beträgen für A und B bleiben sie in einem Bereich, dessen Grenze mit immer besserer Vergrößerung eine immer feinere Struktur offenbart. Der dunkle Bereich innerhalb dieser Grenze ist die Mandelbrotmenge. [Nachdruck der Platte 189 aus *Die fraktale Geometrie der Natur* von Benoit B. Mandelbrot, Basel, Birkhäuser 1991. Copyright © 1977, 1982, 1983. Nachdruck mit Genehmigung von W. H. Freeman und Co.]

Das inflationäre «Paradigma»

Die Wahrheit ist nicht das Beweisbare, sondern das Unabwendbare.

Antoine de Saint-Exupéry

Wenn die Struktur des Sichtbaren Weltalls mit Hilfe des inflationären Modells erklärt wird, steht dahinter die Absicht zu zeigen, daß das Weltall unabhängig von seinem Anfangszustand – ob chaotisch oder geordnet – allein durch die Gesetze der Gravitation seine heutige Gestalt erhielt.

Leider ist es uns vermutlich unmöglich herauszufinden, ob die Inflation stattfand. Wie könnten wir wissen, ob die besonderen Eigenschaften, die die Inflation dem beobachtbaren Weltall verleiht, tatsächlich so entstanden sind oder ob sie vielmehr ganz besondere Anfangsbedingungen widerspiegeln? Vielleicht empfindet man vom methodischen Standpunkt aus Anfangsbedingungen als eine wenig reizvolle «Erklärung», aber die anthropozentrische Vorliebe für Erklärungen, die zu unseren Überzeugungen passen, wie Wissenschaft betrieben werden sollte, ist kein Argument für oder gegen ihre *Wahrheit*. Zudem entwickelte sich jede Stufe des inflationären Weltbildes aus anderen, ganz anders gearteten kosmologischen Vorstellungen. Am inflationären Modell ist das Neuartige vor allem, daß all diese Vorstellungen gleichzeitig aus einer einzigen Ursache hergeleitet werden können.

Die Aussichten, je zu erfahren, ob die Inflation die richtige Erklärung der großräumigen Struktur des Sichtbaren Weltalls liefert, sind also düster. Wir können die Inflationstheorie jedoch ausschließen, wenn wir herausfinden, ob die gegenwärtige Ausdehnung des Weltalls so nahe an die kritische Trennlinie zwischen unendlicher Ausdehnung und zukünftigem Zusammenfall kommt, wie es das Modell vorhersagt, und überprüfen, ob die Unregelmäßigkeiten im Weltall so beschaffen sind, wie es die Inflationstheorie behauptet.

Beide, Chaos-Kosmologen und «Inflationisten», erklären das Weltall, ohne seiner Anfangsstruktur einen besonderen Wert beizumessen. Diese Berufung auf Naturgesetze allein läßt sich als natürliches Erbe einer Form der vernünftigen Begründung sehen, die ernsthaft mit Wallace und Darwin begann. Vor Darwin wurde die Struktur der belebten Welt auf Anfangsbedingungen zurückgeführt: Die Welt war eben so gemacht. Wenn jedoch die Evolution durch natürliche Auslese geschieht, wertet das den Einfluß besonderer Anfangszustände ab, die einen göttlichen Plan voraussetzen. Alle Verantwortung für das Beobachtete wird vielmehr den physikalischen Prozessen und den Gesetzen, die ihre zeitliche Entwicklung bestimmen, auferlegt. Im einzelnen gibt es jedoch große Unterschiede. Das kosmologische Bild, in dem man sich auf allgemeine physikalische Prozesse beruft, um den zukünftigen Zustand des Weltalls als unvermeidlich zu erkennen, hat als sein Ziel die *Vorhersagbarkeit* dieses zukünftigen Stadiums. Die natürliche Auslese bewirkt genau das Gegenteil. Die zukünftige Entwicklung einer Suppe aus chemischen Elementen in einer komplexen Umwelt läßt sich nicht genau vorhersagen, weil das System sehr empfindlich von den genauen Anfangsbedingungen abhängt, die wir in Kapitel 5 untersuchen werden. Bei der Inflationstheorie ist im Gegensatz dazu das Endergebnis unabhängig vom Anfangszustand. Diese beiden Auffassungen von der Rolle der Anfangsbedingungen in der Kosmologie lassen sich gut mit der «IQ-Debatte» vergleichen, die Pädagogen über den relativen Einfluß von Veranlagung und Umwelt auf den Intelligenzquotienten führen. Hier wird unterschieden zwischen jenen, die glauben, daß die Intelligenz vor allem ererbt (also durch «Anfangsbedingungen» festgelegt) ist und nur unwesentlich durch die Umwelt beeinflußt wird, und jenen, die behaupten, daß sie vor allem durch Umweltfaktoren bestimmt wird (also durch die «Gesetze» der Entwicklung in der Umwelt).

Die Zukunft

> *Das Weltall köchelt vor sich hin wie ein gewaltiger Eintopf, den man vier Milliarden Jahre lang garen läßt. Früher oder später können wir die Karotten nicht mehr von den Zwiebeln unterscheiden.*
>
> Arthur Bloch

Dem kühnen Versuch der Inflationstheorie, viele Eigenschaften der Grobstruktur des Sichtbaren Weltalls ohne Bezug auf den Anfangszustand der Welt zu erklären, ist vielleicht Erfolg beschieden; trotzdem bleiben viele grundsätzliche kosmologische Fragen offen. Zwar sagt diese Theorie vorher, es müsse sich beobachten lassen, wie verführerisch nah das Weltall der Grenze zwischen immerwährender Ausdehnung und schließlichem Kollaps kommt, aber nicht, auf welcher Seite des kosmischen Rubikons wir sind. Das ist vielleicht etwas unbefriedigend. Denn würde man nicht erwarten, das bis jetzt noch unbekannte Grundprinzip, das vorschreibt, auf welcher Seite wir sind, gäbe auch darüber Aufschluß, wie nahe wir ihm sind?

Die Bedeutung der Trennlinie zwischen den Welten, die zu ewiger Ausdehnung verdammt sind, und jenen, die auf einen Endknall zusteuern, geht weit über die Verursachung kosmischer Agora- oder Klaustrophobie hinaus. Wenn wir die Gültigkeit des kosmologischen Prinzips für das ganze Weltall fordern, könnte diese Scheide der Welten, die ein unendliches Volumen haben, von jenen trennen, die nur endlich sind. Wir sagen «könnte», weil sich diese Frage nicht allein durch die Beobachtung beantworten läßt. Von den sich immer weiter ausdehnenden Welten wird gewöhnlich – wie in den meisten elementaren Lehrbüchern der Kosmologie – behauptet, ihr Volumen müsse unendlich sein. Dieser Schluß beruht jedoch auf der Annahme, daß die *Topologie* in diesen Welträumen einfach ist, oder genauer, daß sie so flach sind wie eine sich in alle Richtungen erstreckende Ebene. Es könnte aber auch sein, daß die Raumfläche aufgerollt wurde. Sie könnte zu nur einer der drei Raumdimensionen zusammengerollt sein, was einem Blatt Papier entspräche, das durch Zusammenkleben von zwei Kanten zu einem Zylinder wurde. Wenn dann auch die beiden kreisförmigen Enden des Zylinders zusammengeklebt werden, wird das Blatt zu einem Toroid, einem Reifen. Auf diese Weise lassen sich in einem immer expandierenden Weltall alle drei Raumdimensionen gleichsetzen. Dann ist das Raumvolumen des Weltalls endlich, obwohl es sich immer weiter ausdehnt.

Noch wissen wir nicht, was die Topologie des Raumes festlegt. Die Topologie beschäftigt sich mit jenen räumlichen Eigenschaften von Gebilden, die gleich bleiben, wenn sie verformt, aber nicht zerrissen werden. Sie ist ganz anders als die Geometrie. Ein Blatt Papier läßt sich zum Beispiel so halten, daß es einen Halbmond formt. Dabei bleibt die Topologie gleich, Krümmung und Maßverhältnisse aber ändern sich – die kürzeste Entfernung zwischen zwei Punkten auf dem Papier ist keine Gerade mehr, sondern eine Kurve. Wenn wir dagegen ein Loch ins Papier reißen, ändern wir seine Topologie. Wir erinnern uns, daß Einsteins Bild der gekrümmten Raumzeit zeigt, wie Masse und Energie die Geometrie des Raumes und den Verlauf der Zeit bestimmen. Aber sie bestimmen nicht die Topologie. Gewöhnlich nehmen die Kosmologen an, die Topologie der Welt sei einfach und habe nicht eine dieser ungewöhnlichen Formen, bei der Teile identifiziert werden (etwa durch Verbinden, wie wenn wir bei einem Blatt Papier die Kanten «identifizieren», um einen Zylinder zu rollen) oder Löcher aufweisen; wir *wissen* jedoch nicht, daß sie einfach ist, und wir kennen auch keinen Grund, warum wir Einfachheit erwarten sollten. In der Tat, wenn der Schöpfer einfach topologische Räume aus einem kosmischen Hut herausziehen würde, wären fast alle von der exotischen «verklebten» Art. Die einfachsten Räume sind die besonderen. Zudem erfordern jene Theorien der Elementarteilchenphysik, die die Existenz von zusätzlichen Raumdimensionen vorhersagen, daß diese Dimensionen eine dieser unüblichen Topologien haben, damit sie winzig klein und unbeobachtbar zusammengerollt sein können. Warum sollte die Topologie der übrigen Raumrichtungen qualitativ anders sein?

Falls unser dreidimensionales Weltall eine solche «identifizierte» Topologie hat, könnte das in gewisser Weise durch Naturgesetze vorgeschrieben sein. Die Dimensionen, in denen in jeder der drei uns wahrnehmbaren Raumdimensionen Identifizierungen durchgeführt werden müssen, sind neue Grundkonstanten der Natur. Was bestimmt ihren Wert? Wenn es wirklich eine vereinheitlichte «allumfassende Theorie» gibt, müßte sie diese Längen zu den anderen Naturkonstanten in Beziehung setzen können. Außerdem beeinflußt die Topologie des Raumes die Rolle, die die Symmetrie in der Natur spielen kann.

Selbst dann, wenn wir annehmen, daß der für uns sichtbare Teil für das ganze Weltall repräsentativ ist, können wir also nicht entscheiden, ob der Raum wirklich unendlich ist. Die Grenze könnte so weit entfernt sein, daß das Licht seit Beginn der Ausdehnung noch nicht genug Zeit hatte, sie zu erreichen. Die Ausdehnungsgeschwindigkeit allein kann uns keine Antwort geben, denn die Raumtopologie könnte sehr kompliziert sein. Wenn das Weltall jenseits unseres Horizonts ganz anders ist als diesseits, wie das inflationäre Bild vermuten läßt, ist die Lage ziemlich hoffnungslos. Da zudem die Inflation vorhersagt, wir sollten der kritischen Trennlinie bis auf ein Zehntausendstel nahe sein, können Dichteschwankungen um den kritischen Wert herum das Gleichgewicht in beide Richtungen kippen lassen. Nehmen wir zur Veranschaulichung an, wir summierten heute die gesamte Masse des Sichtbaren Weltalls. Vielleicht finden wir, daß sie nur ein Zehntausendstel über dem kritischen Wert liegt und also den zukünftigen Kollaps anzeigt. Wenn wir jedoch morgen wiederkommen, wenn das Sichtbare Weltall einen Lichttag größer geworden ist, könnten wir bei der erneuten Berechnung des Inhalts eine Dichte erhalten, die jetzt gerade ein Zehntausendstel unter dem kritischen Wert liegt, weil der neue, eben sichtbar gewordene Teil der Welt weniger dicht war als der Durchschnitt. Unser Schluß vom Vortag über die zukünftige Ausdehnung müßte revidiert werden. In einem solchen Weltall läßt sich die Frage «Welche Dichte hat das Weltall?» nicht genau beantworten. Wir könnten in einer «Blase» leben, die innerhalb eines unendlichen, sich ewig ausbreitenden Weltalls ein kollabierendes Weltall vortäuscht, oder auch in einer dünneren Blase, die sich anscheinend für immer auszudehnen scheint, aber doch in einem Weltall gefangen ist, das in sich selbst zusammenfallen wird. Nur weil wir gewöhnlich das kosmologische Prinzip als wahr voraussetzen, können wir überhaupt Aussagen über das Weltall machen. Da wir jedoch das kosmologische Prinzip selbst dann nicht beweisen können, wenn es zutrifft, müssen wir der Tatsache ins Auge sehen, daß wir nicht entscheiden können, ob der Weltraum unendlich ist oder nicht.

Die Frage nach den physikalischen Folgen der Langzeitentwicklung des Weltalls ist immer wieder faszinierend und grundsätzlich wichtig, seit die Thermodynamiker den berühmten Zweiten Hauptsatz der Thermodynamik aufgestellt haben. In der Zeit vor dem Zweiten Weltkrieg herrschte ein geradezu morbides philosophisches Interesse an der pessimistischen Vorhersage dessen, was den Bürgern einer Welt bevorsteht, die sich in alle Zukunft ausdehnen muß (die Bewohner der kollabierenden Welten würden nach einer endlichen Zeit durch den Endknall vernichtet werden. Sir James Jeans und Sir Arthur Eddington erzählten beide die Geschichte vom «Wärmetod» der Welt, der durch die unerbittliche Zunahme der Entropie und die Annäherung an einen Zustand thermodynamischen Gleichgewichts in ferner Zukunft herbeigeführt würde. Das Leben müsse schließlich aussterben. Diese Lehre weckte bei Philosophen und Theologen aller Richtungen beträchtliches Interesse. Einige, wie Bertrand Russell, sahen den Wärmetod als eine fatalistische Bestätigung einer düsteren Zukunft.

All die Bemühungen aller Zeitalter, all die Hingebung, all die Begeisterung, all der mittägliche Glanz des menschlichen Geistes sind dazu bestimmt, im ungeheueren Tod des Sonnensystems zu verlöschen, und der ganze Tempel menschlicher Leistungen muß unweigerlich unter den Trümmern eines zerstörten Universums begraben sein – all diese Dinge sind zwar nicht ganz unumstritten, aber doch so nahezu sicher, daß keine sie verneinende Philosophie hoffen kann, Bestand zu haben. Nur im Rahmen dieser Wahrheit, nur auf der festen Grundlage unnachgiebiger Verzweiflung läßt sich der Seele Wohnung in Zukunft sicher erbauen.

während andere, wie Edmund Whittaker, in ihm eine tiefere, immaterielle Wirklichkeit bestätigt sahen:

Das Wissen, daß die Welt in der Zeit geschaffen wurde und schließlich sterben wird, ist für Metaphysik und Theologie von erstrangiger Bedeutung; denn daraus folgt, daß Gott nicht die Natur ist und die Natur nicht Gott; deshalb lehnen wir alle Formen eines Pantheismus ab, die Philosophie, die den Schöpfer mit der Schöpfung gleichsetzt und ihn sich durch die Selbstentfaltung oder Evolution des materiellen Universums entstanden denkt. Die Gewißheit, daß die menschliche Rasse und alles Leben auf dem Planeten schließlich erlöschen müssen, ist für viele weitverbreitete Auffassungen über Sinn und Zweck des Universums tödlich, besonders für jene, deren Hauptgedanke Fortschritt ist und die ihre Hoffnung auf einen Aufstieg der Menschen setzen.

Die Form der Naturgesetze hat also – und das ist außerordentlich interessant – die allgemeine philosophische Spekulation über den Sinn und die Zukunft des Lebens ganz wesentlich beeinflußt. Obwohl die Eschatologie traditionell ein Thema der Theologen ist und der Fatalismus des Zweiten Hauptsatzes so weit in die Zukunft blickt, daß er niemals auch nur einem einzigen Lebewesen Sorgen bereiten müßte, gelang es dem Begriff des Wärmetods der Welt, eine ganze Generation von Denkern zu beeinflussen – und er tut das auch heute noch.

Vieles hat sich geändert, seit Eddington und Jeans den Wärmetod propagierten. Wir kennen die «Einrichtung der Welt» heute viel besser. Wir haben die Möglichkeit, künstliche Lebensformen zu schaffen, die auf Hardware beruhen, die Information verarbeiten kann, und nicht an das Fleisch und Blut gebunden sind, aus dem wir bestehen. Während wir sicher sein können, daß unsere eigene Art in ihrer heutigen biochemischen Form nicht auf unbestimmte Zeit überleben kann, läßt sich die Möglichkeit nicht ausschließen, daß sie ihr Wesen und ihren Informationsgehalt auf ein anderes Medium übertragen könnte.

Auf der rein physikalischen Ebene können wir das Phänomen, das wir «Leben» nennen, als eine Art von Software betrachten. Diese Software könnte zusammen mit verschiedenen Formen von «Hardware» benutzt werden. In unseren eigenen Körpern besteht diese Hardware letztlich aus DNS-Molekülen und anderen komplexen biochemischen Stoffen. Die gesamte in dieser «Hardware» gespeicherte genetische Information stellt die «Software» dar, die wir «menschliches Leben» nennen. Natürlich dienen einige Teile des Lebensprogramms nur dazu, Teile der Hardware zu kontrollieren (zum Beispiel die Bewegung der Arme und Beine), aber die Information, die nötig ist, um das Programm laufen zu lassen, könnte in nicht-chemischer Form gespeichert werden. Wenn wir gescheit genug wären, könnten wir diese Information in einem anderen Medium speichern – auf Magnetband, Compact Disc, Papier oder sonstwie – und dann das «Lebens»programm auf einer anderen Art von «Hardware» ablaufen lassen – vielleicht in einem Brei von Elementarteilchen oder als Roboter. Zu einem gewissen Grad ist die Transplantationschirurgie schon auf dem Weg zur Ersetzung unserer Hardware durch Faksimiles. Was halten wir von einem Menschen, der Zelle für Zelle durch künstliche Komponenten ersetzt wird? An welchem Punkt sagen wir, ein solches Wesen sei kein Mensch mehr? In der Praxis ignorieren wir physische Behinderungen und künstliche Glieder als unwesentlich für die menschliche Persönlichkeit. Würden wir das auch tun, wenn die Dinge weitergetrieben würden? Anscheinend spricht kein *logischer* Grund dagegen. Die Entscheidung, ob «Leben» in diesem grundlegendsten und abstraktesten Sinn der Informationsverarbeitung oder Berechnung – aber nicht notwendig mit Hilfe der primitiven Geräte, die wir «Computer» nennen – in einem sich fortwährend ausdehnenden Weltall überleben kann, läuft auf die Frage hinaus, ob es auf der Grundlage dessen, was wir zur Zeit über die Physik wissen, einen tiefliegenden Grund gibt, warum ein Computer in Zukunft nicht unendlich viele Rechnungen durchführen können sollte. Überraschenderweise hat sich das als möglich herausgestellt. Das bedeutet natürlich nicht, daß es geschieht. Wir könnten die einzige Lebensform im Weltall sein und in der nächsten Woche durch einen Atomkrieg ausgelöscht werden. Aber der Wärmetod ist kein Hindernis dafür, daß in der Zukunft unendlich viele «bits» an Information verarbeitet werden. Damit ist also gesagt, daß unendlich viele Gedanken gedacht werden können, selbst wenn das Weltall nur endliche Zeit besteht.

Diese Vorstellung von selbst-reproduzierenden Robotern, die «Leben» in die unendliche Zukunft hinein fortsetzen, ist nicht nach jedermanns Geschmack (man hat das Gefühl, ein solches Leben sei nicht *wirklich* lebenswert!). Wie beim Bild vom ursprünglichen Wärmetod gehen die Meinungen über seinen Reiz und seine Bedeutung für umfassendere philosophische und theologische Fragen auseinander. Es gibt jene, die vor dem Gedanken zurückschrecken, daß sich eines Tages das Menschenbild ändern muß, während ein christlicher Apologet und Experte für künstliche Intelligenz, der kürzlich verstorbene Donald MacKay, die Möglichkeit der Informationsübermittlung auf andere Formen der Hardware als ein Bild der körperlichen Auferstehung sah. Er schreibt über die Täuschung, daß der körperliche Tod notwendig das Ende des Lebens bedeuten müsse:

Ich behaupte nicht, daß Menschen nicht mehr Individualität hätten als eine mathematische Gleichung, [aber] das Ende einer bestimmten Verkörperung ist im Prinzip kein Hindernis zur Wiederverkörperung desselben Originals. Umgekehrt ist es ein Trugschluß, wenn man die endgültige Zerstörung einer Verkörperung mit der endgültigen Zerstörung des Verkörperten verwechselt. Ich habe behauptet, daß in diesem Leben unsere Körper unser Bewußtsein ausdrücken (es vom Standpunkt eines Beobachters aus darstellen) – unser Denken und Tun und Leiden und all das übrige. Ich behaupte jetzt, daß es, falls dies die Art Beziehung ist, die zwischen uns und unseren Körpern besteht, im Prinzip kein größeres Hindernis zu einer [Wieder-]Verkörperung gibt – der biblische Name ist «Auferstehung» – als im Fall des Menschen, dessen Computer zerstört wurde und der die alte Rechnung in einer neuen Verkörperung weiterführen möchte.

Schöpfung aus dem Nichts?

Nichts ist umsonst.
                                    Anonym

Wir sahen, daß die Inflation nichts über das endgültige Schicksal des Weltalls aussagt. Sie besagt fast genausowenig über den Beginn der Welt. Das folgt aus ihrem Bemühen, die heutige Struktur der Welt unabhängig von ihrem Beginn als logische Folge der Naturgesetze darzustellen. Wenn keine Spur der Anfangsbedingungen die inflationäre Phase überlebt hat und diese damit heutigen Beobachtungen des Universums unzugänglich sind, kann die Frage: «Hatte die Welt einen Anfang?» auch nicht aufgrund von Beobachtungen beantwortet werden.

Die Kosmologie hat sich gewöhnlich zu der Vorstellung bekannt, daß die Welt zu einem bestimmten Zeitpunkt aus dem Nichts erschaffen wurde. Dabei gibt es viele christliche Theologen, katholische wie protestantische, die eine *creatio ex nihilo* von den biblischen Texten weder behauptet noch gefordert finden. Die Schöpfung geschieht ihrer Meinung nach vielmehr aus der Dunkelheit und dem Chaos heraus. Die Vorstellung einer *creatio ex nihilo* sei historisch als eine Entgegnung auf bestimmte gnostische Ketzereien entstanden. Es läßt sich jedoch nicht leugnen, daß die christliche Tradition des Abendlandes angenommen hat, die *creatio ex nihilo* sei implizit im Alten Testament enthalten.

Die Urknalltheorie führt natürlich zu einem Bild vom Weltall, das sich aus dem Nichts heraus ausdehnt; Steven Weinberg bemerkte einmal, der Hauptreiz der Steady-State-Vorstellung liege darin, daß sie dem üblichen religiösen Bild der Erschaffung der Welt am unähnlichsten sei, weil sie die Möglichkeit eines Anfangs in der Zeit nicht erwägt: «Die Steady-State-Theorie ist philosophisch die reizvollste, weil sie der im Buch Genesis gegebenen Darstellung *am wenigsten* ähnelt.» Damit reagierte er zweifellos jedenfalls zum Teil auf die Fürsprache christlich gesonnener Kosmologen zugunsten des Urknallmodells. Milne und Whittaker waren die berühmtesten Verteidiger dieser Einstellung; Papst Pius XII. zitierte 1951 Whittakers Aussagen über die Übereinstimmung zwischen der christlichen Tradition und dem Bild vom sich ausdehnenden Weltall, als er wissenschaftliche Argumente für die katholische Weltsicht anführte. Dieses Denken lebt weiter in den Schriften von Wissenschaftshistorikern wie Stanley Jaki, dessen leidenschaftlicher Widerstand gegen einige kosmologische Weltmodelle mit seiner Meinung über die philosophischen Folgen zu tun hat, die sie möglicherweise hatten, als sie in primitiver Form in früheren Kulturen auftauchten.

Welten ohne zeitlichen Anfang stellen für unsere bescheidene Vorstellungskraft ein Problem dar. In einigen Kreisen gilt der vom naiven Urknallmodell implizierte Anfang der Welt immer noch als logisches Argument für die Existenz Gottes. Denn, so wird behauptet, alles muß eine Ursache haben, und deshalb muß die Welt eine Ursache haben, die ihrem Wesen nach «anders» ist als das Weltall. Die Logik dieses Gedankengangs ist jedoch nicht sehr zwingend. Jeder, der mit dem Begriff einer Gottheit als Ursache ohne Ursache leben kann, kann sicherlich auch mit dem des Weltalls selbst als Ursache ohne Ursache leben. Zudem enthält die Überlegung eine Tücke: «Alles, was wir kennen, hat eine Ursache, also muß die Welt eine Ursache haben», so lautet das Argument. Aber das Weltall ist nicht in diesem Sinn ein «Ding». Es ist eine Menge von Dingen. Jeder Mensch hat eine Mutter, aber daraus läßt sich nicht schließen, daß jede Gesellschaft oder jede Nation eine Mutter hat.

Wenn wir die Urknallvorstellung für wahr halten, stehen wir vor der Frage, ob die Ausdehnung des Weltalls, die anscheinend, nach der jetzigen Expansionsgeschwindigkeit gerechnet, vor fünfzehn Milliarden Jahren begann, nur den Anfang einer Periode der Ausdehnung in der Geschichte des Weltalls signalisiert oder irgendwie den Anfang des Weltalls. Die zweite, aufregendere Möglichkeit hat viel weiterreichende philosophische Auswirkungen, weil sie bedingt, daß Raum und Zeit und die Naturgesetze gleichzeitig entstanden. Auf diesen Aspekt beruft sich Whittaker, wenn er aus der Kosmologie einen Schöpfer herleitet:

Wenn die Entwicklung des Weltsystems im Licht der Naturgesetze zurückverfolgt wird, kommen wir schließlich zu dem Augenblick, an dem diese Entwicklung beginnt. Dies ist der Endpunkt der physikalischen Wissenschaften, der weiteste Ausblick, den wir durch unsere natürlichen Fähigkeiten vom materiellen Universum erhaschen können. Es besteht kein Grund zu der Annahme, daß es davor Materie in einer trägen Form gegeben hätte und sie irgendwie in einem bestimmten Moment schlagartig aktiviert worden sei. Denn was könnte dieser Augenblick eher als jeden anderen der vergangenen Ewigkeit bestimmt haben? Es ist einfacher, eine Schöpfung *ex nihilo* zu fordern, ein Wirken des göttlichen Willens, der die Natur aus dem Nichts schafft.

Aus diesen Worten läßt sich das alte Argument: «Warum nicht früher?» gegen ein zu einer bestimmten Zeit entstandenes Weltall heraushören. Dieser Gedanke findet sich zuerst bei Parmenides und Aristoteles, wird gewöhnlich jedoch mit Augustin verbunden, der auf die Frage: «Was tat Gott, bevor er die Welt erschuf?» antwortete, daß es vor der Schöpfung keine Zeit gegeben habe und deshalb die Frage nicht sinnvoll sei.

Anfang der sechziger Jahre gab es viel Verwirrung darüber, wie wirklich der Anfang der Welt tatsächlich ist, der ja nahegelegt wird, wenn wir die Expansion der Welt zu verschwindend kleinen Abmessungen und zu unendlich großer Dichte zurückverfolgen. Die kosmologischen Lösungen der Einsteinschen Gleichungen, die den gegenwärtigen Zustand des expandierenden Weltalls am erfolgreichsten beschreiben, sind jene, in denen die Ausdehnung in allen Richtungen genau gleich ist. Das ist nur eine Annäherung an die Wirklichkeit, aber trotzdem zur Zeit eine wirklich sehr gute. In der Vergangenheit jedoch waren die Dinge vielleicht nicht ganz so symmetrisch. Könnte es nicht sein, daß der Rückschluß auf einen früheren «Knall», bei dem das ganze Weltall in einem einzigen Punkt zusammengequetscht war, nur dann gültig ist, wenn man die Ausdehnung völlig symmetrisch zurückverfolgt? Sowie die Symmetrie auch nur etwas gestört wäre, würden die Unterschiede beim Zurückschreiten immer größer, der Knall wäre nicht mehr konzentriert und also nie passiert. Oder könnte nicht eine unbekannte Naturkraft entstehen, die das Ergebnis unserer naiven Extrapolation zurück zu einem Beginn verändern könnte? Oder, subtiler, haben wir vielleicht einfach eine fehlerhafte Beschreibung für die Ausdehnung des Weltalls gewählt, und nur diese *Beschreibung*, nicht aber das Weltall selbst, degeneriert bei dem vermuteten Urknall?

Etwas Ähnliches passiert auf einem Globus, wenn wir uns einem der Pole nähern. Dort schneiden sich die Meridiane und erzeugen eine Koordinatensingularität, aber auf der Erdoberfläche passiert nichts Besonderes. Man könnte in Polnähe einfach ein anderes Koordinatensystem einführen; unsere Beschreibung wäre dann gar nicht mehr auffällig.

Mitte der sechziger Jahre entwickelte der englische Mathematiker Roger Penrose einen mathematischen Ansatz, der es erlaubt, den Begriff eines «Anfangs» der Welt präzise zu fassen, und der jede Zweideutigkeit in bezug auf einen trügerischen, nur durch das Versagen unserer mathematischen Abbildungen nahegelegten Beginn der Entwicklung des Weltalls vermeidet. Die Bedingungen, unter denen geschlossen werden kann, daß das Weltall in der Vergangenheit einen Anfang gehabt hat, lassen sich dann genau angeben. Gemeinsam mit Stephen Hawking bewies Penrose, daß, *wenn* (i) die Gravitation eine anziehende Kraft ist und auf alles wirkt, (ii) das Weltall sich heute ausdehnt und hinreichend viel Materie enthält, und (iii) Zeitreisen unmöglich sind, *dann* müssen Raum und Zeit gemäß der Allgemeinen Relativitätstheorie irgendwann in der Vergangenheit zu einem Ende kommen. Die Welt von Raum und Zeit muß einen «Rand» haben.

Zu diesem Ergebnis muß eine Reihe von Bemerkungen gemacht werden. Zunächst ist es ein *Satz* und keine *Theorie*. Wenn die Voraussetzungen zutreffen, folgt der Schluß allein aus logischen Gründen. Wenn eine der Voraussetzungen nicht erfüllt ist, braucht der Schluß nicht zu folgen, kann es aber natürlich. Die Bedingungen (i)–(iii) sind also *hinreichend*, aber nicht *notwendig* dafür, daß es einen Weg durch den Raum und die Zeit gibt, der in der Vergangenheit zu einem Halt kommen muß. Diesen Halt nennen wir eine «Singularität». Er würde für einen Beobachter, der diesen Weg rückwärtsgeht, den Beginn der Zeit darstellen. Bevor wir die Gültigkeit der in dem Satz gemachten Annahmen (i)–(iii) überprüfen, wollen wir einige unerwartete Eigenschaften der vorhergesagten Singularität betrachten. Erstens beachten wir, was der Satz *nicht* über die Anfangssingularität aussagt. Er fordert nicht, daß jeder Punkt in der Welt sie erfährt, noch, daß alle solchen Punkte sie gleichzeitig erleben, noch sagt er etwas über unendliche Dichten oder die anderen Zutaten des üblichen Urknalls aus. Es hat in der Folge Versuche gegeben unter Bedingungen, die denen von (i)–(iii) ähneln, zu beweisen, daß die allgemeine Singularität alles umfaßt und durch die Tatsache verursacht wird, daß physikalische Größen wie die Dichte unendlich werden, aber sie konnten nicht völlig überzeugen. Diese Fragen bleiben offen.

In Kapitel 6 werden wir mehr über die Bedeutung von Singularitäten in Raum und Zeit zu sagen haben. Hier beschränken wir unsere Aufmerksamkeit auf die Bedingungen, die erfüllt sein müssen, wenn es zwangsläufig zu Singularitäten kommen soll. Am auffallendsten ist die Klausel, daß Zeitreisen unmöglich sind. Es ist leicht zu sehen, warum wir diese Annahme machen müssen. Wenn alle möglichen Bahnen durch die Zeit geschlossene Schleifen wären, könnte keine von ihnen bei einer Singularität aufhören. Diese Möglichkeit muß durch eine Hypothese ausgeschlossen werden, weil Einsteins Gravitationsgesetz Zeitreisen tatsächlich zuläßt. Kurt Gödel, der berühmte Schöpfer des Gödelschen Unvollständigkeitssatzes, fand 1950 eine Lösung der Einsteinschen Gleichungen, die ein rotierendes Universum beschreibt, in dem Zeitreisen möglich sind. Dieses Weltmodell hatte andere Eigenschaften, die sicherstellen, daß es nicht unser eigenes ist, aber nichtsdestoweniger wissen wir nicht, ob die Lösung der Einsteinschen Gleichungen, die unserem eigenen Weltall am meisten ähnelt, nicht auch Zeitreisen zulassen könnte. Wenn Einsteins Theorie das wahre Gravitationsgesetz liefert, sind Zeitreisen anscheinend in manchen Situationen möglich. Wir wissen nicht, ob die Verwirklichung dieser Situationen mit den anderen Naturgesetzen verträglich ist. Es mag uns noch gleichgültig sein, wie sich Zeitreisen auf den Satz von Hawking und Penrose auswirken, aber sie lassen faszinierende Möglichkeiten eines faktischen Widerspruchs von der Art offen «Was wäre, wenn ich meine eigene Großmutter getötet hätte, als sie noch in der Wiege lag?». Wenn aber jeder Zeitpfad erst nach einer Zeit wiederkehrt, die ungeheuer viel länger ist als das Alter des expandierenden Weltalls jetzt, können wir diese seltsamen akausalen Wirkungen noch gar nicht erfahren haben. Tatsächlich scheinen Zeitreisen nur in sehr wenigen der Einsteinschen Welten möglich zu sein.

Von den verbleibenden Annahmen, die in den Singularitätensatz eingehen, scheint (ii) unserer Erfahrung nach erfüllt zu sein. Entscheidend aber ist (i). Bemerkenswerterweise stellt sich heraus, daß die für eine inflationäre Ausdehnung des sehr frühen Weltalls nötige Bedingung genau *entgegengesetzt* ist zu (i).

Mitte der sechziger Jahre, als die Singularitätensätze aufgestellt wurden, erschien die Bedingung (i) außerordentlich vernünftig. Heute sind die Teilchenphysiker darüber ganz anderer Ansicht. Es gibt keinen Grund zu der Annahme, daß alle Formen der Materie, die es bei den sehr hohen Energien gibt, die bei der Annäherung an die Singularität herrschen, wirksame Gravitationsanziehung ausüben. Es müßte also nicht unbedingt einen Anfang gegeben haben. Nichtsdestoweniger bedeutet, wie wir schon sagten, eine Verletzung der Bedingung (i) während einer Periode der Inflation nicht, daß es keine Singularität geben kann, sondern nur, daß es sie nicht zu geben braucht. Es gibt viele kosmologische Modelle, die die Anfangsstadien unseres Weltalls beschreiben können und Inflation erfahren, obwohl sie eine Anfangssingularität haben. Wegen der Vielfalt der Möglichkeiten lassen die Singularitätensätze von Hawking und Penrose jedoch selbst dann nicht den Schluß zu, daß es einen zeitlichen Anfang gab, wenn wir annehmen, daß sich die Naturgesetze von den allerersten Augenblicken an nicht geändert haben.

In den letzten Jahren wurde versucht, eine bessere Fassung der Einsteinschen Gravitationstheorie zu schaffen, die das Wesentliche der Quantentheorie enthält und dadurch die Schwerkraft als Quantenfeld beschreibt. Dieses Forschungsgebiet steht heute im Mittelpunkt des Interesses der modernen theoretischen Physik. Es gibt bis jetzt noch keine überzeugende Theorie der Quantengravitation. Viele glauben, die Superstringtheorie habe gute Aussichten, sich als solche zu erweisen. Auch wer sich nicht auf die beträchtlichen technischen Schwierigkeiten der Quantisierung der Einsteinschen Allgemeinen Relativitätstheorie einläßt, erkennt bald, daß der Gedanke an eine Verbindung von Allgemeiner Relativitätstheorie und Quantentheorie problematisch ist. Für die Allgemeine Relativitätstheorie ist ein zentraler Gedanke, daß die Verteilung der Materie im Weltall die Geometrie des Raumes und den Verlauf der Zeit bestimmt; die der Quantentheorie inhärente Unschärfe jedoch besagt, daß wir niemals genau wissen können, wo die Materie ist. Wie wissen wir dann, welche Struktur der Raum und die Zeit haben, in denen sich die Massen befinden sollen? Die neue Theorie der Quantengravitation könnte einen Anfang der Welt voraussagen oder auch nicht.

Wenn es wirklich eine Singularität des ganzen Weltalls gegeben haben sollte, dann gab es vor dem Moment, in dem sie eintrat, nichts. «Bevor» hat einfach keinerlei Bedeutung. Vor dieser Singularität gibt es keine Zeit; die Naturgesetze versagen hier, wenn wir sie in die Vergangenheit extrapolieren. Andererseits könnten wir behaupten, sie entstünden bei der Singularität spontan (in Kapitel 6 werden wir diesen Gedanken genauer untersuchen). Wenn die Geschichte des Weltalls unweigerlich für einen bestimmten vergangenen Zeitpunkt die Existenz einer allumfassenden Singularität voraussagt, erscheint das Weltall also als in jenem Moment *ex nihilo* erschaffen. Die Theorie erklärt nicht, *warum* das passierte. Sie sagt uns nur, daß das Weltall und seine Gesetze unter den oben aufgeführten Annahmen (i)–(iii) nicht immer existiert haben kann, sondern in einem Augenblick seiner Vergangenheit spontan entstanden sein muß. Wenn das Weltall genug Materie enthält, wird sich die Ausdehnung der Welt eines Tages umkehren und zu einer Kontraktion werden, die zu einer letzten Singularität zusammenfällt, bei der Raum und Zeit und die Naturgesetze aufhören zu sein. Wenn die Bedingungen (i)–(iii) nicht gelten, kann das Weltall trotzdem kollabieren, wenn es genug Materie enthält, aber wir wissen nicht, wie sein Endstadium aussieht. Es könnte möglicherweise wieder in eine neue Phase der Ausdehnung zurückprallen und dann zyklisch ewig so fortfahren.

In den letzten Jahren haben einige Kosmologen begonnen, die spontane Erschaffung der Welt unter physikalischen Aspekten zu sehen. Sie nehmen an, daß eine zukünftige Synthese von Quantentheorie und Relativitätstheorie, die zeigt, wie sich die Schwerkraft verhält, wenn Materie gewaltig zusammengepreßt wird, die Vorhersage einer wirklichen Singularität von der Art vermeiden wird, wie sie die Singularitätensätze fordern. Obwohl nicht gefordert wird, daß die Bedingungen der Singularitätensätze auch in der Nähe der Singularität gelten, wissen wir noch nicht, ob wir eine Singularität erwarten sollen oder nicht. Aber selbst wenn wir diese Singularität am Anfang der Welt nicht voraussetzen, könnte es möglich sein, dem Begriff der «Erschaffung der Welt aus dem Nichts» einen physikalischen Sinn zu geben, wenn wir die Quantentheorie auf das ganze Weltall anwenden. Diese Forschung möchte zeigen, daß die Erschaffung eines expandierenden Weltalls unvermeidlich ist. Der Grund dafür, daß es etwas gibt und nicht nichts, liegt darin, daß «nichts» instabil ist.

Aus diesem Vorgang lassen sich zwei Bilder gewinnen. Wir erinnern an den Begriff einer virtuellen Schwankung, den wir bei unserer früheren Betrachtung des Quantenvakuums einführten; dabei tritt spontan zu einer Zeit T eine Energie E auf, und das Produkt ET ist kleiner als das Plancksche Wirkungsquantum h und deshalb unbeobachtbar. Wir können das so verstehen, daß die Natur hier eine lokale

Verletzung der Energieerhaltung zuläßt, solange sie unbeobachtbar bleibt. Nehmen wir nun an, das ganze expandierende Weltall wäre eine Vakuumfluktuation, deren Gesamtenergie in der Nähe von Null liegt; es könnte dann sehr lange bestehen, T könnte also einige zehn Milliarden Jahre betragen. Seltsamerweise läßt sich für ein geschlossenes Weltall, das nur endliche Zeit lebt, die «Energie» vernünftig nur als Null definieren. In diesem Fall könnte die Welt «aus dem Nichts» entstehen, ohne die Energieerhaltung im geringsten zu verletzen. Obwohl unserem Gefühl nach eine Erschaffung aus dem Nichts irgendein Erhaltungsgesetz verletzen müßte, könnte es sein, daß alle Erhaltungsgrößen – wie die elektrische Ladung, Spin und Gesamtenergie – für das Weltall im Ganzen Null (oder auch nichtexistent) sind und ihre lokale Erhaltung eigentlich kein Hindernis für die spontane Erschaffung des Weltalls «aus dem Nichts» darstellt.

Auf einer etwas gehobeneren Ebene als der dieser heuristischen Argumente gibt es Lösungen der embryonischen Theorie, mit deren Hilfe das Verhalten einer Quantenwelt untersucht wird, die mathematisch identisch sind mit einer Situation, in der ein ganzes Weltall aus dem Nichts entsteht. Das deutet auf eine Instabilität des Quanten-«Nichts» hin; schließlich verwandelt es sich in etwas anderes. Bevor wir uns von all diesen aufregenden Gedanken fortreißen lassen, scheint es angebracht, dem Sprachgebrauch gegenüber kritischer zu sein. Nehmen wir an, es gäbe eine gut bestätigte physikalische Theorie der Quantenkosmologie, die zuließe, daß das expandierende Weltall sich spontan zeitlich ereignet, ohne daß es zuvor weder ein expandierendes Weltall noch Materie gegeben hat. Man muß immer noch die Existenz einer beträchtlichen Menge schon vorher existenter Naturgesetze zulassen, um mit diesem Trick davonzukommen. In keinem der Wortsinne, in denen wir das Wort «nichts» gewöhnlich verwenden, bewiese man wirklich eine «Schöpfung aus dem Nichts». Man setzt noch immer die Existenz von Quantengesetzen, Quantenfeldern, Zeit, Raum und vermutlich auch der mathematischen Logik voraus. Gegenwärtig können wir einfach nicht ohne sie auskommen. Die Quantenkosmologie versucht die Tatsache auszunützen, daß sich in der Quantenmechanik sinnvoll Wirkungen ohne Ursachen definieren lassen. Wir sahen das sogar im einfachen Doppelspaltexperiment des vorigen Kapitels. Die Energie wird auf den Zielschirm übertragen, aber wir können dieses Ereignis nicht sinnvoll mit einer bestimmten Ursache verknüpfen. Das dafür verantwortliche Elektron läßt sich nicht «finden». Wir können nicht wissen, durch welchen Spalt es lief.

Dieser letzte Aspekt der gewöhnlichen Quantenmechanik hat mit der Tatsache zu tun, daß Beobachter und Beobachtungsgegenstand sich in der Quantenrealität nicht so trennen lassen wie in ihrem traditionellen klassischen Gegenstück. Wenn wir zur Anwendung der Quantentheorie auf das Weltall als Ganzes kommen, entstehen neue und besondere Probleme. Erstens erlaubt die Quantentheorie nicht, definitiv vorherzusagen, welches Ergebnis eine bestimmte Messung bei einem Versuch haben wird, sondern sie gibt nur die Wahrscheinlichkeit für ein bestimmtes Ergebnis an. In der Kosmologie jedoch ist der ganze Begriff der Wahrscheinlichkeit etwas merkwürdig, weil es nur ein Weltall gibt. Einstein hätte die Wahrscheinlichkeitsdeutung der Quantentheorie als letzte Antwort wohl noch entschiedener abgelehnt, wenn er bedacht hätte, was sie für seine andere Schöpfung, die relativistische Kosmologie, bedeutet. Noch merkwürdiger ist, daß der Begriff einer Quantenwelt für Anhänger der Bohrschen Deutung erst dann einen Sinn erhält, wenn sie beobachtet wird. Aber wer beobachtet sie? Wer verwandelt die Wellenfunktion des Weltalls mit ihrer latenten Information über den Informationsgehalt aller möglichen Zustände, in denen sich das Weltall befinden kann, durch den Beobachtungsvorgang in einen eindeutigen Zustand? Die Theologen sind nicht sehr angetan von der Idee, Gott die Rolle des Großen Beobachters zuzuschreiben, der das ganze Quantenweltall erschafft, aber ein solches Bild ist logisch mit der Mathematik verträglich. Um diesen Schritt zu vermeiden, wurden Kosmologen gezwungen, Everetts «Viele-Welten»-Deutung der Quantentheorie zu beschwören, damit die Quantenkosmologie einen Sinn erhält. Diese Deutung fordert, wie wir gesehen haben, nicht, daß die Wellenfunktion jenen wunderbaren und unerklärten «Kollaps» in einem bestimmten Zustand durchläuft, damit etwas sinnvoll wird. Die Wellenfunktion des Weltalls kollabiert niemals. Das Weltall als Ganzes braucht im Viele-Welten-Bild keinen Beobachter. Der Preis für diese Vereinfachung besteht darin, daß man die Vermehrung der Welten zulassen muß, die bei jeder physikalischen Wechselwirkung, die je vorkommt, entsteht. Aus diesem Grund sind fast alle Befürworter der Everettschen Deutung der Quantenwirklichkeit Kosmologen. Sie ist die einzige Deutung der Quantenwirklichkeit, die eine Quantenkosmologie als wissenschaftliches Forschungsgebiet zuläßt.

Philosophen haben halbherzige Versuche gemacht, den Begriff der Schöpfung aus dem Nichts in logische Aussagen über die physikalische Welt zu überführen. Dahinter steht oft der Wunsch, die herkömmlichen Argumente für die aus den Naturgesetzen gefolgerte Existenz Gottes zu untergraben. Diese Argumente werfen alle möglichen Probleme auf und können, weil sie logische Argumente sind, immer nur Möglichkeiten aufzeigen. Sie beweisen nur dann etwas, wenn die ursprünglichen Annahmen, auf denen das Argument beruht, geglaubt werden. Man hat immer die Wahl, an die Annahmen und mit ihnen an den daraus folgenden Schluß zu glauben oder nicht. Argumente, die die Tatsache der Existenz und des Ursprungs der Welt als eine Bestätigung für die Existenz Gottes sehen, sind für Naturwissenschaftler nicht sehr zwingend. Ein interessanter und verbreiteter Einwand gegen die Ansicht, Gott sei der Urheber der Naturgesetze, ist die Frage, warum Gott genau dieses Weltall und diese Naturgesetze geschaffen habe. Wenn es überhaupt keinen Grund für die Wahl gibt, haben wir etwas gefunden, das nicht den Naturgesetzen unterliegt. Wenn es Zwänge gibt, die die Notwendigkeit der Wahl belegen, ist Gott einem höheren Naturgesetz unterworfen. Die Chaos-Kosmologie erkennt genau wie das Modell des inflationären Weltalls implizit an, daß das Weltall anfangs auf alle möglichen Arten hätte geschaffen werden können, die alle später zu demselben Weltall führen. Damit wird das «Entweder-Oder» – Argument etwas unterhöhlt. Selbst aus zufälligen Entscheidungen kann soviel Eindeutigkeit erwachsen, daß unsere begrenzte Vorstellungskraft es begreifen kann.

Die Kosmologie und das Gesetz

> *Ein Richter ist ein Jurastudent, der seine eigenen Prüfungen benotet.*
>
> H. L. Mencken

Die vorigen Abschnitte enthüllen eine verblüffende historische Tatsache: Die Erschaffung der Welt – einst eine Frage, die nur die Theologie und die Metaphysik beschäftigte – wird jetzt in wissenschaftlichen Arbeiten behandelt und *wissenschaftlicher* Forschung zugänglich. In der angesehenen Fachzeitschrift *Physical Letters* veröffentlichte vor kurzem ein angesehener Verfasser eine Arbeit mit dem Titel «Die Erschaffung der Welt aus dem Nichts». Eine große Zahl der führenden theoretischen Kosmologen der Welt sind jetzt an Problemen interessiert, die zu diesem Titel passen. Trotzdem hat sich noch kaum herumgesprochen, daß jene amerikanischen Physiker, die sich jetzt mit solcher Arbeit beschäftigen und ihre Ergebnisse in Vorlesungen und Seminaren an staatlichen Universitäten verbreiten, gegen die Gesetze der USA verstoßen!

Am 7. Dezember 1981 begann im US-amerikanischen Staat Arkansas eine Verhandlung, die einem Schauspiel glich: Die American Civil Liberties Union klagte gegen das Gesetz über die «Gleichbehandlung der Schöpfungswissenschaften und der Evolutionswissenschaften», das unter etwas geheimnisvollen Umständen durch die Gesetzgebung in Arkansas geschlüpft war und von Gouverneur White Gesetzeskraft erhalten hatte.

Einen Monat später, nach der «Experten»anhörung durch alle möglichen wissenschaftlichen und religiösen Berühmtheiten, verkündete der Vorsitzende Richter Overton das Urteil gegen den Wunsch der Schöpfungswissenschaftler, ihre wissenschaftlich verbrämten religiösen Überzeugungen gleichberechtigt als Wissenschaft in öffentlichen Schulen unterrichtet zu sehen. Meiner Meinung nach war seine Entscheidung selbstverständlich richtig, aber ungeachtet dessen ist es doch äußerst lehrreich, das Wirrwarr in der langwierigen Urteilsbegründung etwas genauer zu untersuchen. Der Richter befindet über die «plötzliche Erschaffung der Welt, der Energie und des Lebens aus dem Nichts»:

«Die Erschaffung aus dem Nichts» ist ein den abendländischen Religionen eigentümlicher Begriff. Im traditionellen westlichen religiösen Denken ist die Auffassung von einem Schöpfer der Welt eine Vorstellung von Gott. Die Erschaffung der Welt «aus dem Nichts» ist die letztgültige religiöse Aussage, weil Gott der einzige Handelnde ist... Der einzige, der diese Macht hat, ist Gott... Die Idee einer plötzlichen Schöpfung aus dem Nichts oder *creatio ex nihilo* ist eine zutiefst religiöse Vorstellung.»

Unabhängig vom Verdienst dieses Falls und ohne Berücksichtigung der Bemerkungen darüber, daß die «Schöpfung aus dem Nichts» den westlichen Religionen eigentümlich sei, spricht der letzte Teil des zitierten Auszugs der «Schöpfung aus dem Nichts» ab, ein wissenschaftliches Forschungsthema zu sein. Sie wird als Religion definiert und als eine «Schöpfungswissenschaft» allem übrigen von der «Gesellschaft der Schöpfungswissenschaftler» und ihren Sympathisanten vertretenen anti-evolutionären Gedankengut zugeordnet. Außerdem schließt Overton, alle solche «Schöpfungswissenschaft» habe weder ein wissenschaftliches Verdienst noch erzieherischen Wert. Endlich scheint die unerbittliche Logik des Richters das Kind mit dem Bade auszuschütten; denn in den staatlichen Erziehungseinrichtungen der USA dürfen keine inhärent religiösen Gedanken unterrichtet werden – und so wäre die Lehre der modernen Urknalltheorie und der Quantenkosmologie an den staatlichen Universitäten der USA offiziell verboten.

Das Wesen der Zeit

> *Hätten wir doch nur genug Welt, und Zeit...*
> Andrew Marvell

In unserer Betrachtung der neuesten Spekulationen über den zeitlichen Beginn des Weltalls haben wir den Begriff «Zeit» etwas sorglos verwendet. Wir haben mit dem Begriff der Zeit nichts Subtileres verbunden, ihn nicht mit der Entwicklung des Weltalls verknüpft, dem sie die Stunde schlägt. Wir haben implizit angenommen, daß der Begriff dann eindeutig definiert ist, wenn wir die Zeit so messen, wie Einstein es uns lehrte – mit einer Uhr, die sich weder relativ zu uns bewegt noch in einem anderen Schwerefeld ist. Dieses Zeitmaß ist Einsteins *Eigenzeit*. Als wir sagten, der Singularitätensatz von Hawking und Penrose sage einen Anfang des Weltalls vor einer endlichen Zeit vorher, meinten wir, daß diese sich als eine endliche Anzahl von «Schlägen» einer Uhr messen ließe, die ein «Beobachter» auf dem Weg zurück zur Singularität mit sich führt. Entsprechend würden wir dann, wenn wir in den Endknall eines kollabierenden Weltalls geraten, nach einer endlichen Anzahl von Schlägen einer mitreisenden Uhr aufhören zu bestehen. Wenn wir vom «Alter» der Welt sprachen, meinten wir die von einem hypothetischen Beobachter, der sich mit dem Weltall von der Anfangssingularität bis heute ausgedehnt hat, gemessene Zeitspanne. Aber aus Einsteins Spezieller Relativitätstheorie folgt keineswegs, daß die Eigenzeit für das Weltall insgesamt gelten müsse, auch dann also, wenn die Schwerkraft eine wesentliche Rolle spielt. Wohl lehrte uns Einstein, daß es in der Welt der Speziellen Relativitätstheorie, (in der die Schwerkraft ignoriert wird) keinen absoluten Zeitmaßstab gibt, der besser ist als irgendein anderer und durch dessen Verwendung jeder in der Welt eindeutig dieselbe Zeit angeben würde, aber das stimmt in der Allgemeinen Relativitätstheorie nicht mehr. In der relativistischen Kosmologie gibt es die absolute Zeit. So könnte in einem expandierenden Weltall mit gleichförmiger Dichte das lokale Maß dieser Dichte an jedem Ort die absolute, seit dem Beginn der Ausdehnung vergangene Zeit bestimmen. Diese Dichte-Uhr stellt ein universales und absolutes Maß der kosmischen Zeit dar, das allen Uhrmachern in der Welt, die sich nie irgendwie sonst verständigen könnten, eine identische Zeitmessung ermöglichen würde. Viele andere kosmische Zeiten sind ebenso vorstellbar. Die Frage lautet: «Welches ist die fundamentale kosmische Zeit, falls es sie gibt?»

Nehmen wir an, wir müßten rückwärts zum Urknall hin durch eine Zeitumkehrung der Expansion des Weltalls reisen. Zuerst könnten wir die Zeit mit einer Armbanduhr messen. Aber schließlich würde es zu heiß für Plastik, Metall und selbst Atome (und auch für uns, aber dichterische Freiheit erlaubt es uns, diese kleine Einzelheit zu übergehen). Die Zeit würde dann mit Hilfe der Schwingungen eines Atomkerns gemessen werden. Aber schließlich würden Kerne in ihre Bestandteile zerquetscht werden. Alles wäre auf die Größe Null reduziert. Welche Bedeutung können wir in einer solchen Umgebung dem Begriff «Zeit» geben, wenn es keine mit Materie verknüpften Uhren gibt, die sie messen könnten? Es scheint eine natürliche Wahl zu geben: die Krümmung der Geometrie von Raum und Zeit. Sie erstreckt sich überallhin. Sie existiert so lange, wie das Weltall besteht und ändert sich unerbittlich mit der zeitlichen Entwicklung des Weltalls. Eine «Uhr», die die Veränderung in der Geometrie des Weltalls mißt, ist nicht an ein vom Menschen gemachtes Werkstück gebunden. Sie ist unabhängig vom Beobachter, aber Beobachter können mit ihrer Hilfe weltweit die Zeit bestimmen. Das klingt alles gut und schön, aber hat es irgendeine grundlegende Bedeutung?

Wenn wir zur Anfangssingularität zurückkehren, werden Krümmung und Dichte vermutlich unendlich groß; unsere Krümmungsuhr mißt dann wohl in einem endlichen Zeitintervall der üblichen Eigenzeit ein entsprechendes unendliches Intervall der Krümmungszeit. Stellen wir uns jetzt vor, daß es ein informationsverarbeitendes Gerät gibt (eine Art Maxwellscher Dämon der Gravitation), der die Krümmungszeit wahrnehmen kann. Seine subjektive oder psychologische Zeit würde er also im Gleichklang mit der Krümmungszeit erleben. Dieses Geschöpf brauchte nach seiner subjektiven Zeit unendlich lange, bis es die Singularität erreicht. Ähnlich würde das Geschöpf in einem geschlossenen, wieder kollabierenden Weltall eine unendliche Periode der Krümmungszeit benötigen, um ans Ende des Weltalls zu kommen. Es würde in seiner eigenen subjektiven Zeit ewig leben. Die Lage ändert sich in der fernen Zukunft eines sich immer weiter ausdehnenden Weltalls. Hier hat der nach seiner Eigenzeit lebende Beobachter eine unendliche Zukunft, nach der Krümmungszeit jedoch nur eine endliche, wenn das Weltall nach globaler Gleichförmigkeit strebt. Seine subjektive Zeit verlangsamt sich im Gleichklang mit der Verlangsamung der Beschleunigung der Welt.

Das Wesentliche an der Vorstellung einer Krümmungszeit ist, daß der Begriff Zeit nur eine Bedeutung hat, wenn etwas geschieht. Zeit mißt die Geschwindigkeit, mit der etwas geschieht. In der Praxis nehmen wir viele verschiedene Zeitpfeile wahr. Wir haben ein subjektives Gefühl für die Vergänglichkeit der Zeit, die es uns ermöglicht, in unseren Handlungen die Vergangenheit von der Zukunft zu unterscheiden. Uns stehen viele andere Zeitpfeile zur Verfügung.

Wenn wir den Anfang des Weltalls in eine vergangene Unendlichkeit verbannen wollen, brauchen wir Hinweise darauf, daß es eine wirkliche Krümmungsuhr gibt, deren «Schläge» wirklichen physikalisch unterscheidbaren Ereignissen entsprechen. Sonst laufen wir Gefahr, nur eines der Zenonschen Paradoxa des Unendlichen neu zu schaffen; wir sagen dann, wir könnten die Singularität nicht erreichen, weil wir die Zeit, die dazu nötig ist, immer halbieren können. Diese Täuschung läßt sich jedoch vermeiden. Das allgemeinste Universum, das sich aus Einsteins allgemeiner Gravitationstheorie extrahieren läßt, verhält sich höchst außerordentlich, wenn wir es zur Anfangssingularität zurückverfolgen. Die Singularität wird in endlicher Eigenzeit erreicht, aber unterwegs laufen unendlich viele Schwingungen ab, die die Ausdehnungsgeschwindigkeiten durch verschiedene Richtungen und Welten hindurch ganz chaotisch durcheinanderwirbeln. Jede dieser Schwingungen ist ein physikalisch wirkliches und unterscheidbares Ereignis. Wenn wir in den Frühstadien eines solchen Weltalls existierten, könnten wir sie beobachten. Sie werden dadurch verursacht, daß die Krümmung des Weltalls in allen Richtungen anders ist. Deshalb laufen in einem endlichen Intervall der Eigenzeit unendlich viele physikalisch verschiedene aufeinanderfolgende Ereignisse ab. Wenn wir die Schwingungen des Weltalls als Krümmungsuhr benutzen, braucht es unendlich lange, bis wir die Singularität erreichen. Wir werden in Kapitel 6 mehr dazu zu sagen haben.

Wir sehen, daß selbst in der Nicht-Quantenphysik die Bedeutung der Zeit grundlegende kosmologische Rätsel aufgibt. Wenn wir versuchen, eine Quantenkosmologie zu schaffen, läßt sich sehr schwer verstehen, wie der Zeitbegriff überhaupt eingeführt werden kann. Die Zeit hat in der Quantentheorie einen merkwürdigen Status, der dazu geführt hat, daß sie in der mathematischen Beschreibung einer Quantenkosmologie nicht vorkommt. Das Problem der Zeit in der Quantenkosmologie ist zur Zeit noch ein Geheimnis.

Wo sind all die Dimensionen hin?

*Kleine Gesetze haben größere solche
Aus denen sie folgen, trotz Mucken
Aber das größere Gesetz ist noch fraglicher
Und noch schlechter zu schlucken.*

Anonym

Als wir über den inneren Raum der Elementarteilchen nachdachten, sahen wir, wieviel für die Annahme spricht, es könnte viel mehr als nur die drei Raumdimensionen geben, in denen wir leben. Die zusätzlichen Dimensionen haben ihre Existenzberechtigung, weil sie uns erlauben, die fundamentalen Naturgesetze bei sehr hohen Energien zu vereinheitlichen. Wenn wir zur Untersuchung der kosmologischen Konsequenzen dieser Idee kommen, stehen wir vor einem Rätsel. Um die Naturkräfte widerspruchsfrei vereinheitlichen und doch die offensichtliche Dreidimensionalität des Weltalls jetzt und während aller geschichtlicher Zeiten, von denen wir unmittelbar oder mittelbar etwas wissen, erklären zu können, müssen die zusätzlichen Raumdimensionen während dieser Zeiten unendlich klein sein. Wenn das Weltall die Ausdehnung mit vollen zehn- oder sechsundzwanzig Dimensionen begann, muß etwas passiert sein, was alle Raumdimensionen bis auf drei auf ein nicht wahrzunehmendes Niveau geglättet hat. Wir wissen noch nicht, wie das passieren konnte oder warum es mit allen außer *dreien* (und nicht etwa fünf oder sieben) geschah. Zuerst sah man darin eine Herausforderung, die Eindämmung der zusätzlichen Dimensionen auf mikroskopische Größe zu erklären, aber jetzt sieht man darin eher, daß die winzigen Ausmaße der zusätzlichen Dimensionen ganz natürlich mit der Schwerkraft in Übereinstimmung sind. Das größte Geheimnis ist, wie drei von ihnen entkommen und sich zu einer Größe von etwa fünfzehn Milliarden Lichtjahren ausdehnen konnten – etwa 10^{60} mal so groß wie die anderen. Es ist, als ob der Vorgang der «Inflation» es fertiggebracht hat, auf drei der Ausdehnungsrichtungen zu wirken, aber nicht auf die anderen. Vielleicht ist dies ein Hinweis auf das wirkliche Geschehen. Wir wissen es nicht. Es könnte ein Naturgesetz geben, das die Anzahl der Dimensionen bestimmt, die aufgebläht werden können. Die Zahl Drei könnte aber auch reiner Zufall sein.

Warum sind die Naturgesetze mathematisch?

Ohne Gleichnisse sagt die moderne Physik der Menge nichts.
C. S. Lewis

Ein Rätsel

> *Die Philosophie steht in diesem großen Buch geschrieben, dem Universum, das unserem Blick ständig offenliegt. Aber das Buch ist nicht zu verstehen, wenn man nicht zuvor die Sprache erlernt und sich mit den Buchstaben vertraut gemacht hat, in denen es geschrieben ist. Es ist in der Sprache der Mathematik geschrieben, und deren Buchstaben sind Dreiecke, Kreise und andere geometrische Figuren, ohne die es dem Menschen unmöglich ist, ein einziges Wort davon zu verstehen; ohne diese irrt man in einem dunklen Labyrinth umher.*
>
> Galilei

Die oben zitierten, 1623 geschriebenen Worte Galileis bezeugen eine Grundtatsache: Die Naturgesetze sind ihrem Wesen nach mathematisch. Sie müssen nicht unbedingt in der Sprache der Mathematik ausgedrückt werden, aber irgendwie passen sich die Feinheiten dieser Sprache den Erfahrungstatsachen unendlich gut an. Naturerscheinungen werden, so hat sich herausgestellt, am tiefsten und vollständigsten durch mathematische Formeln beschrieben. Warum ist das so? Verrät das etwas von der inneren Logik, die das Weltall bestimmt – etwa: «Gott ist ein Mathematiker» –, oder ist das Medium, das wir zur Beschreibung der Regelmäßigkeiten der Natur wählen, nur ein Spiegelbild unseres eigenen Geistes? Oder weist vielleicht die Struktur der Welt einige mathematische Aspekte auf, die zwar nur einen kleinen Teil der Gesamtinformation ausmachen, aber den einzigen Teil, den wir bisher zuverlässig entdecken konnten? Ist die Wirklichkeit mathematisch, oder kommt einfach die Mathematik der Wirklichkeit nur so nahe, wie wir ihr realistisch gesehen nahe kommen können? Wenn wir diese Möglichkeiten erwägen wollen, müssen wir nachfragen, welche Auffassungen es von der Mathematik gibt. In mancher Hinsicht entsprechen sie den im ersten Kapitel umrissenen philosophischen Richtungen, aber sie haben auch andere, unerwartete Züge.

Wir haben uns so an die außerordentliche Tatsache gewöhnt, daß wir den Verlauf von Naturphänomenen mit Hilfe kleiner Schnörkel auf einem Blatt Papier zuverlässig vorhersagen können, daß wir davon vielleicht gar nicht mehr besonders beeindruckt sind. Sicherlich ist so etwas wie Mathematik – eine Sprache mit einer logischen Struktur, die ihrer Form und Richtung Schranken auferlegt – für die Darstellung der Naturgesetze notwendig, wenn auch nicht hinreichend. Die Mathematik ermöglicht wertfreie und kulturunabhängige eindeutige Aussagen. Nur solche Hypothesen lassen sich vergleichen und in Versuch oder Beobachtung überprüfen. Die Naturwissenschaft braucht eine solche Sprache, wenn ihr Fortschritt sinnvoll sein soll. Mit Hilfe der Sprache der Mathematik läßt sich eindeutig das ausschließen, was bei der Untersuchung bestimmter Probleme unwichtig ist. Mit ihrer Hilfe können wir unnötiges Nachdenken vermeiden, indem wir *ab initio* den mathematischen Formalismus logisch widerspruchsfrei machen. Wir können uns dann auf ihre logische Konsistenz verlassen, wann immer wir diesen Formalismus verwenden. Die gewöhnliche Sprache bietet diese Vorteile nicht. Die grammatikalische Richtigkeit eines Satzes besagt überhaupt nichts über die Wahrheit oder Widerspruchsfreiheit der Aussage selbst. Einige der sprachmächtigsten Dichter und Schriftsteller kümmern sich bei dem, was sie schreiben, nicht um die Grundregeln der Sprache; sie schaffen so ihren eigenen literarischen Stil. Die Mathematik läßt solche künstlerische Freiheit nicht zu. Entweder zollt man ihrer inneren Logik Achtung, oder sie verliert ihren Sinn. Gelegentlich hat man bei der Festlegung dieser Logik eine gewisse Freiheit; hat man sich aber einmal entschieden, verliert man das Spiel beim ersten Regelverstoß.

Die Mathematik ist eine Möglichkeit, die Welt symbolisch darzustellen und zu erklären. In dieser Hinsicht ähnelt sie oberflächlich gesehen vielen mystischen Religionen, unterscheidet sich jedoch zum Beispiel vom Buddhismus darin, daß ihre Symbole und deren Bedeutungen eindeutig sind. Sie hängen nicht davon ab, wie Hörer sie verstehen, und auch nicht davon, wie sie aufgrund persönlicher Erfahrungen mit anderen Begriffen verknüpft werden. Sie beruhen auf unverletzlichen Beziehungen zueinander.

Im Alltagsleben fordern wir oft für bestimmte Begriffe oder Beschreibungen Eindeutigkeit, aber wir vermeiden gewöhnlich den Rückgriff auf mathematische Symbole, indem wir entweder neue Worte definieren oder, häufiger noch, gewöhnlichen Wörtern zusätzliche Bedeutung geben (wie wir es in früheren Kapiteln zum Beispiel mit den der Umgangssprache entnommenen Worten Inflation, Kraft, Arbeit, Information, Kern und Hardware gemacht haben). In den Naturwissenschaften jedoch werden die Fachausdrücke mathematisch definiert; die Bezeichnungen sind dann eine Abkürzung für den genauen mathematischen Begriff. Das hat eine interessante soziologische Konsequenz, die zweifellos früheren Vertretern der Lehre von den «Zwei Kulturen» der modernen Gesellschaft Auftrieb gab. Während der durchschnittliche Mathematiker oder Naturwissenschaftler gewöhnlich Romane liest, ins Kino oder ins Theater geht und Musik hört, hat der Schriftsteller, Schauspieler, Sprachenfreund oder Musiker im allgemeinen vergleichsweise wenig naturwissenschaftliche Kenntnisse oder Interessen. Der Hauptgrund ist oft die durch die Fachsprache – die Mathematik – geschaffene Schranke und nicht etwa ein krankhafter Mangel an Interesse an naturwissenschaftlichen Fragen. Die «Poesie» der Naturwissenschaften und der Mathematik ist schwer zugänglich. Die schönen Künste dagegen sprechen die menschlichen Sinne an und lassen sich zu einem Teil auch dann genießen, wenn man ihre Sprache nicht beherrscht. Zur Popularisierung der Naturwissenschaften müssen also praktisch mathematische Gedanken in der Alltagssprache neu formuliert werden, und für abstrakte Begriffe müssen Analogien gesucht werden, die sie und ihre Beziehungen untereinander in vertrauten, nicht-mathematischen Bildern darstellen.

Was ist Mathematik?

> *Die Mathematiker sind eine Art Franzosen: redet man zu ihnen, so übersetzen sie es in ihre Sprache, und dann ist es alsbald etwas ganz anderes.*
>
> Goethe

Was Mathematik ist, läßt sich nicht leicht beschreiben; die wahrscheinlichste Antwort auf die Frage ist wohl «Ich erkenne es, wenn ich es sehe». Die Mathematik ist ganz anders als die Naturwissenschaften, und das macht es noch schwieriger zu sagen, warum sie sich bei der Beschreibung der Welt und der Vorhersage von Abläufen so gut bewährt. Während wir die Naturwissenschaften mit einem langen Text vergleichen können, der immer wieder umgeschrieben, bearbeitet und auf den neuesten Stand gebracht wird, ist die Mathematik ausschließlich kumulativ. Die Naturwissenschaft von heute kann sich als falsch erweisen, die Mathematik nicht. Frühere Naturwissenschaftler vertraten mit gutem Recht im Rahmen ihrer Kulturen Ansichten über das Naturgeschehen, die uns heute als naiv und falsch erscheinen, ein falsches mathematisches Ergebnis jedoch läßt sich niemals rechtfertigen. Die Mechanik des Aristoteles ist falsch, aber die Geometrie des Euklid ist und war richtig und wird es immer bleiben. Richtig und falsch haben in Naturwissenschaft und Mathematik verschiedene Bedeutungen. Im ersten Fall bedeutet «richtig» eine Entsprechung zur Wirklichkeit, im zweiten logische Konsistenz.

Es ist ein Glücksfall, daß die Mathematik unsere Wirklichkeitserfahrung so gut beschreibt; bevor wir daraus Schlüsse ziehen können, müssen wir einigermaßen erfassen, wie Mathematiker die Mathematik verstehen oder wenigstens, was sie darüber denken, wie sie zu verstehen sei. Wir haben etwas Mathematik gelernt; wir können «wahre» mathematische Formeln hinschreiben: Wodurch sind sie wahr?

Es gibt im wesentlichen vier Deutungen der Mathematik; die eigene Wahl der Deutung bestimmt zu einem großen Teil, wie man die bemerkenswerte Eignung der Mathematik zur Naturbeschreibung einschätzt. Umgekehrt könnte beim Abwägen der jeweiligen Vorteile dieser Deutungen ausschlaggebend sein, wie natürlich sich die Mathematik auf die Erfahrungswelt anwenden läßt. Jede Deutung verbindet etwas anderes mit der Behauptung, eine mathematische Aussage sei «wahr». Wir nennen die vier Möglichkeiten *Platonismus, Konzeptualismus, Formalismus* und *Intuitionismus*. Ihre Steckbriefe lauten so:

Platonismus: Danach wird die Mathematik von den Mathematikern entdeckt und nicht erfunden. Alle von Mathematikern verwendeten und als nützlich empfundenen Begriffe, wie zum Beispiel Gruppen und Mengen, Dreiecke und Punkte, Unendlichkeit und auch Zahlen, gibt es «dort draußen» wirklich und unabhängig von Ihnen und mir. Diese mathematischen Größen existieren also unabhängig davon, ob es Mathematiker gibt; sie sind nicht von Menschen geschaffen, sondern Verkörperungen des innersten Wesens der Wirklichkeit. «π» ist wirklich himmlisch. Diese mathematischen Objekte existieren nicht im Raum und in der Zeit unserer Erfahrung. Sie sind abstrakte Größen; mathematische Wahrheit bedeutet eine Entsprechung zwischen den Eigenschaften dieser abstrakten Objekte und unseren Symbolsystemen.

Der Grund für die Verbindung dieses Begriffs mit Platon sollte nach unserer Betrachtung der Ideenlehre Platons in Kapitel 2 klar sein. Mathematische Ideen wie z. B. die Zahl «sieben» werden als materielos und unveränderlich gesehen; es gibt sie in einem abstrakten Reich wirklich, während unsere Beobachtungen sich auf bestimmte zweitrangige Verwirklichungen wie die sieben Zwerge, die sieben Raben oder die sieben Wochentage beziehen.

So gesehen könnten mathematische Größen der Verständigung mit Wesen aus anderen Welten dienen. Wir könnten darauf vertrauen, daß sie viele derselben mathematischen Strukturen entdecken wie wir. Zwar würden sie diese mathematischen Größen mit großer Wahrscheinlichkeit nicht mit denselben Symbolen darstellen und nicht genauso benennen wie wir; vermutlich jedoch hätten sie dieselbe Vorstellung davon, genauso wie die Worte «sieben», «seven» und «sept» Deutschsprachigen dieselbe Information geben wie Engländern und Franzosen. Das läßt sich von keinem anderen Teil unserer menschlichen Erfahrung behaupten. Unsere Kunst und Ethik, unsere Regierungsformen und literarischen Stile würden Außerirdischen vermutlich unverständlich sein, weil das, was sie beschreiben, nicht von unserem Geist unabhängig ist. Platonisten können die Mathematik vertrauensvoll als universale Sprache benutzen, denn sie halten sie für eine Beschreibung von etwas Geistigem und Absolutem. Die Mathematik beschreibt also das Wirken der Natur so genau, weil die Natur einfach und unerklärlicherweise wirklich mathematisch ist und unserer Mathematik zugrunde liegt. Mathematische Platoniker sind nicht nur Idealisten, sondern sie sehen sich selbst auch oft als Realisten einfach deshalb, weil sie die Mathematik ganz unmittelbar verstehen. Sie sehen die Mathematik als absolute Wahrheit – «Gott ist ein Mathematiker» – ganz unabhängig davon, wie Gott definiert ist.

Diese Einstellung hat einen mystischen Ableger, den «Neuplatonismus». Einer seiner sowjetischen Vertreter hat die Mathematik mit der Komposition einer kosmischen Symphonie durch viele unabhängige Komponisten verglichen, die sie alle zum großen Schlußakkord hinführen. Dieses Ziel, so behauptet er, sei nichts so Irdisches wie eine Beschreibung der Welt oder die Anwendung der Mathematik auf die Lösung praktischer Probleme. Es sei nicht von dieser Welt, da Mathematiker aus ganz unterschiedlichen Kulturen oft Entdeckungen gemacht haben, die sich als identisch herausstellten. Aber wohl nur wenige Berufsmathematiker ziehen gern solche kosmischen Schlüsse. Die meisten forschen, als ob der Platonismus wahr wäre, und versuchen, neue mathematische Strukturen zu «entdecken», die sie wegen ihrer vielen Eigenschaften interessant finden und weil sie auf unerwartete Weise mit anderen, oberflächlich gesehen nicht verwandten Zweigen der Mathematik zusammenhängen. Wenn Mathematiker «Existenzbeweise» für mathematische Objekte führen, spiegelt das diese unbewußte Haltung. Zu einer Verteidigung dieser Einstellung aufgefordert, würden sich wohl nur wenige reine Mathematiker zu ihr bekennen. Die angewandten Mathematiker und andere «Benutzer» der Mathematik (Physiker und Wirtschaftswissenschaftler zum Beispiel), denen sie «fertig verpackt» geliefert wird, sehen andererseits die Mathematik als eine nützliche «Black box»: Wenn sie Antworten auf bestimmte Probleme suchen, ist sie ihnen ein Hilfsmittel, dessen Effizienz durch unzählig viele Erfolge in der Vergangenheit belegt ist.

Konzeptualismus: Diese Antithese zum Platonismus ist bei Gesellschaftswissenschaftlern beliebter als bei Mathematikern und Naturwissenschaftlern, von denen die meisten sie instinktiv ablehnen. Dieser Auffassung zufolge erschaffen wir selbst mathematische Strukturen, Symmetrien und Muster und pressen dann die Welt in diese Form hinein, weil wir sie so zwingend finden. Letztlich ist es kulturbedingt, welche Mathematik wir konstruieren. Wir erfinden sie, wir entdecken sie nicht. Mathematik ist das, was Mathematiker tun. Der Verdacht, an dieser Sicht könnte etwas Wahres sein, hat die angewandten Mathematiker dazu geführt, die Betonung bei der Beschreibung dessen, was sie tun, allmählich und oft unbemerkt zu verschieben. Während die klassischen Mathematiker früherer Zeiten sich in Abhandlungen oder Vorlesungen Gedanken über «Die mathematische Theorie von...» machten, legen sie heute viel mehr Gewicht auf den weniger großartigen Ausdruck «mathematisches Modell». Der Konzeptualist empfindet demnach das Weltall nicht als zutiefst mathematisch. Gott ist kein Mathematiker; was ER tut, läßt sich jedoch ziemlich genau durch mathematische «Modelle» beschreiben. Die Mathematik ist ausschließlich ein Produkt des menschlichen Verstandes. Ein Konzeptualist glaubt nicht, er könne sich mit Hilfe unserer mathematischen Begriffe mit den Bewohnern der Andromeda verständigen.

Dieser Standpunkt könnte für den Physiker wichtige Folgen haben. Es ließe sich zum Beispiel behaupten, unsere sogenannten Naturkonstanten (etwa die Newtonsche Gravitationskonstante G), die in unseren mathematischen Gleichungen als theoretisch unbestimmte Proportionalitätskonstanten auftreten, seien einzig durch die spezielle mathematische Darstellung bedingt, die wir für die Schwerkraft gewählt haben. In diesem Sinn ließe sich «G» als kulturbedingt sehen. Es spiegelt unsere Neigung wider, die Naturphänomene auf besondere Art zu beschreiben, und es veranschaulicht auch die Kantsche Auffassung der eingeborenen Denkkategorien, wonach alle Erfahrung vom menschlichen Geist geordnet wird. Ob das «Ding an sich» nun zutiefst mathematisch ist (wie der Platoniker glaubt) oder nicht, wir erfahren es letztlich nur mit Hilfe der Mathematik. Unser Verstand prägt also der Erfahrung mathematische Ideen auf. Andererseits gibt es auch die entgegengesetzte Überzeugung, wonach kulturelle Elemente unsere mathematische Naturerfahrung völlig bestimmen, weil die Natur im Laufe der evolutionären Anpassung unserem Verstand die Mathematik eingeprägt hat. Wir konnten unsere Fähigkeit zur Formulierung und zum Umgang mit abstrakten Symbolen am wirksamsten dort ausbilden, wo sie sich von Dingen herleitet, die es in der wirklichen Welt tatsächlich gibt. Diese Sichtweise hat weitreichende Folgen, denn danach hat unsere Erfahrung die Mathematik geformt. In diesem Fall können wir nicht erwarten, daß sie sich bewährt, wenn sie mit neuentdeckten Phänomenen außerhalb der menschlichen Alltagserfahrung konfrontiert wird. Nun sind uns viele Aspekte der physikalischen Welt, ob sie nun die Astronomie oder die Teilchenphysik betreffen, zwar ihrer Größenordnung nach fremd, nicht aber in bezug auf das zugehörige mathematische Denken. Deshalb ist es vielleicht nicht gar so erstaunlich, wenn unser menschlicher Sinn für Mathematik sich als eine gute Beschreibung bereitstellt. Es gibt jedoch Fälle, in denen die nötigen Begriffe sich nicht geschichtlich entwickelt haben können; die in Kapitel 3 beschriebenen Besonderheiten der Quantenwirklichkeit könnten ein Zeichen dafür sein, daß wir dann, wenn wir uns mit der Mikrowelt beschäftigen wollen, nicht nur eine bessere physikalische Theorie brauchen. Vielleicht ist die Sprache der Mathematik gar nicht die Sprache, die diese Vorgänge am natürlichsten beschreibt. Vielleicht gilt auf der Quantenebene nicht die klassische Logik (wonach Aussagen entweder wahr oder falsch sind), sondern eine dreiwertige «Quantenlogik», wonach eine Aussage auch den Status «unentschieden» haben kann. Eine Aussage, die nicht wahr ist, braucht dann also nicht unwahr zu sein. Auf diese Weise läßt sich die Frage «Durch welchen Spalt geht das Teilchen im Zweispaltenexperiment?» anders beantworten. Die Lösung für die Probleme der Quantenwirklichkeit könnte aber auch viel radikaler sein. Sie könnte eine andere Art der Beschreibung erfordern: eine neue Sprache, die für die Logik dasselbe tut, wie die Logik für die Mathematik.

Der Konzeptualismus ist eine Form des Anti-Realismus, der sich gegen Theorien über die Grundlagen der Wirklichkeit wendet und nicht gegen die Existenz dieser Wirklichkeit selbst.

Sicherlich lassen sich in der Art, wie Mathematik betrieben wurde und wird, bestimmte kulturelle Vorlieben entdecken. Engländer etwa scheuen sich vor einem allgemeinen Formalismus, dessen einziger Vorzug seine Eleganz ist; sie beschäftigen sich lieber mit Anwendungsmöglichkeiten und sind durch den Wunsch motiviert, praktische Probleme zu lösen. Franzosen dagegen fühlen sich zum Formalismus und zur Abstraktion hingezogen, wie es beispielhaft das enzyklopädische Unternehmen der Bourbaki-Gruppe veranschaulicht. Die Deutschen sind für ihre Genauigkeit und ihren Hang zur Strukturierung bekannt, die Italiener zur Verallgemeinerung und auch zur technischen Anwendung. Sind diese nationalen Stile harmlose Nebensächlichkeiten, oder weisen sie auf eine tiefliegende Subjektivität hin, die bestimmt, welche möglichen Gesetze und Erklärungen den Wissenschaftlern bei ihrer Darstellung der Natur zur Verfügung stehen?

Formalismus: Der nächste der «ismen» entstand vor allem um die Jahrhundertwende. Die Logiker hatten eine Reihe verwirrender logischer Paradoxa entdeckt, und es waren mathematische Beweise aufgetaucht, die die Existenz bestimmter Objekte behaupteten, von denen man aber nicht wußte, wie sie in endlich vielen Schritten konstruiert werden könnten. (In dieser Hinsicht gleichen sie gewissen erlaubten Konfigurationen, die in John Conways Brettspiel «Life» gelegt werden können, sich aber im Laufe des Spiels nicht in endlich vielen Zügen erreichen lassen.) Diese logischen Größen ergaben sich aus bestimmten Eigenschaften von Mengen mit unendlich vielen Elementen, als angenommen wurde, daß für unendliche Mengen von Elementen dieselbe Logik gilt wie für endliche Mengen (etwa, daß eine Menge entweder eine bestimmte Eigenschaft hat oder nicht). Einige Mathematiker lehnten diesen Schritt ab, weil sich unendliche Mengen physikalisch nicht verwirklichen lassen. Aufgrund solcher Zweifel schlug David Hilbert ein Programm vor, das solche Mehrdeutigkeiten ausschließen sollte. Dieses formalistische Hilbertsche Programm beruhte auf dem Gedanken, daß Mathematik nichts anderes sei als der nach bestimmten Regeln erfolgende Umgang mit Symbolen. Das sich ergebende Papiergebilde hat überhaupt keine weitere Bedeutung. Es sollte bei richtiger Handhabung zu ungeheuer vielen tautologischen Aussagen führen: ein Kunstwerk logischer Verbindungen. Manchmal spricht man dabei von einem «Modell», aber in einem anderen Sinn als bei den Konzeptualisten: Hier ist ein «Modell» für eine Menge von Axiomen die Menge von Begriffen, die sie befriedigen und für die aus den Axiomen herleitbare Tautologien (die Sätze oder Theoreme genannt werden) gelten. Die Aufmerksamkeit richtet sich dabei vor allem auf die Beziehungen zwischen den Größen und den sie bestimmenden Regeln und nicht auf die Frage, ob die Objekte, mit denen man umgeht, eine eigene Bedeutung haben. Die

Formalisten interessieren sich gar nicht für den Zusammenhang zwischen der Welt der Natur und der Struktur der Mathematik. Deshalb brauchen sie unter anderem nicht über die *Bedeutung* nicht-intuitiver Objekte wie unendlicher Mengen nachzudenken. Sie wenden ihre Aufmerksamkeit eher den Beziehungen zwischen den Begriffen als den Begriffen selbst zu. Mathematische Forschung hat danach als einziges Ziel, bestimmte Axiommengen als widerspruchsfrei zu erweisen; sie können dann die Ausgangspunkte für das logische Netzwerk der Symbole sein.

Nach dem Gesagten könnte man in Euklid das Urbild eines Formalisten sehen. Aber obwohl es in der Rückschau so scheint, müssen wir bedenken, daß er seine Axiome aus der Beobachtung der wirklichen Welt abstrahierte. All seine Theoreme lassen sich veranschaulichen, indem man Punkte und Geraden in den Sand zeichnet und Winkel mißt. Die moderne Mathematik fordert nicht, daß ihre Axiome Eigenschaften haben, die sich veranschaulichen lassen oder selbstevident sind. Ihr genügt schon Widerspruchsfreiheit. Diese Sicht der Mathematik – als ein logisches Spiel, wie etwa Schach, mit Listen von Spielfiguren und Regeln – ist dem platonischen Bild entgegengesetzt, denn danach sind die mathematischen Regeln und Axiome ganz und gar unsere eigenen Schöpfungen. Sie haben keine selbständige Bedeutung, sondern erhalten nur durch ihre Beziehungen untereinander eine. Wir bestimmen diese Beziehungen, indem wir die Spielregeln bestimmen. Es gibt Formeln, aber keine mathematischen Objekte. Für Formalisten ist die Nützlichkeit der Mathematik bei der Beschreibung der Natur eine Merkwürdigkeit, die nichts mit Mathematik zu tun hat. Eine mathematische Theorie ist für sie nur verständlich, wenn sie bedeutungslos ist.

Intuitionismus: Auch diese Deutung war eine Reaktion auf die Verwendung nicht-intuitiver Begriffe in mathematischen Beweisen. Um zu vermeiden, daß ganze Bereiche der Mathematik auf der Annahme beruhen, daß unendliche Mengen die «offensichtlichen» Eigenschaften haben, die endlichen zukommen, wurde vorgeschlagen, daß nur Größen, die sich in endlich vielen logischen Schritten aus den natürlichen Zahlen 1,2,3... konstruieren lassen, als nachweislich wahr betrachtet werden sollten. (Vor Cantor hatten sich die Mathematiker nicht mit tatsächlich unendlichen Mengen beschäftigt, sondern nur die Existenz von beliebig großen oder kleinen Größen ausgenutzt – so bei der strengen Definition des «Grenzwerts», wie er im neunzehnten Jahrhundert von Cauchy und Weierstraß eingeführt wurde.) Jeder Schritt muß den nächsten logischen Schritt eindeutig festlegen. Aus diesem Grund spricht man auch von Konstruktivismus. Der Name «Intuitionismus» verweist darauf, daß nur die einfachsten intuitiven Ideen verwendet werden können. Alles, was außerhalb unserer Erfahrung liegt, muß in einer Folge von intuitiv vertrauten Schritten aus den einfachsten Bestandteilen konstruiert werden. Diese Denkweise ist analog zu der im ersten Kapitel eingeführten Haltung des Operationalisten. Während der Operationalist die Aufmerksamkeit auf meßbare Größen richtet, um keine «offensichtlichen» Begriffe wie Gleichzeitigkeit einführen zu müssen, die sich wiederum als experimentell sinnlos herausstellen könnten, bleibt der Intuitionist beim «Offensichtlichen», weil er das Sinnlose vermeiden will.

Es gibt eine Parallele zwischen dem Ziel der Intuitionisten und dem einiger der im letzten Kapitel erwähnten Interpreten der Quantentheorie. Sowohl Bohr als auch die Intuitionisten versuchten, physikalische und mathematische Größen so zu sehen, daß sie von der objektiven Wirklichkeit unterschieden sind. Eine Quantenmessung zeigt, was man über die physikalische Wirklichkeit weiß. Eine mathematische Formel beschreibt nach Meinung der Intuitionisten nur die Gesamtheit der Rechnungen, durch die man sie erhielt. Sie stellt keine von der Rechnung unabhängige Wirklichkeit dar.

Intuitionisten lehnen alle Überlegungen ab, die die Existenz einer Größe beweisen, aber keine Vorschrift zu ihrer Konstruktion mitliefern. Natürlich können wir, wenn wir beweisen, daß eine *endliche* Menge von Dingen ein bestimmtes Element enthält, dieses Ergebnis dem Intuitionisten annehmbar machen, indem wir uns durch die endliche Menge hindurcharbeiten und das besondere Element isolieren (vielleicht nehmen wir einen schnellen Rechner zu Hilfe, wie es vor kurzem beim Beweis des berühmten «Vierfarbensatzes» geschah). Dies ist ein legitimes Konstruktionsverfahren. Wenn wir jedoch nur die Existenz eines bestimmten Elements einer *unendlichen* Menge bewiesen hätten, wäre das Ergebnis unannehmbar, weil es auch mit Hilfe des Computers nicht in endlich vielen Schritten konstruktiv überprüft werden kann. Die berühmten (im vorigen Kapitel erwähnten) Singularitätentheoreme von Hawking und Penrose, die die Existenz eines Anfangs von Raum und Zeit in der Vergangenheit des Weltalls belegen, wenn eine Reihe von durch die Beobachtung überprüfbaren Annahmen erfüllt sind, genügen interessanterweise den Forderungen der Intuitionisten *nicht*. Sie sagen die Existenz einer Bahn (oder auch mehrerer Bahnen) durch Raum und Zeit vorher, die unweigerlich vor einer endlichen Zeit begonnen haben muß, aber sie konstruieren sie nicht explizit. Wir könnten bestenfalls explizite Lösungen der Einsteinschen Gleichungen der Allgemeinen Relativitätstheorie finden, die Anfangssingularitäten aufweisen. Die einzigen bisher aufgefundenen Lösungen jedoch sind sehr spezielle Fälle.

Die ersten begeisterten Vertreter des Konstruktivismus, wie Kronecker und Brouwer, schlugen vor, die Gesamtheit der Mathematik konstruktiv, unter Vermeidung nicht-intuitiver Größen wie es unendliche Mengen sind, neu aufzubauen. Es überrascht nicht, daß dieser deutlich positivistische Vorschlag keine große Begeisterung entfachte. Das Verfahren hätte die Mathematik dezimiert. (Erinnern Sie sich aus Ihrer Schulzeit an das deprimierende Gefühl, wenn man Ihnen vorschlug, einen Aufsatz oder eine Facharbeit völlig neu zu schreiben?!) Hilbert glaubte, daß Brouwers Programm selbst dann, wenn es erfolgreich sein könnte, verheerende Folgen haben würde: «Was bedeuten schon die jämmerlichen Reste, diese wenigen isolierten unvollständigen und unzusammenhängenden Ergebnisse der Intuitionisten, im Vergleich mit dem ungeheuren Ausmaß der modernen Mathematik.»

Brouwers Dogmatik führte tatsächlich zu einem ziemlichen Aufruhr in der Welt der Mathematik. Er war einer der Herausgeber der *Mathematischen Annalen*, der führenden Fachzeitschrift seiner Zeit, und erklärte allen Mathematikern den Krieg, die seine konstruktivistische Philosophie nicht bejahten; er wies nämlich alle bei der Zeitschrift eingereichten Arbeiten zurück, die nicht-konstruktive Begriffe wie unendliche Mengen oder, sein größtes Schreckgespenst, den aristotelischen Satz vom ausgeschlossenen Dritten benutzten. (Der Satz behauptet, daß etwas entweder wahr oder falsch ist.) Es kam zu einer Krise, die die anderen Herausgeber durch ihren Rücktritt mit anschließender Neuwahl der Herausgeber lösten – zu denen Brouwer aber nicht mehr gehörte! Die holländische Regierung sah darin eine Kränkung ihres berühmten Landsmanns und reagierte mit der Gründung einer eigenen Fachzeitschrift, deren Herausgeber Brouwer war.

In der Praxis sahen die Intuitionisten nicht alle mathematischen Aussagen als entweder wahr oder falsch an; sie führten eine dritte Kategorie ein: *unentscheidbar*. Diese dreifache Logik erinnert an die schottische Gerichtssprechung, wo das Urteil «nicht bewiesen» ergehen kann, während in England ja üblicherweise das Urteil entweder «schuldig» oder «unschuldig» lautet. Aussagen, die sich nicht in einer endlichen Anzahl konstruktiver logischer Schritte als wahr oder falsch beweisen ließen, wurden «unentscheidbar» genannt.

Der Intuitionist läßt keine Argumente gelten, die mit Aussagen beginnen wie: «In der unendlichen Dezimalentwicklung von π gibt es entweder hundert aufeinanderfolgende ungerade Ziffern oder nicht.» Solche Eigenschaften von π sind im unentscheidbaren Zwischenbereich. Diese eingeschränkte Logik schließt auch die *reductio ad absurdum* genannte klassische Schlußweise aus, weil nicht länger folgt, daß die Verneinung der Verneinung einer Aussage S die Wahrheit von S bedingt. Die Intuitionisten arbeiten folglich mit einem logischen System, dem eines der nützlichsten Verfahren zur Erzeugung neuer wahrer Aussagen fehlt. Sie kämpfen sozusagen mit hinter dem Rücken gebundenen Händen. Natürlich ist alles, was in diesem reduzierten logischen System wahr ist, auch in der gewöhnlichen Logik wahr, aber nicht umgekehrt. Die Intuitionisten stellen an die mathematische Wahrheit viel höhere Ansprüche.

Nicht viele Mathematiker sind Intuitionisten; kürzlich jedoch erhielt das Interesse an dieser Denkweise neuen Auftrieb. Wie der Formalismus ist der Intuitionismus entschieden nicht-platonisch. Er sieht die Mathematik als Erfindung und nicht als Entdeckung. Zudem ist sie durch *menschliche* Manipulationen aus intuitiv offensichtlichen Grundbegriffen konstruiert – intuitiv offensichtlich für uns. Während sich die Formalisten nicht daran stören, wenn in ihren logischen Verfahren nicht-intuitive Begriffe wie aktuale Unendlichkeiten vorkommen, schlossen die Intuitionisten so etwas von vornherein aus, aber beide Denkweisen halten nichts von einer Mathematik ohne Mathematiker. Ein offensichtlicher Nachteil des intuitionistischen Programms ist, daß der Themenbereich nicht wohldefiniert ist. Es ist nicht definiert, was konstruktive Methoden sind. Wir wissen nicht, ob morgen jemand Ergebnisse konstruieren könnte, von denen wir heute meinen, sie seien nicht in endlich vielen intuitiven Schritten konstruierbar. Tatsächlich wurden einige Ergebnisse, die mit zuerst von Cantor bewiesenen Eigenschaften unendlicher Mengen zu tun haben und die ursprünglich den Aufstand der Intuitionisten hervorriefen, vor nicht allzu langer Zeit zur Menge der mit endlich vielen konstruktiven Schritten beweisbaren Ergebnisse hinzugefügt.

Es gibt einen indirekten Zusammenhang zwischen der Logik der Intuitionisten und der Suche nach Naturgesetzen. In Kapitel 3 behandelten wir das Dilemma der Quantenwirklichkeit und die Frage, ob ein Neutron «wirklich» durch den einen oder den anderen Spalt geht oder ob Neugierde Schrödingers Katze tötet. Aus dieser logischen Sackgasse führte ein radikal neues Bild der Wirklichkeit heraus. Das Rätsel der Quantenmessung läßt sich auch lösen, indem die dreiwertige intuitionistische Logik übernommen wird, aber nicht die konstruktivistische Methode, die zu ihr geführt hatte. In diesem Zusammenhang heißt diese Logik «Quantenlogik». Wir müssen also nicht länger schließen, das Neutron sei durch den einen *oder* den anderen Spalt gegangen. Schrödingers Katze ist nicht notwendig tot oder lebendig, und die Bellsche Ungleichung läßt sich nicht mehr beweisen. Es gibt jetzt eine logische Zwischenstufe. Diese Quantenlogik kann eine Art «Erklärung» für die Welt der Quantenmerkwürdigkeiten liefern, aber nur, wenn wir auf die Logik verzichten, die für alles andere gilt. Die meisten Physiker sehen darin eine unannehmbare Schizophrenie. Schließlich muß man mit gewöhnlicher Logik für die Anwendung der Quantenlogik plädieren.

Es gibt keine Möglichkeit zu entscheiden, welche dieser Einstellungen zur Mathematik richtig oder falsch ist. Es gibt einleuchtende Gründe für einige und gegen andere. Wir können höchstens erkennen, wie die Annahme der einen oder der anderen Haltung sich auswirkt auf Schlüsse, die man über die Struktur des Weltalls ziehen könnte. Wir sollten auch beachten, daß die intuitionistische Haltung sich von den anderen unterscheidet. Sie sieht nicht nur die Rolle der Mathematik etwas anders, sondern versucht auch, sie in einen strengen Operationalismus zu fassen. Die geforderte Definition scheint recht restriktiv zu sein und führt zu einem Bereich, der wesentlich kleiner ist als die herkömmliche Mathematik. Meines Wissens hat niemand versucht aufzuzeigen, was von den mathematischen Wissenschaften übrigbliebe, wenn nur das für wahr gehalten würde, was die Intuitionisten zur Mathematik zählen. Die drei nicht-platonischen Einstellungen müssen sich alle mit der Wirksamkeit der Mathematik bei der Naturbeschreibung auseinandersetzen. Warum stellen sich abstrakte mathematische Begriffe, die in der fernen Vergangenheit anscheinend ohne jeden Gedanken an Anwendung entwickelt und untersucht wurden, so oft als die entscheidenden Elemente bei der Beschreibung eines neuen Bereichs physikalischer Entdeckungen heraus? Der folgende erfundene Dialog zwischen einem Platoniker und einem Mathematiker, der seine Wissenschaft für eine menschliche Erfindung hält, beschäftigt sich mit einigen der Argumente für und wider diese Einstellungen.

Wenn Sie sagen, die Mathematik sei genauso eine Erfindung des Menschen wie das Schachspiel, würde ich Ihnen ja gern glauben. Alles wäre dann so viel weniger geheimnisvoll. Aber ich stoße immer wieder auf dasselbe Problem: Warum stellt sich so oft heraus, daß die von uns in der Vergangenheit entdeckte Mathematik das Wirken in der Welt beschreibt? Das kann doch kein Zufall sein?

Es ist sicherlich kein Zufall, Wenn wir die Natur beschreiben wollen, können wir nur die Hilfsmittel benutzen, die uns zur Verfügung stehen. Vielleicht gibt es eine Sprache, die sich dazu besser eignet als die Mathematik. Wir leiten unsere Mathematik zum größten Teil zunächst aus der Natur her, deshalb wäre es ziemlich überraschend, wenn wir die Natur nicht mit ihren Mitteln beschreiben könnten.

Wie ist es mit der Riemannschen Geometrie? Riemann und andere hatten sie als einen Zweig der reinen Mathematik entwickelt, lange bevor Einstein sie zur Beschreibung der Struktur der Raum-Zeit geeignet fand.

Das ist ein etwas unglückliches Beispiel. Riemanns Untersuchungen der geometrischen Eigenschaften gekrümmter Flächen entwickelten sich ja aus seinem Interesse an einem sehr praktischen Problem: dem Verziehen von Metallplatten bei Erhitzung. In Einsteins Theorie geht es um die Verzerrung der Geometrie der Raum-Zeit durch Masse und Energie, und die beiden Effekte haben eine gewisse Ähnlichkeit. Umgekehrt haben manche Physiker sich sogar auf die sich verziehenden heißen Metallplatten berufen, wenn sie Laien die Einsteinsche Theorie erklären wollten.

Wie ist es mit solchen Strukturen wie Gruppen und Symmetrien? Die Wechselwirkungen von Elementarteilchen, ja sogar die Existenz bestimmter Elementarteilchen scheinen von mathematischen Symmetrien bestimmt zu sein, und diese werden durch Gruppen beschrieben. All diese Gruppen haben reine Mathematiker, die von der modernen Physik keine Ahnung hatten, vor über hundert Jahren entdeckt. Zudem sind diese Aussagen völlig exakt; sie besagen, daß es eine bestimmte Anzahl von Teilchensorten gibt und nicht mehr. Es geht hier nicht darum, daß die Mathematik eine ziemlich gute Näherung liefert. Es geht um wahr oder falsch, und die Erfahrung zeigt uns, daß sie gewöhnlich wahr ist. Man könnte auch Ihre Annahme in Frage stellen, die Mathematik sei dann, wenn sie aus der Natur abgeleitet ist, kulturell oder durch den Menschen bedingt. Ich würde vielmehr das Gegenteil annehmen. Es spricht einfach alles dafür, daß die Welt zutiefst mathematisch ist.

Ich denke, die Welt ist einfach so. Ich sehe nicht, warum man weitergehen sollte und sagen, sie ist mathematisch. Und ich glaube nicht, daß an der Symmetrie irgend etwas besonders Mathematisches ist. Eigentlich waren Mathematiker und Physiker sogar unter den letzten, die die Bedeutung der Symmetrie erfaßten. Architekten und Künstler hatten sie lange vor ihnen erkannt und zu schätzen gewußt. Die Mathematiker leiteten sie aus der Natur her. Das Interesse der Mathematiker an der Gruppentheorie ist wahrscheinlich nur eine raffiniertere Form der Faszination, die Symmetrie und Muster für den Menschen haben; diesen Reiz hat die Natur zunächst einmal als ein Ergebnis der natürlichen Auslese übernommen. Ich kann Ihnen dafür ein gutes Beispiel geben. Der Zeichner Maurits Escher hat ohne jede Ahnung von Mathematik Muster gezeichnet (Abbildung 5.1), und Mathematiker haben später gezeigt, daß seine Bilder tiefe mathematische Symmetrien und komplizierte Konstruktionen enthalten. Das Weltall insgesamt könnte so entstanden sein und nicht auf Mathematik, sondern auf Ästhetik beruhen. Dann kommen wir mit unserer Mathematik daher und behaupten, das Weltall sei zutiefst mathematisch. Sie halten Gott für einen Mathematiker, aber aufgrund derselben Überlegung müßten Sie auch behaupten, Escher sei ein Mathematiker, und Sie hätten nicht recht gehabt. Ich könnte auch erwähnen, daß Ihre Folgerung, die Nützlichkeit und Anwendbarkeit der Mathematik in der wirklichen Welt stärkten die platonische Sicht, eigentlich gemogelt ist; denn Ihre Sicht erklärt überhaupt nicht, warum diese geheimnisvolle Menge abstrakter mathematischer Objekte irgend etwas mit unserer physikalischen Alltagswelt zu tun ha-

382 Die Natur der Natur

5.1   Maurits Eschers Holzschnitt von 1958 hat den Titel Kreisgrenze I. Dies ist eine konforme Repräsentation der sogenannten Lobatschewski-Ebene mit konstanter negativer Krümmung. Diese Muster entstanden in der Zusammenarbeit von Escher und dem kanadischen Geometer H. S. M. Coxeter, aber Eschers Zeichnung offenbarte neue Symmetrien, die die Mathematiker erst einige Jahre später entdeckten. [© 1988 M. C. Escher, c/o Cordon Art, Baarn, Holland]

ben sollte. Es gibt alle möglichen abstrakten platonischen Größen, wie etwa Einhörner und Zentauren, die nicht nützlich sind und die es anscheinend in der wirklichen Welt nicht gibt. Warum gehören die abstrakten mathematischen Größen nicht auch zu diesen nutzlosen nichtexistenten Dingen? Sie wissen darauf keine Antwort und fordern, finde ich, doch die Frage heraus. Und selbst wenn ich die Nützlichkeit der Mathematik nicht erklären könnte, würde Ihre Einstellung dadurch kein bißchen gestärkt.

Aber wie können Sie den Gedanken verteidigen, daß die Mathematik kulturbedingt ist? Verschiedene Mathematiker in verschiedenen Kulturen haben unter verschiedenen Umständen immer dieselbe Mathematik entwickelt. Der Satz des Pythagoras sagt dasselbe aus, ob ihn die Griechen oder die Indianer oder andere finden. Er enthält ein Körnchen Wahrheit jenseits des persönlichen Geschmacks. Die Mathematik wurde ja ebendeshalb zur Sprache der Naturwissenschaft, weil sie kulturunabhängig und nicht subjektiv ist. Ich bin auch der Meinung, daß es in der Mathematik Moden und sogar nationale Eigenheiten gibt, aber sie bestimmen nur die Richtung, in die die Forschung läuft, oder den Stil, in dem die Ergebnisse präsentiert werden. Sie bestimmen nicht, welche mathematischen Ergebnisse sich als wahr oder falsch herausstellen. Fünf ist eine Primzahl, ob es Ihnen gefällt oder nicht!

Unser Verstand muß aber doch einen Beitrag leisten. Ich halte das für unvermeidbar.

Aber es ist eine harmlose Vereinfachung, wenn wir das ignorieren. Sonst untersuchen wir schließlich ein Bild der Wirklichkeit, das unser Verstand nicht kennen kann. Warum also sollten wir nicht von Anfang an das Bild als die einzige Wirklichkeit betrachten? Es ist die einzige Wirklichkeit, auf die es ankommt.

Dann ist alles, was Sie sagen, subjektiv?

Nein, ich möchte nur voraussetzen, daß unser Denken nicht das verzerrt, was es wirklich gibt. Sie nicht. Das ist der springende Punkt.

Ich denke, wir finden noch mehr Unterschiede zwischen uns.

Warum ist die Mathematik, wenn wir sie, wie Sie behaupten, erfinden und nicht entdecken, so schwer zu verstehen? Warum erscheinen uns mathematische Objekte wie Mengen und Gruppen so sinnvoll, wenn sie nur bequeme Beschreibungen von Mustern sind, die sich in unserem Kopf ergeben – so sinnvoll sogar, daß wir übereinstimmend einige ihrer Eigenschaften «wahr» nennen? Ihre Ansicht muß sich demselben schwierigen Problem stellen, das der Solipsist zu lösen hat. Wenn alles unsere subjektive Schöpfung ist, warum ist dann einiges so schwer zu verstehen, und warum hat das alles in anderer Hinsicht so wenig mit uns zu tun?

Schach ist eine menschliche Erfindung; trotzdem versagen wir bei schwierigen Schachaufgaben. Diese Dinge besiegen uns oft, weil wir nicht sehr klug sind, das ist alles.

Aber ich bin fest davon überzeugt, daß die Mathematik insgesamt anders ist als Spiele wie Schach. Sie haben natürlich Gemeinsamkeiten, aber die Mathematik beschreibt das Geschehen in der Welt. Schach nicht.

Wenden wir doch unsere Sichtweisen auf andere symbolische Sprachen an – zum Beispiel auf die Musik. Ist eine Beethovensymphonie erfunden oder entdeckt? Kein Musiker würde auch nur im Traum daran denken, platonisch zu behaupten, sie sei entdeckt worden. Sie ist eine Erfindung des Komponisten. Sie verkörpert Aspekte seiner Persönlichkeit. Warum sollte die Mathematik anders sein?

Obwohl die Musik eine symbolische Sprache ist, unterscheidet sie sich wesentlich von der Mathematik: sie enthält keine unausweichliche eingebaute Logik. Es gibt Kompositionsregeln, aber sie können verletzt werden. Sie halten Beethovens Fünfte für eine Schöpfung und nicht für eine Entdeckung, weil Sie nicht glauben können, jemand anders hätte sie geschrieben, wenn Beethoven sie nicht geschrieben hätte. Aber wenn Pythagoras seinen Satz nicht entdeckt hätte, wäre er von jemand anderem gefunden worden! Es gibt viele Beispiele für solche mehrfachen Entdeckungen. Newton und Leibniz entdeckten beide die Infinitesimalrechnung. Gauß, Lobatschewski und Bolyai scheinen alle dieselben Gedanken zur nicht-euklidischen Geometrie gehabt zu haben. Es gibt keine zwei Hamlets! Das belegt den Unterschied zwischen den Naturwissenschaften und den Künsten. Kunstwerke sind ihrem Inhalt und ihrer Form nach fast völlig subjektiv und damit notwendig einzigartig; aber weil die Mathematik die Entdeckung von etwas ist, was es schon gibt, kann sie – und wird sie – oft unabhängig dupliziert werden.

Natürlich kann die Tatsache, daß sehr verschiedene Menschen dieselben mathematischen Ergebnisse erhalten, als ein Beweis für die Ansicht gesehen werden, daß die Mathematik durch einen allgemeinmenschlichen Zug und nicht durch spezielle kulturelle Eigenarten bestimmt wird, aber ich muß bekennen, daß mir das alles etwas zu sehr wie eine Sonderbehandlung vorkommt.

Ich stimme zu. Man hat oft behauptet, primitive mathematische Begriffe seien dem menschlichen Geist angeboren. Poincaré betrachtete die Geometrie und stetige Symmetriegruppen als Begriffe, die im menschlichen Geist präexistent sind. Der Begriff der «Zahl» ist vermutlich die grundlegendste Eingebung, die wir so zuschreiben könnten. Psychologen haben oft behauptet, daß Kinder einen abstrakten Begriff zum Beispiel von der Zahl «drei» haben, bevor sie je konkrete Beispiele dafür verstehen – wie drei Brüder oder drei Töchter. Archäologen haben jedoch vor kurzem bemerkenswerte Entdeckungen gemacht, die Licht auf die abstrakten mathematischen Begriffe werfen, wie sie sich in den Gesellschaften der alten Sumerer entwickelt haben. Es scheint, daß die Sumerer um 8000 vor Christus auf eine Art Handel trieben, der keinen einheitlichen Zahlbegriff voraussetzte. Sie unterschieden zwei Schafe von zwei Ziegen, aber sie zählten verschiedene Arten von Dingen nicht zu vier Stück Vieh zusammen. In Listen ihrer Zahlen wird immer aufgeführt, welche Dinge gezählt wurden. Um 3100 vor Christus jedoch hatten sie einen von den gezählten Dingen unabhängigen Zahlbegriff entwickelt. Jetzt gab es Merkmale, durch die sich die Anzahl der Dinge von ihrer Identität unterscheiden ließ.

Wie können mathematische Begriffe wie «Punkte», unendlich kleine Größen oder irrationale Zahlen etwas anderes sein als unsere Geisteskinder? Sie existieren doch nicht wirklich, oder? Wo sind diese Größen, wenn es sie «dort draußen» gibt? Ich vermute doch, sie sind nicht in Raum und Zeit unserer Welt. Sagen Sie mir, wie viele Dimensionen der Raum hat, und ich sage Ihnen etwas über die Raumgeometrie in einem Raum der doppelten Dimension, obwohl es ihn nicht gibt.

Ich behaupte nicht, daß es in Raum und Zeit unseres Weltalls mathematische Objekte gibt.

Sie meinen, diese Begriffe existieren unabhängig von den Beispielen dafür?

Ja, aber ich weiß nicht, «wo» es sie gibt. Ich will ja nur beweisen, daß das Weltall seinem Wesen nach mathematisch ist.

Eben noch beschwerten Sie sich darüber, daß ich eine Schattenwelt von Sinneseindrücken der Wirklichkeit erschaffe, die einen Schritt von ihr entfernt ist. Jetzt tun Sie genau dasselbe. Sie haben eine andere Welt mit all dem mathematischen Rüstzeug ausgestattet, das Sie für unsere fordern. Sie können kaum behaupten, Ihre Ansicht, mathematische Objekte seien wirklich, würde dadurch gestärkt, daß Sie einfach eine andere Welt wirklicher mathematischer Abstraktionen erfinden.

Meine andere Welt ist eindeutig; sie erklärt, warum wir alle dieselben mathematischen Strukturen sehen. Aber von Ihren anderen Welten gibt es so viele, wie es Mathematiker gibt, und das läßt es ziemlich seltsam erscheinen, daß wir alle dieselbe Mathematik entdecken, wenn sie nicht einer gemeinsamen Quelle entspringt.

Aber Sie scheinen keine Erklärung dafür zu haben, daß die Mathematik das Geschehen in dieser Welt so gut beschreibt. Ihre mathematischen Größen leben in einer anderen Welt, und Sie müssen erklären, warum sie nun gerade das beschreiben, was sich in unserem Raum und unserer Zeit abspielt. Ich sehe nicht, wie Sie behaupten können, irgend etwas über Ihre abstrakte Welt, selbst wenn es sie gäbe, zu wissen. Sie geben zu, daß diese abstrakten mathematischen Größen nicht in unserem Raum und unserer Zeit sind, aber das bedeutet doch sicherlich, daß wir nichts über sie wissen können. Es gibt zwischen ihnen und den Menschen keine Wechselbeziehungen, weil unsere Erkenntnis auf Dinge in der Welt von Raum und Zeit beschränkt ist.

Nun, vielleicht entsteht dieses Problem durch unser begrenztes Bild davon, was «wissen» heißt. Ich behaupte sicherlich nicht, daß meine Ansicht vollständig ist. Sie braucht noch viel Entwicklung. Und ich sollte hinzufügen: Mir genügt die Ansicht, daß das Weltall wesentlich mathematisch ist. Dann kann ich jede Erwähnung der «anderen Welt» abstrakter Größen vermeiden. Es könnte sein, daß die Mathematik mit dem identisch ist, was Sie Logik nennen würden. Obwohl wir es geheimnisvoll finden, daß die Welt sich so gut durch Mathematik beschreiben läßt, höre ich nicht viele Menschen darüber Überraschung äußern, daß die Welt durch Logik beschrieben und regiert wird.

Vielleicht kann es nur dann intelligente Wesen geben, wenn die Welt durch Logik und Mathematik beherrscht wird?

Ah! Sie haben das schrecklich dicke und sicher verdienstvolle Buch von Bipler und Tarrow gelesen, oder wie die Leute sonst heißen. Glauben Sie wirklich, daß es andere Welten gibt, die sich nicht mathematisch beschreiben lassen? Selbst die Viele-Welten-Theorie von Everett gehorcht der Mathematik der Quantenmechanik.

Das wäre nicht unmöglich. Aber meiner Meinung nach könnten wir unsere Meinungsverschiedenheit auf diesem Wege nicht beilegen. Es genügte zu wissen, warum die Mathematik die Struktur irgendeiner Welt beschreibt.

Wir stehen beide vor einer Schwierigkeit, die ich gern erwähnen möchte. Wir haben beide unbekümmert über «Mathematik» gesprochen, als ob ein Wort das Ganze beschreiben könnte – was immer es ist. Ich glaube zwar, daß die Natur immer mathematisch sein muß, meine aber nicht, daß alle Mathematik in der Natur Verwendung finden muß. Vielleicht müssen wir einen Kompromiß suchen und behaupten, daß ein Teil der Mathematik entdeckt wird und der Rest erfunden oder irgendwie aus dem ersten hergeleitet wird?

Das ist ein interessanter Gedanke. Er hat natürlich nichts mit meiner Beweisführung zu tun, aber ich bemerke, daß er Ihre zum Teil untergräbt – und Sie vor das peinliche Problem stellt, daß Sie sich entscheiden müssen, wo Sie die Linie zwischen diesen beiden verschiedenen Teilen der Mathematik ziehen.

Nun, Sie mußten das ja wohl so sagen, nicht wahr? Ich denke vielmehr, es stärkt meine Stellung.

Weil Sie damit all die problematischen Beispiele, die Ihren Fall unterminieren, in die nicht-platonische Kategorie abschieben können? Ich sehe hier ein subtileres Problem. Nehmen wir zum Beispiel die klassische Mechanik. Die Bahnen von Teilchen, auf die eine Kraft, zum Beispiel die Schwerkraft, wirkt, lassen sich mit Hilfe der Mathematik auf zwei Arten bestimmen: Entweder benutzen wir Differentialgleichungen und berechnen den zukünftigen Zustand aufgrund des jetzigen, oder wir benutzen ein Variationsprinzip, das die wirkliche Teilchenbahn als jene Bahn bestimmt, die den Anfangs- und Endzustand auf dem kürzesten Weg verbindet. Im zweiten Fall bestimmt die Zukunft teilweise die Vergangenheit. Philosophisch gesehen sind diese beiden Vorstellungen Welten auseinander, aber mathematisch stellen sie sich als vollkommen gleichwertig heraus. Deshalb hat der Platoniker das Problem, sich entscheiden zu müssen, welche der beiden Beschreibungen die «wirkliche» ist.

Oder die richtige. Das könnte sich als nicht völlig gleichwertig erweisen. Warum übrigens finden Mathematiker die Mathematik sowohl «schön» als auch nützlich?

Wir fühlen uns zu bestimmten mathematischen Strukturen hingezogen, weil sie elegant oder «schön» sind. Damit meinen Mathematiker und Naturwissenschaftler, daß ihnen trotz einer oberflächlichen Vielfalt eine Einheit zugrunde liegt. Sie entwickeln sich aus den einfachsten Anfängen zu den größten und verwickeltsten logischen Strukturen und weisen trotz ihrer scheinbaren Verschiedenheit unerwartete Beziehungen zu anderen Zweigen der Mathematik auf. Wir könnten uns vorstellen, daß solche Strukturen in der wirklichen Welt einfach deshalb mit großer Wahrscheinlichkeit vorkommen, weil ihre Anwendung ein Minimum an besonderen Bedingungen voraussetzt.

Dieser kleine Gedankenaustausch zeigt das Problem, das sich uns stellt, wenn wir sowohl die Bedeutung der Mathematik als auch die Gründe für ihre Effizienz in den Naturwissenschaften bestimmen wollen. Die platonische Haltung hat gefühlsmäßig sehr viele Vorzüge. Sie bietet für alles eine verführerisch einfache Erklärung. Aber Gegenargumente sind sehr überzeugend. Der letzte Punkt des Dialogs über die verschiedenen Arten der Mathematik ist vermutlich besonders wesentlich. Wir könnten uns die Mathematik zunächst wie eine Sprache vorstellen. Sie ist zunächst ein praktisches Mittel zur Verständigung. Sie ist nützlich. Manchmal ist es sogar notwendig, neue Wörter zu erfinden. So beginnt die angewandte Mathematik. Aber dann kommen die Grammatiker daher, die den ganzen Morast der Praxis auf einen festen und logischen Sockel setzen wollen, wenn sie ihr Haus vom Dach nach unten bauen. Sie haben damit zum Teil Erfolg. Dann kommen die Schriftsteller und Dichter, die die Sprache selber lieben. Sie wollen sie nicht nur für banale praktische Zwecke benutzen. Sie fühlen sich von dem ihr eigenen Rhythmus und ihrer Sprachmelodie angezogen und von den Ausdrucksmöglichkeiten, die die Struktur ihrer Grammatik bietet. Stil und Form sind ihnen bewußt, und sie kennen den Unterschied zwischen Poesie und Prosa. Sie sind wie die reinen Mathematiker, die die Mathematik wegen ihrer eigenen inneren Struktur betreiben. Sie formen den rauhen Eckpfeiler zu einer schönen Skulptur. Um so besser, wenn sich diese Mathematik auch als nützlich erweist.

Aber diese soziologische Analyse erklärt nicht, warum diese Eckpfeiler die naturwissenschaftliche Beschreibung der Natur erleichtern. Das Problem wird weiterhin durch die Tatsache verschleiert, daß ein physikalisches Problem mehrere verschiedene mathematische Lösungen haben kann, von denen einige nicht der Wirklichkeit entsprechen können. Deshalb muß ein zusätzliches Korrespondenzprinzip darüber entscheiden, ob ein mathematisches Ergebnis der wirk-

Warum sind die Naturgesetze mathematisch? 389

lichen Welt entspricht. Eine gute Veranschaulichung dieser Mehrdeutigkeit bietet das «Kokosnußrätsel», das sich vor dem Krieg in Cambridge als Herausforderung erwies. Es läßt sich so formulieren:

> Fünf Männer finden sich schiffsbrüchig auf einer Insel, auf der es einen Affen und außer sehr vielen Kokosnüssen nichts Eßbares gibt. Sie einigen sich darauf, die Kokosnüsse in fünf Haufen mit gleich vielen ganzen Kokosnüssen aufzuteilen und die übrigen dem Affen zu geben.
> Mann 1 spürt mitten in der Nacht plötzlich Hunger und beschließt, seinen Anteil an Kokosnüssen sofort zu holen. Er behält nach der Teilung durch fünf eine Kokosnuß übrig, die er dem Affen gibt, während er seinen Anteil nimmt und die anderen Nüsse auf einem Haufen läßt. Etwas später wacht Mann 2 hungrig auf und tut genau das gleiche – er nimmt ein Fünftel der Kokosnüsse, gibt den Rest, wieder eine, dem Affen und läßt den Rest liegen. Mann 3, 4, und 5 machen es genauso. Als sie alle am Morgen aufstehen, erwähnt niemand seine nächtliche Affäre mit den Kokosnüssen. Sie teilen also die restlichen Kokosnüsse in fünf gleiche Teile und finden wieder, daß eine für den Affen übrigbleibt. Bestimmen Sie die ursprüngliche Anzahl der Kokosnüsse.

Das Problem hat sogar unendlich viele Lösungen, aber wir fragen nach der kleinsten ganzen Zahl. Sie ist 15621. Bald nachdem das Problem zuerst gestellt wurde, gab Paul Dirac eine andere Lösung: -4 Kokosnüsse! Das ist offensichtlich eine Lösung. Denn wenn der erste Mann zum Lager kommt und -4 Kokosnüsse vorfindet, hat er, nachdem er dem Affen eine gegeben hat, noch -5. Sein Fünftel davon beträgt -1; wenn er die nimmt, bleiben sowohl dem nächsten Mann wie auch bei der Endverteilung -4 Kokosnüsse übrig.

Hier sehen wir ein Beispiel für eine einwandfreie *mathematische* Lösung, die (weil wir eine «negative Kokosnuß» nicht realisieren können) keine realistischen Auswirkungen hat. (Es geht jedoch die Sage, daß Diracs negative Lösung bei seinen Überlegungen, die zur Einführung des Begriffs der Antimaterie führten, eine Rolle spielte.) In diesem Fall läßt sich leicht ein Kriterium anwenden, das Diracs Lösung als unrealistisch ausschließt; in den esoterischen Bereichen der mathematischen Physik jedoch kann es schwieriger sein, sich für Kriterien zu entscheiden, durch die sich mathematische Vorhersagen als unrealistisch abtun lassen.

Ein Schock für die Formalisten

> *Es gibt Gott, weil die Mathematik widerspruchsfrei ist, und es gibt den Teufel, weil wir das nicht beweisen können.*
> André Weil

Um 1920 galt die intuitionistische Sicht der Mathematik als Ketzerei, der einige wenige irregeleitete Eiferer anhingen. Der Platonismus blieb die von Naturwissenschaftlern unbewußt bejahte neutrale Haltung, die die Mathematiker selbst nur selten verteidigten. Vorherrschend war damals das Dogma der Formalisten, wonach die Mathematik eine Sammlung widerspruchsfreier Axiome und Vorschriften ist, die angeben, wie sich aus diesen Axiomen neue Aussagen herleiten lassen. Diese Aussagen sind tautologisch wahr, aber insofern sinnlos, als sie mit nichts wirklich Existentem irgend etwas zu tun haben; sie brauchen in der physikalischen Welt keine Entsprechung zu haben. Die nach den Regeln aus den Axiomen hergeleiteten Aussagen heißen «Theoreme» oder «Sätze». Das alles scheint ganz zufriedenstellend zu sein und erinnert an die Philosophie, die der Darstellung vieler Teile der Elementarmathematik, insbesondere der euklidischen Geometrie, zugrunde liegt. Wer Geometrie lernt, kann mit Hilfe der wirklichen Welt oder von Zeichnungen sehen, ob die logischen Schritte richtig sind. Wenn die Axiome des Systems keinen vertrauten Größen entsprechen, müssen wir die Logik vorsichtiger anwenden.

Erstens müssen wir zwischen Aussagen der Mathematik und Aussagen *über* Mathematik unterscheiden. Betrachten wir ein einfaches Beispiel aus der Alltagssprache, zum Beispiel den Satz: «Mein Auto ist schmutzig». Wenn wir das Wort «Auto» aus dieser Buchseite herausschneiden und die übrigen Worte des Satzes um mein wirkliches Auto herum anordnen, würde der Satz doch noch dasselbe bedeuten. Aber bei dem Satz «Auto hat vier Buchstaben» ist es ganz anders. Er ist ein Satz über die Sprache. Das Wort «Auto» ist nur ein Ersatz für den Ausdruck «ein Wort für Auto». Wenn wir das Wort «Auto» aus der Seite herausschneiden und es durch ein wirkliches Auto ersetzen, behält der zweite Satz seine Bedeutung sicherlich nicht. Er unterscheidet sich vom ersten, weil er sowohl eine Aussage über die Sprache als auch eine Aussage in der Sprache ist. Aussagen über eine Sprache heißen *Meta-Aussagen*. Metamathematische Aussagen sind also Aussagen über Mathematik. So ist zum Beispiel der Satz: «Der Satz des Pythagoras ist wahr» eine metamathematische Aussage, während $2+2=4$ eine mathematische Aussage ist. Obwohl die Mathematik der Formalisten nur mit Symbolen und Formeln umgeht, die keine eigene Bedeutung haben, erlaubt uns die Metamathematik, sinnvolle Aussagen über diese sinnlosen Zeichen zu machen.

Im Jahr 1931 erhielt Hilberts formalistisches Programm einen aufsehenerregenden und verheerenden Schlag. Hilbert und andere führende Mathematiker hatten immer wieder kleinere Beweise gefunden, die sie fortwährend dem formalistischen Ziel näherzubringen schienen, die gesamte Mathematik in ihrem logischen Gewebe einzufangen. Da veröffentlichte Kurt Gödel, ein unbekannter junger Mathematiker an der Universität Wien, ein völlig unerwartetes Ergebnis: Hilberts Ziel ist unerreichbar. Ein Axiomensystem, das groß genug ist, um die Arithmetik zu umfassen, läßt sich niemals als widerspruchsfrei erweisen. Wir können höchstens beweisen, daß ein System *nicht widerspruchsfrei* ist. Das ist eine der Merkwürdigkeiten, die nur Mathematiker fertigbringen: Sie beweisen, daß es nicht möglich ist, etwas zu beweisen. Außerdem kann kein solches Axiomensystem vollständig sein; es muß mathematische Aussagen innerhalb dieses Systems geben, die mit Hilfe der Regeln des Systems weder als wahr noch als falsch bewiesen werden können.

Nehmen wir an, wir hätten ein mathematisches oder logisches System, das aus Axiomen und einer Reihe von Beweisvorschriften zur Herleitung neuer Aussagen aus diesen Axiomen besteht. Wenn wir eine neue Formel, die wir F nennen, mit Hilfe der in diesem System definierten Symbole schreiben, kann für F eine der folgenden vier Aussagen zutreffen:

(1) F läßt sich im System beweisen.
(2) F läßt sich im System widerlegen.
(3) F läßt sich im System sowohl beweisen als auch widerlegen.
(4) F läßt sich im System weder beweisen noch widerlegen.

Die Möglichkeiten (1) und (2) sind offensichtlich. Das Ergebnis (3) würde unser logisches System als nicht widerspruchsfrei erweisen:

Wenn (3) gilt, ist das System sinnlos, weil sich mit seiner Hilfe beweisen läßt, daß jede in der Sprache des Systems gemachte Aussage wahr ist. Die Möglichkeit (4), daß das System *unvollständig* ist, wurde von den Formalisten nicht erwogen. Diese Situation, so behauptete Gödel, könne in der Mathematik auftreten. Die Formalisten könnten die Widerspruchsfreiheit der Mathematik nicht beweisen. Das Hinzufügen neuer Axiome zu einem unvollkommenen System löst das Problem nicht. Zwar können auf diese Weise zuvor unentscheidbare Aussagen entscheidbar werden (man braucht sie ja nur als Axiome hinzuzufügen), man erhält aber auch immer neue unentscheidbare Aussagen.

Der Satz von der Unvollständigkeit der Mathematik, den Gödel bewies, scheint ein völlig pessimistisches und negatives Ergebnis zu sein. Da unsere gesamte Naturwissenschaft auf mathematischen Systemen beruht, muß sich die Unvollständigkeit auch auf diese Systeme auswirken. Aber die Alternative ist noch schlimmer. Stellen wir uns vor, wir konstruierten einen Supercomputer, der logische Operationen ausführen kann, wenn wir ihn mit den Axiomen und der symbolischen Sprache unseres Systems und den zugehörigen Beweisregeln füttern. Wir schalten ihn ein und schauen zu, wie er alle Ableitungen ausdruckt, die er nur machen kann. Nehmen wir an, daß er nach einer Weile «F ist wahr» ausdruckt und etwas später «F ist falsch» (das entspricht dem oben erwähnten Fall (3)). Wir entdecken, daß unser Supercomputer einfach jede Aussage ausdruckt, die sich mit Hilfe der ihm einprogrammierten symbolischen Sprache machen läßt. Wenn wir lange genug warten, druckt er alle Permutationen der Symbole und Beziehungen aus. Dieses System nämlich erweist sich als nicht widerspruchsfrei, und deshalb läßt sich in ihm alles beweisen. Ein vergnügliches Beispiel für diese Entartung liefert diese kleine Geschichte: Bertrand Russell wird von dem britischen Philosophen McTaggart gefragt: «Wenn zweimal 2 gleich 5 ist, wie zeigen Sie dann, daß ich der Papst bin?» Russell antwortete prompt: «Wenn zweimal 2 gleich 5 ist, dann ist 4 gleich 5; subtrahieren Sie 3, dann ist $1 = 2$. Da McTaggart und der Papst 2 sind, sind also McTaggart und der Papst eins!» Sicher finden Sie auch den Fehler in dem folgenden «Beweis», daß jede Aussage widerspruchsfrei ist: Jede Aussage muß entweder widerspruchsfrei sein oder nicht; deshalb sind entweder alle Aussagen widerspruchsfrei oder mindestens eine ist es nicht. Im letzten Fall muß sich im System jede Aussage widerspruchsfrei herleiten lassen, also ist auch diese Aussage widerspruchsfrei!

Auf den ersten Blick könnte es scheinen, als ob Gödels Ergebnis es uns erlauben würde, unwissentlich in unserem mathematischen System widersprüchliche Aussagen herzuleiten. Aber das ist nicht der Fall. Die Optionen (3) und (4) unterscheiden sich wesentlich. Gödels Satz schützt uns sogar vor Widersprüchen, denn schon wenn wir in der Sprache unseres Systems auch nur eine unbeweisbare Aussage finden, ist garantiert, daß das System keine Widersprüche der Art (3) enthält, deren Vorhandensein *alle* Aussagen wahr sein läßt. Gödels Beweis für die unvermeidbare Unvollständigkeit der Mathematik ist als Beweis für ihre unendliche Reichweite anzusehen, die sich nicht einfach durch die Axiome und logischen Regeln, die sie definieren, einfangen läßt. Das mathematische Ganze ist wesentlich mehr als die Summe seiner Teile.

Wir definieren «Religion» gewöhnlich als ein Gedankengebäude, das Aussagen enthält, die nicht logisch oder durch die Beobachtung beweisbar sind. Religion beruht entweder ganz oder zu einem Teil auf Glaubensartikeln. Eine solche Definition hat die amüsante Folge, daß sie alle uns bekannten Naturwissenschaften und philosophischen Denksysteme umfaßt; Gödels Satz beweist nicht nur, daß die Mathematik eine Religion ist, sondern auch, daß die Mathematik die einzige Religion ist, die beweisen kann, daß sie eine ist.

Konsequenzen für die Physik

> *Soweit sich die Gesetze der Mathematik auf die Wirklichkeit beziehen, sind sie nicht gewiß, und soweit sie gewiß sind, beziehen sie sich nicht auf die Wirklichkeit.*
> Albert Einstein

Zum Beweis seines bemerkenswerten Satzes nutzte Gödel die von Hilbert eingeführte Unterscheidung zwischen mathematischen Aussagen und Aussagen über die Mathematik. Dadurch konnte er eine für alle Zwecke verwendbare unentscheidbare Aussage ausdrücklich angeben. Jedes Symbol und jede logische Operation dieses mathematischen Systems wird dazu mit einer Primzahl verknüpft. Dann läßt sich jede Aussage des Systems durch das Produkt der Primzahlen darstellen, aus denen sich ihre Bestandteile zusammensetzen. Das ist deswegen sinnvoll, weil sich jede ganze Zahl eindeutig in das Produkt ihrer Primfaktoren zerlegen läßt (so läßt sich zum Beispiel 66 nur als $66 = 2 \cdot 3 \cdot 11$ schreiben, wenn die Teiler prim sein sollen). Jede vorgegebene Zahl entspricht dann eindeutig einer bestimmten logischen Aussage, die aus den ihren Primteilern entsprechenden Symbolen besteht. Jeder Satz entspricht einfach einer Zahl. Diese Zahl nennen wir seine Gödelnummer. Jede metamathematische Aussage hat eine eindeutige Gödelnummer, und deshalb besteht eine vollständige Entsprechung zwischen der Arithmetik selbst und Aussagen über sie. Gödel konstruierte dann die Aussage:

Der Satz mit der Gödelnummer X ist unentscheidbar.

Er bestimmte schließlich die Gödelnummer dieser Aussage und benutzte sie als den Wert für X. Wenn dieser Wert für X eingesetzt wird, ergibt sich ein Satz, der seine eigene Unentscheidbarkeit feststellt. Diese Überlegung reicht aus, um zu zeigen, daß alle Systeme, die die Arithmetik umfassen, an Unentscheidbarkeit kranken müssen, denn die Entsprechung zwischen ihr und metamathematischen Aussagen wurde durch die Primzahlzerlegung herbeigeführt. Das ist für den Konzeptualisten alles sehr merkwürdig: Diese Mathematik genannte Konstruktion unseres eigenen Geistes bringt es fertig, uns immer einen Teil von sich vorzuenthalten.

Jetzt, da wir wissen, wie es zu Gödels Satz kam, hegen wir vielleicht einige Zweifel in bezug auf seine wahre Bedeutung für die Naturwissenschaft. Der Satz scheint sich aus der Formulierung eines ziemlich künstlichen linguistischen Paradoxons zu ergeben. Viel eindrucksvoller wäre der Beweis, daß ein großes ungelöstes mathematisches Problem, das Mathematiker Jahrhunderte lang quälte, tatsächlich unentscheidbar ist, oder daß vielleicht ein sehr praktisches mathematisches Problem wie «Was ist die optimale wirtschaftliche Strategie?» logisch unlösbar wäre. Bei Versuchen, ein wirkliches Problem zu lösen, wurden 1982 einige «natürliche» Beispiele unentscheidbarer mathematischer Aussagen entdeckt – sie sind also keine Hirngespinste.

Nehmen wir an, wir würden eine Menge «groß» nennen, wenn sie mindestens so viele Elemente hat wie die kleinste in ihr enthaltene Zahl. Sonst nennen wir sie «klein». Die Menge der Zahlen (3,6,9,46,78) zum Beispiel ist groß, aber die Menge (21,23,45,100) ist klein (weil sie weniger als 21 Elemente hat). Wenn man nun je zwei Elemente einer hinreichend großen Menge paart und zum Beispiel entweder schwarz oder blau nennt, läßt sich in einer solchen Menge immer eine «große» Menge finden, so daß die Paare in dieser Menge entweder alle schwarz oder blau sind. Das ist nicht so überraschend; überraschend ist vielmehr die Tatsache, daß die Frage «Wie groß ist ‹hinreichend groß›?» nicht mit den Mitteln der Arithmetik beantwortet werden kann. Sie ist unentscheidbar. Heute sind mehrere andere Beispiele für unentscheidbare Fragen bekannt; sie sind in dem Sinn natürlich, daß sie sich bei dem Versuch ergaben, andere mathematische Probleme zu lösen.

Ein anderer sehr interessanter Aspekt des Gödelschen Satzes ist sein Zusammenhang mit dem Gedanken der Zufälligkeit. Oberflächlich gesehen ist dieser Zusammenhang eher überraschend, aber er stellt sich als sehr tiefliegend heraus. Nicht nur wird dadurch klar, daß die Frage, ob eine Folge von Zahlen zufällig ist oder nicht, nicht logisch entschieden werden kann; vielmehr führt die Frage, richtig gestellt, auch zu einem Beweis für den Gödelschen Satz, der Licht auf die Grenzen des axiomatischen Systems wirft.

Nehmen wir an, uns wären zwei Zahlenfolgen gegeben, von denen die ersten Glieder so lauten:

$\{3,56,6,23,78\ldots\}$ und $\{2,4,6,8,10\ldots\}$

Wie können wir bestimmen, in welchem Maß diese Folgen zufällig sind? Wir formen der Bequemlichkeit zuliebe die Zahlen in für Computer lesbare binäre Zahlen um, so daß die neuen Folgen Listen von Null und Eins sind, und fragen nach der Länge des kürzesten Computerprogramms, das diese Folgen erzeugen kann. Die Länge dieses kürzesten Programms ist in Computereinheiten die Komplexität der Folge. Wenn eine Folge rein zufällig ist und keine Vorschrift enthält, wie man von einem Eintrag zum nächsten gelangen kann (wie in unserem ersten Beispiel), ist das kürzeste Programm nicht weniger lang als die Folge selbst. Wenn aber die Folge geordnet ist, kann das gewünschte Programm viel kürzer sein als die Folge. In dem zweiten unserer Beispiele führt das Programm nur die geraden Zahlen an: {PRINT 2N, N = 1,2,3...}.

Wir nennen eine Folge *zufällig*, wenn ihre Komplexität der Länge der Folge selbst entspricht. In diesem Fall erfordert sie die größtmögliche Information. Wenn also zwei zufällige Folgen verschiedener Länge gegeben sind, wird die längere Folge als die komplexere angesehen. Wenn Sie viele Zahlenfolgen, etwa Telefonnummern, herausgreifen, finden Sie, daß die meisten einen ziemlich hohen Grad an Komplexität haben; nur selten geraten wir an eine Zahlenfolge mit niedriger Komplexität.

Mit diesem Begriff der Komplexität geben wir jetzt in Gedanken einem Computer, dessen Programme alle Symbole und Operationen der Arithmetik enthalten, die folgende Anweisung:

Drucke einen Satz, von dessen Komplexität sich beweisen läßt, daß er die dieses Programms übertrifft.

Der Computer kann nicht reagieren. Jede Folge, die er erzeugt, muß nach Definition eine Komplexität haben, die kleiner ist als seine eigene. Ein Computer kann nur Zahlenfolgen erzeugen, die weniger komplex sind als sein eigenes Programm. Wir können diese verzwickte Lage jetzt nutzen, um zu zeigen, daß es unentscheidbare Aussagen geben muß. Man nehme einfach eine bestimmte Folge – wir nennen sie R –, deren Komplexität die des Computersystems übertrifft. Die Frage:

Ist R eine Zufallsfolge?

ist für das Computersystem unentscheidbar. Die Komplexitäten der Aussagen «R ist zufällig» und «R ist nicht zufällig» sind beide zu groß, als daß der Computer sie übersetzen könnte. Die Frage kann weder bejaht noch verneint werden. Gödels Satz ist bewiesen.

Aussagen wie die dieses Beispiels, die unvermeidlich unentscheidbar sind, entstehen, weil das auf Arithmetik beruhende logische System des Computers eine Komplexität hat, die zu klein ist, als daß sie das Spektrum der Aussagen erfassen könnte, die sich unter Benutzung seines Alphabets zusammenstellen lassen. Es gibt folglich keine

Möglichkeit zu entscheiden, ob das Computerprogramm, das Sie für eine bestimmte Aufgabe heranziehen, das kürzeste ist, das diese Aufgabe erfüllen kann.

Ein Computer, der nur über sehr einfache logische Operationen verfügt, läßt sich leicht mattsetzen, wenn man von ihm eine allzu komplexe Reaktion erwartet. Wenn seine Anzeige aus einer einzelnen Glühlampe besteht, die er leuchten läßt, um «nein» zu signalisieren, und ausschaltet, um «ja» anzuzeigen, kann er die einfache Frage «Leuchtet die Glühlampe?» nicht beantworten.

Dieses Ergebnis erschüttert unsere Zuversicht, die Naturgesetze müßten allein auf Grund ihrer Einfachheit für wahr gehalten werden. In den Naturwissenschaften entspricht der formalistischen Methode der Mathematik die Vorstellung, jede vorgegebene Folge von Beobachtungen in der Natur müsse durch ein mathematisches Gesetz zu beschreiben sein. Es könnte alle Arten möglicher Gesetze geben, die tatsächlich die Datenfolge erzeugen, aber einige sind dann sehr gekünstelt und unnatürlich. Wissenschaftler wählen gern das Gesetz mit der im oben beschriebenen Sinne niedrigsten Komplexität. Das ist die prägnanteste Kodierung der Information in einen Algorithmus. Manchmal erinnert man sich bei diesem Verfahren an den mittelalterlichen Philosophen Wilhelm von Ockham und spricht von «Ockhams Rasiermesser»; er stellte den Grundsatz auf, daß «Größen nicht unnötig vervielfacht werden sollten».* Wenn wir so denken, können wir natürlich nie beweisen, daß ein bestimmtes von uns formuliertes Gesetz die Natur vollständig beschreibt. Immer wird es in seiner Sprache formulierbare unentscheidbare Aussagen geben. Nie läßt sich beweisen, daß es die knappste Kodierung der Tatsachen darstellt.

---

* Dies bedeutet, daß die Dinge so einfach wie möglich gemacht werden sollen, aber nicht mehr. Das Diktum enthält ein bedenkliches Element an Subjektivität. Wie können wir erwarten, daß eine Methodenlehre zur objektiven Wahrheit führt, wenn sie sich auf unser Gefühl für Einfachheit verläßt?

Was ist Wahrheit?

> *Es ist für einen Menschen schrecklich, wenn er plötzlich herausfindet, daß er sein Leben lang nichts als die Wahrheit gesagt hat.*
>
> Oscar Wilde

Wir sahen, daß Beweisbarkeit eine viel engere Pforte ist als Wahrheit. Es lassen sich sogar unentscheidbare formale Sätze aus linguistischen Paradoxa herleiten. Dutzende solcher Verwirrspiele sind bekannt; einige haben eine wichtige Rolle gespielt, indem sie zu sorgfältigem Nachdenken über die Beziehung zwischen gewöhnlicher Sprache, Mathematik und Logik anregten. Das berühmteste Beispiel ist wohl Bertrand Russells «Paradoxon vom Barbier»:

Ein Barbier rasiert alle, die sich nicht selbst rasieren. Wer rasiert den Barbier?

Es ergibt sich ein logischer Widerspruch, ganz gleich, ob sich der Barbier nun selbst rasiert oder nicht.* Es kann keinen solchen Barbier geben.

Ein weiteres altes Beispiel ist das Paradoxon des Epimenides, das im Neuen Testament im Brief des Paulus an Titus zitiert wird:

Es hat einer aus ihnen gesagt, ihr eigener Prophet: «Die Kreter sind immer Lügner.»

Paradoxa wie das des Epimenides lassen sich unter Verwendung einer Wahrheitsdefinition lösen, die der polnische Mathematiker Alfred Tarski eingeführt hat. Sie verwendet mit gutem Nutzen eine Metasprache, wie wir sie bei der Behandlung des Gödelschen Satzes einführten. Wenn eine Sprache gegeben ist, in der wir Aussagen schreiben können, ist ihre *Metasprache* die Menge der Aussagen *über* die Sprache (und nicht die in ihr). Wenn wir zum Beispiel auf französisch über englische Sätze reden, benutzen wir Französisch als Metaspra-

---

* Wir setzen voraus, daß der Barbier keinen Bart trägt und keine Frau ist.

che für Englisch. Jede Metasprache hat ihrerseits ihre eigenen Metasprachen; jemand könnte zum Beispiel auf spanisch darüber sprechen, wie wir auf französisch über englische Sätze reden. Diese Hierarchie kann immer weitergehen. Es gibt eine unendliche Hierarchie logischer Sprachen, deren Subjekt jeweils die genau darunterstehende ist.

Logische Aussagen in einer bestimmten Sprache lassen sich nicht wahr oder falsch nennen, ohne daß man aus der Sprache hinaus zu einer Metasprache übergeht. Wenn wir feststellen wollen, daß eine bestimmte Aussage über die wirkliche Welt wahr ist, müssen wir diese Aussage in einer Metasprache machen. Tarski gab nun an, wie sich eindeutig bestimmen läßt, was wir meinen, wenn wir sagen, eine Aussage sei «wahr». Betrachten wir zum Beispiel den Satz: «GRAS IST GRÜN»; Tarski behauptet, die Aussage «GRAS IST GRÜN» sei wahr, wenn das Gras tatsächlich grün ist. Der in Großbuchstaben geschriebene Satz über das Gras ist also genau dann wahr, wenn sich beweisen läßt, daß das Gras grün ist; das Wort GRAS ließe sich also in diesem Satz durch ein Rasenstück ersetzen, ohne daß sich die Bedeutung des Satzes ändert. Wir können also über den Satz in Großbuchstaben reden, entscheiden, ob er wahr ist oder nicht, und ihn mit den tatsächlichen Gegebenheiten vergleichen. Die Aussage in Großbuchstaben jedoch erhält erst dann eine Bedeutung, wenn wir sie in der Metasprache ohne Großbuchstaben betrachten. Dieser Umweg lohnt sich insofern, als er linguistische Paradoxa ausschließt. Wenn wir sagen: «Diese Aussage ist falsch», vermischen wir die Sprache mit ihrer Metasprache – wir sprechen in einer Sprache über Aussagen, machen sie aber nicht in der Sprache. Das Paradoxon des Epimenides macht eben diesen illegalen Zug: Es vermischt zwei Sprachen. Wird dieser Unterschied zwischen verschiedenen Sprachen nicht gemacht, läßt die Logik widersprüchliche Aussagen zu; dann kann man zeigen, daß jede Aussage wahr sein kann, selbst ihre eigene Verneinung. Nehmen wir an, Sie wollten «beweisen», daß die Aussage S wahr ist – wobei S jede beliebige Aussage sein kann: «Schweine können fliegen», «Es gibt Gott», «Es gibt keinen Gott», «Politiker sagen die Wahrheit», «Becker gewinnt Wimbledon»...

Betrachten wir einfach die Aussage:

Entweder ist dieser ganze Satz falsch, oder S ist wahr.

Der ganze Satz muß entweder wahr oder falsch sein. Wenn er falsch ist, sehen wir, daß S wahr ist, und wir sind fertig. Wenn andererseits der ganze Satz wahr ist, muß einer der Sätze «Dieser ganze Satz ist falsch» oder «S ist wahr» wahr sein. Da wir jetzt den Fall betrachten, in dem der Satz als wahr vorausgesetzt wird, kann der erste dieser Sätze nicht wahr sein. Deshalb muß der zweite Satz wahr sein, und wir haben bewiesen, daß die Aussage

S ist wahr

wahr ist, ganz unabhängig davon, was wir als S wählten. Diese Krise läßt sich mit Tarskis Medizin kurieren: Unser ursprünglicher Satz ist unzulässig. Er vermischt Aussagen in einer Sprache mit Aussagen über diese Sprache, die zu ihrer Metasprache gehören.

Tarskis Definition einer wahren Aussage ist besonders schön, weil sie genausogut zur gewöhnlichen Sprache paßt wie zu logischen oder mathematischen Aussagen, die in abstrakten Symbolen geschrieben sind. Die beiden Spracharten unterscheiden sich nur in den Möglichkeiten, mit denen wir zeigen können, daß eine Aussage in einer Sprache niedrigerer Ordnung tatsächlich wahr ist.

Berechenbarkeit

> *Rechnen – ob es durch Menschen oder Maschinen erfolgt – ist eine physikalische Tätigkeit. Wenn wir mehr, schneller, besser, effektiver und intelligenter rechnen wollen, müssen wir mehr über die Natur wissen. In gewissem Sinn berechnet die Natur seit Milliarden Jahren immer den «nächsten Zustand» der Welt; wir müssen nur – aber mehr können wir auch nicht tun – bei dieser riesigen, fortlaufenden Rechnung aufspringen und versuchen herauszufinden, welche Teile in die Nähe dessen kommen, wohin wir gelangen möchten.*
>
> Tomaso Toffoli

Im Jahre 1900, im Zeitalter der Unschuld, noch vor der durch Gödel eingeleiteten Revolution von Mathematik und Logik, hielt David Hilbert vor dem Internationalen Kongress der Mathematiker bei ihrem Treffen in Paris einen berühmten Vortrag, in dem er die seiner Ansicht nach 23 wichtigsten ungelösten mathematischen Probleme zusammenstellte. Mehrere der ungelösten Fragen, die er damals anführte, haben die Entwicklung ganzer Bereiche der Mathematik beeinflußt. Viele der Hilbertschen Probleme sind heute noch ungelöst. Hilberts letztes Problem wurde als ein Schritt zur Vollendung des formalistischen Programms der Mathematik gesehen. Die Mathematiker wurden damit herausgefordert, eine systematische Methode zu finden, mit der sich bestimmen ließe, ob eine mathematische Aussage wahr oder falsch ist. Hilbert nahm damals an, es müsse ein solches Verfahren geben, man müsse es nur finden. Wenn es eine solche Methode gäbe, wären damit auch für die Konstruktivisten Umfang und Inhalt der Mathematik definiert. Nicht alle seiner Kollegen teilten Hilberts Ansicht, daß eine solche automatische Entscheidungsmethode existiert. Einige Jahre später äußerte G. H. Hardy:

Einen solchen Satz gibt es natürlich nicht, und das ist gut so, denn sonst hätten wir eine mechanische Ansammlung von Regeln zur Lösung aller mathematischen Probleme, und unsere Arbeit als Mathematiker wäre beendet.

Hardy zweifelte offenbar nicht deshalb, weil er überzeugt war, ein solcher alles entscheidender Satz sei prinzipiell unerreichbar, sondern vielmehr, weil es anscheinend den menschlichen Verstand übersteigt, ihn zu finden und zu nutzen. Gödels Entdeckung, daß es keine Methode geben kann, mit der die Wahrheit aller Aussagen zu entscheiden ist, war ein großer Schock für die Mathematiker. Nichtsdestoweniger blieb trotz dieser irreduziblen Unentscheidbarkeit im Herzen der Mathematik ein Rest von Hilberts ursprünglichem Traum, der sich vielleicht retten ließ. Selbst wenn einige in der Sprache eines axiomatischen Systems gemachten Aussagen unentscheidbar sein müssen, könnte es doch eine systematische Methode geben, um alle entscheidbaren Aussagen zu finden und die wahren von den falschen zu unterscheiden. Dann ließe sich der relative Grad der von verschiedenen Axiomensystemen herrührenden Axiomensysteme bestimmen.

Bald darauf bewiesen Alonzo Church und Emil Post in Princeton und Alan Turing in Cambridge, daß selbst diese bescheideneren Ziele im Prinzip unerreichbar sind. Church fand eine abstrakte Methode, mit der sich bestimmen läßt, ob eine mathematische Operation für jede der Zahlen in ihrem Geltungsbereich berechnet werden kann. Er konnte dann zeigen, daß man mathematische Formeln konstruieren kann die sich nicht in endlich vielen Schritten als wahr oder falsch erweisen lassen. *Jeder* Computer würde bei dem Versuch, die Rechnung durchzuführen, ewig laufen. In diesen Fällen gibt es keine Verfahren zur Prüfung der Beweisbarkeit. Es gibt unlösbare Probleme.

In Cambridge kam Alan Turing unabhängig davon zu demselben Schluß wie Church. Seine Methode hat aber viele weitreichende Folgerungen für die zukünftige Erfindung und Entwicklung von Computern. Im Gegensatz zu Church gründet Turing seine Widerlegung der Hilbertschen Vermutung auf den Begriff einer hypothetischen Maschine, die die Wahrheit von Aussagen mit Hilfe wohlbestimmter nacheinander ablaufender Operationen definiert. Diese Gedankengebilde wurden später als Turingmaschinen bekannt. Im Zweiten Weltkrieg leistete Turing wichtige Beiträge zur Verschlüsselungstechnik der Alliierten, indem er wesentlich zur Entwicklung und Konstruktion wirklicher mechanischer Geräte beitrug, die auf der Suche nach der richtigen Dekodierung aufgefangener feindlicher Geheimnachrichten ungeheuer viele kombinatorische Alternativen ausprobieren konnten.

Eine Turingmaschine ist das Herzstück eines jeden Computers. Sie besteht aus einem Speicherband unbestimmter Länge und einem Datenverarbeiter, der den gegenwärtigen Zustand der Maschine festhält. Dieser gegenwärtige Zustand ist bestimmt durch eine Kombination des vorigen Zustands und der letzten Anweisung, wie er sich ändern soll. Ein wirklicher Computer besitzt alles mögliche an raffiniertem Zubehör – Monitore, Graphik, Software, Tastaturen und so weiter –, aber diese spielen für die logischen Fähigkeiten der Maschine keine Rolle. Sie helfen bei der Benutzung. Kein wirklicher Computer hat eine größere Fähigkeit zur Problemlösung als die idealisierte Turingmaschine.

Alles, was eine Turingmaschine tun kann, ist, eine Liste natürlicher Zahlen in eine andere Liste natürlicher Zahlen zu transformieren. Die Maschine ordnet einfach eine Zahl in der ersten Liste einer in der zweiten Liste zu. Wenn es sich bei der Operation um die Multiplikation mit zwei handelt, sind alle Zahlen der zweiten Liste doppelt so groß wie jene in der ersten. Leider gibt es nun Operationen, die unendlich viel komplizierter sind, denn es gibt unendliche Mengen, die unendlich viel größer sind als die unendliche Menge der natürlichen Zahlen (zum Beispiel alle jene Zahlen, die, wie π und die Wurzel aus zwei, nicht genau als gewöhnliche Brüche ausgedrückt werden können – also als Quotient zweier ganzer Zahlen). Sie lassen sich nicht systematisch mit natürlichen Zahlen paaren. Solche unendlichen Mengen heißen *nicht abzählbar* unendlich.

Turing stimmte mit Church darin überein, daß es mathematische Probleme gibt, die sich nicht in einer endlichen Anzahl logischer Rechnungen von einer seiner idealisierten Maschinen ausführen lassen. Solche nicht-ausführbaren Operationen werden nicht-berechenbare Funktionen genannt; ihre Existenz ist eine Folge der Existenz unendlich abzählbarer Mengen. Nehmen wir als ein Beispiel an, die Funktion $G(n)$ werde auf die natürlichen Zahlen $n = 1,2,3\ldots$ angewandt und werde entweder gleich dem Wert der $n$ten berechenbaren Funktion plus eins befunden oder gleich null, wenn das $n$te Computerprogramm nicht nach der Eingabe von n in endlich vielen Schritten zu einer Lösung kommt. Wir sehen, daß G keine berechenbare Funktion sein kann, denn wenn das $n$te Eingabeprogramm sie berechnen könnte, hätten wir das unmögliche Ergebnis, daß

$$G(n) = G(n) + 1.$$

Andere nicht-berechenbare Beispiele sind die sogenannten «Busy Beaver»-Funktionen $B(n)$, die als die größten Zahlen definiert sind, die sich als Ergebnis eines Programms mit einer Länge von weniger als n ergeben. Die Busy Beaver-Funktion nimmt rascher an Größe zu als jede Funktion, die sich möglicherweise berechnen ließe. Sie ist also nicht berechenbar. In der Praxis ist es am ehesten möglich, die Unlösbarkeit der schwierigsten mathematischen Probleme zu zeigen, denn sie können den Computer am einfachsten besiegen.

Obwohl eine Turingmaschine nicht alles berechnen kann, was in sie hinein gefüttert wird, glauben die meisten Computerwissenschaftler, daß eine Turingmaschine alles berechnen kann, was sich durch beliebige physikalische Folgen verwirklichbarer Operationen in endlicher Zeit lösen läßt; ein Problem ist also lösbar, wenn es von einer Turingmaschine gelöst werden kann. Das ist die sogenannte Church-Turing-Hypothese. Bis vor kurzem wurde angenommen, diese Hypothese sage etwas über die Mathematik aus. So könnten alle möglichen Wege, die man sich zur Berechnung von Dingen einfallen lassen kann, im Grunde gleichwertig sein, weil sie alle auf die Fähigkeit einer Turingmaschine reduziert werden können. Sie besagt jedoch offensichtlich etwas weit Grundlegenderes über die Struktur der physikalischen Welt und die Tatsache, daß wir die Mathematik so wunderbar an ihre Wirkungsweise angepaßt finden.

David Deutsch, ein Physiker in Oxford, hat kürzlich behauptet, das Kennzeichen der Funktionen, die, wie die Church-Turing-Hypothese behauptet, durch eine Turingmaschine berechnet werden können, sei, daß sie in der Natur verwirklicht sein können. Wenn vor uns zwei «schwarze Kästen» stünden, von denen einer wirkliche physikalische Vorgänge und der andere eine idealisierte Turingmaschine enthielte, wären bei gleichen Eingaben in beide Kästen gleiche Ergebnisse möglich. Wir könnten nicht allein aufgrund des Ergebnisses sagen, in welchem Kasten es berechnet wurde. Dieser Gedanke verknüpft die Mathematik eng mit den Naturgesetzen. Die Naturgesetze erlauben es uns, genaue physikalische Modelle zu bauen, die die arithmetischen Operationen, also Addition, Subtraktion, Division und Multiplikation, ausführen. Wir kennen keinen Grund, warum die Natur die Rechenregeln nachahmen sollte, warum also die Naturgesetze durch die Rechenfähigkeit mathematischer Algorithmen eingeschränkt oder mit ihnen verknüpft sein sollten. Es ist ein Glück für uns, daß die

Natur dennoch so einfach abläuft. Wäre es anders, könnte kein physikalisch realisierbares elektronisches Gerät aus Silizium und Metall addieren, subtrahieren, dividieren und multiplizieren. Diese einfachen Rechenoperationen wären nicht-berechenbar; wir könnten sie in konstruktiven Beweisen weder ausführen noch benutzen. Alles, was wir durch unsere Mathematik erreichen könnten, wären nichtkonstruktive Existenzbeweise, die uns sagen, daß es die Funktionen gibt, etwa so, wie wir die Existenz unentscheidbarer Aussagen ableiten können. Wenn unsere Computer zum Beispiel nicht mehr könnten, als die geometrischen Konstruktionen auszuführen, die wir auf dem Papier mit Hilfe von Lineal und Zirkel (also durch das Zeichnen von Geraden und Kreisbögen) machen, könnten wir einen Winkel nicht mit dem Computer dritteln, obwohl uns der Begriff der Winkeldreiteilung vertraut wäre und die Existenz einer Geraden, die von einem Winkel ein Drittel abteilt, nicht-konstruktiv bewiesen werden könnte. Die andere Seite dieser Entsprechung, die es anscheinend zwischen der Natur und den Rechenvorgängen gibt, ist, daß sie unerwartet und außer durch die Erfahrung unbewiesen sind. Wir sollten deshalb nicht überrascht sein – obwohl wir es sicherlich wären –, wenn wir in der Natur einen physikalischen Vorgang fänden, der die Berechnung einer Funktion simulierte, die sich nicht mit einer Turingmaschine berechnen ließe.

Diese Entsprechung zwischen physikalischer Realisierbarkeit und Berechenbarkeit scheint zu fordern, daß etwas wie das Quantenbild der Wirklichkeit wahr ist. Sicherlich weist die klassische Welt der Newtonschen Physik die Church-Turing-Eigenschaft *nicht* auf. Die Energie kommt in der klassischen Welt nicht in diskreten abzählbaren Quanten vor. Das Zustandskontinuum, das es für jedes nicht quantenphysikalische System gibt, verhindert die Existenz einer eindeutigen Entsprechung zwischen der Berechenbarkeit durch eine abzählbar unendliche Folge von Operationen und den Naturgesetzen. Deutsch hat jedoch behauptet, daß alle endlichen Systeme in der Natur durch einen «Quantencomputer» simuliert werden könnten. Die Vorschriften für ein solches hypothetisches Gerät lassen sich in allgemeinen Begriffen angeben; es kann Rechnungen womöglich schneller ausführen als jede Turingmaschine, obwohl es keine Funktion berechnen kann, die nicht auch durch eine Turingmaschine berechnet werden kann. Am verblüffendsten aber ist, daß die Quantenberechnung anscheinend die Existenz einer objektiven Quantenwirklichkeit fordert. Da das nur in der «Viele Welten»-Deutung der Quantentheorie möglich ist, läßt es uns hoffen, eines Tages vielleicht eine experimentelle Lösung des Problems der Quantenontologie auffinden zu können.

Inhärent schwierige Probleme

> *Viele physikalische Systeme sind rechnerisch irreduzibel; das effizienteste Verfahren, ihre Zukunft zu bestimmen, ist also ihre eigene Entwicklung.*
>
> Stephen Wolfram

Vielleicht hören Sie nicht gern von Problemen, die für Computer unlösbar sind; kehren wir deshalb zu jenen zurück, die sie lösen können. Für diese lösbaren Probleme oder, was auf dasselbe herauskommt, diese berechenbaren Funktionen, würde man wohl eine Art Hierarchie der Schwierigkeiten erwarten. Eine einfache Dichotomie – lösbar oder nicht lösbar – berechenbar oder nicht – ist eine zu grobe Klassifizierung, als daß sie in der Praxis helfen könnte. Darüber hinaus könnte es Funktionen geben, die sich nicht berechnen lassen, wenn alle möglichen Eingaben in Betracht gezogen werden, die aber für eine Teilmenge von Eingaben, die allein von praktischem Interesse sind, durchaus berechenbar sind.

Bei wirklichen Problemen sind wir vor allem daran interessiert, wie lange eine Problemlösung dauert. Ein Problem, dessen Berechnung auf einer Turingmaschine zwanzig Milliarden Jahre braucht, ist im Prinzip lösbar, aber für alle praktischen Zwecke nicht. Diese pragmatische Einstellung zur Lösbarkeit ist die philosophische Grundlage der modernen Codes. Im Prinzip läßt sich jeder praktisch mögliche Code knacken; ein Geheimdienst ist jedoch zufrieden, wenn die schnellsten Computer der Gegenseite zu seiner Lösung Milliarden Jahre lang systematisch rechnen müssen. Kryptographen haben eine Reihe von Kodierungen entwickelt, die sogenannten «Falltürfunktionen», die eine Botschaft in einer Richtung ganz einfach verschlüsseln, sich aber in der anderen Richtung nur in Milliarden Jahren dekodieren lassen. Ein einfaches Beispiel solcher Operationen, die in einer Richtung langsam, in der anderen jedoch schnell ablaufen (deshalb der Name Falltür), ist die Multiplikation von vier großen Primzahlen, die, sagen wir, je eintausend Ziffern haben. Das kann ein Computer gut. Wenn ihm jedoch die Antwort eingegeben wird und er jene vier Primzahlen finden soll, deren Produkt sie ist, steht der Computer vor einem Problem, zu dessen Lösung er hundert Menschenalter brauchen könnte.

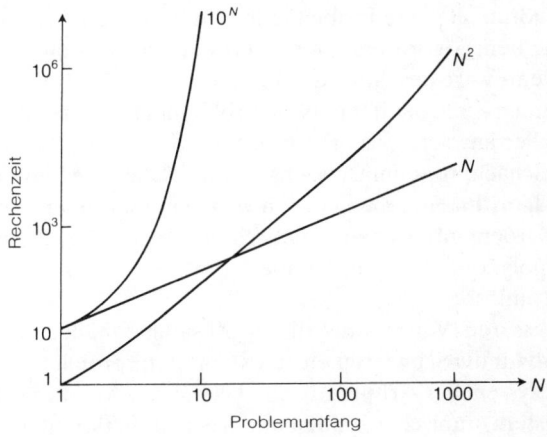

5.2 Die Zunahme der Rechenzeit mit der Größe des Problems bei unterschiedlichen Arten von Problemen.

Die Schwierigkeit eines Problems ist praktisch daran zu messen, wie die Laufzeit des kürzesten Computerprogramms, das das Problem lösen kann, zunimmt, wenn die Menge der Eingaben vergrößert wird. Stellen wir uns ein Programm vor, bei dem n verschiedene Zahlen eingegeben werden. Wenn das schnellste Programm, das zum Ergebnis führt, in einer Zeit abläuft, die bei wachsendem n um eine Potenz von n zunimmt, also zum Beispiel wie n^2, sagt man, das Problem sei in polynomialer Zeit lösbar. Solche Probleme heißen *P-Pro-*

bleme. Schwierigere Probleme, bei denen die Rechenzeit viel schneller zunimmt als um eine Potenz der Eingabegröße, also etwa um 2^n oder n^n, werden *nicht-polynomiale* oder *NP-Probleme* genannt. Sie sind so unzugänglich, daß man sich praktisch nur mit *P-Problemen* beschäftigt. In Abbildung 5.2 zeigen wir für eine Reihe von *P- und NP-Problemen*, wie die Laufzeit anwächst, wenn mehr Eingaben gemacht werden.

Es ist noch nie gezeigt worden, daß der Unterschied zwischen *P-* und *NP*-Problemen tiefer liegt, als daß die Laufzeit des Computers im einen Fall länger ist. Die inhärent schwierigen *NP*-Probleme lassen sich in Klassen vergleichbarer Schwierigkeit zusammenfassen. Dabei gehören alle jene Probleme in eine Klasse, die sich durch ein und denselben Algorithmus lösen lassen. Die Lösung irgendeines *NP*-Problems wäre deshalb eine Goldmine.

Wir kennen echte mathematische Probleme, bei denen die Rechenzeit schneller anwächst als mit der n-ten Potenz. Die schnellsten bekannten Schachprogramme wachsen wie 2^n, aber es könnte unbekannte Algorithmen geben, die in n polynomial oder sogar linear sind. Außerdem gibt es mathematische Probleme, für die nachweislich kein polynomiales Programm existiert. Solche Probleme sind in der Praxis unlösbar.

Zum besseren Verständnis dieser Zusammenhänge wenden wir dieses Maß für die Schwierigkeit eines Computerproblems auf das uns vertraute System der Arithmetik an, das wir den Arabern verdanken. Dieses System arabischer Zahlen und Rechenoperationen ist im Vergleich zu umständlichen Notationen wie dem römischen Zahlensystem wunderschön kompakt und einfach (versuchen Sie einmal, mit römischen Zahlzeichen geschriebene Zahlen miteinander zu multiplizieren!). Wir berechnen, ob im Kopf oder mit einer Rechenmaschine, die Funktion, die x in x^2 überführt; sie hat $n = 1 + log_{10}x$ Stellen (für $x = 10$ zum Beispiel sind es $1 + log_{10} 10 = 2$ Stellen). Wenn wir also x^2 mit Hilfe der Multiplikation als $x \cdot x$ berechnen, nimmt die Anzahl der ausgeführten Rechnungen mit n wie n^2 zu, wenn wir aber wiederholt addieren, ist die Anzahl der nötigen Rechenoperationen proportional zu x und damit zu 10^n. Das von uns verwendete arabische Bezeichnungssystem macht einige *NP*-Probleme zu *P*-Problemen. Diese Vereinfachung machen wir uns zunutze, wenn wir die Multiplikation im arabischen System durchführen. Der Formalismus scheint in diesem

Fall also auch eine Logik in bezug auf die damit durchgeführten Operationen eingebaut zu haben.

Bei der Untersuchung von Naturerscheinungen stellen sich viele Probleme, die nicht nach der Länge der zu ihrer Lösung nötigen Computerzeit einzuordnen sind. Für sie alle gibt es kein Verfahren, das die Lösung vereinfachen oder annähern und die Komplexität eines direkten rechnerischen Angriffs verringern könnte. Solche Probleme lassen sich nur untersuchen, indem sie explizit simuliert oder dann, wenn sie vorkommen, beobachtet werden. Wir können nichts anderes tun, als die Entwicklung eines dem Computer einprogrammierten Modells zu verfolgen. Die Laufzeit des Programms ist dann nicht kürzer als der Ablauf des wirklichen Vorgangs und, wenn andere Information fehlt, nicht lehrreicher.

Leider gelten für die Anwendung der mathematischen Algorithmen und Gleichungen zur Beschreibung der Wirkungsweise der Natur noch andere grundsätzliche Einschränkungen. Wir haben uns bis jetzt mit den logischen Einschränkungen des Rechenvorgangs und der für die Berechnung einer mathematischen Formel durch einen idealen Computer nötigen Zeit beschäftigt. Wir könnten aber auch legitim fragen: «Was ist ein idealer Computer?» Computer bestehen aus Materialien, die selbst den Naturgesetzen unterliegen. Welche Beschränkungen legen die Naturgesetze den Möglichkeiten und der Geschwindigkeit von Computern auf? Was ist der bestmögliche Computer?

Dies ist eine Frage, auf die die Natur im Laufe eines sich über viele Millionen Jahre erstreckenden «Experiments» immer bessere Antworten gefunden hat. Die Gehirne von Menschen und Tieren sind komplizierte Computer; sie entwickelten sich im Laufe einer natürlichen Auslese und enthalten deshalb viele Teile, die wir nicht verwenden würden, wenn wir uns im Labor einen Super-Computer bauen wollten. Das menschliche Gehirn enthält viele Spezialprogramme, die mit der «Hardware» von Fleisch und Blut zu tun haben, in der es «verkörpert» ist. Auf ihnen läuft das Programm ab, das wir «intelligentes Leben» nennen; sie kontrollieren die Bewegung der Gliedmaßen und Muskeln und andere Funktionen, die nur indirekt mit der Rechenfähigkeit des Gehirns zu tun haben. Aber auch andere physikalische Gegebenheiten schränken die Entwicklung von Gehirn und Körper ein. Sie sind so grundlegend, daß sie auch bei der

Bestimmung der Grenzen eines vom Menschen gemachten Computers eine Rolle spielen.

Bei den meisten Vögeln und Wirbeltieren nimmt das Gehirnvolumen mit der Körperlänge L zu. Es gilt ungefähr

(Gehirnvolumen) $\sim L^{9/5}$.

Diese Warmblüter leben durch Nahrungsaufnahme; Nahrung ist ihre Energiequelle. Aber Tiere geben an ihre Umgebung fortwährend Wärme ab, wenn diese Umgebung kälter ist als ihre Körpertemperatur. Sie gewinnen die Wärme aus der Nahrung in einem Verhältnis, das ihrem Volumen und damit L^3 proportional ist, aber der Wärmeverlust an ihre kühlere Umgebung ist proportional zur Körperoberfläche, also zu L^2. Daran sehen wir, daß kleine Tiere in der Kälte schlechter dransind: Sie können nicht so rasch Nahrung aufnehmen, wie es zur Erhaltung einer konstanten Körpertemperatur nötig ist. Deshalb finden wir in der Arktis eher Eisbären als Mäuse, und deshalb wird die Durchschnittsgröße von Vögeln vom Äquator zu den Polargebieten hin größer. Große Gehirne brauchen große Tiere, und wenn große Tiere (und Menschen gehören zu den größten zweibeinigen Tieren) ein Gleichgewicht zwischen der Wärmeerzeugung durch ihre schlagenden Herzen und dem Wärmeverlust aufrechterhalten sollen, muß ihre Pulsrate p umgekehrt proportional sein zu ihrer Größe L, weil

Wärmeproduktionsrate $\sim$ Pulsrate $\cdot$ Volumen $\sim p \cdot L^3$

und

Wärmeverlustrate $\sim$ Oberfläche $\sim L^2$.

Größere Tiere haben also stärkere, langsamere Herzen. Wenn wir vom Kind zum Erwachsenen werden, nimmt unsere Pulsrate entsprechend ab. Was hat das alles mit Computern zu tun?

Ein Computer verarbeitet Information mit einer Geschwindigkeit, die man seinen «Pulsschlag» nennen könnte. Die in seinen elektronischen Kreisläufen erzeugte Wärme muß vom Computer wieder abgegeben werden, sonst würde die Temperatur ständig anwachsen, bis schließlich die Schaltungen durchschmoren. Je größer der Computer, um so rascher verarbeitet er Information und um so schwieriger ist es für ihn, die Überschußwärme loszuwerden. Man könnte versuchen, einen Computer zu bauen, dessen Oberfläche stärker zunimmt, als es die Zunahme des Volumens erfordert. Viele Tiere machen das so: Schwämme und Plattfische sind bekannte Beispiele dafür. Die Oberfläche eines Schwamms ist viel größer als die eines glatten festen Balls mit demselben Durchmesser. Wenn man jedoch versuchte, das Kühlproblem in einem Computer mit diesem Mittel zu lösen, käme man nicht sehr weit, bevor die Leitungen, die zur Verbindung all der Extremitäten auf seiner Oberfläche nötig sind, unmöglich lang wären. Dann würde jedes Signal, selbst eines, das sich mit Lichtgeschwindigkeit fortpflanzt, zu lange brauchen, um von einem Teil des Computers zum anderen zu gelangen; die Rechnungen würden also viel langsamer ausgeführt werden. Diese einfachen Überlegungen zeigen, daß es vielleicht eine Grenze für die Größe und Fähigkeit aller «Gehirne» gibt, ob sie nun auf Kohlenstoffchemie beruhen wie unser eigenes oder auf der Siliziumchemie der Mikroelektronik.

Wir müssen die letzten Grenzen, die die Natur den Computern steckt, erst noch herausfinden. Wir ahnen, welche der bekannten Naturgesetze bei der Bestimmung dieser Grenzen eine Rolle spielen könnten: zum Beispiel kann die Übermittlung von Information nicht mit Überlichtgeschwindigkeit erfolgen. Aber wie ist es mit den quanten- und thermodynamischen Zwängen? Man hat lange Zeit geglaubt, daß die Fassung des Heisenbergschen Unschärfeprinzips, das die gleichzeitige Messung einer Zeitspanne und einer Energie mit einer Genauigkeit verbietet, die größer ist als $h/4\pi$, wobei h Plancks Konstante ist, dem endgültigen Computer eine weitere unübersteigbare Beschränkung auferlegt. Wenn diese Zeitspanne die Zeit ist, die ein Computer für eine logische Schaltung braucht, und die Energie die Minimalenergie ist, die als Abfallwärme beim Schaltprozeß ausgegeben wird, scheint die maximale Informationsverarbeitungsrate eines Computers absolut vom Unschärfeprinzip bestimmt werden zu müssen. Das ist jedoch nicht notwendig so. Es gibt kein quantentheoretisches Prinzip, das die in der Unschärfebeziehung von Energie und Zeit auftretende Energie mit der Menge der bei einem physikalischen Vorgang abgegebenen Wärme verknüpft. Der Rechenvorgang läßt sich ausführen, wenn bei jedem Schritt weniger als ein Energiequant abgegeben wird. Ein Ereignis der Dauer T läßt sich mit einem Energieverbrauch messen, der kleiner ist als $T \cdot h/4\pi$, solange die Zeit nach einem äußeren Standard gemessen wird, der nicht intrinsisch durch das physikalische System selbst definiert ist. Das Heisenbergsche Unschärfeprinzip erlegt dem Rechenvorgang also im Prinzip keine grundlegenden Einschränkungen auf. Das oben erwähnte Problem der Abfallwärme läuft im Grunde auf die Frage hinaus, ob die logischen Operationen eines Computers unbedingt umkehrbar sein müssen. Wenn ja, müssen sie in Übereinstimmung mit dem Zweiten Hauptsatz der Thermodynamik Wärme und Entropie erzeugen. In der gewöhnlichen Arithmetik herrscht sicherlich keine eindeutige Umkehrbarkeit. Zum Beispiel hat die Summe $2 + 2 = 4$ kein eindeutiges Inverses. Die Gesamtsumme 4 wird auch durch die Summen $1 + 3$ und $0 + 4$ erzeugt, und deshalb liegt ein Informationsverlust oder eine Entropiezunahme vor, wenn wir nur wissen, daß die Zahl 4 die Summe zweier Zahlen ist. Diese Unumkehrbarkeit erinnert an das allgemeine Prinzip, das wir in Kapitel 3 untersuchten, als wir über die Beziehung zwischen dem Zweiten Hauptsatz der Thermodynamik und den zeitsymmetrischen Naturgesetzen nachdachten. Die Summe 4 läßt sich auf mehrere Weisen in zwei Summanden zerlegen, aber es gibt nur die eine Summe. Die grundlegenden Rechenoperationen sind umkehrbar, und doch liegt eine Asymmetrie vor. Aber vielleicht gibt es andere, *umkehrbare* Wege, Rechnungen durchzuführen?

Vor einigen Jahren zeigte Edward Fredkin, daß es eine logische Schaltung gibt, deren Operation umkehrbar ist und die im Prinzip ohne Entropiegewinn und Erzeugung von Abfallwärme Information vermitteln kann. Abbildung 5.3 stellt dieses Fredkin-Gatter schematisch dar. Die praktische Schwierigkeit ist bei diesen Geräten, wie die Information in den Computer einzugeben und wie sie ihm zu entnehmen ist. Die Vorgänge, die den Computer mit der äußeren Welt koppeln, sind durch die Gesetze der Thermodynamik begrenzt und irreversibel.

Wir haben einige Gedanken der modernen Computertheorie beschrieben, um das wachsende Interesse an den letzten Grenzen zu belegen, die die Naturgesetze den Möglichkeiten des Computers auferlegen. Noch sind die fundamentalen Beschränkungen für Quantencomputer gar nicht genau untersucht. Zweifellos werden Quantencomputer Aufgaben ausführen können, die kein heutiger Computer

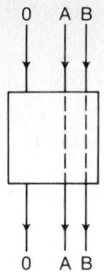 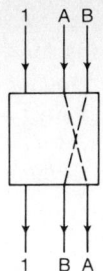

5.3 Das Fredkin-Gatter erlaubt umkehrbare Rechnungen. Das Gatter hat jeweils drei Ein-und Ausgänge. Der linke Kanal bleibt in allen Fällen unverändert, aber je nach dessen binärem Wert (0 oder 1) sind die beiden anderen Eingaben entweder unverändert oder werden vertauscht. Die Rechenoperation vermittelt keine Information und ist ihr eigenes Inverses. Deshalb ist sie umkehrbar.

lösen kann. Diese Überlegungen über die letzten praktischen Grenzen der Computer laufen anscheinend auf die Berechnung neuer Fundamentalkonstanten der Natur hinaus. Es scheint ein schwierigstes Problem zu geben, das in der Zeit seit dem Anfang der Welt bis heute hätte berechnet werden können. Wenn das Weltall endlich ist und nur eine endliche kosmische Zeitspanne existiert, könnte es Probleme geben, die prinzipiell (in einer platonischen Welt) lösbar sind, aber nicht in unserem Weltall.

Das Dilemma der Ignoranz

> *Der größte Beitrag des Mittelalters zur Entstehung der Wissenschaften [war] der unerschütterliche Glaube, daß sich jedes Geschehen vollkommen eindeutig mit seinen Vorläufern in Beziehung setzen läßt.*
>
> A. N. Whitehead

Die Feinheiten der Mathematik und die letzten Grenzen des Rechenvorgangs offenbaren geheimnisvolle Beziehungen zwischen der inneren Welt der mathematischen Logik und den physikalischen Prozessen, die das Weltall ausmachen. Wir haben gefunden, daß der Mathematik als einer Beschreibung der Naturgesetze sowohl grundsätzliche wie auch praktische Grenzen gesetzt sind. Bei all diesen Erwägungen haben wir die Nicht-Quantenwelt in einer wichtigen Hinsicht als eine Idealisierung gesehen: Wir haben angenommen, daß alles, was im Prinzip gewußt werden kann, mit vollkommener Genauigkeit gewußt werden kann. Das ist offensichtlich eine falsche Annahme. Aber ist es nur eine harmlose Vereinfachung oder das dünne Ende eines gefährlichen Keils, der die mechanische Weltanschauung, die immer noch unser Nachdenken über die Nicht-Quantenwelt bestimmt, aus den Angeln hebt? Dieser Frage wenden wir uns jetzt zu.

Maxwell und Determinismus

> *In Märchen ist die Welt verrückt, aber nicht der Held. In modernen Romanen ist der Held schon verrückt, wenn das Buch beginnt; er leidet unter der immerwährenden Grobheit und grausamen Zurechnungsfähigkeit der Welt.*
>
> G. K. Chesterton

Als Maxwell 1871 nach Cambridge zurückkehrte, um eine Stelle am Trinity College zu übernehmen, wurde er wieder Mitglied einer exklusiven Gruppe von Professoren, die sich zu regelmäßigen Gesprächen trafen, um die philosophische und religiöse Bedeutung ihrer Fächer zu erörtern. Diese zwölf Männer nannten sich selbst die Apostel (sollte aber nicht mit einer viel späteren, ominösen Gruppe aus Cambridge mit demselben Namen verwechselt werden!). Später gehörten solche Berühmtheiten wie Bertrand Russell und G. E. Moore zu ihnen, damals zählten viele der engsten Freunde Maxwells zu ihren Mitgliedern. Obwohl Maxwell als Mitglied der Church of Scotland aufwuchs, erlebte er 1853 eine religiöse Bekehrung und wurde, was wir jetzt einen Evangelikalen nennen würden. Maxwell glaubte, das Reich der Naturwissenschaften sei das der Erfahrungen, die allen Menschen gemeinsam sind und die sie einander mitteilen können, während die Religion einer ganz anderen persönlichen Welt angehöre: Das «Ich bin» jener persönlichen Welt, behauptete er, «müssen je zwei von uns in anderem Sinn verwenden, und deshalb kann es niemals Thema der Naturwissenschaft werden». Maxwell nutzte die informellen Gespräche der Apostel über Naturwissenschaft und Religion als ein Podium, auf dem er sein Denken über die Beziehung zwischen diesen beiden verschiedenen Gedankenwelten entwickeln konnte. Wie andere Apostel begegnete er den konservativen religiösen Denkern in ihrer allzu zuversichtlichen Gegnerschaft gegen die Darwinsche Evolution mit Skepsis; er hatte auch keine Sympathien für den Theologen William Paley und seine deistischen Nachfolger, deren Gegnerschaft zur Evolution in dem Glauben wurzelte, daß alles in der Natur das Wohlwollen eines göttlichen Schöpfers beweise.

Als sich die Apostel am Abend des 11. Februar 1873 trafen, war Maxwell gebeten worden, einige Gedanken zum Thema des freien Willens vorzutragen. Sein Referat stellte sich die Frage: «Begünstigt der Fortschritt der Naturwissenschaft eher einen Glauben an den freien Willen als an den Determinismus?» Bevor wir auf seine Gedanken eingehen, scheint es angebracht zu bedenken, was die Apostel zu einer solch esoterischen Diskussion bewegte.

Darwins revolutionärer Gedanke, unsere menschliche Physiologie und geistigen Attribute seien das Ergebnis von Zufällen und über lange Zeiträume hinweg nach ihrer Fähigkeit zum Überleben ausgewählt worden, hatte zu einem offensichtlichen Konflikt mit dem Determinismus geführt. Mehrere bekannte Physiker des neunzehnten Jahrhunderts hatten behauptet, Darwins Theorie erkläre die Existenz von an ihre Umwelt angepaßten Lebewesen nicht besser als die ältere

Vorstellung, nach der sie auf wunderbare Weise schon genauso erschaffen und immer so geblieben waren. Sie meinten, der starre Determinismus der Newtonschen mechanischen Weltanschauung sichere, daß der gegenwärtige Zustand der Natur eindeutig und direkt aus einem bestimmten Anfangszustand der Welt folge. Unabhängig davon, ob sich je eine Evolution abspielte, ist es genauso (jedenfalls nicht weniger) geheimnisvoll, daß es intelligente Menschen und die harmonische Welt um sie herum gibt, wie daß es jenen besonderen Anfangszustand gibt. Angesichts des Glaubens der Physiker an den Determinismus des mechanischen Newtonschen Weltmodells jedoch fanden sich viele Theologen, so sehr sie Darwins Vorstellungen verabscheuten, doch zwischen zwei Stühlen. Sie sahen in dem fabelhaften Erfolg der Newtonschen Physik gern einen Hinweis darauf, daß die Welt wie eine Uhr gemacht worden sei, um daraus die Existenz eines göttlichen Uhrmachers herzuleiten. Aber gleichzeitig wollten sie gern auf die traditionellen Belege und Beweise für Wunder hinweisen können – also auf *Abweichungen* von der Vorhersagbarkeit der Newtonschen Welt –, um damit ihren religiösen Glauben zu stützen.

Maxwell behauptete in bezug auf die Darwinsche Evolution, die Existenz von «Molekülen» (eigentlich dem, was wir heute Atome nennen) als identische mikroskopische Bausteine der Natur bezeuge eine Grenze für den Einfluß der natürlichen Auslese. Moleküle haben bestimmte unveränderliche Eigenschaften. Die Tatsache, daß sie alle *identisch* sind, war für ihn das Zeichen ihres göttlichen Plans. In seiner berühmten Rede vor der *British Association*, dem angesehensten Forum der Wissenschaftler seiner Zeit, behauptete er 1873:

Es läßt sich keine Evolutionstheorie aufstellen, die der Gleichheit der Moleküle Rechnung trägt, denn Evolution bedeutet notwendig immerwährende Veränderung, und das Molekül kann weder wachsen noch zerfallen, weder erzeugen noch zerstören.

Keiner der Naturvorgänge hat, seit die Natur begann, in den Eigenschaften eines Moleküls auch nur den kleinsten Unterschied bewirkt... Sie sind heute so wie an dem Tag, da sie geschaffen wurden – vollkommen nach Zahl und Maß und Gewicht; und aus dem ihnen unauslöschlich eingeprägten Wesen können wir lernen, daß jenes Streben nach Genauigkeit der Messung und Gerechtigkeit beim Handeln, die wir als Menschen zu unseren größten Vorzügen zählen, uns gehören, weil sie wesentliche Anteile des Bildes von

Warum sind die Naturgesetze mathematisch? 417

Ihm sind, der am Anfang nicht nur Himmel und Erde, sondern auch die Materie schuf, aus der Himmel und Erde bestehen.

Maxwell ließ offen, ob es andere Arten von Atomen gegeben haben könnte, die sich als weniger geeignet herausstellten, Bestandteile fester Körper zu sein als jene, die wir jetzt sehen, aber er tat sie ab, weil es keine fossilen Überreste einer Minderheiten-Population erloschener Atome mit nicht einheitlichen Eigenschaften gibt.

In seinem Privatissimum vor den Aposteln sagte Maxwell wenig zum irritierenden Begriff des freien Willens. Er konzentrierte sich vielmehr auf einige verbreitete Mißverständnisse in bezug auf den deterministischen Charakter der Newtonschen Physik und machte eine bedeutsame Beobachtung über den scheinbaren Konflikt zwischen dem freien Willen und der deterministischen Wissenschaft, der in unseren Köpfen so rasch entsteht. Wer vom Determinismus überzeugt ist, behauptete er, ist in seinem Urteil durch die Tatsache bestimmt, daß Physiker und besonders ihre Vertreter in der Öffentlichkeit immer die Aufmerksamkeit auf Probleme richten, die das Bild vom Weltall als Uhrwerk bestätigen. Sie führen immer Beispiele an, die alle eine ganz besondere Eigenschaft haben: Eine kleine Veränderung der Ausgangslage, die eine Bewegung bewirkt, führt zu einer nur kleinen Veränderung des sich ergebenden Endzustands. Die falsche Meinung, alle Bewegungen hätten diese schöne Eigenschaft, führe zu «einem Vorurteil zugunsten des Determinismus». Er behauptete statt dessen:

Auf einige dieser Fragen können Überlegungen über Stabilität und Instabilität viel Licht werfen. Wenn der Zustand der Dinge so ist, daß eine unendlich kleine Veränderung des jetzigen Zustands den zukünftigen Zustand nur um einen unendlich kleinen Betrag ändert, wird das System, gleich, ob es in Ruhe oder in Bewegung ist, stabil genannt; wenn jedoch eine unendlich kleine Abänderung des jetzigen Zustands in einem endlichen Zeitraum einen endlichen Unterschied im Zustand des Systems bewirkt, heißt das System instabil.

Es ist offensichtlich, daß die Existenz instabiler Bedingungen die Vorhersage zukünftiger Ereignisse unmöglich macht, wenn unsere Kenntnis des jetzigen Zustands nur näherungsweise und nicht genau ist... Es ist eine Lehre der Metaphysik, daß gleiche Vorbedingungen gleiche Folgen haben. Das läßt sich nicht bestreiten. Aber in einer Welt wie dieser ist das von wenig Nutzen, in der dieselben Vorbedingungen nie wieder vorkommen und nichts zweimal geschieht... Das physikalische Axiom, das dem etwas ähnlich ist, besagt: «Ähnliche Voraussetzungen haben ähnliche Folgen.» Aber hier sind wir von Gleichheit zur Ähnlichkeit übergegangen, von absoluter Genauigkeit zu mehr oder weniger guter Näherung. Es gibt, wie ich sagte, gewisse Klassen von Erscheinungen, in denen ein kleiner Fehler in den Daten nur zu einem kleinen Irrtum im Ergebnis führt... Der Lauf der Ereignisse ist in diesen Fällen stabil.

Es gibt andere Klassen von Erscheinungen, die komplizierter sind, und in denen Instabilitäten vorkommen können.

Maxwell erkannte, daß es in der Physik viele Situationen gibt, in denen jede noch so kleine Ungewißheit zu einer bestimmten Zeit dazu führt, daß ein späterer Zustand noch ungewisser ist. Selbst wenn wir die vollkommenen Naturgesetze besäßen, könnten sie unter solchen Umständen bei der Vorhersage der Zukunft nutzlos sein.

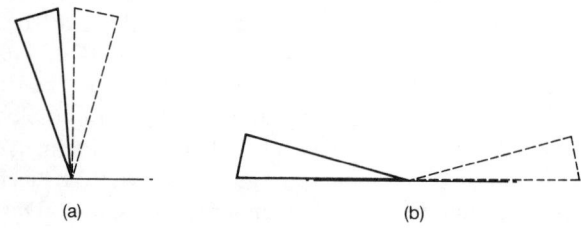

(a) (b)

5.4 Ein infinitesimaler Unterschied im Anfangszustand eines instabilen Systems zweier identischer Kegel, die um einen infinitesimalen Betrag aus ihrem Gleichgewichtszustand gebracht werden und (a) auf ihren Spitzen balancieren, führt zu völlig verschiedenen Endstadien (b).

Nehmen wir an, wir hätten eine Schüssel und einige Murmeln. Wenn wir eine Murmel an einem Punkt auf der Innenseite der Schüssel loslassen, kommt sie schließlich am niedrigsten Punkt der Schüssel zur Ruhe. Wenn wir sie an einem etwas anderen Punkt fallen lassen, ändert sich das Ergebnis nicht: Die Murmel beendet ihre Bewegung immer am Boden der Schüssel. Eine kleine Unschärfe in unserer Kenntnis der Ausgangssituation der Murmel macht sich offenbar bei der korrekten Vorhersage des zukünftigen Verhaltens nicht bemerkbar. Die Unsicherheit fällt nicht ins Gewicht, weil die Neigung, zum stabilen Endstadium hin zu fallen, überwältigend groß ist. Wir betrachten jetzt die in Abbildung 5.4 angedeutete labile Lage. Im Zustand (a) unterscheiden sich die Anfangszustände der zwei Kegel nur um einen infinitesimalen Betrag, aber das Ergebnis (b) des winzigen Unterschieds stellt sich als enorm heraus.

Wenn es nicht möglich ist, die Anfangslage eines physikalischen Systems mit hinreichender Genauigkeit zu bestimmen, sind Newtons Bewegungsgesetze (selbst wenn sie die Wirkungsweise der Welt *vollkommen* beschreiben könnten) bei der Bestimmung der Endlage zu nichts nütze. Deshalb ist die Newtonsche Uhrenwelt in der Praxis nicht deterministisch, selbst wenn sie es im Prinzip ist, weil wir den Zustand der Welt «jetzt» nicht so genau beschreiben können, daß wir uns die Vorhersagekraft der Newtonschen Gleichungen zunutze machen können. Daran sind nicht etwa die Gleichungen schuld. Ihnen ergeht es wie dem Computer, dem die Schuld gegeben wird, wenn eine nette alte Dame 20000 Gasrechnungen erhält. Vielmehr bestimmt die Genauigkeit der Information, die in die Gleichungen hineingeht, wie zuverlässig das Ergebnis ist – «Wie man in den Wald hineinschreit, so kommt es heraus».

Das Versagen der Vorhersagbarkeit ist auch in praktischen Situationen wichtig. Deswegen ist es unmöglich, das zukünftige Verhalten eines so komplizierten Systems wie des Wetters vorherzusagen. Die Meteorologen können den *gegenwärtigen* Stand des Wetters nicht hinreichend genau bestimmen, und deshalb treffen ihre Vorhersagen so oft nicht zu.

Dieses Unterwandern des Determinismus in der Praxis hat nichts mit der grundsätzlichen Unterwanderung zu tun, die die Quantentheorie bewirkt, obwohl ja die Quantenunschärfe besagt, daß unsere Kenntnis vom Anfangszustand eines physikalischen Systems immer eine endliche Ungewißheit enthalten muß. Weil wir den Jetztzustand der Dinge nicht mit absoluter Genauigkeit messen können, ist uns die Art von Determinismus versagt, die Pierre Laplace im Sinn hatte, als er in einem Zeitalter, in dem der Glaube, Vernunft sei notwendig, dem Glauben gewichen war, Vernunft sei hinreichend, behauptete:

Wir können den jetzigen Zustand des Universums als die Wirkung der Vergangenheit und die Ursache seiner Zukunft sehen. Eine Intelligenz, die in einem gegebenen Augenblick alle Kräfte kennt, durch welche die Natur belebt wird, und die entsprechende Lage aller Teile, aus denen sie zusammengesetzt, und die darüber hinaus breit genug wäre, um alle diese Daten einer Analyse zu unterziehen, würde in derselben Formel die Bewegungen der größten Körper des Universums und die des kleinsten Atoms umfassen. Für sie wäre nichts ungewiß, und die Zukunft ebenso wie die Vergangenheit wäre ihren Augen gegenwärtig.

Wir erwähnen hier, daß zwar Laplace immer das Verdienst zugeschrieben wird, den Determinismus ausdrücklich eingeführt zu haben, ihm aber Leibniz zuvorgekommen war, der gesagt hatte*:

Nun hat jede Ursache eine bestimmte Wirkung, die durch jene erzeugt sein könnte... Wenn zum Beispiel eine Kugel im freien Raum eine andere trifft und wenn ihre Größe und Wege und Richtungen vor dem Stoß bekannt waren, können wir vorhersagen und berechnen, wie sie abgestoßen werden und welche Bahn sie nach dem Zusammenstoß nehmen werden... Daher sieht man, daß dann, wenn alles in der weiten Welt mathematisch – also unfehlbar – abläuft, jemand, der genügend Einsicht in das Innere der Dinge hätte und außerdem genug Gedächtnis und Verstand, alle Umstände in Betracht zu ziehen, ein Prophet wäre und die Zukunft wie in einem Spiegel der Gegenwart sehen könnte.

Man könnte denken, daß sich dieser Herausforderung an den Determinismus durch größere Beobachtungsgenauigkeit begegnen ließe. Je genauer wir unsere Welt jetzt kennen, um so zuverlässiger können wir die Zukunft vorhersagen. Leider hilft uns größere Genauigkeit nicht wirklich, denn die Ungewißheit über die Zukunft wächst so schnell, daß sie unsere armseligen Versuche, die Gegenwart festzulegen, schnell überwältigt. Hier ist ein einfaches, aber realistisches Beispiel für die Vergeblichkeit solcher Bemühungen.

---

* Diese Beschreibung wirft ein Licht auf eine andere Schwäche der üblichen deterministischen Sichtweise der Newtonschen Mechanik. Bei Zusammenstößen muß man die Elastizität kennen, mit der der Rückprall erfolgt, damit sich die Veränderungen der Geschwindigkeit der beteiligten Teilchen vorhersagen lassen und um also den zukünftigen Lauf der Dynamik eindeutig bestimmen zu können. Das braucht physikalische Information, die außerhalb des Zuständigkeitsbereichs der Mechanik liegt. In Untersuchungen über die Dynamik vieler bewegter Körper mit Hilfe moderner Computer werden die Wechselwirkungen künstlich «gedämpft», damit es nicht zu wirklichen Zusammenstößen kommt.

Warum sind die Naturgesetze mathematisch? 421

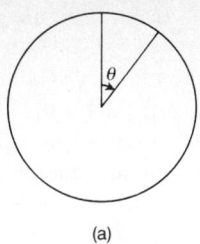
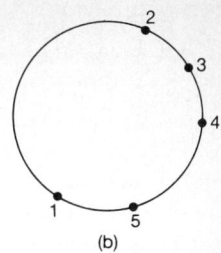

(a)   (b)

5.5 Der im Text beschriebene Kreisalgorithmus. Der Algorithmus bewegt den Punkt auf dem Umkreis zu einem neuen Punkt, der den doppelten Winkel der vorigen Lage beschreibt. Dabei werden alle Winkel, falls sie größer als 360° sind, als der nach einer Subtraktion von 360° verbleibende Rest angegeben. Wenn also der zur ersten Lage gehörige Winkel 190° beträgt, ist der zweite 380° − 360° = 20°, der dritte 40° und so weiter. Die Abbildung zeigt die ersten fünf Stellungen.

Wir markieren auf einem Kreis einen Punkt und messen den Winkel, den der Radius durch diesen Punkt mit der Vertikalen bildet (Abbildung 5.5). Dann schreiben wir ein Bewegungsgesetz vor, das den Zeiger an einen neuen Punkt bringt, an dem der zugehörige Winkel den doppelten Wert hat wie der alte. Die neue Lage ist (in Bogengrad gemessen) also immer der Winkel, der sich nach Verdopplung des alten Winkels und Subtraktion von 360° ergibt. Diese Regel ist mathematisch präzise, und die sich ergebende Lage der Markierung ist nach jeder Schrittzahl genau bestimmt. Wenn wir die Ausgangsposition genau kennen, wissen wir *genau*, wo der Zeiger nach jeder Anzahl von Zügen steht. Was aber geschieht, wenn wir, wie es praktisch immer der Fall sein wird, die Ausgangslage nur bis auf eine endliche Unschärfe bestimmen können? Wenn wir etwa wissen, daß der Winkel bis auf ein hundertstel Grad genau 30° mißt? Nach einem Zug hat sich die Unschärfe verdoppelt, und nach n Zügen ist sie lawinenartig, nämlich zum $2 \cdot 2 \cdot 2 \ldots$ (n mal) = 2^n-fachen der anfänglichen Unschärfe angewachsen. Schon nach sechzehn Zügen beträgt die Unschärfe mehr als 360°, und wir können nichts über die folgenden Markierungen auf dem Kreis aussagen. Wir wissen dann nur, daß alle Punkte auf dem Kreis unabhängig von der Ausgangslage gleich wahrscheinlich sind. Wir können den Zeitpunkt, an dem unser deterministisches Gesetz nutzlos wird, hinausschieben, indem wir die Ausgangslage genauer festlegen, aber die Unschärfe wächst so rasch, daß sie selbst dann, wenn wir sie mit einer Genauigkeit festlegen könnten, die der Größe eines einzelnen Atoms entspricht, nach nur 38 Bewegungen auf 360° angewachsen wäre. In der Praxis kann größere Genauigkeit die Katastrophe nur unwesentlich hinausschieben. Die Unvorhersagbarkeit holt uns immer ein. Wir sind damit auf das grundsätzliche Problem der empfindlichen Abhängigkeit von den Anfangsbedingungen gestoßen. Wenn man sich dieser Subtilität nicht bewußt ist, wird man die Lage des Zeigers im vollen Vertrauen auf das genaue Gesetz für seine Berechnung weiter vorhersagen. Aber schon nach einigen wenigen Bewegungen würde die genaue Vorhersage seiner Lage völlig sinnlos.

Chaos

> *Es ist unmöglich, die Eigenschaften einer einzigen mathematischen Teilchenbahn zu untersuchen. Der Physiker kennt nur Bündel von Teilchenbahnen, die etwas verschiedenen Anfangsbedingungen entsprechen.*
>
> Leon Brillouin

Physikalische Phänomene, die so empfindlich auf kleine Veränderungen ihres Anfangszustands reagieren, heißen *chaotisch*. Sie sind keineswegs von nur akademischem Interesse. Sie umgeben uns überall. Um die kompliziertesten Naturerscheinungen besser verstehen zu können, müssen wir unbedingt ihr Verhalten verstehen. Wie unser obiges Beispiel zeigt, müssen die Dinge gar nicht besonders kompliziert sein, damit die Verhältnisse chaotisch werden.

Was könnte deterministischer sein als die Bewegung von Billardkugeln auf einem Billardtisch? So geradlinig und vorhersagbar erschien eine solche Situation einmal, daß die deterministisch-mechanistische Weltanschauung Newtons mit dem Schlagwort «Billardwelt» belegt wurde. Wir sahen gerade, daß Leibniz solche Zusammenstöße als Musterbeispiele der Determiniertheit ansah. Ein Spiel wie Billard weist jedoch die extreme Empfindlichkeit und Instabilität auf, auf die Maxwell hinwies. Wir wissen aus unserer Erfahrung mit diesen Spielen, daß der kleinste Fehler katastrophale Folgen haben kann. Nehmen wir an, wir vernachlässigten die Wirkung des Luftwiderstands und der Reibung zwischen den Kugeln und dem Tisch (sie bewirken in der Praxis, daß die Kugel nach dem Anstoß schließlich zu rollen aufhört). Wenn wir den Anfangszustand so genau kennen würden, wie es das Heisenbergsche Unschärfeprinzip zuläßt, könnten wir unsere Ungewißheit in bezug auf die Ausgangsposition des Stoßballs auf eine Entfernung von weniger als dem Milliardenfachen der Größe eines einzelnen Atomkerns bestimmen (was in der Praxis natürlich völlig unrealistisch ist, aber lassen wir den Praxisbezug für eine Weile beiseite). Nachdem die Kugel gestoßen wurde, vergrößert sich diese Unsicherheit jedoch bei jedem Zusammenstoß mit anderen Kugeln und den Tischkanten so sehr, daß unsere irreduzible infinitesimale Unschärfe in bezug auf den Anfangszustand nach nur fünfzehn solcher Begegnungen so groß geworden ist wie der ganze Tisch. Wir können dann mit Hilfe der Newtonschen Bewegungsgesetze überhaupt nichts mehr über die Bewegung der Kugel aussagen.

Es ist merkwürdig, wie lange es brauchte, bis diese einfachen Gedanken Beachtung fanden. Erst 1929, lange nachdem Physiker wie Maxwell und Poincaré diese Einsicht gehabt hatten, fand der einflußreiche französische Mathematiker Jaques Hadamard viele Anhänger, als er drei Kriterien angab, von denen er annahm, daß sie üblicherweise für Gleichungen gefordert würden, die mathematische Beschreibungen von Naturphänomenen liefern sollten:

(i) Es muß Lösungen der Gleichungen für eine Zukunft geben, deren Anfangsbedingungen festliegen; das heißt, *es muß überhaupt Lösungen geben.*
(ii) Aus einer Gruppe von Anfangsbedingungen darf nicht mehr als eine Lösung der Gleichungen folgen; *die Lösungen müssen eindeutig sein.*
(iii) Eine kleine Veränderung der Anfangsbedingungen darf in späterer Zeit nur zu einer kleinen Änderung der Lösung führen; *die Lösungen müssen stabil sein.*

Im Rückblick ist keineswegs klar, warum ein Physiker diese Bedingungen für wünschenswerte Eigenschaften einer mathematischen Naturbeschreibung halten sollten. Alle wichtigen Naturgesetze werden durch Gleichungen beschrieben, die chaotische Phänomene zeigen und dadurch Hadamards drittes Kriterium verletzen. Wir haben keine Theorien, die sein zweites Kriterium verletzen, wenn die Anfangsbedingungen als genau bekannt vorausgesetzt werden. Die Quantentheorie gehorcht diesem Kriterium jedoch nur in dem akademischen Sinn, daß die Schrödingergleichung, die die Entwicklung der Wellenfunktion in Raum und Zeit befriedigt, die Kriterien (i) und (ii) erfüllt, aber die Wellenfunktion läßt sich natürlich nicht beobachten. Die Größen, die wir beobachten können, sind statistisch, aber nicht deterministisch durch die Schrödingergleichung bestimmt; zwei gleiche Experimente an einem Quantensystem können durchaus verschiedene *Beobachtungsergebnisse* liefern. Einsteins Theorie der Allgemeinen Relativitätstheorie erfüllt Hadamards erstes Kriterium nicht. Lösungen, die das Verhalten hinreichend großer Masseansammlungen beschreiben, gelten nicht für alle Zukunft; sie entwickeln sich zu einer «Singularität», bei der die physikalischen Veränderlichen unendlich werden und Raum und Zeit nicht länger mathematisch definiert sind. Diese Pathologie kann eine physikalische Folge der Tatsache sein, daß die Schwerkraft eine Anziehungskraft ist. Sie braucht nicht aus einer bestimmten unrealistischen Eigenschaft der Einsteinschen Gleichungen zu folgen, die sie physikalisch unzulässig macht.

Die Untersuchung chaotischer Phänomene wurde in den letzten zehn Jahren zu einer wahren Wachstumsindustrie. Damit unsere Arbeit mit dem Chaos erfolgreich sein kann, muß eine Reihe von Grundlagenproblemen bearbeitet werden. Wenn wir in der Natur chaotische Phänomene aufzeigen, stehen wir vor tieferen Problemen als nur dem unscharfer Anfangszustände. Stellen wir uns vor, wir wollten mathematisch einen sehr komplizierten Vorgang wie einen Wasserstrahl oder einen rauschenden Wasserfall beschreiben. Dieses flüssige Durcheinander nennen wir gewöhnlich «Turbulenz». Das Problem, welche Gesetze dafür gelten, war für die Physiker wegen seiner enormen Komplexität lange Zeit ein Stolperstein. Wenn man das komplizierte Verhalten des Wassers betrachtet, das vom Hahn in eine Badewanne läuft, sieht man, wie Teile des Strahls, die den Hahn eng benachbart verlassen, sich weit voneinander entfernt mit dem Wasser vermischen, das schon in der Badewanne ist. Dieses Phänomen läßt sich gleichsam in Zeitlupe beobachten, wenn man Wasser in einem Glas umrührt und einige Tropfen Tinte oder Farbstoff hinzufügt. Die Tintenspuren beschreiben rasch ein kompliziertes Muster. Teile, die zunächst eng beieinander waren, werden bald an verschiedene Orte gewirbelt. Angesichts komplizierter und empfindlicher Phänomene wie diesem ist unser Vertrauen in die mathematische Physik getrübt. Schon ein kleiner Fehler in der Festlegung des Ausgangszustands des betrachteten Systems kann also selbst dann zu völlig falschen Vorhersagen über die nachfolgenden Zustände führen, wenn die Gleichungen, die das Verhalten bestimmen, vollständig bekannt sind. Wie, fragt man sich, wird es erst, wenn sie nur ungenügend bekannt sind? Wenn wir die Regel dafür, wie sich unser Zeiger in Abbildung 5.5 auf dem Kreis bewegt, nur ganz wenig abändern, also etwa den Winkel mit 2,1 multiplizieren statt mit 2, hätte das schon nach wenigen Zügen gewaltige Folgen. Der kleinste Fehler in irgendeiner Formel, die wir zur Beschreibung chaotischer Naturphänomene benutzen, macht die Formel in der Praxis unbrauchbar. Da jede von uns formulierte Theorie immer einige Unvollkommenheiten, Näherungen oder äußere Störungsfaktoren enthält, die wir ignoriert haben oder von denen wir nicht annahmen, daß es sie gibt, stehen wir offensichtlich vor Schwierigkeiten, wenn wir Gleichungen verwenden sollen, die chaotisch komplizierte Phänomene beschreiben.

Was aber geschieht, wenn wir die aussichtslose Suche nach der einen wahren Gleichung, die das fragliche chaotische Phänomen beschreibt, aufgeben und unsere Aufmerksamkeit statt dessen auf die Entdeckung der *allen möglichen Gleichungen* gemeinsamen Eigenschaften richten?

Dieser ehrgeizige Vorschlag wurde in neuester Zeit von Physikern aufgegriffen. Statt nach dem perfekten mathematischen Modell für eine physikalische Situation zu suchen, sucht man jetzt nach den Eigenschaften aller möglichen mathematischen Modelle, die einige sehr weitgefaßte Bedingungen befriedigen, die das behandelte Problem hinreichend gut beschreiben. Um würdigen zu können, wie das gemacht wird, müssen wir zunächst sehen, welcher Art die beim Studium der Natur benutzten Gleichungen sind.

Gleichungen

> *Die Physik ist nicht deshalb mathematisch, weil wir so viel über die physikalische Welt wissen, sondern weil wir so wenig wissen: Wir können nur ihre mathematischen Eigenschaften entdecken.*
>
> Bertrand Russell

In der Praxis sind physikalische Gesetze Differentialgleichungen. Sie sind Rechenvorschriften, die den zukünftigen Zustand eines physikalischen Systems zu bestimmen erlauben. Eine Differentialgleichung ist «gelöst», wenn ein Ausdruck gefunden ist, der uns sagt, welche Zustände bei vorgegebenem Anfangszustand in Zukunft möglich sind und wann und wo sie entstehen. Differentialgleichungen sind das Ausdrucksmittel der Mathematik, mit dem sich das Wirken der Natur am besten beschreiben läßt. Das beruht auf drei voneinander unabhängigen Komponenten, nämlich:

(i) Der *algorithmischen Struktur*, wie sich also der zukünftige Zustand aus dem heutigen berechnen läßt.
(ii) Dem Anfangszustand oder, wie man gewöhnlich sagt, den *Anfangsbedingungen*.
(iii) Einigen Konstanten, die sich bei der Anwendung des Algorithmus nicht ändern. Diese Größen nennen wir *Naturkonstanten*.

Wie wir in früheren Kapiteln erwähnten, können wir aufgrund von Symmetrieprinzipien die allgemeine Form der Algorithmen (i), die als Naturgesetze zulässig sind, vorhersagen und herleiten. Sie müssen bestimmten Einschränkungen genügen, um mit den Beobachtungen in Übereinstimmung zu sein, und gelten ganz allgemein. Die Situation ist in bezug auf die Eigenschaften (ii) und (iii) ganz anders. Die Anfangsbedingungen und die Naturkonstanten sind die bedeutungstragenden Eigenschaften der Welt, die nicht durch ihre Gesetze, wie wir sie heute verstehen, bestimmt sind. Wir haben keine Möglichkeit, Anfangsbedingungen festzulegen. Sie sind uns vorgegeben. Einsteins Allgemeine Relativitätstheorie mag gut und angemessen beschreiben, wie sich das Weltall im Laufe der Zeit ändert; wir kennen jedoch kein Gesetz, das uns über den Anfangszustand der Welt Aufschluß gibt. Es gibt Vorschläge für ein «Gesetz» der Anfangsbedingungen, die wir in Kapitel 6 behandeln, aber sie sind wenig mehr als Spekulationen.

Wenn wir die Freiheit haben, Anfangsbedingungen anzugeben, auf die sich dann Naturgesetze anwenden lassen, ist das etwas Besonderes und auch recht zweischneidig. Wenn es zum Beispiel bei profanen und speziellen Problemen wie dem Flug einer Rakete genutzt wird, erhält das Bewegungsgesetz für die Rakete seine Allgemeingültigkeit dadurch, daß es unabhängig ist von den zulässigen Anfangsbedingungen. Es gilt für die Beschreibung von Raketen, die mit beliebiger Geschwindigkeit abgeschossen werden. Wenn das Gesetz nur für eine bestimmte Abschußgeschwindigkeit gelten würde, wäre es wenig mehr als eine Beschreibung der Bewegung einer bestimmten Rakete. Die Unabhängigkeit der Anfangsbedingungen von den Naturgesetzen ist ein Maß für ihre Nützlichkeit. Im kosmologischen Bereich wird diese Allgemeinheit jedoch ein Ärgernis. Es gibt nur ein Weltall, aber die Einsteinschen Gleichungen, die seine Entwicklung bestimmen, lassen die freie Wahl seiner Anfangsbedingungen zu. Es sollte, so scheint es, ein Prinzip geben, das diese Anfangsbedingungen irgendwie einschränkt.

Die dritte allgegenwärtige Zutat unserer Gleichungen sind die Naturkonstanten (iii), die sich als Proportionalitätsfaktoren ergeben. Leider haben wir bis jetzt noch kein «Gesetz», das sie bestimmt. In Kapitel 2 beschäftigten wir uns mit Newtons Gravitationsgesetz. Es behauptet, daß die Anziehung zwischen zwei Massen direkt proportional ist zu dem Produkt ihrer Massen und umgekehrt proportional zum Quadrat ihres Abstands. Die Proportionalitätskonstante nennen wir die Gravitationskonstante. Aus Newtons Gesetz folgt, daß diese Konstante für alle Massen, unabhängig von ihrem Abstand, denselben Wert haben sollte. Ihr numerischer Wert läßt sich jedoch nur bestimmen, indem die Gravitationskräfte zwischen Massepaaren mit unterschiedlichem Abstand gemessen werden. Eines der großen Ziele der Grundlagenphysik ist es herauszufinden, warum Konstanten in Gleichungen, die Naturgesetze darstellen, genau diese Zahlenwerte haben. Irgendwann einmal, so meinen viele Physiker, werden wir die Werte der Fundamentalkonstanten berechnen und die Anfangsbedingungen des Weltalls angeben können; dazu müssen wir aufgrund eines Prinzips der inneren Widerspruchsfreiheit zeigen, daß es für sie alle eine und nur eine logische Wahl gibt. Wir sind weit davon entfernt; noch weniger wissen wir, wie wir je entscheiden könnten, ob es richtig und vollständig gemacht wurde.

Die drei Komponenten (i), (ii) und (iii) haben eine sehr schöne Eigenschaft, und sie ist ein Grund dafür, warum Differentialgleichungen für Wissenschaftler so nützlich sind. Sie trennen nämlich sauber unser Wissen von der Welt von unserem Nichtwissen. Wir können die Form des Gesetzes (Komponente [i]) selbst dann genau herleiten, wenn wir nichts über die Anfangsbedingungen (Komponente [ii]) wissen und die zu einem Problem gehörenden universalen Konstanten (Komponente [iii]) nur ungefähr messen können.

Ein Skeptiker könnte sich sorgen, daß die Begriffe «Anfangsbedingungen» und «Naturkonstanten» aus unserer Vorliebe für Formeln entstanden sind, die die drei voneinander unabhängigen Komponenten (i) – (iii) aufweisen. Zum Beispiel könnte der Begriff der Anfangsbedingungen etwas seltsam sein. Wenn wir mit Hilfe von Newtons Bewegungsgesetz vorhersagen, wie sich ein Körper bewegt, müssen wir seine Ausgangslage und Anfangsgeschwindigkeit festlegen. Aber es ist etwas Merkwürdiges an der Vorstellung von einer «Anfangsgeschwindigkeit», weil der Begriff der Geschwindigkeit in der Differentialgleichung die Vorstellung von der Lage des Teilchens zu einer unendlich kleinen zukünftigen Zeit sowohl wie zur Anfangszeit enthält.

Anfangsbedingungen und Naturkonstanten könnten einfach Namen für bestimmte Aspekte der Welt sein, die noch nicht durch die Form festgelegt sind, die wir für die Gesetze gewählt haben. Sie haben vielleicht nicht ganz die grundlegende Bedeutung, die wir ihnen beimessen möchten.

Gesetz ohne Gesetz

Unwissenheit schützt vor Strafe nicht.
Volksweisheit

Können wir hoffen, je die Eigenschaften aller möglichen Gleichungen finden zu können, die sich zur Beschreibung eines komplizierten chaotischen Vorgangs eignen? Auf den ersten Blick scheint die Antwort «nein» zu sein. Alles, was wir je finden können, ist die Lösung bestimmter Gleichungen, deshalb können wir keine nützliche Information über *alle* möglichen Gleichungen gewinnen. Alles, was wir über die Lösungen aller Gleichungen sagen könnten, wäre zu schwach, um wirklich interessant zu sein. Weil wir nicht an Situationen interessiert sind, die sehr unwahrscheinlich sind, können wir unsere Aufmerksamkeit jenen Gleichungen zuwenden, bei denen es in gewissem Sinn *wahrscheinlich* ist, daß sie aus der Menge aller möglichen Gleichungen ausgewählt werden. Das schließt Situationen aus, die darauf hinauslaufen, daß eine Nadel fällt und immer im labilen Gleichgewicht auf ihrer Spitze stehen bleibt. Dieses Ereignis ist im Prinzip nicht ausgeschlossen, aber es ist äußerst unwahrscheinlich, daß es je beobachtet wird, weil die kleinste Störung der Lage das vollkommene Gleichgewicht zerstört. Das Gleichgewicht ist instabil. Schon die kleinste Veränderung ändert das Ergebnis vollständig. Wenn wir Gleichungen ausschließen, die in einem entsprechenden Sinn Ausnahmen sind, weil eine infinitesimale Veränderung sie in eine andere Art stabiler Gleichung verwandelt, bleiben solche Gleichungen übrig, die wir *fast jede* Gleichung nennen werden. Die Gleichungen dieser Menge haben die Eigenschaft, daß ihre Lösungen den Lösungen anderer Gleichungen dieser Menge relativ ähnlich sind, auch wenn die Gleichung etwas verändert wird. Wenn sich jedoch eine Gleichung, die nicht zu dieser Menge gehört, etwas ändert, verhält sie sich ebenfalls wie ein Element der ersten Menge.

Bemerkenswerterweise gibt es allgemeine Eigenschaften der Menge «fast aller» Gleichungen, die nicht trivial sind. Insbesondere hat man gefunden, daß sie dann, wenn sie über eine bestimmte Komplexität hinausgehen, ein chaotisches und unvorhersagbares Verhalten aufweisen.

Diese Überlegungen haben zu aufregenden Fortschritten in unserem Verständnis der turbulenten und chaotischen Naturphänomene geführt. Sie sind typisch in dem Sinn, daß sie in der Natur verwirklicht werden. Sie brauchen zu ihrer Aufrechterhaltung kein prekäres Gleichgewicht besonderer Umstände. (Drehen Sie nur einmal Ihren Wasserhahn auf.) Sie werden also durch eine Gleichung beschrieben, die zur Familie «fast aller» Gleichungen gehört. Wir können deshalb hoffen, einige Eigenschaften von Wirbelbewegungen beschreiben zu können, ohne das genaue physikalische Gesetz für Turbulenzen zu kennen. Dieses Thema ist heute von beträchtlichem Interesse, weil es so aussieht, als ob sich die Menge «fast aller» Gleichungen in Gruppen ordnen läßt, die viele anscheinend unterschiedliche Elemente enthalten. Für alle Elemente einer Gruppe sind jedoch einige Eigenschaften gleich. Diese Gruppierungen heißen *Universalitätsklassen*. Ihre Existenz könnte sich bei der Lösung sehr schwieriger Probleme als ein Gottesgeschenk herausstellen, weil wir dann, wenn eine oberflächlich gesehen unlösbare Gleichung zur selben Universalitätsklasse gehört wie eine leichter lösbare, unsere Aufmerksamkeit beruhigt der leichteren zuwenden könnten. Wir wissen ja, daß die Lösung der schwierigeren ähnliche allgemeine Eigenschaften hat.

Die auffallendste Eigenschaft, die einer großen Klasse von Gleichungen zukommt, ist der Ablauf der Ereignisse, durch die sie von Ordnung zu Chaos degenerieren. Stellen wir uns einen glatt und regelmäßig fließenden Wasserstrahl vor, den wir aber schneller oder langsamer strömen lassen können. Wenn der Druck allmählich stärker wird, erfolgt eine Reihe von Veränderungen. Zuerst schwingt der Strahl in Wellen, die sich nach einer Zeit t wiederholen; wird der Strahl dann immer stärker, wird er etwas weniger regelmäßig; dann wiederholt er sich erst nach der Zeit $2t$, danach nach einer Zeit $4t$, dann nur $8t$ und so weiter, bis bei einer bestimmten Einstellung ein unvorhersagbares Chaos vorliegt. In diesem Zustand ist die Zeit, bis sich das Muster wiederholt, unendlich. Es enthält überhaupt keine zyklische Vorhersagbarkeit mehr. Dieser Ablauf der Ereignisse liegt, wie sich gezeigt hat, einer großen Klasse chaotischer Naturerscheinungen zugrunde. Unabhängig von den Einzelheiten der physikalischen Situation, in der das Chaos schließlich eintritt, läßt sich oft dieser Übergang zur «Periodenverdopplung» aufzeigen. Am bemerkenswertesten ist, daß die Geschwindigkeit immer gleich bleibt, mit

Warum sind die Naturgesetze mathematisch? 431

der sich die Periode bei der Annäherung an den kritischen Wert, an dem die Periode unendlich wird, verdoppelt. Wenn die $n$te Verdopplung der Periode dann auftritt, wenn auf den Strahl von außen k_n wirkt, erreicht k_n bei wachsendem n seinen kritischen Wert k^* in Übereinstimmung mit

$$k_n - k^* \sim D^{-n},$$

wobei $D = 4{,}669\,201\,609\,1029\ldots$ eine reine Zahl ist, die immer gleich bleibt. Das einfachste Beispiel für dieses «Universalitäts»-Phänomen ist der Algorithmus

$$x_{n+1} = Ax_n(1-x_n), \tag{5.1}$$

wobei A eine Zahl zwischen 1 und 4 ist, die gleichsam eine Kontrolle für die Variablen ist. Mit Hilfe dieser Rechenvorschrift können wir den $(n+1)$ten Wert einer Größe x vollständig bestimmen, wenn wir den nten Wert kennen. Es ist der typische Fall eines Wettstreits zwischen Geburten (der erste Term rechts, Ax_n) und Todesfällen (der zweite Term rechts, $-Ax_n^2$). Wenn man für $n=1$ einen Anfangswert wählt und die Folge der x-Werte berechnet, die der Algorithmus für verschiedene Werte von A ergibt, erhält man eine bestimmte Zahlenfolge.

Wenn A in der Nähe von 1 ist, sind die aufeinanderfolgenden Werte $x_1, x_2, x_3\ldots$ periodisch. Wenn A größer wird, wächst die Periode von 1 auf 2 und 4 und 8 an; sie verdoppelt sich so lange, bis wir den kritischen Wert $A = 3{,}5699$ wählen. Bei diesem Wert wird das Ergebnis unperiodisch, und wenn A auf 4 anwächst, geht das Chaos weiter. Die Wahrscheinlichkeitsverteilung der Ergebnisse des Algorithmus nimmt schließlich nach sehr vielen Wiederholungen eine feste Form an. Abbildung 5.6 zeigt sie für $A = 4$.

Das stetige Anwachsen der Komplexität chaotischer Systeme mit der Periodenverdopplung hat mit der Tatsache zu tun, daß für jeden Wert des Kontrollparameters, bei dem eine Periodenverdopplung auftritt, bei demselben jeweiligen Ausgangszustand zwei mögliche zukünftige Entwicklungen des Strahls erlaubt sind. Wenn man sich dem kritischen Wert nähert, nimmt die Anzahl verschiedener Verhaltensmöglichkeiten ungeheuer schnell zu. Diese Vervielfältigung ist merk-

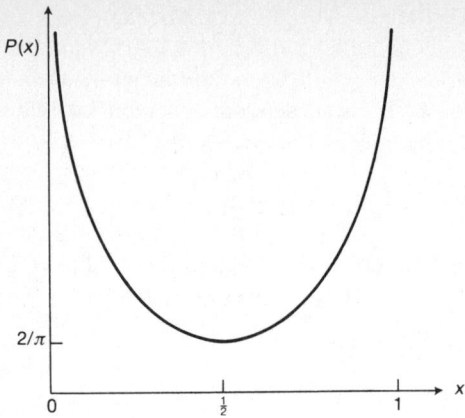

5.6 Die langfristige Wahrscheinlichkeitsverteilung $P(x)$ bei wiederholter Anwendung des Algorithmus der Gleichung (5.1).

würdig, denn eine kleine stetige Veränderung bewirkt eine unstetige Veränderung der Zahl der Lösungen einer Gleichung. So etwas kann jedoch ganz einfach passieren. Stellen wir uns vor, es gäbe in der Wirtschaft stabile Zustände X, die durch mehrere teilweise kontrollierbare Faktoren wie Inflation, Außenhandel, Arbeitslosigkeit und so weiter bestimmt sind. Wir nennen sie A, B und C. Nehmen wir zum Zweck der Veranschaulichung auch an, daß diese variablen Faktoren den Gleichgewichtszustand X durch die quadratische Gleichung

$$AX^2 + BX + C = 0 \tag{5.2}$$

bestimmen. Die Anzahl der Lösungen dieser Gleichung für X entspricht der Anzahl der verschiedenen Gleichgewichtszustände, die die Wirtschaft haben kann. Diese Anzahl verändert sich je nach der relativen Größe von B^2 und $4AC$ so, wie Abbildung 5.7 zeigt. Wenn es zu einer bestimmten Zeit einen Zustand gibt, in dem B^2 größer ist als $4AC$, gibt es zwei verschiedene Lösungen. Wenn aber die Umwelt sich so ändert, daß B^2 gleich $4AC$ wird, gibt es nur ein Gleichgewichtsstadium, und wenn schließlich der Wert von B^2 etwas unter $4AC$ liegt, ist überhaupt *kein* wirtschaftliches Gleichgewicht möglich. Eine sehr

Warum sind die Naturgesetze mathematisch? 433

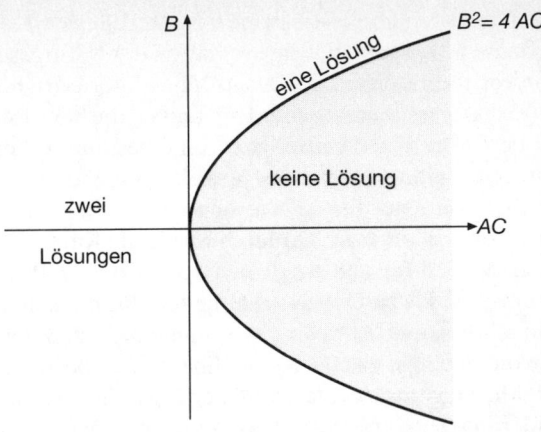

5.7 Die Anzahl der Lösungen der quadratischen Gleichung (5.2) ist für verschiedene Werte der drei in der Gleichung vorkommenden Parameter A, B und C nicht immer gleich. Sie wird durch die Werte von B^2 und AC bestimmt und wechselt selbst dann unstetig zwischen null, eins und zwei, wenn die Änderung der Größen A, B und C glatt ist.

kleine stetige Veränderung der Kontrollparameter führt zu diskreten Veränderungen der Anzahl der Lösungen der Gleichung. Entsprechend können sich auf dem Weg von Ordnung zu Chaos diskrete und plötzliche Veränderungen im qualitativen Verhalten eines Systems ergeben, wenn sich eine Umweltbedingung nur ein wenig ändert. Diese Nicht-Eindeutigkeit des zukünftigen Zustands des Systems bei vorgeschriebenem Anfangszustand ist bemerkenswerterweise genau das Gegenteil von dem, was nach Hadamards erster und zweiter Bedingung als «natürlich» erschien.

Die in Abbildung 5.7 dargestellte Unstetigkeit kommt in physikalischen Problemen häufig vor. Die Erforschung des Entstehens dieser unstetigen Veränderungen ist so etwas wie ein Kultobjekt geworden, nachdem der französische Mathematiker René Thom es in seinem klassischen Buch *Stabilité structurelle et morphogenêse* als Allheilmittel beschrieben hatte. Auf Vorschlag des britischen Topologen Christopher Zeeman wurde diese Theorie *Katastrophentheorie* genannt.

Bis zu einem gewissen Grad ist sie eine Erweiterung der hier beschriebenen Gedanken, wonach die Eigenschaften der Naturgesetze unabhängig sind von ihrer Form. Die Katastrophentheorie gründet sich auf eine Reihe exakter mathematischer Ergebnisse, die beweisen, daß ein System in der Nähe einer Unstetigkeit eine bestimmte Form haben muß, wenn eine glatte Fläche auf unbekannte Weise beschrieben wird, die aber von einer festen Anzahl von beliebig veränderlichen Parametern kontrolliert wird. Dadurch wurde die Katastrophentheorie zu einem Modell für alle möglichen komplizierten Prozesse, von Gefängnisrevolten bis zu Geisteskrankheiten, für die kein mathematisches Modell bekannt ist. Wenn wir annehmen, daß das fragliche Phänomen durch einige wenige Kontrollparameter bestimmt wird, ist es möglich, die Gegenwart katastrophaler Unstetigkeiten und die Art der Veränderungen in ihrer Nähe vorherzusagen. Die Ergebnisse sind natürlich nur so begründet wie die Annahmen – zum Beispiel über die Anzahl der Kontrollparameter in dem unbekannten Modell –, auf denen sie beruhen. Trotzdem hat das Verständnis für diese generellen unstetigen Veränderungen geholfen, viele optische Erscheinungen zu erklären, für die Lichtfokussierung und Brechung wichtig sind.

Diese Überlegungen veranschaulichen das moderne mathematische Denken über die Komplexität der Natur. In der Vergangenheit war es üblich, einen bestimmten Naturvorgang herauszugreifen und eine Gleichung zu suchen, die ihn beschreiben konnte. Jetzt betonen wir Eigenschaften, die den allgemeinsten Gleichungen und den kompliziertesten Phänomenen gemeinsam sind, und beschäftigen uns mit solchen Phänomenen, deren innere Komplexität den Wissenschaftler herausfordert, eine exakte, ihre Wirkungsweise genau beschreibende Lösung zu finden. In der Vergangenheit stürzten sich die Physiker auf die Statistik, wenn die Phänomene sehr kompliziert wurden, und behandelten Turbulenzen als statistische Vorgänge. Dabei bevorzugten sie den stochastischen Aspekt nur deswegen, weil er für die Beschreibung bequem war. An Turbulenzen ist an sich nichts, was nicht deterministisch ist. In den letzten Jahren neigt man wieder eher dazu, komplexe Wirbelerscheinungen *deterministisch* zu sehen, und führt ihre chaotische Erscheinungsform auf eine ihnen eigene Sensibilität gegenüber kleinen Veränderungen zurück. Solche Phänomene sind im Prinzip völlig determiniert; weil jedoch unsere Kenntnis ihres Zustands in jedem Augenblick unvollständig sein muß, ziehen wir eine statistische Beschreibung vor, die uns Information über das gibt, was wir über einen sehr langen Beobachtungszeitraum hinweg beobachten. Beobachtungen müssen wiederholbar sein, wenn sie nützlich sein sollen, und sie müssen sich beliebig oft wiederholen lassen. Das Ergebnis einer Beobachtungsreihe liefert uns immer eine Wahrscheinlichkeitsverteilung. In einigen Fällen ist die «Verteilung» dort, wo das System nicht chaotisch ist, trivial; jede Beobachtung ergibt praktisch denselben Wert. In anderen Fällen ist das nicht so. Viele chaotische Systeme kommen schließlich in einen Gleichgewichtszustand, der durch eine bestimmte Wahrscheinlichkeitsverteilung für die Ereignisse beschrieben wird, wie etwa Abbildung 5.6 für den Algorithmus A = 4 zeigt. Die Annäherung an die Gleichgewichtsverteilung der Ergebnisse wird mit immer größerer Genauigkeit immer besser, wenn die Entwicklung weitergeht, obwohl die einzelnen Ereignisse keinen Hinweis darauf geben, daß sie sich einem bestimmten Grenzwert nähern.

Das Chaos ist jedoch mehr als eine Wahrscheinlichkeitsverteilung. Ein lehrreiches Beispiel liefert der folgende Algorithmus, den der französische Astrophysiker Michel Henon als erster untersuchte:

$$x_{n+1} = y_n + 1 - 1{,}4 x_n^2$$

$$y_{n+1} = 0{,}3 x_n$$

(5.3)

Die Formeln zeigen, wie sich die *(n + 1)*ten Werte der Variablen x und y für $n = 0, 1, 2, 3 \ldots$ aus ihrem $n$ten Wert berechnen lassen. Wenn jedoch $x_0 = 0$ und $y_0 = 0$, dann ist $x_1 = 0$, $y_1 = 0$, $x_2 = 0{,}4$, $y_2 = 0{,}3$ und so weiter. Dieser Algorithmus ist in dem von uns behandelten Sinn chaotisch. Eine kleine Ungewißheit im Anfangszustand vergrößert sich sehr rasch. Wenn wir die Anfangswerte $x_0 = 0{,}631$ und $y_0 = 0{,}189$ wählen und dann für x und y alle Werte auftragen, die sich durch wiederholte Anwendung des Algorithmus ergeben, entsteht ein seltsam strukturiertes Diagramm (Abbildung 5.8). Nach sehr vielen Iterationen nimmt die Verteilung der Ergebnisse eine typische Form an. Bereiche, in denen die Ergebnisse am dichtesten liegen, zeigen Bereiche der *xy*-Ebene an, in denen die Wahrscheinlichkeitsverteilung eine Spitze hat. Das Bild verbirgt jedoch eine bemerkenswerte Eigen-

436 Die Natur der Natur

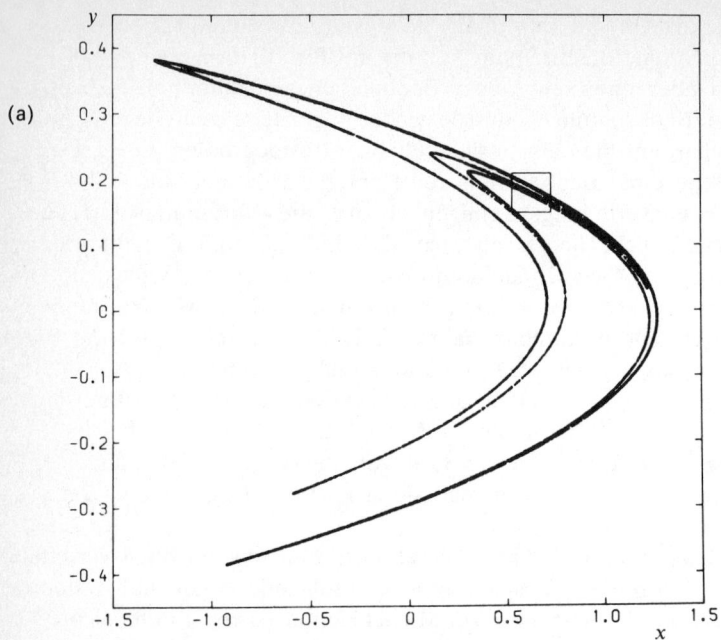

(a)

5.8 Henons seltsamer Attraktor. (a) Das Schicksal von 10000 Wiederholungen des in Gleichung (5.3) gegebenen Algorithmus, wenn man mit den Werten $x = 0,631\,354\,48$ und $y = 0,189\,406\,34$ beginnt. Die x-Werte sind horizontal und die y-Werte vertikal aufgetragen. (b) Eine Vergrößerung des Bereichs des kleinen Quadrates in (a) zeigt eine Zunahme der vorliegenden Struktur. Die Anzahl der berechneten Punkte wurde auf 100000 erhöht, um die Struktur zu verdeutlichen. (c) Eine Vergrößerung des Bereichs in dem kleinen Quadrat in (b) zeigt weitere Teilstrukturen. Die Anzahl der abgebildeten Punkte ist auf eine Million angewachsen. Eine Untersuchung zeigt eine hierarchische Struktur von Ebenen innerhalb von Ebenen. Auf jeder Ebene ist die globale Struktur ähnlich, wenn die Gesamtgröße den Vergleich zuläßt. Diese «Selbst-Ähnlichkeit» ist kennzeichnend für die im Text behandelte Cantormenge. [Nachdruck mit freundlicher Genehmigung des Verfassers von Henon, M. (1976). A two-dimensional mapping with a strange attractor. *Communications in Mathematical Physics* 50, 69–77.]

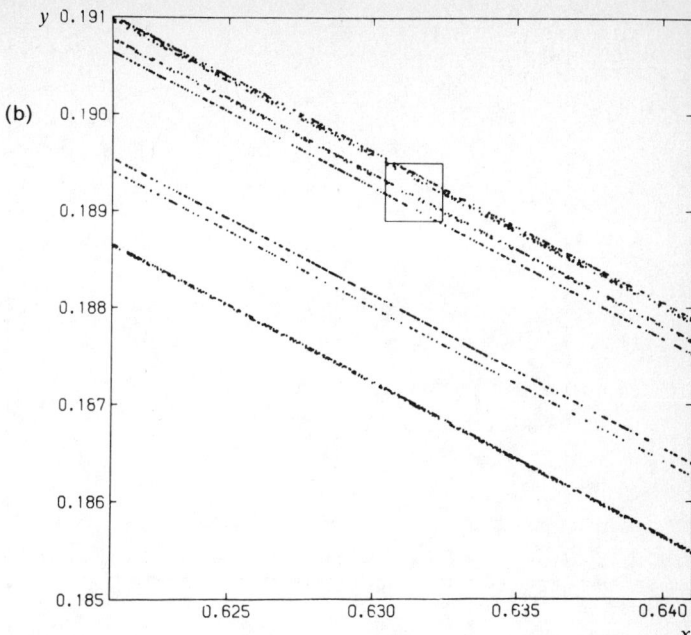

schaft. Eine Vergrößerung (b) eines Teiles des Bildes (a), in dem die Punkte wie auf einer Kette aufgereiht sind, zeigt, daß das vergrößerte Bild eines Streifens wieder eine Struktur aufweist, nämlich Streifen innerhalb von Streifen innerhalb von Streifen [vergleiche (c)]. Wenn wir die so dargestellten Ergebnisse mit immer besserer Auflösung betrachten, finden wir immer neue Strukturen und Komplexitäten im Muster der Ergebnisse. Niemals verschwindet das chaotische Ergebnis in der Gleichförmigkeit. Obwohl es einfache allgemeine Gesetze geben könnte, die angeben, wie schnell neue Strukturen auftreten, wenn die Anzahl der Ergebnisse anwächst, stehen wir auf jeder mikroskopischen Skala vor einer irreduzierbaren Komplexität, die keine endliche Beschreibung je erschöpfen kann.

Mathematiker nennen die wesentliche Komponente der immer feiner werdenden Strukturebenen in der Henon-Abbildung eine Cantormenge. Sie ist ein merkwürdiges Gebilde; es hockt am Rande des Abgrunds zwischen nichts und etwas. Wir konstruieren sie, indem wir

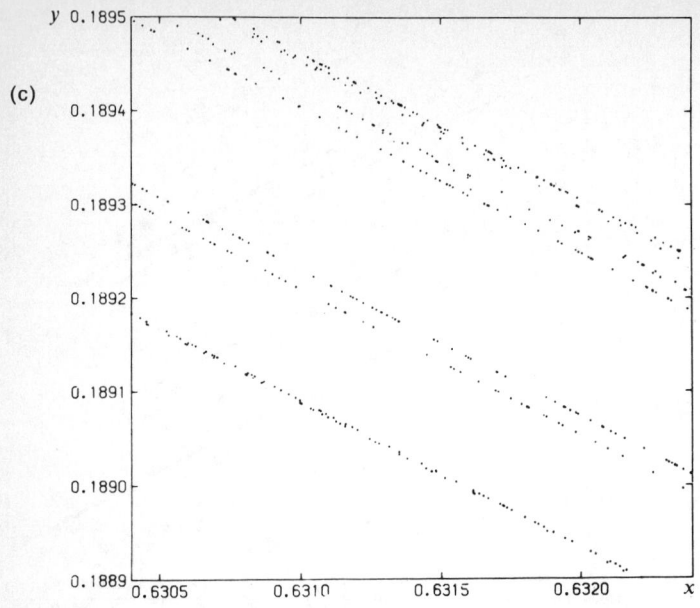

(c)

mit einer Strecke der Länge 1 beginnen, die zwischen O und 1 liegt und die beiden Endpunkte enthält.

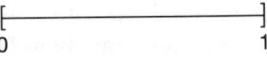

Wir entfernen dann das mittlere Drittel dieser Strecke (zwischen 1/3 und 2/3) unter Zurücklassung der Endpunkte 1/3 und 2/3. Wir haben dann zwei Teilintervalle

Wir wiederholen diese Unterteilung *ad infinitum*, indem wir immer das mittlere Drittel eines Stücks wegwerfen, seine Endpunkte jedoch behalten. Am Ende bleibt nur der «Staub» der verstreuten Punkte;

sie sind die Cantormenge. Man könnte denken, diese Restwelt enthielte gar nichts mehr, aber das ist nicht so. Die restliche Cantormenge hat die Länge Null, weil die Gesamtlänge der weggeworfenen Strecken die unendliche Summe der geometrischen Folge der Längen

$$1/3 + 2 \cdot 1/9 + 4 \cdot 1/27 + 8 \cdot 1/81 + \ldots = 1$$

ist. Aber sie enthält überabzählbar viele Punkte, und deshalb ist ihre Dimension nicht Null, wie die eines einzelnen Punktes, der auch die Länge Null hat. Wir brauchen zu ihrer Erzeugung mehr Information als zur Festlegung eines einzelnen Punktes, aber nicht soviel wie zur Definition einer Geraden. Dieses Maß für die Dimension (die sogenannte Hausdorff-Dimension) braucht keine ganze Zahl zu sein. In diesem Fall ist sie *log(2)/log(3)* = 0,6309... Die Endstadien von Henons Abbildung bilden eine Struktur, die sich als das Produkt aus einer Strecke und einer Cantormenge beschreiben läßt. (Man erinnere sich, daß eine Ebene als das Produkt von Geraden und ein Zylinder als Produkt einer Geraden mit einem Kreis dargestellt werden kann.) Das Ergebnis ist ein Zwischending, weder Gerade noch Ebene, wenn man danach geht, wieviel Information zu ihrer Erzeugung nötig ist; dabei läßt es sich in der Ebene graphisch darstellen, weil seine geometrische Dimension (die Anzahl der Koordinaten, die zur eindeutigen Festlegung der Lage eines jeden Punktes im Raum nötig sind) immer noch zwei ist.

Die Struktur einer «Welt in der Welt», wie sie sich aus Henons Algorithmus ergibt, ist typisch für viele komplexe Algorithmen, die chaotisches Verhalten aufweisen. Ein anderes Beispiel ist das auf Seite 341 gezeigte Fraktal. In dem Fall wurde die Abbildung durch die Zeichnung der Grenze veranschaulicht, die jene Punkte, die innerhalb einer endlichen Entfernung vom Ursprung abgebildet werden, von jenen trennt, die nach vielen Iterationen in immer größeren Abständen abgebildet werden. Die Grenzen des schwarzen Bereichs in Abbildung 4.10 enthalten endlos viele komplexe zusammenhängende Strukturen. Es gibt unendlich viele kleine scheibenähnliche Strukturen, die tangential mit der herzförmigen Komponente verbunden sind; diese wiederum führen massenweise zu weiteren, noch kleineren Scheiben, die durch dünne Ranken verbunden sind, und so weiter *ad infinitum*. Diese ganze komplexe Grenzziehung läßt sich bemerkenswerterweise von jedem ihrer endlichen Teile erzeugen, wenn sich der Algorithmus nur oft genug wiederholt. Eine sehr einfache Rechenregel kann also unendlich viel komplexe Information speichern, die sich durch einfache Wiederholung reproduziert. Das gibt uns einen Hinweis darauf, wie die Natur es fertigbringt, aus einfachen Anfängen zu solcher Komplexität zu gelangen.

Lassen sich die Naturgesetze berechnen?

> *Beim Nachdenken und Ausprobieren, was eine «Feldtheorie» sein könnte, fand ich die Forderung sehr hilfreich, daß die Gleichungen einer richtig formulierten Feldtheorie lösbar sein sollten.*
>
> Kenneth Wilson

Wir haben betont, welche Rolle Algorithmen bei der Anwendung der Mathematik auf die physikalische Welt spielen. In der Praxis fordern wir berechenbare Algorithmen, um die Vorhersagen einer physikalischen Theorie mit Beobachtungen und Messungen vergleichen zu können. Unsere Naturgesetze mögen die Form partieller Differentialgleichungen haben; wenn wir diese Gleichungen lösen wollen, müssen wir uns für einen Algorithmus entscheiden. In einfachen Fällen läßt sich diese Rechnung mit Papier und Bleistift ausführen, in anderen setzt sie einen Supercomputer voraus. Gewöhnlich können wir den Begriff einer physikalischen Theorie von ihrer Ausführung trennen. Es läßt sich jedoch auch eine Situation vorstellen, in der ein Naturgesetz nicht von seinem Algorithmus zu trennen ist. Wenn es keine Möglichkeit gibt, bestimmte Ereignisfolgen abzukürzen, ist die einfachste Darstellung die Ereignisfolge selbst. Natürlich hat eine Zufallsfolge diese Eigenschaft, aber auch nicht zufällige Folgen können so unzugänglich sein. Dann gibt es für die praktische Anwendung der fraglichen mathematischen Theorie keinen Algorithmus.

Wir sahen schon, wie Turing und andere gezeigt haben, daß es nicht-berechenbare Zahlen gibt. Den Physiker interessiert die Frage, ob es mathematisch formulierte Naturgesetze gibt, die den Wert nicht berechenbarer meßbarer Größen vorhersagen. Wenn sich eine beobachtbare Zahl nicht berechnen läßt, kann es kein mechanisches Programm geben, das die Zahl in endlich vielen Rechenschritten mit beliebiger Genauigkeit approximiert. Ein solches Naturgesetz brächte uns in die Lage, numerische Vorhersagen machen zu können, die sich nicht mit großer Genauigkeit experimentell überprüfen lassen. Denn zur Überprüfung wäre ein Algorithmus nötig, der es erlaubt, die vorhergesagte Zahl und den Meßwert beliebig genau zu vergleichen. Da die vorhergesagte Zahl nicht berechenbar ist, kann ein solcher vergleichender Algorithmus nicht existieren. Jede neue Ebene der Genauigkeit würde ein qualitativ neues Näherungsverfahren erfordern. Nicht-berechenbare Zahlen werden immer wieder völlig neu definiert. Deshalb können einfache mechanische Algorithmen ihren Gehalt niemals erschöpfen.

Die Begriffe und Konstanten der klassischen Physik enthalten Zahlen (wie «π») und dimensionslose physikalische Konstanten (wie das Verhältnis der Massen von Elektron und Proton), die im Rahmen atomphysikalischer Theorien meßbar und berechenbar sind. Die Quantenphysik muß nicht zu entscheidbaren oder berechenbaren Vorhersagen führen. Wenn zwei beliebige Quantenzustände eines physikalischen Systems gegeben sind, die eine unendliche Anzahl von Freiheitsgraden haben, läßt sich die Frage nach ihrer makroskopischen Unterscheidbarkeit nicht durch einen Rechenalgorithmus entscheiden. Dabei spielt die unendliche Anzahl von Freiheitsgraden eine entscheidende Rolle, denn wenn diese Anzahl endlich wäre, ließen sich alle möglichen makroskopischen Zustände, die mit jedem der beiden Quantenzustände verknüpft sind, in nur zwei endlichen Listen aufschreiben und vergleichen. Ein anderes Problem der nichtberechenbaren Physik hat sich vor kurzem bei der Erforschung der Quantenschwerkraft ergeben. Die dabei betrachtete physikalische Theorie sagt vorher, daß eine Größe (wir nennen sie X), die im Prinzip meßbare Zahlen bestimmt, definiert wird, indem man eine Reihe von Ausdrücken summiert, von denen jeder für ein Element der Menge aller vierdimensionalen kompakten Mannigfaltigkeiten steht. Es kann jedoch keinen Algorithmus geben, der systematisch die Mannigfaltigkeiten aufschreibt und unterscheidet, die zur Berechnung der Summe nötig sind. Eine solche Liste ist eine nicht-berechenbare Funktion. Eine andere und qualitativ neue (nicht aus dem letzten

Schritt herleitbare) Idee ist nötig, um die Terme der Summe zu berechnen. Während dieses Beispiel nicht beweist, daß die beobachtbare Größe X nicht berechenbar ist – es könnte andere mathematische Ausdrücke für sie geben, die den Umgang mit einer nicht-berechenbaren Operation vermeiden –, ist es doch eine Warnung: Die mathematische Struktur der tiefsten Geheimnisse einer «letzten» Theorie der Welt könnte nicht-berechenbar sein. Das könnte für eine Theorie, die nur für ein einziges Objekt, wie hier das Weltall, gilt, sogar eine ganz natürliche Forderung sein. Vielleicht gibt es für sie keine andere Realisierung als diese unsere Welt.

Diese beiden Beispiele für Nicht-Berechenbarkeit in der Physik sind eher fernliegend. Wir geben ein letztes fundamentaleres Beispiel. Wir betrachten dazu den Prototyp gewöhnlicher Differentialgleichungen, nämlich

$$dy/dx = F(x,y),$$

wobei F eine stetige, nicht zweimal differenzierbare Funktion ist (ein Graph von G läßt sich also ohne Absetzen des Bleistifts zeichnen, er kann aber wie der Buchstabe W Ecken und Spitzen haben); aber obwohl die Funktion F berechenbar sein kann, braucht die Gleichung keine berechenbare Lösung zu haben. Dieses Problem tritt auch bei partiellen Differentialgleichungen auf, so z. B. wenn die Gleichungen von Wellen untersucht werden, die sich in mehr als einer Raumdimension bewegen. Wenn eine stetige, aber nicht zweimal differenzierbare Funktion G das Anfangsprofil der Welle im Raum vorschreibt, hat die Wellengleichung möglicherweise keine berechenbare Lösung, obwohl G berechenbar ist. Das kann bei eindimensionaler Wellenausbreitung nicht passieren: berechenbare Anfangsbedingungen garantieren berechenbare Lösungen. Zunächst erscheint dieses Ergebnis besorgniserregend. Wellengleichungen und gewöhnliche Differentialgleichungen der oben aufgezeigten Art umfassen so ziemlich alle Differentialgleichungen, die bei der Beschreibung der Naturgesetze vorkommen – Gehirnströme, Wasserwellen, quantenmechanische Wellenfunktionen, Gravitationswellen –, sie alle gehören anscheinend dazu. Aber andererseits scheint es für die Nichtberechenbarkeit der Funktionen F und G absolut notwendig zu sein, daß sie nicht glatt, d. h. zweimal differenzierbar sind. Wenn F und G zweimal differenzierbare Funktionen sind, lassen sich die Lösungen der Differentialgleichungen immer berechnen. Es ist üblich geworden, diesen Grad an Glattheit für eine notwendige Bedingung dafür zu halten, daß F und G physikalisch realistisch sind. Wie aber wissen wir, daß das zutrifft? Auf der molekularen Ebene (und darunter) ist ein Flüssigkeitsstrahl eine Kette von unzählbar vielen Zusammenstößen, die dann, wenn sie klassisch behandelt werden, Unstetigkeiten aufweisen. Was im Quantenbild geschieht, verstehen wir noch nicht ganz. Unsere Differentialgleichungen sind gemittelte Beschreibungen von ungeheuer vielen einzelnen Algorithmen, die einzelne Zusammenstöße beschreiben. Selbst wenn sie berechenbar sind, könnten die ihnen zugrundeliegenden diskreten Beschreibungen es nicht sein.

Der kosmische Code – eine letzte Spekulation

> *Diese ... Theorie [von Shannon] ist so allgemein, daß man nicht zu sagen braucht, welcher Art die betrachteten Symbole sind – ob geschriebene Buchstaben oder Worte oder wie in der Musik Noten oder gesprochene Worte oder symphonische Musik oder Bilder. Die Theorie hat viel Tiefgang, deshalb gilt die von ihr offenbarte Beziehung unterschiedslos für diese und alle anderen Formen der Kommunikation.*
>
> Warren Weaver

Wenn wir unter wissenschaftlicher Forschung das Entschlüsseln einer uns übermittelten Botschaft verstehen, überraschen uns die Folgerungen, die sich aus den klassischen Arbeiten des amerikanischen Informationstheoretikers Claude Shannon ergeben. Danach läßt sich eine Botschaft so verschlüsseln, daß sie so genau entschlüsselt werden kann, wie man nur will, selbst wenn Geräusche und andere Störungen das Signal verzerren. Auch kann dieselbe *Botschaft* verschiedenen Empfängern so genau übermittelt werden, wie sie es wollen, obwohl sie vielleicht nicht dieselbe Signalfolge empfangen oder nicht einmal dieselben Verständigungsmethoden haben. Natürlich können Geräusche in der Praxis den Informationssignalen nur dann nichts anhaben, wenn in die Mitteilung viel Redundanz eingebaut ist, also viel mehr Symbole benutzt werden als nötig wäre, um die Nachricht ohne Störgeräusche zu übermitteln. Weiter muß die Botschaft in einer bestimmten Weise kodiert sein, damit diese verheißene beliebig große Signaltreue verwirklicht werden kann. Auf seltsame Weise scheint die Natur in einer dieser zweckdienlichen Formen «chiffriert» zu sein. Es gibt viele Naturbeobachter und -deuter, die zu verschiedenen Zeiten und an verschiedenen Orten ähnliche und verschiedene Daten und Beobachtungen – «Information» – gesammelt haben. Alle diese Forscher werden von einem «Rauschen» geplagt – ob es nun persönliche Vorurteile oder Vorlieben, unvollständige oder ungenügende Daten, Fehler, die Kantschen Denkkategorien, die dem menschlichen Geist angeboren sind, experimentelle Auswahleffekte oder kulturelle Vorurteile sind. Nach dieser Analogie mit Shannons Entdeckung lassen sich trotz all dieser Verzerrungen bestimmte Arten von Nachrichten mit beliebig großer Genauigkeit unterscheiden, wenn die Quelle bestimmte Eigenschaften hat. Wenn die «Botschaft» mit den Naturgesetzen verknüpft ist, können wir unser Vertrauen in die Harmlosigkeit des Ausfilterns der Beobachtungen durch menschliche Erkenntnis als ein Zeichen des Vertrauens darin sehen, daß sie die Botschaft unabhängig von Geräuschen übermitteln, die das Signal zum Teil zerstören. Die für große Wiedergabetreue nötige Redundanz läßt sich durch die Wiederholbarkeit von Experimenten und Beobachtungen sichern und durch die Art, in der sich in verschiedenen Aspekten der Natur ähnliche Strukturen entfalten. Vielleicht entspricht die Tatsache, daß die Naturgesetze trotz so vieler oberflächlicher Verzerrungen und einer solchen Vielfalt von Möglichkeiten der Näherung ein widerspruchsfreies Bild ergeben, der Tatsache, daß sie in einem gewissen Sinn «optimal verschlüsselt» sind. Könnte das die überraschende Nützlichkeit der Mathematik bei der Beschreibung der physikalischen Welt widerspiegeln?

Gibt es überhaupt Naturgesetze?

Es gibt kein Gesetz, außer dem, daß es keines gibt.
John A. Wheeler

Ketzereien

Eine Ketzerei schlägt nur die Brücke zwischen zwei Pfeilern der Strenggläubigkeit.
Francis Hackett

Oft führt Chaos spontan zu Ordnung. Die Atome um uns herum bewegen sich zufällig, jedes auf seine eigene Art, aber im Großen herrscht vergleichsweise Ordnung. Die «Kräfte», die eine freie Marktwirtschaft bestimmen, bestehen aus den zufälligen und voneinander unabhängigen Entscheidungen Millionen einzelner, aber sie können eine einheitliche Gesamtrichtung haben. Es gibt kein «Gesetz» der Evolution, das den Verlauf der biologischen Entwicklung über Äonen bestimmt, sondern nur die Statistik der voneinander unabhängigen Ergebnisse von Anpassung und Überleben. Aber die Flora und Fauna unseres Planeten weisen etwas auf, dem wir «Ordnung» zuschreiben müssen. Diese eindrucksvolle Tatsache läßt die Frage vernünftig erscheinen, ob nicht möglicherweise auch im Weltall eine «unsichtbare Hand» am Werk sei. Könnte es sein, daß es überhaupt keine Naturgesetze gibt? Vielleicht ist all die Ordnung, die wir sehen, Ausdruck jener merkwürdigen Gesetzlosigkeit und Unabhängigkeit, die zur Vorhersagbarkeit führen? In der Vergangenheit ist oft darauf hingewiesen worden, daß viele Regelmäßigkeiten der Natur auf Zufälligkeiten beruhen. Normalerweise dient dieser Gedanke nur zur Erklärung der mittleren Gleichförmigkeit, die sich dann ergibt, wenn sehr viele Ereignisse je für sich in Übereinstimmung mit deterministischen Gesetzen ablaufen. Dazu schreibt Schrödinger:

> Der Einzelvorgang mag seine eigene strenge Regelmäßigkeit haben oder auch nicht. In der beobachteten Regelmäßigkeit der Massenerscheinung braucht die individuelle Regelmäßigkeit (wenn es sie gibt) nicht berücksichtigt zu werden. Im Gegenteil, sie wird durch das Mitteln über Millionen von Einzelvorgängen völlig ausgelöscht; diese Mittelwerte jedoch sind das einzige, was wir beobachten können. Die Durchschnittswerte stellen ihre rein statische *Regelmäßigkeit* unter Beweis.

Wir beobachten keine *einzelnen* mikroskopischen Ereignisse, und deshalb sind die Gesetze der Molekularbewegung für die Beobachtung nicht unmittelbar wichtig. Für unsere Naturerfahrung ist das Durchschnittsverhalten vieler Einzelbewegungen wichtig. Je größer eine Menge ist, um so kleiner sind die charakteristischen Zufallsschwankungen. Obwohl jedoch in den von Schrödinger erwähnten Vorgängen aus Unordnung im Kleinen Ordnung im Großen entsteht, behauptet er keineswegs, daß diese Einzelbewegungen nicht strengen Bewegungsgesetzen unterliegen. Sie erscheinen uns nur deshalb ungeordnet, weil sie so komplex sind; wie wir in Kapitel 3 ausführlicher betrachteten, müssen wir diese komplexen Verhältnisse statistisch beschreiben, weil wir sie mathematisch nicht exakt erfassen können, nicht aber weil die Molekularbewegung an sich zufällig ist. Zudem lassen sich statistische Regelmäßigkeiten genau wie deterministische Gesetze an der Erfahrung überprüfen.

Hier möchten wir die radikalere Vorstellung erwägen, daß die diesen Einzelerscheinungen zugrundeliegenden Gesetze selbst statistischen Ursprungs sind. Daraus folgt, daß sie nicht genau sein können. Sie könnten sich nach einer langen Entwicklung als asymptotischer Zustand herausgebildet haben. Das Auftreten von Regelmäßigkeiten braucht dann nichts anderes zu bedeuten, als daß es die Welt schon seit sehr langer Zeit gibt.

Obwohl das christliche Abendland seit jeher an die Unwandelbarkeit der Naturgesetze glaubt, war dieser Glaube immer etwas verhalten, denn die Möglichkeit eines «Wunders» sollte nicht ausgeschlossen werden. Darin sah man keinerlei Widerspruch; vielmehr galt das Nebeneinander dieser beiden Ansichten als Beweis dafür, daß göttlicher Wille der Welt die Naturgesetze von außen auferlegt habe, sie also nicht holistisch oder der Natur immanent seien.

Andere Religionen geben Abweichungen von den kanonischen Naturgesetzen gewöhnlich mehr Raum, weil sie keinen a priori vorgegebenen oder analogen Grund sehen, gesetzmäßige Ordnung und Regelmäßigkeit als Wesenszüge der Natur zu sehen. Die meisten heidnischen Religionen betonen stärker als die Regelmäßigkeiten die Ungleichförmigkeit der Natur. Rivalisierende Gottheiten kämpfen miteinander, um der Welt ihren Willen aufzuzwingen. Marduk erschlägt die Mutter der Götter und Erzeugerin von Ungeheuern. Ihr Körper wird zerrissen; aus ihm entstehen Himmel und Erde. In solchen Geschichten ändert sich die Welt im Einklang mit ihren vergänglichen Herrschern.

Wir haben schon darüber nachgedacht, wieweit solche Überzeugungen für die Einstellung zur Vorhersagbarkeit und Gesetzmäßigkeit der Natur eine Rolle spielten. Während unsere frühen Vorfahren anscheinend dazu neigten, die Ordnung der Natur etwas melodramatisch aus dem Kampf der Titanen entstehen zu lassen, empfand der Mensch des Mittelalters eine merkwürdige Furcht vor dem ihm Unverständlichen und nicht durch Gesetze Geregelten. Kürzlich wurde als makabres Beispiel dafür bekannt, daß es im Mittelalter nicht ungewöhnlich war, Tiere (sogar Insekten!) wegen ihrer «Verbrechen» anzuklagen und zu verurteilen. Sie wurden in Gewahrsam genommen, erhielten einen Verteidiger und wurden manchmal freigesprochen, alles zu – nicht unerheblichen – Staatskosten. Was könnte der Grund für solch absurdes Verhalten gewesen sein? Vermutlich war es ein tiefwurzelndes Gefühl, daß alles in der Natur vom Gesetz beherrscht sein sollte. Nichts und niemand sollten von Rechtsprechung und Strafe ausgenommen sein.

Zur Zeit der Kirchenväter behauptete der Apologet Arnobius, die Tatsache, daß die «zu Anfang aufgestellten» Naturgesetze durch die Entstehung des Christentums nicht zerstört worden seien, beweise, daß der von ihm gepredigte Glaube keine schreckliche und unnatürliche Macht habe, die Natur zu zerstören, wenn sich die Menschheit dazu bekennen würde. Die in Europa entstehende Wissenschaft, unser kulturelles Erbe also, war beherrscht durch die Überzeugung, die Naturgesetze seien absolut unveränderlich. Das gab den Naturwissenschaften einen Sinn und sicherte ihren Erfolg. Diese Einstellung ist recht extrem. Sie könnte die richtige sein. Was aber, wenn sie es nicht ist? Das entgegengesetzte Extrem einer chaotischen und gesetzlosen Welt, das das frühe mythische Denken kennzeichnet, scheint gar nicht unserer Erfahrung zu entsprechen. Aber ist das so? Könnte es sein, daß es keine Naturgesetze gibt? Oder könnten die Gesetze, von denen wir annehmen, daß sie gestern, heute und immer gelten, sich im Laufe der Zeit allmählich wandeln oder in entfernten Teilen der Welt anders sein? Gelten die Naturgesetze überall? Wir haben schon die Überlegung der Kosmologen kennengelernt, daß das Weltall einen zeitlichen Anfang gehabt haben muß, an dem die Naturgesetze versagen. Könnte es auch im heutigen Weltall Orte geben, an denen keine Gesetze gelten?

Vom Regen in die Traufe

> *Ein wirklich unvoreingenommener Geist kann nicht erwarten, daß die Welt sich voll und ganz verstehen läßt. Es kann Verrücktes geben, es kann nackte Tatsachen geben, es kann dunkle Abgründe geben, vor denen der Verstand zu schweigen hat, weil er sonst fürchten müßte, wahnsinnig zu werden.*
> George Santayana

Nehmen wir an, es gäbe wirklich Gesetze, die die Natur beherrschen. Könnten sich diese Gesetze nicht im Laufe der Zeit oder von Ort zu Ort ebenso ändern wie die von ihnen bestimmten Energie- und Materiefelder? Das ist eine weitverbreitete Spekulation, Grundlage vieler Science-fiction. Was würde daraus folgen? Wieder müssen wir sorgfältig zwischen zwei Sprechweisen unterscheiden. Einerseits könnten wir uns, wenn wir an Naturgesetze denken, auf unsere jetzige Beschreibung des Weltalls und seiner inneren Wirkungsweise beziehen. Diese Beschreibung verändert und entwickelt sich fortwährend. Manche meinen, diese Vorläufigkeit sei eine notwendige Bedingung aller wissenschaftlichen (also nicht religiösen) Weltbetrachtung. In jedem Augenblick können Teile unserer Beschreibung völlig falsch sein, ohne daß wir uns dessen gewahr sind. Sie gleicht einer von den Entdeckern eines Landes gezeichneten Karte. Teile des Landes sind schon gut erforscht, andere jedoch erst von Pfadfindern erspäht, die sich ihrer Orientierung nicht sicher waren oder ungenau berichteten. Aber diese Karte ist ganz anders als jene, die wir bei unseren Reisen gewöhnlich verwenden, denn sie gibt nicht nur über das Auskunft, was es zu sehen gibt, sondern auch darüber, wie die Sehenswürdigkeiten miteinander zusammenhängen. Mehr noch, sie sagt vorher, was man nach der nächsten Wegbiegung oder auf dem nächsten Kartenblatt finden wird. Und außerdem ist ihre Struktur im kleinen seltsam damit verknüpft, wie sie zu Rate gezogen wird. Sie ähnelt eher einem Abenteuerspiel auf einem Computer als einer Meßtischkarte.

Diese beschreibende Karte der Naturgesetze kann sich im Laufe der Zeit ändern, und sie tut das offensichtlich auch. Die Naturwissenschaftler sind sich nicht einmal darüber einig, welche Ausgabe der Karte zu einer bestimmten Zeit die beste ist. Wie aber ist es mit der zugrundeliegenden Wirklichkeit, die die Karte nur unvollkommen repräsentiert: Kann auch sie sich in Zeit und Raum ändern? Schließlich haben wir gelernt, daß das ganze Weltall in einem Zustand dynamischer Veränderung ist; Galaxien entfernen sich immer schneller voneinander, und selbst die Strukturen von Raum und Zeit sind nicht fest und unwandelbar. Ihre Eigenschaften sind lokal durch die veränderliche Anordnung ihrer Materie und Energie bestimmt. Vielleicht ändern sich die Naturgesetze so rasch, wie sich das Weltall ausdehnt? Sind sie etwa genauso lokal bestimmt wie die Geometrie von Raum und Zeit? Wir können auf diesen verführerischen Vorschlag mit einem entschiedenen «Nein» antworten. Wenn es Naturgesetze gibt, die sich im Laufe der Zeit und von Ort zu Ort ändern, dann gibt es entweder eine Vorschrift für ihre Veränderung oder nicht. Wenn es eine solche Regel gibt, haben wir ein noch grundlegenderes unveränderliches Gesetz gefunden; gibt es sie jedoch nicht, kann es keine Naturgesetze geben. Entweder sind die Gesetze konstant, oder es gibt sie nicht. Es kommt nicht darauf an, ob wir zufällig wissen, was sie sind oder nicht. Wenn die Gesetze, die wir für invariant halten, sich als veränderlich herausstellen, beweist das unser Unvermögen und nicht etwa die Ungenauigkeit der Natur.

Selbst Maxwell irrte sich interessanterweise in bezug auf diese Frage. Er behauptete, alle Naturgesetze seien in dem Sinn zeitinvariant, daß sie durch Differentialgleichungen beschrieben werden müssen, die nicht explizit die Variable Zeit enthalten. Man kann jedoch eine Gleichung, die die Zeit explizit enthält, mathematisch immer in eine äquivalente Gleichung umformen, die das nicht tut. Die neue Gleichung stellt dann das invariante Gesetz dar, das die zeitliche Veränderung des ersten bestimmt. Maxwells Forderung schließt keine Differentialgleichung aus, weil sich jedes Gesetz, das eine Veränderung beschreibt, aus der Konstanz einer anderen Größe ableiten läßt.

Wie könnten wir in Erfahrung bringen, ob es wirklich keine Naturgesetze gibt? Wir können die Wahrheit eines bestimmten Gesetzes nur dann in Frage stellen, wenn wir die Wahrheit anderer voraussetzen, die den Rahmen für einen vernünftigen Vergleich liefern. Unleugbar haben Menschen die Gewohnheit, in der Natur mehr Regelmäßigkeit und Ordnung wahrzunehmen, als es dort wirklich gibt; wir neigen dazu, zu extrapolieren, ohne dazu berechtigt zu sein, und merken es nicht einmal. Das ist verständlich, wenn es darum geht, unser Wissen von der Welt zu erfassen und zu ordnen. In den letzten zwanzig Jahren haben Physiker jedoch genausoviel Fortschritte gemacht, indem sie Scheingesetze entlarvten, wie dadurch, daß sie neue fanden. Von vielen früher für unveränderlich gehaltenen Größen hat sich gezeigt, daß sie winzige Schwankungen aufweisen. Die üblichen Erhaltungsgesetze wurden in Frage gestellt; viele scheinbare Symmetrien in der Natur sind, so stellte sich bei genauerer Betrachtung heraus, nur «Fast»-Symmetrien. Von Elementarteilchen wie dem Neutrino, von dem man früher selbstverständlich annahm, es habe keine Masse, nimmt man heute genauso selbstverständlich an, es habe vielleicht doch eine zwar kleine, aber nicht verschwindende Masse. Man kann wohl behaupten, jemand, der vor zehn Jahren hergeleitet hätte, Neutrinos wären Teilchen mit nicht verschwindender Masse, hätte ebensoviel Schwierigkeiten gehabt, die Herausgeber einer wissenschaftlichen Zeitschrift zur Veröffentlichung seiner Arbeit zu bewegen, wie er sie heute mit einer Arbeit hätte, die den Neutrinos die Masse Null zuschreibt! Es gibt unleugbar eine Bewegung von mehr zu weniger Gesetzen und eine Bereitschaft zu glauben, daß alles, was von einer physikalischen Theorie nicht ausdrücklich verboten wird, zwangsläufig geschieht. Vielleicht ist dies ein gesundes Zeichen dafür, daß wir auf eine endgültige «Theorie für Alles» zusteuern, die keine überflüssigen Elemente enthält. Sie wäre die Verkörperung logischer und begrifflicher Kürze. Gesetze, die wir heute für verschieden und zusammenhanglos halten, würden von einer einzigen eindeutigen Beschreibung erfaßt. Das jedenfalls glauben die meisten Physiker, die sich mit solchen Grundlagenfragen beschäftigen. Aber es könnte sein, daß unsere Reduzierung der Liste der Naturgesetze uns auf einen anderen Weg führt und uns erkennen läßt, daß es keine solche endgültige allumfassende Theorie gibt, wir also erkennen müssen: Es gibt überhaupt kein Gesetz.

Auf den ersten Blick erscheint eine solche Vorstellung unerhört und unsinnig. Menschen kamen ja schließlich gerade durch die Beobachtung der Ordnung in der sie umgebenden Welt zur wissenschaftlichen Forschung um ihrer selbst willen. Wie könnte das Ergebnis dieser Nachforschung die Offenbarung sein, daß sie auf einer Täuschung beruht? Aber die Natur ist subtiler. Wir haben gesehen, daß das geordnete Verhalten vieler Dinge, ob von Molekülen oder Sternen, die Folge vieler «zufälliger» Zusammentreffen ist. Gerade weil jedes einzelne Ding keine Rücksicht auf die anderen nimmt, besteht ein statistischer Hang zu einer gewissen Gleichförmigkeit, wie ja auch dann, wenn ich sehr oft eine Münze werfe, der Unterschied zwischen der relativen Anzahl von «Kopf»- und «Zahl»-Würfen immer kleiner wird. Paradoxerweise liegt den meisten uns vertrauten Gleichförmigkeiten der Welt der Zufall zugrunde. Das vollkommene Chaos weist statistische Gleichförmigkeit auf. Auch völlig deterministische Gesetze sind ganz gleichförmig. Die Zwischenwelt teilweiser Unordnung jedoch, die weder Millionen noch nur ganz wenige Dinge enthält, läßt sich schwer beschreiben. In Kapitel 3 begegneten wir der allgemeingültigen Gauß-Verteilung. Je mehr Ergebnisse unabhängiger Zufallsereignisse vorliegen, um so besser beschreibt die Glockenkurve die Häufigkeitsverteilung der Ergebnisse (S. 197).

Betrachten wir ein anderes Beispiel: Wenn man ein Faß mit dickem Öl umrührt, kommt das Öl ganz unabhängig davon, wie es umgerührt wurde, rasch wieder zur Ruhe. Einige Physiker haben untersucht, ob Analoges bei der Entstehung der Naturgesetze ablaufen könnte. Wir können uns ja ein anfängliches Chaos vorstellen, in dem eine Kombination aller möglichen Symmetrien das Verhalten von Elektrizität und Magnetismus bestimmt – was in der Praxis darauf hinausläuft, daß keinerlei Symmetrie vorliegt. Wenn sich dann das Weltall ausdehnt und abkühlt, werden immer mehr Symmetrien vernachlässigbar; in der Gegenwart dominiert eine über alle anderen und weckt den Eindruck, die einzige zu sein. So könnte die Entwicklung des Weltalls von einem heißen dichten Urknall zu dem heutigen dünnen und kalten ausgedehnten Raum die Umwelt bestimmen, in der der Zufall wirkt. In einer solchen Welt scheint es in der Hölle des Urknalls, in der alle Symmetrien gleichberechtigt waren, überhaupt keine Gesetze gegeben zu haben. Der Anfangszustand ließe sich mit dem Leben in einem neuen Land vergleichen, das alle Rechtssysteme aller anderen Länder gleichzeitig übernommen hat. Im Laufe der Zeit jedoch würden einige Verhaltensweisen Oberhand gewinnen, denn in einer vom Zufall bestimmten Umgebung wäre es ein sehr auffälliges Zusammentreffen, wenn alle verschiedenen Symmetrien gleich schnell ausstürben, während sich das Weltall abkühlt.

Eine solche Spekulation ist nur dann reizvoll, wenn sich zeigen läßt, daß die Symmetrien, die wir im heutigen Weltall beobachten, und damit die mit ihnen verknüpften Naturgesetze unweigerlich entstehen, unabhängig davon, welche Form das anfängliche Chaos hatte. Diese Vorstellung ist übrigens interessanterweise das genaue Gegenteil derjenigen, die heutzutage viele Teilchenphysiker vertreten. Nach dem Bild der «Großen Vereinheitlichten Theorien» (GUTs) werden Symmetrien wiederhergestellt, wenn die Temperatur des Urknalls anwächst, wir uns also dem Beginn der Ausdehnung des Weltalls nähern. Die Veränderung der Stärke der verschiedenen Naturkräfte führt dazu, daß sie bei hohen Energien übereinstimmen, bei niedrigen aber ganz verschieden wirken. Die von uns vorgeschlagene Alternative ist die Vorstellung, daß Symmetrien bei hohen Energien verschwinden und erst mit sinkenden Temperaturen auftreten. Wir kennen sogar Umstände, die, falls sie in der Natur vorkommen, die «Große Vereinheitlichung» verhindern würden. In Kapitel 4 betrachteten wir, wie die unaufhörliche Aktivität im Quantenvakuum zur sogenannten *asymptotischen* Freiheit führt, auf der die Möglichkeit der Großen Vereinheitlichung beruht. Im Fall der starken Kraft zwischen farbigen Quarks bedeutet die asymptotische Freiheit, daß die Stärke ihrer Wechselwirkung unter hochenergetischen Bedingungen abnimmt. Das kann nur dann passieren, wenn die Zahl der verschiedenen Arten von Quarks nicht größer ist als acht. Zur Zeit kennen wir nur drei Familien. Falls es bei sehr hohen Energien fünf weitere gibt, würde die starke Wechselwirkung oberhalb dieser Energien stärker und nicht asymptotisch schwächer. Dann jedoch können die Stärken des Elektromagnetismus und der Farbladung nie gleich sein. In dem Fall müßten wir in der Welt niedriger Energien nach einer Erklärung dafür suchen, daß die Symmetrien gebrochen wurden, als sich das Weltall aus gesetzlosem Chaos heraus abkühlte.

Andererseits hätte sich Symmetrie auch deshalb entwickeln können, weil sie sich als «zum Überleben am geeignetsten» erwiesen hätte. Das erinnert an die Versuche der «Chaos-Kosmologen», die sich zu zeigen bemühen, das Weltall müsse unabhängig von seinem Beginn unweigerlich schließlich so aussehen, wie wir es heute sehen, aufgrund der bei seiner Abkühlung und Ausdehnung ablaufenden physikalischen Prozesse. Wieder zeigt sich die Kluft, vor der wir bei der wissenschaftlichen Erforschung der Grundlagenfragen so oft stehen: Einerseits wird versucht zu zeigen, daß das, was existiert, nicht von den Anfangsbedingungen abhängt, weil sich alle Anfangssituationen unweigerlich auf etwas hin entwickeln, das dem ähnlich ist, was wir heute sehen; die unbekannten Anfangsbedingungen sind dann für die Struktur der Welt, die wir sehen, unwesentlich. Andererseits gibt es jene, die die Bürde für die Erklärung der Gegenwart vor allem den Anfangsbedingungen auferlegen möchten und die Bedeutung aller zeitlichen Entwicklung leugnen: «Der erste Schöpfungstag schrieb nieder, was die letzte Dämmerung des jüngsten Tages lesen wird.»

Es gibt noch eine weitere Vorstellung. Nehmen wir an, das Weltall habe wirklich in einem Zustand chaotischer Anarchie begonnen. Wenn die evolutionäre Entwicklung bestimmter Symmetrien von der lokalen Temperatur und Dichte abhängt, dann müssen sie in verschiedenen Teilen des chaotischen Weltalls verschieden schnell entstanden sein. Nur an Orten, wo Symmetrien auftreten und es also näherungsweise unveränderliche Naturgesetze gibt, können die Grundbausteine komplexer Systeme von Materie und Energie entstehen, und nur in diesen Oasen der Ordnung können sich schließlich jene komplexen Systeme entwickeln, die wir Lebewesen nennen. Wenn es Orte gibt, an denen sich die Natur nicht an Gesetze hält, würden wir dort kein Leben erwarten. Wenn ein solches heterogenes Weltall sich inflationär aufblähte, könnte sich herausstellen, daß unser gesamtes sichtbares Weltall der beschleunigten Inflation eines einzigen mikrophysikalischen Bereichs entstammt, der ähnliche Gesetze und Symmetrien aufweist. Außerhalb dieses Bereichs könnten die Dinge buchstäblich unvorstellbar anders sein.

Zwar können wir uns Eichsymmetrien und die mit ihnen verbundenen Erhaltungsgrößen als Ergebnis der Evolution des Weltalls von sehr hohen Energien zu den ruhigen Bedingungen von heute vorstellen, aber das reicht zur Abschaffung der Naturgesetze nicht aus. Wir erinnern uns aus Kapitel 4 daran, daß die Eichinvarianz, obwohl sie eine starke Einschränkung für die Form der Naturkräfte und die Art ihres Wirkens ist, doch nicht zu bestimmen erlaubt, wie viele Teilchenarten es geben kann. Entsprechend muß das Chaos-Bild vom Ursprung der Eichsymmetrie die außerordentliche Tatsache erklären, daß die Materie aus einer relativ kleinen Anzahl anscheinend *identischer* Elementarteilchen besteht. Welcher Stand der Dinge könnte weniger zufällig sein?

Zu viele Gesetze?

> *«Wir haben tatsächlich eine Landkarte im Maßstab eins zu eins gemacht!»*
> *«Konnten Sie sie gut gebrauchen?» fragte ich.*
> *«Wir haben sie noch nie ausgebreitet», sagte mein Herr. «Die Bauern waren dagegen: Sie sagten, sie würde das ganze Land bedecken und das Sonnenlicht abhalten! Jetzt nehmen wir deshalb das Land selbst als seine eigene Karte, und ich versichere Ihnen, es ist fast genausogut»,*
>
> Lewis Carroll

Es lohnt sich, etwas mehr über den Vergleich zwischen unserer Suche nach einem Verständnis der Struktur der Welt und der Erstellung einer Landkarte nachzudenken. Der Vergleich wird zwar häufig angestellt, aber er hinkt. Natürlich könnte es uns nur um eine *Beschreibung* des Weltalls gehen, unabhängig davon, ob sie etwas mit der Wirklichkeit zu tun hat. Als nützliches Hilfsmittel jedoch, nur dazu da, uns den Weg zu ihr zu weisen – eine Art gehobener «Wanderführer der Metagalaxie» –, steht die Naturwissenschaft vor dem deprimierenden Ziel, nur eine immer genauere Beschreibung von dem entdecken zu müssen, was ist, ohne je voraussehen zu können, was sein soll; sie schafft dann ein Modell, dessen Maßstab der wahren Größe immer näher kommt. Es ist ein Unterfangen, dem das Schicksal der von Borges beschriebenen kaiserlichen Kartographen bestimmt ist:

> In diesem Reich hatte die Kunst der Kartographie solche Vollkommenheit erreicht, daß die Karte einer einzigen Provinz eine ganze Stadt bedeckte, und die Karte des Reichs die ganze Provinz. Im Laufe der Zeit befriedigten diese übertriebenen Karten nicht mehr und die Kartographen zeichneten eine Karte, die so groß war wie das Reich und jedem seiner Punkte entsprach. Die folgende Generation widmete sich dem Studium der Kartographie weniger; sie begriff, daß diese vergrößerte Karte nutzlos war und setzte sie nicht ohne Respektlosigkeit den Unbilden der Witterung von Sommer und Winter aus. In den westlichen Wüsten sind noch Bruchstücke der Karte erhalten, in denen Tiere und Bettler wohnen. Im ganzen übrigen Land blieb keine Spur der geographischen Wissenschaft erhalten.

Ähnlich erginge es uns, wenn wir lediglich den zeitlichen Ablauf der Ereignisse festhalten müßten. Wir verzeichneten dann nur Ereignisfolgen. In der Sicht von Poincaré:

> Nehmen wir an, wir wären in der Lage, die Reihe aller Erscheinungen im Weltall in der ganzen Zeitfolge zu erfassen. Wir könnten uns dann das vorstellen, was wir *Folgen* nennen könnten; ich meine damit Beziehungen zwischen Prämisse und Konsequenz. Ich meine damit nicht konstante Beziehungen oder Gesetze, ich stelle mir vielmehr (einzeln sozusagen) die verschiedenen verwirklichten Folgen von Ereignissen vor.

Die wissenschaftliche Methode ist nicht daran interessiert, nur zeitliche Folgen zu sammeln. Ihr geht es vielmehr darum, solche Folgen zu klassifizieren, die ähnlich sind, und die Beziehungen zwischen den Ähnlichkeiten und Unterschieden zu verstehen.

Es gibt eine Form von Chaos, die durch zu viel Ordnung verursacht wird, durch zu viele Gesetze, zu viel Komplexität. Unser Vertrauen in die charmante «Einfachheit» der Natur mag unangebracht sein. Die Natur könnte nur deshalb einfach erscheinen, weil wir so wenige ihrer Geheimnisse entschlüsselt haben. Vielleicht stoßen wir, wenn wir tiefere Einsicht in die mikrophysikalische Struktur von Materie und

Raumzeit gewinnen, auf eine sehr komplexe Schicht, die durch das Zusammenspiel enorm vieler Faktoren entsteht. Sie könnte so gesetzlos erscheinen wie das reine Chaos.

Spontane Ordnung

Das Weltall ist voller magischer Dinge, die geduldig darauf warten, daß wir weiser werden.

Eden Phillpotts

John Wheeler hat ein verblüffendes Bild davon gezeichnet, wie durch einen subtilen Vorgang kollektiver Wechselwirkung mit sich selbst aus Unordnung Ordnung entstehen kann. Er fordert uns dazu auf, an eine Scharade zu denken, bei der ein Fragesteller aus dem Zimmer geschickt wird, während sich die anderen Mitspieler auf ein Wort einigen, das der Frager dann, wenn er wieder in den Raum zurückgekehrt ist, durch höchstens zwanzig Fragen, die mit «Ja» oder «Nein» beantwortet werden können, herausfinden soll. Diesmal jedoch verschwört sich die Gruppe, und wenn wir zurückkommen und mit Fragen beginnen...

schmunzeln alle Mitspieler. Wir beginnen harmlos mit unseren Fragen. Zunächst kommen die Antworten schnell. Dann braucht jede Frage längere Zeit, bis sie beantwortet wird – merkwürdig, wenn die Antwort doch einfach «Ja» oder «Nein» ist. Schließlich haben wir das Gefühl, eine heiße Spur zu haben, und fragen: «Ist es das Wort ‹Wolke›?» – «Ja», kommt die Antwort, und alle brechen in Lachen aus. Als wir nicht im Raum waren, erklären sie, hatten sie sich darauf geeinigt, sich im voraus auf kein Wort zu einigen. Jeder im Kreis konnte nach Belieben auf jede ihm gestellte Frage «Ja» oder «Nein» antworten. Aber jede Antwort mußte mit einem Wort, das er sich dachte, in Übereinstimmung sein – und mit allen früheren Antworten.

Das Entscheidende bei diesem kleinen Spiel ist, daß es etwas vom Begriff der Wirklichkeit vermittelt, die der Beobachter selbst erschafft, wie wir sie in Kapitel 3 im Zusammenhang mit der Interpretation der Quantentheorie untersuchten. Nehmen wir an, Bohrs extre-

Gibt es überhaupt Naturgesetze? 457

mer Idealismus trifft zu, und der Akt des Beobachtens «erschafft» tatsächlich das gemessene Phänomen; dann entspricht das System der Gesetze und regelhaften Abläufe, die wir üblicherweise meinen, wenn wir unsere Welt gesetzmäßig nennen, einer vom Beobachter erschaffenen Wirklichkeit, zu der sich Beobachtung und Teilnahme im «Spiel» der Quantenbeobachtungen zusammenfügen. Die Ordnung wird spontan erzeugt. Falls die vielen Welten Everetts existieren, gibt es auch Wegverzweigungen durch eine Reihe dieser «Multiversen», die jeder Beobachter nachvollziehen könnte; er beschriebe dann die Geschichte eines erratischen gesetzlosen Weltalls. Unser Weg scheint anders zu verlaufen. Zunächst könnten wir darin ein starkes Argument gegen Everetts Bild sehen, weil es soviel mehr ungeordnete Wege gibt als geordnete, denen wir im Labyrinth der Weltspaltungen folgen können sollten. Das wird jedoch durch den Einwand entkräftet, daß es für biochemisch komplexe intelligente Wesen wie uns selbst unmöglich sein könnte, sich irgendwo anders zu entwickeln als in der geordneten Wirklichkeit. Vielleicht leben wir in einem geordneten Zweig der Quantenwirklichkeit, der für alle anderen Welten untypisch ist.

Chaotische nicht-lineare Systeme der Art, wie wir sie im letzten Kapitel behandelten, weisen eine bemerkenswerte Neigung auf, spontan geordnete Strukturen zu erzeugen, obwohl sie oberflächlich gesehen chaotisches Verhalten aufweisen. Solche Systeme beschreiben typischerweise physikalische Situationen, die irgendwie mit ihrer Umwelt zusammenhängen, ob nun durch einen stetigen Energiestrom oder eine andauernde kleine Störung oder Unterbrechung des Hauptsystems. Wenn der äußere Einfluß sich langsam ändert, tritt eine Reihe plötzlicher Veränderungen auf, die wiederum zu radikalen Veränderungen des lokalen Systems führt. Wenn zum Beispiel die Geschwindigkeit stetig zunimmt, mit der ein Wasserstrahl aus einem Hahn läuft, gibt es einen plötzlichen Übergang zu einem turbulenten Verhalten, das neue Arten von Ordnung aufweist. Aus diesem verbreiteten Phänomen der «Verzweigung» in qualitativ neue Verhaltensweisen, das auftritt, wenn Naturgesetze nicht-lineare Anteile haben, können wir Wichtiges lernen. Erstens zeigt es, wieviel eher plötzliche Veränderungen zu erwarten sind als die langsame und allmähliche Entwicklung neuer Gleichgewichtszustände. Zweitens sehen wir daran, wie diese Übergänge ein komplexes nicht-lineares

System in einen Zustand überführen können, in dem qualitativ neue Arten von Gesetzen das Geschehen bestimmen. Diese Organisationsgesetze stehen keineswegs im Widerspruch zu jenen Grundgesetzen der Physik, die die groben Aspekte des untersuchten physikalischen Phänomens bestimmen; aber in keiner Weise lassen sie sich auf Gesetze reduzieren, die die Grundkräfte und Elementarteilchen der Natur bestimmen. Die neuen Strukturen, die sich an den Verzweigungspunkten ergeben, sind komplementär zum spontanen Auftreten neuer Arten von Ordnungsprinzipien, die sich dann ergeben, wenn eine bestimmte Schwelle der Komplexität überschritten wird. Die dritte Lektion, die wir aus diesen spontan geordneten Phänomenen lernen können, ist, wie wichtig ein richtiges Verständnis des Begriffs «Zufall» ist. Unvoreingenommen sehen wir zufälliges Verhalten als etwas, das spontanes Auftreten von Ordnungen unwahrscheinlich macht. Aber diese Annahme beruht auf unserem Gefühl für das Gaußsche «Gesetz der großen Zahl», also darauf, daß viele *unabhängige* Ereignisse das ganze Reich der Möglichkeiten darstellen. Wenn jedoch physikalische Systeme an Verzweigungspunkte kommen, ist diese Annahme nicht länger gerechtfertigt. Falls keine äußeren Einflüsse wirken, bringen die weitreichenden Beziehungen innerhalb des Systems und die Kopplung an die Außenwelt das System weit aus seinem Gleichgewichtszustand heraus und machen das Auftreten geordneter Strukturen wahrscheinlich; das ist ganz im Gegensatz zu der Situation, in der das System einem thermischen Gleichgewicht nahe ist, für das das «Gesetz der großen Zahl» gilt und in dem geordnete Strukturen unwahrscheinlich sind.

Diese Abweichung vom herkömmlichen Reduktionismus hat viele interessante Parallelen und Erweiterungen. Allgemein sehen wir, daß es Schichten von Gesetzen geben kann, die physikalische Situationen regeln, die sich nicht alle hierarchisch auf ein Gesetz reduzieren lassen. Das Textverarbeitungssystem zum Beispiel, mit dem ich diese Seite schreibe, kombiniert mehrere zueinander komplementäre Ebenen von Gesetzen. Zunächst bestimmen die Gesetze der Quantenelektrodynamik die atomare und subatomare Grundstruktur aller Komponenten der Elektronik meines Computers. Dann gilt im Computer eine Reihe von «Gesetzen» für das Schreibprogramm, die den Schaltkreisen aufgeprägt wurden. Schließlich gibt es die grammatischen Regeln oder im Fall eines Computerspiels die auf der Diskette kodierten Spielregeln. Die beiden letzten Mengen von Gesetzen legen die Regeln fest, die Information organisieren; auf keine Weise lassen sie sich auf die Quantengesetze der Natur zurückführen, die die elektromagnetische Wechselwirkung bestimmen. Ein solcher Reduktionismus ist logisch unmöglich. Wir sehen daran, wie weitgehend geordnete Systeme Gesetze für die Organisation voraussetzen können, die in dem Sinn «neuartig» sind, daß sie sich nicht durch physikalische Gesetze vorhersagen lassen.

Überschreitet das Leben die Naturgesetze?

Die Begriffe «Seele» oder «Leben» kommen in der Atomphysik nicht vor, und sie lassen sich nicht einmal indirekt als komplizierte Folgerungen aus einem Naturgesetz ableiten. Ihre Existenz legt sicherlich nicht das Vorhandensein eines anderen Grundstoffs als Energie nahe, sondern zeigt nur die Wirkung anderer Formen an, die wir nicht den mathematischen Gleichungen der modernen Atomphysik zuordnen können... Wenn wir das Leben oder geistige Vorgänge beschreiben wollen, müssen wir diese Strukturen weiter fassen. Vielleicht müssen wir sogar andere Begriffe einführen.
Werner Heisenberg

Meinst du auch, daß diese Beine wieder lebendig werden?
Hesekiel

Leben und Bewußtsein sind als Phänomene zu sehen, deren Entstehung eine bestimmte Komplexität voraussetzt. Dieses Maß an Komplexität können wir uns bis heute weder vorstellen noch simulieren. Auch der leistungsfähigste der heutigen Computer kann nicht einmal ein Tausendstel soviel Information speichern und verarbeiten wie das menschliche Gehirn. Dabei ist ein hoher Grad an Komplexität notwendig, aber keineswegs hinreichend, um solch diffizile Effekte wie «Gedanken» zu erzeugen; denn selbst auf der chemischen Ebene müssen, wie wir wissen, eine ganz besondere Umwelt und bestimmte biochemische Gegebenheiten vorliegen, damit die verwickelten Funktionen ausgeführt werden können. Leben ist eine Art Software, die auf bestimmten komplexen Biomolekülen abläuft. Als solche kann es genausowenig «erklärt» oder auf die physikalischen Gesetze reduziert werden, die die Naturkräfte bestimmen, wie ein Computer, auf dem man Spiele spielt. Eine Struktur wie das menschliche Gehirn ist komplexer als die zugrundeliegenden Gesetze, die die chemischen und atomaren Naturkräfte bestimmen. Es funktioniert, weil die Komponenten so organisiert sind, genau wie ein Computer funktioniert, weil seine Leitungen so geschaltet sind. Genausowenig, wie wir das Sozialverhalten von Menschen allein aufgrund unserer Kenntnis der menschlichen Anatomie voraussagen können, wissen wir dann, wenn wir die einzelnen Operationen einer jeden der unzähligen Nerven und Zellen kennen, noch lange nicht, wie sie insgesamt wirken. Die Kenntnis des Alphabets ist notwendig, aber noch lange nicht hinreichend, um das Gesamtwerk eines Dichters wie Shakespeare zu schaffen. Es kann für das Denken und Handeln keine Gesetze geben, die durch Gleichungen beschrieben werden, in denen Naturkonstanten vorkommen.

Wir vertreten, das möchten wir ausdrücklich betonen, hier keine Form von Vitalismus – die unglaubwürdige Vorstellung, daß lebende Materie sich von aller anderen Materie dadurch unterscheidet, daß sie einen besonderen Stoff oder *élan vital* enthält. Der entscheidende Unterschied zwischen lebenden und nicht lebenden Systemen liegt nicht in ihren atomaren Grundkomponenten, sondern darin, ob sie bestimmte Schwellen der Komplexität erreichen, wobei spontan neue Grundsätze der Selbstorganisation ins Spiel kommen können.

Liebhaber der künstlichen Intelligenz in ihrer stärksten Form sehen den Verstand nach Art der Operationalisten; für sie ist er nichts anderes als der algorithmische Aspekt der Informationsverarbeitung – also ein Stück «Software», das für jede Eingabe bestimmte Ergebnisse erzeugt. Diese läßt sich durch einen von Menschen gemachten Computer nachahmen, der wiederum dann intelligent genannt werden kann, wenn es kein Verfahren gibt, mit dem die Reaktionen eines Menschen von denen des Computers unterschieden werden können.

Wir sollten zunächst bemerken, daß sich selbst dieses Ziel nicht erreichen läßt, wenn der menschliche Verstand Prozesse durchführt, die *nicht-berechenbare* mathematische Funktionen sind, also nicht im Bereich einer Turingmaschine liegen. Das könnte möglicherweise der Fall sein, wenn Quantenprozesse für das Funktionieren des menschlichen Gehirns wichtig sind, aber bis jetzt haben wir noch keine Hinweise, die für diese Ansicht sprechen. Auch wenn wir diese faszinierende Möglichkeit ausschließen, können wir die operationalistische Sicht in Frage stellen, daß Intelligenz nichts anderes ist als ein Algorithmus. Eine solche einfache Sicht scheint nicht zwischen der Informationsverarbeitung zu unterscheiden, die unser Gehirn unbewußt oder im Traum ausführt, und dem *Verstehen*, das wir mit bewußter Informationsverarbeitung verbinden. Die Frage, ob dies eine Unterscheidung ohne einen Unterschied ist, wird sich eines Tages beantworten lassen, wenn die künstliche Intelligenz besser erforscht ist. Aber vielleicht sind die Aussichten auf die Lösung des Problems nicht ganz so vielversprechend, wie viele naiv denken, weil die Verfechter der künstlichen Intelligenz selbst dann, wenn sie eines Tages mit ihrer Suche Erfolg haben sollten, vor neuen Verständnisproblemen stehen werden. Zur Beschreibung und zum Verständnis eines komplexen Verstands wäre ungeheuer viel Information erforderlich. Zudem hätte eine solche Maschine vermutlich auch solche störenden Eigenschaften wie jene, die wir Irrationalität, freien Willen und Subjektivität nennen; vielleicht würde sie sogar gelegentlich die Überzeugung äußern, daß sie nicht an menschliche Intelligenz glaube. Eine solche Maschine ließe sich vielleicht nicht völlig verstehen – und wäre eine Aufgabe ebensosehr für den Psychologen und Psychiater wie für den Computerwissenschaftler.

Die Eigenschaft der Rückbezüglichkeit spielt bei komplexen Systemen sowohl auf der Ebene der «Hardware» wie der «Software» eine Rolle. Das muß nicht sehr subtil sein. Wir könnten ein «Expertensystem» entwerfen, das in der Lage ist, Computerhardware und Betriebssysteme aufzuwerten, und zudem mit einem Roboter-Motor-System verknüpft ist, das mechanische und elektrische Eingriffe am Expertensystem selbst vornehmen kann.

Biologische Systeme haben teleologische Aspekte. Zwar sind sie nicht in Form eines großen Plans oder letzten Grundes gegeben, nach denen der ganze Verlauf des Entwicklungsprozesses strebt und die seine endgültige Form bestimmen; vielmehr gibt es sie aufgrund der Tatsache, daß Organismen, die ein kritisches Komplexitätsniveau überschreiten, zielgerichtetes Verhalten zeigen, das den Verlauf ihrer weiteren Entwicklung verändern kann. Wir Menschen sind nicht mehr allein der Umwelt oder der natürlichen Auslese ausgesetzt, denn wir können uns die Wirkungen dieser Einflüsse vorstellen und sie simulieren. Wir brauchen nicht mehr nur aus Erfahrung klug zu werden. Mit Hilfe unseres Verstands können wir uns die Zukunft auf viele plausible Weisen vorstellen und die Umwelt so ändern, daß unser Überleben wahrscheinlich wird.

Es ist wichtig, zwischen drei Formen des Reduktionismus zu unterscheiden: Der *ontologische Reduktionismus* behauptet, daß es keinen *élan vital* gibt. Der gesamte materielle Gehalt der Welt läßt sich schließlich auf Elementarteilchen und Kräfte reduzieren, wie sie die Physiker untersuchen. Die meisten Naturwissenschaftler halten das für wahr.

Der *methodologische Reduktionismus* behauptet, daß alle Erklärungen deterministisch sein müssen und in der Sprache der mathematischen Physik abzufassen sind. Wir sollten die Erklärungen für das Komplexe auf niedrigeren Ebenen der Komplexität suchen, letztlich auf der Ebene der Elementarteilchen, wo die allgemeinsten und mächtigsten Naturgesetze einsehbar wirken.

Der *epistemologische Reduktionismus* behauptet, daß «Gesetze», die in einem Bereich der Naturwissenschaft formuliert werden, immer auf Spezialfälle von Gesetzen aus anderen Bereichen zurückgeführt werden können – daß sich zum Beispiel alle Psychologie auf Biologie, alle Biologie auf Chemie und alle Chemie auf Physik zurückführen läßt.

Aus unseren Überlegungen sollte deutlich geworden sein, daß wir gern an die Vernunft des ontologischen Reduktionismus glauben, jedoch keinen zwingenden Grund sehen, dem methodologischen Reduktionismus zu vertrauen, andererseits viele für die Behauptung, daß der epistemologische Reduktionismus irrt. Große und komplizierte Systeme, die chaotisches Verhalten und stabile statistische Eigenschaften aufweisen, sprechen gegen den methodologischen Reduktionismus. Die Existenz von Organisationsgesetzen, die unabhängig sind von den zugrundeliegenden physikalischen Gesetzen, das teleologische Verhalten in lebenden Systemen, die Forderung, daß anthropomorphe Überlegungen nötig sind, um unsere Beobachtungen des Zweiten Hauptsatzes der Thermodynamik erklären zu können, und die beobachteten Auswirkungen kosmologischer Modelle der Inflationstheorie: Sie alle bezeugen den Irrtum des epistemologischen Reduktionisten und zeigen, auf welch sandigem Grund der methodologische Reduktionist sein Haus erbaut. Es gibt keine Grundgesetze der menschlichen Geschichte, keine Gesetze des menschlichen Verhaltens, keine Gesetze für Gedanken, vielmehr gilt:

> *Es gibt mehr Ding' im Himmel und auf Erden,*
> *Als Eure Schulweisheit träumt.*

Zufällige Symmetrien

> *Zufälligkeit, die – Unausweichliche Begebenheit, gemäß der Wirkung unveränderlicher Naturgesetze.*
>
> Ambrose Bierce

In den letzten Jahrzehnten sind viele für wahrscheinlich gehaltene Naturgesetze und Symmetrien, die man für ihre Grundlage hielt, untergraben worden. Das liegt vermutlich nicht nur an der Unfähigkeit der Naturwissenschaftler oder daran, daß sie Naturgesetze aufstellen, noch bevor sie diese kritisch genug unter die Lupe genommen haben. Vielmehr zeigt sich darin das große Ausmaß, in dem das Weltall «Fast»-Symmetrien aufweist, die um ein winziges bißchen nicht genau sind. Erst nach der Entwicklung äußerst empfindlicher technischer Sonden wurde es möglich, die Ungenauigkeit vieler dieser Fast-Symmetrien zu entdecken.

Dafür gibt es eine Reihe interessanter Beispiele. So nahm man lange an, daß bei physikalischen Vorgängen zwischen Materie und Antimaterie völlige Symmetrie herrschen müsse. Zu jeder Wechselwirkung, in der Elementarteilchen vorkommen, sollte es eine völlig gleich verlaufende geben, bei der jedoch alle Teilchen durch ihre Antiteilchen ersetzt sind. Viele Jahre lang glaubte man, es gebe diese Symmetrie in der Natur, aber schließlich zeigten Experimente, daß sie in manchen Situationen ein winziges bißchen verletzt ist. Wir sehen darin einen sehr glücklichen Umstand, denn wäre die Symmetrie genau, hätte der Urknall zu einer gleichgroßen Menge von Teilchen und Antiteilchen geführt. In den gewaltigen Dichten der ersten Augenblicke des Urknalls würden sich Materie und Antimaterie geradezu katastrophal zu Strahlung vernichtet haben, und nur sehr wenig Materie hätte dieses Inferno überleben können. Die mittlere Massendichte des Weltalls betrüge dann nur weniger als ein Zehnmilliardstel des heutigen Werts; sie wäre zu gering, als daß sich je Galaxien und Sterne bilden könnten. Im Gegensatz dazu bedeuten die winzigen Asymmetrien, die die Natur zwischen Materie und Antimaterie aufweist, daß der Stoff, den wir (nach Verabredung) «Materie» nennen, etwas langsamer zerfiel und vernichtet wurde als jener, den wir «Antimaterie» nennen, so daß auf etwa jede Milliarde von Protonen und Antiprotonen, die sich paarweise vernichteten und Strahlungs-Photonen erzeugten, ein überlebendes Materie-Proton kam.

«Fast»-Symmetrien wie das kleine Ungleichgewicht zwischen Materie und Antimaterie sind Zufälle, die je nach den Folgen, auf die man sein Augenmerk richtet, groß oder klein erscheinen können. Der wirkliche Unterschied im Ablauf physikalischer Wechselwirkungen zwischen Teilchen oder Antiteilchen ist gering, aber im kosmischen Maßstab sind die Folgen dieses Ungleichgewichts überwältigend.

In Kapitel 4 dachten wir über das Problem nach, wie sich herausfinden ließe, was am Weltall erklärungsbedürftig sei, und trennten dabei jene Dinge, die aus physikalischen Gesetzen folgen, von jenen, die zufällige Auswirkungen dieser Gesetze sind. Die «Fast-Symmetrien» der Natur verdanken ihre Existenz vermutlich Symmetriebrechungen, die auf Zufallsereignissen beruhen und nicht durch Invarianzen der Natur so und nicht anders ausfielen. Der winzige Betrag, um den sie nicht genau sind, macht etwas Sorge. Wir haben lange nicht bemerkt, daß sie nicht vollkommen invariant sind. In Zukunft könnte viele unserer anderen mutmaßlichen Invarianzen dasselbe Schicksal ereilen. Aus einem tiefliegenden Grund scheint es so zu sein, daß die Natur ein bißchen Gesetzlosigkeit und eine fast, aber nicht ganz vollkommene Symmetrie ausgesprochen gern hat.

Wo die Naturgesetze versagen können

Die Allgemeine Relativitätstheorie enthält den Samen zu ihrer eigenen Zerstörung.

D. W. Sciama

Wir sahen, daß wir wählen müssen, ob wir unveränderliche Gesetze wollen oder überhaupt keine. Könnte es nicht auch Zwitter zwischen diesen beiden Extremen geben? Könnte es zum Beispiel fast überall Naturgesetze geben, außer an einigen besonderen Orten? Dort könnte dann alles passieren, weil die physikalischen Gesetze, die in der sonstigen Welt herrschen, nicht gelten? Erstaunlicherweise ja. Einsteins Gravitationsgesetz hat die außergewöhnliche Eigenschaft vorherzusagen, daß es Zustände geben könnte, auf die es nicht zutrifft. Es sagt vorher, daß es manchmal nicht vorhersagen kann. Die singulären Punkte, an denen es zusammenbricht, liegen am Rand des Weltalls. Wir sind ihnen bereits im Zusammenhang mit der in Kapitel 4 behandelten Singularität des Urknalls begegnet. Hier möchten wir ihre Bedeutung genauer untersuchen und nach ihrem Vorkommen in anderen Situationen als beim Urknall fragen. Führen wir zunächst unsere früheren Überlegungen weiter.

Ferne Galaxien entfernen sich alle voneinander. Wenn wir diese Bewegung in Gedanken umkehren, kommen wir nach einer endlichen in die Vergangenheit gerichteten Zeit zu einem Ereignis unendlich großer Dichte. Diese Singularität wird «Urknall» genannt. Oberflächlich gesehen markiert sie sowohl den Beginn unserer Beschreibung des Weltalls als auch seiner Gesetze. Zunächst wurde die Vorhersage dieses singulären Zustands als eine Pathologie des verwendeten extrem idealisierten mathematischen Bildes vom expandierenden Weltall gesehen. Einstein hielt es anfangs lediglich für eine Folgerung aus einem Modell, das sich in alle Richtungen gleich schnell ausdehnt. Wäre das Modell etwas weniger symmetrisch, käme die Materie dann, wenn sie in der Zeit zurückverfolgt wird, nicht aus allen Richtungen gleichzeitig an einem einzigen Punkt an, und die Singularität wäre verschmiert. Einstein meinte darüber hinaus, die Berücksichtigung realistischer Druckverhältnisse würde dem komprimierten Stadium Widerstand bieten und könnte so die Vorhersage eines vergangenen singulären Zustands verhindern, genau wie der Gasdruck in einem Ballon sich gegen unsere Versuche sträubt, diesen unendlich klein zusammenzudrücken.

Leider ließen sich ganz im Gegensatz zu Einsteins Erwartungen beide Einwände entkräften. Nicht nur verhindern sie nicht die Existenz eines früheren singulären Zustands, sondern sie scheinen die Lage noch zu verschlimmern. Die asymmetrischen Modelle hätten ihn vor kürzerer Zeit in unserer Vergangenheit erlebt, und bei den Universen mit herkömmlichen Druckverhältnissen errechnet sich eine noch schlimmere Singularität. Der Grund dafür läßt sich bis zu einer anderen Entdeckung Einsteins zurückverfolgen, nämlich zu seiner Formel «$E = mc^2$». Sie besagt, daß alle Energieformen E, auch die durch den Druck in einem Volumen gegebenen, einer Masse m äquivalent sind. Sie üben also Anziehungskräfte aus, wie sie Newton beschrieben hat. Wenn wir in der Zeit zurückgehen und uns der Singularität nähern, trägt der wachsende Druck zusätzlich so viel zum Gravitationsdruck bei, daß er den Widerstand leicht kompensiert. Wenn wir diese Singularität vermeiden wollen, versuchen wir uns am eigenen Zopf aus dem Sumpf zu ziehen.

Später wurde ein raffinierterer Einwand erhoben. Was passiert, wenn ein singulärer Zustand in der endlichen Vergangenheit nur ein Kunstprodukt wäre, eine Folge unserer Art, die Welt abzubilden? Auf einem Erdglobus zum Beispiel benutzen wir zur eindeutigen Angabe eines Ortes auf der Erdoberfläche ein Netz von Längen- und Breitenkreisen – ein Koordinatensystem. Vom Äquator zu den Polen hin rücken die Längenkreise immer näher zusammen, bis sie sich an den Polen alle treffen. An diesem Punkt weist das von uns zur Beschreibung der Erdoberfläche benutzte Koordinatensystem eine «Singularität» auf. Wenn wir uns jedoch die Mühe machten, einmal zu einem der Polargebiete zu reisen, könnten wir bald bestätigen, daß die Erdoberfläche an den Stellen, wo unsere Koordinaten eine Singularität aufweisen, keineswegs unterbrochen ist. Wenn wir in die Nähe des Nordpols reisen möchten, würden wir einfach Karten benutzen, die ein anderes und angemesseneres Koordinatensystem verwenden, eines, das sich am Pol durch Wohlverhalten auszeichnet. Wie können wir wissen, daß nicht auch die Urknallsingularität harmlos ist? Vielleicht folgt sie nur aus einer unangemessenen Beschreibung der Welt, hat aber keine physikalische Bedeutung?

Zunächst scheint es sehr schwierig, das festzustellen. Stellen wir uns vor, wir betrachteten ein Koordinatensystem nach dem anderen, und in jedem gäbe es die Urknallsingularität. Wäre damit irgend etwas bewiesen? Nein, denn es gibt unzählig viele Systeme, die zu überprüfen wären, und wir können nicht wissen, ob es nicht weitere Koordinatensysteme gibt, in denen die Singularität nicht erscheint. Entsprechend stellt uns die Entdeckung eines Systems, in dem die Singularität verschwindet, vor die Entscheidung, warum gerade dieses das angemessene System sein sollte und nicht jene, in denen eine Singularität auftritt.

Diese ärgerlichen Zwickmühlen zwangen die Kosmologen dazu, sehr sorgfältig zu definieren, was sie mit einer «Singularität» des Weltalls meinen, um damit all die Komplikationen durch Druck, Koordinaten und Asymmetrien im Aufbau des Weltalls zu vermeiden. Der erste Schritt bestand darin, nicht mehr das herkömmliche Bild für grundlegend zu halten, wonach die Urknallsingularität ein Ort ist, an dem die Dichte oder die Temperatur oder auch alles andere *unendlich* wird.

Es läßt sich leicht einsehen, warum die Vorstellung von einer Unendlichkeit, die an einem Punkt des Weltalls auftritt, kein guter Grundbegriff ist. Eine Beschreibung des Weltalls, wie sie eine Lösung der Einsteinschen Gleichungen oder die von anderen Theorien darstellt, gibt uns eine Raum-Zeit-Karte des Weltalls. Wir suchen jetzt auf dieser Karte nach den «Singularitäten», an denen die Dichte unendlich wird, und schneiden sie heraus. Dann haben wir eine Weltkarte ohne Singularitäten. Wir würden vermutlich Einwände gegen diesen Trick erheben, weil das durchlöcherte nicht-singuläre Weltall in einem etwas vagen Sinn in der Nähe der Löcher *fast* singulär ist. Schlimmer noch: Falls wir ein nicht singuläres mathematisches Weltmodell finden könnten, würden wir nicht wissen, ob unsere Methode, es zu finden oder zu beschreiben, nicht implizit die Singularitäten daraus entfernt hätte.

Eine *Singularität* tritt nach Definition dann auf, wenn die Bahn eines Lichtstrahls oder eines Teilchens verschwindet. Wenn das passiert, ist das Teilchen am Ende seines Weges aus der Welt, weil ihm Raum und Zeit ausgehen. Was könnte singulärer sein? Umgekehrt könnten Teilchen am Ende dieser endlichen Raum-Zeit-Bahnen aus dem Nichts auftauchen (wenn unsere Definition dafür auch weder ein

Verfahren noch einen Grund liefert). Diese Definition hat ihren Reiz; denn wenn die Wege durch Raum und Zeit an Löcher kommen, die aus unserem Weltmodell herausgeschnitten wurden, weil sie Punkte enthalten, an denen die Dichte unendlich ist, enden sie genau so, als wenn sie an einen Punkt unendlicher Dichte gelangen, an dem Raum und Zeit zerstört werden. In beiden Fällen zeigt das Ende des Weges an, daß das Weltall singulär ist.

Uns bleibt jetzt eine Reihe von Fragen zu beantworten: Was bedeutet das Ende eines Weges durch Raum und Zeit – was ist eine Singularität? Können solche Punkte in der wirklichen Welt vorkommen, und falls ja, wo sind sie zu finden und wo können sie beobachtet werden?

Die Menge der Endpunkte von Bahnen durch Raum und Zeit ist der Rand der Raumzeit. Genaugenommen gehört diese Grenze nicht zum Weltall. An diesem Rand würde das Weltall zu einem Ende kommen, da kein Teilchen und kein Lichtstrahl in der Raumzeit weiter existieren könnten. Wenn wir an die Grenze kämen, würden wir nicht mehr in unserem Weltall sein. Das klingt sonderbar. Warum sollte das Weltall dort aufhören? Kosmologen haben sich sehr bemüht, aus Einsteins Gravitationstheorie herzuleiten, daß die Materiedichte oder eine andere meßbare Größe am Rand von Singularitäten denkbarer Welten immer unendlich sein muß. Das ist sehr oft der Fall, und dann kommen Raum und Zeit zu einem plötzlichen Ende, weil sie zerstört werden – unendlich starke Gravitationskräfte zerreißen sie. Aber es ist nicht bewiesen, daß das immer so sein muß. Sonst wären alle Singularitäten von der Art der intuitiven «Urknall»-Vorstellung. Man weiß, daß Einsteins Gravitationstheorie Beispiele möglicher Welten enthält, in denen keine physikalische Größe am Rand des Weltalls unendlich wird. Es ist noch nicht entschieden, ob diese Situationen wahrscheinlich sind. Alle Hinweise, die wir heute haben, deuten darauf hin, daß sie es nicht sind: Schon die kleinste Störung transformiert die uns bekannten Beispiele besonders milder Singularitäten, des «Winselns», in solche von der Art des Urknalls, bei denen physikalische Größen unendlich werden.

Die Mathematiker haben eine Reihe von Sätzen bewiesen, nach denen das Weltall unter bestimmten Voraussetzungen Singularitäten enthalten muß – Orte also, an denen die Naturgesetze versagen und es weder Raum noch Zeit gibt. Von diesen Sätzen ist der stärkste der von Roger Penrose und Stephen Hawking aufgestellte Singularitätensatz;

seine Voraussetzungen dafür, daß das Weltall einen Rand hat, lassen sich im Prinzip alle durch Beobachtung überprüfen. Welche Bedingungen muß das Weltall also erfüllen? Wir behandelten sie schon in Kapitel 4 und wiederholen sie hier kurz. Erstens gilt die Allgemeine Relativitätstheorie, und die Schwerkraft muß auf alle Materie als Anziehungskraft wirken. Zweitens müssen Zeitreisen ausgeschlossen sein. Drittens muß das Weltall eine Mindestmenge Materie enthalten. Diese Annahmen sind nicht unvernünftig. Sicherlich spürt jede Art von Materie, die wir je angetroffen haben, die Anziehungskraft der Gravitation. Die meisten Menschen würden die Möglichkeit von Zeitreisen und die damit verknüpfte Aufhebung der Gesetze von Ursache und Wirkung als etwas viel Schlimmeres ansehen als eine Singularität.

Nachdem wir die Voraussetzungen für den Singularitätensatz in dem heute beobachteten Teil des Weltalls erfüllt sehen, zwingt uns die mathematische Logik zu dem Schluß, daß es in unserer Vergangenheit eine Singularität gegeben haben muß. Wenn wir also alle möglichen Lebensläufe aller Teilchen und Lichtstrahlen, die wir im Weltall sehen können, in der Zeit zurückverfolgen, muß mindestens eines von ihnen nach einer endlichen Zeitspanne, die von einem mitbewegten Beobachter gemessen wird, zu einem Ende kommen. Man nimmt gewöhnlich an, diese Singularität würde universal sein; dann träfen sich alle Bahnen im Urknall. Wir können die Unvermeidlichkeit einer Singularität nur dann leugnen, wenn wir eine der Annahmen abstreiten, die zu ihrer Herleitung führten.

Diese Annahmen treffen also unserer Erfahrung nach zu, aber nach kosmischen Maßstäben ist unsere Erfahrung ziemlich eingeschränkt. Wir leben etwa fünfzehn Milliarden Jahre nach einem möglichen Urknall in ruhigen Zeiten auf einem angenehmen Planeten. Unsere irdischen Forschungen über das Verhalten von Materie und Energie unter Extrembedingungen sind den Extremzuständen, die die Natur immer wieder für sich selbst schafft, noch keineswegs auch nur nahe. Wenn das Weltall von einem Zustand unbegrenzter Dichte und Temperatur herrührt, könnten alle möglichen Ereignisse eintreten, die uns wohl kaum im Traum einfallen würden. Wir wissen nicht, ob die Schwerkraft unter solchen Bedingungen immer eine Anziehungskraft bleibt, und selbst wenn, könnten sich neue Abstoßungskräfte ergeben, die der Schwerkraft entgegenwirken. Wenn es solche seltsamen neuen Naturkräfte gibt, die verhindern, daß sich die Ausdehnung des Universums aus der Urknallsingularität ergeben haben muß, dann, soviel können wir sagen, müssen sie bei enorm hohen Dichten und Temperaturen entstanden sein. Zu ihrer angemessenen Beschreibung müssen die großen Theorien der Allgemeinen Relativität und der Quantenfelder verschmelzen. Aber wir sollten nicht vergessen, daß die Singularitäten, die sich zwangsläufig aus der Allgemeinen Relativitätstheorie ergeben, unseres Wissens nicht unbedingt Extrembedingungen für Dichte und Temperatur voraussetzen. Vielleicht können wir eines Tages zeigen, daß dies doch der Fall ist; falls nicht, haben wir wenig Grund zu erwarten, daß neue Kraftfelder oder anti-gravitierende Formen der Materie uns vor der Realität ganz neuer Gegebenheiten bewahren.

Die Ontogenese des Schwarzen Lochs

> *Die Schwarzen Löcher der Natur sind die vollkommensten makrophysikalischen Objekte, die es im Weltall gibt: Die einzigen Konstruktionselemente sind unsere Begriffe von Raum und Zeit.*
>
> S. Chandrasekhar

Nicht nur beim Urknall stoßen Astronomen an den Rand der Raumzeit, erleben sie einen Zusammenbruch der Naturgesetze. Die Bedingungen, die zur Erzeugung einer Singularität nötig sind, können auch innerhalb eines endlichen Massebereichs im Raum erfüllt sein. Wenn unter dem Sog der Schwerkraft in einem hinreichend kleinen Bereich genügend Masse zusammengezogen wird, kann das dadurch geschaffene Schwerefeld so stark werden, daß ihm nichts entkommen kann – nicht einmal Licht. Zur Veranschaulichung erinnere man sich an Einsteins Bild von Raum und Zeit als einer Gummimembran, die durch die daraufliegenden Massen und deren Bewegung verformt wird. Wo sich in einem kleinen Bereich viel Materie konzentriert, kann sie in die Geometrie der Raumzeit eine so tiefe Delle drücken, daß ein Teil der Raumzeit «abgezwickt» wird und sich vom Rest trennt (Abbil-

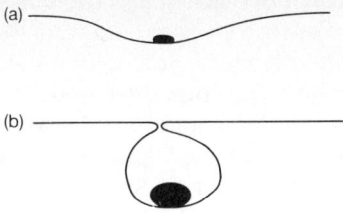

6.1 Ein schematisches Bild der Verzerrung der räumlichen Geometrie durch eine Masse. (a) Eine kleine Masse erzeugt eine kleine Raumkrümmung, die wir als ein schwaches Gravitationsfeld deuten. (b) Die Masse des Balls ist so groß und die Delle im Gummi so tief, daß sie sich um den Ball herumlegt und ihn damit von der äußeren Welt abschließt. Entsprechend wird ein hinreichend kleiner Bereich der Welt, wenn er von einer hinreichend großen Masse eingeschlossen ist, von der äußeren Welt abgeschlossen. Wir sagen, es erscheine ein Horizont. Die Verzerrung von Raum und Zeit ist so groß, daß kein Licht in die äußere Welt gelangen kann. Ein Schwarzes Loch ist entstanden.

dung 6.1). Aus dem Inneren dieses Bereichs gäbe es keinerlei Kontakt zu Ereignissen in Raum und Zeit draußen. Das gibt eine Vorstellung von dem, was Astronomen ein «Schwarzes Loch» nennen. Die Möglichkeit solcher Lichtfallen wurde schon früh erkannt, nämlich 1783 von John Michell, damals Professor der Geowissenschaften in Cambridge, und unabhängig davon 1798 von Laplace. Beide bemerkten, daß ein kugelförmiger astronomischer Körper vorstellbar ist, der innerhalb eines sehr kleinen Bereichs eine so große Masse gefangenhält, daß die Fluchtgeschwindigkeit – jene Geschwindigkeit, die beim Start erreicht werden muß, um dem Schwerefeld eines Körpers ganz entkommen zu können – gleich der Lichtgeschwindigkeit ist. Dieser Zustand ist mit Newtons Gravitationstheorie vereinbar, solange man sich vorstellt, daß Licht aus kleinen Teilchen zusammengesetzt ist. Weil die nötigen Bedingungen so extrem sind und Licht damals eher als Welle angesehen wurde, führte diese Vorstellung seinerzeit zu keiner weiteren wissenschaftlichen Forschung – obwohl Michell einige Beachtung gefunden zu haben scheint, als er seine Arbeit der Royal Society vortrug. Der Präsident, Sir Joseph Banks, führt sie in seinen Briefen an amerikanische Wissenschaftler seiner Zeit als die interessantesten der neueren wissenschaftlichen Gedanken an.

Sterne sind gewaltige durch die Schwerkraft stabilisierte Kernreaktoren. Ein Stern wird als ein Körper definiert, in dem der Druck im Innern ausreicht, um die Temperatur auf das Niveau zu bringen, das zur Auslösung spontaner Kernreaktionen nötig ist. Für den größten Teil seines weiteren Lebens wird der Sog der Schwerkraft nach innen durch den Druck nach außen ausgeglichen, den die im Sterninneren ablaufenden Kernreaktionen aufrechterhalten. Die Lebensdauer eines Sterns ist bestimmt durch die Zeit, die nötig ist, um seinen Wasserstoff in der Zentralregion in Helium und schwerere Elemente zu verbrennen. Die massereichsten Sterne haben das kürzeste Leben, weil sie in ihrer Mitte die höchsten Temperaturen erreichen und dadurch ihren Brennstoff durch Kernreaktionen am schnellsten verbrauchen. Wenn Sterne mit mehr als etwa dem Dreifachen der Sonnenmasse ihren Vorrat an Kernbrennstoff schließlich erschöpfen, können sie sich des Sogs der Schwerkraft nicht mehr erwehren. Ihnen ist es bestimmt, zu einer immer dichteren Massekugel zu schrumpfen. Dabei wird eine so große Masse in einen so kleinen Bereich gepreßt, daß sich eine Grenzfläche bildet. Lokal passiert nichts Aufregendes, um anzuzeigen, daß Masse dann, wenn sie diesen *Horizont* erreicht, an einem Punkt angekommen ist, von dem aus keine Umkehr möglich ist. Wenn allerdings eine Rakete versuchte, ihren Weg zurück ins ferne Weltall zu finden, würde sie entdecken, daß sie in einer Falle steckt. Ein solcher Bereich der Raumzeit sammelt auf kleinem Raum soviel Masse an, daß die Fluchtgeschwindigkeit größer sein müßte als die Lichtgeschwindigkeit. Die Fläche, von der aus kein Entweichen möglich ist, definiert die Grenze eines Schwarzen Lochs, den sogenannten Ereignishorizont.

Ein Schwarzes Loch ist kein fester Körper, sondern nur eine von seinem Ereignishorizont begrenzte Fläche in Raum und Zeit. Der Horizont ist wie ein Einwegspiegel. Nichts, was hereinfällt, kann hinaus. Beobachter außerhalb des Horizonts können keine Signale von innen empfangen. Sie können von der Materie, die innerhalb des Horizonts gefangen ist, nur die Gesamtmasse, den Gesamtdrehimpuls und die Gesamtladung in Erfahrung bringen. Für diese Größen gelten globale Erhaltungssätze, und sie sagen uns, daß nach den Gesetzen der Physik die in diesen Erhaltungssätzen ausgedrückten Invarianzen selbst für Schwarze Löcher gelten. Von einem Schwarzen Loch kann man nichts anderes wissen als seine Masse, seine elektrische Ladung und seinen Drehimpuls. Es hat keine anderen Eigenschaften. Zwei Schwarze Löcher, bei denen Masse, Drehimpuls und Ladung gleich sind, lassen sich von *außen* nicht unterscheiden. Die Materie, die sich im Inneren des Horizonts eines Schwarzen Lochs befindet, kann durchaus auch noch andere Eigenschaften haben, aber äußere Beobachter haben zu ihnen einfach keinen Zugang. In diesem Sinn sind Schwarze Löcher die einfachsten Dinge der Natur. Denn sie haben nicht die Millionen von Eigenschaften, die selbst die einfachsten alltäglichen Objekte kennzeichnen.

Obwohl diese Gebilde auf den ersten Blick denen ähneln, die sich Michell und Laplace vorstellten, sind sie – und es lohnt sich, das zu bedenken – doch viel extremer. In der Allgemeinen Relativitätstheorie und verwandten Gravitationstheorien stellt der Horizont des Schwarzen Lochs eine absolute Grenze für jede Reise oder Verständigung nach außen dar. In der Vorstellung von Michell und Laplace, die sich auf die Newtonsche Gravitationstheorie berufen, kann man dem Objekt so weit entkommen, wie man nur will. Die Fluchtgeschwindigkeit kann so groß sein wie die größte erreichbare Geschwindigkeit (also gleich der des Lichts), aber die Newtonsche Fluchtgeschwindigkeit ist die Geschwindigkeit, die erreicht werden muß, um dem Schwerefeld vollständig zu entkommen, was eine Reise in eine *unendliche* Ferne bedeutet. Mit einer Startgeschwindigkeit also, die kleiner ist als die Lichtgeschwindigkeit, kann man dem «Schwarzen Loch» von Michell und Laplace so weit entkommen, wie man nur wünscht. Das ist beim relativistischen Schwarzen Loch dagegen prinzipiell nicht möglich.

Zerstreuen wir zunächst einige Mythen über den Horizont Schwarzer Löcher. Wenn wir den Horizont eines sehr großen Schwarzen Lochs, etwa eines mit hundert Millionen Sonnenmassen (solche Massen vermutet man in der Mitte vieler großer Galaxien), durchqueren, würden wir nichts Ungewöhnliches erleben – zunächst. Die Bedingungen wären eher angenehm, die mittlere Materiedichte innerhalb des Horizonts wäre etwa die der Luft. Vielleicht leben wir alle in diesem Augenblick im Inneren eines sehr großen Schwarzen Lochs, ohne etwas davon zu bemerken. Aber wenn der Sog der Schwerkraft uns immer näher an den Mittelpunkt des Schwarzen Lochs zieht, lassen sich die Gezeitenkräfte schließlich nicht mehr aushalten.* Wir würden zerrissen. Diese Kräfte nehmen ungeheuer stark zu, wenn wir uns der Mitte des Schwarzen Lochs nähern. Was erwartet uns in der Mitte? Nach dem Singularitätensatz sollte das Zentrum einen singulären Punkt aufweisen: einen Teil des Randes der Welt, wo die Materie zu unendlicher Dichte zusammengequetscht ist und die zugehörige Schwerkraft ausreicht, die verformbare Raumzeit bersten zu lassen. Wie bei der Urknallsingularität wissen wir nicht, ob eine unbekannte Naturkraft dieses Schicksal abwenden kann. Aber die Überlegung, was dann passiert, wenn wirklich eine Singularität in einem Schwarzen Loch auftritt, ist schon deshalb interessant, weil es im sichtbaren Weltall vermutlich Milliarden von ihnen gibt.

Kosmische Zensur

> *Es ist etwas ironisch, daß heutzutage dem Laien das stereotype Bild vom Schwarzen Loch als letztes Schreckgespenst eingeimpft wird, während die Fachleute zu der fast genau entgegengesetzten Ansicht herumschwenkten; danach sind Schwarze Löcher genau wie das Altwerden doch eigentlich gar nicht so schlimm, wenn man die Alternative bedenkt.*
>
> Werner Israel

Alle Naturgesetze müssen an einer Singularität versagen. Nichts scheint zu bestimmen, was aus ihr entkommen kann, genausowenig wie wir ein Gesetz kennen, das erklärt, wie das Weltall aus der Urknallsingularität entstand, wenn es denn eine gab. Das Merkwürdigste an einer solchen Situation ist, daß sich dieses Versagen aus der Einsteinschen Gravitationstheorie vorhersagen läßt. Ein Naturgesetz

---

* Wir nehmen dabei an, daß wir ein Körper endlicher Größe sind und kein idealisierter ausdehnungsloser mathematischer Punkt. Der würde gar nichts spüren und wäre in dem gleichen «gewichtslosen» Zustand, den wir erleben, wenn wir von einem Sprungbrett im Schwimmbad unter dem Einfluß der Schwerkraft frei fallen.

wie das Einsteinsche enthält den Keim zu seiner eigenen Zerstörung. Es sagt vorher, daß es im Weltall Orte geben muß, wo *alles* möglich ist. Diese Punkte gehören zu der singulären Grenze des Weltalls. Aber ihre Lage im Inneren eines Schwarzen Lochs ist sehr ungewöhnlich. Dort sind sie unweigerlich vom Horizont des Schwarzen Lochs umgeben. Sie sind nicht zu sehen und können die Welt außerhalb des Schwarzen Lochs überhaupt nicht beeinflussen. Wenn die Naturgesetze an den singulären Punkten im Inneren der Schwarzen Löcher aufhören und sich wie beim Urknall aus jenen Singularitäten in ihrer Mitte unvorhersagbare Dinge entwickeln, sind die Folgen ewig hinter dem Horizont verborgen. Nun vermuten wir zwar, daß immer dann, wenn bestimmte Sterne sterben und zu sehr hoher Dichte zusammenfallen, ein Schwarzes Loch mit seinem Horizont entsteht, aber das ist nicht bewiesen. Eine Konzentration von Materie und Energie bei hoher Dichte könnte auch zu einer Singularität in Raum und Zeit führen, die nicht von einem Horizont umgeben ist. Die Wirkung einer solchen «*nackten Singularität*» auf uns läßt sich überhaupt nicht vorhersagen. Wir würden dann gleichsam dem Anfang des Weltalls zusehen. Nichts ließe sich mehr vorhersagen, jede wissenschaftliche Forschung bräche zusammen. Da diese Vorstellung äußerst unangenehm ist, hat man erwogen, ob es nicht ein Naturgesetz geben könnte, das für alle Singularitäten der Raumzeit einen Horizont fordert. Dieses Naturgesetz, das «nackte Singularitäten» verhindert, wurde von Roger Penrose passend «kosmische Zensur» genannt. Wir wissen noch nicht, ob die Hypothese der kosmischen Zensur zutrifft oder nicht.

Eine sehr einfache physikalische Überlegung legt nahe, daß es in der Natur in irgendeiner Form eine kosmische Zensur gibt. In der Natur scheint nach allem, was wir wissen, die Energie erhalten zu bleiben; sie kommt darüber hinaus in verschiedenen Formen vor – z. B. als kinetische und als potentielle Energie –, zwischen denen sie bei physikalischen Veränderungen hin- und herwechseln kann. Wenn Wasser von einem Wehr herunterfällt, hat es zunächst nur wenig Bewegungsenergie, aber viel Lageenergie (sie ist definiert als die Arbeit, die zu leisten wäre, um die Ausgangslage wieder zu erreichen); wenn es die hydroelektrischen Turbinen unten am Wasserfall erreicht, ist all diese potentielle Energie in kinetische umgewandelt, die dann in elektrische Energie transformiert werden kann. Wenn es im Weltall nackte Singularitäten gäbe, die nicht durch Horizonte geschützt sind, müßte alle Materie, die von außen in die Singularität fällt, *auf dem Weg* zu einer Punktsingularität unendlich viel potentielle Energie verlieren; diese Energie würde in verschiedenen Formen ins Weltall zurückgestrahlt. Unsere eigene Existenz scheint anzuzeigen, daß das nicht passiert. Entweder verhindert etwas, daß eine Singularität erreicht wird – dadurch bleibt die Menge der ausgestrahlten potentiellen Energie endlich –, oder es bildet sich um die Singularität herum ein Horizont, der die Strahlung einfängt, oder beides. Dieser unangenehme «Wärmetod» infolge von unaufhaltbarem Gravitationskollaps ist das Schicksal, das die Newtonschen «Schwarzen Löcher» von Michell und Laplace erwartet.

Falls es nackte Singularitäten gibt, erlauben die Naturgesetze uns nicht, ihre Zukunft vorherzusagen. Wenn wir die Gravitation richtig verstehen, kann sich aus einer nackten Singularität alles mögliche entwickeln. Falls es keine gibt, könnten wir doch die völlig unvorhersagbaren Auswirkungen einer nackten Singularität beobachten, aber wir müßten dazu im Inneren des Horizonts eines Schwarzen Lochs sein. Wir könnten unseren Kollegen auf dem Planeten Erde außerhalb des Horizonts keine Information über unsere Entdeckungen schicken, und wir wären dazu verdammt, unser Wissen über die zentrale Singularität der Vergessenheit preiszugeben.

Es gibt nur eine Situation, in der es einzig auf das ankommt, was sich im Inneren eines Schwarzen Lochs abspielt. Falls es einen Urknall gab, war er aus unserer Sicht eine nackte Singularität. Wir sind direkt von ihm betroffen. Wenn das Weltall «geschlossen» ist und dazu bestimmt, in Zukunft wieder zusammenzufallen, kann man sich das ganze Weltall als das Innere eines Schwarzen Lochs vorstellen, das kein Äußeres hat. Alles, was wir um uns herum sehen, ist das Produkt dieser nackten Singularität: Materie, Zeit, Raum, die Naturgesetze. Diese Dinge legen die Annahme nahe, daß hinter dem, was sich aus einer nackten Singularität ergibt, ein gewisser Grad an Ordnung steckt – ein Metagesetz, das das Verhalten von Singularitäten und damit auch der kosmischen Anfangsbedingungen bestimmt.

In der modernen Kosmologie übernimmt also im wesentlichen die nackte Urknallsingularität die Rolle des Schöpfers. Eine Super-Zivilisation könnte jedoch im Prinzip eine lokale nackte Singularität erschaffen, indem sie genug Materie in einen hinreichend kleinen Raumbereich preßt. Deren «theologischer» Status wird etwas untergraben, wenn man sich klarmacht, daß sie «von Menschen gemacht» ist. Diese lokale Konstruktion erlaubte ihren Urhebern die Erschaffung und Zerstörung von Raum und Zeit. Zweifellos ist das kein einfacher Weg zur Erschaffung eines Weltalls. Wenn wir wüßten, wie wir einen solchen Übergang zwischen verschiedenen Energiezuständen der Materie bewirken können, wie ihn die beschleunigte Ausdehnungsphase kurz nach dem Urknall anregte, könnten wir vielleicht in unserem eigenen Weltall ein sich ausdehnendes Teiluniversum «erschaffen». Es hat Versuche gegeben zu erforschen, ob es möglich wäre, auf diese Weise «im Labor» ein Universum zu erschaffen. Zur Zeit scheint dies unpraktikabel zu sein, weil eine Singularität nötig ist, wenn in einem mikrophysikalischen Bereich lokal eine Inflation ausgelöst werden soll. Aber diese Sichtweise könnte sich ändern.

Wir wissen nicht, ob es Gesetze gibt, die das Verhalten von Singularitäten bestimmen, aber es gibt eine interessante Spekulation, welche Art Gesetz herrschen könnte. Die Urknallsingularität unserer Vergangenheit scheint vergleichsweise eher geordnet als völlig chaotisch gewesen zu sein. Wenn aber das Weltall eines zukünftigen Tages im Endknall wieder zu einer Singularität zusammenfällt, muß diese Singularität unbedingt viel chaotischer sein. Unregelmäßigkeiten werden durch den Gravitationsdruck noch vergrößert. Dinge können auf viele Weisen chaotisch werden, aber nur auf eine Weise geordnet bleiben. Diese Überlegungen erinnern an jene zum Zweiten Hauptsatz der Thermodynamik, wonach die Unordnung («Entropie») bei physikalischen Vorgängen immer zunimmt. Man hat erwogen, ob es ein Maß für die Entropie von Singularitäten und des Weltalls insgesamt geben könnte und daß diese Entropie auch dem Zweiten Hauptsatz der Thermodynamik gehorcht. Falls das zutrifft, hat es eine Reihe von Konsequenzen. Die ursprüngliche Urknallsingularität würde geordnet gewesen sein und ihre Auswirkungen nicht willkürlich. Mit der Ausdehnung des Weltalls sammelte sich Materie zu unregelmäßigen Strukturen wie Galaxien und zeigte so einen Zuwachs an Entropie der Gravitation an. Das Endergebnis dieser Zunahme kosmischer Unordnung könnte eine chaotische «Endknallsingularität» sein. So reizvoll diese Geschichte klingt, sagt sie uns außer den Tatsachen, die Anlaß zu ihr gaben, sehr wenig Neues. Sie wird deshalb für möglich gehalten, weil eine analoge «gravitationale» Entropie für unveränderliche Gravitationsfelder wie jene von Schwarzen Löchern mit Horizont existiert.

Stephen Hawking konnte 1974 zeigen, daß Schwarze Löcher thermodynamisch gesehen Schwarze Körper sind. Sie gehorchen den Gesetzen der Gleichgewichtsthermodynamik. Bei ihnen sind Temperatur und Entropie durch ihre Gravitationsfelder und Oberflächen bestimmt. Schon vorher war bekannt, daß die Gesamtfläche der an beliebigen Prozessen beteiligten Ereignishorizonte Schwarzer Löcher nicht abnehmen kann und daß eine formale Ähnlichkeit zwischen den Regeln besteht, die auf der Oberfläche eines Schwarzen Lochs gelten, und jenen für die thermodynamische Entropie. Hawking zeigte, daß diese Analogie Wirklichkeit wird, wenn man den Einfluß der Quantenmechanik auf Schwarze Löcher berücksichtigt. Solche Schwarzen Löcher strahlen Teilchen ab, die in der Tat durch die Schwerkraft und die Fläche des Horizonts bestimmt sind; nach endlicher Zeit könnte diese Strahlung dazu führen, daß das Schwarze Loch völlig verdampft. Das Endergebnis dieses Verdampfungsvorgangs ist noch nicht klar. Es könnte sehr wohl eine nackte Singularität sein. Wenn für das Verhalten der Schwerkraft die Quantentheorie berücksichtigt wird, gilt keine «kosmische Zensur». Andererseits könnte das Endergebnis der Verdampfung auch etwas ganz Neues sein – ein Superstring vielleicht oder ein träges Elementarteilchen. Wenn bei der Verdampfung auch nur ganz wenig Materie übrigbleibt, kann sich keine Singularität bilden.

Schwarze Löcher könnten solch exotische Eigenschaften haben. Wir sagen «könnten», weil wir nicht wissen, ob in der Quantengravitation eine neue Kraft die Bildung von Singularitäten überhaupt verhindert. Hier wird unser Augenmerk auf etwas gelenkt, das wir schon in anderen Bereichen der modernen Physik beobachteten: die Wichtigkeit der Unterscheidung zwischen Phänomenen und *beobachtbaren* Phänomenen.

Die Schwerkraft steckt dem Grenzen, was Beobachter von der Natur wissen können, und diese Grenzen hängen davon ab, wo sich die Beobachter befinden. Die Ereignishorizonte Schwarzer Löcher unterteilen das Weltall in ursächlich getrennte Bereiche. Keine Vorhersage in bezug auf Ereignisse im Innern eines solchen Horizonts läßt sich je von einem äußeren Beobachter bestätigen. Ist das Innere für jene draußen dann «wissenschaftlicher» Untersuchung nicht zugänglich? Welches Urteil geben die Beobachter im Innern des Horizonts über die äußere Welt ab, aus der sie kamen? Was fangen die Beobachter im Innern mit der Behauptung der Idealisten an, die Vorstellung eines Horizonts sei nur ein Hirngespinst, oder mit der Behauptung der Instrumentalisten, es sei nur ein Mittel, die Welt zu verstehen? Diese Fragen lassen uns jeden Versuch von Wissenschaftsphilosophen, die Begriffe Naturwissenschaft oder naturwissenschaftliche Methode zu «definieren», mit Argwohn betrachten. Jede solche Definition muß das Ausmaß und die Tiefe der Subtilität der Natur und der Objekte im Weltall kennen. Begriffe wie Falsifikation, Verifikation und Operationalismus erscheinen wie Schuhe, die der Natur nicht passen, so gut sie idealisierten Wissenschaftlern auch stehen mögen.

Können wir einer Singularität auf den Grund kommen?

What doth gravity out of his bed at midnight?
Shakespeare

Nehmen wir, um das Leben etwas interessanter zu machen, einmal an, daß solche Singularitäten, wie sie Einsteins Gravitationstheorie voraussetzen, wirklich in der Natur vorkommen. Sie könnten sich in den Mittelpunkten Schwarzer Löcher ausbilden, die durch Horizonte nach außen abgeschirmt sind, oder auch in nackter Form existieren. Im ersten Fall könnten wir nur dann durch die anarchischen Neigungen der Singularität beeinflußt werden, wenn wir schon selbst im Inneren des Horizonts wären. Im anderen könnten wir im Prinzip beobachten, was in der Singularität geschieht, und doch zurückkehren, um auf der Erde davon zu berichten. Was aber, wenn wir die Singularität selbst erreichen oder wenigstens eine Sonde zu ihr hinschicken wollten? Wäre das möglich? Falls eine Singularität, wie es der Fall zu sein scheint, mit immer dichter werdender Materie und Energie umgeben ist, stecken wir in einer Klemme. Jede Sonde muß aus einem Material bestehen und endliche Größe haben. Wenn sie einer Singularität mit hoher Dichte näher kommt, wird sie immer stärkeren Gezeitenkräften ausgesetzt und schließlich zerrissen, zuerst in Stücke, dann in Atome, dann in Quarks und so weiter. In gewissem Sinn verhindert die Singularität eine genauere Untersuchung. Die gewaltigen Kräfte in ihrer Nähe wirken wie Sicherheitskräfte, die ihre innersten Geheimnisse schützen. Je genauer die begehrte Information ist und je mehr sie ins einzelne gehen soll, um so empfindlicher und raffinierter muß die Sonde sein, und um so schwieriger wird es, sie so in die Nähe der Singularität zu bringen, daß sie arbeitsfähig bleibt. Wenn die Singularität eine Gegend sehr hoher Dichte ist, erschwert eine weitere Eigenschaft der Natur, ihr Information abzugewinnen. Alle Lichtsignale, die unsere Sonde zu uns zurückschickt, müssen dem Sog widerstehen, den die Schwerkraft in der Umgebung der Singularität ausübt. Das ist bei einer nackten Singularität möglich, aber es hat seinen Preis. Die Lichtsignale brauchen zur Überwindung des Schwerefelds Energie, genau wie wir Menschen beim Bergsteigen. Dieser Energieverlust erzeugt die «Gravitationsrotverschiebung», die sich mit Hilfe sehr empfindlicher Meßgeräte an Licht im Schwerefeld der Erde beobachten läßt. Sie schwächt Signale, so daß sie dann, wenn sie uns in großer Entfernung von der Singularität erreichen, weniger Information enthalten. Etwas Ähnliches ist, wie Sir William McCrea zeigte, auch mit der Singularität bei der Entstehung des Weltalls verknüpft. Je näher unsere Informationsquelle dem Anfang des Weltalls ist, um so weniger kommt von dieser Information an, da sie uns hier und jetzt erreicht. McCrea vermutet, es gäbe eine grundsätzliche Beschränkung dafür, wieviel wir von dem wissen können, was in der fernen Vergangenheit passiert ist, weil Information in Form von Lichtsignalen (oder Signalen überhaupt) geschwächt wird. Diese Einschränkung würde auch unsere Untersuchung einer nackten Singularität behindern.

Stakkato-Zeit

Alles hat seine Zeit.
Prediger Salomo

Wenn wir uns einer sehr dichten Singularität nähern wollen, stellt sich eine weitere Frage: Wie lange brauchen wir, um zu ihr zu gelangen? Im Fall der Urknallsingularität läuft das auf die Frage nach dem Alter der Welt hinaus. Üblicherweise wird darunter die Zeit verstanden, die eine unter dem Einfluß der Schwerkraft frei in die Singularität hineinfallende Uhr mißt. Sie gibt die *Eigenzeit* an, die wir im Rahmen der Speziellen Relativitätstheorie behandelten. Aber warum sollte das auch für das Weltall insgesamt gelten? Das Weltall wird durch die Allgemeine und nicht durch die Spezielle Relativitätstheorie beherrscht. Wie können wir wissen, daß es nicht ein grundlegenderes Zeitmaß gibt, das mit dem Weltall insgesamt verknüpft ist?

Betrachten wir das Schicksal einer Uhr, die sich der überdichten Umgebung eines Schwarzen Lochs nähert. Allmählich wird sie in einer Richtung zusammengepreßt und in einer anderen auseinandergezerrt, bis sie in Stücke zerbricht. Wir reagieren darauf, indem wir einen widerstandsfähigeren Zeitmesser nehmen, aber auch der ist bald zerstört. Wir gehen zu Uhren über, die auf Schwingungen von Atomen beruhen, aber auch sie halten nicht lange. Und so geht es weiter. Was, so müssen wir uns fragen, meinen wir mit Eigenzeit, wenn es keine Uhren gibt, die sie messen können? In dieser extremen Umgebung müssen wir nach einer Zeitmessung suchen, die mit dem verknüpft ist, was allein überlebt: mit der Krümmung von Raum und Zeit. Einige Singularitäten nun, so läßt sich aus Einsteins Gleichungen ableiten, wirken so auf Raum und Zeit ihrer Umgebung, daß sie eine Art natürliche Uhr darstellen. Wenn Materie bei der Annäherung an die Singularität zu immer größerer Dichte zusammengepreßt wird, erhält sie Wellencharakter; sie schwingt um so schneller, je näher sie der Singularität kommt. Eine hypothetische Uhr erreicht die Singularität nach einer endlichen Spanne der Eigenzeit, der Raum aber schwingt in diesem endlichen Eigenzeitintervall *unendlich* oft. Gemessen an dieser «Schwingungszeit» wäre das Weltall unendlich alt. Das ist kein Trick von der Art des Zenonschen Paradoxons, denn

482 Die Natur der Natur

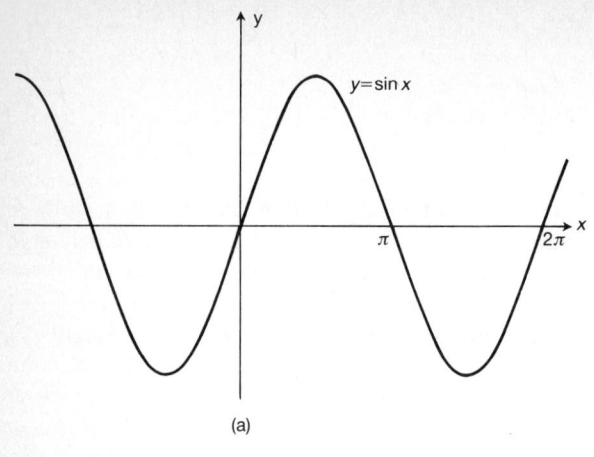

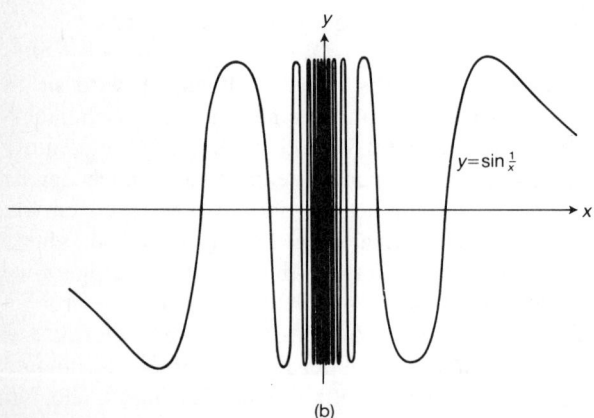

6.2 (a) Der Graph von $y = \sin x$. (b) Der Graph von $y = \sin 1/x$, der für Werte nahe dem Ursprung bei $x = 0$ zu unendlich häufigen Oszillationen führt.

bevor die Singularität erreicht wird, laufen unendlich viele verschiedene physikalische Ereignisse ab. Wir weisen Zenons Überlegung zurück, es dauere eine Ewigkeit, das Zimmer zu durchqueren, da dabei unendlich viele Teilabschnitte durchquert werden müßten, weil es solche Intervalle physikalisch nicht gibt. Entsprechend müssen wir, wie der amerikanische Kosmologe Charles Misner betonte, behaupten, daß dieses schwingende Weltall *unendlich* alt ist, weil nach Auskunft einer Uhr, die durch die veränderliche Geometrie des Raumes selbst definiert ist, unendlich viele physikalisch verschiedene Ereignisse passieren. Die Vorstellung, unendlich viele Dinge könnten in einer endlichen Zeitspanne passieren, mag merkwürdig sein. Aber betrachten wir das einfache in Abbildung 6.2 veranschaulichte Beispiel. Dort sind die Graphen der Funktionen $y = sin\, x$ und $y = sin\, 1/x$ aufgetragen. Wenn x gegen null geht, schwingt der Graph von *sin 1/x* immer rascher. Wie nah vor $x = 0$ man auch beginnt, immer muß es unendlich viele Schwingungen geben, bevor $x = 0$ erreicht wird.

Wenn man also ein Lebewesen (oder ein Computer) wäre, dessen subjektive Zeit genauso schnell tickte wie diese Schwingungen, würde man ewig «leben». Nie würde man zur Singularität kommen, dorthin also, wo keine Naturgesetze mehr gelten. Sie wäre ein «Quell am Weltende». Die Frage, ob es einen eindeutigen absoluten Standard für die Zeit gibt, die global durch die innere Geometrie der Welt definiert ist, stellt ein großes ungelöstes Problem der Kosmologie dar. Bis wir die Antwort kennen, werden wir nicht wissen, was die Singularitäten der Raumzeit physikalisch bedeuten oder wie wir die Frage beantworten sollen, ob das Weltall ein endliches Alter hat oder ewig dauert. (Abbildung 6.3 gibt ein weiteres Beispiel.)

Diese Einstellung zur Zeit läßt sich als operationalistisch bezeichnen – die Zeit wird durch den Vorgang definiert, durch den sie gemessen wird – und ist eng verwandt mit der konstruktivistischen Auffassung der Mathematik. Die Singularitätensätze von Hawking und Penrose, die wir in diesem und im vierten Kapitel beschrieben, sind nicht-konstruktive mathematische Beweise, die die Existenz einer Singularität beweisen, indem sie zu einem Widerspruch führen, und würden deshalb von einem konstruktivistischen Mathematiker und vermutlich auch von einem operationalistischen Physiker wie Bridgman nicht als gültige Wahrheit anerkannt werden. Für sie bleibt die Frage nach der Existenz von Singularitäten unter den Voraussetzungen des Satzes unentscheidbar. (Es ist eine interessante Aufgabe herauszufinden, welche zusätzlichen Annahmen nötig sein würden, damit die Singularitätensätze konstruktiv bewiesen werden könnten.) Eine solche Sicht der Singularitäts«gesetze» wäre mit der eben besprochenen

6.3 Maurits Eschers Holzschnitt Kreisgrenze IV – Himmel und Hölle. Dies ist eine konforme Repräsentation der Lobatschewski-Ebene, bei der die «Unendlichkeit» am Kreisrand liegt. Unendlich viele, mit größerem Abstand von der Mitte immer kleiner werdende Teufel und Engel sind ineinander verschachtelt. Im Prinzip erscheinen bei Annäherung an den Rand unendlich viele Zeichnungen. Eine Uhr, die jedesmal «tickt», wenn sie auf eine Zeichnung trifft, würde in ihrer Eigenzeit unendlich lange brauchen, bis sie den Rand erreicht, der trotzdem nur eine endliche euklidische Entfernung vom Zentrum hat. Diese Art von Muster wird manchmal nach Henri Poincaré Poincarémuster genannt; auch er behauptet, es müsse ein Bild eines unendlichen Universums mit praktisch unerreichbarer Grenze geben. [© 1988 M. C. Escher, c/o Cordon Art, Baarn, Holland]

«Stakkato-Zeit» verträglich. Nur in dem besonderen Teil eines Weltmodells, das eine unendliche Folge von Schwingungen aufweist, läßt sich keine Singularität nach einer endlichen Anzahl operational zu verwirklichender Schritte erreichen. In anderen Weltmodellen könnte es solche operationalen Definitionen gar nicht geben; nur endlich viele physikalisch realisierbare Dinge könnten auftreten, bevor eine Singularität erreicht wird.

Naturkonstanten

> *Nehmen wir einmal an, es gäbe nicht 60 chemische Elemente, sondern 60 Milliarden... alle gleichmäßig verteilt. Jedesmal, wenn wir dann einen Kieselstein hochheben, wäre die Wahrscheinlichkeit groß, daß er aus einer uns unbekannten Substanz besteht. Alles, was wir über Kieselsteine wissen, wäre dann wertlos.*
>
> Henri Poincaré

In unseren mathematischen Gleichungen, die angeblich das Wirken der Natur beschreiben, gibt es gewisse Größen, denen wir einen Sonderstatus zuschreiben und die wir «Naturkonstanten» nennen. Sie ergeben sich in unseren Gleichungen von selbst als Proportionalitätskonstanten zwischen verschiedenen veränderlichen physikalischen Größen. Als solche lassen sie sich nur durch Messungen bestimmen. Obwohl die Form der Beziehung zwischen den physikalischen Veränderlichen durch ein Symmetrieprinzip oder eine Invarianz bestimmt ist, besagt das Prinzip zum Beispiel nur, daß die Energie der Masse proportional ist. Es kann nicht den Wert der Proportionalitätskonstanten angeben. Als erste solche Größe wurde die Newtonsche Gravitationskonstante entdeckt. Sie ergab sich aus der Herleitung, daß die Schwerkraft zwischen irgend zwei Massen proportional ist zum Produkt der Massen und umgekehrt proportional zum Quadrat ihres Abstands. Diese Proportionalitätskonstante ist die Newtonsche Gravitationskonstante. Obwohl die Existenz eines solchen Parameters in der Newtonschen und auch in der sie ablösenden Einsteinschen

Gravitationstheorie unvermeidlich ist, läßt sich sein Zahlenwert nicht theoretisch bestimmen. Er kann allein durch Messung der wirklichen Größe der Gravitationskraft bestimmt werden.

Daß sich diese Konstanten als Proportionalitäten in Gleichungen ergeben, die Naturerscheinungen beschreiben, könnte sich schließlich einmal als Irrtum herausstellen. Sie könnten Kunstprodukte sein, erzeugt durch unsere Art der Beschreibung. Aber diese mögliche Irreführung ist ein kleiner Preis für die Annehmlichkeit, die Welt bequem so beschreiben zu können, daß ganz von selbst jene Teile, die uns unbekannt sind, von denen getrennt sind, die von Symmetriebetrachtungen diktiert werden.

Eine Proportionalitätskonstante in einer physikalischen Gleichung wird nur dann «Naturkonstante» genannt, wenn sie in einem Naturgesetz auftritt, das für *allgemeingültig* gehalten wird. So glaubte Newton, sein Gravitationsgesetz gelte für alles, ob auf der Erde oder im Himmel, und deshalb darf die in ihm auftretende Gravitationskonstante den Status einer Naturkonstanten beanspruchen. Die Elastizität eines bestimmten Fahrradreifens ist ebenfalls eine Proportionalitätskonstante in einer Gleichung, die beschreibt, wie sich der Reifen unter Druck verhält, aber kaum eine allgemeingültige Konstante, weil sie einem bestimmten Stück Gummi zugeschrieben wird, das sich irgendwie von jedem anderen unterscheidet. Wir könnten uns jedoch für die Eigenschaften einzelner Objekte interessieren, die alle im ganzen uns bekannten Weltall gleich sind, wie zum Beispiel für die elektrische Ladung eines einzelnen Elektrons, da wir glauben, daß alle Elektronen in jeder Hinsicht gleich sind.

Wirkliche Fortschritte in unserem Verständnis der physikalischen Welt scheinen immer mindestens eine der drei folgenden Bedingungen vorauszusetzen:

(i) Die Entdeckung einer neuen fundamentalen Naturkonstanten.
(ii) Eine Formel, die zeigt, wie der Wert einer Naturkonstanten allein durch die Zahlenwerte anderer Konstanten bestimmt ist.
(iii) Die Entdeckung, daß eine Größe, die für eine Naturkonstante gehalten wird, keine Konstante ist.

Die Einführung der Quantentheorie durch Planck, Einstein, Bohr, Jordan, Heisenberg und andere brachte zum Beispiel die in Kapitel 3 behandelte neue Fundamentalkonstante mit sich, die als Plancksche

Konstante bekannt ist und der direkten Beobachtung eine quantentheoretische Grenze auferlegt. Einsteins Theorie der Speziellen Relativitätstheorie gab der Lichtgeschwindigkeit im Vakuum universellen Status; Einstein zeigte, daß diese Konstante die Größen Masse und Energie verbindet. Gegen Ende des neunzehnten Jahrhunderts zeigte Maxwell durch seine Kombination der Theorie der Elektrizität mit der des Magnetismus, daß auch sie durch die fundamentale Größe der Lichtgeschwindigkeit vermittelt wird.

Für die meisten Physiker ist das letzte Ziel nicht weniger als die *Bestimmung* der Zahlenwerte all dieser Universalkonstanten. Sie möchten zeigen, daß sie nur einen widerspruchsfreien Wert haben können und daß diese Forderung nach Widerspruchsfreiheit gemeinsam mit einem Minimum an Symmetriebedingungen zur eindeutigen Bestimmung der Struktur der Welt ausreicht. Dazu müssen Theorien entwickelt werden, in der die Rolle der Konstanten über die reiner Proportionalitätskonstanten hinausgeht. Wir fordern, daß die Existenz der Proportionalitäten selbst vom Wert der Proportionalitätskonstanten abhängt. Es ist interessant, die Äußerungen zu vergleichen, die Wissenschaftler zu diesem Thema gemacht haben.

Einstein sagte über die Naturkonstanten:

Es gibt in einer vernünftigen Theorie keine (dimensionslosen) Zahlen, deren Wert nur empirisch bestimmbar ist. Beweisen kann ich dies natürlich nicht. Aber ich kann mir keine einheitliche und vernünftige Theorie vorstellen, die explizit eine Zahl enthält, welche die Laune des Schöpfers ebensogut anders hätte wählen können, wobei die Welt in ihren Gesetzmäßigkeiten qualitativ anders ausgefallen wäre... Dimensionslose Konstanten in den Naturgesetzen, die vom rein logischen Standpunkt aus ebensogut andere Werte haben könnten, dürfte es nicht geben.

Der Nobelpreisträger Stephen Weinberg, ein Teilchenphysiker, schrieb vor kurzem:

Quantenmechanik und Relativitätstheorie bedeuten *zusammengenommen* eine außerordentliche Einschränkung und stellen deshalb eine große logische Maschine dar. Wir können mit unserem Verstand alle möglichen Welten erforschen, die aus allen möglichen geheimnisvollen Teilchen und Wechselwirkungen bestehen, aber bis auf ganz wenige lassen sich alle *a priori* zurückweisen, weil sie nicht gleichzeitig mit der Speziellen Relativitätstheorie und der

Quantentheorie verträglich sind. Hoffentlich finden wir schließlich, daß nur eine Theorie mit beiden vereinbar ist; diese Theorie bestimmt dann dieses unser Weltall.

Beide, Einstein wie Weinberg, würden gern glauben, die Welt sei durch die Forderung nach Widerspruchsfreiheit eindeutig bestimmt. Das ist eine moderne Vorstellung; Newton erhob Einwände gegen die Auffassung, die Struktur der Natur sei notwendig so. Er ließ Samuel Clark an Leibniz schreiben:

Aus diesem Quell [dem freien Willen Gottes] sind jene Gesetze geflossen, die wir Naturgesetze nennen, in denen sich viele Spuren der weisesten Erfindungsgabe zeigen, aber nicht der geringste Schatten der Notwendigkeit. Wir müssen diese deshalb nicht in ungewissen Vermutungen suchen, sondern aus Beobachtungen und Versuchen lernen. Wer anmaßend genug ist zu denken, daß er die wahren Grundsätze der Physik und der Naturgesetze allein durch die Kraft seines eigenen Geistes und des inneren Lichtes seiner Vernunft finden kann, muß entweder annehmen, die Welt existierte aus Notwendigkeit und die behaupteten Gesetze folgten aus derselben Notwendigkeit; oder aber, wenn die Ordnung der Natur durch den Willen Gottes bestimmt wurde, könne er selbst, ein erbärmliches Kriechtier, sagen, was am besten getan werden sollte.

Newtons Ansichten waren nicht nur durch die Erfahrung mit der praktischen Naturwissenschaft geformt. Sie spiegeln auch die «voluntaristische» Theologie seiner Zeit (die von Ockham im dreizehnten Jahrhundert in einen «Nominalismus» verschlüsselt worden war), wonach Naturgesetze der göttlichen Macht keine Grenzen auferlegen. Diese Gesetze konnten nur «nominell» gelten, zeitweise jedoch durch «wunderbare» Ereignisse aufgehoben werden.

Eine Wissenschaft, die eine aufregende Jugendzeit durchläuft, läßt sich daran erkennen, daß sie viele neue grundlegende Theorien entwickelt, die Naturkonstanten enthalten. So ergeben sich dann viele Theorien, die je für sich innerhalb ihres eigenen Anwendungsbereichs erfolgreich sind, deren Geltungsbereiche jedoch voneinander teilweise oder sogar völlig getrennt sind. Die Allgemeine Relativitätstheorie und die Quantentheorie sind gute Beispiele. Jede hat in ihrem Bereich glänzende Erfolge; ihre Vorhersagen werden bestätigt und ihre Erklärungen befriedigen. Aber diese Theorien sind in ihrer heu-

Gibt es überhaupt Naturgesetze? 489

tigen Form nicht miteinander vereinbar; mindestens eine von ihnen, und fast sicherlich beide, müssen wesentlich verändert werden, wenn sie sich verbinden sollen. Diese Verbindung ist nötig, wenn wir ein vollständiges Bild der ersten Augenblicke der Entwicklung des Weltalls gewinnen wollen. Nur in jenen ersten Augenblicken des Urknalls sind die Gravitationskräfte stark genug, um Raum und Zeit so gewaltig zu krümmen, daß der Wellencharakter der Massen wichtig wird. Allein in dieser außergewöhnlichen Umgebung sehen wir den Einfluß der Schwerkraft auf die Welt der Elementarteilchen am Werk. Überall sonst und im besonderen in den Teilen des Weltalls, die wir heute beobachten, sind die Gravitationskräfte im Vergleich zu den elektrischen und magnetischen Kräften so schwach, daß die Quantenwelt für alle praktischen Zwecke von der Welt der Allgemeinen Relativitätstheorie entkoppelt ist. Trotzdem vermuten wir, eine rechtmäßige Verbindung von Quantentheorie und Allgemeiner Relativitätstheorie müßte die Naturkonstanten, die beide Theorien kennzeichnen, miteinander verknüpfen. Eine solche Verknüpfung würde praktisch zeigen, wie die Grundkräfte oder -begriffe der Natur auseinander hergeleitet werden können. Andererseits könnte es sein, daß beide Theorien noch reichhaltiger und seltsamer werden müßten, als jede einzelne es jetzt schon ist, bevor eine Synthese ihrer Grundzüge gelingen kann. Wir erinnern daran, wie die Theorien der statischen Elektrizität und des Magnetismus früher einmal grundverschieden aussahen und sich erst zu einer einzigen Theorie des Elektromagnetismus verbinden ließen, als ihre dynamischen Aspekte berücksichtigt wurden. Die ungewöhnlichen Eigenschaften der Superstrings haben sie zu Favoriten für die Vereinigung und Erklärung der verschiedenen Richtungen der Natur werden lassen. Wir haben (in Kapitel 4) schon einige der Hoffnungen und Befürchtungen dieser neuesten Suche nach einer allumfassenden, alles erklärenden Theorie der Natur erörtert. Es ist sehr wohl möglich – und sogar wahrscheinlich –, daß eine solche erfolgreiche Theorie schließlich die Zahlenwerte der Naturkonstanten vorhersagen wird, aber das ließe immer noch die kosmologischen Anfangsbedingungen und die Werte der «Fast-Symmetrien» unbestimmt, die sich im Laufe der Geschichte des Weltalls bei fast zufälligen Symmetriebrechungen ergeben haben.

Maße und Gewichte

> *Es ist, als ob sie als Standard für das Maß, das wir Fuß nennen, den Fuß eines Kanzlers nehmen wollten. Welch ungewisses Maß wäre das? Der eine Kanzler hat einen großen Fuß, der andere einen kurzen, ein dritter einen durchschnittlichen Fuß.*
>
> John Selden (1689)

Wenn wir das Problem der Bestimmung und Deutung der Fundamentalkonstanten bewerten wollen, müssen wir auf einen wichtigen Aspekt der Größen hinweisen, die wir als die grundlegendsten empfinden. Wir sind daran gewöhnt, Dinge in verschiedenen Maßsystemen zu messen. Es gibt viele solche Systeme. Keines ist unantastbar. Viele wurden anthropomorph von Teilen des menschlichen Körpers übernommen. Die meisten sind heute nicht mehr gebräuchlich, aber wir verstehen eine Angabe wie Fuß, Elle oder Spanne noch ohne weiteres.

Das offensichtlichste Problem mit diesen Größen ist die Tatsache, daß verschiedene Menschen verschiedene Maße haben. Welchen Menschen nehmen wir als Standard? Der König war selbstverständlich ein Favorit (und einer, der in alten Zeiten wohl keinen Rivalen hatte), aber auch dann mußten die Einheiten bei jeder Thronbesteigung neu festgelegt werden. David I. von Schottland fand für dieses Problem eine interessante Lösung. Er definierte Anfang des zwölften Jahrhunderts das schottische Zoll, indem er anordnete, daß es die durchschnittliche Länge der Daumenbreite eines großen, eines mittelgroßen und eines kleinen Menschen betragen sollte.

Das moderne metrische System mit Zentimeter, Kilogramm und Liter ist ein ebenso gutes System wie das frühere, das Längen, Gewichte und Volumen in Meilen, Pfunden und Scheffeln maß. Die metrischen Einheiten wurden ursprünglich in bezug auf ein an einem Ort der Welt aufbewahrtes «Urmaß» definiert, von dem Kopien an andere Orte gegeben wurden. So war das Kilogramm die Masse eines bestimmten Zylinders aus einer Verbindung von Platin und Iridium, das in einem Tresor im *Bureau International des Poids et Mesures* in Sèvres aufbewahrt wurde. Dieses Verfahren zur Festlegung von objektiven Maßeinheiten, die sich nicht auf menschliche Maße bezogen, wurde 1799 von den Franzosen eingeführt.

Entsprechend können wir Temperaturen in Grad Celsius oder Fahrenheit oder Reaumur oder Kelvin messen. Dies sind Verabredungen. Sicherlich wäre es schön, wenn wir die Grundkonstanten der Natur auf eine Weise ausdrücken könnten, die unabhängig ist von dem benutzten System. Dazu brauchen wir die Grundgrößen nur als Verhältnisse von Größen derselben Art auszudrücken. So ist das Verhältnis der elektromagnetischen Kraft zwischen zwei Protonen und der zwischen ihnen wirkenden Schwerkraft eine reine Zahl; sie hängt nicht davon ab, welche Einheit man für die Kraft oder die Masse oder irgendetwas sonst wählt. Sie liegt nahe bei 1039. Betrachten wir ein anderes Beispiel: Auch das Verhältnis der Masse eines Protons zur Masse eines Elektrons ist eine reine Zahl, nämlich ungefähr 1836. Die Stärke der elektromagnetischen Kraft zwischen zwei Elektronen, die durch die Wellenlänge ihrer Quantenwellen getrennt sind, läßt sich ebenfalls als reine Zahl darstellen. Sie ist ungefähr 1/137. So könnten wir weitermachen. Ohne alle oberflächlichen und zweitrangigen Komplexitäten reduziert sich die grundlegendste Beschreibung der physikalischen Welt auf eine Liste solcher reinen Zahlen. Sie sind die Zutaten, die wir zur Umwandlung unserer mathematischen Gleichungen und Invarianzprinzipien in eine Beschreibung *unserer* Welt und nicht einer anderen hypothetischen brauchen. Wenn all unsere bestehenden physikalischen Theorien in jedem deduktiven Prinzip vollkommen zutreffend wären, müßten wir immer noch diese Zahlen messen, um sie nutzen zu können. Die allgemeine Struktur der von uns entwickelten Theorien und die Tatsache, daß sie zu Naturkonstanten führen, könnten anthropomorphe Aspekte haben, die Werte dieser Konstanten jedoch nicht.

Veränderliche Konstanten?

> *Gott könnte die Naturgesetze verändern und in anderen Teilen der Welt andere Welten schaffen.*
>
> Isaac Newton

Wir begannen dieses Kapitel mit einer Warnung vor einem zu leichtfertigen Appell an die Vorstellung von veränderlichen Naturgesetzen. Wenn forschende Naturwissenschaftler von der Veränderlichkeit der Naturgesetze sprechen, haben sie unweigerlich etwas Spezielleres im Sinn. Sie stellen die übliche Lehre in Frage, daß Größen wie jene des letzten Abschnitts, die wir als reine Zahlen ausdrückten, wirklich überall und immer dieselben sind. Wenn eine Naturkonstante keine reine Zahl ist, sondern eine Maßeinheit – etwa Meter oder Zentimeter – dazugehört, ist der Gedanke nicht sinnvoll, sie könne sich von Ort zu Ort oder im Laufe der Zeit ändern; durch eine Änderung des zu ihrer Messung benutzten Einheitensystems ließe sich nämlich erreichen, daß es so aussieht, als ob es so wäre. Eine Größe, die sich als reine Zahl beschreiben läßt, ist jedoch unabhängig von den zur Berechnung ihrer Komponenten benutzten Einheiten. Wenn sich ihr Wert ändert, hat das eine reale und beobachtbare Bedeutung. Die Tatsache, daß diese numerischen Naturkonstanten überall, wo wir sie bestimmt haben, mit sehr großer Genauigkeit dieselben Werte zu haben scheinen, ist der Grundstein, auf dem unser Vertrauen in die Konstanz der Naturgesetze beruht. Darüber hinaus sind unsere Beobachtungen an sehr fernen Objekten auch Beobachtungen von Ereignissen, die in ferner Vergangenheit abliefen. Das Licht, das wir *jetzt* von fernen Quasaren empfangen, wurde in ferner Vergangenheit ausgeschickt. Im Spektrum des Lichts weit entfernter astronomischer Objekte beobachten wir daher die Folgen der Zahlenwerte, die Naturkonstanten vor mehr als zwölf Milliarden Jahren hatten, lange bevor es auf diesem Planeten menschliches Leben gab.

Es gibt seit 1976 ein verblüffendes irdisches Beispiel für die Konstanz der Naturkonstanten. In einer Uranmine im afrikanischen Staat Gabon gibt es reichliche Vorkommen von zwei Isotopen des Seltenerdmetalls Samarium. (Isotope sind Varianten eines Elements, bei denen der Atomkern dieselbe Anzahl von Protonen, aber verschieden viele Neutronen enthält.) In gewöhnlichem Samarium ist das Verhältnis zwischen diesen beiden Isotopen etwa 9:10, in der Oklo-Mine jedoch kommen sie in einem Verhältnis von etwa 1:50 vor. Die Bedingungen in der Mine haben sich nämlich über Milliarden von Jahren geradezu verschworen, einen natürlichen Kernreaktor zu erzeugen, der das eine Samariumisotop in das andere transformiert. Die Umwandlung eines Samariumisotops in das andere setzt jedoch ganz besondere Gegebenheiten voraus, wozu die relativen Stärken der elektromagnetischen, radioaktiven und Kernkräfte gehören. Dieser Kernreaktor also wurde vor zwei Milliarden Jahren kritisch; die Werte der Fundamentalkonstanten, die zusammenwirken müssen, um die Umstände zu schaffen, die für diese Kernreaktionen nötig sind, müssen damals die gleichen gewesen sein wie heute. Das setzt erstaunlich enge Grenzen dafür, wie sich die Werte der reinen Zahlen verändert haben können, die die Stärken der elektromagnetischen, der schwachen und der Kernkraft kennzeichnen. In den mehr als fünfzehn Milliarden Jahren, die es das beobachtbare Weltall gibt, können sich diese Konstanten höchstens um ein Millionstel beziehungsweise ein fünfzigstel und ein fünfzig Millionstel geändert haben. Die schwache Kraft hat, wie ihr Name andeutet, im Vergleich mit den anderen beiden Naturkräften solch geringe Auswirkungen, daß sie sich viel stärker ändern kann, bevor sich ähnlich ungünstige Folgen ergeben, wie sie relativ kleine Veränderungen der anderen beiden Kräfte bewirken können.

Auch astronomische Beobachtungen erlegen Veränderungen der akzeptierten Naturkonstanten in Raum und Zeit mächtige Zwänge auf. Wir erinnern daran, daß Licht, das wir heute von Sternen, Galaxien und Quasaren empfangen, sie schon vor langer Zeit verließ, denn uns trennen gewaltige Entfernungen von ihnen; wir sehen daher ferne Teile des Weltalls, so wie sie vor vielen Millionen oder, im Fall von Galaxien und Quasaren, sogar vor Milliarden Jahren waren. Es ist also möglich, die Physik der Strahlung von fernen astronomischen Quellen mit der auf der Erde hier und jetzt zu vergleichen und zu prüfen, ob es Unterschiede gibt. Überlegungen dieser Art ermöglichen den Schluß, daß sich die Werte der Naturkonstanten, wenn es denn welche gibt, im Laufe der fünfzehn Milliarden Jahre dauernden Ausdehnungsgeschichte höchstens um ein Hundertstel verändert haben.

Die Frage nach räumlichen Veränderungen ist vom begrifflichen Gesichtspunkt her problematischer. Veränderungen etwa der Newtonschen Gravitationskonstanten – oder einer dimensionslosen Kombination von ihr und anderen dimensionsbehafteten Naturkonstanten – scheinen die Existenz «bevorzugter» Orte im Weltall nahezulegen, in denen eine bestimmte Konstante ein Maximum oder ein Minimum annehmen könnte. Trotz philosophischer Einwände wäre ein Weltall, in dem sich die Naturkonstanten im Raum verändern, ein interessanter Ort. Nehmen wir einmal an, nur die «Feinstrukturkonstante» $\alpha = 2\pi e^2/hc$ (wobei e die elektrische Ladung des Elektrons, h die Plancksche Konstante und c die Lichtgeschwindigkeit im Vakuum bezeichnen), die alle elektromagnetischen Wechselwirkungen der Natur bestimmt, würde kleiner werden, wenn wir uns von einem bestimmten Ort aus in den Raum hineinbewegen würden.

Diese Veränderung der Stärke des Elektromagnetismus würde sich sowohl auf die Chemie als auch auf die Physik auswirken. In dieser hypothetischen Welt würde es einen «annulus vitae» in einem bestimmten Abstand vom Mittelpunkt der Welt geben, nämlich dort, wo α nahe an 1/137 liegt und wo Atome existieren könnten. Wo α größer ist, kann es keine Atome geben, weil die Elektronen in den Atomkern hineingezogen werden. Wo hingegen α kleiner ist, wären die Atome zu wenig gebunden, um überleben zu können. Beobachter wie wir selbst könnten sich nur in diesem «Lebensring» entwickeln. Wenn wir annehmen, daß die Feinstrukturkonstante in größerer Entfernung nicht abnähme, sondern eine Art Sinusschwingung ausführte, würde es viele Lebensringe geben (sogar unendlich viele, wenn sich das Weltall bis ins räumlich Unendliche erstreckt). Wenn Sie als Leserin oder als Leser mit Physik vertraut sind, könnten Sie einen vergnüglichen Abend damit verbringen, sich auszumalen, wie diese Art Weltall einem Bewohner eines der Lebensringe erscheinen müßte.

Wir haben keine Beobachtungshinweise auf die Veränderung in Raum oder Zeit von einer unserer üblichen Naturkonstanten, aber es gibt eine merkwürdige unerklärte Koinzidenz, die uns sagen könnte, daß die Naturkonstanten Werte haben, die statistisch bestimmt sind und sich in einer Weise in Raum und Zeit ändern, die mit der Entwicklung des Weltalls insgesamt verknüpft ist. Es ist lange bekannt, daß die dimensionslose Zahl, die die Stärke der Schwerkraft zwischen zwei Protonen kennzeichnet, etwa gleich 10^{-39} ist. Das ist an sich schon merkwürdig, aber man bemerkt den «Zufall», daß dies etwa gleich dem Inversen der Quadratwurzel aus der Anzahl der Protonen im heute sichtbaren Weltall ist (etwa 10^{78}); diese inverse Quadratwurzel beschreibt die statistische Schwankung in einer zufälligen Ansammlung von Dingen. Daraus folgt, daß die Gravitationskonstante irgendwie eine statistische Manifestation der Gesamtzahl der Atome im sichtbaren Weltall darstellt. Das ist natürlich rein spekulativ (die statistische Beziehung wird nur dann nahegelegt, wenn man die Anzahl der *Protonen* und die Schwerkraft zwischen ihnen berücksichtigt. Wenn andere, vielleicht fundamentalere Elementarteilchen in Betracht gezogen werden, besteht die Übereinstimmung mit dem Inversen aus der Quadratwurzel nicht mehr). Wir werden im nächsten Kapitel mehr über die zahlenmäßigen Übereinstimmungen zu sagen haben, auf denen der statistische Zufall beruht.

Ein Fenster in weitere Dimensionen

> *«Lieber Himmel!» rief Frau Schnipp, «Und gibt es einen Ort, an dem Menschen wagen, über der Erde zu leben?»* – *«Ich hatte noch nie von Menschen gehört, die unter der Erde leben»*, *antwortete Tim, «bevor ich ins Gigantenland kam.»* – *«Ins Gigantenland kam?» schrie Frau Schnipp. «Wieso, ist nicht überall Gigantenland?»*
>
> R. Quizz

Viele Jahre lang hatte der Gedanke, die dimensionslosen Naturkonstanten könnten sich im Laufe der Zeit oder von Ort zu Ort langsam ändern, wenig mit der aktuellen physikalischen Forschung zu tun. Er war pure Spekulation und beruhte einzig auf *Ad hoc*-Vorstellungen, wie Veränderungen geschehen könnten. Aber in den letzten Jahren hat sich herausgestellt, in welcher Weise beobachtbare Veränderungen zu erwarten sind.

Wir haben betont, daß es dann, wenn es Naturgesetze gibt, auch unveränderliche Konstanten geben muß – sie bezeugen eine *Inva-*

rianz. Diese Konstanten verschlüsseln unveränderliche Aspekte der drei Dimensionen des Raums, in dem wir leben. Was aber, wenn der Raum mehr Dimensionen hat als die drei uns vertrauten? Nehmen wir an, er sei vierdimensional. Die zusätzliche Dimension könnte so klein sein, daß wir sie nicht wahrnehmen können, und nur in der Welt der Elementarteilchen irgendwelche Auswirkungen haben. Wir wären in der Lage von Ameisen, die auf der Oberfläche eines Balls herumkrabbeln, ohne bewußt die zusätzliche Raumdimension wahrzunehmen, die es außerhalb dieser Fläche gibt. Die wirklichen Gesetze und ihre unveränderlichen Konstanten existierten dann im vierdimensionalen Raum, und mit unserem dreidimensionalen Ausschnitt wären nicht unbedingt unveränderliche Konstanten verknüpft. Wenn die Stärke der elektromagnetischen Naturkraft in der vierdimensionalen Welt konstant ist, wird sich herausstellen, daß ihre Stärke sich in der dreidimensionalen Welt proportional zum Ausmaß der vierten Dimension ändert. Wenn die zusätzliche Dimension größer wird, sollten wir eine Abnahme unserer Naturkräfte beobachten können. Wenn die zusätzlichen Dimensionen zusammenschrumpfen, sollten unsere Grundkräfte stärker werden. Wir können annehmen, daß das Weltall zusätzliche räumliche Dimensionen hat, und berechnen, wie sich Veränderungen unserer dreidimensionalen Natur«konstanten» bemerkbar machen, wenn sich das Ausmaß dieser Dimensionen ändert. So könnte zum Beispiel die Ladung des Elektrons abnehmen, wenn der mittlere Radius einer zusätzlichen Raumdimension zunimmt. Die Newtonsche Gravitationskonstante sollte sich entgegengesetzt zum Volumen der zusätzlichen Raumdimensionen verhalten. Diese Vorhersagen ermöglichen die genauen Beobachtungen, mit deren Hilfe die Konstanz der Naturkonstanten als direkter Hinweis darauf gedeutet wird, daß zusätzliche Raumdimensionen (falls es sie gibt) sich im Laufe der Zeit nicht ändern. Wenn sich das «Universum» der zusätzlichen Dimensionen so ausdehnt wie unser beobachtetes Weltall oder sich sogar zusammenzieht, dann geschieht das mit einer Geschwindigkeit, die etwa eine Milliarde mal langsamer ist als die des beobachteten dreidimensionalen Weltalls. Solche Hinweise auf den statischen Charakter aller zusätzlichen Raumdimensionen ist ganz im Einklang mit den Erwartungen der Teilchenphysiker. Wir erinnern daran, daß sie glauben, zusätzliche Dimensionen sollten auf mikrophysikalische Verhältnisse beschränkt sein und nicht in dem makrophysikalischen Zustand der Ausdehnung auftreten, für den die drei Dimensionen, in denen wir leben, beispielhaft sind.

Wir leben also vielleicht, das entnehmen wir diesen Überlegungen, in einer schmalen Scheibe, die aus einem größeren Weltall herausgeschnitten ist. Die wahren Naturgesetze und die zwingendsten Symmetrien lassen sich möglicherweise nur dann aufzeigen, wenn wir das ganze Weltall kennen und nicht nur unsere Scheibe. Aber wir fanden zu unserer Überraschung, daß zusätzliche räumliche Dimensionen sich in unserem beobachtbaren dreidimensionalen Weltall auswirken können. Mit einer solchen Erweiterung unseres Horizonts in bezug auf das, was die Form der Naturgesetze und -konstanten bestimmt, wäre es klug von uns, wenn wir die Grundgesetze der Physik, die wir so erfolgreich benutzen, als vorläufig ansehen. Wenn wir über etwas so wenig wissen wie über den Ursprung von Symmetrie und Gleichförmigkeit, steht es uns gut an, wenn wir uns nur sehr vorsichtig über das wahre Maß ihrer Beständigkeit äußern und uns an Sydney Smiths Aphorismus erinnern: «Wenn ich einen Menschen von einem unwandelbaren Gesetz reden höre, bin ich davon überzeugt, daß er ein unwandelbarer Narr ist.»

Auswahleffekte

> *Prokrustes zerrte oder stauchte seine Gäste, wie Sie sich erinnern werden, bis sie in das von ihm gebaute Bett paßten. Aber vielleicht kennen Sie das Ende der Geschichte nicht, Er maß sie, bevor sie ihn am nächsten Morgen verließen, und schrieb für die Anthropologische Gesellschaft von Attica eine Abhandlung «Über die Gleichförmigkeit der Größe von Reisenden».*
>
> A. S. Eddington

Baummuster

> *Jeder, der die Natur erforscht, möge es sich zur Regel machen, das, dem sich der Geist mit besonderer Befriedigung zuwendet, mit Argwohn zu betrachten.*
>
> Francis Bacon

Ich erinnere mich aus meiner Kindheit an eine Reklame in den Londoner Untergrundbahnen. Wenn Sie, so hieß es da, die nächste Zahl in den angegebenen Zahlenfolgen richtig bestimmen können und auch herausfinden, welches der oberflächlich gesehen ähnlichen Muster aus der Reihe fällt, sind Sie ein aussichtsreicher Anwärter auf eine gutbezahlte Stellung bei der großartigen Firma, deren Telefonnummer unten angegeben ist *et cetera*. An solchen Anzeigen wird deutlich, wie bereitwillig unsere Gesellschaft die Fähigkeit, Muster und Beziehungen, meist geometrischer oder mathematischer Natur, zu erkennen, mit Intelligenz gleichsetzt. In der Tat bewerten die meisten Intelligenztests fast ausschließlich diese Fähigkeiten. Ob sie irgend etwas so Undefinierbares messen wie «Intelligenz», ist für jene, die diese Tests erstellen, gewöhnlich unerheblich. Sie interessieren sich vor allem für die ganz besondere Fähigkeit der Mustererkennung und -isolierung. In diesem Sinne wird Intelligenz als das definiert, was Intelligenztests messen. Sehr wahrscheinlich verdanken wir als Spezies Mensch unser Überleben ganz wesentlich dieser Fähigkeit, Muster darstellen zu können. Vielleicht hat die Evolution uns dazu sogar etwas zu eifrig gemacht. Wir neigen nämlich dazu, auch dort Muster zu sehen, wo überhaupt keine sind; das beweist die Begeisterung, mit der frühe Menschen Bären und Jäger, Krebse und Waagen am Sternhimmel wiederfanden, oder auch die, mit der Menschen sich für Marskanäle interessierten. Aber dieser Hang, Muster dort zu erkennen, wo es keine gibt, ist sicherlich vorteilhafter als einer, der dort keine sieht, wo welche sind. Wenn Sie Ihrer Familie immerzu erzählen, daß Sie Tiger in den Bäumen sehen, dort aber keine sind, hält man Sie lediglich für etwas paranoid; aber stellen Sie sich vor, Sie würden keine Tiger sehen, wenn sie wirklich auf den Bäumen wären! Das wäre Ihr Tod! Eine Überempfindlichkeit für solche Gestaltwahrnehmung erleichtert das Überleben.

Heutzutage stellen Tiger kein großes Problem dar. Wir haben jedoch eine Fähigkeit geerbt, Strukturen zu erkennen, die es in gewissem Sinne nicht gibt. Psychologen wissen zu nutzen, daß dieser Hang bei verschiedenen Menschen verschieden stark ausgeprägt ist; mit Hilfe des Rorschachtests bewerten sie durch die Deutung der Form von Tintenklecksen die Persönlichkeit geistig gestörter Patienten. Uns helfen hier einfache Experimente zur Wirkungsweise von Auge und Gehirn weiter. Die Zeichnung in Abbildung 7.1 besteht aus vielen Punkten, die auf konzentrischen Kreisen liegen. Jeder Kreis enthält gleich viele Punkte, und die Punkte eines Kreises liegen genau in der Mitte zwischen den Punkten der Nachbarkreise. Die Punkte liegen somit alle auf Geraden, die durch den Mittelpunkt der Kreise führen. Die Muster, die es in dem Sinn «wirklich» gibt, daß sie absichtlich in das Bild eingebaut wurden, sind also Kreise und Geraden. Aber was nimmt das menschliche Auge wahr? Ganz in der Nähe der Bildmitte sehen wir Kreisringe, nach außen hin aber Formen, die an Blütenblätter erinnern. Das Gehirn neigt nämlich dazu, zwei benachbarte Punkte durch imaginäre Linien zu verbinden. In der Nähe der

7.1 Dieses Muster besteht aus konzentrischen Ringen, die aus Punkten bestehen und immer gleichen Abstand voneinander haben. Jeder Ring enthält dieselbe Anzahl von Punkten; die Punkte jedes zweiten Ringes liegen auf einer Geraden. Trotz des eingebauten Musters von Kreisen und Geraden nimmt das Auge vor allem drei Muster wahr: konzentrische Ringe in der Nähe der Mitte, «Blütenblätter» weiter draußen und radiale Geraden in der Nähe des Randes. Dieser Eindruck wird durch die Neigung des Auges bestimmt, zwischen unmittelbaren Nachbarn imaginäre Verbindungen zu ziehen. In der Nähe des Mittelpunktes liegen die unmittelbaren Nachbarn eines Punktes jeweils auf demselben Kreis. Weiter draußen wird der nächste Nachbar auf einem Nachbarkreis gefunden, bis sich die Kreise in Randnähe drängen. Wenn der Leser die Seite kippt und die Abbildung unter einem anderen Winkel betrachtet, ist das Muster wieder ganz anders. Daran zeigt sich, daß die nächsten Nachbarn durch die Projektionswirkung des geneigten Blickwinkels sich ergeben. [Aus Gregory, R. L. (1970). The intelligent eye. Weidenfeld und Nicholson, London, mit freundlicher Genehmigung des Verlags.]

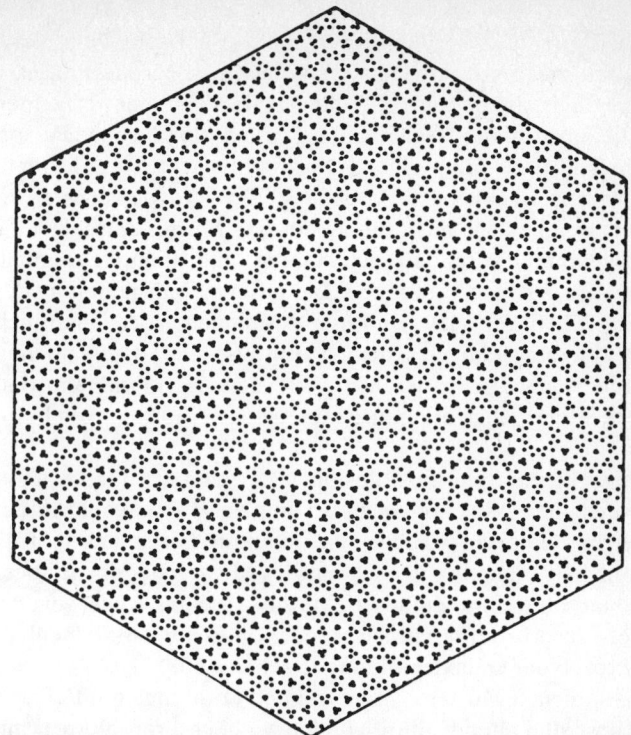

7.2 Das Marroquin-Muster. Hier zeigt sich ein ständiger Fluß verschiedener Muster. Das Auge neigt dazu, immer größere Kreismuster zu suchen, die sich schließlich auflösen und jeweils durch die Mitte des Musters ersetzt werden. Das Muster enthält auch subtilere Untermuster, die viele Betrachter offenbar nicht wahrnehmen können. Einem jeden der größten der Kreise, die das Auge leicht heraussucht, ist ein zwölfseitiges «Schweizer Kreuz» eingeschrieben, und dieses Muster wiederholt sich periodisch. [von Marroquin, J. L. (1976). Human visual perception of structure. Magisterarbeit, MIT, mit freundlicher Genehmigung des MIT.]

Bildmitte liegen die Punkte eng beieinander, so daß der unmittelbare Nachbar eines jeden Punktes auf einem Nachbarkreis liegt. In größerer Entfernung von der Mitte liegen die Punkte eines Kreises weiter auseinander, und der nächste Punkt liegt auf einem anderen Kreis.

Die Blätter sind die Linien, die das Auge zwischen unmittelbaren Nachbarn nachzeichnet. Der Versuch läßt sich weiterführen, wenn Sie das Buch kippen und das Bild von der Seite her betrachten. Sie sehen dann ein anderes scheinbares Muster, weil die neue Perspektive andere Punkte zu unmittelbaren Nachbarn macht. Das Muster ändert sich mit dem Blickwinkel. Abbildung 7.2 zeigt, wie verwirrt das Gehirn ist, wenn es sich nicht für ein einziges Muster entscheiden kann. Der Blickpunkt verändert sich ständig, und dadurch entsteht eine sonderbare Art von Bewegung. Bei unserer Wahrnehmung der Abbildung 7.2 wirken viele Einflüsse zusammen, von denen nicht die geringsten die wichtigen visuellen Hinweise sind, die von den unmittelbaren Nachbarn in der Mitte kreisförmiger Punktanordnungen ausgehen. Das Auge erkennt symmetrische Anordnungen besonders leicht.

Dieses kleine Spiel mit Illusionen hat eine ernsthafte Seite. Zur Zeit versuchen Astronomen zu bestimmen, ob die beobachtete Verteilung der Galaxien wirklich eine inhärente Girlanden- und Wabenstruktur hat. Ganz gewiß «scheint» es Muster zu geben, aber es ist nicht klar, ob sie nur Zufallseffekte sind, die das Auge wegen seiner Vorliebe für Muster heraussucht, oder ob sie im Zusammenhang mit dem Prozeß der Galaxienbildung zu sehen sind.

Uns sprechen Muster, Symmetrie und Ordnung unmittelbar an. In der Kunst aller alten Kulturen finden wir höchst raffinierte symmetrische Muster, die für rein dekorative Zwecke entwickelt wurden. Später stellte sich heraus, daß einige dieser Muster und Symmetrien raffinierte mathematische Eigenschaften haben. Heute finden wir viele Beispiele dafür in der Zeichenkunst Maurits Eschers (siehe zum Beispiel Abbildung 5.1). Seine Werke weisen sehr subtile mathematische Symmetrien auf, die Escher visuell wahrnahm, ohne auch nur eine Ahnung von Mathematik zu haben. Die Mathematiker scheinen ihn daraufhin als ihren Kulturattaché für die bildenden Künste adoptiert zu haben. All das muß den Naturwissenschaftler tief beunruhigen. Der menschliche Geist hat anscheinend eine Fähigkeit entwickelt, dort geometrische Muster wahrzunehmen, wo es keine gibt. Was mag er sonst noch erkennen, was es gar nicht wirklich gibt?

Einer der Glaubenssätze des Realisten, die wir in Kapitel 1 aufstellten, behauptete, unsere Trennung zwischen Naturerscheinungen und Wahrnehmung sei eine harmlose Vereinfachung. Vielleicht trifft das nicht zu. Unsere Wahrnehmung, die Natur sei durch geometrische Faktoren und vorhersehbare Regelmäßigkeiten bestimmt, könnte ein Irrtum sein. Eine solche Ordnung könnte vielmehr den einzigen Aspekt der Natur darstellen, den wir überhaupt entdecken können (schauen Sie sich noch einmal Abbildung 7.2 an, und versuchen Sie, das Netz zwölfseitiger Schweizer Kreuze zu sehen, das sie überzieht). Damit soll nicht die Wirklichkeit der von uns wahrgenommenen und angewendeten Naturgesetze geleugnet werden, wie es vermutlich einigen Antirealisten gefiele, sondern einfach die Möglichkeit zugelassen werden, daß diese mathematische Uhrenwelt, die wir damit abbilden, noch nicht alles ist. Unser Kreuzverhör der Natur könnte nur deshalb eine bestimmte Art von Beweismaterial ergeben haben, weil wir auf eine erfolgreiche Form der Nachforschung gestoßen sind; durch die Richtung unserer Fragestellung können wir dabei jenen Teil der ganzen Wahrheit bestimmen, der sich auf diese Weise gewinnen läßt.

Diese Art von Subjektivität hat modernen Philosophen und Historikern der Naturwissenschaften Sorge bereitet. Eine herkömmliche Art, die Geschichte der Naturwissenschaften zu schreiben, ist zwar bei den Historikern ausgestorben, jedoch in den Arbeiten vieler an der Geschichte ihres Forschungsbereiches interessierten Naturwissenschaftlern immer noch lebendig. Dabei geht es um das, von dem der Mensch auf der Straße meint, es sei den Historikern wichtig, um das, was wir in der Schule gelernt haben: Daten, Menschen, Ereignisse und wie wir zu unserem heutigen Wissen gekommen sind. In dieser Art Entstehungsgeschichte der Naturwissenschaften können wir noch die Vorläufer der uns heute bekannten «richtigen» Antwort spüren. Wen finden wir in den Geschichtsbüchern, der dachte, daß die Erde sich um die Sonne drehte, bevor Copernicus darüber schrieb? Diese Menschen aus räumlich und zeitlich weit voneinander getrennten Kulturen nennen wir einfach alle Vorläufer der heliozentrischen Sicht. Wir ziehen einen imaginären Faden durch die Zeiten, um den Kurs abzustecken, den wir für den «richtigen» halten. Alle falschen Ansichten werden ignoriert. Der Historiker Herbert Butterfield sprach in diesem Zusammenhang von der «Whig»-Theorie der Geschichte, die der Vergangenheit nur insofern Bedeutung zumaß, als sie ein Vorläufer der Gegenwart ist. Der Name spielt auf jene englischen Historiker an, die die Geschichte als ein Verzeichnis von Ereignissen betrachteten, das in dem politischen System seinen Höhepunkt fand, das ihrem eigenen Herzen am nächsten war: der liberalen Demokratie. Das Bild, das sich Naturwissenschaftler von der Geschichte ihres Fachs machen, leidet meist unter einer ähnlichen Täuschung. Es ist, als ob man ihre realistische Denkweise aus dem Zusammenhang herausnehmen und auf den Lauf der Naturwissenschaften anwenden würde, weil man glaubt, es gäbe wirklich eine Geschichte, die entweder wahr oder falsch ist. Es gibt natürlich ein wahres Verzeichnis von Ereignissen, aber das muß alle Ereignisse enthalten. Auch Irrtümer und falsche Messungen spielen in dem unvorhersagbaren Lauf der wissenschaftlichen Entdeckungen eine Rolle.

Wer von Beruf Historiker ist, vertritt eine eher anti-realistische Sicht. Er konzentriert sich lieber darauf, wie Naturwissenschaft betrieben wird, und das hat zu der weiten Verbreitung des operationalistischen oder instrumentalistischen (oder sogar strukturalistischen) Standpunkts geführt. Diese verführerische Sicht wird gewöhnlich mit dem Namen Thomas Kuhn verknüpft. Kuhn betont die Tatsache, daß Naturwissenschaft von *Menschen* betrieben wird; er versucht deshalb eine Art Wissenschaftssoziologie zu entwickeln, die auf dem Tun von Naturwissenschaftlern beruht. Kuhn interessiert sich im Hinblick auf bestimmte wissenschaftliche Gedanken für menschliche Vorurteile, aber nicht im Rahmen eines bestimmten konkreten Beispiels wie bei unseren obigen Abbildungen, sondern innerhalb eines ganzen Bereichs der Naturwissenschaft. Er glaubt, daß Naturwissenschaftler den größten Teil der Zeit routinemäßig Dinge messen und eichen, Einzelheiten berechnen und Wissenslücken füllen. Allmählich gelangen sie in ein kritisches Stadium, wenn sich herausstellt, welche grundlegenden Probleme nicht im Rahmen des bestehenden Bildes gelöst werden können. Dann aber bahnt sich eine Revolution an. Unter geeigneten Umständen entsteht ein neuer Gedanke oder ein neues «Paradigma», vielleicht weil ein alter Gedanke zweifelsfrei widerlegt wurde oder weil jemand eine nagelneue Idee mit weitreichenden Konsequenzen vertritt. Die Richtung dieser Forschung ändert sich dann rasch und vollständig; allein das neue Paradigma steht im Brennpunkt der Spekulation. Allmählich wird diese Zeit durch eine Rückkehr zu normaler Aktivität abgelöst. Normale Aktivität zeichnet sich durch das aus, was Kuhn «Rätsellösen» nennt. Diese Bezeichnung ist klug gewählt, denn Rätsel sind lösbare Probleme. Ähnlich stellt man sich vor, die normale Naturwissenschaft konzentriere sich auf Themen, die im Rahmen der Gedanken und Methoden, die das jeweilige Paradigma definieren, Problemlösungen zulassen müssen. Gelegentlich stößt man auf Schwierigkeiten; das Paradigma umfaßt dann nur noch gewisse «anomale» Ergebnisse, Widersprüche werden ignoriert, indem man sie «Probleme» oder «Paradoxa» nennt, oder *Ad hoc*-Methoden der Analyse werden angewandt. Schließlich wird die Anzahl solcher unnatürlicher Fälle größer, als es das Paradigma erlaubt, und dann, so behauptet Kuhn, folgt eine Revolution, in der ein neues Paradigma entsteht, das sowohl die Erfolge wie die Schwierigkeiten des alten umfaßt. Das Paradigma ist tot, lang lebe das Paradigma.

Kuhns Vokabular ist mit den Wörtern Paradigma und Rätsel in die Wissenschaftssprache eingegangen. Die meisten Naturwissenschaftler jedoch würden die Annahmen, die der Kuhnschen Analyse zugrunde liegen, instinktiv zurückweisen. Für Kuhn ist die Naturwissenschaft weder richtig noch falsch. Probleme werden nicht gelöst, vielmehr lösen sie sich einfach auf. Die Naturgesetze sind so, wie die Naturwissenschaftler sie wahrnehmen, weder wahr noch falsch. Paradigmen sind wie Kunststile nur vorübergehende Modeerscheinungen. Nach Kuhn sieht jeder Naturwissenschaftler das Weltall durch die rosa Brille des einen oder anderen Paradigmas. Überflüssig zu bemerken, daß diese Sicht jedem Anhänger Karl Poppers ein Greuel ist; dessen Realismus führt zu der Behauptung, es gäbe klare Aussagen, auf die sich Wissenschaftler weltweit einigen können, weil sie angesichts der Tatsachen experimentell falsifiziert werden können.

Auch in der Philosophie der Naturwissenschaften gibt es Modeerscheinungen, und Kuhns Bild ist nur eine davon. Schließlich wird einmal, wenn man Kuhn Glauben schenken kann, auch sein Bild vom Fortschritt der Naturwissenschaften von Widersprüchen und Mehrdeutigkeiten getrübt und durch ein neues und besseres ersetzt werden. Die verbreitete Sicht der Kuhnschen Theorie ist unweigerlich jene, die er in der ersten Auflage seines 1962 veröffentlichten berühmten Werks *Die Struktur wissenschaftlicher Revolutionen* darstellte. Aber dieses Buch wurde stark kritisiert, weil Kuhns Terminologie für vage und widersprüchlich befunden wurde (ein Kritiker, den Kuhn selbst besonders überzeugend fand, unterschied 21 verschiedene Weisen des Gebrauchs des Ausdrucks «Paradigma»!). Spätere

Auflagen des Buches wurden wesentlich umgearbeitet. Schließlich distanzierte sich Kuhn 1974 von seiner früheren Sicht des Paradigmas als einer grundlegenden Weltanschauung, die den Kurs der Naturwissenschaften durch revolutionäre Unstetigkeiten beschreibt. Statt sich um eine Beschreibung der Soziologie der Naturwissenschaften durch globale Kraftverschiebungen zu bemühen, wandte sich Kuhn der mikro-soziologischen Sicht zu, nach der Paradigmen die Richtung der Forschung in kleinen, aber einflußreichen Forschungsgruppen beschreiben. Diese Sicht ist weniger auffallend und nicht annähernd so kontrovers wie ihre Vorläuferin. Nichtsdestoweniger widerlegt auch diese Philosophie letztlich sich selbst.

Der springende Punkt bei Kuhns Überlegungen ist, daß die vorläufigen Paradigmen, die periodisch angenommen und verworfen werden, weder richtig noch falsch sind; sie sind einfach Hilfsmittel, deren zeitweise Nützlichkeit durch die vorherrschenden Meinungen bestimmt wird. Diese Meinungen betreffen auch das, was Wissenschaftler tun. Danach entdecken die Naturwissenschaftler nichts wirklich Neues. Alle unsere existierenden wissenschaftlichen Sichtweisen brüten schließlich Anomalien aus und werden deshalb durch eine neue Sicht, ein neues Paradigma, ersetzt, bis auch dieses Mängel aufweist. Zudem läßt sich die Entscheidung, welche von zwei Theorien verfolgt werden soll, nicht nur objektiv treffen. Auch zusätzliche subjektive Daten wie Umfang, Einfachheit oder Symmetrie werden berücksichtigt. Vertreter verschiedener Paradigmen können verschiedene Vorstellungen davon haben, wie ein Test aussehen müßte, der klipp und klar beweist, welches Paradigma überlegen ist. Die Kuhnsche Sicht wird durch die Analogie zur Wahrnehmung von Vexierbildern wie dem in Abbildung 7.3 beschrieben: Eine Gruppe von Naturwissenschaftlern sieht eine elegante junge Frau, eine andere jedoch eine alte Hexe. Wer hat recht? Das kommt darauf an, worauf man achtet, sagt Kuhn.

Es hat viele gelehrte Auseinandersetzungen darüber gegeben, ob das Bild angemessen ist, wonach normaler Aktivität, die ein bestimmtes Weltmodell voraussetzt, eine wachsende Krise folgt, die zu einer «wissenschaftlichen Revolution» und der Annahme einer neuen Menge von Annahmen führt, mit der es *ad nauseam* so weitergeht. Es schreibt der Naturwissenschaft eine Art Massenpsychologie zu, die wirklich äußerst vage ist. Der Grund, warum die Praxis der Naturwis-

7.3 Ein von dem amerikanischen Psychologen E. G. Boring entworfenes Vexierbild, das die abrupte Gestaltverschiebung beim Wahrnehmen mehrdeutiger Bilder illustriert. Obwohl das Auge keine neue Information erhält, führt eine neue Anordnung zu einer völligen Umordnung, wenn sich die Wahrnehmung vom Bild einer jungen Frau zu dem einer alten Frau verschiebt.

senschaften in diesen Rahmen gepreßt werden kann, liegt wahrscheinlich darin, daß sich mit fast jedem Thema so verfahren läßt: organisiertes Verbrechen in Chicago, Hochsprungstile, Terrorismus, Fußballtaktiken, Autodesign, Pariser Mode, auf sie alle läßt sich Kuhns Theorie anwenden. Wenn man die Geschichte der Naturwissenschaften wie die Geschichte der schönen Künste behandelt – als die Geschichte des Kommens und Gehens von Stilen –, leugnet das doch wohl die Existenz eines grundlegenden Kerns von Tatsachen und seinen Einfluß auf die Einstellung von Wissenschaftlern und die

Richtung ihres Interesses. Meistens führt eine Veränderung des Tatsachenwissens in einem Bereich der Wissenschaften zu einer grundlegenden Änderung. Es läßt sich auch darüber streiten, ob es wirklich je wissenschaftliche Revolutionen der Kuhnschen Art gegeben hat. Neue Theorien enthalten gewöhnlich die alten Theorien als Beispiele für etwas, das allgemeiner ist, als man vorher gedacht hatte. Der Fortschritt ähnelt stärker der Neufassung und Abänderung einer Erzählung als der stilistischen Veränderung, wie sie etwa eine Verfilmung bedeuten würde.

Wenn Kuhn recht hat, ist es größtenteils unwichtig, ob es Naturgesetze gibt oder nicht und welche Formen sie haben, wenn es sie gibt, denn die Naturwissenschaft ist dann ausschließlich eine Tätigkeit von Menschen und kann keine Gesetze auffinden. Die Kuhnsche Naturwissenschaft sieht den Wissenschaftler als jemanden, der in einen halbdurchlässigen Spiegel schaut. Während Popper bereit wäre zuzugeben, daß wir fast sicher niemals *die* Naturgesetze entdecken können, weil sie so tief in der Wirklichkeit vergraben sind, gibt es für ihn doch eindeutige und allgemeingültige Gesetze. Kuhn dagegen sieht Naturgesetze als eine immer neue Schöpfung des Wissenschaftlers, als Teil der symbiotischen psychologischen Beziehung zwischen dem Beobachteten und dem Beobachter. Das ist der radikalste und allgemeinste Standpunkt, den man in bezug auf die Subjektivität vertreten kann, die unsere menschlichen intellektuellen Neigungen in unser Studium der Natur hineinbringen: Nachdem erkannt wurde, daß es eine Soziologie der Naturwissenschaften gibt, wird geschlossen, daß an der Naturwissenschaft nicht mehr dran ist als ihre Soziologie.

Das Phantom des Labors

> *Die Wissenschaft kann die letzten Rätsel der Natur nicht lösen. Und das ist so, weil wir letztlich selbst ein Teil des Rätsels sind, das wir zu lösen versuchen.*
>
> Max Planck

Als Francis Bacon die deduktive logische Vernunft des Aristoteles und seiner mittelalterlichen Anhänger aufgab, handelte er aus einer Überzeugung heraus, daß unser Wissen sich auf die Dinge gründen muß, die wir von der Natur lernen, und nicht auf die Phantome und Vorurteile, die wir aufgrund der philosophischen Systeme der Vergangenheit in unserem Geist hegen. Er warnte vor vier «Idolen», von denen er glaubte, daß sie unser Nachdenken über die Natur ungünstig beeinflussen und unsere Suche nach den wahren Gesetzen ihres Wirkens in Sackgassen führen. Diese Einflüsse stehen zwischen uns und der nackten Wahrheit über die Welt, die wir beobachten und verstehen möchten.

Zunächst macht uns Bacon darauf aufmerksam, daß wir von den *Idolen des Stammes* beherrscht werden, jenen Neigungen, die Nebenprodukte unserer menschlichen Natur sind. Wir möchten gern glauben, daß im Laufe der Jahrhunderte die Einflüsse winzig geworden sind, die einmal zu der Vorstellung führten, der Mensch sei die Mitte des Weltalls und im Brennpunkt aller Werke der Natur, und alles sei ausdrücklich zu unserem Wohl und zu unserer Bequemlichkeit geschaffen. Dieses Vorurteil ist, wie Evolutionsbiologen in den USA kürzlich entdeckten, nicht leicht zu überwinden. Im letzten Abschnitt sahen wir, daß unsere Wahrnehmung visueller Muster durch viele Jahrtausende der natürlichen Auslese überempfindlich wurde. Idole des Stammes brauchen nicht auf «Stammes»-Vorurteile beschränkt zu sein; sie können auch die physiologischen Eigenschaften einschließen, die psychologischen Vorurteilen das Überleben ermöglichen.

Als nächstes weist Bacon auf die jedem Menschen eigenen persönlichen Vorurteile hin: Er nennt sie die *Idole der Höhle*, aber wir haben sie immer noch. Einigen Wissenschaftlern gefällt die Richtung der Entwicklung ihrer Fachbereiche nicht, und sie machen in der Hoffnung, gewisse unangenehme neue Gedanken könnten unmodern werden, selbst keine Beiträge mehr. Manchmal haben diese individuellen Vorurteile eine gesunde Grundlage – die neue Forschungsrichtung könnte einfach die Verwendung fortgeschrittener mathematischer oder experimenteller Verfahren bedeuten, mit denen der Wissenschaftler keine Erfahrung hat oder zu deren Beherrschung ihm das Geschick fehlt. Aber oft hat es einen viel menschlicheren Grund – die neue Entwicklung könnte durch jemanden angeregt worden sein, den unser Wissenschaftler nun einmal nicht ausstehen kann, und die Vorstellung, sich mit den Gedanken dieser Person beschäftigen zu müssen, dreht ihm den Magen um!

Bacon nennt die dritte Quelle der Verzerrung die *Idole des Marktes*; sie sind etwas sublimer als die anderen. Vielleicht sollten sie heute besser *Idole der Universität* genannt werden. Sie ergeben sich aus der Vergesellschaftung der Wissenschaftler, und wir sehen sie als das Zusammenwirken einer bestimmten Sprache, gemeinsamer Begriffe und der weiten Verwendung der Mathematik. Insbesondere könnte dieses Idol den zeitgenössischen Konsens der Philosophen zur Bedeutung und Methode der Wissenschaft beleben. Kuhn scheint darin ein überwältigendes und unvermeidbares Vorurteil zu sehen; Paradigmen sind den Idolen ziemlich ähnlich. In diese Kategorie paßt auch die spätere Kuhnsche Vorstellung, wonach Paradigmen durch den Einfluß der Mikrokosmen jener Naturwissenschaftler entstehen, die innerhalb einflußreicher Forschungsgruppen arbeiten.

Schließlich begegnen wir den Idolen, denen Bacon den hartnäckigsten Einfluß auf unsere Fähigkeit zu objektivem Denken zuschrieb: den *Idolen des Theaters*. Die großen philosophischen Systeme der Vergangenheit und Gegenwart lassen sich insofern als Spiele sehen, als sie eine Welt in der Welt erschaffen: eine Welt mit eigenem Bühnenbild und Gestalten. Diese philosophischen Bilder der wirklichen Welt sind, so warnt Bacon, nur Modelle. Wenn wir versäumen, sie von der Wirklichkeit zu unterscheiden, die sie zu erklären versuchen, begehen wir den Fehler eines Theaterbesuchers, der das Geschehen auf der Bühne vor ihm mit dem wirklichen Leben verwechselt, das es darstellen soll. Das Spiel könnte wohl auf Wirklichkeit beruhen; es könnte sogar reicher und kühner sein als die Wirklichkeit, aber es ist doch immer noch eine von Menschen gemachte Welt. Bevor die Naturwissenschaft des zwanzigsten Jahrhunderts ihren dramatischen

Aufstieg begann, waren die philosophischen Einstellungen für die Arbeit der Naturwissenschaftler wichtiger und deutlicher erkennbar. Heute bleiben sie dem sorgfältigen Beobachter nicht verborgen, aber sie sind implizit oder sogar absichtlich verdunkelt. So wird zum Beispiel in wissenschaftlichen Arbeiten unverblümt der Glaube vertreten, eine vereinheitlichte Theorie für alles könne die Struktur des Weltalls eindeutig und völlig erklären; das aber ist eine im wesentlichen religiöse oder metaphysikalische Sicht in dem Sinn, daß sie einzig auf einem nicht ausdrücklich formulierten Glaubensartikel beruht.

Bacon erkannte als erster und mit großer Schärfe, daß die Ergebnisse der Naturwissenschaft deshalb, weil sie eine menschliche Tätigkeit ist, notwendig menschlichen Beschränkungen unterworfen sind. Nichtsdestoweniger scheinen viele folgende Generationen von Experimentatoren seine Warnungen als nichts anderes verstanden zu haben als die Aufforderung: «Hüte dich vor Aristoteles und den Scholastikern.»

Fehler

> *Es kommt nicht auf das an, was du weißt. Was zählt ist das, wovon du weißt, daß es nicht so ist.*
>
> Will Rogers

Menschen wie Copernicus und Newton hatten keine klare Vorstellung von dem, was wir heute «wissenschaftliche Fehler» nennen. Für den experimentellen Naturwissenschaftler hat der Ausdruck «Fehler» eine umfassendere Bedeutung als für den Menschen auf der Straße, für den er einfach einen «Irrtum» bedeuten kann – ein Versehen, wie ein falsches Ablesen der Temperatur, das Mischen der falschen Chemikalien oder das versehentliche Überhitzen eines Kernreaktors. Aber das ist mit «wissenschaftlicher Fehler» nicht gemeint. Für den Naturwissenschaftler bedeutet der Ausdruck zweierlei.

Die erste Bedeutung bezieht sich ganz direkt auf die Genauigkeit, mit der eine Größe gemessen werden kann. Ein einfaches Beispiel für diesen *Versuchsfehler* ist das Alter eines Menschen. Wenn wir nur das Jahr kennen, in dem jemand geboren wurde, können wir feststellen, daß das heutige Alter in einem *Bereich* von zwölf Monaten liegt. Wenn uns gesagt wird, daß ein Stück Holz bis auf 10 cm genau 5 m lang ist, wissen wir nur, daß die Länge zwischen 4,95 m und 5,05 m liegt. Diese Art «Fehler» legt die Grenzen der Genauigkeit unserer Meßgeräte oder der vorgegebenen Daten fest. Er sagt uns, welcher Fehler der größte ist, den wir machen können, wenn wir unsere Messungen kompetent durchführen und nicht etwa so dumm sind, an der Meßlatte die falsche Zahl abzulesen. Diese Art Fehler ist nicht schrecklich interessant; offensichtlich aber ist es ein Ziel von Experimentatoren, ihn so klein wie möglich zu machen. Eine Beobachtung oder experimentelle Messung taugt nichts, wenn nicht auch der mögliche Meßfehler angegeben wird. Wenn wir hören, daß bei einer Meinungsumfrage eine Partei fünf Prozentpunkte vor der anderen liegt, ist das ein sinnloses Stück Statistik, bis uns auch die Unsicherheit oder der Versuchsfehler der Umfrage mitgeteilt wird.

Das Heisenbergsche Unschärfeprinzip der Quantenmechanik besagt, wie wir schon sahen, daß mit der Messung aller Größen unvermeidlich Fehler verknüpft sind, selbst wenn die Meßinstrumente vollkommen sind (was sie in der Praxis natürlich niemals sind). Diese merkwürdigen Begrenzungen ergeben sich daraus, daß der Vorgang der Beobachtung nicht vom gemessenen Zustand getrennt werden kann. Es ist unmöglich, das Weltall vollkommen zu kennen, weil der Akt des Wissens das Weltall auf eine Weise beeinflußt, die wir nicht kennen. Es ist, als ob es sich während der Zeit, in der wir seinen Zustand aufzeichnen, schon etwas verändert. Deshalb muß jede mögliche Beobachtung der physikalischen Welt mit einem endlichen Meßfehler behaftet sein. In der Praxis jedoch sind die Meßfehler, die die Genauigkeit wissenschaftlicher Messungen bestimmen, selbst in der Elementarteilchenphysik wesentlich größer als das irreduzible Minimum, das die Quantentheorie ihr auferlegt. Nur bei der Erforschung von Quantenflüssigkeiten bei Temperaturen in der Nähe des absoluten Nullpunkts erreicht die Versuchsgenauigkeit den Heisenbergschen Grenzwert.

Die Existenz praktischer Grenzen für unsere Meßgenauigkeit fand in der Vergangenheit keineswegs bereitwillige Anerkennung. Copernicus wußte, daß es rein geometrisch genügt, zwei Punkte einer Planetenbahn zu kennen, um die Bahnkurve dann, wenn die Planeten die Sonne auf kreisförmigen oder elliptischen Bahnen umlaufen, eindeutig bestimmen zu können. Deshalb konnte er nicht verstehen, warum die Punktepaare, die er auf jeder der Planetenbahnen beobachtete, nicht die zukünftige elliptische Bahn des Planeten beschrieben. Der Grund für die Unstimmigkeit liegt darin, daß die Messungen der Positionen nicht absolut genau waren. Mehrere Ellipsen nämlich fallen in den Bereich, in dem die wirklichen Positionen hätten liegen können. Ähnlich stand selbst Newton vor einem Rätsel, warum die gemessenen Bewegungen der Himmelskörper nicht genau zu seinen mathematischen Vorhersagen paßten. Wieder war die Lösung, daß die Messungen kleine Fehler enthielten, die durch die Grenzgenauigkeit der zu ihrer Aufzeichnung benutzten Instrumente bedingt war; diese Vorstellung scheint diesen frühen Wissenschaftlern recht fremd gewesen zu sein.

Die Herkunft der zweiten Art Fehler, die experimentelle Wissenschaften plagen, ist verborgener und hat ernsthaftere Folgen, weil man nie sicher sein kann, daß man ihn auch nur erkannt, geschweige denn minimiert oder behoben hat. Diesen Fehlertyp nennen wir «Auswahleffekt» oder «systematischen Fehler», und um ihn zu erkennen, sind sorgfältiges Nachdenken und ein umfassendes Verständnis der betrachteten Erscheinung nötig. Seine Existenz widerlegt die naive Vorstellung, zur Überprüfung einer wissenschaftlichen Theorie genüge völlig die experimentelle Methode. Versuchsanordnungen und Beobachtungsverfahren führen zu bestimmten Daten eher als zu anderen. Wenn wir sicher sein wollen, daß wir beobachten, was wir zu beobachten meinen, ist es immer nötig, das weite Spektrum der Phänomene zu erfassen, die die Beobachtungen entstellen können.

Stellen wir uns vor, Sie unternähmen es, alles über die Größe von Ratten in Erfahrung zu bringen. Sie bauen also viele kleine Fallen, um zunächst einmal Ratten einzufangen. Jede Falle ist ein Kasten von 10 cm Länge und 5 cm Höhe und Breite. An einem Ende ist oben eine Tür so angebracht, daß sie herunterfällt und die Falle fest verschließt, sobald eine Ratte, angelockt vom Futter am anderen Ende des Kastens, sich hineinwagt. Diese Strategie ist sehr erfolgreich. Wenige Wochen nachdem Sie diese Fallen aufgestellt und mit Futter versehen haben, können Sie Hunderte lebender Ratten wiegen und messen und sehr genau beobachten. Aber wichtige andere Aufgaben kommen dazwischen. Sie müssen an einer wichtigen Konferenz in Tahiti teilnehmen und können die Messungen nicht auswerten. Da Ihnen die Zeit fehlt, die Ausführung des Experiments zu erklären, legen Sie einfach eine Liste mit den Größen der Tiere auf den Schreibtisch Ihrer Assistenten und bitten, man möge sie vorläufig analysieren. Als Sie zurückkehren, werden Sie sehr dringend um ein Gespräch ersucht; Ihre Helfer behaupten, eine sehr wichtige Entdeckung über die maximale Größe von Ratten gemacht zu haben: Es kamen für Ratten bis zu 10 cm Länge alle normalen Längen gleich häufig vor, aber keine einzige Ratte war mehr als 5 cm groß oder breit.

Schon kurzes Nachdenken überzeugt uns davon, daß wir aus einer solchen Feststellung nichts über Ratten lernen. Unser Versuch war ein triviales Beispiel für die Wirkung eines «Auswahleffekts»: Es konnte ja keine Ratte in die Falle hinein, die größer oder dicker war als 5 cm. Daß keine Ratten mit 7 cm Dicke beobachtet wurden, besagt etwas über das Experiment, aber nichts über Ratten. Das Gesamtbild des Umfangs der Größe von Ratten ist durch die Tatsache entstellt, daß mit diesem Verfahren keine größeren Ratten hätten gefangen werden können.

In der Praxis sind solche experimentellen Vorurteile gewöhnlich etwas subtiler und vielleicht auch nicht zu vermeiden. So könnte ein Astronom zum Beispiel daran interessiert sein zu entdecken, wie die Verteilung der Sterne oder Galaxien mit ihrer Helligkeit zusammenhängt. Alle Ergebnisse, die er erhält, zeigen vermutlich unverhältnismäßig viele hellere Objekte, weil diese leichter zu sehen sind. Solche Beobachtungseffekte haben ja die unangenehme Eigenschaft, daß sich bei aller Sorgfalt nicht sicherstellen läßt, ob sie völlig ausgeschaltet sind. Ein guter Experimentator – das ist seine Kunst – zeichnet sich durch ein außerordentlich gutes Gespür für systematische Fehlerquellen aus, die dann häufig ausgeschaltet werden können. In irdischen wissenschaftlichen Experimenten oder Datensammlungen kommen diese «Vorgaben» gewöhnlich durch das zur Messung benutzte Gerät und die Methode ins Spiel; wenn dann dieselbe Messung in einem anderen, unabhängigen Versuch, möglichst mit einer anderen Methode, durchgeführt werden kann, und sich dasselbe Ergebnis einstellt, ist das Vorliegen eines wesentlichen systematischen Fehlers sehr unwahrscheinlich. Das ist der Hauptgrund, warum Wissenschaftler aufregenden experimentellen Entdeckungen gegenüber so lange skeptisch sind, bis diese durch andere Versuche bestätigt wurden: Sie wissen sonst nichts über die Größe möglicher systematischer Fehler.

Gelegentlich ist ein Experiment unvermeidlich mit einem Meßfehler gekoppelt. Ein berühmtes Beispiel, wieder aus der Astronomie, ergab sich im achtzehnten und neunzehnten Jahrhundert. Friedrich Wilhelm Bessel, berühmter Mathematiker und Astronom, der eine der nützlichsten Gleichungen der angewandten Mathematik entwikkelte und noch die Zeit fand, den Stern Sirius zu beobachten, war ein Kollege und Freund des großen (einige nennen ihn den größten) Mathematikers Carl Friedrich Gauß. Gauß war einer der ersten, der die Bedeutung von Meßfehlern erkannte und eine mathematische Beschreibung dafür fand. Seine Erkenntnis ermöglichte es Bessel, Unregelmäßigkeiten in der Bewegung des Sirius auf die Störung durch den damals noch unbekannten Begleitstern zurückzuführen.

Gegen Ende des neunzehnten Jahrhunderts hatten Astronomen am Royal Observatory in Greenwich kleine, aber störende systematische Differenzen in ihren Beobachtungen der Sternbewegungen entdeckt. Die Beobachter waren sich nicht einig über die Zeiten, die sie für Sterne verzeichneten, die das Fadenkreuz auf dem Objektiv des Teleskops passierten. Der damalige Königliche Astronom, Neville Maskelyne, hatte angenommen, daß die unzumutbar großen Unterschiede zwischen den von ihm und den von seinem Assistenten gemessenen Transitzeiten einfach aus der Unfähigkeit seines Assistenten folgten. Bessel erkannte die wirkliche Quelle der Unverträglichkeiten dieser Messungen und, wichtiger noch, wie sie richtigzustellen war. Es lag an der unterschiedlichen Reaktionsgeschwindigkeit der verschiedenen Astronomen. Einige registrierten den Durchgang eines Sterns durch die erste Linie immer einen Bruchteil einer Sekunde früher als andere. In den Tagen vor der Verwendung elektronischer Zeitmessung beeinträchtigte ein ähnliches Problem auch sportliche Wettbewerbe. Einige menschliche Zeitmesser neigen dazu, schnellere Laufzeiten zu registrieren als andere; meistens registrierten sie übrigens für denselben Lauf kürzere Zeiten als elektronische Geräte. Der Fehlerbereich kann den Unterschied zwischen einem neuen Weltrekord oder einfach einer guten Leistung ausmachen. Aus diesem Grund werden heute für Rekorde nur noch elektronisch gemessene Leistungen berücksichtigt. Kehren wir zur Astronomie zurück:

Bessel schrieb jedem Beobachter eine sogenannte «persönliche Gleichung» zu, die das persönliche Verhalten beim Ablesen der Uhr berücksichtigte, wenn ein Stern die Linien im Blickfeld des Fernrohrs überschritt. Dieses Verfahren kompensierte das Problem des «Auswahleffekts», das durch die persönliche Gleichung hineinkam, und wurde bis zur Einführung der modernen Verfahren automatischer elektronischer Messungen benutzt.

Der «Groucho Marx-Effekt»

> *Ich möchte keinem Verein angehören, der mich als Mitglied aufnehmen würde.*
>
> Groucho Marx

Auswahleffekte sind nicht nur für die Experimentalwissenschaften wichtig; sie beeinflussen auch unsere Theorienbildung und die mathematische Forschung; in der theoretischen Physik sind sie besonders häufig. Die Grundlagenphysik, die sich um ein besseres Verständnis der Gravitation, der Quantentheorie und der Mikrowelt der Elementarteilchen bemüht, vertritt in der Regel die folgende Haltung: Wir haben ein elegantes System nicht-linearer mathematischer Gleichungen in vielen Veränderlichen, die durch die Anwendung eines mächtigen Invarianzprinzips hergeleitet wurden und alles Wesentliche enthalten, was wir schon über die betrachteten Aspekte der Natur wissen. Das herausragende Problem ist, wie man diese Gleichungen *löst*; dann nämlich kann man herausarbeiten, was unsere grandiose Theorie über unbekannte Situationen zu sagen hat, und die Vorhersagen können an dem überprüft werden, was unter solchen Umständen abläuft. So ist zum Beispiel die Einsteinsche Allgemeine Relativitätstheorie äquivalent zu zehn komplizierten partiellen Differentialgleichungen. Sie müssen gelöst werden, wenn man herausfinden will, wie die Geometrie von Raum und Zeit der in ihr vorhandenen Masse und Energie entspricht und wie diese Geometrie die Bewegungen von Massen regelt. Ob diese Gleichungen die richtigen sind, läßt sich erst sagen, wenn ihre Lösungen bekannt sind. Wir finden diejenige

Lösung, die das Gravitationsfeld beschreibt, das von der Sonne aus auf die Planeten wirkt, wenn wir die Sonne als Kugel idealisieren. Die Lösung sagt für die Planetenbahnen eine etwas andere Form vorher als die Newtonsche Gravitationstheorie. Der Unterschied ist am ausgeprägtesten bei der Bewegung des sonnennächsten Planeten Merkur, auf den die Schwerkraft der Sonne besonders stark wirkt. Die Beobachtungen bestätigen die Existenz kleiner, bis dahin unbekannter, von der Einsteinschen Theorie vorhergesagter Effekte, und zeigen, daß die Idealisierung, die Sonne sei eine vollkommene Kugel, den Schluß nicht wesentlich beeinflußt.

Dieses Verfahren ist offensichtlich nicht vollkommen. Die Gleichungen physikalischer Theorien wie der Allgemeinen Relativitätstheorie sind zu kompliziert, als daß sie vollständig gelöst werden könnten. Man muß deshalb stark idealisieren und Näherungen betrachten, um etwas über das zu erfahren, was latent in der Theorie steckt und was in einer vollständigen Lösung enthalten sein sollte. Oft versucht man, die Lösungen für einen Spezialfall zu finden, der, wie zum Beispiel bei der vollkommen kugelförmigen Sonne, durch eine Symmetrie vereinfacht ist. Wir könnten so eine Lösung für das von einem *kugelförmigen* Objekt ausgehende Schwerefeld suchen oder für eines, das sich im Laufe der Zeit nicht ändert. Idealisierungen dieser Art verhindern, daß in den Gleichungen bestimmte Arten von Schwankungen auftreten; sie vereinfachen die Gleichungen so stark, daß sie sich gewöhnlich lösen lassen. Im Fall der Einsteinschen Allgemeinen Relativitätstheorie waren die ersten Lösungen solche für den Fall einer unveränderlichen kugelförmigen Materieverteilung. Seit Einsteins Gleichungen 1915 zuerst niedergeschrieben wurden, ist fortwährend nach Lösungen gesucht worden. Vor einigen Jahren erarbeiteten vier mathematische Physiker aus Jena und London gemeinsam eine vierhundert Seiten starke Sammlung und Klassifizierung der bis dahin bekannten Lösungen. Alle diese Lösungen weisen bestimmte vereinfachende Eigenschaften auf. Deshalb war es möglich, sie zu finden.

Hier nun stellt sich der «Groucho Marx-Effekt» ein: Die einzigen Lösungen der Gleichungen, die zu finden wir klug genug sind, beschreiben immer besondere idealisierte Fälle, die im allgemeinen in der Praxis nicht vorliegen. Weil die Rechenfähigkeiten der Menschen begrenzt sind und die Computer unfähig sind, mehr zu leisten als

Menschen (sie arbeiten nur schneller), sind die Schlüsse, die wir aus unseren physikalischen Theorien ziehen, in einem beträchtlichen Ausmaß durch den Inhalt einer relativ kleinen Anzahl exakt lösbarer Beispiele bestimmt. Wir können Lösungen der Einsteinschen Gleichungen finden, die genau beschreiben, wie sich ein völlig gleichförmiges Weltall im Laufe der Zeit ausdehnt. Das wirkliche Weltall ist im größten Maßstab gesehen *fast* gleichförmig, aber nicht ganz. Es gibt Sterne und Planeten, Galaxien und Galaxienhaufen; diese Ungleichförmigkeiten sind für unsere eigene Existenz ganz natürlich (in einem völlig gleichförmigen Weltall kann es keine Beobachter geben!). Die Frage, wie sie entstanden sind und aus welchen Anfangsbedingungen sie sich entwickelten, beschäftigt die moderne Kosmologie. Leider kennen wir keine genaue Lösung der Einsteinschen Gleichungen, die ein expandierendes Universum beschreibt, in dem die Sterne und Galaxien alle kunterbunt durcheinanderwirbeln. Zweifellos gibt es solche wirklichkeitsnahen Lösungen, aber sie sind mathematisch zu schwierig, als daß wir sie finden könnten. Wir verlassen uns stark darauf, daß die wirkliche Welt in all ihrer Komplexität einfachen idealisierten Situationen einigermaßen nahe kommt. Oft ist das nicht der Fall. Die überaus komplizierten Turbulenzen, die am Boden eines Wasserfalls entstehen, sind so verschieden von jeder glatten und idealisierten strömenden Flüssigkeit, daß sich ihr Verhalten gar nicht genau verstehen läßt.

Wir können Idealisierungen vermeiden, wenn wir nach Näherungen suchen. Wir suchen also nicht nur genaue Lösungen von Gleichungen für idealisierte Fälle, sondern auch Näherungslösungen für *fast* ideale Gleichungen. Obwohl die Ausdehnung des Weltalls nicht in jeder Richtung genau gleich schnell erfolgt, ist es doch annähernd so (bis auf ein Zehntausendstel, um genau zu sein), und wir meinen deshalb, daß Näherungslösungen es mit etwa gleicher Genauigkeit beschreiben. In diesem Fall bestätigt die gute Übereinstimmung zwischen unseren Beobachtungen im Weltall und den Vorhersagen des idealisierten Modells unsere Erwartung. Es ist jedoch möglich, daß es idealisierte Lösungen gibt, die nicht idealisierten überhaupt nicht ähneln. Solche isolierten Beispiele wären untypisch und völlig irreführend in bezug darauf, wie die vollen Lösungen der Gleichungen der Theorie aussehen könnten. Ein gutes Beispiel ist die berühmte spezielle Lösung der Einsteinschen Gleichungen, die der Logiker

Kurt Gödel fand. Sie beweist, daß es Lösungen der Einsteinschen Gleichungen gibt, die Zeitreisen zulassen. Sie könnten Ihre eigene Großmutter töten, während sie noch in der Wiege liegt, und ein faktisches Paradoxon schaffen (oder sogar das Problem der Induktion lösen!). Gödels Lösung beschreibt ein wild rotierendes Universum, das überhaupt nicht dem gleicht, in dem wir leben; Zeitreisen könnten uns jedoch dann etwas angehen, wenn sie in den vollen und realistischen Lösungen der Einsteinschen Gleichungen möglich sind – solchen, die unsere eigene Welt beschreiben – und sie also nicht nur eine pathologische Erscheinung einer kleinen Anzahl physikalisch unwichtiger Lösungen mit verrückten Eigenschaften sind.

Das lenkt unser Augenmerk auf einen anderen wichtigen Punkt. Einsteins Lösungen lassen unendlich viele verschiedene Lösungen zu, von denen jede eine andere sich ausdehnende Welt beschreibt. Ihre Anfangseigenschaften sind verschieden: Einige haben Galaxien, andere jedoch nicht. Aber es gibt nach Definition wirklich nur ein Weltall. Was ist das Auswahlprinzip, das die strenge Lösung, unser beobachtetes Weltall, beschreibt und kein anderes? Dieses Prinzip muß von außerhalb der Allgemeinen Relativitätstheorie kommen.*

Das Bedürfnis nach diesem «Auswahlprinzip» zeigt, daß Einsteins Theorie nicht die bestmögliche Beschreibung des Weltalls ist. Sie erlaubt außer den in der Natur realisierten Dingen zu vieles, was dort nicht verwirklicht ist.

Wenn sich alle Theorien für Teile der Natur durch eine alles umfassende «vereinheitlichte Feldtheorie» beschreiben ließen, würde dadurch, so vermuten viele Physiker, die Gestalt der einzelnen Teile dieses Puzzles so stark festgelegt, daß nur ein einziges Bild möglich ist. Es könnte eine und nur eine Theorie aller Grunderscheinungen geben, in der zwangsläufig alles geschieht, was nicht verboten ist. Steven Weinberg hegt diese Hoffnung; er spekulierte einmal, daß es

---

* In der Tat ist *jede* Geometrie der Raum-Zeit für *eine* Materieverteilung eine Lösung der Einsteinschen Feldgleichungen, genau wie jedes Gravitationspotential für eine Dichteverteilung die Poissonschen Feldgleichungen löst. Diese Gleichungen erlegen der Natur nur deshalb Einschränkungen auf, weil die meisten Geometrien und Potentiale durch die Forderung ausgeschlossen werden, daß die zugehörigen Materieverteilungen in mehrerer Hinsicht physikalisch realistisch sind – zum Beispiel dadurch, daß die Materiedichte überall positiv sein soll.

dann, «wenn Quantenmechanik und Relativitätstheorie zusammenkommen, fast ausgeschlossen ist, sich überhaupt ein physikalisches System vorzustellen. Die Natur bringt es irgendwie fertig, sowohl relativistisch als auch quantenmechanisch zu sein; aber diese beiden Bedingungen schränken sie so stark ein, daß sie nur begrenzt wählen kann, wie sie sein sollte – hoffentlich ist die Wahl sehr begrenzt.»

Idealisten mag die zukünftige «Entdeckung» einer solchen Theorie unvermeidlich erscheinen, Realisten jedoch können nicht darauf hoffen. Denn selbst wenn eine Beschreibung der letzten Wirkungsweise der Natur existierte – wer wagte zu behaupten, es liege in der Reichweite des menschlichen Geistes, sie zu finden? In der Tat ist es, wie wir im letzten Kapitel sahen, möglich, die Ansicht zu vertreten, daß es überhaupt keine solche Theorie für alles gibt. Es gibt keinen anderen Grund dafür als unsere vermessene Vermutung, die Natur habe Rücksicht auf unser rechnerisches Unvermögen genommen. Der Gipfel der Ironie ist, daß uns selbst dann, wenn es eine solche Supertheorie gäbe und wir sie formulieren könnten, immer unbekannt bliebe, ob sie zutrifft. Die wissenschaftliche Methode erlaubt uns nicht den Beweis, daß unsere Theorien richtig sind, sondern nur, daß sie falsch sind. Zwar könnten wir falsifizierbare Anwärter auf die endgültige Theorie finden, aber *die* endgültige Theorie wäre ja überhaupt nicht falsifizierbar. Von jeder Theorie, die keine einheitliche Beschreibung von allem liefert, muß sich schließlich einmal herausstellen, daß sie einem Aspekt der Erfahrung widerspricht.

Wir müssen uns auch dessen bewußt sein, daß eine einzige *Theorie* für alles, selbst wenn es sie gibt, unendlich viele kosmische *Lösungen* haben kann; das wirkliche Weltall jedoch wird nur durch eine von ihnen beschrieben, die ganz bestimmte Anfangsbedingungen hat. Noch problematischer ist die Tatsache, daß überall in der Natur gebrochene Symmetrien vorkommen. Die entscheidenden Eigenschaften des Weltalls verdanken ihren Ursprung vielleicht zufälligen Symmetriebrechungen, die dann der Theorie für alles zugrunde liegen.

Die Suche nach völlig eindeutigen Naturgesetzen folgt nicht allein der Logik und der Beobachtung. Auch metaphysische und ästhetische Kriterien dienen als Leitfaden für die theoretische Spekulation. Aber welche ästhetischen Kriterien sind die richtigen? Schönheit, Harmonie, Symmetrie, fehlende Symmetrie, Einfachheit, Berechenbarkeit, Endlichkeit, Knappheit, ein Minimum an Annahmen? Wer kann das beantworten?

Schönheit

> *Zweifellos finden auch Ameisenbären
> ihren Nachwuchs schön.*
>
> John Ellis

Auf welche Kriterien achten Naturwissenschaftler, wenn sie erfolgreiche und weitreichende Theorien suchen? Wir sahen schon, daß solche Theorien in der Praxis nicht unbedingt mathematisch sein müssen. Es gibt gute Mathematik und schlechte, häßliche und schöne. Die Abgrenzung zwischen diesen Gegensätzen mag schwierig sein, für Fachleute jedoch ist sie nicht schwieriger als die Unterscheidung zwischen Tag und Nacht. Der theoretische Physiker Paul Dirac war einer der freimütigsten Vertreter der Ansicht, die Verwendung von «schöner» Mathematik – jener, die Symmetrie, Knappheit, tiefen Zusammenhang mit anderen Teilen der Mathematik und bei einem Minimum an Vorgaben ein Höchstmaß an Struktur aufweist – solle für den theoretischen Physiker Vorrang haben, wenn er versucht, ein physikalisches Phänomen zu beschreiben. Er solle sie ebenso suchen wie eine «Einfachheit», die überflüssige Gedanken und Hypothesen vermeidet. Er schrieb dazu:

Der vorherrschende Gedanke ist bei dieser Anwendung der Mathematik auf die Physik, daß die Gleichungen, die die Bewegungsgesetze darstellen, *einfach sein sollten*. Der ganze Erfolg des Verfahrens beruht darauf, daß Gleichungen, die eine einfache Form haben, sich zu bewähren scheinen... Die Methode ist jedoch recht beschränkt, weil das *Prinzip der Einfachheit* nur für die grundlegenden Bewegungsgesetze gilt, nicht für Naturerscheinungen im allgemeinen... Was die Relativitätstheorie für Physiker so anziehend macht, obwohl sie gegen das Prinzip der Einfachheit verstößt, ist ihre große *mathematische Schönheit*. Diese Eigenschaft läßt sich nicht definieren, ebenso wie Schönheit in der Kunst nicht definiert werden kann; Menschen, die etwas von

Mathematik verstehen, wissen sie jedoch ohne Schwierigkeit zu schätzen. Die Relativitätstheorie führt in die Naturforschung in einem nie dagewesenen Maße mathematische Schönheit ein.

Wir können jetzt sehen, daß wir das Prinzip der Einfachheit in ein *Prinzip der mathematischen Schönheit* umwandeln müssen... Oft stimmen die Forderungen nach Einfachheit und Schönheit überein, aber wo sie unvereinbar sind, muß letztere Vorrang haben.

Diracs Stellung ist recht extrem, denn manchmal ließ er sich nicht einmal durch negative experimentelle Ergebnisse von einer Theorie abbringen, von der er wegen ihrer mathematischen Schönheit und Eleganz überzeugt war. Er fährt fort:

Wenn es zwischen den Ergebnissen seiner Arbeit und den Experimenten keine völlige Übereinstimmung gibt, sollte man sich nicht entmutigen lassen, weil die Unstimmigkeiten sehr wohl unbedeutende Ursachen haben können, die nicht angemessen berücksichtigt wurden und sich in der weiteren Entwicklung der Theorie klären lassen.

Diese beiden Aussagen sind recht verblüffend. Sie sind gute Beispiele für den Einfluß bestimmter Auswahleffekte. Unser Schönheitssinn ist sicher nicht leicht erklärbar. Einiges an ihm scheint universal zu sein. Viele würden ihn gern allein auf die natürliche Auslese zurückführen, aber er scheint Elemente zu haben, die für sie unnötig anspruchsvoll sind. So behauptet George Santayana, wir würden «Schönheit» in Strukturen und Erscheinungen wahrnehmen, die für uns einerseits neuartig genug sind, um unsere Neugierde zu wecken, aber doch nicht so neu, als daß ihre Komplexität unser Verstehen überschreitet. Er führt den gestirnten Himmel als ein Beispiel für eine solche faszinierende Erscheinung an. Hemsterhuis, ein holländischer Schriftsteller des achtzehnten Jahrhunderts, definierte Schönheit als das, was in der kürzesten Zeitspanne die meisten Gedanken weckt. Alle Wissenschaftler finden die Natur in diesem besonderen Sinn schön: Sie stellt Probleme, die gleichzeitig herausfordern und die Möglichkeit einer Lösung zulassen. Sie macht neugierig und befriedigt Neugierde. Schließlich jedoch wollen Wissenschaftler lösbare Gleichungen, nicht nur einfache oder schöne. Und wir sollten uns daran erinnern, daß es reinste Spekulation ist, ob die Natur und ihre Gesetze in irgendeinem Sinn «schön» sind. Wissenschaftliche Beobachtung allein kann die

Möglichkeit nicht ausschließen, daß eine der «veralteten Gottheiten» David Humes das von uns wahrgenommene Weltall als einen fehlerhaften Vorläufer dessen erzeugte, was gemeint war und was erst zu anderer Zeit und an anderem Ort verwirklicht werden wird!

Der indische Nobelpreisträger Subrahmanyan Chandrasekhar definierte mathematische Schönheit anders. Er meinte, Einsteins Allgemeine Relativitätstheorie habe vor allem deshalb eine ästhetische Grundlage, weil sie so wunderbar mit anderen Naturgesetzen in Einklang ist, die bei ihrer Aufstellung und Formulierung keine Rolle spielten. Zutreffender müßte man der Allgemeinen Relativitätstheorie zwar einen Kern zuschreiben, der diese überraschende Harmonie aufweist, andere Teile der Allgemeinen Relativitätstheorie jedoch, wie etwa die Existenz solcher Lösungen, die Zeitreisen und nackte Singularitäten zulassen, kämen mit anderen Naturgesetzen in Konflikt, wenn sie in der Natur verwirklicht wären.

Zur Beschreibung der Natur ist relativ einfache Mathematik nützlich, nicht nur die abstrakteste und schwierigste – obwohl auch diese wichtig sein kann. Vielleicht hat das begabte Menschen wie Paul Dirac zur mathematischen Physik geführt. Aber es ist wahrscheinlicher, daß Dirac, als er Mathematik und Physik als das erkannt hatte, was seiner Sicht der Dinge am besten entsprach, versuchte, jene Aspekte der Physik zu betonen, die seinen Idealen am nächsten kamen. Und wenn sie oft zu großen Entdeckungen verhelfen, beherrschen sie schließlich auch die Sichtweise.

An dieser Stelle ist es angebracht, das Interesse zu erwähnen, das Mathematiker und Physiker in den letzten Jahren den von Computern fast schon im Übermaß hergestellten spektakulären Bildern fraktaler Kurven entgegengebracht haben. Die Schönheit dieser in vielen berühmten Galerien ausgestellten Bilder ist nicht zu leugnen, und sie wird durch die geschickte Wahl der von Computerwissenschaftlern eingeführten Falschfarbenkodierungen noch gesteigert. Aber dahinter liegt ein Aspekt, der mit unserem Schönheitssinn für die Natur selbst zu tun hat. Die feinen Strukturen solcher fraktaler Kurven wie der Mandelbrotmenge (S. 341) sind eng mit den selbst-ähnlichen Strukturen verwandt, die wir in der Welt um uns herum sehen – dem Geäst eines Baumes im Winter, dem Muster von Schneeflocken, den Zinnen einer Gebirgskette – sie alle weisen eine nicht-lineare Invarianz auf, die uns zutiefst anspricht. Wir haben lange nach dem mathematischen Algorithmus suchen müssen, der solche Strukturen systematisch erzeugen kann; seine Entdeckung ist zweifellos wichtig, wenn wir erkennen wollen, worauf unser Gefühl für die Schönheit sichtbarer Symmetrie und mathematischer Harmonie beruht.

Wir kennen keinen Grund, warum die Naturgesetze entweder «einfach», «schön» oder irgend etwas sonst sein sollten, das uns anspricht. In der Tat ist die Theorie, die Dirac für die häßlichste und unbefriedigendste physikalische Theorie hielt – die Quantenelektrodynamik –, die genaueste aller uns zur Verfügung stehenden grundlegenden wissenschaftlichen Theorien. Sie beschreibt die Wechselwirkung zwischen Licht und den elektrischen und magnetischen Kräften. Ihre theoretischen Vorhersagen werden bis auf zehn Stellen nach dem Komma durch Experimente bestätigt. Manche Physiker finden auch diese Theorie «schön»!

Aus dieser ebenfalls subjektiven Überlegung können wir allenfalls schließen, daß Wissenschaftler bewußte und unbewußte Vorurteile in bezug auf bestimmte Arten der Naturbeschreibung und Naturgesetze hegen. Je mathematischer die Wissenschaft, um so mächtiger sind diese Einflüsse. Der mathematische Physiker sucht nach Symmetrien und Invarianzen. Nichts weist darauf hin, daß die Natur in einem wohldefinierten Sinn «einfach» oder «schön» ist. Vielmehr sind die meisten Naturerscheinungen eher durch eine tiefe Komplexität geprägt, die sich als Einfachheit ausgibt. Das erinnert an die Geschichte von dem Astronomen, der eine öffentliche Vorlesung über die Natur der Sterne mit der Aussage begann: «Sterne sind ganz einfache Dinge», worauf aus dem Publikum ein Ausruf kam: «Sie würden aus einer Entfernung von zweihundert Lichtjahren auch ganz schön einfach aussehen!» Bemerkenswerter ist das Ausmaß, in dem Theorien und Beschreibungen, von denen wir jetzt wissen, daß sie unvollständig oder auch einfach falsch sind, in der Vergangenheit vorübergehend verläßliche Führer zu einem wesentlichen Bruchteil der Wahrheit waren.

Diracs Bemerkungen über den verführerischen Charakter eleganter Mathematik stellen die Sicht eines Realisten dar, der glaubt, daß die Natur *wirklich* im Grunde mathematisch ist. Die Natur und ihre mathematische Darstellung werden also für äquivalent gehalten, und die fraglose Schönheit der ersten läßt sich in unserem Tasten nach dem zweiten finden. Wissenschaftler mit anderem metaphysischen Hintergrund jedoch haben völlig anders argumentiert als Dirac. Einige Operationalisten wie Bridgman halten die Suche nach ästhetischen mathematischen Strukturen in der physikalischen Beschreibung sogar für eine gefährliche metaphysische Abweichung. Mit Blick auf die Allgemeine Relativitätstheorie, die Dirac, Chandrasekhar und die meisten anderen Physiker für die «schönste» aller Theorien halten, schreibt Bridgman:

> Das metaphysische Element spüre ich in der Einstellung vieler Kosmologen zur Mathematik. Mit Metaphysik meine ich die Annahme der «Existenz» von Werten, die sich nicht durch das Handeln bestimmen lassen... Jedenfalls sollte ich die Überzeugung metaphysisch nennen, daß das Weltall nach genauen mathematischen Grundsätzen abläuft, und die Folgerung, daß es Menschen durch eine glückliche tour de force möglich ist, die Grundsätze zu formulieren. Ich glaube, daß diese Einstellung hinter dem Gefühl vieler Kosmologen zu Einsteins Differentialgleichungen der allgemeinen Relativitätstheorie liegt – wenn ich zum Beispiel in einem Gespräch einen bedeutenden Kosmologen frage, warum er die Einsteinschen Gleichungen nicht aufgibt, wenn sie ihm doch soviel Kummer bereiten, antwortet er, das sei undenkbar, weil sie das einzige sei, dessen wir gewiß sein können.

Natürlich ist die Mathematik in Bridgmans Wissenschaftsphilosophie einfach ein Hilfsmittel zur Konstruktion operationaler Definitionen physikalischer Größen (obwohl Bridgman zugeben mußte, daß die operationalistische Lehre mit einem Bereich wie der Kosmologie nicht umgehen kann, wo man über Größen wie «die Masse des Weltalls» spricht, die sich nicht operational definieren lassen). Er bekannte sich vielmehr zu einer konstruktivistischen Deutung der Mathematik, die an Formalismus grenzt, und sah darin eine natürliche Ergänzung zu seiner operationalistischen Philosophie der Physik. Ausgehend von unserem «metaphysischen» Hang, in der Natur eine mathematische Struktur zu vermuten, behauptet er, daß diese nicht in Frage gestellte Annahme ein gefährliches menschliches Vorurteil ist:

> Ich glaube, daß bei jedem Thema Gefahren lauern, bei dem eine Mischung von rein «wissenschaftlichen» und «menschlichen» Elementen unvermeidlich ist. Es scheint mir besonders gefährlich zu sein, wenn wirkliche Unverträglichkeiten in die Struktur eingeführt werden, wenn die metaphysische Einstellung in bezug auf die Mathematik so weitgehend übernommen wird, daß sie verschleiert, wie völlig legitim die Verwendung der Mathematik ist, wenn eine einfache Formulierung gefunden werden soll.

Während also Dirac so viel Vertrauen in die mathematische Schönheit und Knappheit der Natur hatte, daß er bereit war, sich von diesem Grundsatz leiten zu lassen und ihn gelegentlich für wichtiger zu halten als das Experiment, behauptet Bridgman, sein Vertrauen in das zutiefst mathematische Wesen der Natur werde gerade durch unsere Bereitschaft untergraben, einem solchen Rattenfänger zu folgen.

Einstein vertrat eine Sicht, die die Überlegungen beider, Bridgmans und Diracs, verband. Anders als Bridgman glaubte er, die «höchste Aufgabe des Physikers [sei es], zu jenen universalen Grundgesetzen zu gelangen, aus denen sich der Kosmos durch reine Deduktion aufbauen läßt». Er erkannte, daß die physikalischen Gesetze selbst dann, wenn man ihre Erschaffung operationalistisch sieht, immer noch eine mathematische Darstellung erfordern, die sich nicht allein aus der Erfahrung gewinnen läßt. An diesem Punkt sehen wir, daß der Physiker in bezug auf die Darstellung und Entwicklung seiner Theorie eine Art künstlerische Freiheit genießt.

Wenn es denn wahr ist, daß die axiomatische Basis der theoretischen Physik sich nicht aus der Erfahrung herleiten läßt, sondern frei erfunden werden muß, können wir dann hoffen, je den richtigen Weg zu finden? Nein, mehr noch, gibt es den richtigen Weg überhaupt außerhalb unserer Illusionen? Können wir hoffen, von der Erfahrung geleitet zu sein, wenn es Theorien gibt (etwa die klassische Mechanik), die der Erfahrung großenteils gerecht werden, ohne der Materie auf den Grund zu kommen? Ich antworte ohne Zögern, daß es meines Erachtens einen richtigen Weg gibt und daß wir ihn finden können.

Bis jetzt rechtfertigt unsere Erfahrung den Glauben, daß die Natur die Verwirklichung der einfachsten vorstellbaren mathematischen Gedanken ist. Ich bin überzeugt davon, daß wir mit Hilfe rein mathematischer Konstruktionen die Begriffe und Gesetze entdecken können, die sie miteinander verbinden, was den Schlüssel zu unserem Verständnis der Naturerscheinungen liefern könnte. Die Erfahrung mag die geeigneten mathematischen Begriffe nahelegen, aber sie lassen sich sicherlich nicht aus ihr herleiten. Die Erfahrung bleibt natürlich das einzige Kriterium für die physikalische Nützlichkeit einer mathematischen Konstruktion. Aber das schöpferische Prinzip liegt in der Mathematik. In gewissem Sinne halte ich es deshalb für wahr, daß das reine Denken fähig ist, die Wirklichkeit zu begreifen, so wie man es im Altertum erträumte.

Auch Diracs gelegentliche Bemerkungen über die Zweitrangigkeit des Experiments relativ zur Theorie sind weiterer Überlegung wert. Was er mit ihnen sagt, ist nicht genau das, was Eddington mit seiner berühmten Warnung vor einer allzu begeisterten Aufnahme sensationeller Versuchsergebnisse implizierte: «Glaube keinem Versuchsergebnis, ehe es eine Theorie vorhergesagt hat!» Er meinte vielmehr, daß sich ein wunderbares neues mathematisches Modell etwa für den Atomkern denken läßt, bei dem jedoch ein hartnäckiger Defekt eine Übereinstimmung mit einem bestimmten Experiment verhindert. Unter diesen Umständen sollte man nicht unbedingt den Glauben an die gute Idee verlieren. Der neuen Theorie könnte ja ein vergleichsweise kleiner (oder auch größerer) Faktor fehlen; dieser Mangel aber ließe sich später vielleicht direkt beheben. Diese Einstellung wird in der modernen theoretischen Elementarteilchenphysik deutlich. Im Bereich der Forschung eilen spekulative Theorien den Experimenten voraus, weil diese so ungeheuer teuer und raffiniert sind. Für das Teilchenbombardement braucht man gewaltige Energien und für die Aufzeichnung und Auswertung der Ergebnisse ganze Batterien raffinierter Computer. Doch auch ohne Bezug auf Versuchsdaten kann ein Theoretiker für eine Eichtheorie, die ja durch eine Gruppe mathematischer Operationen (der Art, wie wir sie in Kapitel 4 behandelten) bestimmt ist, einige experimentelle Folgerungen herausarbeiten. Gelegentlich stellt sich heraus, daß fast alle Stücke ihren Platz finden. Für Tatsachen, die zuvor voneinander unabhängig und ad hoc zu sein schienen, finden sich klare, einheitliche Erklärungen. Aber es kann auch ein schreckliches neues Ergebnis geben, das nicht zum Experiment paßt. Dann kommt es sehr wohl vor, daß Theoretiker dieses Problem ignorieren und in der Hoffnung beiseite schieben, die unangenehmen Unstimmigkeiten ließen sich später durch eine Verallgemeinerung der Theorie beheben. Oft bewährt sich dieses Verfahren, weil die untersuchten Eichtheorien nicht vorgeben, in der mikrophysikalischen Welt Theorien für alles zu sein. Sie sind unvollständige Naturbeschreibungen, und der Theoretiker glaubt gern, daß allein diese zeitweilige Unvollständigkeit die Quelle seiner schlechten Vorhersagen ist. Wenn die Theorie umfassender wird, können ihre oberflächlichen Pathologien sehr wohl verschwinden. Manchmal tun sie das auch. Ein Teil der Kunst eines innovativen Theoretikers besteht darin zu lernen, welche zeitweiligen Schwierigkeiten von dem einfachen Prototyp, den man da erstellt, herrühren und was für eine Theorie der vorgeschlagenen Art tödliche Krankheiten sind.

Dirac zitiert zugunsten seiner Behauptung, daß die formale Schönheit manchmal bei der Bewertung einer Theorie angesichts der Versuchsdaten den Ausschlag geben sollte, ein Beispiel aus Schrödingers Erfahrung.

Ich hörte von Schrödinger, wie er, als er zuerst die Idee zu seiner Gleichung hatte, sie sofort auf das Verhalten des Elektrons im Wasserstoffatom anwandte und Ergebnisse erhielt, die nicht mit dem Experiment übereinstimmten. Die Unstimmigkeit rührte daher, daß man zu jener Zeit noch nicht wußte, daß das Elektron einen Spin hat. Für Schrödinger war das natürlich sehr enttäuschend, und er ließ die Arbeit deshalb einige Monate lang liegen. Dann bemerkte er, daß seine Arbeit, wenn er nicht die relativistische Verfeinerung berücksichtigte und seine Theorie nur als Näherung betrachtete, in dieser Näherung mit den Beobachtungen übereinstimmte.

Diese Geschichte veranlaßte Dirac zu seiner vielzitierten Erklärung. Er fährt fort:

Diese Geschichte hat, so meine ich, eine Moral, nämlich daß es wichtiger ist, daß man in seinen Gleichungen Schönheit hat, als daß sie mit dem Experiment übereinstimmen. Wenn Schrödinger mehr Vertrauen zu seiner Arbeit gehabt hätte, hätte er sie einige Monate früher veröffentlichen können, und er hätte eine genauere Gleichung veröffentlicht.

Es gibt einen weiteren Grund, sich zu Diracs Ansicht über die Zweitrangigkeit des Experiments zu bekennen: Versuche können in die Irre führen. Es gibt mehrere Fälle, in denen die vorhandenen experimentellen Hinweise den Vorhersagen der Theoretiker widersprachen, das Vertrauen in die Eleganz der theoretischen Modelle jedoch so groß war, daß die ihnen widersprechenden experimentellen Hinweise zutreffend als unverläßlich betrachtet wurden.

Als Einstein von experimentellen Hinweisen hörte, die seiner Relativitätstheorie widersprachen, war seine unmittelbare Reaktion, die Experimente müßten falsch sein – und er hatte recht. Später, als die Schätzungen über das Alter des Weltalls, die sich aus der Sternentwicklung ergaben, zu Widersprüchen mit jenen führten, die die relativistische Kosmologie vorhergesagt hatte, blieb Einstein wieder bei den Vorhersagen seiner Theorie, weil sie auf einer festeren theoretischen Grundlage ruhte als die Theorie der Sternentwicklung, die zur Deutung der Beobachtungsdaten herangezogen wurde – und wieder behielt er recht.

Als ein letztes Beispiel für Siege der Theorie über das Experiment (die nur deshalb bemerkenswert sind, weil es unzählige Niederlagen gibt) zitieren wir die Arbeit, die Richard Feynman und Murray Gell-Mann 1958 über die Struktur der schwachen Wechselwirkung schrieben. Die Theorie wurde mit Hilfe dessen entwickelt, was die beiden Verfasser eine «Vorliebe» eines der Verfasser für eine bestimmte Gleichungsart nannten. Die Ergebnisse dieser Theorie stimmten jedoch nicht mit der beobachteten Häufigkeit von Elektronen-Neutrinos beim Zerfall von Helium-6 überein. Aber die Verfasser waren unbeirrt. Im Gegenteil, sie schrieben in ihrer Arbeit dazu:

Diese theoretischen Überlegungen scheinen den Verfassern überzeugend genug, um zu behaupten, die mangelnde Übereinstimmung mit den He-6-Rückstoß-Experimenten und anderen weniger genauen Versuchen seien Hinweise darauf, daß diese Experimente falsch seien.

Und in der Tat hatten sie, wie spätere Experimente zeigten, mit ihrer Vermutung recht.

Es gibt eine weitere interessante Folge irrtümlicher experimenteller Ergebnisse, auf die man in den letzten Jahren an der Grenze zwischen Teilchenphysik und Kosmologie gestoßen ist. Die «Urknall»-Theorie über den Ursprung und die Entwicklung des Weltalls weist darauf hin, daß das Weltall in ferner Vergangenheit heißer, dichter und gedrängter gewesen sein muß. Wenn wir die Zeit zurückverfolgen, wird die Temperatur immer höher, und die Teilchen stoßen mit immer höheren Temperaturen zusammen. Kurz, das ganze Weltall ähnelt in seinen Frühstadien einem gigantischen Experiment der Höchstenergiephysik. Kosmologen und Teilchenphysiker arbeiten deshalb gemeinsam an der Erforschung der frühen Geschichte des Weltalls. Der Teilchenphysiker lernt so neue Gegebenheiten kennen, über die er mittels der allerneuesten theoretischen Gedanken und Spekulationen Vorhersagen machen kann. Wenn diese Gedanken zu Vorhersagen führen, die das heutige Weltall mit bestimmten bizarren Eigenschaften ausstatten, die es offensichtlich nicht hat – weil es zum

Beispiel keine Galaxien enthalten sollte – lassen sich diese neuen Gedanken sofort als falsch abtun. Entsprechend kann der Kosmologe die neuesten Geisteskinder der Teilchenphysiker überprüfen, um zu sehen, ob sie dazu führen, daß das Weltall neue Arten von Elementarteilchen enthält, die einige der Lücken in unserem Bild vom Aufbau des Weltalls schließen könnten. Diese enge Zusammenarbeit zwischen Teilchenphysikern und Kosmologen begann 1978.

Zwischen 1979 und 1983 wurde eine Reihe aufregender Versuchsergebnisse bekannt. Das Elektron-Neutrino, so fand man, habe möglicherweise eine kleine Ruhemasse, und verschiedene Neutrinoarten könnten sich ineinander verwandeln. Man behauptete, eine isolierte Magnetladung (den sogenannten «magnetischen Monopol», dessen Existenz Paul Dirac viel früher gefordert hatte) und auch eine elektrische Ladungsasymmetrie innerhalb des Neutrons, ja sogar den Protonenzerfall beobachtet zu haben. Jedes dieser Experimente erregte in den Bereichen der Kosmologie und Astrophysik, die sie betrafen, enorm viel Interesse. Unzählige allgemeinverständliche Aufsätze und Bücher wurden darüber geschrieben, und die Zahl der Konferenzen, auf denen sich Teilchenphysiker und Astrophysiker trafen, um darüber zu diskutieren, wuchs so an, daß man sein ganzes Leben mit der Teilnahme an und den Reisen von und zu solchen Konferenzen hätte verbringen können! Im Rückblick auf diese Explosion von Interesse läßt sich jetzt sagen, daß die Theoretiker sich von diesen aufregenden Versuchsergebnissen entweder distanzierten oder sie doch so stark anzweifelten, daß sich heute niemand mehr auf sie beruft. Diese enttäuschende Lage ist recht ungewöhnlich und verdient eine Erklärung. Sicher wurden die entscheidenden Experimente im allgemeinen sorgfältig und korrekt ausgeführt. Aber alle oben erwähnten Versuche waren entweder Zufallsbeobachtungen oder spürten Ereignisse auf, die an die Grenzen der Empfindlichkeit stießen, mit der wirkliche Messungen von dem durch die Meßgeräte selbst erzeugten Rauschen isoliert werden können. Am bemerkenswertesten ist an dieser Sammlung zweifelhafter Versuchsergebnisse, daß sie sowohl in der Teilchenphysik als auch in der Kosmologie weit mehr zum theoretischen Fortschritt beigetragen haben als korrekte Experimente!

Das anthropische Prinzip

> *Es gibt keine Philosophen; niemand ist distanziert; der Beobachter liegt genauso in Ketten wie das Beobachtete.*
> E. M. Forster

Das Urknallbild der Geschichte des Weltalls ist das zentrale Paradigma, im Rahmen dessen sich Kosmologen um Verständnis für das bemühen, was wir über das Weltall, in dem wir uns finden, wissen oder nicht wissen. Und was hat das alles mit Ihnen und mir zu tun? Das Problem, das menschliche Leben in das unpersönliche Gewebe des kosmischen Raumes und der kosmischen Zeit einzubetten, wurde von Mystikern, Philosophen, Theologen und Wissenschaftlern aller Zeiten erwogen, und die von ihnen vertretenen Ansichten umfassen den ganzen Bereich der Möglichkeiten. Im einen Extrem malen sie ein deprimierendes materialistisches Bild des menschlichen Lebens als reiner Zufall, völlig zusammenhanglos und bedeutungslos für den unausweichlichen Weg des Weltalls in einen zukünftigen «Endknall» in höllischer Hitze oder in den «Wärmetod» des ewigen Vergessens, während sie im anderen Extrem die anthropozentrische teleologische Sicht vertreten, das Weltall sei durch eine Art Vorsehung dem Menschen auf den Leib geschneidert. Diese Ansicht wurde in vielen Kulturen mit Nachdruck vertreten, am stärksten wohl im England des achtzehnten Jahrhunderts. Sie blieb die Sichtweise vieler Biologen, bis Charles Darwin und Alfred Russel Wallace Mitte des neunzehnten Jahrhunderts die Anpassung von Organismen durch die natürliche Auslese der Evolution entdeckten. Seit jener Zeit haben Biologen sich gegen die Zielgerichtetheit der Evolution ausgesprochen. Es gibt kein großes Ziel (die Menschheit?), auf das der ganze Evolutionsprozeß ausgerichtet ist. Wenn sich die Umwelt in außergewöhnlicher Weise änderte, so daß die Intelligenz nicht mehr so wesentlich für das Überleben ist, könnten wir wohl einem ähnlichen Schicksal preisgegeben sein wie dem, das die Dinosaurier ereilte.

Wir müssen also, so lernen wir aus dem Problem der «Auswahleffekte», dessen gewahr sein, daß unsere Meßinstrumente vorzugsweise ganz bestimmte Daten liefern könnten. Wenn wir das Weltall ausschließlich mit dem menschlichen Auge beobachteten, würden wir schließen, daß alle Strahlung im Weltall in dem Wellenlängenbereich liegt, den wir «sichtbar» nennen und der sich im Spektrum von rot bis violett spannt. Aber es gibt Strahlung anderer Wellenlängen, die das menschliche Auge nicht entdecken kann. Die Energie des Lichts längerer Wellenlänge ist zu gering, als daß seine Ankunft auf den Rhodopsinmolekülen an der Rückwand der Netzhaut registriert werden könnte, und Licht mit kürzerer Wellenlänge als das sichtbare ist so energiereich, daß sich das Auge vor ihm schützen muß. Unsere menschliche Physiologie umfaßt den Bereich der astronomischen Beobachtungen, die wir ohne Hilfsmittel machen können, und deshalb das, was unsere Vorfahren über die Astronomie wissen konnten.

Heute kompensieren wir die begrenzten Beobachtungsfähigkeiten des Auges, indem wir künstliche «Augen» weit größerer Empfindlichkeit und Reichweite bauen. Das sind solche herkömmlichen optischen Teleskope wie jene auf Mount Palomar, die der Europäischen Südsternwarte in La Silla oder Radioteleskope wie in Jodrell Bank oder das der Max-Planck-Gesellschaft in Effelsberg und solche wie in Arecibo. Hoch in den Bergen Hawaiis stehen Infrarot-Teleskope, und Detektoren für Röntgen-, Infrarot- und Ultraviolettstrahlung umrunden die Erde auf Satelliten. Aber es gibt einen aufregenderen Aspekt unserer menschlichen Physiologie, der sich nicht einfach durch den Bau besserer Teleskope bewältigen läßt.

Menschen sind komplexe biochemische «Computer». Sie sind mehr als das, aber nicht weniger. Sie bestehen aus spiralförmigen sich selbst reproduzierenden Desoxyribonukleinsäure (DNS)-Molekülen, die wiederum aus Kohlenstoff-, Stickstoff-, Phosphor- und Sauerstoffatomen zusammengesetzt sind. Wie sich solche diffizilen molekularen Strukturen auf der Erde entwickeln konnten, ist im einzelnen nicht bekannt. Es ist möglich, daß sie anfangs im Laufe der Frühgeschichte der Erde durch zufällige Wechselwirkungen und Mutationen erzeugt wurden. Falls in einer Ursuppe zu verschiedenen Zeiten viele verschiedene komplexe Moleküle erzeugt wurden, ist es ganz plausibel, daß jene, die als ein Ergebnis ihrer Wechselwirkungen mit anderen Molekülen Kopien von sich selbst herstellen konnten, rasch auf Kosten der Nicht-Replikatoren das Übergewicht erhielten. Wo aber ist der Ursprung von Kohlenstoff, Stickstoff, Sauerstoff und Phosphor, aus dem die DNS-Moleküle des Lebens bestehen? Darüber haben wir mehr Gewißheit: Er liegt in den Sternen.

Atome, die schwerer sind als Wasserstoff und Helium, können nicht während des Urknalls erzeugt worden sein. Das Weltall dehnte sich zu schnell aus und kühlte sich zu schnell ab, als daß die schwereren Kerne durch Kernreaktionen hätten entstehen können. Der natürliche Kernreaktor, den wir Urknall nennen, schaltete sich ab, als sich das Weltall etwa drei Minuten lang ausgedehnt hatte; in dieser kurzen Zeit jedoch transformierte er 25 Prozent der Masse des Weltalls in Helium und ließ fast 75 Prozent als Wasserstoff übrig. Ich sage «fast», weil die Kernfusion von Wasserstoff in Helium winzige Spuren von Deuterium, Lithium und dem Isotop Helium-3 in relativen Häufigkeiten von 1/1000 Prozent, 1/100 000 000 Prozent und 1/1000 Prozent hinterließ. Diese vorhergesagten Häufigkeiten entsprechen genau den Bruchteilen, die heute im Weltall gemessen werden, und auf diesem bemerkenswerten Fund beruht ganz wesentlich die kosmische Urknalltheorie.

Wir wissen also, daß das komplexe Phänomen, das wir «Leben» nennen, auf Elementen aufbaut, die schwerer und komplexer sind als die beim Urknall gebildeten Elemente Wasserstoff und Helium. Die meisten Biochemiker glauben, das Element Kohlenstoff, auf dem unsere eigene organische Chemie beruht, sei die einzige lebensfähige Basis, auf der sich *spontan* chemisches Leben entwickeln kann. Irdische Lebewesen nutzen die subtilen chemischen Eigenschaften des Kohlenstoffs und seiner Verbindungen mit Wasserstoff, Stickstoff, Sauerstoff und Phosphor. Andere Elemente spielen eine wichtige Rolle, diese fünf jedoch sind die Hauptakteure im Spiel des Lebens. Damit diese fünf Bausteine (und auch Silizium, wenn wir der nichtspontanen Entwicklung von «Leben», das sich aus der jetzigen Silizium-Technologie entwickeln könnte, eine Zukunft zubilligen) entstehen konnten, mußten die einfachen im Urknall hergestellten Kerne bei hohen Temperaturen Milliarden Jahre lang «gekocht» werden. Die von der Natur dafür bereitgestellten Herde sind das Innere insbesondere der sehr massereichen Sterne. Dort verschmelzen Wasserstoff und Helium, die den Urknall überlebten, langsam zu den schwereren Elementen, die für Sie und mich notwendig sind. Wenn solche Sterne ihren Vorrat an Kernbrennstoff erschöpft haben, implodieren sie in ihrer Mitte und stoßen ihre äußeren Schichten in den Raum hinaus. Diese dramatischen Todeskämpfe, die wir als Supernovae beobachten, verteilen die biologisch wichtigen Elemente im

Raum, wo sie in Planeten, Asteroiden und anderen interstellaren Schutt eingebaut werden können. Schließlich finden sie so ihren Weg auch in unsere Körper. Wir sind die Asche von Sternen.

Am wichtigsten ist an dieser stellaren Alchimie, von der das Leben abhängt, die Frage, wie lange all das braucht. Milliarden von Jahren stellaren Verbrennens sind nötig, damit genügende Mengen so wesentlicher Elemente wie Kohlenstoff entstehen. Durch diese einfache Tatsache wird unsere Erforschung des Weltalls und seiner Eigenschaften das Opfer eines allumfassenden Auswahleffekts, nämlich unserer eigenen Existenz. Nehmen wir als Beispiel die Frage nach der *Größe* des sichtbaren Weltalls.

Die heutige Geschwindigkeit der Ausdehnung des Weltalls und seine Beschleunigungsrate zeigen an, daß es sich schon etwa 13 bis 18 Milliarden Jahre lang ausdehnt. Das wiederum besagt, daß die Größe des Weltalls untrennbar mit seinem Alter verknüpft ist. Das sichtbare Weltall ist heute deshalb über 13 Milliarden Lichtjahre groß, weil es über 13 Milliarden Jahre alt ist. Wenn man mit dem Bau des Universums beauftragt wäre, hielte man womöglich ein Weltall, das nur eine einzige Galaxie, etwa nur unser eigenes Milchstraßensystem, enthielte, für ganz vernünftig. Es hätte dann etwa 100 Milliarden Sterne, vielleicht viele von Planeten umgeben. Aber ein solches Universum, das mindestens 100 Milliarden weniger Galaxien hätte als unser eigenes, könnte sich erst seit wenig mehr als einigen Monaten ausgedehnt haben. In ihm könnten weder Sterne noch biologisch wichtige Elemente geschaffen worden sein. Es gäbe dort keine Astronomen. Wir sollten also nicht überrascht sein, wenn wir entdecken, daß das Weltall so riesig groß ist, denn in einem wesentlich kleineren Universum könnten wir nicht existieren. Diese Erkenntnis, daß also einige der entscheidenden Strukturmerkmale des Weltalls notwendige Bedingungen für die Existenz von Beobachtern sind, muß sich bei vielen Dingen darauf auswirken, wie wir sie sehen. Manch ein Philosoph hat sich gegen einen letzten Sinn des menschlichen Lebens ausgesprochen, weil es einen solch kleinen Bruchteil des bekannten Weltalls einnimmt. Einige moderne Astronomen sehen die ungeheure Ausdehnung des Weltalls als ein überzeugendes Zeichen für die überwältigende Wahrscheinlichkeit, daß die Galaxie nur so strotzt von anderen intelligenten Lebensformen, mit denen wir Verbindung aufnehmen könnten. Aber das Weltall muß so groß sein, wie es ist, wenn es auch nur einen einzigen Stützpunkt für das Leben beherbergen soll. Es ist ein ernüchternder Gedanke, daß die globale und möglicherweise unendliche Struktur des Weltalls auf solche Weise mit den Bedingungen zusammenhängt, die mit der Entwicklung des Lebens auf einem Planeten wie der Erde verknüpft sind.

Diese Erkenntnis, daß es Welten gibt, die unserer Beobachtung womöglich nicht zugänglich sind, wird oft das *Schwache Anthropische Prinzip* genannt. Im Grunde ist es nur eine Weiterführung des Gedankens, wir sollten die in unsere Meßapparate eingebauten Vorurteile voll zu verstehen suchen, wenn wir Experimentalphysik betreiben. Unser Erstaunen über die vielen Eigenschaften des Weltalls, die uns ungewöhnlich vorkommen, werden *a priori* durch die Erkenntnis gedämpft, daß es einfach viele von ihnen geben muß, wenn intelligente Beobachter in der Lage sein sollen, ein Universum zu erforschen.

Kosmologen sehen im Schwachen Anthropischen Prinzip eine Korrektur der berühmten Einsicht des Copernicus; er wischte die jahrhundertelang vertretene vorgefaßte Meinung beiseite, die Menschheit sei im Mittelpunkt der physikalischen Welt, als er verkündete, die Sonne und nicht die Erde stünde in der Mitte des Sonnensystems (das, soweit es die Astronomie vor dem neunzehnten Jahrhundert betrifft, das Weltall darstellte). Die wichtige Erkenntnis des Copernicus, daß wir unsere Stellung im Weltall nicht als in *jeder* Hinsicht ausgezeichnet empfinden sollten, darf nicht mit dem irrtümlichen Glauben verwechselt werden, unsere Stellung im Weltall sei *überhaupt* nichts Besonderes. Wir könnten weder im Inneren von Sternen existieren noch dann, wenn das Weltall weniger als eine Million Jahre alt wäre. Wenn das Weltall eine Mitte hätte (es gibt keine Hinweise darauf, daß es eine hat) und wenn nur in der Nähe dieser Mitte die Bedingungen für die Evolution und fortdauernde Existenz von Leben erfüllt wären, sollten wir uns nicht wundern, wenn wir sehen, daß wir gerade dort leben.

Es scheint, daß diese symbiotische Beziehung zwischen dem Weltall und Beobachtern in ihm andere, geheimnisvollere Züge hat, die sich, so eindrucksvoll sie sind, schwer objektiv bewerten lassen. Der große Erfolg der Einsteinschen Allgemeinen Relativitätstheorie bei der Beschreibung von Vergangenheit und Gegenwart unseres Weltalls mit seiner höchst regelmäßigen Ausdehnung, geringen Dichte und all den Sternen und Galaxien hat Kosmologen bewegt, die anderen Welten zu untersuchen, die wir aus Lösungen der Einsteinschen Gleichungen folgern. Je genauer wir alle jene Welten untersuchen, die nach den Gesetzen der Physik anscheinend möglich sind, desto ungewöhnlicher erscheinen uns die Eigenschaften des wirklichen Weltalls. Die Einzigartigkeit wird uns am stärksten durch die Tatsache bewußt, daß wir uns so viele Alternativen vorstellen können. Wie weit wir unter Berücksichtigung der Einzigartigkeit des Weltalls den theoretischen Möglichkeiten etwas über die Anfangsbedingungen für diese Welten oder über die Gesetze entnehmen können, von denen wir annehmen, daß sie ihre Entwicklung bestimmen, haben wir in Kapitel 4 betrachtet.

Zur Veranschaulichung greifen wir einige unerklärte großräumige Eigenschaften des Weltalls heraus. Wir sahen, warum wir es so groß und so alt vorfinden. Wir sahen auch, warum es uns wahrscheinlich nicht gäbe, wenn das Weltall zehnmal so groß und so alt wäre. Alle Sterne wären dann schon tot; die Vorräte unseres Planeten könnten uns längst nicht mehr ernähren. Vielleicht hätten wir bis dahin gelernt, woanders zu leben, aber unser Überleben ist unwahrscheinlicher als heute, da die Sonne in ihrer nuklearen Lebensmitte strahlt. Und wie ist es mit den Galaxien? Wir wissen nicht genau, wie sie sich bilden, aber wir kennen einen grundlegenden physikalischen Prozeß, der zur Entwicklung von solchen Strukturen wie Galaxien führt. Wenn Teilchen aufeinander Anziehungskräfte ausüben, neigen sie dazu, falls sie nicht *vollkommen* gleichmäßig verteilt sind, im Laufe der Zeit Klumpen zu bilden und sich unregelmäßig zu verteilen. Im Weltall sind die Teilchen die beim Urknall entstandenen Atome und Körner von Materie, und die Anziehungskraft ist die Schwerkraft. Das Ergebnis ist gleichsam eine Anhäufung der Gravitation, wobei die dichteren Bereiche des Raumes auf Kosten der dünneren dichter werden. Durch diesen unvermeidlichen Prozeß wandelt sich ein nicht vollkommen glattes Weltall – und keines könnte wegen der unvermeidlichen Quantenunschärfe in der Lage seiner Elementarteilchen je völlig gleichförmig sein – im Laufe von Milliarden Jahren aus einem glatten und unstrukturierten Zustand zu einem, in dem Materie in einem Meer aus Staub und dünnem Gas dichtere Inseln bildet. Nur in diesen Welteninseln, die wir mit den Galaxien gleichsetzen, kann Materie die zur Sternbildung nötigen Dichten erreichen. Soviel verstehen wir wohl, nicht jedoch verstehen wir, wie und warum manche dieser dichten Inseln kosmischer Materie später zu Spiralgalaxien werden, andere aber zu den gigantischen Ellipsoiden einander umlaufender Sterne, die wir elliptische Galaxien nennen. Obwohl wir wissen, wie Frühstadien der Masseanhäufung sich im Laufe der Zeit entwickeln, fehlt ein wichtiges Stück des Bildes. Wie groß war die Unregelmäßigkeit zu Beginn? Nur wenn wir das wissen, können wir sagen, ob unsere Erklärung für die Existenz der Galaxien zutrifft. Dieser Anfangswert, soviel können wir sagen, muß sehr fein abgestimmt sein, wenn Galaxien rechtzeitig entstehen sollen. Sowie der Wert auch nur ein wenig über dem optimalen liegt, entwickeln sich diese dichteren Inseln zu früh; sie fallen dann unter dem Sog der Schwerkraft zu riesigen Schwarzen Löchern zusammen, noch bevor sich Sterne bilden könnten. Sowie der Wert jedoch auch nur wenig unter das Optimum fällt, sammelt sich Materie zu Inseln, die zu schwach sind, als daß sie sich zu Galaxien verdichten können: Es entstehen keine Sterne. In beiden Fällen scheinen die Chancen für eine spontane Entwicklung von Leben schlecht zu stehen. Ähnlich werden die relativen Konzentrationen von Materie und Strahlung beim Urknall durch einen Wert charakterisiert, der die kleine Nische füllt, in der Leben, wie wir es kennen, sich weiterentwickeln kann. Eines der Ziele der Inflationstheorie ist es, eine Erklärung für diese kleinen Unregelmäßigkeiten zu finden. Mit Hilfe dieser Theorie läßt sich der Grad der im Weltall vermuteten Nicht-Gleichförmigkeit vorhersagen. Leider ergeben die aus den vorläufigen Theorien hergeleiteten Vorhersagen viel zu große Werte, wenn man nicht für das frühe Weltall Materiefelder mit ganz bestimmten Eigenschaften voraussetzt. Da diese Eigenschaften aber durch nichts anderes motiviert sind, als durch die Suche nach der «richtigen» Antwort für das kosmische Inhomogenitätsniveau, ist das wenig attraktiv.

Selbst wenn die Inflation eine Antwort auf das Problem der Ungleichförmigkeit des Weltalls liefern kann, erfordert sie doch die Anwendung des Anthropischen Prinzips. Zur Vorstellung von der Inflation gehört, daß jeder winzigste Bereich des Weltalls in seinen Frühstadien eine beschleunigte Ausdehnungsphase durchläuft. Das ganze sichtbare Weltall heute könnte die Bedingungen widerspiegeln, die in einer einzigen prähistorischen Quantenfluktuation herrschten. Das frühe Universum hatte jedoch zu der Zeit, als es sich aufblähte, viele (sogar unendlich viele, wenn das Weltall unendlich ist) allerkleinste Bereiche. Jeder blähte sich so weit auf, wie es die lokalen Bedingungen in seinem Inneren zuließen. Das Ergebnis ist ein Universum, das einem Schaum mit Blasen aller Größen ähnelt. Einige Bereiche blähen sich stark auf, andere nur wenig. Die übliche wissenschaftliche Methode der Vorhersage oder Falsifizierung läßt sich hier nicht anwenden. Wenn wir in einer dieser Blasen leben, betrifft diese Frage unsere Geschichte, und die Geschichte ist die Wissenschaft von Dingen, die nicht wiederholt werden. Wenn es eine Inflation gab, müssen wir uns in einer der Blasen befinden, die mindestens zehn oder fünfzehn Milliarden Lichtjahre lang der Inflation ausgesetzt waren. Jenseits des Horizonts unseres sichtbaren Weltalls wird es andere solche Blasen geben, deren Größe unvorhersagbar ist.

Zufälle

> *Obwohl wir so oft von Zufall reden, glauben wir nicht wirklich daran. In der Tiefe unseres Herzens denken wir besser von der Welt; insgeheim sind wir davon überzeugt, daß sie nicht schludrig und willkürlich sein kann, sondern daß alles einen Sinn hat.*
>
> J. B. Priestley

Das Schwache Anthropische Prinzip sollte nicht als eine falsifizierbare Theorie oder ein Satz gesehen werden. Vielmehr ist es ein methodologisches Prinzip, das man auf eigene Gefahr ignoriert. Es gibt Beispiele dafür, wie es den Kosmologen dann, wenn er es nicht beachtet, zu unnötiger Spekulation verführt und wirklich überflüssige neue Schwerkraftstheorien entwickeln läßt. Wir rufen uns die auffallendste von ihnen in Erinnerung, weil sie 1957 Robert Dicke zur ersten ausdrücklichen kosmologischen Formulierung des Schwachen Anthropischen Prinzips veranlaßte.

In den dreißiger Jahren (während seiner Flitterwochen sogar) machte Paul Dirac auf einen besonderen Zufall in der Natur aufmerksam: Im beobachtbaren Universum gibt es etwa 10^{78} Elementarteilchen, und das Verhältnis der Stärke der elektromagnetischen Kraft zur Schwerkraft zwischen zwei Protonen liegt bei etwa 10^{39}. Schon daß diese Zahlen so riesig sind, ist merkwürdig, aber daß die eine das Quadrat der anderen ist, legt nahe, daß sie möglicherweise miteinander zusammenhängen und vielleicht durch eine Gleichung wie

(Verhältnis der Stärken der elektrischen Kraft und der Schwerkraft)^2
= Anzahl der Atome im beobachtbaren Weltall (7.1)

beschrieben werden. Wenn jedoch genaue Gleichheit angenommen wird (schließlich ist $10^{78} = 10^{39} \cdot 10^{39}$), stehen wir vor einem Dilemma: Das Verhältnis der intrinsischen Stärken der elektrischen Kraft zur Schwerkraft ist durch *Naturkonstanten* (die Ladung des Elektrons, die Masse des Protons und die Newtonsche Gravitationskonstante) festgelegt, und man nimmt an, diese seien überall und immer gleich. Im Gegensatz dazu wird die Anzahl der Teilchen im *beobachtbaren* Weltall ständig größer. In jedem Augenblick erreichen Lichtstrahlen, die ihre Reise zu uns in gewaltiger Ferne begannen, zum erstenmal unsere Teleskope. Das Produkt aus der Lichtgeschwindigkeit und der Zeit, die sich das Weltall ausdehnt, ist eine Strecke; Objekte, die weiter von uns entfernt sind als diese Strecke, sind noch nicht zu sehen. Uns umgibt in etwa 15 Milliarden Lichtjahren ein sphärischer Horizont, der den beobachtbaren Teil des Weltalls (in seinem Inneren) von dem bis jetzt noch unbeobachteten Teil jenseits des Horizonts trennt. Aber je mehr Zeit verstreicht, um so weiter können wir sehen, und die Zahl der Atome oder Teilchen im sichtbaren Teil des Weltalls wird dadurch immer größer – sie ist direkt proportional zum Alter des Weltalls. Diracs Gleichung (7.1) kann nur dann gelten, wenn entweder die Stärke der elektromagnetischen Kraft oder die der Schwerkraft sich im Laufe der Zeit ändert.

Jeder dieser Vorschläge ist äußerst radikal. Dirac meinte, es sei die intrinsische Stärke der Schwerkraft, die umgekehrt proportional sei zum Alter des Weltalls. Dieser Gedanke führte in der Folge zu sehr viel neuer theoretischer und experimenteller Physik; Mathematiker zeigten nämlich, wie Einsteins Gravitationstheorie so abgeändert werden kann, daß sie diesen Fall berücksichtigt, und es wurden mehrere Experimente konstruiert, die überprüfen sollten, ob die Stärke der Schwerkraft sich mit dem Alter der Welt ändert. Bis heute haben wir keine Hinweise darauf, daß die Schwerkraft im Laufe der Zeit schwächer wird. Die Viking-Missionen zum Mars haben ergeben, daß die Schwerkraft, falls sie sich im Laufe der Zeit ändert, während der gesamten 15 Milliarden langen Geschichte des Weltalls höchstens um 1 Prozent geschwankt haben kann. Das ist ein Hundertstel des von Dirac vorhergesagten Werts.

Der Physiker Robert Dicke, damals in Princeton, wies 1964 darauf hin, daß die von Dirac beobachtete Übereinstimmung (7.1) zwischen dem Quadrat vom Verhältnis der Stärke der Schwerkraft und elektrischer Kraft mit der Anzahl der Teilchen im sichtbaren Weltall ganz wesentlich ist für unsere eigene Existenz. Wir leben ja zu der Zeit, in der die Sterne ihren Wasserstoff schon zu Helium verbrennen. Es kann nur dann Beobachter geben, wenn das Weltall so alt ist, daß das von Dirac bemerkte Zusammentreffen eintreten kann. Welten, in denen die Diracsche Beziehung nicht gilt, enthalten wahrscheinlich keine Beobachter. Das ist ein anthropischer Auswahleffekt, und dafür, daß wir ihn beobachten, brauchen wir keine veränderliche Gravitationskraft heranzuziehen.

Das spekulative Anthropische Prinzip

> *Es gibt zwei Zeiten im Leben eines Menschen, zu denen er nicht spekulieren sollte: Wenn er es sich nicht leisten kann und wenn er es sich leisten kann.*
>
> Mark Twain

Die eben durchgeführte Überlegung ist verblüffend; eine Reihe von Kosmologen hat sich daraufhin auf spekulativere Erweiterungen eingelassen. Nehmen wir einmal an, so schlugen sie vor, daß es unendlich viele mögliche Welten gibt, die alle möglichen Größen, Alter, Temperaturen, Formen und Inhalte haben. Stellen wir uns vor, daß die Stärke von Schwerkraft und Elektromagnetismus in jeder von ihnen einen anderen Wert hat. Wie groß müßte dann die Menge der möglichen Welten sein, damit in ihnen Beobachter entstehen können? In gewissem Sinn scheint sie recht klein zu sein. Wenn man sich vorstellt, die Grundkräfte der Natur hätten nur etwas andere Stärken als in

Wirklichkeit, würde die Chemie unmöglich. Dann gäbe es keine Sterne, keine Kohlenstoffverbindungen und anscheinend auch keine Beobachter. Von allen Welten, die wir uns vorstellen können, ermöglichen also anscheinend nur sehr wenige Leben. Die meisten sind Totgeburten; sie können die Grundbausteine des Lebens nicht erzeugen und keine Umgebung schaffen, in der die Evolution durch natürliche Auslese nicht-triviale Ergebnisse haben kann.

Wir wissen nicht recht, was heutzutage mit dieser Überlegung anzufangen ist. Vielleicht stimmt es, daß das Weltall anders gewesen sein könnte. Vielleicht auch nicht. Wenn es stimmt, daß es Welten mit allen möglichen Strukturen geben kann, und die Menge möglicher Welten, in denen Leben entstehen kann, sehr klein ist, dann brauchten viele der im Weltall beobachteten Eigenschaften keine weitere Erklärung. Wenn das Weltall sogar räumlich unendlich weit ausgedehnt ist (dafür sprechen heutzutage die Beobachtungen) und seine Anfangsbedingungen zufällig sind, dann muß es irgendwo unter diesen zufälligen und unendlich vielen Anfangsbedingungen eine unendliche Teilmenge geben, die zu dem gleichförmigen und isotrop sich ausdehnenden sichtbaren Bereich führte, den wir das zur Zeit beobachtbare Weltall nennen. Dann gibt es keine tiefere Erklärung für seine *beobachteten* großräumigen Eigenschaften. Wissenschaftler, deren Ziel es ist, die Komplexität des Weltalls, deren Zeuge wir sind, zu erklären, führen diesen Stand der Dinge auf eine kleine Anzahl alles umfassender Naturgesetze zurück. Es könnte solche «einfachen» Lösungen geben, und wiederum auch nicht. Wir leben vielleicht in einem bewohnbaren Teil eines unendlichen und zufälligen Universums, dessen Anfangszustand überhaupt keinen Naturgesetzen gehorchte.

Leben und Beobachtung

> *Ich bin immer erstaunt, wenn mir ein junger Mann erzählt, er wolle Kosmologie betreiben. Kosmologie ist für mich etwas, das einem passiert, nicht etwas, das man sich aussucht.*
>
> W. H. McCrea

In Anbetracht der vielen Bedingungen, die zu befriedigen sind, damit sich im Weltall chemisches Leben entwickeln kann, müssen viele sehr gut aufeinander abgestimmte «Zufälle» passieren, wenn es im Weltall Beobachter geben soll. Wir können uns eine ganze Sammlung hypothetischer «anderer Universen» vorstellen, in denen alle Größen, die die Struktur unseres Weltalls definieren, alle möglichen Permutationen von Werten durchlaufen, und finden, daß fast alle diese anderen möglichen Welten, die wir auf dem Papier geschaffen haben, Totgeburten sind. Sie führen nicht zu jener Art chemischer Komplexität, die wir «Leben» nennen. Diese Entdeckung brachte den Astrophysiker Brendon Carter auf den Gedanken, daß das Weltall einen eher spekulativen metaphysischen Aspekt haben könnte, den er zur Unterscheidung von dem oben behandelten Schwachen Anthropischen Prinzip das *Starke* Anthropische Prinzip nannte. Das Starke Anthropische Prinzip besagt, daß das Weltall zu einer gewissen Zeit seiner Geschichte Beobachter haben *muß*, weil es so viele bemerkenswerte und anscheinend zusammenhanglose «Zufälle» gibt, die alle zusammen darauf hinwirken, daß im Weltall Leben möglich ist.

Das klingt recht merkwürdig. Kosmologen sprechen von «anderen Universen». Wo sind sie? Wie kann man behaupten, unser Weltall sei besser für die Entwicklung von Leben geeignet als ein anderes? Wir sprechen von «Leben» und «Beobachtern», als ob sie in der Physik eine Rolle spielten. Wie kann das sein? Auf der Suche nach Antworten weist uns die moderne Physik zwei überraschende Richtungen.

Im Hinblick auf den Anfang des Weltalls haben wir zwei Möglichkeiten, die von theoretischen Kosmologen ernst genommen werden. Im Laufe der letzten zwanzig Jahre schwappte die Gunst ständig zwischen den beiden hin und her. Zunächst könnte es nur eine logisch mögliche Art von Weltall geben. Von allen noch unerklärten Werten der Fundamentalkonstanten würde sich in einem solchen eindeutigen

Schema herausstellen, daß ihnen keinerlei Willkür anhaftet. Es gibt dann eine einzige «Theorie für alles», und dieser Zweig der wissenschaftlichen Suche ist abgeschlossen. Die zur Zeit unter theoretischen Physikern herrschende große Aufregung über «Superstrings» hat ihren Grund darin, daß dieses Gedankengebäude der erste aussichtsreiche Anwärter auf eine «Theorie für alles» ist. Andererseits gibt es sowohl beim Bau des Weltalls als auch bei den Naturkonstanten Zufallselemente. Diese Willkür kann auf mehrere Arten entstehen. Das Weltall insgesamt könnte von Ort zu Ort sehr verschieden zusammengesetzt sein. Wenn die Naturkonstanten durch Symmetriebrechung entstanden sind, könnte diese an verschiedenen Orten auf verschiedene Weise passiert und sogar heute in verschiedenen Teilen des Weltalls verschieden sein. Die Inflation hätte dann bewirkt, daß es nur innerhalb des Urbereichs, der sich zu unserem sichtbaren Weltall aufblähte, eine Entsprechung zwischen den Naturgesetzen und den Naturkonstanten gab.

Dann aber, so können wir schließen, hätte das Weltall auch anders sein können. Es ist in gewisser Weise eine besondere asymmetrische Verwirklichung einer tieferen, aber jetzt teilweise verborgenen Symmetrie. Die Symmetrien der Naturgesetze sind verborgen, weil sie nur dann bestimmte Wirkungen haben können.

Wenn das Weltall durch eine höhere innere Logik eindeutig beschrieben wird, müssen wir uns selbst äußerst glücklich schätzen, daß dieses eindeutige und widerspruchsfreie Arrangement überhaupt die Entwicklung von Beobachtern zuläßt. Wir können dann über den Zusammenhang zwischen Leben und Weltall nichts sagen, ohne uns auf metaphysische oder religiöse Überzeugungen zu berufen. Wenn das Weltall jedoch in seinem Aufbau Zufälligkeiten aufweist, ist die Lage ganz anders. Wir müssen dann entgegen der Neigung vieler Wissenschaftler akzeptieren, daß es Aspekte der großräumigen Struktur des Weltalls gibt, die im herkömmlichen Sinn keine Erklärung haben. Sie ergaben sich rein zufällig in den ersten Augenblicken der Geschichte des Weltalls. Sie könnten auch anders sein (und sind es vielleicht auch anderswo). Wir könnten in den meisten der möglichen Welten nicht leben, denn solche Zufälle können zu Universen führen, in denen Leben nicht möglich ist.

Damit sind Beobachter immer noch nicht so eingeführt, daß sie für die Existenz des Weltalls und nicht nur zu seiner Beobachtung nötig sind. Wir könnten uns ein Weltall ohne Leben vorstellen. Es wäre ein einsamer Ort – vielleicht auch ein sinnloser –, logisch unmöglich oder physikalisch widersprüchlich jedoch scheint er nicht zu sein. Oder doch?

Die größte Leistung der Physik unserer Zeit waren die Entwicklung und Anwendung der Quantentheorie. Dieser Zweig der Physik liegt unserer täglichen Existenz zugrunde. Wir verstehen die Theorie so gut, daß wir mit ihrer Hilfe Laser, Transistoren, Mikrochips und Computer entwickelt haben. Unsere ganze technologische Gesellschaft baut tausendfach darauf auf. Aber diese völlig pragmatische Wissenschaft, die uns die mikroskopische Struktur der Materie in fantastischen Einzelheiten und das Verhalten eines jeden Atoms in der Natur und einer jeden DNS-Spirale in unseren Körpern verstehen läßt, birgt im Grunde ein tiefes Geheimnis. In Kapitel 3 sahen wir, wie die von Niels Bohr in den Vorkriegsjahren entwickelte Deutung behauptet, es gäbe ein Phänomen erst, wenn es beobachtet wird. Und wenn ein Ereignis beobachtet wird, ist der Zustand, in dem es gesehen wird, unvorhersagbar durch die Tatsache der Beobachtung bestimmt. Alles, was darüber mit Entschiedenheit vorhergesagt werden kann, ist die Wahrscheinlichkeit, daß sich dann, wenn der Zustand beobachtet wird, ein bestimmtes Meßergebnis einstellt.

Nach Bohr sind die an Naturerscheinungen beobachteten Eigenschaften die einzigen wirklichen. Wir können nicht länger an der alten kartesischen Sicht festhalten, daß wir die Natur beobachten wie jemand, der aus einem ausgezeichneten Versteck scheuen Tieren zusieht. Es gibt eine untrennbare Beziehung zwischen dem Beobachter und dem Beobachteten. Der große amerikanische Physiker John A. Wheeler, der lange Jahre mit Bohr zusammenarbeitete, hat behauptet, diese Deutung der Quantenmechanik brauche «Beobachter», damit es überhaupt eine Quantenwelt geben kann. Nach Bohrs extremer Deutung der Quantentheorie können wir der Quantenwirklichkeit der fernen Sterne und Galaxien erst sicher sein, wenn sie «beobachtet» sind. In Wheelers Worten: «Es kann sein, daß es Beobachter geben muß, damit das Weltall existiert.»

Wir verstehen noch nicht ganz, welche Eigenschaften für einen «Beobachter» in der Quantenphysik nötig sind. Manche behaupten, jedes Gerät genüge, sobald es Information speichern kann, andere aber, und vor allem der Nobelpreisträger Eugene Wigner, meinen, es sei dazu ein Nachdenken über sich selbst nötig, wie es das menschliche Bewußtsein vermag.

Bohrs Deutung der Quantentheorie ist merkwürdig, aber forschende Physiker nehmen sie pragmatisch an, ohne sich über ihre Wirkung Gedanken zu machen, denn ihre Feinheiten machen sich bei der praktischen Anwendung im Labor nicht bemerkbar. In den letzten Jahren jedoch haben Kosmologen darüber nachgedacht, zu welchen Folgen die Anwendung der Quantenphysik auf das Weltall führt. Sie haben also begonnen, Quantenkosmologie zu betreiben. Ein solches Vorhaben gerät sofort in eine Sackgasse, wenn man nicht erfaßt, was Quantenbeobachtung bedeutet. Wir schreiben danach nur dem Wirklichkeit zu, was beobachtet wird – und wer beobachtet das Weltall? Wir können nur Aussagen über die Wahrscheinlichkeit machen, daß das Weltall in einem bestimmten Zustand beobachtet wird – was bedeutet das, wenn es nur ein Weltall gibt? Die «Viele Welten»-Deutung der Quantenwirklichkeit behauptet, daß sich der Beobachter jedesmal, wenn eine Beobachtung gemacht wird, in zwei Zustände aufspaltet – je einen für jedes mögliche Beobachtungsergebnis. Das Weltall entwickelt sich also zu immer mehr Welten, in denen alles, das logischerweise geschehen kann, schließlich einmal passiert. Die Zufälligkeit der Quantenmessung, die Bohr in der Untrennbarkeit von Beobachter und Beobachtetem verankert sah, ist eine Täuschung, die durch die Tatsache entsteht, daß wir im Netzwerk der Weltverzweigungen nur einen Ast verfolgen. Diese Deutung der Quantenwirklichkeit wird von Quantenkosmologen bevorzugt, weil sie nicht voraussetzt, daß das Weltall beobachtet wird. Sie schreibt anderen Welten als der, die wir erfahren und beobachten, die gleiche Wirklichkeit zu. Zwar mißt sie dem Leben auf der Quantenebene keine besondere Bedeutung zu, aber sie setzt Zweige voraus, in denen sich Leben entwickelt, weil in den Welten Everetts alle möglichen Auswirkungen der Naturgesetze verwirklicht werden. Diese Menge von Universen entspricht dem Bild, nach dem unser eines Weltall Zufallselemente enthält, obwohl hier die Wahrscheinlichkeitsverteilung wirklich und nicht nur möglich ist.

Noch wissen wir nicht, ob Bohr oder Everett mit ihrer Deutung der Quantenmechanik recht hatten. Wie die Antwort auf das Rätsel der Quantenwirklichkeit auch lauten mag, die richtige Einschätzung der Rolle und Bedeutung von Beobachtern des Weltalls muß warten, bis klar ist, wie die Konfrontation von Kosmos und Quantum ausgeht. Die Vermählung dieser ungleichen Partner wird die Kosmologen vor die Frage nach dem Ursprung des Weltalls stellen: In diesem Rätsel spielen wir eine geheimnisvolle und unerwartete Rolle.

Ist das Anthropische Prinzip ein Beweis für die Existenz Gottes?

> *Gib uns Macht, o Herr, denn wenn Du uns keine Macht gibst, können wir Dir keinen Ruhm geben, und wer könnte dabei etwas gewinnen, o Herr?*
>
> Altes Gebet

Die Geschichte zeigt, daß die meisten alten Kulturen, im Osten wie im Westen, zutiefst davon überzeugt waren, daß die Natur durch die Vorsehung eines wohlwollenden Gottes (oder auch mehrerer Götter) für sie geschaffen sei. Die Schönheit der Natur, die Verfügbarkeit der natürlichen Vorräte, die Wiederkehr von Nacht und Tag, Sommer und Winter, Saat und Ernte, das alles scheint diese Tatsache beredt zu bezeugen. Das alte Testament, das unser eigenes kulturelles und wissenschaftliches Erbe so stark prägt, macht da keine Ausnahme, denn es strukturierte und reflektierte die frühe jüdische Sicht der Natur. Natürlich wäre es keinem frommen Juden je eingefallen, die Natur zum Beweis der Existenz Gottes zu benutzen. Seine Existenz stand außerhalb aller Zweifel. Die Natur mußte gefeiert werden; ihr fühlte man sich zugehörig. Sie war auch etwas Weltliches, weil die Juden keine Naturgötter verehrten. Zwar waren diese Annahmen und Überzeugungen im Grunde teleologisch, aber doch nicht immer naiv anthropozentrisch, wie das Buch Hiob überzeugend belegt. Später gewannen die griechischen Gedanken des Aristoteles die Vorherrschaft über das philosophische Denken in Europa. Aristoteles legte großen Wert auf den Gedanken, die Dinge strebten danach, ihre wahre Bedeutung und Sinnhaftigkeit zu offenbaren. Ihn interessierte in bezug auf die Erschaffung der Dinge nicht nur das «wie», sondern ebenso das «warum». Die Sicht des Aristoteles verschmolz mit der judaisch-christlichen Tradition und wurde zur Herleitung vieler Gottesbeweise benutzt, die die Existenz Gottes aus der Existenz des in der Natur anscheinend zu beobachtenden «Plans» folgerten. Später änderten sich durch die von Menschen wie Copernicus, Galilei und Newton bewirkten revolutionären Veränderungen in Methode und Gewichtung die Ziele der Naturwissenschaft. Sie fragte nicht mehr «Warum», sondern nur «Wie». Man könnte denken, dies hätte zum Verzicht auf Gottesbeweise geführt, die auf dem anscheinend lebenserhaltenden Zweck der Welt beruhten. Nichts wäre jedoch der Wahrheit ferner. Die aufregende Entwicklung der Naturgesetze, die in Newtons großem Werk gipfelte, führte nur zu einer Akzentverschiebung. Die Hinweise auf die Existenz einer Gottheit wurden statt in einzelnen Ereignissen in der akribischen mathematischen Präzision und der Regelmäßigkeit der Naturgesetze selbst gesehen. Daneben behauptete sich ein naiveres Argument, das sich auf die Ähnlichkeit der Physiologie von Tieren und Menschen berief und einen Hinweis auf die Vorsehung in der Notwendigkeit sah, daß wir alle in der vorgefundenen Umwelt überleben müssen. Dieser Ansicht wurde durch Darwins Theorie der natürlichen Auslese der Boden entzogen. Zu Darwins Zeit war man sich jedoch weithin bewußt, daß die Darwinsche Revolution nichts über den anderen Teil von Newtons Zweckmäßigkeitsbeweis für Gott besagt, der auf der mathematischen Harmonie der unveränderlichen Naturgesetze beruht.

Einige Menschen spüren immer noch eine unwiderstehliche Versuchung, einen metaphysischen Schluß aus der Tatsache zu ziehen, daß wir im physikalischen Weltall auf eine ganze Reihe von Zufällen gestoßen sind, die anscheinend zusammenwirken, um unsere Existenz zu ermöglichen. Ist das nicht, so fragen sie, ein Hinweis auf die Existenz eines Gottes, der das Weltall in Hinsicht auf den sterblichen Menschen schuf? Diese Art sogenannter «Naturtheologie» wurde im Mittelalter Gegenstand systematischer Betrachtung, erreichte jedoch ihren Höhepunkt im England des siebzehnten Jahrhunderts. Überwältigt vom Erfolg der Newtonschen Revolution, bemühten Wissenschaftler sich darum, die vorgefundene Ordnung im Rahmen ihrer religiösen Überzeugungen zu verstehen. Sie sahen in der Präzision und Regelmäßigkeit der grundlegenden Naturgesetze den stärksten Beweis für die Existenz Gottes als des großen Planers hinter dem Weltall und identifizierten ihn mit dem Gott der Theologen. Solche

Gedanken wurden von den Hauptströmungen der protestantischen Theologie jener Zeit absorbiert und von Dichtern in Worte gefaßt, bei denen Zeilen wie «Uns zu leiten schuf er Gesetze, die nicht gebrochen werden können» dem Nachdenken über die neu gefundenen Naturgesetze entsprangen. Newton war von dieser Verwendung seiner Gedanken angetan. In der Einführung zu den *Principia* bemerkt er, daß er beim Schreiben ein «Auge auf Beweise» für einen Glauben an eine Gottheit habe. Und am faszinierendsten ist, was er an Richard Bentley schrieb: «Es gibt ein anderes Argument für eine Gottheit, das ich als sehr stark betrachte, aber bis dessen Grundlagen besser aufgenommen werden, halte ich es für ratsam, es ruhen zu lassen.» Newton gab seinen neuen Beweis niemals preis. Es ist im Hinblick auf den Zusammenhang, in dem er diese Bemerkung machte, möglich, daß er aus dem Gravitationsgesetz für das Weltall ein Alter von ungefähr hundert Millionen Jahren hergeleitet hatte.

Auch heute noch hat diese Art Gottesbeweis für viele Menschen ihre Reize, und schon der geringste Hinweis darauf treibt die Gegner auf die Barrikaden. Die theologische Auswertung von Newtons Werk führte früher zu den kritischen Reaktionen von David Hume und Immanuel Kant gegen Zweckmäßigkeitsbeweise. Heinz Pagels meinte, einige Wissenschaftler betrachteten das Anthropische Prinzip als eine Art Religionsersatz; er schreibt:

Natürlich können es einige Wissenschaftler, die glauben, daß Naturwissenschaft und Religion einander ausschließen... angesichts von Fragen, die nicht in den Bereich der Naturwissenschaft gehören... nicht ausstehen, wenn religiöse Erklärungen herangezogen werden. Ihre Neugierde zwingt sie trotzdem dazu, sich solchen Fragen zuzuwenden.

Vielleicht ist dies kein so ungewöhnlicher Vorwurf, wie es auf den ersten Blick klingt. Andere haben die merkwürdige Ähnlichkeit zwischen traditionellen religiösen Vorstellungen vom «Heil» und den Beweggründen einiger hervorragender Erforscher außerirdischer Intelligenz bemerkt, die glauben, daß Kontakt mit fortgeschrittenen Zivilisationen uns das Geheimnis einer erfolgreichen Weltregierung offenbaren wird und «uns vor uns selbst erretten kann».

Angeregt durch diese Kontroverse fühlte John Updike kürzlich das Bedürfnis, einen ganzen Roman zu schreiben, in dem die englische Tradition der natürlichen Theologie der Haltung Karl Barths gegenübergestellt wird, wonach Gott in seiner äußersten Transzendenz und Unzugänglichkeit durch profane wissenschaftliche Argumente nicht faßbar ist. Ein junger Computerstudent macht sich mit ungeheurer Begeisterung daran, einen Computercode zu entwickeln, der von der Natur zum Gott der Natur führen soll. Das soll mit Hilfe von anthropischen Zufällen bei den Fundamentalkonstanten geschehen, wird aber durch die trockene Skepsis eines liberalen Theologen vereitelt, der von Barths Worten überzeugt ist, es gäbe «keinen Weg von uns zu Gott». Er ist alarmiert, weil «der Gott, der am Ende eines menschlichen Weges stünde... nicht Gott wäre». Interessanterweise verwendet Updike in diesem Roman zum Ausschmücken seiner Dialoge viele (wenn auch oft verschleierte) kosmologische Zufälle und gibt eine Reihe von populärwissenschaftlichen Artikeln als Quellen an.

Über die wohlmeinende logische und wissenschaftliche Suche nach der Existenz Gottes (oder von Göttern) lassen sich zwei einfache Dinge sagen. Die logischen Argumente sind immer dieselben. Sie beginnen mit einigen Voraussetzungen («Axiomen», wie die Logiker sie gerne nennen) und leiten dann die Existenz Gottes durch eine Reihe unausweichlicher logischer Schritte her. Aber in der letzten Analyse bleibt uns kein Schluß, sondern eine Wahl. Nur wenn wir die Voraussetzungen bejahen, müssen wir dem Schluß glauben. Es bleibt uns überlassen, für wie glaubwürdig wir die Annahmen halten. Weiter erwartet man, daß selbst die großen Verfechter logischer Gottesbeweise wie Thomas von Aquin einen persönlichen Glauben hatten, der kein bißchen ins Wanken gekommen wäre, wenn ihre logischen oder wissenschaftlichen Belege keine Beweiskraft mehr gehabt hätten, denn er gründete auf etwas anderem. Entsprechend können sie nicht im Ernst erwartet haben, ihre Überlegungen würden jemanden zur Annahme ihrer Schlüsse bewegen können.

Aus solchen Gründen können die vom Starken Anthropischen Prinzip angeführten Zufälle nicht als Beweis für die aus dem anscheinend anthropozentrischen Weltenplan zwingend folgende Existenz Gottes dienen, obwohl sie mit einem solchen Schluß verträglich sind. Die große Reichweite bemerkenswerter Übereinstimmungen zwischen Werten von Naturkonstanten, die es komplexen Lebewesen erlaubt haben, sich zu entwickeln, sind nur *notwendige* Bedingungen für die Existenz von Leben. Sie sind nicht hinreichend. Moderne Biologen lehnen die Vorstellung ab, daß die Entwicklung von Leben im Weltall irgendwie unvermeidlich sei. Eine solche teleologische Sicht – nach der es ein zukünftiges Ziel gibt, auf das sich die Natur ausrichtet – wird durch bekannte Fakten nicht gestützt, obwohl es in den fünfziger und sechziger Jahren wieder viel Aufmerksamkeit fand, als der katholische Wissenschaftler und Mystiker Teilhard de Chardin in fast poetischer Weise dafür eintrat.

Das Anthropische Prinzip zeigt lediglich an, welche Zufälle für die Entwicklung der komplexen Chemie *notwendig* sind, die Biochemiker für die spontane Entwicklung des Lebens durch natürliche Auslese für wesentlich halten. Die Tatsache, daß diese «Zufälle» zahlreich und überraschend sind, erlaubt uns nicht den Schluß, sie gewährleisteten auch das Vorhandensein bewußter Beobachter im Weltall.

Die Zeit unseres Lebens

Ich habe nicht herausgefunden, warum wir Menschen die Zeit als eine Linie sehen, die von rückwärts nach vorwärts läuft, während sie doch wie alles andere im Weltsystem in alle Richtungen laufen kann.

Ferruccio Busoni

Wir sind alle mit der Subjektivität der Zeit vertraut. Obwohl wir spüren, wie die Zukunft kommt, haben wir kein sicheres Gefühl dafür, wie schnell die Zeit verstreicht. Trotzdem glauben wir daran (weil wir es gelesen haben), daß es hinter der Subjektivität unserer Erfahrung eine feste Zeit gibt und daß diese Zeit Zukunft und Vergangenheit absolut scheidet. Diese Gedanken führen uns zurück zu Themen, die wir in früheren Kapiteln angeschnitten haben. In Kapitel 3 stießen wir im Zusammenhang mit dem Zweiten Hauptsatz der Thermodynamik darauf, daß dieser durch die Richtung der Entropiezunahme einen «Zeitpfeil» angibt. In Kapitel 4 beschäftigten wir uns mit der Entdeckung des expandierenden Universums, in dem die Ausdehnung einen

Zeitpfeil festlegt. Die Paradoxa der Quantenmessung, die sich in Kapitel 3 ergaben, bei denen die zeitumkehrbare Entwicklung der Quantenwellenfunktion durch die nichtumkehrbare Wirkung der Quantenmessung ersetzt wird, führen zu einer anderen Art Unumkehrbarkeit. Im Prinzip können alle diese «Pfeile», die Zukunft und Vergangenheit unterscheiden, von dem subjektiven Bewußtsein getrennt sein, das wir von der Richtung der zukünftigen Zeit haben. Man hat spekuliert, ob sie alle auf tiefere Weise verbunden sein könnten. Roger Penrose vermutet, daß es eine fundamentale «Entropie» gibt, die die Entwicklung der Komplexität des Gravitationsfelds des Weltalls eicht. Er stellt damit die Hypothese auf, daß eine solche Größe bei der Vereinigung der irreversiblen Besonderheiten von Thermodynamik und Quantenmessung mit der Gesamtentwicklung des Weltalls eine Rolle spielt.

Schon früher wurden Zusammenhänge zwischen den lokalen thermodynamischen Zeitpfeilen und der Ausdehnung des Weltalls vermutet. Es war einmal eine beliebte Spekulation, was passieren würde, wenn auch die lokalen Zeitpfeile dann, wenn das Weltall eines Tages seine Expansion in eine Kontraktion umkehrt, ihre Richtung wechselten und wir in Zukunft eine Abnahme der Entropie beobachten könnten. Unsere Schreibtische würden von selbst aufgeräumt sein, und es würde von *perpetua mobilia* nur so wimmeln. Ein solcher Schluß hält keiner genaueren Analyse stand. Die Umkehrung der Ausdehnungsdynamik des Weltalls ist ein globales Phänomen, während der Zeitpfeil in einem mikrophysikalischen Prozeß, der hier und jetzt zu Reibungswiderstand führt, lokal ist. Wie kann der lokale Vorgang «wissen», daß das Weltall irgendwosonst seine größtmögliche Ausdehnung erreicht hat? Wenn wir den lokalen Pfeil der Thermodynamik auf die *lokale* Ausdehnungsdynamik zurückführen, stehen wir vor einer chaotischen Situation. In einem realistischen Universum erreichen einige Orte ihre größte Ausdehnung früher als andere. Das Universum besteht dann aus Bereichen, von denen sich einige ausdehnen und andere zusammenziehen und von denen jeder einen anderen thermodynamischen Zeitpfeil hat.

Die Vorstellung, daß es verschiedene Pfeile der thermodynamischen Zeit geben könnte, ist schon alt, älter als die Vorstellung, daß der Zeitpfeil mit der Ausdehnung des Weltalls verknüpft ist. In Kapitel 3 untersuchten wir, wie der thermodynamische Zeitpfeil der Entropiezunahme die relativen Wahrscheinlichkeiten verschiedener Zustände widerspiegelt. Geordnete Zustände sind viel unwahrscheinlicher als ungeordnete, und deshalb ist es viel wahrscheinlicher, daß ein System sich von einem Zustand der Ordnung in ein Chaos verwandelt. Boltzmann bemerkte, daß damit eine subjektive Sicht des Zweiten Hauptsatzes der Thermodynamik und der dadurch definierten Zeitrichtung bedingt wird. Wenn das Weltall in seinem anfänglichen Zustand der Unordnung von einem Ort zum anderen variiert, gibt es einige Orte, die in einem unwahrscheinlichen Zustand beginnen. Für sie nehmen Entropie und Unordnung zu, während andere Bereiche in wahrscheinlicheren, ungeordneten Zuständen beginnen; im Laufe ihrer Entwicklung nehmen Entropie und Unordnung ab. Die lokalen thermodynamischen Zeitpfeile des Weltalls hätten dann verschiedene Richtungen. Boltzmann erklärt:

Man kann sich die Welt als ein mechanisches System von einer enorm grossen Anzahl von Bestandteilen und von enorm langer Dauer denken, so dass die Dimensionen unseres Fixsternhimmels winzig gegen die Ausdehnung des Universums und Zeiten, die wir Aeonen nennen, winzig gegen dessen Dauer sind. Es müssen dann im Universum, das sonst überall im Wärmegleichgewichte, also todt ist, hier und da solche verhältnismässig kleine Bezirke von der Ausdehnung unseres Sternenraumes (nennen wir sie Einzelwelten) vorkommen, die während der verhältnismässig kurzen Zeit von Aeonen erheblich vom Wärmegleichgewichte abweichen, und zwar ebenso häufig solche, in denen die Zustandswahrscheinlichkeit gerade zu- als abnimmt. Für das Universum sind also beide Richtungen der Zeit ununterscheidbar, wie es im Raume kein Oben oder Unten gibt. Aber wie wir an einer bestimmten Stelle der Erdoberfläche die Richtung gegen den Erdmittelpunkt als die Richtung nach unten bezeichnen, so wird ein Lebewesen, das sich in einer bestimmten Zeitphase einer solchen Einzelwelt befindet, die Zeitrichtung gegen die unwahrscheinlichen Zustände anders als die entgegengesetzte (erstere als die Vergangenheit, den Anfang, letztere als die Zukunft, das Ende) bezeichnen, und vermöge dieser Benennung werden sich für dasselbe kleine aus dem Universum isolierte Gebiete «anfangs» immer in einem unwahrscheinlichen Zustande befinden. Diese Methode scheint mir die einzige, wonach man den 2. Hauptsatz, den Wärmetod jeder Einzelwelt, ohne eine einseitige Aenderung des ganzen Universums von einem bestimmten Anfangs- gegen einen schließlichen Endzustand denken kann.

In jenen Teilen der Boltzmannschen Welt, in denen die Entropie abnimmt, würde sehr Seltsames passieren. Poincaré behauptete, so vertraute Begriffe wie «Vorhersage» seien dort sinnlos. Die Reibung würde keine Bremswirkung mehr haben. Die Dinge würden spontan beschleunigt. In der Zukunft unserer subjektiven Zeit würden die Ozeane keinen Temperaturausgleich bewirken. Ungleichungen würden auf instabile Weise wachsen. In einer solchen Welt kann sich kein Leben entwickeln oder Bestand haben. Deshalb braucht Boltzmanns Welt gar nicht im Widerspruch zu der Welt zu stehen, die wir sehen. Das Schwache Anthropische Prinzip überzeugt uns davon, daß wir nur in einer Welteninsel leben können, in der die Entropie insgesamt zunimmt.

Schließlich denken wir noch darüber nach, was in dieser Welt der vielen Zeiten an den Grenzflächen zwischen den Bereichen ablaufen würde, an denen sich die thermodynamischen Zeitpfeile unterscheiden. Der Mathematiker Norbert Wiener zitiert hierzu das folgende Rätsel:

Es ist ein sehr interessantes Gedankenexperiment, sich in der Phantasie ein intelligentes Wesen vorzustellen, dessen Zeit unserer entgegengesetzt verläuft. Für ein solches Wesen wäre alle Kommunikation mit uns unmöglich. Jedes Signal, das es schicken könnte, würde uns aus seiner Sicht mit einem logischen Strom von Folgen, aus unserer jedoch mit einem Strom von Prämissen erreichen. Diese Prämissen wären schon in unserer Erfahrung und würden uns als natürliche Erklärungen seines Signals dienen, ohne daß wir voraussetzen, ein intelligentes Wesen habe sie abgeschickt.

Der Philosoph Reichenbach schlägt eine Möglichkeit der Verständigung vor, die sich erforschen ließe, um sicherzustellen, daß die anderen Wesen einen gegensätzlich orientierten thermodynamischen Pfeil haben:

Daß ein solches System sich in die entgegengesetzte Zeitrichtung entwickelt, ließe sich von uns durch Strahlung entdecken, die von dem System her zu uns kommt und bei ihrer Ankunft vielleicht eine Verschiebung der Spirallinien aufweist... Die von dem System ausgehende Strahlung würde... das System nicht verlassen, sondern dort ankommen. Vielleicht könnte das Signal von den Bewohnern des Systems als eine Botschaft von unserem System verstanden werden, die ihnen sagt, daß unser System sich in die andere Zeitrichtung entwickelt. Wir haben hier einen verbindenden Lichtstrahl, der für jedes System ein ankommender Lichtstrahl ist, der in einem Absorptionsvorgang vernichtet wird.

Es ist nicht schwer, sich bessere experimentelle Überprüfungen vorzustellen als diese, nämlich solche, die die in Quellen von Radiowellen und im Rauschen von Signalen erwarteten Eigenschaften nutzen, aber wir widerstehen dem Drang, darüber weiterzuspekulieren. Es sei vielmehr, um die unsterblichen Worte von Lehrbuchverfassern zu zitieren, dem Leser als Übungsaufgabe überlassen.

Die Menschenfeinde

> *Es gibt keine Möglichkeit, alle Gesetze auf ein Gesetz zu reduzieren – kein Mittel, das* a priori *das Einzigartige aus der Welt ausschließt.*
>
> Josiah Royce

Das Schwache Anthropische Prinzip erkennt die Zwänge an, die dem auferlegt sind, was wir in der Natur aufgrund des Auswahleffekts unserer eigenen Existenz, als Beobachter, die auf Kohlenstoff aufgebaut sind und Milliarden Jahre nach dem Urknall leben, erwarten können zu sehen. Das ist eine unbestritten wahre Aussage, aber ist es eine nützliche Bereicherung unseres Wissens? Nicht jeder scheint so zu denken. Heinz Pagels behauptet:

Je mehr ich jedoch über das Anthropische Prinzip nachgedacht habe, um so weniger erschien es mir ein großartiges Darwinsches Auswahlaxiom zu sein und um so mehr eine weithergeholte Erklärung für jene Züge des Universums, die Physiker noch nicht erklären können. Physiker und Kosmologen, die sich auf anthropische Überlegungen berufen, scheinen mir unaufgefordert das erfolgreiche Programm der herkömmlichen Physik aufzugeben, die die quantitativen Eigenschaften unseres Weltalls auf der Grundlage allgemeingültiger physikalischer Gesetze zu verstehen sucht... Wir könnten uns lange mit seinen Verdiensten und Nachteilen beschäftigen. Aber eine solche endlose Debatte ist ein Anzeichen für das, was mit dem Anthropischen Prinzip nicht stimmt: Anders als bei physikalischen Prinzipien läßt sich nicht herausfinden, ob es wahr oder falsch ist. Es läßt sich nicht überprüfen. Anders als herkömmliche physikalische Prinzipien unterliegt das Anthropische Prinzip nicht der Falsifizierungsmöglichkeit durch das Experiment... Der Einfluß des kosmologischen Prinzips auf die Entwicklung zeitgenössischer kosmologischer Modelle war steril: Es hat nichts erklärt... kein Wissen wurde dadurch gewonnen, daß wir anthropisch dachten. Ich bin dafür, das Anthropische Prinzip als eine für das Begriffsreservoir der Naturwissenschaft überflüssige Last abzuwerfen... Zwar kennen wir jetzt die grundlegenden Gesetze noch nicht; dann aber, wenn und falls wir sie finden, werden wir meiner Ansicht nach in ihnen die Bedingungen für das Leben in einem von diesen Gesetzen bestimmten Weltall aufgeschrieben finden. Die Existenz von Leben im Weltall ist kein Auswahlprinzip, das auf die Naturgesetze wirkt; vielmehr folgt sie im Laufe der Zeit.

Diese enthusiastische Verdammung enthält die meisten üblichen Einwände gegen die Verwendung des Anthropischen Prinzips. Wir können sie wie folgt zusammenfassen:

1. Wissenschaftler haben Jahrhunderte damit verbracht, die Philosophie von der Naturwissenschaft zu trennen. Das Anthropische Prinzip macht das zunichte, indem es sie wieder vermischt.
2. Das Anthropische Prinzip ist eine Form teleologischer Überlegung, die Darwin abschaffte.
3. Das Anthropische Prinzip ist nicht überprüfbar und deshalb nicht wissenschaftlich. Es ist quasi religiös.
4. Das Anthropische Prinzip ist ein «Lückenbüßer». Mit jeder neuen Entdeckung, die eine zuvor unverstandene großräumige Eigenschaft des Weltalls erklärt, nimmt das Bedürfnis nach einem Anthropischen Prinzip ab. Die Inflation erklärt die meisten kosmologischen Eigenschaften viel besser.
5. Das Anthropische Prinzip ist eine unangemessene Methode. Die Teilchenphysik bietet die Aussicht auf eine Theorie für alles, in der die Struktur des Weltalls einschließlich aller Werte der physikalischen Konstanten eindeutig und vollständig bestimmt wird. Die Möglichkeit, daß sich im Weltall Leben entwickelt, ist in diesen Gesetzen von Anfang an inbegriffen. Das Leben ist nur eine Folge der Naturgesetze.
6. Das Anthropische Prinzip macht Aussagen über andere hypothetische Welten. Wir kennen nur ein Weltall und können auch kein anderes kennen.
7. Das Anthropische Prinzip paßt gut zu der Viele-Welten-Deutung der Quantenmechanik, aber wir können niemals überprüfen, ob es andere Quantenwelten gibt.
8. Das Anthropische Prinzip sieht das Leben sehr eng und nimmt an, daß alle Lebensformen des Weltalls uns ähnlich sind.

Das häufigste Mißverständnis in bezug auf das Anthropische Prinzip, das in dem obigen Zitat durchscheint, ist, daß es in gewisser Weise eine rivalisierende Theorie der Kosmologie oder Teilchenphysik ist, die eine Alternative zum Standardbild darstellen könnte. Das ist ganz irreführend. Es wird nur behauptet, das Anthropische Prinzip sei eine *Ergänzung* zu den herkömmlichen deduktiven Theorien; sonst nämlich besteht die Gefahr, daß falsche Schlüsse, oder üblicher noch, umfangreiche «Erklärungen» nichtexistenter Probleme darauf gegründet werden. Ein klassisches Beispiel ist Dickes Beweis, daß die Zufälle der großen Zahlen, auf die Dirac hinwies, zu ihrer Erklärung keine extreme Voraussetzung, wie etwa eine zeitliche Veränderung der Newtonschen Gravitationskonstante, bedingen. Das Schwache Anthropische Prinzip erklärt diese Veränderung zwar nicht, aber es zeigt, daß sie *a posteriori* nicht überraschen. Die Entdeckung, daß die Gravitationskonstante im Laufe der Zeit in der von Dirac vorhergesagten Weise abgenommen hätte, würde die anthropische Erklärung dieser Zufälle widerlegen. Eine anthropische Erklärung läßt sich durch Beobachtung ausschließen.

Die ersten drei Einwände sind im Grunde nur ein einziger. Wissenschaftstheoretiker haben uns mit ihren Paradigmen und Exempeln, ihrer Betonung von Falsifikation und Verifikation indoktriniert. Deshalb verlieren wir leicht die Tatsache aus dem Auge, daß dies methodologische Prinzipien für die zweckdienliche *Praxis* der Naturwissenschaften sind. Sie brauchen überhaupt nichts damit zu tun zu haben, ob bestimmte Theorien tatsächlich wahr oder falsch sind. Wenn jemand die richtige «Theorie für alles» hinschreibt, wird auch sie nicht falsifizierbar sein. Die Meinung, wir würden einmal alle Theorien überprüfen und widerlegen können, ist genau die Art anthropozentrischer Weltanschauung, die Kritiker des Anthropischen Prinzips überallsonst so unverblümt verdammen. Warum sollte die Natur in einem Maßstab geschaffen sein, den der menschliche Verstand erfassen kann? Warum sollte das, was wahr ist, auch von Menschen widerlegt oder bestätigt werden können?

Die Hauptfragen der Kosmologie und Teilchenphysik sind ganz andere. Jede Erklärung des Ursprungs und der Struktur der Welt ist wahrscheinlich ganz außergewöhnlich. Wir wären dumm, wenn wir bestimmte Denkweisen, sich diesem Problem zu nähern, nur deshalb abtun, weil sie in der profaneren wissenschaftlichen Forschung keine Entsprechung haben. Es ist sicherlich richtig, die Natur im Vertrauen darauf zu erforschen, daß sie sich voll verstehen läßt, aber es ist nicht richtig, Gedanken zurückzuweisen, weil sie nicht zu der von Pagels vertretenen Überzeugung passen. Es braucht nicht gesagt zu werden, daß das Schwache Anthropische Prinzip nicht behauptet, das Weltall sei speziell für das Leben, den Menschen oder sonst etwas geschaffen, sondern nur, daß die Existenz von Leben möglicherweise in eine richtige Bewertung seiner globalen Eigenschaften eingeschlossen werden sollte.

Die Einwände 4 und 5 sind am interessantesten. Betrachten wir zuerst die Frage nach einer «Theorie für alles». Sie ist zur Zeit wegen der von den Superstringtheorien gelieferten Anstöße aktuell. Natürlich ist es nur eine Vermutung, daß es eine Theorie für alles geben könnte. Wir haben keinerlei Hinweise darauf. Es ist eine mit Naturwissenschaft vermischte philosophische Sicht (vergleiche Einwand 1). Trotzdem ist es vernünftig, sie zu erwägen. Aber der Gedanke ist unvernünftig, eine Kenntnis der Naturgesetze in ihrer vereinheitlichten Gesamtheit könnte genügen, eine vollständige Erklärung für die Struktur des Weltalls und unsere eigene Entwicklung zu liefern. Selbst wenn die Naturgesetze sich als eindeutig bestimmt herausstellen, brauchen es die Lösungen dieser Gesetze nicht zu sein. Wir wissen aus unserer Erfahrung mit der Teilchenphysik, daß Lösungen von Gleichungen nicht dieselben Symmetrien zu haben brauchen wie die Gleichungen selbst. Nicht einmal wenn es eine Theorie für alles gäbe, wäre die Meinung vernünftig, daß die Struktur des Weltalls selbst in seinen Gesetzen und «Fast»-Symmetrien Quasi-Zufallselemente aufweisen könnte. Auch wenn wir im Besitz des vollständigen Satzes von Gleichungen sind, die die Entwicklung des sichtbaren Weltalls und die logisch bestimmten Werte seiner Fundamentalkonstanten liefern, können wir die Struktur des wirklichen Weltalls genausowenig eindeutig beschreiben, wie wir aus dem Impulserhaltungssatz die Drehrichtung der Erde vorhersagen können.

Auch die Annahme, daß eine Theorie für alles eindeutige Anfangsbedingungen für die Entwicklung des Weltalls liefert, muß wohl als Spekulation betrachtet werden. Eine solche Annahme erscheint als noch unwahrscheinlicher, wenn das Weltall keinen Anfang hatte (dann sind «Anfangs»bedingungen für die unendlich ferne Zeit der Vergangenheit gemeint) oder es sich aus einem früheren Quantenzustand herausgetunnelt hat; in diesem Fall hätten wir nicht mehr als nur eine *Wahrscheinlichkeit* für ein bestimmtes Endstadium. In all diesen Bildern, in denen die Grobstruktur des Weltalls ein Zufallselement aufweist, ist es *a priori* durchaus möglich, daß sich das Weltall auf einen Zustand hinentwickelt, der sich nicht weiterentwickeln und keine auf Kohlenstoff basierenden Lebensformen erhalten kann. Eine richtige Erklärung seiner Struktur und Entwicklung dürfte die *A posteriori*-Tatsache unserer eigenen Entwicklung nicht vernachlässigen.

Wenn wir in das Weltall hineinsehen, gibt es einige Dinge, zu deren Erklärung wir kein Naturgesetz brauchen: warum es heute regnet, warum die Erde einen Mond hat, die Anzahl der Planeten im Sonnensystem, die Anzahl der Galaxien in der Lokalen Gruppe der Galaxien. Das sind insofern Zufälle, als sie anders sein könnten, ohne daß sie damit Naturgesetze verletzen würden. In der lokalen kosmischen Umgebung, aus der diese Beispiele stammen, lassen sich solche Ereignisse relativ leicht herausgreifen, aber wenn wir die großräumige Struktur der Welt betrachten, ist nicht klar, welche Aspekte eine fundamentale Erklärung durch Naturgesetze brauchen und welche nicht. Pagels nimmt an, im Großraum des Weltalls brauche und habe alles auch eine grundlegende und eindeutige Erklärung; das Anthropische Prinzip dagegen erkennt an, daß es Teile der beobachteten Struktur des Weltalls geben könnte, die sich rein zufällig bei bestimmten Symmetriebrechungen ergeben. Wir können die Ergebnisse beobachten, die wir sehen, weil sie so gestaltet sind, daß sich in der Folge Beobachter entwickeln konnten. Beide Meinungen sind Vermutungen, beide enthalten nichtbestätigte philosophische Gedanken, beide könnten falsch sein, und eine könnte auch richtig sein. Es ist zu früh, um darüber ein sicheres Urteil abgeben zu können.

Mit Bezug auf das inflationäre Weltbild (siehe Einwand 4) läßt sich mehr über die Beziehung zu anthropischen Erklärungen sagen. Weit davon entfernt, eine Alternative zum Anthropischen Prinzip zu bieten, muß sich das inflationäre Weltbild sogar auf das Anthropische Prinzip berufen. Die Inflation setzt chaotische Anfangsbedingungen voraus, und jede lokale mikroskopisch kleine Region bläht sich um einen durch den Grad der mikroskopischen Glätte festgelegten Betrag auf. Einige Bereiche werden stark, andere nur wenig aufgebläht. Das Weltall ist schließlich in Bereiche aufgeteilt, in denen die Bedingungen sehr verschieden sind. Wir müssen in einem Bereich leben, der sich mindestens dreizehn Milliarden Lichtjahre lang ausgedehnt hat, damit sich Leben bilden konnte. Die Inflationshypothese könnte zum Versagen gebracht werden – nehmen wir nur an, kein Bereich blähe sich so weit auf, daß sich die großräumige Gleichförmigkeit des beobachtbaren Weltalls erklären ließe –, aber natürlich erwägt niemand eine solche Annahme. Das Anthropische Prinzip wird *implizit* benutzt, um herzuleiten, daß mindestens ein Bereich sehr groß werden muß und wir einen solchen bewohnen. Da wir nicht sagen können, ob es wirklich eine kosmische Inflation gab und ob sie die besonderen Eigenschaften des beobachteten Weltalls schuf oder ob diese vielmehr durch Anfangsbedingungen oder noch unbekannte Gesetze der Quantengravitation festgelegt wurden, können wir die inflationäre Erklärung nicht überprüfen.

In Zusammenhang mit dem inflationären Bild taucht auch die Frage nach «anderen Welten» auf. Andrei Linde, einer der Erfinder des inflationären Weltmodells, behauptet, daß wir die inflationäre Entwicklung eines großen Universums wie unseres eigenen in einem unendlichen Weltall als unvermeidlich ansehen sollten, weil es in einem zufälligen unendlichen Weltall anfangs mikroskopische Bereiche in allen möglichen Zuständen von Glätte geben kann, die deshalb zu allen möglichen aufgeblähten Zuständen führen.* Wir bewohnen dann eine der größeren einfach deshalb, weil für die Entwicklung von Leben ein großes Universum nötig ist. Es gibt zur Zeit keinen Grund für die Annahme, daß eine Theorie für alles diese Überlegung wesentlich beeinflussen könnte.

---

* Lindes «chaotische» Fassung der Inflation hat eine offensichtliche logische Schwäche. Er möchte sich auf ein unendliches frühes Universum berufen, weil in einer völlig zufälligen Unendlichkeit alles, was mit endlicher Wahrscheinlichkeit vorkommen kann, auch geschehen wird (sogar unendlich oft). Das Anthropische Prinzip wird dann dazu herangezogen zu «erklären», warum es unvermeidlich ist, daß wir in einem dieser Gebiete leben, die sich zu solcher Größe entwickelten. In einem zufälligen unendlichen Anfangsstadium des Weltalls wiederum würde es nach derselben Überlegung eine unendliche Anzahl von Bereichen mit Anfangsbedingungen geben, die sich in ein großes, ruhiges, isotropes Universum entwickeln würden, das von Galaxien bevölkert ist, *selbst wenn keine Inflation passierte*. Muß man sich mit dem zusätzlichen «Epizyklus» der Inflation abgeben, wenn man doch bei der Statistik unendlicher Zufallsmengen Zuflucht suchen muß? Das Anthropische Prinzip liefert eine genauso gute Rechtfertigung dafür, wie der heutige Zustand aus einem zufälligen unendlichen Beginn im nicht-inflationären Modell gewonnen werden kann wie für die Herleitung aus dem chaotischen inflationären. Nur wenn es die Materiefelder, die zur Inflation führen, in der Natur geben muß, kann der chaotische inflationäre Reiz der unendlichen Zufallsvariationen mit Ockhams Rasiermesser konkurrieren.

Wir sehen daraus, daß das unendliche Weltall in unendlich viele ursächlich getrennte Bereiche zerlegt werden kann, in denen jeweils verschiedene Dinge passieren. In diesem Fall sind die «anderen Welten» weder spekulativ noch geheimnisvoll. Da wir jetzt kein endgültiges Gesetz für die Anfangsbedingungen haben, sehen wir die Möglichkeit, die Anfangsbedingungen für das Weltall zu verändern, als gleichbedeutend mit einer Veränderung der Anfangsbedingungen der Lösungen der Einsteinschen Gleichungen an. Jedes der sich ergebenden Universen wird als ein mögliches «anderes Universum» betrachtet.

Die Viele-Welten-Deutung der Quantenmechanik hat mit der Untersuchung der Quantenkosmologie an Beliebtheit gewonnen. Auch sie ist ein Beispiel für eine Theorie, die ihre Gegner im Grunde deswegen zurückweisen, weil sie ihnen nicht gefällt oder weil wir nicht in der Lage sind, die Existenz anderer Welten zu überprüfen. Sicher, wenn das Weltall sich jedesmal verästelt, sowie eine Quantenwechselwirkung passiert, reicht eine fundamentale Theorie für alles zur Erklärung der beobachteten Struktur des Weltalls wieder nicht aus. Es gibt dann alle möglichen Grade der Inflation, alle möglichen Symmetriebrechungen und die ganze Welt der Naturkonstanten, die sie schaffen, in Wirklichkeit. Der Zweig, den wir bewohnen, wurde aus der Vielfalt aufgrund der Tatsache ausgewählt, daß in ihm die notwendigen Bedingungen für die Entwicklung von Leben erfüllt sind. Während bei dem oben beschriebenen Standardbild, in dem es in der Entwicklung des Weltalls Quasi-Zufallselemente gibt, nur eine der möglichen Welten überlebt, kommen im Viele-Welten-Modell alle vor. Zur Verteidigung dieser Deutung sei angeführt, daß sie die einfachste ist, denn sie kommt zur Erklärung dessen, was wir sehen, mit einem Minimum an zusätzlichen Annahmen aus.

Eine häufige Reaktion auf das Problem der Interpretation der Quantenmechanik ist die des Physikers, der sagt, daß die Quantenmechanik sich bewährt, und darauf komme es an. Die Frage nach der Bedeutung der Quantenmechanik brauche Physikern keine Sorge zu machen.

Diese Einstellung sehen wir jedoch im allgemeinen nicht gern. Wenn ein Student fragt, wie eine quadratische Gleichung zu lösen sei, und nur die Formel zur Berechnung der Lösung wissen will, aber nicht, warum sie diese Form hat und woher sie kommt, hätten wir keine sehr gute Meinung von ihm. Die Wissenschaft beruht darauf, daß sie nicht der Ansicht ist, es reiche völlig, wenn etwas «funktioniert».

Auch die Frage, ob alle Lebensformen im Weltall uns insofern ähnlich sein müssen, als sie auf Kohlenstoff basieren, ist interessant. Biochemiker meinen, nur auf Kohlenstoff beruhendes Leben könne *spontan* entstehen. Während wir also in Zukunft vielleicht Formen künstlicher auf Silizium beruhender Intelligenz schaffen können, die die Bezeichnung «Leben» verdienen, ist dieses Leben doch sekundär: Es könnte sich nicht spontan entwickeln. Diese Tatsache führt sogar in bezug auf Anwendungen des Schwachen Anthropischen Prinzips auf eine falsche Fährte. Die Überlegungen zur Länge der Zeit, die die Sternsynthese von Kohlenstoff braucht, gilt ebenso für den Ursprung von Silizium, Stickstoff, Phosphor, Sauerstoff und alle anderen schweren Elemente. Man kann ganz sicher sein, daß es keine Formen atomaren Lebens gibt, die ohne Elemente auskommen, die schwerer sind als Lithium; und für die Erzeugung all dieser schweren Elemente sind große Urknall-Welten nötig.

Zusammenfassend ist es also wichtig, noch einmal zu betonen, daß die Grundprobleme der modernen Kosmologie und Teilchenphysik ganz einzigartig sind. Sie sind völlig anders als die Probleme der Laborphysik. Diese nehmen oft wenig Rücksicht auf die traditionellen Lehrmeinungen der Philosophie und die Praxis der Naturwissenschaften. Sie sind besondere Probleme und haben außerordentliche Lösungen, die dem Weltall mit außerordentlichen Mitteln abgerungen werden müssen. Falls unsere Methoden schließlich versagen, wird sich nur sehr schwer eine Grenze zwischen der Grundlagenwissenschaft und der metaphysischen Theologie ziehen lassen. Dann muß Einsicht durch Glauben ersetzt werden. Wenn wir ein befriedigendes mathematisches Schema haben, das «einfach» genug ist, Allgemeingültigkeit beanspruchen zu können, aber esoterisch genug, keinerlei experimentelle Überprüfung zuzulassen, und grandios genug, keine neuen Fragen zu stellen, müssen wir, eingeschlossen in unsere Welt in der Welt, vielleicht einfach glauben. Wovon man nicht sprechen kann, darüber muß man schweigen. Das ist das abschließende Urteil über die Naturgesetze.

Bibliographie

Kapitel 1

Ayer, A. (Hrsg.) *Logical Positivism*. New York (Free Press) 1959.
Ayer, A. (Hrsg.) *Language, Truth and Logic* (überarb. Aufl.) New York (Dover) 1946.
Ayer, A. (Hrsg.) *Laws of Nature*. In: *Revue Internationale de Philosophie* (1956).
Barbour, I. G. *Issues in Science and Religion*. New York (Prentice Hall) 1966
Berofsky, B. (Hrsg.) *Free-will and Determinism*. New York (Harper & Row) 1966.
Braithwaite, R. B. *Scientific Explanation*. Cambridge (CUP) 1956.
Bradley, F. H. *Appearance and Reality* (2. Aufl.). New York (OUP) 1969.
Bridgman, P. *The Logic of Modern Physics*. New York (Macmillan) 1927.
Bridgman, P. *Operational Analysis*. In: *Philosophy and Science* 5 (1938) S. 114.
Butterfield, H. *The Origins of Modern Science*. London (Bell) 1957.
Campbell, N. *Physics: The Elements*. Cambridge (CUP) 1920.
Campbell, N. *What is Science?* New York (Dover) 1952.
Chalmers, A. *What is this Thing Called Science?* Walton Hall (Open Univ.) 1982.
Collingwood, R. G. *The Idea of Nature*. London (OUP) 1945.
Danto, A.; Morgenbesser, S. (Hrsg.) *Philosophy of Science*. New York (Meridian) 1960.
Dretske, F. *Laws of Nature*. In: *Philosophy of Science* 44 (1977) S. 248.
Ginsberg, M. *The Concepts of Juridicial and Scientific Law*. In: *Politica* 4 (1939) S. 1.
Goodman, N. *Fact, Fiction and Forecast*. Cambridge (Harvard UP) 1955.
Hacking, I. *Representing and Intervening*. Cambridge (CUP) 1983.
Harré, R. *The Philosophies of Science*. New York (OUP) 1972.
Heisenberg, W. *Physics and Philosophy*. New York (Harper & Row) 1959. Dt.: *Physik und Philosophie*. Berlin (Ullstein) 1959
Körner, S. *On Laws of Nature*. In: *Mind* 62 (1953) S. 218.

Lewis, C. S. *The Abolition of Man.* New York (Macmillan) 1947.
Margenau, H. *The Nature of Physical Reality.* New York (McGraw-Hill) 1950.
MacKay, D. *The Clockwork Image.* London (IVP) 1974.
Meyerson, E. *Identity and Reality* (übers. Loewenberg, K.) London (Allen & Unwin) 1930.
Nagel, E. *The Structure of Science.* New York (Harcourt Brace) 1961.
Oldroyd, D. *The Arch of Knowledge.* New York (Methuen) 1986.
Pap, A. *An Introduction to Philosophy of Science.* New York (Free Press) 1962.
Pearson, K. *The Grammar of Science* (3. Aufl.) London (Macmillan) 1911.
Planck, M. *Vorträge und Erinnerungen.* Darmstadt (Wiss. Buchges.) 1984.
Polanyi, M. *Personal Knowledge.* Chicago (Univ. Chicago) 1960.
Popper, K. *The Logic of Scientific Discovery.* London (Hutchinson) 1959. Dt.: *Die Logik der Forschung.* Tübingen (Mohr) 1971.
Popper, K. *Objective Knowledge: An Evolutionary Approach* (2. Aufl.) Oxford (OUP) 1973. Dt.: *Objektive Erkenntnis. Ein evolutionärer Entwurf.* Hamburg (Hoffmann & Campe) 1984.
Reichenbach, H. *Experience and Prediction.* Chicago (Univ. Chicago) 1938.
Rescher, N. *The Limits of Lawfulness.* Pittsburg (Univ. Pittsburg) 1983.
Ritchie, A. D. *Scientific Method: An Inquiry into the Character and Validity of Natural Laws.* New York (Routledge) 1923.
Rogers, E. *Physics For the Inquiring Mind.* Princeton (Princeton UP) 1960
Russell, B. *Our Knowledge of the External World.* London (Allen & Unwin) 1914.
Russell, B. *Human Knowledge: Its Scope and Limits.* London (Allen & Unwin) 1948.
Russell, B. *An Outline of Philosophy.* Ohio (Meridian) 1960.
Schwartz, N. *The Concept of Physical Law.* Cambridge (CUP) 1985.
Scott, D. *Everyman Revisited: The Common Sense of Michael Polanyi.* Lewes (Book Guild) 1985.
Shapere, D. *Philosophical Problems of Natural Science.* New York (Macmillan) 1965.
Sullivan, J. W. N. *The Limitation of Science.* London (Penguin) 1938.
Toulmin, S. *Foresight and Understanding – An Enquiry into the Aims of Science.* Bloomington (Indiana UP) 1961. Dt.: *Voraussicht und Verstehen.* Frankfurt (Suhrkamp) 1981.
Van Frassen, B. C. *The Scientific Image.* Oxford (OUP) 1980.
Wartofsky, M. W. *Conceptual Foundations of Scientific Thought.* New York (Macmillan) 1968.
Whittaker, E. *From Euclid to Eddington: A Study of the Conceptions of the External World.* Cambridge (CUP) 1949.

Kapitel 2

Barfield, O. *Saving the Appearances: A Study in Idolatry.* New York (Harcourt Brace) 1965.

Barrett, W. *The Illusion of Technique.* New York (Doubleday) 1979.

Becker, C. *The Heavenly City of the Eighteenth-Century Philosophers.* New Haven (Yale UP) 1932.

Boutroux, E. *Natural Law in Science and Philosophy* (übers. Rothwell, F.) London (D. Nutt) 1914.

Burtt, E. *The Metaphysical Foundations of Modern Science* (überarb. Aufl.) London (Routledge) 1932.

Clagett, M. *Greek Science in Antiquity.* New York (Abelard-Schumann) 1955.

Clarke, D. M. *Descartes' Philosophy of Science.* Manchester (Manchester UP) 1982.

Clavelin, A. C. *The Natural Philosophy of Galileo.* Cambridge (MIT) 1974.

Cohen, I. B. *Issac Newton's Papers and Letters on Natural Philosophy and Related Topics.* (Cambridge (Harvard UP) 1958.

Cohen, M. R.; Drabkin, I. *Source Book in Greek Science.* New York (McGraw-Hill) 1948.

Cornforth, F. M. *The Unwritten Philosophy and Other Essays.* Cambridge (CUP) 1950.

Cornforth, F. M. *Principium Sapientiae: The Origins of Greek Philosophic Thought.* Cambridge (CUP) 1952.

Dampier-Whetham, W. C. *A History of Science and Its Relations with Philosophy and Religion.* Cambridge (CUP) 1929.

Dawkins, R. *The Selfish Gene.* Oxford (OUP) 1976. Dt.: *Das egoistische Gen.*

Dawkins, R. *The Blind Watchmaker.* London (Longmans) 1986

De Santillana, G.; von Dechend, H. *Hamlet's Mill: An Essay on Myth and the Frame of Time.* London (Macmillan) 1969.

Drabkin, I. E.; Drake, S. *Galileo Galilei: On Motion and Mechanics.* New York (Doubleday) 1957.

Duhem, P. *Ziel und Struktur der physikalischen Theorie.* Hamburg (Meiner) 1978.

Duhem, P. *Medieval Cosmology* (übers. u. hrsg. Ariew, R.) Chicago (Univ. Chicago) 1985.

Farrington, B. *Greek Science* (Bde. 1 und 2) Baltimore (Penguin) 1949.

Frankfort, H.; Frankfort, H. A.; Wilson J. A.; Jacobsen, T. *Before Philosophy.* (Originaltitel: *The Intellectual Adventure of Ancient Man.* Baltimore (Penguin) 1949.

Frazer, J. *The Golden Bough.* New York (Macmillan) 1922.

Grant, E. *Physical Science in the Middle Ages*. New York (Wiley) 1971. Dt.: *Das physikalische Weltbild des Mittelalters*. Zürich (Artemis) 1980.

Grant, R. M. *Miracle and Natural Law in Graeco-Roman and Early Christian Thought*. Amsterdam (N. Holland) 1952.

Henderson, J. B. *The Development and Decline of Chinese Cosmology*. New York (Univ. Columbia) 1984.

Herschel, J. A. *Preliminary Discourse on the Study of Natural Philosophy.* London. 1830. Nachdr. New York (Johnson) 1966.

Hertz, H. *Prinzipien der Mechanik*. Leipzig (Barth) 1894.

Hooykaas, R. *Religion and the Rise of Modern Science*. Edinburgh (Scottish Academic) 1972.

Hume, D. *Dialogues Concerning Natural Religion*. (Hrsg. Kemp-Smith, N.) Indianapolis (Bobbs-Merrill) 1947. Dt.: *Dialog über natürliche Religion*. Hamburg (Meiner) 1980.

Jaki, S. *Science and Creation*. Edinburgh (Univ. Edinburgh) 1974.

Jaki, S. *The Origin of Science and the Science of its Origin*. Edinburgh (Scottish Academic) 1978.

Jammer, M. *Concepts of Space*. Cambridge (Harvard UP) 1954. Dt.: *Das Problem des Raumes*. Darmstadt (Wiss. Buchges.) 1980.

Jammer, M. *Concepts of Force*. Cambridge (Harvard UP) 1957.

Jevons, W. *The Principle of Science: A Treatise on Logic and Scientific Method*. London. 1874.

Kant, I. *Kritik der reinen Vernunft*. Riga (J. F. Hartknoch) 1781, 1787.

Kemble, E. C. *Physical Science: Its Structure and Development*. Cambridge (MIT) 1966.

Koyre, A. *From the Closed World to the Infinite Universe*. Baltimore (Johns Hopkins) 1957. Dt.: *Von der geschlossenen Welt zum unendlichen Universum*. Frankfurt (Suhrkamp) 1980.

Kuhn, T. S. *The Copernican Revolution*. Cambridge (Harvard UP) 1957. Dt.: *Die kopernikanische Revolution*. Braunschweig (Vieweg) 1981.

Lewis, C. S. *The Discarded Image*. Cambridge (CUP) 1964.

Losse, J. *A Historical Introduction to the Philosophy of Science*. Oxford (OUP) 1980.

Lovejoy, A. O. *The Great Chain of Being*. Cambridge (Harvard UP) 1936. Dt.: *Die große Kette der Wesen*. Frankfurt (Suhrkamp) 1985.

Needham, J. *Science and Civilization in China* (Bde. 1–7) Cambridge (OUP) 1951.

Needham, J. *Human Law and the Laws of Nature in China and the West*. London (OUP) 1951

Needham, J. *The Grand Titration: Science and Society in East and West*. London (Allen & Unwin) 1969.

Needham, J. *Wissenschaftlicher Universalismus*. Frankfurt (Suhrkamp) 1979.

Newton, I. *Mathematical Principles of Natural Philosophy and His System of the World* (2 Bde.) (übers. und hrsg. Cajori, F.) Berkeley (Univ. California) 1934. Dt.: *Mathematische Prinzipien der Naturlehre* (Nachdr. d. Übers. von J. Ph. Wolfers) Darmstadt (Wiss. Buchges.) 1963 und *Mathematische Grundlagen der Naturphilosophie* (ausgew., übers. u. eingel. von E. Dellian) Hamburg (Meiner) 1988.

Oakley, F. Christian *Theology and the Newtonian Science: Rise of the Concept of Laws of Nature.* In: *Church History* 30 (1961) S. 433.

O'Connor, D.; Oakley, F. *Creation: The Impact of an Idea.* New York (Scribner's) 1969.

Peierls, R. *The Laws of Nature.* New York (Scribner's) 1956.

Peirce, C. S. *The Laws of Nature and Hume's Argument Against Miracles, in Selected Writings of Charles S. Peirce* (Hrsg. Wiener, P. P.) Stanford. 1958. S. 289.

Poincaré, H. *The Value of Science.* New York (Dover) 1958.

Ruby, J. E. *The Origins of Scientific «Law».* In: *J. Hist. Ideas* 47 (1986) S. 341.

Sambursky, S. *The Physical World of the Greeks.* London (Routledge) 1956. Dt.: *Das physikalische Weltbild der Antike.* Zürich (Artemis) 1975.

Sambursky, S. *The Physical World of Late Antiquity.* New York (Basic Books) 1962.

Sarton, G. *A History of Science* (Bde. 1 und 2) Cambridge (Harvard UP) 1952

Schlagel, R. *From Myth to the Modern Mind.* New York (Lang) 1985.

Schrödinger, E. *Die Natur und die Griechen.* Zürich (Diogenes) 1989.

Simpson, G. G. *The Meaning of Evolution* (überarb. Aufl.) New Haven (Yale UP) 1969.

Taube, M. *Dr. Zilsel on the Concept of Physical Law.* In: *Philosophical Review* 52 (1942) S. 304.

Thorndike, L. *A History of Magic and Experimental Science.* New York (Macmillan) 1923.

Urmson, J. O. *Berkeley.* Oxford (OUP) 1982.

Westfall, R. S. *Never at Rest: A Biography of Isaac Newton.* Cambridge (CUP) 1980.

Wallace, W. A. *From a Realist Point of View.* Lanham (Univ. Press of America) 1983.

Whitehead, A. N. *Adventures of Ideas.* New York (CUP) 1933. Dt.: *Abenteuer der Ideen.* Frankfurt (Suhrkamp) 1971.

Whitehead, A. N. *Science and the Modern World.* London (CUP) 1953. Dt.: *Wissenschaft und moderne Welt.* Zürich (Gonzett & Huber) 1949.

Zilsel, E. *The Genesis of the Concept of Scientific Law.* In: *Philosophical Review* 51 (1942) S. 245. Dt.: *Die sozialen Ursprünge der neuzeitlichen Wissenschaft.* Frankfurt (Suhrkamp) 1976.

Kapitel 3

Bohm, D. *The Special Theory of Relativity*. New York (Benjamin) 1965.

Bohr, N. *Atomphysik und menschliche Erkenntnis*. Wiesbaden (Vieweg) 1986.

Bergmann, P. G. *The Riddle of Gravitation*. New York (Scribner's) 1968.

Brillouin, L. *Science and Information Theory* (2te Aufl.) New York (Academic) 1962.

Brush, S. G. *The Kind of Motion We Call Heat*. Amsterdam (N. Holland) 1976.

Campbell, L; Garnett, W. *The Life of James Clerk Maxwell*. London. 1982.

Capek, M. *The Philosophical Impact of Contemporary Physics*. New York (Van Nostrand) 1961.

Cartwright, N. *How the Laws of Physics Lie*. Oxford (OUP) 1983.

Cartwright, N. *Do the Laws of Physics State the Facts?* In: *Pacific Phil. Quart.* 61 (1980) S. 75.

Davies, P. C. W.; Brown, J. R. (Hrsg.) *The Ghost In the Atom*. Cambridge (CUP) 1986.

D'Abro, A. *The Decline of Mechanism in Modern Physics*. New York (Van Nostrand) 1939.

DeWitt, B.; Graham, N. *The Many-Worlds Interpretation of Quantum Mechanics*. Princeton (Princeton UP) 1973.

Dijksterhuis, E. J. *The Mechanization of the World Picture*. New York (OUP) 1961. Dt.: *Die Mechanisierung des Weltbildes*. Berlin (Springer) 1956.

Eddington, A. S. *The Nature of the Physical World*. London (CUP) 1932.

D'Espagnet, B. *The Quantum Theory and Reality*. In: *Scientific American* (Nov. 1979) S. 158. Dt.: *Quantentheorie und Realität*. In: *Spektrum d. Wissensch.* (Jan. 1980) S. 68–81.

D'Espagnet, B. *In Search of Reality*. New York (Springer) 1983. Dt.: *Auf der Suche nach dem Wirklichen*. Berlin (Springer) 1983.

Doran, B. G. *Origins of Field Theory*. In: *Hist. Stud. Phys. Sci.* 6 (1975) S. 133.

Einstein, A.; Infeld, L. *The Evolution of Physics*. New York (Simon & Schuster) 1938. Dt.: *Die Evolution der Physik*. Reinbeck (Rowohlt) 1956.

Feynman, R. *The Character of Physical Law*. Cambridge (MIT) 1965.

Folse, H. *The Philosophy of Niels Bohr*. Amsterdam (N. Holland) 1985.

Gooding, D.; James, F. A. *Faraday Rediscovered – Essays on the Life and Work of Michael Faraday, 1791–1867*. London (Macmillan) 1985.

Harman, P. *Energy, Force and Matter: the Conceptual Development of Nineteenth-Century Physics*. London (CUP) 1982.

Hawkins, D. *The Language of Nature*. San Francisco (Freeman) 1964.

Heimann, P. M. *The Unseen Universe: Physics and The Philosophy of Nature in Victorian Britain.* In: *Brit. J. Hist. Sci.* 6 (1972) S. 73.

Herbert, N. *Quantum Reality.* London (Rider) 1985.

Hesse, M. *Forces and Fields: the concept of action of a distance in the history of physics.* London (Nelson) 1961.

Hesse, M. B. *Forces and Fields.* New York (Philosophical Library) 1962.

Hiebert, E. *The Uses and Abuses of Thermodynamics in Religion.* In: *Daedalus* 95 (1966) S. 1046.

Holton, G. *Mach, Einstein and the Search for Reality.* In: *Daedalus* 97 (1968) S. 636. Dt.: *Thematische Analyse der Wissenschaft.* Frankfurt (Suhrkamp) 1981.

Jammer, M. *The Philosophy of Quantum Mechanics.* New York (Wiley) 1974.

Kilmister, C. *The General Theory of Relativity.* Oxford (Pergamon) 1973.

Maxwell, J. C. *Atom.* In: *Encyclopedia Brittanica.* (1875).

McCormmach, R. *Night Thoughts of a Classical Physicist.* Cambridge (Harvard UP) 1982.

Mermin, D. N. *Is the Moon there when nobody looks? Reality and the Quantum Theory.* In: *Physics Today* (Apr. 1985) S. 38.

Merz, J. T. *A History of European Thought in the Nineteenth Century.* London. 1907.

Niven, W. D. (Hrsg.) *The Scientific Papers of James Clerk Maxwell* (2 Bde.) New York (Dover) 1966.

Pais, A. *Subtle is the Lord: The Science and Life of Albert Einstein.* Oxford (OUP) 1982.

Peynson, L. *Relativity in Late Wilhelmian Germany: The Appeal to a Preestablished Harmony between Mathematics and Physics.* In: *Archive for History of Exact Sciences* 27 (1982) S. 137.

Rae, A. *Quantum Physics – Illusion or Reality?* Cambridge (CUP) 1986.

Raine, D.; Heller, M. *The Science of Space-Time.* Tucson (Pachart) 1982.

Rosenthal-Schneider, I. *Reality and Scientific Truth: Discussion with Einstein.* Wayne State (Von Laue and Planck) 1980.

Russell, B. *The ABC of Relativity.* London (Allen & Unwin) 1926. Dt.: *Das ABC der Relativitätstheorie.* Reinbeck (Rowohlt) 1972

Sciama, D. W. *The Physical Foundation of General Relativity.* London (Heinemann) 1972.

Szilard, L. *On the reduction of entropy of a thermodynamic system caused by intelligent beings.* In: *Zeitschrift für Physik* 53 (1929) S. 840.

Taylor, E. F.; Wheeler, J. A. *Spacetime Physics.* San Francisco (Freeman) 1966.

Turner, J. *Maxwell on the Method of Physical Analogy.* In: *Brit. J. Phil. Sci.* 6 (1955) S. 226.

Wheeler, J. A. *Niels Bohr, the man.* In: *Physics Today* (Oct. 1985) S. 66.
Wheeler, J. A.; Zurek, W. H. *Quantum Theory and Measurement.* Princeton (Princeton UP) 1983.
Wigner, E. *Symmetries and Reflections.* Bloomington (Indiana UP) 1967.
Wigner, E. *Remarks on the Mind-Body Question.* In: *The Scientist Speculates – An Anthology of Partly-baked Ideas* (Hrsg. Good, I. J.) New York (Basic Books) 1962. S. 284.
Williams, L. P. *The Origins of Field Theory.* New York (Univ. Press of America) 1980.

Kapitel 4

Aitchison, I.; Hey, A. *Gauge Theories in Particle Physics.* Bristol (Hilger) 1982.
Barrow, J. D. *Cosmology and Elementary Particles.* In: *Fundamentals of Cosmic Physics* 8 (1983) S. 83.
Barrow, J. D.; Silk, J. *The Left Hand of Creation: The Origin and Evolution of the Expanding Universe.* New York (Basic Books) 1983. Dt.: *Die asymmetrische Schöpfung: Ursprünge und Ausdehnung des Universums.* München (Piper) 1986.
Barrow, J. D.; Tipler, F. J. *Eternity is Unstable.* In: *Nature* 276 (1978) S. 453.
Barrow, J. D.; Turner, M. S. *The Inflationary Universe: Birth, Death and Transfiguration.* In: *Nature* 298 (1982) S. 801.
Bondi, H. *Cosmology* (2te Aufl.) Cambridge (CUP) 1961.
Burrill, D. R. *The Cosmological Arguments: a Spectrum of Opinion.* New York (Doubleday) 1967.
Capra, F. *The Tao of Physics.* Bungay (Wildwood House) 1975. Dt.: *Das Tao der Physik.* Bern (Scherz) 1984.
Davidson, H. A. *Proofs for Eternity, Creation and the Existence of God in Medieval Islamic and Jewish Philosophy.* New York (OUP) 1987.
Davies, P. C. W. *Other Worlds: Space, Superspace and the Quantum Universe.* London (Dent) 1980.
Davies, P. C. W. *God and the New Physics.* London (Dent) 1983. Dt.: *Gott und die moderne Physik.* Gütersloh (Bertelsmann) 1989.
Davies, P. C. W. *Superforce.* London (Heinemann) 1984.
Feynman, R. *QED: The Strange Story of Light and Matter.* Princeton (Princeton UP) 1985. Dt.: *QED – Die seltsame Theorie des Lichts und der Materie.* München (Piper) 1989.
Frank, P. *The Place of Logic and Metaphysics in the Advancement of Modern Science.* In: *Philosophy of Science* 5 (1948) S. 275.
Fritzsch, H. *Quarks.* München (Piper) 1989.

Green, M.; Schwartz, J.; Witten, E. *Superstring Theory* (2 Bde.) Cambridge (CUP) 1987.
Gribbin, J. *In Search of the Big Bang.* London (Heinemann) 1986.
Grünbaum, A. *Philosophical Problems of Space and Time.* New York (Knopf) 1963.
Guth, A. *The Inflationary Universe.* In: *Physical Review D* 23 (1981) S. 347.
Hawking, S. W.; Hartle, J. *The Wave Function of the Universe.* In: *ibid.* 28 (1983) S. 2960.
Hawking, S. W.; Israel, W. (Hrsg.) *300 Years of Gravity.* Cambridge (CUP) 1987.
Heisenberg, W. *The Representation of nature in Contemporary Physics.* In: Rollo May (Hrsg.) *Symbolism in Religion and Literature.* New York (Braziller) 1960.
Isham, C.; Penrose, R.; Sciama, D. W. S. *Quantum Gravity II.* Oxford (OUP) 1981.
Jaki, S. *Cosmos and Creator.* Edinburgh (Scottish Academic) 1980.
Mach, E. *Populär-Wissenschaftliche Vorlesungen* (3. vermehrte u. durchges. Aufl.) Leipzig (Barth) 1903.
Mach, E. *Die Mechanik: Historisch-kritisch dargestellt.* Leipzig. 1933 (Nachdr. Darmstadt (Wiss. Buchges.) 1982).
Mach, E. *Die Analyse der Empfindungen und das Verhältnis des Physischen zum Psychischen.* Leipzig. 1922. (Nachdr. Darmstadt (Wiss. Buchges.) 1985).
MacKay, D. *Brains, Machines and Persons.* London (Collins) 1980.
MacKay, D. *Human Science and Human Destiny.* New York (IVP) 1979.
McCrea, W. H. *A Philosophy for Big-Bang Cosmology.* In: *Nature* 228 (1970) S. 21.
Milne, E. *Modern Cosmology and the Christian Idea of God.* Oxford (OUP) 1952.
Montagu, A. (Hrsg.) *Science and Creationism.* New York (OUP) 1984.
Munitz, M. (Hrsg.) *Theories of the Universe – From Babylonian Myth to Modern Science.* New York (Free Press) 1957.
North, J. D. *The Measure of the Universe: A History of Modern Cosmology.* Oxford (OUP) 1965.
Pagels, H. *The Cosmic Code: Quantum Physics as the Language of Nature.* New York (Simon & Schuster) 1982.
Pais, A. *Inward Bound.* Oxford (OUP) 1986.
Redfield, R. *The Primitive World and its Transformations.* Ithaca (Cornell UP) 1953.
Rowe, W. *The Cosmological Argument.* Princeton (Princeton UP) 1975.
Sorabji, R. *Time, Creation, and the Continuum.* London (Duckworth) 1983.
Stebbing, S. *Philosophy and the Physicists.* London (Methuen) 1937.

Tipler, F. J. *Interpreting the Wave Function of the Universe.* In: *Physics Reports* 137 (1986) S. 231.
Toulmin, S. *The Return to Cosmology.* Berkeley (Univ. California) 1982.
Trefil, J. *The Moment of Creation: Big Bang Physics from Before the First Millisecond to the Present Universe.* New York (Scribner's) 1983.
Tryon, E. *Is the Universe a Vacuum Fluctuation?* In: *Nature* 246 (1973) S. 396.
Vilenkin, A. *Creation of the Universe from Nothing.* In: *Physics Letters B* 117 (1983) S. 25.
Von Melsen, A. G. *From Atomos to Atom.* New York (Harper) 1960.
Weinberg, S. W. *The First Three Minutes.* London (A. Deutsch) 1977. Dt.: *Die ersten drei Minuten.* München (Piper) 1977.
Weinberg, S. W. *The Discovery of Subatomic Particles.* New York (Sci. American Library) 1983.
Zukav, G. *The Dancing Wu Li Masters.* New York (Morrow) 1979.

Kapitel 5

Andreski, S. *Social Sciences as Sorcery.* London (A. Deutsch) 1972.
Arnold, V. I. *Catastrophe Theory* (2. Aufl.) New York (Springer) 1986.
Aubert, K. E. *Spurious Mathematical Modelling.* In: *Math. Intelligence* 6 (1984) S. 54.
Bennett, C. H. *The Thermodynamics of Computation – A Review.* In: *International Journal of Theoretical Physics* 21 (1982) S. 905.
Bennett, C. H.; Landauer, R. *The Fundamental Physical Limits of Computation.* In: *Scientific American* 253 (1985) S. 48 (No. 1), S. 6 (No. 4).
Bernardete, J. A. *Infinity: An Essay in Metaphysics.* Oxford (OUP) 1964.
Birkhoff, G. A. *Mathematical Approach to Aesthetics.* In: *Scientia* (Sept. 1931) S. 133.
Birkhoff, G. *The Mathematical Nature of Physical Theories.* In: *American Scientist* 31 (1943) S. 281.
Bishop, E. *The Foundations of Constructive Mathematics.* New York (McGraw-Hill) 1967.
Bishop, E. *The Crises in Contemporary Mathematics.* In: *Historia Mathematica* 2 (1975) S. 507.
Black, M. *The Nature of Mathematics.* New York (Paterson, Littlefield, Adams & Co.) 1959.
Bochner, S. *The Role of Mathematics in the Rise of Science.* Princeton (Princeton UP) 1966.
Brillouin, L. *Scientific Uncertainty and Information.* New York (Academic) 1964.

Browder, F. E. *Does Pure Mathematics Have a Relation to the Sciences?* In: *American Scientist* 64 (1976) S. 542.

Carnap, R. *Foundations of Logic and Mathematics* (Bd. 1, Nr. 3 International Encyclopedia of Unified Science) Chicago (Univ. Chicago) 1939.

Cassirer, E. *Determinismus und Indeterminismus in der modernen Physik.* In: Cassirer, E. *Zur modernen Physik.* Darmstadt (Wiss. Buchges.) 1987.

Chaitin, G. *Information-Theoretic Limitation of Formal Systems.* In: *J. of Assoc. for Computing Machinery* 21 (1974), S. 403.

Chaitin, G. *Algorithmic Information Theory.* In: *Encyclopedia of Statistical Sciences* (Bd. 1). S. 28. 1982).

Davis, M. *The Undecidable.* New York (Raven) 1965.

Davis, M.; Hersh, R. *The Mathematical Experience.* Brighton (Harvester) 1981.

Deutsch, D. *Quantum Theory, the Church-Turing principle, and the universal quantum computer.* In: *Proceedings of the Royal Society London A* 400 (1985) S. 97.

Dummett, M. *Elements of Intuitionism.* Oxford (OUP) 1977.

Dyson, F. *Mathematics in the Physical Sciences.* In: *Scientific American* (Sept. 1964) S. 129.

Escher, M. *The Graphic Work of M. C. Escher.* London (Pan) 1961.

Feynman, R. *Simulating Physics with Computers.* In: *International Journal of Theoretical Physics* 21 (1982) S. 219.

Fredkin, E.; Toffoli, T. *Conservative Logic.* In: *International Journal of Theoretical Physics* 21 (1982) S. 467.

Geroch, R.; Hartle, J. *Computability and Physical Theories.* In: *Between Quantum and Cosmos* (Hrsg. Zurek, W.; van der Merwe, A.; Miller, W. A.) Princeton (Princeton UP) 1988. S 549–76.

Hadamard, J. *The Psychology of Invention in the Mathematical Field.* Princeton (Princeton UP) 1945.

Hardy, G. H. *Mathematical Proof.* In: *Mind* 38 (1928) S. 1.

Hempel, C. G. *On the Nature of Mathematical Truth.* In: *Amer. Math Monthly* 52 (1945) S. 543.

Hofstadter, D. *Gödel, Escher, Bach: An Eternal Golden Braid.* New York (Basic Books) 1979. Dt.: *Gödel, Escher, Bach. Ein endloses geflochtenes Band.* Stuttgart (Klett-Cotta) 1985.

Kitcher, P. *The Nature of Mathematical Knowledge.* Oxford (OUP) 1983.

Kline, M. *Mathematics in Western Culture.* New York (OUP) 1953.

Kline, M. *Mathematics and the Physical World.* New York (Dover) 1981.

Landauer, R. *Reversible Computation.* In: *Der Informationsbegriff in Technik und Wissenschaft* (Hrsg. Folberth, O. G.; Hackl, C.) München (Oldenbourg) 1986. S. 139.

Le Lionnais, F. *Great Currents of Mathematical Thought* (Bde. 1 und 2) New York (Dover) 1971.
Mandelbrot, B. *The Fractal Geometry of Nature*. San Francisco (Freeman) 1982. Dt.: *Die fraktale Geometrie der Natur*. Basel (Birkhäuser) 1989.
Merlan, P. *From Platonism to Neoplatonism*. Den Hague (Martinus Nijhoff) 1960.
Myhill, J. *What is a Real Number?* In: *Amer. Math. Monthly* 79 (1972) S. 748.
Rucker, R. *Infinity and the Mind*. Brighton (Harvester) 1982. Auch: Basel (Birkhäuser) 1982.
Tarski, A. *Introduction to Logic and to the Methodology of the Deductive Sciences*. London (OUP) 1941.
Thom, R. *Structural Stability and Morphogenesis*. New York (Benjamin) 1975.
Traub, J. F. (Hrsg.) *Algorithms and Complexity: New Directions and Recent Results*. New York (Academic) 1976.
Turing, A. *On Computable Numbers with an application to the Entscheidungsproblem*. In: *Proc. London Math. Soc (Ser. 2)* 42 (1936) S. 230. Erratum 43 (1936) S. 546.
Wedberg, A. *Plato's Philosophy of Mathematics*. Westport (Greenwood) 1977.
Weyl, H. *Philosophie der Mathematik und Naturwissenschaft*. München (Oldenbourg) 1990.
Whitney, H. *The Mathematics of Physical Quantities*. In: *Amer. Math. Monthly* 75 (1968) S. 115 und 227.
Wigner, E. *The Unreasonable Effectiveness of Mathematics in the Natural Sciences*. In: *Communications on Pure and Applied Mathematics* 13 (1960) S. 2.
Wolfram, S. *Statistical Mechanics of Cellular Automata*. In: *Rev. Mod. Phys.* 55 (1983) S. 601.
Wolfram, S. *Undecidability and Intractability in Theoretical Physics*. In: *Phys. Rev. Letts.* 54 (1985) S. 735.
Yanin, Y. *Mathematics and Physics*. Boston (Birkhauser) 1983.

Kapitel 6

Barrow, J. D. *The Lore of Large Numbers*. In: *Quarterly Journal Royal Astron. Soc.* 22 (1981) S. 388.
Barrow, J. D. *Natural Units Before Planck*. In: *Quarterly Journal Royal Astron. Soc.* 24 (1983) S. 24.
Bohm, D. *Causality and Chance in Modern Physics*. London (Routledge) 1957.
Born, M. *The Natural Philosophy of Cause and Chance*. London (OUP) 1949.

Bridgman, P. *Dimensional Analysis* (überarb. Aufl.) New Haven (Yale UP) 1931.
Carnap, R. *What is Probability?* In: *Scientific American* 189 (1953) 128.
Davies, P. C. W. *The Edge of Infinity.* London (Dent) 1981.
Eigen, M.; Schuster, P. *The Hypercycle, A Principle of Natural Self-Organization.* In: *Naturwissenschaften* 64 (1977) S. 541.
Eigen, M.; Winkler, R. *Das Spiel. Naturgesetze steuern den Zufall.* München (Piper) 1978.
Froggatt, C. D.; Nielsen, H. B. *Origin of Symmetries.* Singapore (World) 1990.
Hawking, S. W.; Ellis, G. F. R. *The Large-scale Structure of Space-time.* Cambridge (CUP) 1973.
Hawking S. W.; Israel, W. (Hrsg.) *General Relativity: An Einstein Centenary Volume.* Cambridge (CUP) 1979.
Kaufmann, W. *The Cosmic Frontiers of General Relativity.* Boston (Little, Brown & Co.) 1977.
Kippenhahn, R. *Hundert Milliarden Sonnen.* (3. Aufl.) München (Piper) 1981.
Iliopoulos, J.; Nanopoulos, D. V.; Tamaros, T. N. *Infrared Stability or Anti-Grand Unification.* In: *Physics Letters B* 94 (1983) S. 141
Levy-Leblond, J. M. *Constants of Physics.* In: *Rivista Nuovo Cimento* 7 (1977) S. 187.
McCrea, W. H.; Rees, M. J. (Hrsg.) *The Constants of Physics.* London (The Royal Society) 1983.
Nicolis, G.; Prigogine, I. *Self-organization in Non-equilibrium Systems.* New York (Wiley) 1977. Dt.: *Die Erforschung des Komplexen.* München (Piper) 1987.
Penrose, R. In: *General Relativity: An Einstein Centenary* (Hrsg. Hawking, S. W.; Israel, W.) Cambridge (CUP) 1979.
Prigogine, I.; Stengers, I. *Order Out of Chaos.* London (Heinemann) 1984. Dt.: *Dialog mit der Natur.* München (Piper) 1980.
Schrödinger, E. *Science and the Human Temperament.* New York (Norton) 1935.
Tipler, F. J.; Clarke, C.; Ellis, G. F. R. *Singularities and Horizons – A Review Article.* In: *General Relativity and Gravitation: An Einstein Centenary Volume* (Hrsg. Held, A.) New York (Plenum) 1980. S. 97.

Kapitel 7

Bacon, F. *Novum Organum.* London. 1620.
Barrow, J. D. *Life, the Universe and the Anthropic Principle.* In: *The World and I* 2 (Aug. 1987) S. 179.

Barrow, J. D.; Bhavsar, S. P. *What the Astronomers' Eye Tells the Astronomers' Brain*. In: *Quarterly Journal Royal Astron. Soc.* 28 (1987) S. 109.

Barrow, J. D. *Anthropic Definitions*. In: *Quarterly Journal Royal Astron. Soc.* 23 (1983) S 146.

Barrow, J. D.; Tipler, F. J. *The Anthropic Cosmological Principle*. Oxford (OUP) 1986.

Barrow, J. D.; Tipler, F. J. *L'Homme et le Cosmos*. Paris (Imago) 1984.

Bridgman, P. *Reflections of a Physicist*. New York (Philosophical Library Inc.) 1950.

Bronowski, J. *The Identity of Man* (überarb. Aufl.) New York (Natural History Press) 1971.

Bunge, M. *The Myth of Simplicity*. Englewood Cliffs (Prentice-Hall) 1963.

Carr, B. J.; Rees, M. J. *The Anthropic Principle and the Structure of the Physical World*. In: *Nature* 278 (1978) S. 605.

Carter, B. *Large Number Coincidences and the Anthropic Principle in Cosmology*. In: *Confrontation of Cosmological Theories with Observation* (Hrsg. Longair, M.) Dordrecht (Reidel) 1974. S. 291.

Dyson, F. *Energy in the Universe*. In: *Scientific American* 224 (Sept. 1971) S. 50.

Eccles, J. *The Human Mystery*. New York (Springer) 1979.

Gombrich, E. H. *Art and Illusion* (2. Aufl.) New York (Pantheon) 1961.

Gregory, R. L. *The Intelligent Eye*. New York (McGraw-Hill) 1970.

Gregory, R. L. *Mind in Science*. London (Weidenfeld & Nicolson) 1981.

Heisenberg, W. *Das Naturbild der heutigen Physik*. Reinbeck (Rowohlt) 1955.

Henderson, L. J. *The Fitness of the Environment*. New York (Macmillan) Nachdruck 1913 mit Einführung von Wald, G. Cambridge (Harvard UP) 1970.

Howson, C. (Hrsg.) *Method and Appraisal in the Physical Sciences*. Cambridge (Cambridge UP) 1976.

Kuhn, T. S. *The Structure of Scientific Revolutions* (2. erweiterte Aufl.) Chicago (Univ. Chicago) 1970. Dt.: *Die Struktur wissenschaftlicher Revolutionen*. Frankfurt (Suhrkamp) 1976.

Leslie, J. *Observership in Cosmology: the Anthropic Principle*. In: *Mind* 92 (1983) S. 573.

Lovell, B. *In the Centre of Immensities*. New York (Harper and Row) 1983.

Luckiesh, M. *Visual Illusions*. New York (Dover) 1965.

Marr, D. *Visions*. San Francisco (W. H. Freeman) 1982.

Maurois, A. *Illusions*. New York (Columbia UP) 1968.

Mehra, J. (Hrsg.) *The Physicist's Conception of Nature*. Dordrecht (Reidel) 1973.

Page, D. *The Importance of the Anthropic Principle.* In: *The World and I* 2 (Aug. 1987) S. 392.
Pagels, H. A. *Cozy Cosmology.* In: *The Sciences* (März/April 1985) S. 34.
Reichenbach, H. *The Direction of Time.* Berkeley (Univ. California) 1956.
Santayana, G. *The Sense of Beauty.* New York (Dover) 1955.
Shklovskii, I. S.; Sagan, C. *Intelligent Life in the Universe.* New York (Dell) 1966.
Thorpe, W. *Purpose in a World of Chance: A Biologist's View.* Oxford (OUP) 1978.
Updike, J. *Roger's Version.* London (André Deutsch) 1986.
Wallace, A. R. *Man's Place in the Universe.* London (Chapman and Hall) 1912.
Weyl, H. *God and the Universe: The Open World.* New Haven (Yale UP) 1932.
Wheeler, J. A. *From Relativity to Mutability.* In: *The Physicist's Conception of Nature* (Hrsg. Mehra, J.) Dordrecht (Reidel) 1973. S. 202.

Ergänzende deutschsprachige Literatur zur Einführung

Diederich, W. (Hrsg.) *Theorien der Wissenschaftsgeschichte.* Frankfurt (Suhrkamp) 1974.
Freudenthal, G. *Atom und Individuum im Zeitalter Newtons.* Frankfurt (Suhrkamp) 1982.
Groh, R.; Groh, D. *Weltbild und Naturaneignung: Zur Kulturgeschichte der Natur.* Frankfurt (Suhrkamp) 1991.
Hund, F. *Geschichte der physikalischen Begriffe.* Mannheim (Bibliogr. Inst.) 1972.
Koestler, A. *Die Nachtwandler.* Frankfurt (Suhrkamp) 1980.
Krüger, L. (Hrsg.) *Erkenntnisprobleme der Naturwissenschaften.* Kiepenheuer & Witsch. 1970.
Mayer-Tasch, P. C. (Hrsg.) *Natur denken.* Frankfurt (Fischer) 1991.
Neuser, W. (Hrsg.) *Newtons Universum. Materialien zur Geschichte des Kraftbegriffes.* Heidelberg (Spektrum der Wissenschaft) 1990.
Rosenberger, F. *Issac Newton und seine Physikalischen Principien: Ein Hauptstück aus der Entwicklungsgeschichte der modernen Physik.* Leipzig (Barth) 1895. (Nachdr. Darmstadt (Wiss. Buchges.) 1987).
Sieferle, R. P. *Die Krise der menschlichen Natur. Zur Geschichte eines Konzepts.* Frankfurt (Suhrkamp) 1989.

Index

A

abstraktes Denken 63
Akademie, Platon 95
Alchimie 29, 65, 264
Alexander der Große 94
Algarotti, F. 129
Algorithmus 426, 429
   Intelligenz 461
   Universalitätsklassen 430f
Allen, W. 314
Allgemeine Relativitätstheorie 39f, 178
   Eichtheorie 287, 470
Alpher, R. 332
Ampère, A. M. 157
Analogie 166, 168
Anaxagoras 88
Anfangsbedingungen 322
Anfangssingularität 353
Anthropisches Prinzip 531–541, 554
   Einwände 554–561
   und Gottesbeweis 546–550
Antike, Naturwissenschaften 68f
Antimaterie 464
Aquin, Th. von 100, 107, 109, 549
Äquipotentiallinien 152
Archimedes 78, 104
Arian 132
Aristarch 104
Aristoteles 78, 94–101, 352
   Atomismus 98, 259, 262
   Bewegungsgesetze 101–104, 118
   Erbe 105
   Logik 81
   Lykeion 95, 104
   Physik 80
   und Realismus 95
   Ursachen von Naturerscheinungen 98
Arnobius 447

Aspect, A. 238
   EPR-Experimente 238
Astrologie 25, 72
   Ablehnung der 42
Astronomie 25
asymptotische Freiheit 295, 452
Atheist 51
Atom 533
   Aufspaltung 271–274, 533
   Bohrsches Modell 273f
   Definition 261
   Ion 272
   Kernteilchen 273
   spektroskopische Eigenschaften 268
   Zerlegung des 271–274
Atomismus 98, 259–263
   Gegner 268f
Atomisten 98
Augustin 352, 390
Aussage
   Meta-Aussage 391
   Entscheidbarkeit 394
   statistische 54
   Tarskis Wahrheitskriterium 400
Auswahleffekte 516–521
   Beobachter 325f, 498
Auswahlprinzip 519
Avogadro, A. 266
Axiome 82

B

Bacon, F. 105, 498, 509
Bacon, R. 108
Banks, J. Sir 471
Baron von Münchhausen 277
Baryonen, Elementarteilchen 279f
Begriffe 47, 149, 167, 526
   allgemeingültige 47
Belinfante, F. J. 245, 253

Bell, J. 238
Belloc, H. 5
Bentley, R. 114
Beobachter 22, 169f, 174, 246
  Auswahleffekte 325f, 498
  beschleunigter 187
  im Inertialsystem 187f
  und Meßprozeß 226f, 235, 243, 246, 512–516
Beobachtung 41, 58, 97, 111
Beobachtungsinstrumente 113, 122
Berechenbarkeit 401–413
  Naturgesetze 440–443
  NP–Probleme 408
  P-Probleme 407f
  Problemumfang 410
Berkeley, G. 15, 44
  subjektiver Idealismus 15
Bertrand, J. 201
Bertrands Paradoxon 200
Beschleunigung 118, 179
beschreibende Naturwissenschaften 32–34, 352
Beschreibung 352
Bessel, F. W. 515
Bewegung 117
  beschleunigte 118, 179
  gleichförmige 118
  Relativität 170f
  verursachende Kraft 101–103
Bewegungsgesetze 141, 181, 187, 521
  des Aristoteles 101–104
  Descartes 115f
  Kreiselalgorithmus 421
  Newton 116f
Bewegungsgleichung 120
Beweise 141
  siehe auch teleologischer Gottesbeweis
Bierce, A. 463
Biot, J. 157
Blake, W. 134
Bloch, A. 343
Bloch, F. 230
Bohr, N. 227, 345, 486
  Atommodell 273
  Idealismus 456f
  Komplementarität 227f, 237f
  Quantentheorie 227f, 242, 273
  Teleomechanisten 229
Boltzmann, L. 215, 552
Bondi, H. 329
Borges, J. L. 455
Boring, E. G. 507
Born, M. 231
Boyle, R. 133, 263
Bradwardine, Th. 103
Brahe, T 110
Bridgman, P. 176, 483, 525
Brillouin, L. 422
Broglie, L.-V. de 224
Brouwer, L. 377
Brownsche Bewegung 216
Buddha 311
Busoni, F. 550
Busy-Beaver-Funktionen 404
Butler, S. 61
Butterfield, H. 503

C

Cannizzaro, S. 266
Cantormenge 437–439
Carnap, R. 256
Carroll, L. 454
Carter, B. 542
Cartwright, N. 193
Cauchy, A. L. 376
Chandrasekhar, S. 470, 523, 525
Chaos 422–425, 435
  Komplexität chaotischer Systeme 431f
  Kosmologie 324, 453
  Turbulenz 424
Chardin, T. de 100, 550
Charleton, W. 263
Chesterton, G. K. 218, 414
Church, A. 402
Church-Turing-Hypothese 404
Cicero 39
Clarke, S. 132
Clausius, R. 202

Clifford, W. 180
Code, kosmischer 443
Computer 409
   Analogie Gehirn 247, 461, 532
   idealer 409
   Simulation 317
   siehe auch Berechenbarkeit, Simulation, Turingmaschine, Quantencomputer
Copernicus 108, 263, 511
Coriolis, G. de 188
Cotes 114
Coxeter, H. S. M. 382

D

Dalton, J. 266
   Atomismus 266
Darwin, C. 95, 134, 144–146, 415, 531
   Theorie der natürlichen Auslese 547
Davisson, C. J. 225
Davy, H. Sir 155
de-Broglie-Wellenlänge 225
Demokrit 262
Desagulier, J. 129
Descartes, R. 29, 110, 115, 166, 257
Determinismus 62, 126, 414–442
   Laplace 419
   Leibniz 420
   Maxwell 414 f
   Newton 419
   Zusammenbruch 249 f
Deutsch, D. 253, 404
Dicke, R. 538, 540
Differentialgleichungen 151, 428
Dingle, H. 112
Dirac, P. 149, 249, 389, 521, 523, 525, 530, 538
   und Realismus 524
Divergenz 305
Dogmatik, Brouwer 377
Dualismus, Welle-Teilchen 219–225
Duhem, P. 268
Dyson, F. 291

E

Eddington, A. S. 23, 138, 202, 300
Eichinvarianz 454
Eichsymmetrie 286, 454
Eichtheorie 306
   Allgemeine Relativitätstheorie 287, 470
   Eichsymmetrien 286
   Elementarteilchen 285
   lokale 287
Eigenzeit 481
Eigenzeitintervall 481
Einstein, A. 23, 48, 151, 169, 298, 393, 486
   Allgemeine Relativitätstheorie 39 f, 178
   Gravitationstheorie 181–185
   Relativitätsprinzip 172, 178
   Singularität 466
   Spezielle Relativitätstheorie 40
   über Naturkonstanten 487
   und Quantenphysik 235 f
   zu Naturgesetzen 170
Einstein-Podolski-Rosen-Paradoxon 235–242
Eklektizismus 65
Elektrizität 155–161
Elektromagnetismus 157–161, 293
Elektron 272 f
   Elementarteilchen 276
   Namensherkunft 272
Elementarteilchen 277
   Baryonen 279 f
   Eichtheorien 285
   Leptonen 279 f
   Mesonen 279 f
   Paarerzeugung 282
   Quarks 278–280
   subatomare 256
   virtuelle 283
   Wellennatur 219–225, 231
   siehe auch Elektron, Graviton, Neutron, Neutrino, Photon, Pion, Proton, Quarks, W-Boson, Z-Boson
Elemententstehung 533
Ellis, J. 521

Empirismus 36, 39f
Endknall 346
Energiesatz 202f
Entropiesatz 204, 208f, 214, 477
Epimenides, Paradoxon 398
Erfinder des inflationären Weltmodells 559
Erhaltungsgesetz 202–205, 208f, 295, 357
Erhaltungsgrößen 191f
Erhaltungssätze 202–205
Erkenntnis, Grenzen 414
Erkenntnistheorie 137
Erklärung 106
Escher, M. 382, 484, 502
Euler, L. 140
Everett, D. 337
Everett, H. III 249
Evolution 259
Evolutionstheorie 144–148, 205

F

Falltürfunktionen 407
Faraday, M. 155–161, 165, 271, 280
   Atomismus 271
   und Religion 162
Farbkraft 280
Farbladung 294
Felder
   elektromagnetische 155–161
   Quantenfelder 280–283
Feldgleichungen 154
   Einsteinsche 326–329, 519
   Maxwellsche 158–161
Feldlinien 160
Feldtheorie 280–283
   Eichtheorie 285
   vereinheitlichte 291–298, 519
Fernwirkung 164
Feynman, R. 216, 218, 285, 529
   zur Symmetrie physikalischer Eichtheorien 297
Fisher, R. A. 144
Form 97
Formalismus 370, 374f, 408
   und Gödelsches Theorem 390f

Formursache 98
Forster, E. M. 531
Fraktale (Mandelbrot) 340
Fredkin, E. 412
Fredkin-Gatter 412f
Freiheit, asymptotische 452
Friedmann, A. 311
Frost, R. 21
Fundamentalisten, amerikanische 49

G

Galaxien 492
Galilei, G. 86, 111, 366
   Relativitätsprinzip 171, 173
Gauß, C. F. 515
Gauß-Verteilung 197
Gedankenexperimente 111, 115
Gell-Mann, M. 278, 529
Geodätische 181
Geometrie, Raumzeit 180
Germer, L. H. 225
Gesetz, siehe Naturgesetze
Gesetzgebung 51, 54
Gestaltungsprinzipien 499–508
Gleichungen 111f, 426–428
Gödel, K. 58, 391, 519
   Definition von Aussage 394f
   Unvollständigkeitssatz 58, 390–397
   zur Möglichkeit von Zeitreisen 519
Gödelscher Satz 58, 390–397
   Beweis 396
Goethe, J. W. von 369
Gold, T. 329
Gott 44, 51, 69, 106, 126, 163, 548
   als Uhrmacher der Schöpfung 126f, 132
   und Naturgesetze 71
Gottesbeweis
   onthologischer 56
   teleologischer 132, 136f, 546–550
Gravitation 293
   Antigravitation 337–339
   und Raumzeitkrümmung 178–185

Gravitationsfeld 152
Gravitationsgesetz 123–125, 151
Graviton 290
Green, G. 152
Green, M. 306
   Gravitationspotential 152
Grenzwert 376
Griechen
   Naturphilosophie 259–262
   Naturwissenschaft 78–104
Große Vereinheitlichte Theorie (GUT) 291, 452
Grossmann, M. 189
Gulik, R. Van 75
Guth, A. 336

H

Hackett, F. 445
Hadamard, J. 423
Hall, J. 259
Halleyscher Komet 24
Hamilton, W. R. Sir 140
Hardy, G. H. 401
Hawking, S. 353, 468, 478, 483
Heisenberg, W. 226, 459, 486
Heisenbergsche Unschärferelation 226, 281, 411, 512
heliozentrische Theorie 108
Hemsterhuis 522
Henon-Attraktor 435–438
Heraklit 61, 88
Herman, R. 332
Herschel, J. 143
   naiver Realismus 143
Hertz, H. 24, 138, 149, 161, 164
Higgs, P. 290
Higgsfeld 290
Hilbert, D. 374, 391, 401
Hintergrundstrahlung, Isotopie der 334
Hoffmann, B. 224
Holton, G. 51
Hooke, R. 124, 264
   Briefwechsel mit Newton 124
Hoyle, F. 329
Hubble, E. 311 f
Hubblesches Gesetz 313
   gleichförmige Expansion 333

Hume, D. 134, 136, 164
Huxley, T. H. 146
Huygens, C. 115
   und Atomismus 265
Hypothesen 122 f

I

Idealismus 15 f, 38, 43 f, 88 f
   Platon 88 f, 93
   subjektiver 15
Idee 88
Inertialbeobachter 187
Inflationstheorie 337–349, 537
Instrumentalismus 37, 42 f
Intelligenz, künstliche 247, 460 f
Intelligenztest, Beratungskriterien 499
Intrinsische Unschärfe 224
Intuitionismus 370, 375–380
Invarianz 186–190, 450
Invarianzprinzip 188, 491
Isotope 492
Isotropie 333
Israel, W. 474

J

James, W. 46
Jeans, J. Sir 138, 346
Jevons, W. 143
Johannus Philoponus von Alexandrien 104
Johnson, S. 256
Jordan, P. 468
Joyce, J. 278

K

Kaluza, T. 298
   zusätzliche Raumdimensionen 298 f
Kant, I. 137, 164
   Idealismus 15, 136, 333
   Kategorien 137 f
Katastrophentheorie 433
Kategorien 137
Kelvin, Lord 146, 165, 203, 208

Kepler, J. 110, 302
  als Realist 110
Kernkraft 280, 293
Klein, O. 299
Ko, C. 198
Kokosnußrätsel 389
Komplexität 431 f
  und Leben 460
Konfuzianismus 74
Konfuzius (Kong Fu Zi) 74
Konstruktivisten 401
Konzeptualismus 371–374
  als Antirealismus 373
kosmische Zensur 474, 478
kosmischer Code 443
Kosmologie 314–338
  chaotische 333–337, 453
  und Gesetzgebung 360
kosmologisches Prinzip 330
  Naturgesetze 320 f
Kraft 101–103, 117, 151 f, 179, 187
  Gravitation 275
  Kernkräfte 275
  Stärke 296
  vereinheitlichte 293
Kraftfelder 151–161
Kraftgesetz, Newton 187 f
Kronecker, H. 377
Kuhn, T. 504
  wissenschaftliche Reduktionen 504 f
Kultur 67 f
künstliche Intelligenz 30, 247

L

Lagrange, J. 140, 152
Laplace, P. S. de 125, 326, 419, 471–473
  Determinismus 419
Lavoisier, A. 264
Leben 144–148, 205, 259
  als Software 348
  chemische Grundlagen 532 f
  und Beobachtung 542–545
  und Naturgesetze 459–463
Leibniz, G. W. 265
  und Atomismus 265

Leptonen, Elementarteilchen 279 f
letzter Grund 98
Leukipp 262
Lewis, C. S. 366
Licht
  Netzhautreiz 532
  Quantentheorie 218–224
Lichtgeschwindigkeit 41
  Invarianz 174
Linde, A. 559
Logik, Aristoteles 81
Lukrez 260
Lykeion („Lyzeum" des Aristoteles) 95, 104

M

Mach, E. 34
MacKay, D. 349
Maclaurin, C. 129, 136
Magie 63 f
Magnetismus 155–161
Maimonides 107
Makrokosmos, Welt 256
Mandel, O. 309
Mandelbrotmenge 341
  fraktale Kurven 523
Marroquin-Muster 501
Martins, B. 129
Marvell, A. 361
Marx, G. 516
Materie
  anti-gravitierende 337
  kleinste Bauteilchen 274, 276, 280, 304–308
  Quantentheorie 218–224
  und Raumkontinuität 261
Mathematik 59, 190, 369, 393, 521–524
  als Beschreibung der Welt 369, 386
  als Sprache 388
  und Physik 393 f
  und Religion 393
mathematische Naturgesetze 111 f, 142
Maupertuis, P. L. 140

Maxwell, J. C. 146, 155, 158, 165, 423
  Determinismus 414f
  Feldgleichungen 158–161
Maxwell-Boltzmann-Verteilung 198
Maxwellscher Dämon 212f
McChord Crothers, S. 190
McCrea, W. H. 314, 542
  zur Singularität 480
Meads, M. 229
Mechanismus 126f, 136
Medawar, P. 35
Melville, H. 21
Mencken, H. L. 360
Menge, unendliche 376
Meßfehler 512–516
Meskelyne, N. 515
Mesonen, Elementarteilchen 279f
Messung 41, 125, 512–516
  Unschärferelation 226
  siehe auch Beobachtung, Heisenbergsche Unschärferelation
Meta-Aussagen 391
Metamathematik 394
Metaphysik 14, 147
  Kant 137f
Metasprache 398f
Michell, J. 471–473
Michelson, A. 275
Mikrokosmos, Welt 256
Milne, E. 350
Misner, C. 335, 483
Misner, Chaos-Kosmologie 335
Modelle 48, 64, 119
  mathematische 166–168
Monotheismus 68, 73
Montaigne, M.-E. 246
Münchhausen, Bootstrap-Theorie 277
Musschenbroek, P. Van 134
Myon 276

N

Nagaoko 272
Näherungen 518
Narlikar, J. 334

Natur 22
  äußere 30f
  Bedeutungen 80
  Einheit 310
  Stetigkeit 265
  und Beobachter 29
  Unwandelbarkeit 68
  Vorhersagbarkeit 126
Naturalismus 77
Naturgesetze 14, 17, 21f, 25, 32, 38, 108, 115, 190, 366–444, 526
  als Gesetze Gottes 114
  als Naturbeschreibung 52f
  anthropozentrische 106
  Bacon 108
  Berechenbarkeit 440–443
  Beschreibung der 149
  des Chaos 429f
  Existenz 445–497
  Grundfragen 284
  Invarianzprinzip 188f, 330, 450
  kosmologisches Prinzip 320f
  Kovarianz 330
  mathematische 142
  quantenmechanische 216f, 253–255
  Scheitern 465f
  Singularitäten 477
  statistische 51, 55, 194f, 208–213
  Überprüfbarkeit 26
  und Evolution 144–148
  und Leben 459–463
  und Mathematik 111f, 366–444
  und Religion 447f
  und Statistik 451
Naturgötter 55
Naturkonstanten 125f, 485–489, 539
  Dimensionen 495–497
  numerische 492
  Proportionalitätskonstante (Newton) 125
  veränderliche 492–495
Naturkräfte 274
  Vereinheitlichung 293
Naturordnung 55
Naturphänomene, sichtbare 150
Naturphilosophie 79f

Naturtheologie 55, 547
Naturwissenschaften
  Antike 68 f
  beschreibende 32–34
  chinesische 73–78
  exakte 28 f
  Griechen 78–104
  Metaphysik 57, 521 f
  Schönheit 521–530
Neale, Th. 128
Needham, J. 73, 77
Neutrino 276
Neutron 273 f, 276
  Doppelspaltexperiment 223
Newton, I. 78, 112, 114, 127 f, 492, 511
  an Bentley 114, 133
  Determinismus 126, 419
  Gravitationsgesetz 52, 123
  Kraftgesetz 187 f
  Naturwissenschaft 123
  Principia als Kultbuch 127
  Proportionalitätskonstante 125
  und Atomismus 265
  und Naturgesetze 137, 488
  und Religion 126, 132
  und Theologie 121 f
  Welt als Uhrwerk 311
  Zweckmäßigkeitsbeweis 547
Newtonianismus 112 f
  Kritik 134 f, 137
Newtonsche Physik 120
N-Körper-Simulationen 316
NP–Probleme 408

O

Objekt 97
Ockham, W. von 397
Ockhams Rasiermesser 397
Oersted, C. 157
Operationalismus 37, 40–42, 47
Opportunismus 48
Ordnung
  spontane 456
  Welt 453
Osiander, A. 108

Ostwald, W. 268
  und Atomismus 268
Overton 360

P

Pagels, H. 554
Pantheismus 76 f
Paradigma
  inflationäres 342
  Kuhnsches 289, 504
Paradoxa 200, 235, 243–248, 261, 398 f
Parmenides 88, 352
Pearson, K. 143
Penrose, R. 353, 468, 475, 483
  kosmische Zensur 475
Penzias, A. 332
Periheldrehung des Merkur 184
Perpetuum mobile 551
Phillips, R. 157
Phillpotts, E. 456
Philoponus von Alexandrien 104
Philosophie und Physik 23
Photon 290
Physik
  Aristoteles 80
  klassische 274
  und Philosophie 23
physikalische Analogien 168
Picasso, P. 5
Pion 276
Planck, M. 486, 509
Plancksche Konstante 226
Platon 87–93
  Akademie 95
  Dualismus 88
  Ideen 88
  Sicht der Naturgesetze 107
Platonismus 81, 370 f
Podolski, B. 236
Poincaré, H. 127, 214, 423, 455, 484 f, 553
  Ereignisfolgen 455
  Poincarémuster 484
Poisson, S. 152
Polanyi, M. 57
Popper, K. 26, 30 f, 284, 505
Positivismus 37

Post, E. 402
P-Probleme 407 f
Priestley, J. B. 538
Prinzip der Einfachheit 521–524
Prinzip der mathematischen
  Schönheit 521–524
Probleme 23
  unlösbare 402
Prokrustes 498
Proportionalitätskonstanten
  125
Proton 273 f, 276
Proust, M. 87
Ptolemäus 78 f, 93, 104, 107
Pythagoräer 85–87
Pythagoras von Samos 85

Q

Quantencomputer 254, 405
Quantenfelder 280–283
Quantenfluktuationen 340, 537
Quantengravitation 252, 293
Quantenidealismus 243
Quantenmechanik 217, 230
  Doppelspaltexperiment 219–222
  Komplementarität 227 f
  Kopenhagener Interpretation
  227 f, 242
  Unschärferelation 226
Quantentheorie 257
Quantenwirklichkeit 234
Quantenzustände 441
Quarks 452
  Elementarteilchen 278–280
Quasare 492
Quizz, R. 495

R

Rankine, W. J. 203
Raschewski, N. 27
Rationalismus 78, 136 f
Rationalität (der Welt) 136
Raum 58 f, 169–176, 178, 257
  äußerer 256–365
  Dimensionen 298–303
  innerer 256–365
  Kontinuität 261

Längenkontraktion 174
Stetigkeit 261
und Quanten 261
und Zeit 169–176
Vakuum 261
siehe auch Raumzeit
Raumdimensionen 365
Raumzeit 178–185, 257
  Dimensionen 307
  Geodätische 181
  Geometrie 180
  Krümmung 178, 180 f
  und Expansion des Weltalls 312 f
Raumzeitdiagramm 282
Reaktionsprinzip 121
Realismus 38, 44–49
reductio ad absurdum 378
Reduktionismus 81
  epistemologischer 462
  methodischer 462
  ontologischer 462
Reduktionist, materialistischer 81
Relativgeschwindigkeit 171, 173
Relativitätsprinzip 171–177
  Einstein 172, 178
  Galilei 171, 173
Relativitätstheorie 39 f, 178, 257
  experimentelle Bestätigung
  175–177, 184
  Invarianzprinzipien 186–190
  Längenkontraktion 174
  Zeitdilatation 175
  siehe auch Allgemeine Relativitätstheorie, Gravitation, Raumzeit, Spezielle Relativitätstheorie
Religion 67 f, 162, 548
Revolution, wissenschaftliche 107,
  504 f
Riemann, B. 182
Rogers, E. 49
Rogers, W. 511
Rosen, N. 236
Rotverschiebung 312
Rowning, J. 135
Royce, J. 554
Rubbia, C. 274
Ruhe 117
  siehe auch Bewegung, Trägheitsgesetz

Russel, B. 234, 346, 392, 398, 415, 426
  Antinomien 398
Rutherford, E. 273

S

Saint-Exupéry, A. de 342
Sandemanianer 162
Santayana, G. 448, 522
Sätze 390
Savart, F. 157
Schöpfung 71, 126, 259
  aus dem Nichts 23, 321, 350–361
  und Urknall 350f
Schottland, D. I. 490
Schrödinger, E. 194, 446, 528
Schrödingergleichung 230
Schrödingers Katze 244–248, 379
Schwarz, J. 306
Schwarzer Körper 478
Schwarzes Loch 470–474
  relativistisches 471–473
Sciama, D. W. 465
Selden, J. 490
Shakespeare, W. 49, 178, 463, 479
Shannon, C. 443
Shaw, G. B. 182, 210
  zu Einstein 182
Simulation 316f
  Quantencomputer 405f
Singularität 474, 476, 479f, 482
  als Schutz 480
  Definition 467
  Einstein 466
  Entropie 477
Singularitätensatz 468
  von Penrose 353f
Smith, S. 497
Snow, C. P. 204
Sokrates 89
Solipsismus 38, 43f
Spezielle Relativitätstheorie 40
Statistik 31, 194–201, 208
  Normalverteilung 197
  Vorhersagbarkeit 31

Steady-State-Theorie 329f, 334, 350
  und Urknalltheorie 330, 332
Stoney, G. J. 272
Strato 105
Stringtheorie 306–308
  und Supersymmetrie 306, 308
  und Theorie für Alles 308
Supernovae 533
Superstring 478, 489
Supersymmetrie 306
Swift, J. 276
Symmetrie 69, 186, 190–193
  Fast-Symmetrien 463f
  und Invarianz 191–193
  Universum 452f
  vereinheitlichende 291
  zufällige 463f
  siehe auch Erhaltungsgesetze, Invarianz
Symmetriebrechungen 489
Szilard, L. 213

T

Tachyonen 306
Taoismus 76
Tarski, A. 398, 400
  Definition einer wahren Aussage 400
Täuschungen 499–502
  wissenschaftliche Irrtümer 509–516
teleologischer Gottesbeweis 132, 136f, 531, 546–550
  Aristoteles 99
Teleomechanisten 229
Temperatur, absoluter Nullpunkt 206
Tempier, E. 109
Tensoren 189
Theist 51
Theologie 55
Theophrast 105
Theoreme 390
Theorie 39, 353, 527
  für Alles 19, 293, 308
  heliozentrische 108
  Ziele 326

Thermodynamik 194, 202–207
 Hauptsätze 202–207, 477
 Schwarzer Körper 478
 Umkehrbarkeitsparadoxon 214
Thom, R. 433
Thomson, J. J. 166, 267, 272
Toffoli, T. 401
Toulmin, S. 26
Trägheitsgesetz 117f
Transzendentale, Suche nach der 24
Trismegistos, H. 86
Turing, A. 402
Turingmaschinen 402
Twain, M. 540

U

Umkehrbarkeitsparadoxon, Thermodynamik 214
Unendliches 261
Unendlichkeit 305, 376
Universalitätsklassen, Algorithmus 430f
Universum 315
 Alter 362, 534
 Anfangsbedingungen 322f, 350–361
 Ausdehnung 534
 Expansion 312f, 338
 inflationäres 337–342
 sichtbares 319, 338
 stationäres 329f
 Struktur 315f, 534
 Symmetrie 452f
 Wärmetod 346f
 Zukunft 315, 343–349
 siehe auch Steady-State-Theorie, Urknall
Unschärfe, intrinsische 224
Unschärferelation 340
Updike, J. 548
Urknall 324
 gleichförmige Expansion 333
 Singularität des 465, 476f
 und Schöpfung 350f
Urknalltheorie 330, 332

Urmaß 490
Ursache 98, 150
 letzte 132
Ussher, J. Bischof 121

V

Vakuum
 Quantenvakuum 282
 Raum 261
Vektorfelder 154
Vereinheitlichte Theorie 291–298
virtuelle Teilchen 283
Vitalismus 460
Voltaire 105, 112
Vorhersagbarkeit 62, 126, 418
 Paradoxon 27
 Quantenmechanik 226f, 232
 Statistik 31
Vorhersage 24f
 Überprüfbarkeit 25
Vorse, M. H. 5

W

Wahrheit 123, 398–400
 absolute 79
 Definition 398f
Wahrscheinlichkeit 194f
 quantenmechanische 231
Wahrscheinlichkeitsgesetze 194
Wahrscheinlichkeitsverteilung 197, 432
Wahrscheinlichkeitswellen 230–234
Wallace, A. 145, 531
Wallis, J. 115
Walpole, H. 32
Wärmetod, Universum 346f
W-Boson 290
Weaver, W. 443
Weber, W. 272
Weierstraß, K. 376
Weil, A. 390
Weinberg, S. 280, 350, 487
Wellen, Interferenz 220–222
Wellenfunktion 230–234
Wells, W. 144

Welt
  als Uhrwerk 98, 126f
  Erkenntnis 57
  Makrokosmos 256
  Mehrweltentheorie 249–252, 327, 457
  Mikrokosmos 256
  Ordnung 453
Weltall, siehe Universum
Weltordnung 67
Wheeler, J. 182, 248, 285, 445, 456, 544
Whig-Theorie 503
Whiston, W. 126
Whitehead, A. N. 56, 78, 414
Whittaker, E. 347, 350f
Whorf, B. L. 274
Widerspruchsfreiheit 126
Wiener, N. 553
Wigner, E. 186, 544
Wilde, O. 398
Wilson, K. 440
Wilson, R. 332
Wirklichkeit 240
  siehe auch Realismus
Wirkung 117
  Prinzip der kleinsten 141
Wirkursache 98
wissenschaftliche Fehler 511–516
wissenschaftliche Methode 58, 112, 122f
wissenschaftliche Revolutionen 504f
wissenschaftliche Vorurteile 509f

Wissenschaftstheorie 35
Wittgenstein, L. 136
Wolfram, S. 406
Wren, C. 115

Z

Zahlensymbolik der Pythagoräer 85
Zartman, I. 198
Z-Boson 290
Zeeman, C. 433
Zeit 58f, 169, 176–178, 257, 361–364, 450, 481
  Eigenzeit 175
  Krümmungszeit 363
  Stakkato-Zeit 481
  Subjektivität 550
  thermodynamischer Zeitpfeil 552
  Umkehrbarkeit 209, 362
  und Raum 169–176
  siehe auch Raumzeit
Zeitdilatation 175
Zenonsches Paradoxon 481
Zensur, kosmische 474
Zufall 63, 538f
  Definition der 463
  Symmetrien 463f
Zukunft, Definition 208
Zweck 98
Zweckmäßigkeitsbeweis, siehe teleologischer Gottesbeweis
Zweig, G. 278

Vom Chaos zum Kosmos

John D. Barrow / Joseph Silk
Die linke Hand der Schöpfung

In ihrem Pionierbuch, das jetzt in aktualisierter Auflage vorliegt, verfolgen die beiden Erfolgsautoren die Entwicklung vom „singulären Anfang", als alles gleich und symmetrisch war, zu jener Gestalt, in der wir das Universum heute sehen. Sie beschreiben, wie Zeit, Raum und Materie entstanden und erörtern das mögliche Ende des Universums. Mit einem Vorwort von Prof. Rudolf Kippenhahn.
erg. und überarb. Neuaufl. 1995
352 S., 47 Abb., geb.
DM 44,-/öS 344,-/sFr 42,-
ISBN 3-86025-355-7

„Ein fachkundiger Bericht über ein dynamisches und kontroverses Thema."
American Scientist

Spektrum
AKADEMISCHER VERLAG

Vangerowstr. 20, D-69115 Heidelberg

science

Die Reihe rororo «science» bietet Lesern, die sich für Naturwissenschaft und Technologien interessieren, aktuelle und verläßliche Informationen. Die Autoren sind Wissenschaftler und Wissenschaftsjournalisten, die ohne Formelhuberei und Fachkauderwelsch, dafür mit Sachverstand, Witz und farbiger Sprache über verschiedene Bereiche der Forschung und deren Auswirkungen auf unser Leben berichten.

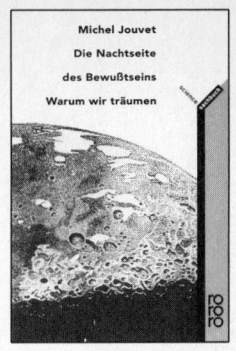

Bernhardt Borgeest
Ein Baum und sein Land
24 Symbiosen
(rororo science 9536)
Ein neuer, ungewohnter Blick auf unsere knorrigen Gesellen - der Baum ist nicht nur aus botanischer Sicht faszinierend, sondern auch als kulturhistorisches und ethnologisches Phänomen: als Symbol idealer menschlicher Eigenschaften, als Ort der Riten und des Richtens, als Nationalheiligtum und schnöder Holzlieferant ist er aus unserer Geschichte und Gesellschaft nicht wegzudenken.

Claus Emmeche
Das lebende Spiel
Wie die Natur Formen erzeugt
(rororo science 9618)

Christoph Drösser
Fuzzy Logic
Methodische Einführung in krauses Denken
(rororo science 9619)
Alle reden von Fuzzy Logic - und keiner weiß genau, was das ist.

Der Wissenschaftsjournalist Christoph Drösser lädt ein zu einer vergnüglichen Zickzackfahrt durch Fuzzyland: die Grauzonen der graduellen Übergänge, des Noch-nicht-und-nicht-Mehr.

Michel Jouvet
Die Nachtseite des Bewußtseins
Warum wir träumen
(rororo science 9621)

Robert Ornstein/Richard F.Thompson
Unser Gehirn: das lebendige Labyrinth
(rororo science 9571)
«Unter den Veröffentlichungen der letzten Jahre auf dem Gebiet der Hirnforschung erhält das Buch seinen besonderen Stellenwert durch die eindrucksvollen Zeichnungen von Macaulay, der mit ungewöhnlichen, perspektivischen Darstellungen der Gehirnstukturen auch den vorgebildeten Leser verblüfft.»
bild der wissenschaft

rororo sachbuch

science

Angelika Anders-von Ahlften/ Jürgen Altheide
Laser - das andere Licht
(rororo science 9664)
Erhältlich ab August '94.
Laser - das andere Licht: Was ist das? Wie funktioniert es? Was kann man damit machen? Immer mehr Menschen haben mit dieser wichtigen technischen Neuerung zu tun: in der Meß- und Informationstechnik, in Labors und Fabrikhallen, in medizinischen wie in künstlerischen Berufen.

John D. Barrow
Theorien für Alles
Die Suche nach der Weltformel
(rororo science 9534)
Erhältlich ab September '94.
«Alles» ist ein großes Wort. Gibt es eine Theorie, in der alle Naturkräfte und -gesetze vereinigt sind und die das Weltgeschehen vom Anfang bis zum Ende erklären kann? Das ist die zentrale Frage der Naturwissenschaft. Schon Sokrates geriet bei diesem Gedanken ins Schwärmen - und Ende des 20. Jahrhunderts zeigen sich Wissenschaftler wie Stephen W. Hawking zuversichtlich: «Es ist möglich, daß uns eines Tages der Durchbruch zu einer vollständigen Theorie des Universums gelingt.»

Adrian Desmond/James Moore
Darwin
(rororo science 9574)
Erhältlich ab Mai '94.
Als «erste wirkliche Darwin-Biographie» würdigte die

britische Presse dieses Werk, das in weiten Teilen erst seit wenigen Jahren zugängliches Material auswertet: die umfangreichen geheimen Tagebücher und die 14.000 Briefe umfassende Korrespondenz. «Desmond und Moore haben aus dieser Fundgrube ein Darwin-Bild von bislang nicht denkbarer Lebensnähe rekonstruiert», schreibt Peter Brügge in seiner *Spiegel*-Rezension.

Gaby Miketta
Netzwerk Mensch
Den Verbindungen von Körper und Seele auf der Spur
(Rororo science 9662)
Erhältlich ab Oktober '94.
Der Mensch als Netzwerk: Wie wir uns fühlen, wie wir mit Belastungen fertig werden, wie anfällig wir für Erkrankungen sind - all das hängt mit der stetigen Wechselwirkung von Nerven-, Hormon- und Immunsystem zusammen, dem Forschungsfeld der neuen Wissenschaft «Psychoneuroimmunologie».

rororo sachbuch